软件测试丛书

软件自动化测试实战

基于开源测试工具

于　涌　李晓茹◎著

人民邮电出版社

北　京

图书在版编目（CIP）数据

软件自动化测试实战 ： 基于开源测试工具 / 于涌，
李晓茹著. -- 北京 ： 人民邮电出版社，2021.7
（软件测试丛书）
ISBN 978-7-115-56387-3

Ⅰ. ①软… Ⅱ. ①于… ②李… Ⅲ. ①软件－测试－
自动化 Ⅳ. ①TP311.55

中国版本图书馆CIP数据核字(2021)第068654号

内 容 提 要

本书旨在讲述测试框架、接口测试、Web 自动化测试及移动端自动化测试。本书共 8 章，主要内容包括为什么要实施自动化测试，Python 开发环境的搭建，Python 基础知识，基于 Python 的单元测试框架 UnitTest 及其应用案例，HttpRunner 测试框架及其应用案例，HttpRunnerManager 测试平台的搭建过程，JMeter 和 Postman 在接口测试中的应用，Docker 基础与操作实战，Selenium 自动化测试框架及其应用案例，Appium 自动化测试框架及其应用案例等。

本书适合测试人员和开发人员阅读，也可供高等院校计算机相关专业的师生阅读。

◆ 著　　　于　涌　李晓茹
责任编辑　谢晓芳
责任印制　王　郁　焦志炜
◆ 人民邮电出版社出版发行　北京市丰台区成寿寺路 11 号
邮编　100164　电子邮件　315@ptpress.com.cn
网址　https://www.ptpress.com.cn
固安县铭成印刷有限公司印刷
◆ 开本：800×1000　1/16
印张：28.5　　2021 年 7 月第 1 版
字数：660 千字　　2024 年 7 月河北第 2 次印刷

定价：139.90 元

读者服务热线：(010)81055410　印装质量热线：(010)81055316
反盗版热线：(010)81055315
广告经营许可证：京东市监广登字 20170147 号

前　　言

随着移动互联网技术的蓬勃发展，我们在软件开发方面面临着新的机遇与挑战。如何快速、高效地产出一款质量优秀的软件产品已经是每个软件研发团队不得不面对的核心问题，这不仅关系到产品的成败，还关系到企业的兴衰。为了有效平衡时间、成本和质量这 3 个要素，项目团队要在人员有限、软件研发周期短的情况下，开发出高质量的软件产品。每个软件研发团队都在积极探索，以寻求适合团队特点的软件开发方法、团队协作方式等。事实上，各个团队在有了多次软件产品或项目开发的成功或失败经历后，会得到一个十分明确而又一致的答案，就是在迭代测试和回归测试方面必须通过自动化测试代替部分手动测试。对于很多以前只做功能测试的测试团队来讲，由于没有自动化测试经验，因此他们需要一切从头开始，自动化测试的实施难度可想而知。不过没有关系，在本书中，让我们一起从 Python 基础知识、开发环境的搭建、单元测试学起，逐步掌握 HttpRunner 测试框架并使用 JMeter 和 Postman 工具做接口测试。您还将通过阅读本书掌握目前流行的 Web 自动化测试框架 Selenium 和跨平台的移动端自动化测试框架 Appium。容器化的测试环境的部署或并行执行已经成为测试人员提升工作效率和节约硬件成本的重要方式，本书将通过大量详细的项目案例来保证您深入理解、掌握这种方式并能够实际应用于工作中。本书涵盖接口测试、Web 自动化测试框架 Selenium、移动端自动化测试框架 Appium、Docker 操作和项目实战案例。

内容介绍

本书的目的是为从事接口测试、Web 自动化测试及移动端自动化测试的读者答疑解惑。

第 1 章介绍为什么实施自动化测试、Python 开发环境的搭建、Python 模块的安装方法等内容。

第 2 章介绍列表、字典、集合、类、对象、多线程等 Python 基础内容。

第 3 章介绍 Python 中的单元测试框架 UnitTest 及其应用案例。

第 4 章详细讲解 HttpRunner 测试框架、HttpRunnerManager 测试平台的搭建过程以及 HttpRunner 应用案例等内容。

第 5 章详细介绍 JMeter 和 Postman 在接口测试中的应用案例。

第 6 章介绍 Docker 容器、Docker 的安装过程、Docker 相关命令等内容。

第 7 章介绍 Selenium 的安装与配置过程、元素定位方法等内容。

第 8 章介绍 Appium 自动化测试框架、Appium 的安装与配置过程、界面元素定位方法以及案例等内容。

本书读者对象

本书适合以下人员阅读：

- 测试人员；
- 项目管理人员；
- 开发人员、运维人员、软件过程改进人员。

作者简介

于涌，具有丰富的软件测试理论和实际工作经验，熟悉软件开发全过程，先后在多家互联网企业担任测试总监职位，从事计算机软件测试工作和测试团队的管理工作，为多家著名 IT 企业提供过软件测试的相关指导和培训工作，已出版《精通移动 App 测试实战：技术、工具和案例》《精通软件性能测试与 LoadRunner 最佳实战》等图书。

网上答疑

如果读者在阅读过程中发现本书有什么错误或不足，欢迎与作者联系，以便作者及时修正和完善。本书的勘误、答疑信息都可以从作者在测试者家园上的博客中获得。若读者有疑问，也可以访问作者的博客并留言，作者会在自己的博客中公布本书中涉及的一些演示工具的相关下载信息。

致谢

在本书编写过程中，很多测试同行提出了宝贵建议，在此对他们表示衷心感谢。部分学员和网友为本书提供了很多优质的素材，在此一并表示感谢。

服务与支持

本书由异步社区出品，社区（https://www.epubit.com/）为您提供相关服务。

提交勘误

作者和编辑尽最大努力来确保书中内容的准确性，但难免会存在疏漏。欢迎您将发现的问题反馈给我们，帮助我们提升图书的质量。

当您发现错误时，请登录异步社区，按书名搜索，进入本书页面，单击“提交勘误”，输入勘误信息，单击“提交”按钮（见下图）即可。本书的作者和编辑会对您提交的勘误进行审核，确认并接受后，您将获赠异步社区的100积分。积分可用于在异步社区兑换优惠券、样书或奖品。

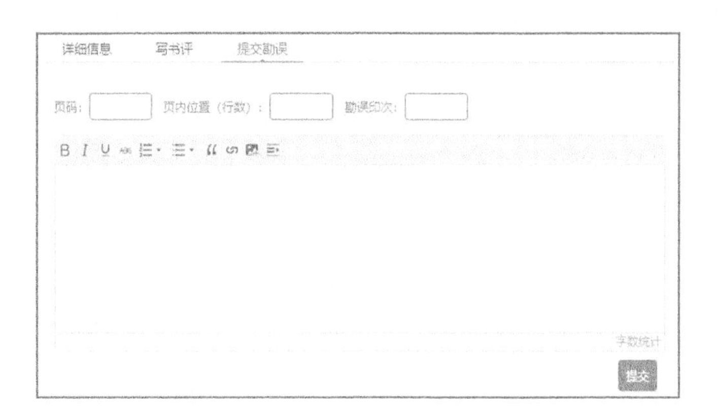

扫码关注本书

扫描下方二维码，您将会在异步社区微信服务号中看到本书信息及相关的服务提示。

与我们联系

我们的联系邮箱是 contact@epubit.com.cn。

如果您对本书有任何疑问或建议，请您发邮件给我们，并请在邮件标题中注明本书书名，以便我们更高效地做出反馈。

如果您有兴趣出版图书、录制教学视频，或者参与图书翻译、技术审校等工作，可以发邮件给我们；有意出版图书的作者也可以到异步社区投稿（直接访问 www.epubit.com/contribute 即可）。

如果您所在学校、培训机构或企业想批量购买本书或异步社区出版的其他图书，也可以发邮件给我们。

如果您在网上发现有针对异步社区出品图书的各种形式的盗版行为，包括对图书全部或部分内容的非授权传播，请您将怀疑有侵权行为的链接通过邮件发送给我们。您的这一举动是对作者权益的保护，也是我们持续为您提供有价值的内容的动力之源。

关于异步社区和异步图书

"异步社区"是人民邮电出版社旗下 IT 专业图书社区，致力于出版精品 IT 图书和相关学习产品，为作译者提供优质出版服务。异步社区创办于 2015 年 8 月，提供大量精品 IT 图书和电子书，以及高品质技术文章和视频课程。更多详情请访问异步社区官网 https://www.epubit.com。

"异步图书"是由异步社区编辑团队策划出版的精品 IT 专业图书的品牌，依托于人民邮电出版社近 30 年的计算机图书出版积累和专业编辑团队，相关图书在封面上印有异步图书的 LOGO。异步图书的出版领域包括软件开发、大数据、人工智能、测试、前端、网络技术等。

异步社区

微信服务号

目　录

第1章 自动化测试基础和Python开发环境的搭建

1.1 为什么要实施自动化测试

随着人工智能、大数据、移动互联网等行业的快速发展，越来越多的软件企业开始大量应用 Python 语言进行软件的开发和数据处理，Python 现在是软件相关从业人员甚至连小学生都在学习的一门语言。软件行业由于同质化产品众多、竞争日益激烈，如何高效、保质保量地产出每一个迭代版本，已经成为整个行业正在面临的重大问题之一。敏捷软件开发的深入开展，使得持续集成已经成为趋势，而在敏捷模型中，自动化测试是实施过程中非常重要的环节。

那么什么是自动化测试？自动化测试是把手动测试行为转为由计算机执行的过程。通常，在测试人员设计完测试用例并通过用例评审后，由测试人员根据测试用例中描述的规程一步步执行测试，将得到的实际结果与期望结果做比较。为了节省人力、时间或硬件资源等成本，同时又提高测试效率，便引入了自动化测试。自动化测试人员一般使用专门的自动化测试工具或测试人员编写的自动化测试脚本来执行测试用例。目前主流的 Web 自动化测试工具包括 Selenium、Unified Functional Testing（UFT）和 Rational Robot 等。Selenium 是开源的测试框架，目前已被广泛应用于 Web 自动化测试。Unified Functional Testing（UFT）是 QuickTest Professional（QTP）的升级版，是一款商用的自动化测试工具，功能强大、使用简单。移动端自动化测试工具有很多，如 Appium、Robotium、UIAutomator、MonkeyRunner 等，其中应用最广泛的就是 Appium 自动化测试框架。

为什么要实施自动化测试？随着敏捷软件开发和 DevOps 的深入开展，先前纯人为的功能性测试已经不能满足研发团队的要求。面对版本的快速迭代，如何高效并保质保量地向用户提交可运行的软件产品已经是测试团队必须面对的问题，只有实施自动化测试才能快速对产品或项目的新旧功能在功能性和非功能性上进行全面验证，持续反馈所提交版本的质量，提高软件研发团队的工作效率。同时，自动化测试是由机器执行的，可以有效避免测试人员在执行过程中出现的一些问题（如疲劳、输入错误数据、操作步骤不对、受情绪影响而导致工作效率降低等），机器可以并行执行且 24 小时不间断地连续工作。当前，容器化大行其道，使得测试人员可以用更少的硬件资源快速完成测试环境的部署和测试的执行。上面只粗略地讲了实施自动化测试的一些原因，但我们相信这些已经能打动您实施自动化测试了。

事实上，很多软件企业做了更多的工作，它们不仅使用一些开源的自动化测试框架，甚至还为自身定制了更适用的测试平台来完成接口测试、功能测试、性能测试、兼容性测试和安全性测试等，进而通过这些手段全面保障软件产品的质量、加快软件产品的输出进度以及提升客户的满意度等。

1.2　为什么要学习 Python

随着信息技术的飞速发展，计算机科学在国民经济中扮演着越来越重要的角色，各行各业对软件质量的要求越来越高，测试人员始终要保持高度的敏感度，与时俱进，掌握一门编程语言并将之运用到功能测试、性能测试、接口测试、测试辅助工具的开发、测试框架的开发。那么问题来了，目前流行的编程语言有很多，如 Java、C、C++、C#、Python、Ruby、Perl、PHP、Delphi 等，面对这些编程语言，测试人员应该如何选择呢？在选择编程语言方面，本书强烈推荐 Python，原因如下。

1. Python 语言是目前最流行的编程语言之一

根据全球著名的编程语言社区 TIOBE 发布的统计信息，Python 语言在 2020 年 7 月最新的编程语言排行榜中位列第 3，仅次于 C 和 Java 语言，如图 1-1 所示。有很多读者可能不知道 TIOBE 编程语言排行榜，这里我们基于百度百科中对 TIOBE 编程语言排行榜的介绍做如下简单描述：TIOBE 编程语言排行榜每月更新一次，依据的指数由世界范围内的资深软件工程师和第三方供应商提供，排行结果可作为当前业内程序开发语言的流行使用程度的有效指标，可以用来检阅开发者的编程技能能否跟上趋势，或是否有必要做出战略改变，以及判断什么编程语言是应该及时掌握的。

TIOBE Index for July 2020

July Headline: All time high for the R programming language

The statistical programming language R has set a new record by moving from position 9 to position 8 this month. Some time ago it seemed like Python had won the battle of statistical programming, but R's popularity is still increasing in the slipstream of Python. There are 2 trends that might boost the R language: 1) the days of commercial statistical languages and packages such as SAS, Stata and SPSS are over. Universities and research institutes embrace Python and R for their stasticial analyses, 2) lots of statistics and data mining need to be done to find a vaccine for the COVID-19 virus. As a consequence, statistical programming languages that are easy to learn and use, gain popularity now. Other interesting moves this month are Rust (from #20 to #18), Kotlin (from #30 to #27) and Delphi/Object Pascal (from #22 to #30). - *Paul Jansen CEO TIOBE Software*

The TIOBE Programming Community index is an indicator of the popularity of programming languages. The index is updated once a month. The ratings are based on the number of skilled engineers world-wide, courses and third party vendors. Popular search engines such as Google, Bing, Yahoo!, Wikipedia, Amazon, YouTube and Baidu are used to calculate the ratings. It is important to note that the TIOBE index is not about the *best* programming language or the language in which *most lines of code* have been written.

The index can be used to check whether your programming skills are still up to date or to make a strategic decision about what programming language should be adopted when starting to build a new software system. The definition of the TIOBE index can be found here.

Jul 2020	Jul 2019	Change	Programming Language	Ratings	Change
1	2	↑	C	16.45%	+2.24%
2	1	↓	Java	15.10%	+0.04%
3	3		Python	9.09%	-0.17%
4	4		C++	6.21%	-0.49%
5	5		C#	5.25%	+0.88%
6	6		Visual Basic	5.23%	+1.03%
7	7		JavaScript	2.48%	+0.18%
8	20	⇈	R	2.41%	+1.57%
9	8	↓	PHP	1.90%	-0.27%

图 1-1　2020 年 7 月的 TIOBE 编程语言排行榜

从图 1-1 我们也能看出和 2019 年同期相比，Python 编程语言的排名始终稳居第 3 位。

2. Python 编程语言被应用于各行各业，发展前景广阔

Python 编程语言被广大开发人员称为“调包侠”，这是因为 Python 不仅提供了 Web 开发、单元测试等框架，还内置了十分丰富的模块。另外，许多第三方也为 Python 开发了很多优秀模块，这些模块涵盖配置管理、科学计算、网站开发、数据结构和数据分析等方面的丰富 API。Python 完善的基础代码库覆盖了网络通信、文件处理、数据库接口、图形系统、XML 处理等大量内容，被形象地称为“内置电池”，使用者可以轻而易举地对这些 API 进行调用。Python 已经被广泛应用于互联网、物联网、人工智能、大数据等行业，正因为如此，业内各大平台通常提供对 Python 编程语言的支持，比如提供详细的调用方法说明及示例等。

下面以百度云产品为例，读者访问百度智能云官网，单击“产品”链接，就可以看到“人工智能”链接，相关资源如图 1-2 所示。

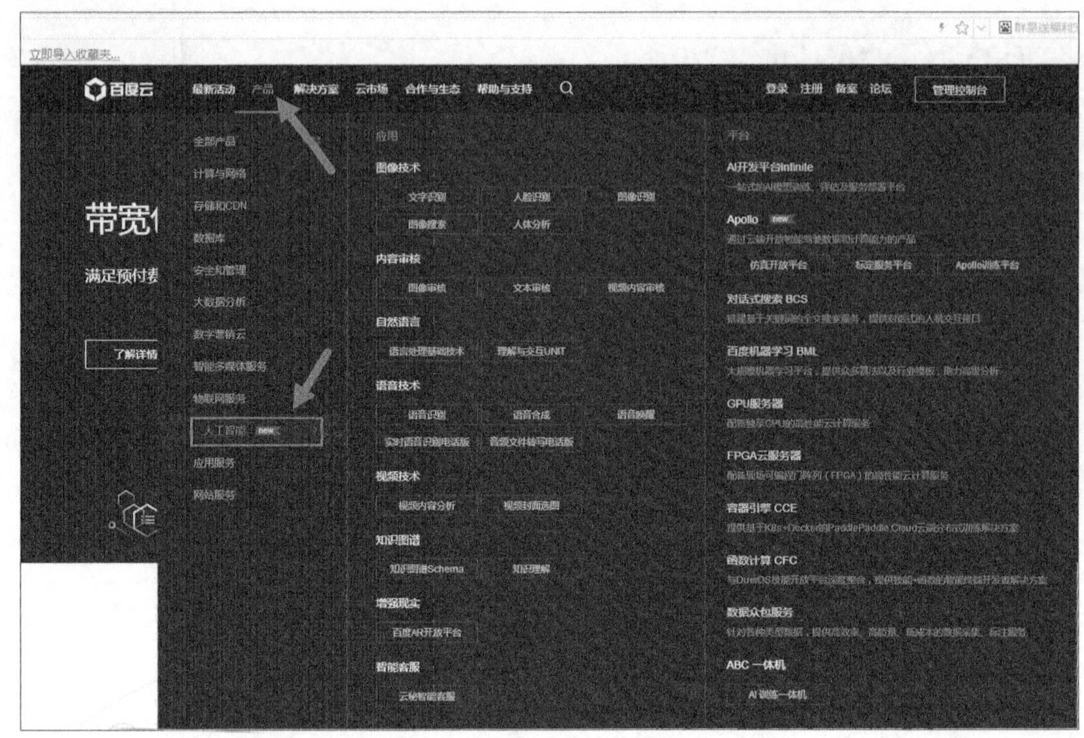

图 1-2 百度云提供的与人工智能相关的资源

假设我们对语音识别技术非常感兴趣，单击“语音识别”链接，进入图 1-3 所示的页面。

图 1-3 关于语音识别的页面

单击“技术文档”链接，进入图 1-4 所示的页面。

单击“在线语音识别 Python SDK”链接，将出现关于在线语音识别 Python SDK 的说明信息，如图 1-5 所示。

你可以通过单击“简介”“快速入门”“接口说明”“错误信息”等链接来了解百度云提供的在线语音识别方面的接口。对应的链接页面不仅提供了对应模块的安装方法、API 函数的说明、接口字段的说明、函数的返回值等信息，还提供了一些接口调用方法的 Python 脚本代码、错误代码等信息，这无疑对我们有非常大的帮助。关于这些接口如何调用、如何进行接口测试、如何在 Python 中安装第三方（如百度云）提供的模块等内容，我们将在后续章节中进行详细介绍。

图 1-4 关于技术文档的页面

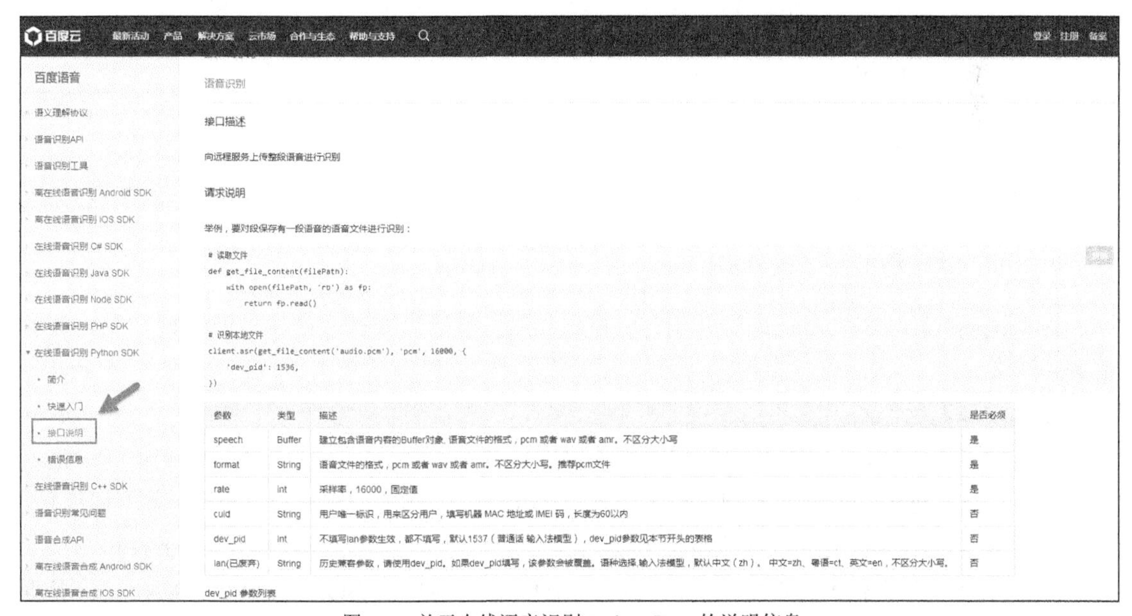

图 1-5 关于在线语音识别 Python SDK 的说明信息

3. Python 编程语言简单易学

Python 编程语言由于语法优雅、简单、直接，深受广大开发人员，特别是零基础的初学者喜爱，甚至可以作为小学生编程入门的启蒙编程语言。由此可见，Python 编程语言可以被绝大多数人接受。

通常，我们在学习一门编程语言时，往往以 Hello World 程序作为起点。下面我们就分别使用三种语言输出“Hello World.”，读者可以对比一下哪一种语言更加简单、易懂。

- Java 语言的实现代码如下：

```
public class HelloWorld {
    public static void main(String[] args) {
        System.out.println("Hello World.");
    }
}
```

- Delphi 语言的实现代码如下：

```
program HelloWorld;
{$APPTYPE CONSOLE}
uses
  SysUtils;
begin
  write('Hello World.');
end.
```

- C 语言的实现代码如下：

```
#include <stdio.h>
main() {
    printf("Hello World.");
}
```

- Python 语言的实现代码如下：

```
print('Hello World.')
```

从中不难发现，Python 语言最简单、直接、优雅，您是不是一下子就喜欢上它了呢？

4. Python 编程语言从业者需求庞大

根据预测，近几年以及未来的几十年，接口测试、自动化测试及测试开发无疑都是比较有前景的职业。

以“前程无忧”网站上的招聘信息为例，您可以访问招聘网站看一下目前企业对 Python 编程人员的需求情况。这里以搜索北京地区对 Python 人才的需求为例，在搜索文本框中输入 Python，单击“搜索”按钮，如图 1-6 所示。从图 1-6 可以看出，共搜索出 6491 条职位信息，有 130 页内容。不难看出，这些职位涉及 Python 软件开发、Python 运维、测试工程师以及项目管理等方向。由于本书主要面向测试人员，因此下面我们以“BOSS 直聘”中的招聘信息为例，选择其中的测试开发岗位来具体看一下相关企业的要求，如图 1-7 所示。

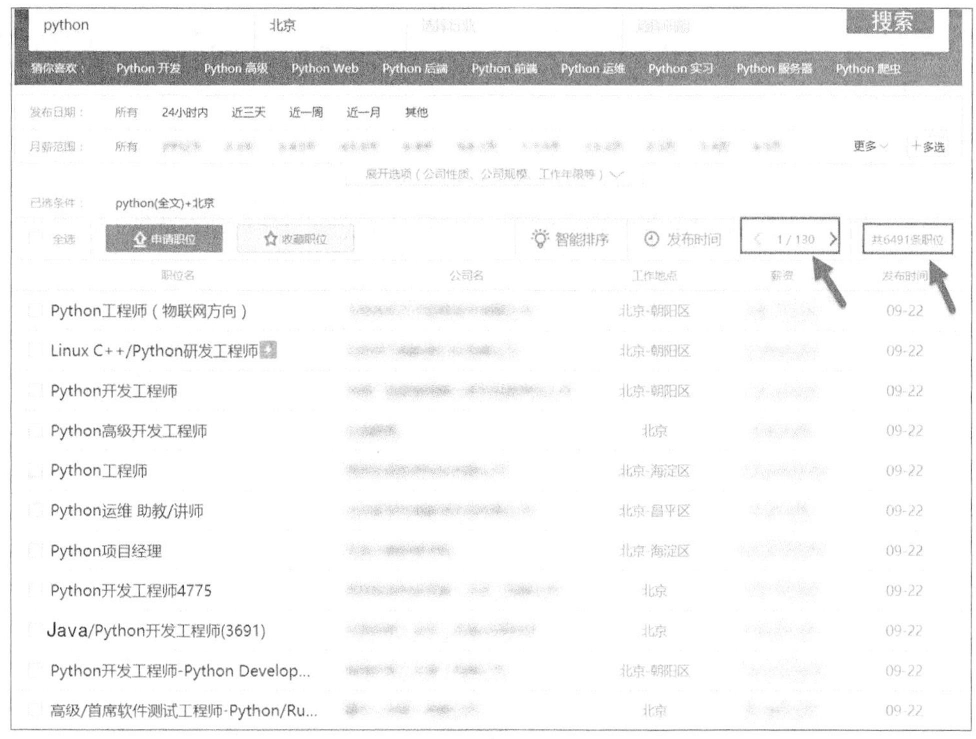

图 1-6　企业对 Python 人才的招聘情况

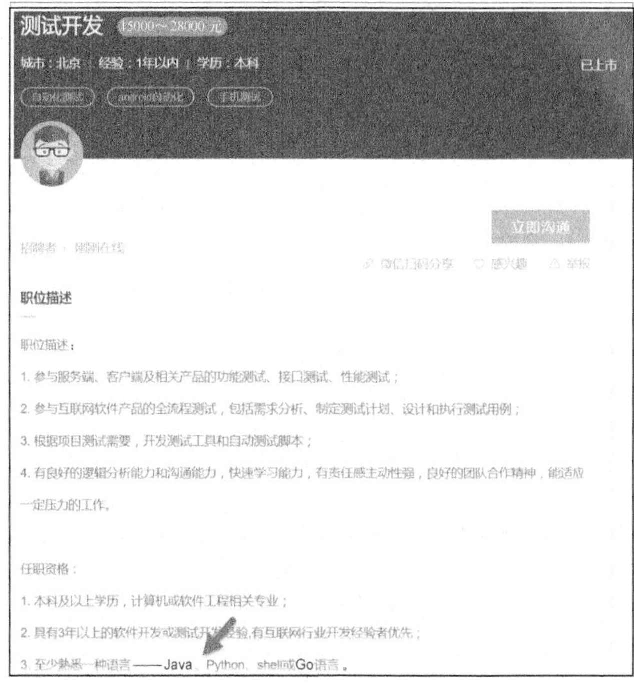

图 1-7　测试开发岗位招聘信息

我们可以看到，在相关的任职资格要求中，就有一项是“至少熟悉一种语言——Java、Python、shell 或 Go 语言”。

下面再来看一下接口测试工程师岗位，职责要求如图 1-8 所示。

图 1-8 接口测试工程师岗位招聘信息

从图 1-8 中可以看到，招聘单位要求接口测试工程师掌握 Python 编程语言，同时要求熟练掌握 SoapUI、Postman、JMeter 等工具，另外对接口测试方法、框架搭建、SQL 应用及 Linux 操作系统应用等方面也有要求。再看看招聘单位给出的薪资待遇。月薪 15 000～30 000 元是不是十分诱人？想到自己目前对接口测试和 Python 还完全不了解，您是不是很着急呢？没关系，只要认真学习本书，您一定可以成为一名优秀的接口测试工程师。

1.3 Python 的版本选择、安装与配置

您是不是已经迫不及待想掌握 Python 编程语言了呢？下面我们一起来学习 Python 编程语言。

1.3.1 Python 的版本选择

我们可以通过访问 Python 官网来获取 Python 的相关学习资源和安装包等内容，如图 1-9 所示。

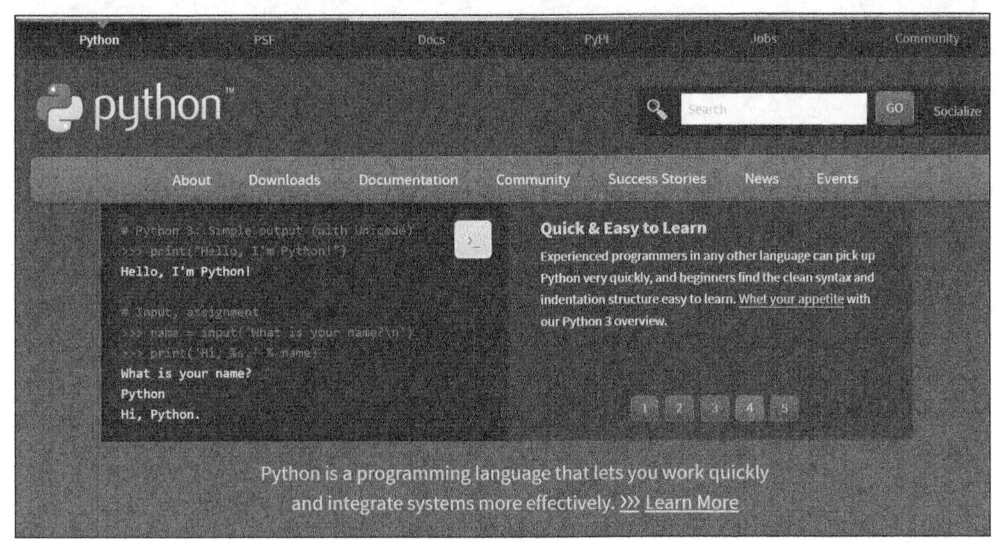

图 1-9 Python 的相关学习资源和安装包

单击 Downloads 链接，查看 Python 的可下载版本，如图 1-10 所示。

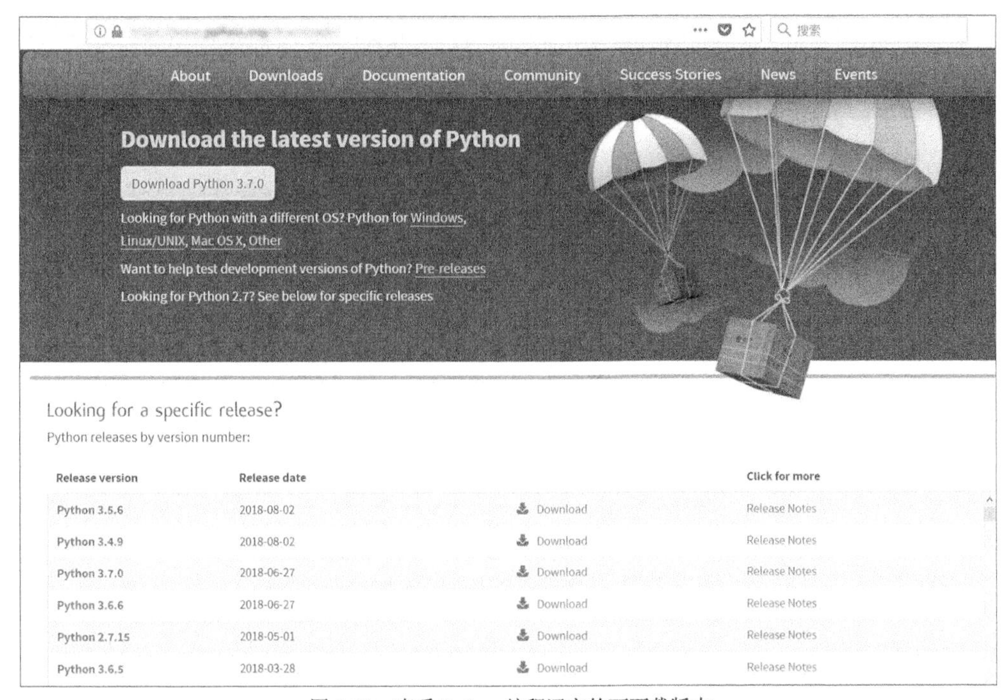

图 1-10 查看 Python 编程语言的可下载版本

在编写本书时，Python 的最新版本为 3.7.0。单击相应的链接，下载安装包。这里以下载 Python 3.7.0 为例，如图 1-11 所示。

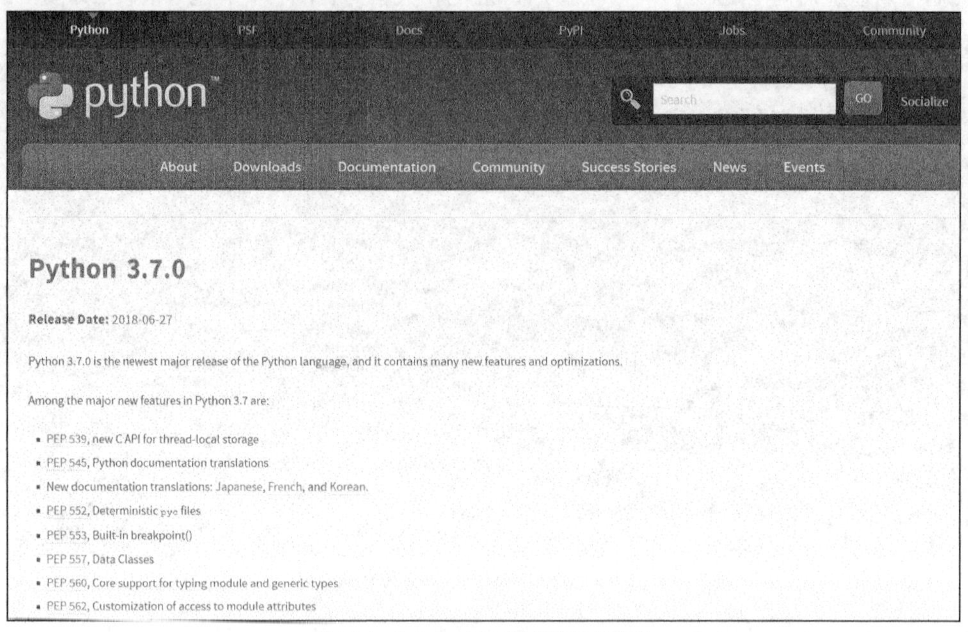

图 1-11 Python 3.7.0 版本的相关信息

图 1-11 所示的页面显示了 Python 3.7.0 版本的发布日期、版本特性等相关信息。继续往下滚动页面，找到下载链接信息，如图 1-12 所示。

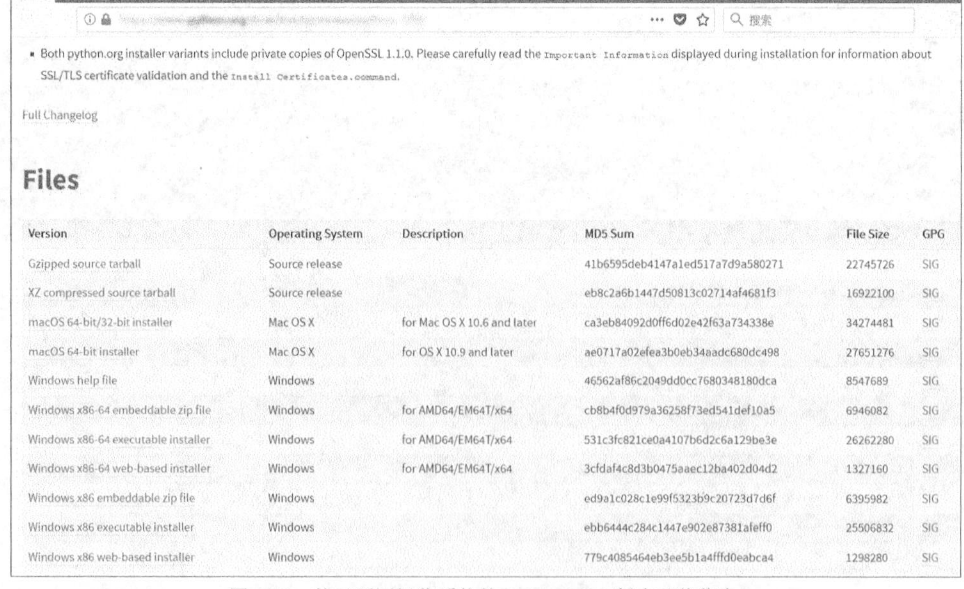

Version	Operating System	Description	MD5 Sum	File Size	GPG
Gzipped source tarball	Source release		41b6595deb4147a1ed517a7d9a580271	22745726	SIG
XZ compressed source tarball	Source release		eb8c2a6b1447d50813c02714af4681f3	16922100	SIG
macOS 64-bit/32-bit installer	Mac OS X	for Mac OS X 10.6 and later	ca3eb84092d0ff6d02e42f63a734338e	34274481	SIG
macOS 64-bit installer	Mac OS X	for OS X 10.9 and later	ae0717a02efea3b0eb34aadc680dc498	27651276	SIG
Windows help file	Windows		46562af86c2049dd0cc7680348180dca	8547689	SIG
Windows x86-64 embeddable zip file	Windows	for AMD64/EM64T/x64	cb8b4f0d979a36258f73ed541def10a5	6946082	SIG
Windows x86-64 executable installer	Windows	for AMD64/EM64T/x64	531c3fc821ce0a4107b6d2c6a129be3e	26262280	SIG
Windows x86-64 web-based installer	Windows	for AMD64/EM64T/x64	3cfdaf4c8d3b0475aaec12ba402d04d2	1327160	SIG
Windows x86 embeddable zip file	Windows		ed9a1c028c1e99f5323b9c20723d7d6f	6395982	SIG
Windows x86 executable installer	Windows		ebb6444c284c1447e902e87381afeff0	25506832	SIG
Windows x86 web-based installer	Windows		779c4085464eb3ee5b1a4fffd0eabca4	1298280	SIG

图 1-12 基于不同操作系统的 Python 3.7.0 版本下载信息

Python 3.7.0 版本提供了源代码以及针对 macOS 和 Windows 操作系统的安装包。需要提醒读者的是，对于 Windows 操作系统，需要根据系统是 32 位还是 64 位来下载对应的安装包。这里由于作者使用的是 64 位的 Windows 10 操作系统，因此单击 Windows x86-64 executable installer 链接，从而下载可以直接安装的版本，如图 1-13 所示。

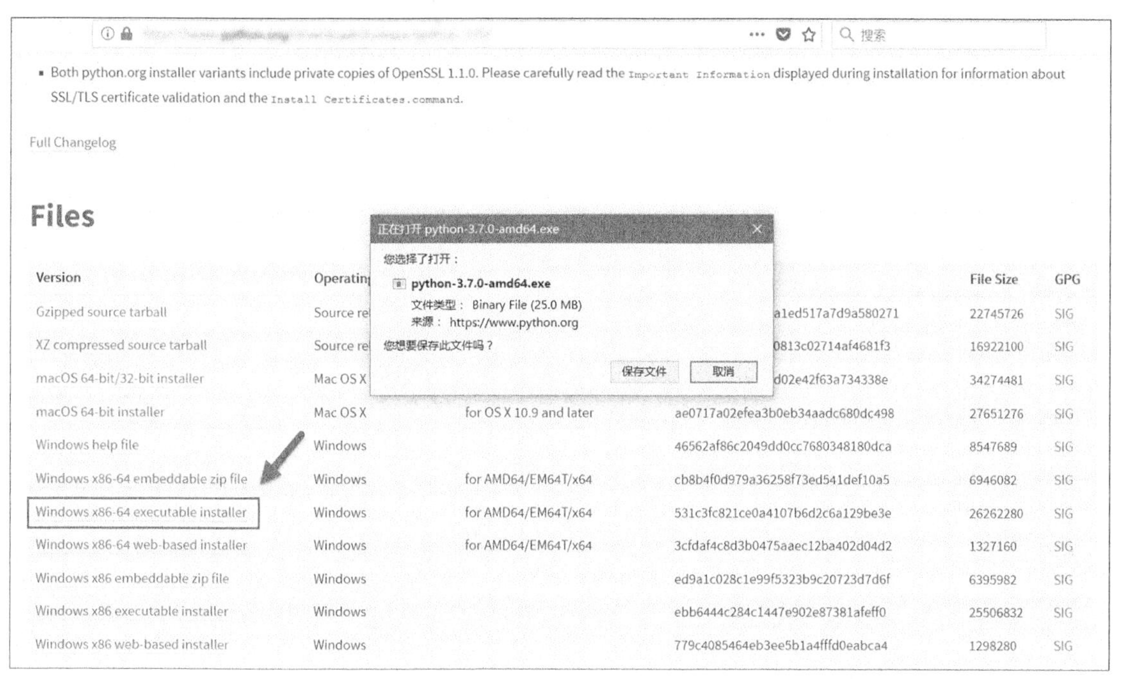

图 1-13　下载 Python 3.7.0 的用于 Windows 64 位版本的安装包

在图 1-10 中，我们可以看到目前可以下载到 2.X.X 和 3.X.X 版本的 Python。然而，是学习 Python 2.X 版本还是学习 Python 3.X 版本，一直以来大家争论不休。这里我们不做讨论，本书建议初学者最好学习 Python 3.X 版本，本书所有的 Python 代码均以 Python 3.7.0 版本为准。

1.3.2　Python 的安装与配置

我们将刚才下载的安装文件 python-3.7.0-amd64.exe 放到了本地的 C 盘根目录下。选中 python-3.7.0-amd64.exe 文件后，右击，从弹出的菜单中选择“以管理员身份运行”菜单项，开始在 Windows 10 操作系统中安装 Python 3.7.0，如图 1-14 所示。

如图 1-15 所示，在打开的 Python 3.7.0 安装界面中选中 Add Python 3.7 to PATH 复选框，从而在 Python 安装完毕后，将 Python 可执行文件的路径添加到 Windows 10 操作系统的 PATH 环境变量中，而后单击 Install Now 选项。

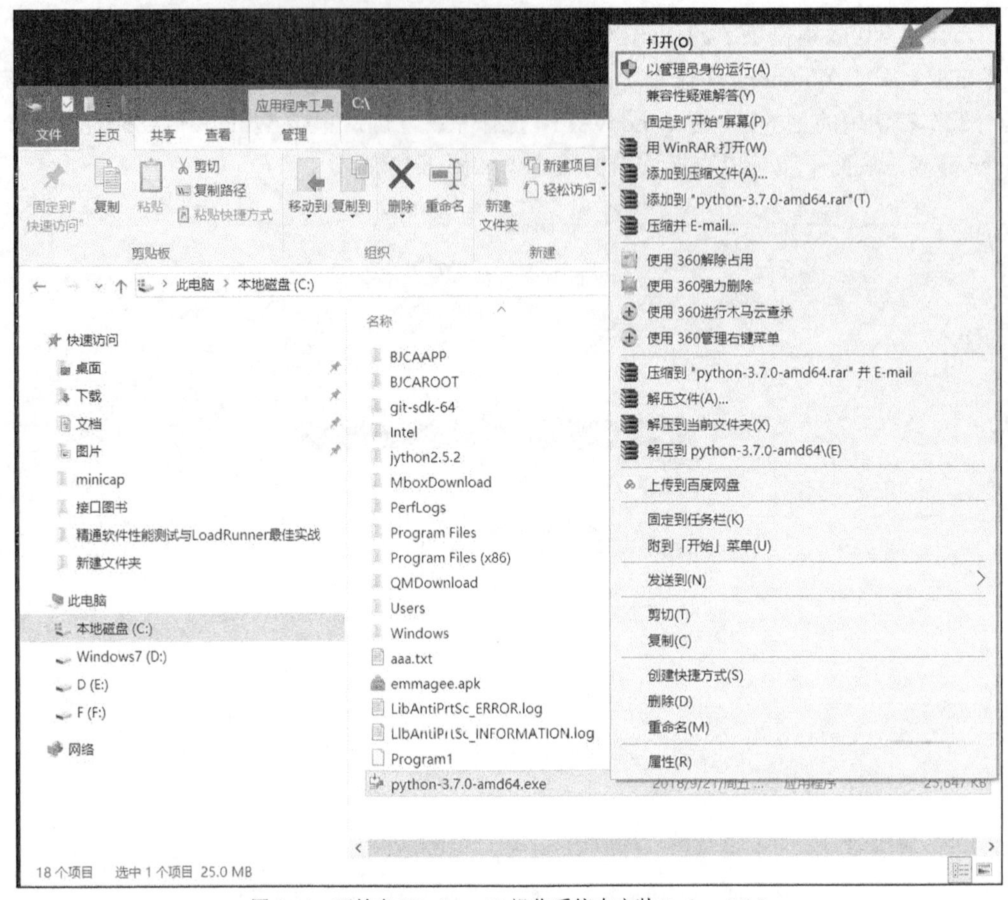

图 1-14　开始在 Windows 10 操作系统中安装 Python 3.7.0

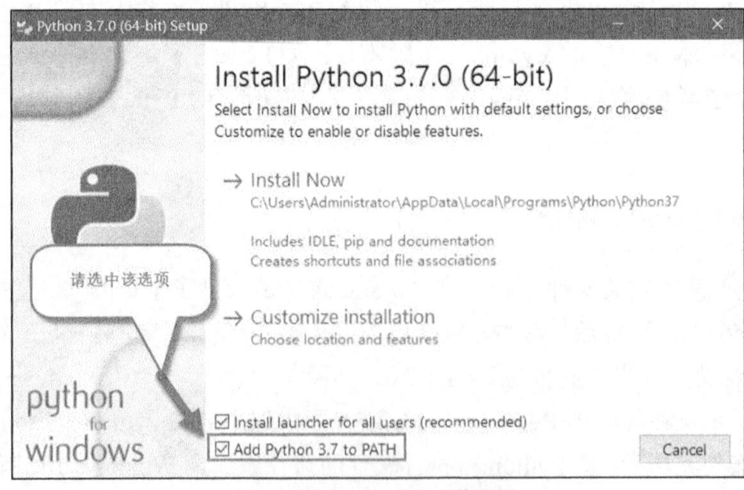

图 1-15　Python 3.7.0 安装界面

如图 1-16 所示，可以查看安装进度。

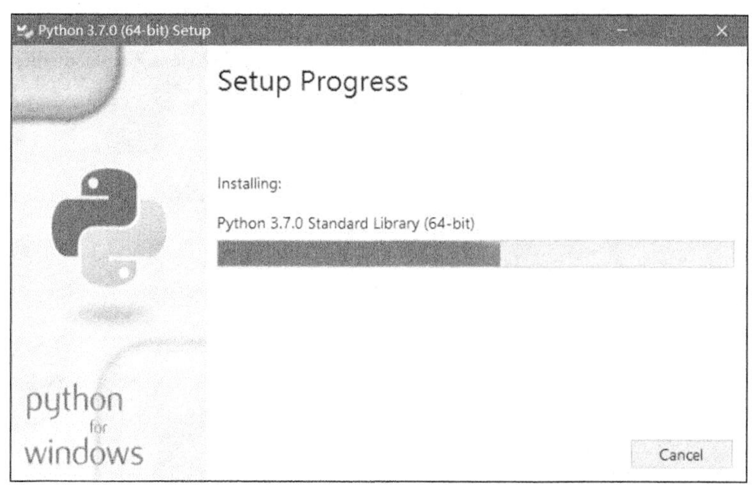

图 1-16　Python 安装进度

如图 1-17 所示，安装完毕后，将提示安装成功。

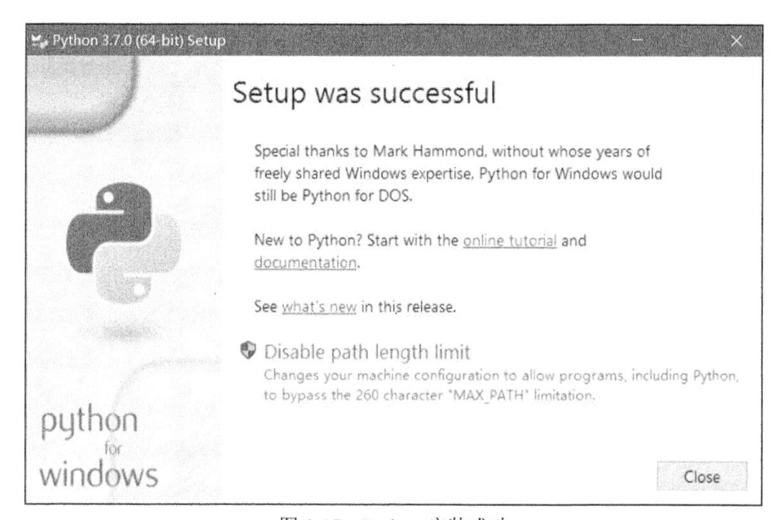

图 1-17　Python 安装成功

接下来，我们可以在 Windows 操作系统的环境变量中，查看是否成功添加了相关的信息。打开“环境变量”对话框，我们可以看到在“Administrator 的用户变量”列表框中，PATH 环境变量中已经出现两项与 Python 相关的内容，如图 1-18 和图 1-19 所示。

Python 3.7.0 安装完之后，可以在“开始”菜单中找到 Python 3.7 程序组的相关信息，如图 1-20 所示。

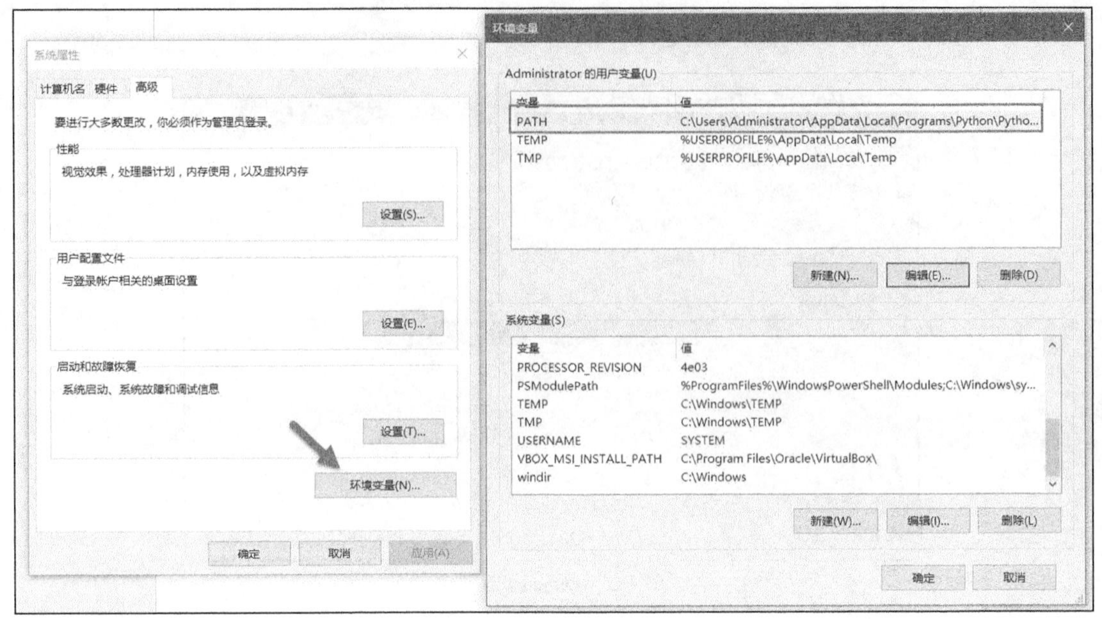

图 1-18　查看 PATH 环境变量

图 1-19　已添加到 PATH 环境变量中的 Python 相关信息

图 1-20　Python 3.7 程序组的相关信息

现在让我们验证一下 Python 3.7.0 是否安装成功。在命令行控制台中执行 python 命令，当出现 Python 3.7.0 的相关信息时，就说明 Python 3.7.0 已经安装成功了，如图 1-21 所示。

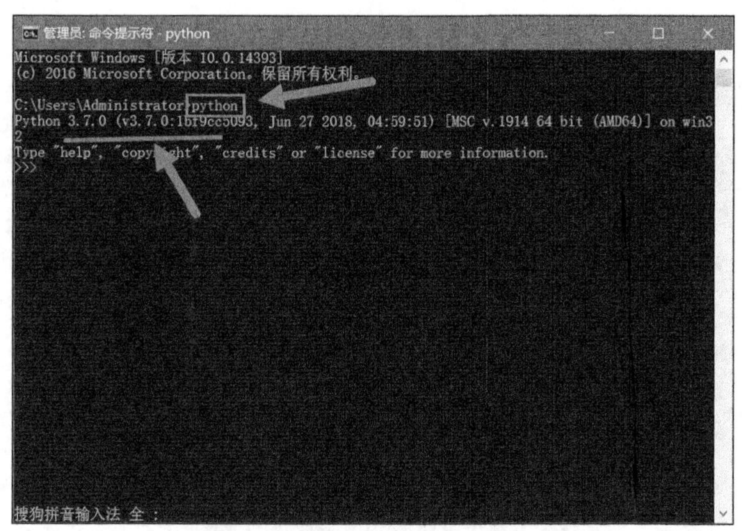

图 1-21 Python 3.7.0 的相关信息

最后，让我们一起来完成第一个 Python 脚本。在图 1-22 中，执行 print('Hello World.')命令，可以看到输出的内容为“Hello World.”。

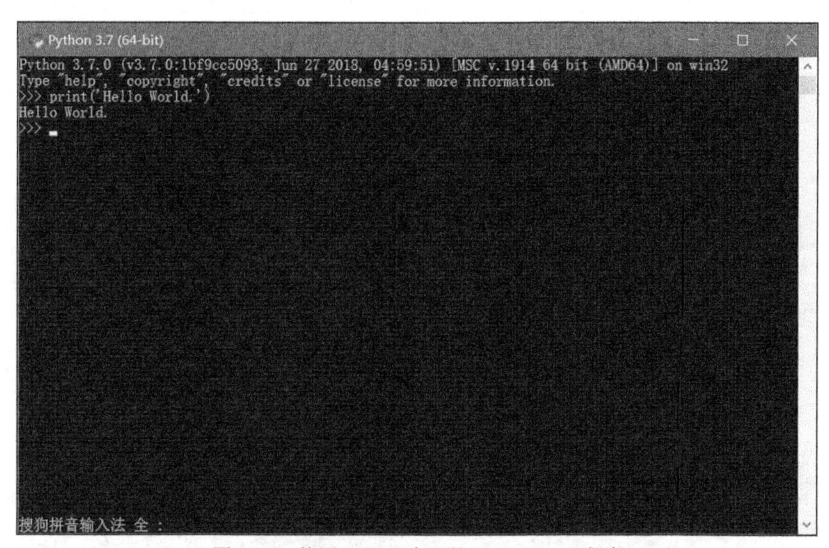

图 1-22 使用 Python 实现的 Hello World 程序

1.4 Python 模块的安装方法

Python 使用 pip 工具来安装包，pip 工具提供了 Python 相关模块的查找、下载、安装和卸载功能。可以通过在命令行控制台中执行 pip list 命令来查看 pip 是否能够成功运行。

pip list 命令用于查看已安装的包，如图 1-23 所示。

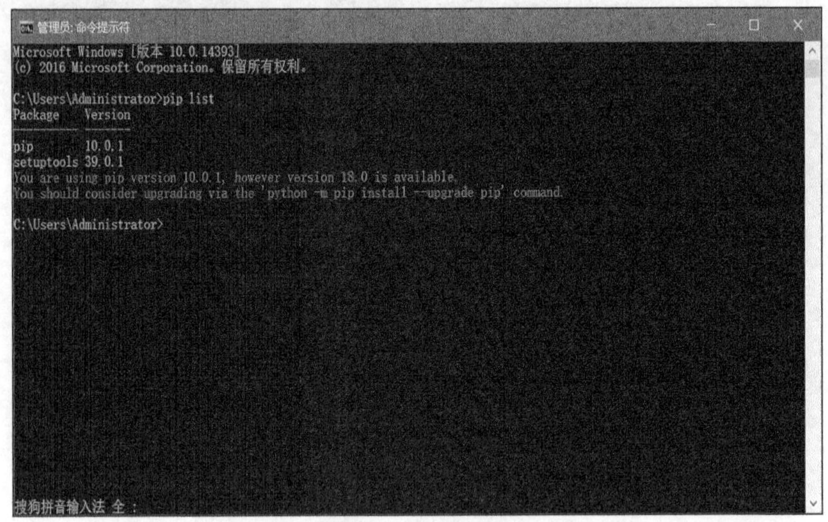

图 1-23　使用 pip list 命令查看已安装的包

系统提示我们目前使用的 pip 版本是 10.0.1，而最新的版本是 18.0。我们可以通过执行 python -m pip install --upgrade pip 命令来升级 pip 工具。

执行 python -m pip install --upgrade pip 命令，我们可以看到系统将自动搜集 pip 的相关信息，卸载 pip 的 10.0.1 版本并安装 18.0 版本，如图 1-24 所示。

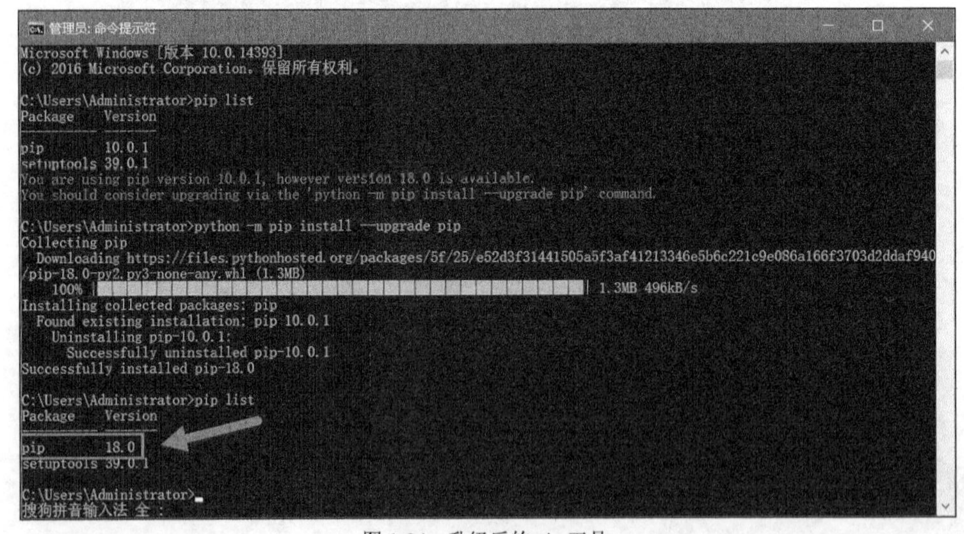

图 1-24　升级后的 pip 工具

pip 工具提供了很多命令和运行参数，你可以通过在命令行控制台中执行 pip help 命令来获取 pip 工具的相关命令和参数信息，如图 1-25 所示。

图 1-25 pip 工具的相关命令和参数信息

经常会用到的 pip 命令参见表 1-1。

表 1-1 经常会用到的 pip 命令

常用 pip 命令	简要说明
pip list	列出已安装的包
pip list --outdated	检测需要更新的包，列出当前包的版本信息和目前最新包的版本信息等内容
pip install --upgrade packagename	升级指定的包，比如升级 pip 工具，可以执行 pip install --upgrade pip 命令
pip install packagename	在线安装指定的包，前提是能够访问互联网
pip install filename	安装本地的包，如 pip install C:\scikit.whl
pip install packagename ==版本号	安装指定版本的包，如 pip install keras==2.1.0
pip uninstall packagename	卸载指定的包
pip show -f packagename	显示包所在的目录
pip search keywords	搜索包，如 pip search pip

Python 编程语言被称为“调包侠”，这说明第三方为我们提供了丰富的模块。读者可以安装这些第三方包，这些包提供了很多模块供我们调用。Python 本身也内置了一些模块，我们

把内置的这些模块叫作原生模块，但是它们提供的功能是有限的。本书主要讲解接口测试方面的知识，后面我们在讲解如何利用 Python 编程语言发送 HTTP 请求时，就会用到一些非常优秀的第三方模块，如 requests 模块。requests 模块是非 Python 原生模块，所以需要使用 pip 工具安装后才能调用。如果不安装 requests 模块就直接进行调用，将会显示图 1-26 所示的错误信息。

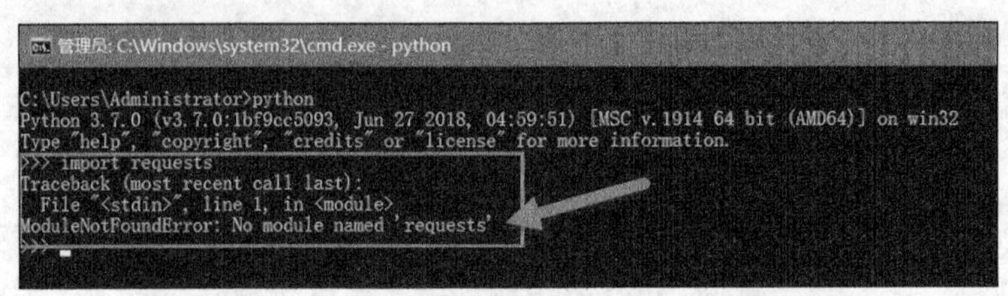

图 1-26　未安装 requests 模块就直接调用产生的错误信息

下面我们首先通过 pip 工具安装 requests 模块，然后再进行调用，具体步骤如下。

（1）安装 requests 模块。为此，输入 exit()以退出 Python 环境，然后输入 pip install requests 以在线安装 requests 模块，如图 1-27 所示。

（2）导入 requests 模块。requests 模块安装完毕后，在命令行控制台中输入 python 以进入 Python 环境，接下来输入 import requests 以导入 requests 模块，我们发现这一次不报错了，这说明已成功安装requests模块，可以直接调用requests模块提供的相关对象方法了。关于requests 模块包含了哪些对象方法可供调用，它们又是怎样调用的，我们将在后续章节中详细介绍，这里不再赘述。

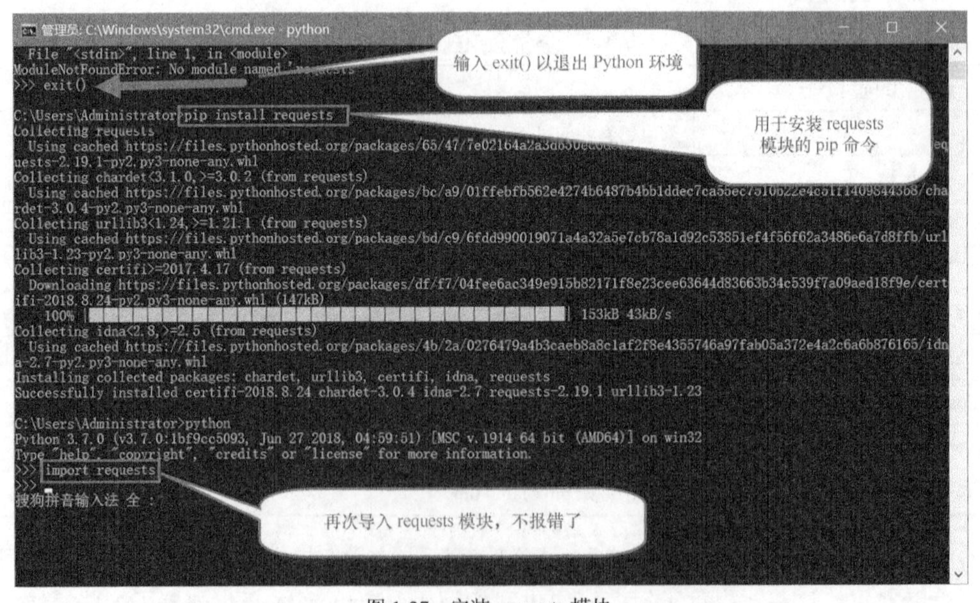

图 1-27　安装 requests 模块

1.5 Python IDE——PyCharm 的安装与配置

在前面的章节中，我们通常直接在 Python 环境中输入脚本语句来运行，这就要求我们必须非常熟悉 Python 环境的各个类以及每个类提供的方法，任何一个小的错误都将导致脚本不能正常运行。脚本出错后，脚本的调试非常不方便，这不便于解决问题。那么有没有适用于 Python 的集成开发环境（IDE）呢？回答是肯定的。“工欲善其事，必先利其器”，一款好的 IDE 可以让编码变得更加简单，同时能提升我们的工作效率。本节将要介绍的 Python IDE——PyCharm 具有如下特点。

- 代码自动补全，参数提醒，各个类的方法都需要输入哪些参数，它们是什么类型的，有了 IDE，开发人员就再也不用为这些事犯愁了，这无疑降低了记忆难度并提升了代码的输入速度。
- 关键字突出显示，代码得到格式化，这无疑让代码的层次结构更加清晰、明确。
- 支持单步执行、断点等调试手段，这使得脚本的调试更加方便，效率更高。

PyCharm 的优点太多了，这里不再赘述，要想了解更多信息，可访问 JetBrains 网站。

PyCharm 在编写本书时的最新版本是 PyCharm 2018，但作者结合自己的体验觉得 PyCharm 2016 更适合自己，所以本书使用的是 PyCharm 2016，请读者自行完成 PyCharm 2016 的下载。

这里我们将下载的 PyCharm 安装文件 PyCharm-professional-2016.3.3.exe 放到了本地的 C 盘根目录下。

选中 PyCharm-professional-2016.3.3.exe 文件后，右击，从弹出的菜单中选择“以管理员身份运行”菜单项，开始在 Windows 10 操作系统中安装 PyCharm 2016，如图 1-28 所示。

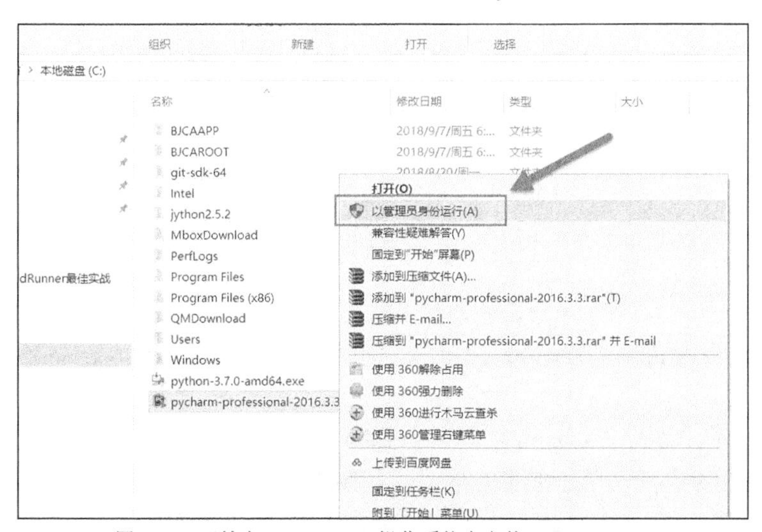

图 1-28　开始在 Windows 10 操作系统中安装 PyCharm 2016

在打开的安装向导中单击 Next 按钮，如图 1-29 所示。

如图 1-30 所示，可以通过单击 Browse 按钮来修改 PyCharm 的安装路径，这里我们不做变更，单击 Next 按钮。

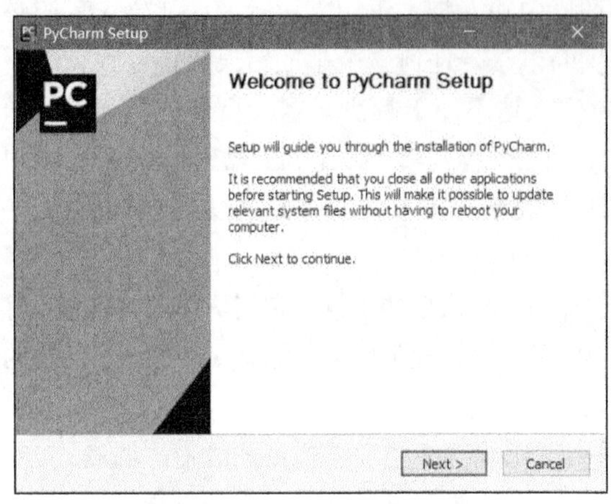

图 1-29　进入 PyCharm 安装向导

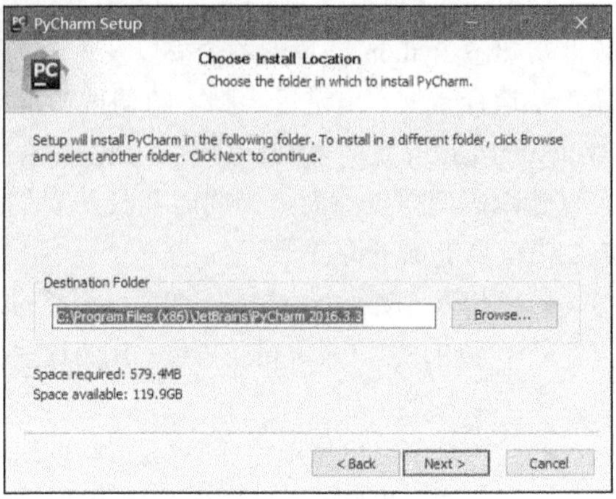

图 1-30　设置 PyCharm 安装路径

如图 1-31 所示，由于作者使用的是 64 位的 Windows 操作系统，因此选中 64-bit launcher 复选框以创建桌面快捷方式并关联.py 文件，单击 Next 按钮。

如图 1-32 所示，这里的设置不做变更，单击 Install 按钮。

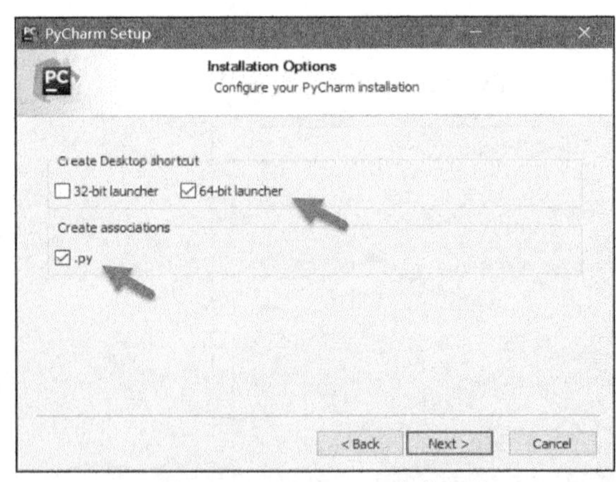

图 1-31　设置 PyCharm 安装选项

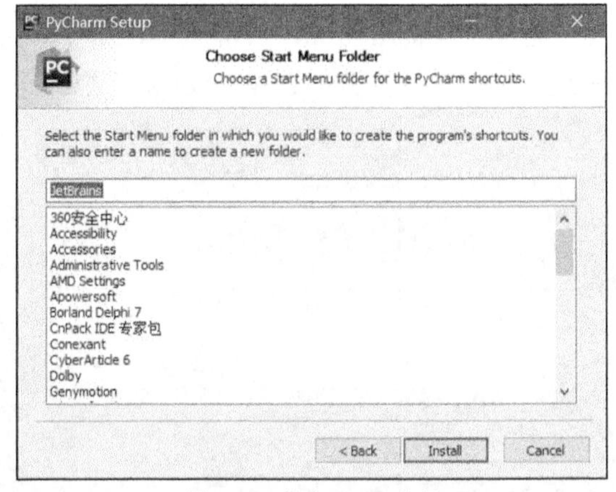

图 1-32　单击 Install 按钮

如图 1-33 所示，等待 PyCharm 往硬盘上复制文件。

PyCharm 安装完之后，单击 Finish 按钮，如图 1-34 所示。

如图 1-35 所示，PyCharm 安装完之后，系统将会生成相应的桌面快捷方式和程序组。

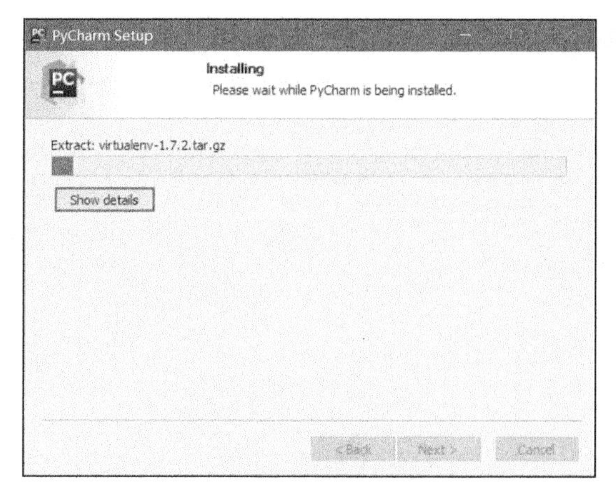

图 1-33　等待 PyCharm 往硬盘上复制文件

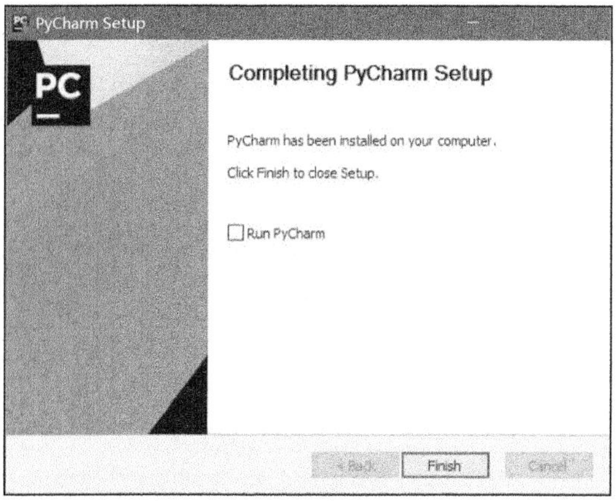

图 1-34　PyCharm 安装完毕

图 1-35　生成的 PyCharm 桌面快捷方式和程序组

1.6　使用 PyCharm 完成第一个 Python 项目

本节介绍如何使用强大的 PyCharm 来编写与运行 Python 项目。

双击桌面上的 JetBrains PyCharm 2016.3.3(64)快捷方式，在弹出的对话框中，选中 I do not have a previous version of PyCharm or I do not want to import my settings 单选按钮（见图 1-36），指定不导入自己的设置，然后单击 OK 按钮。

如图 1-37 所示，要激活 PyCharm，选中 Activate 单选按钮。

如图 1-38 所示，根据个人对 IDE 的使用喜好进行选择，这里我们不做修改，单击 OK 按钮。

如图 1-39 所示，单击 Create New Project 选项，创建一个新的项目。

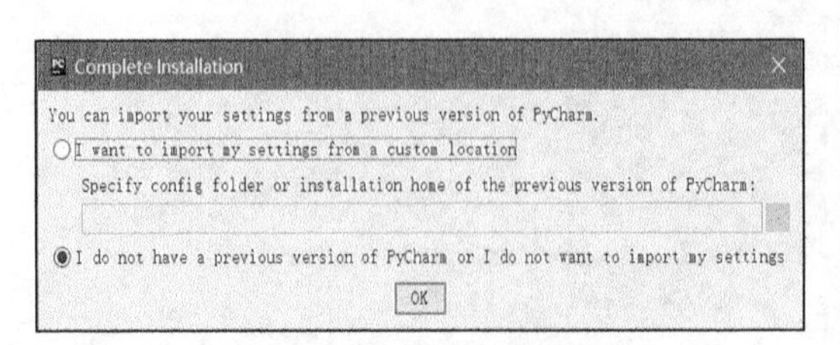

图 1-36　选中 I do not have a previous version of PyCharm or I do not want to import my settings 单选按钮

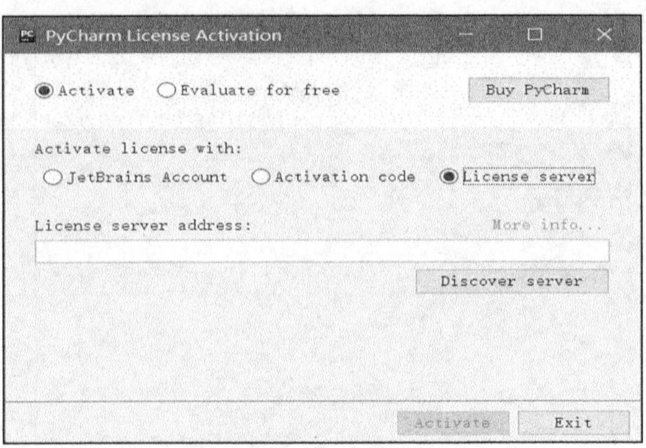

图 1-37　激活 PyCharm

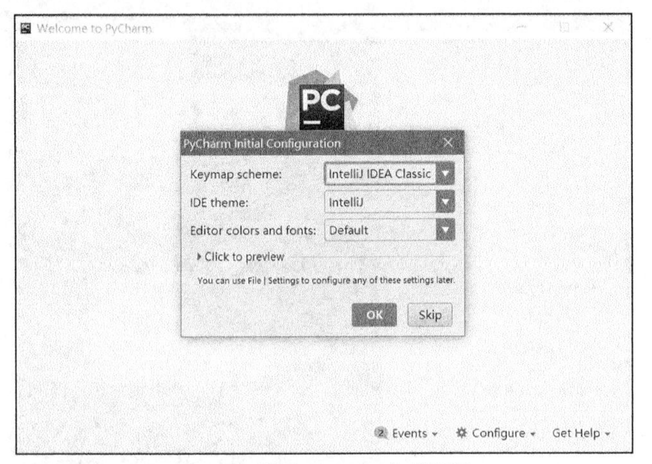

图 1-38　进行 PyCharm 初始配置

图 1-39　单击 Create New Project 选项

如图 1-40 所示，在打开的对话框中，从左侧列表中选择 Pure Python 选项，在右侧的 Location

文本框中添加项目的保存路径和名称，这里我们将项目保存到 C:\Users\Administrator\PycharmProjects 目录下，项目的名称为 FirstPrj，使用的解释器为 C:\Users\Administrator\AppData\Local\Programs\Python\Python37\Python.exe。如果您在系统中安装了多个版本的 Python，那么可以单击后面的配置按钮，添加需要的解释器。感兴趣的读者可以自行尝试，这里不再过多赘述。

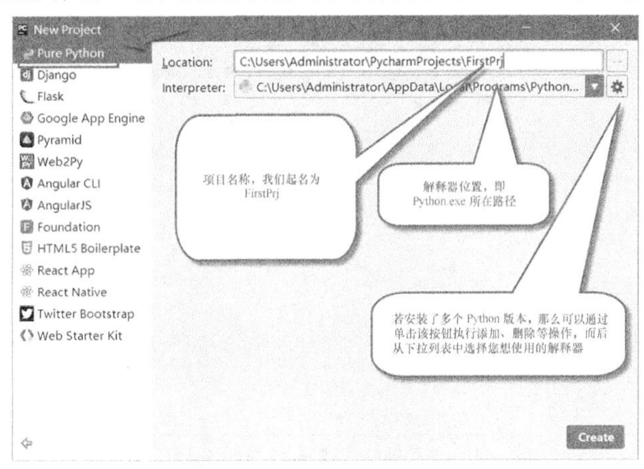

图 1-40 配置新建的项目

单击 Create 按钮，创建 FirstPrj 项目。如图 1-41 所示，系统弹出一个对话框，请取消选中 Show Tips on Startup 复选框，而后单击 Close 按钮。

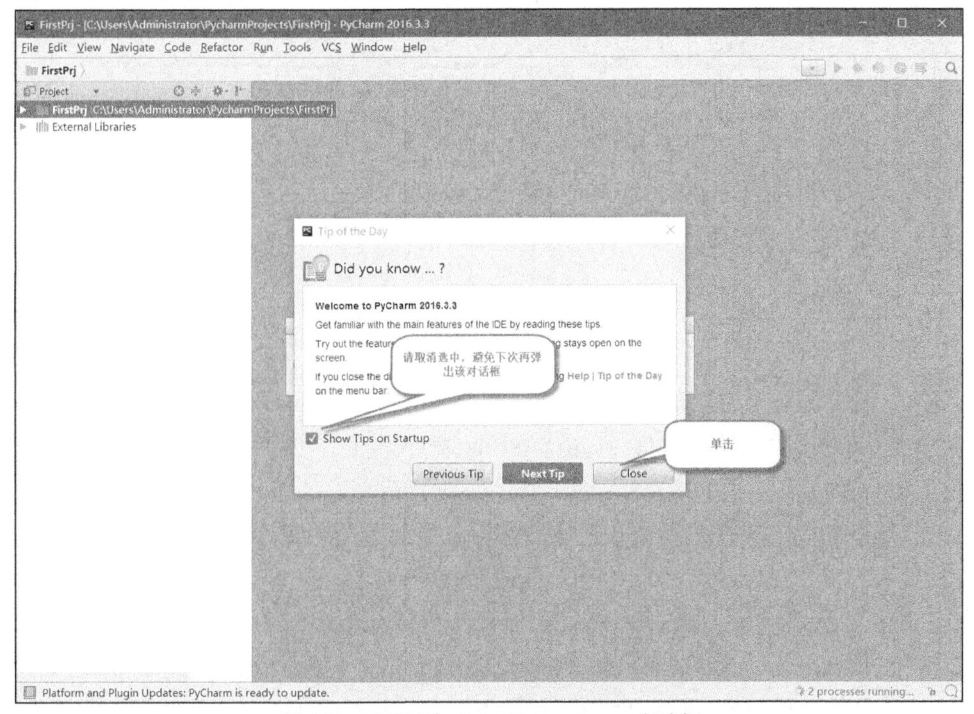

图 1-41 取消选中 Show Tips on Startup 复选框

如图 1-42 所示，在创建了 FirstPrj 项目后，右击 FirstPrj 项目，从弹出的菜单中选择 New→Python File 以创建 Python 模块文件。

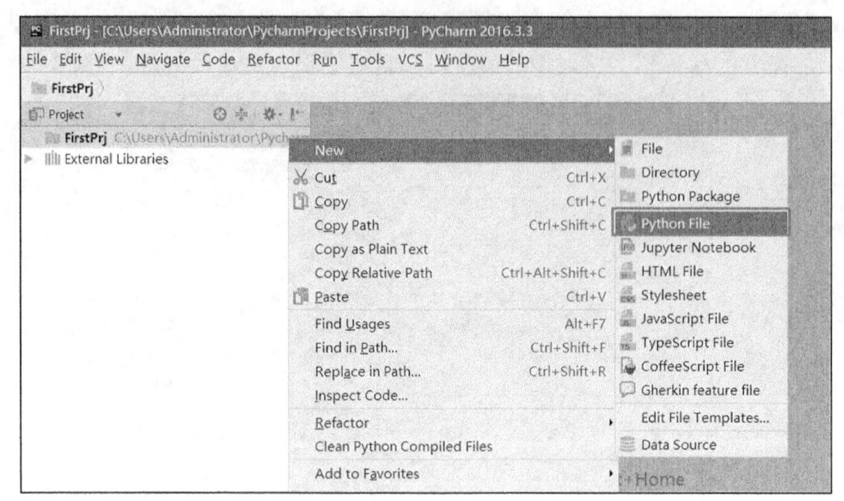

图 1-42 为 FirstPrj 项目创建 Python 模块文件

如图 1-43 所示，这里将新建的 Python 模块文件命名为 Helloworld，单击 OK 按钮，即可创建名为 Helloworld.py 的 Python 模块文件。

接下来我们创建一个经典的初学者脚本。在 Helloworld.py 中输入如下脚本信息：

```
print('这是我的第一个脚本：')
print('Hello World.')
```

当我们输入 print 时，PyCharm 会自动补全 print 函数并弹出相关参数，如图 1-44 所示。

图 1-43 命名新建的 Python 模块文件

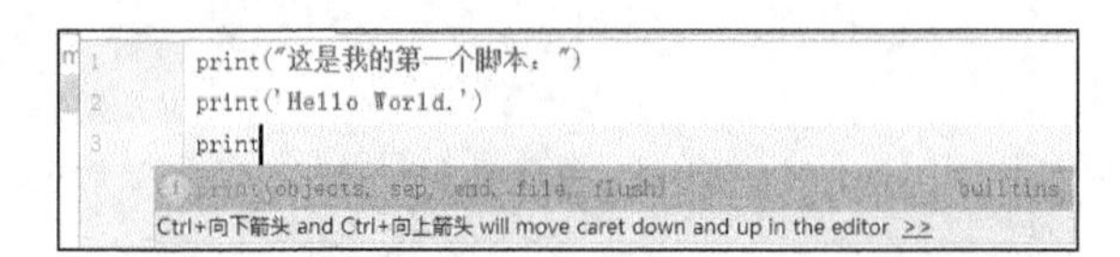

图 1-44 PyCharm 自动补全 print 函数并弹出相关参数

接下来，我们想看一看脚本的执行结果，那么如何运行 Helloworld.py 脚本呢？

从 PyCharm 工具的菜单栏中选择 Run→Run 命令，而后在弹出的子菜单中选择我们想要运行的 Helloworld 模块，如图 1-45 所示。

让我们一起来看一下 Helloworld 模块的执行结果，如图 1-46 所示。

在图 1-46 中，上方是两行脚本代码，下方是输出结果。下方的第一行为实际执行的命令行指令，您可以清楚地看到执行的是 C:\Users\Administrator\AppData\Local\Programs\Python\Python37\Python.exe C:/Users/Administrator/PycharmProjects/FirstPrj/Helloworld.py 这条指令。同样，您也可以通过打开命令行控制台来执行这条指令，看看输出结果是否一致。下面让我们来试一试，将这条指令粘贴到命令行控制台并执行，发现执行结果与 PyCharm 中的执行结果完全一致，如图 1-47 所示。

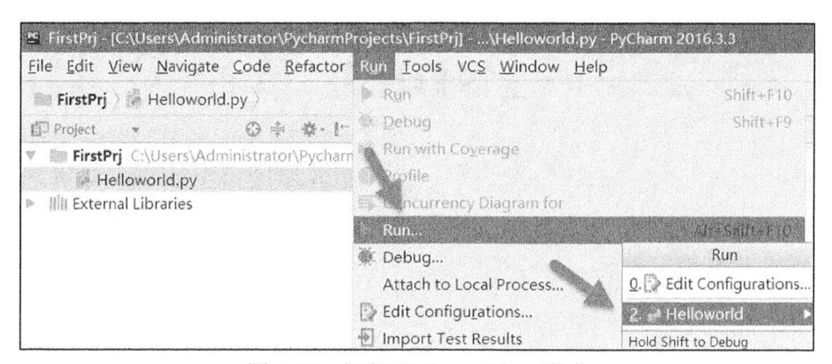

图 1-45　运行 Helloworld.py 脚本

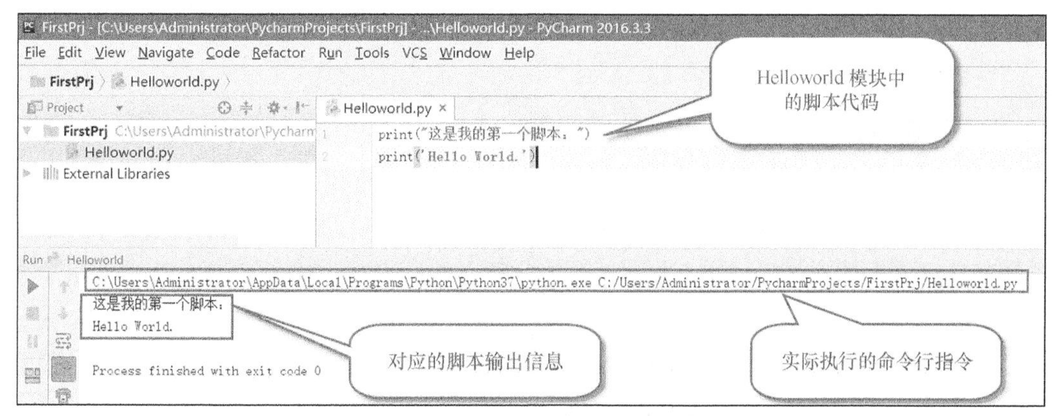

图 1-46　Helloworld 模块的执行结果

图 1-47　命令行控制台方式下的执行结果

至此，我们一起完成了一个简单的 Python 项目。

第 2 章　Python 基础知识

2.1 IDLE——Python 自带的 IDE

第 1 章介绍的 PyCharm 是一款重量级的、功能强大的 Python IDE，但有的时候，如果我们可能只是想要执行一些简单的语句测试，就没有必要使用 PyCharm 了，使用 Python 自带的 IDLE 工具就可以了。

打开“开始”菜单，通过 PyCharm 程序组中的 IDLE(Python 3.7 64-bit)菜单项启动 IDLE，如图 2-1 所示。启动后的 IDLE 如图 2-2 所示。

图 2-1　从“开始”菜单中启动 IDLE

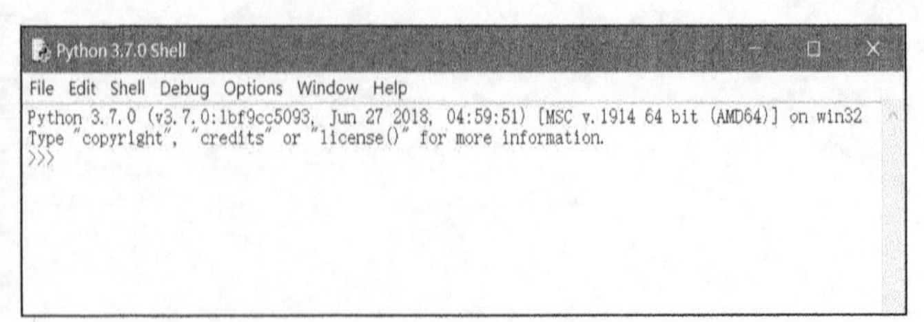

图 2-2　启动后的 IDLE

在>>>的后面可以直接输入想要执行的 Python 脚本代码，这里假设我们想要输出“Hello world.”，脚本及执行结果如图 2-3 所示。

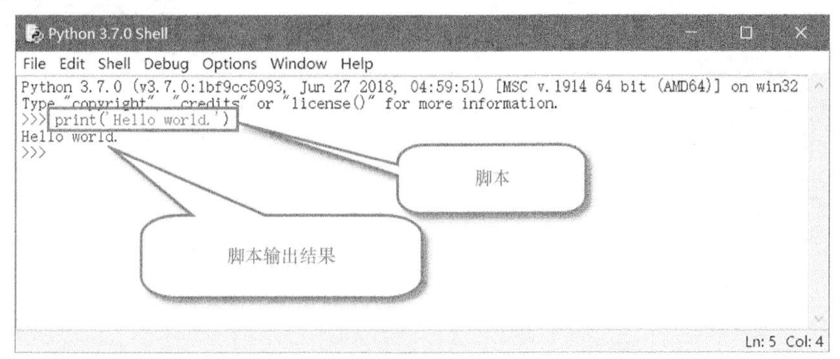

图 2-3　使用 IDLE 编写的第一个脚本及其输出

使用 IDLE 还可以创建脚本文件。选择 File→New File 菜单项，创建脚本文件，如图 2-4 所示。

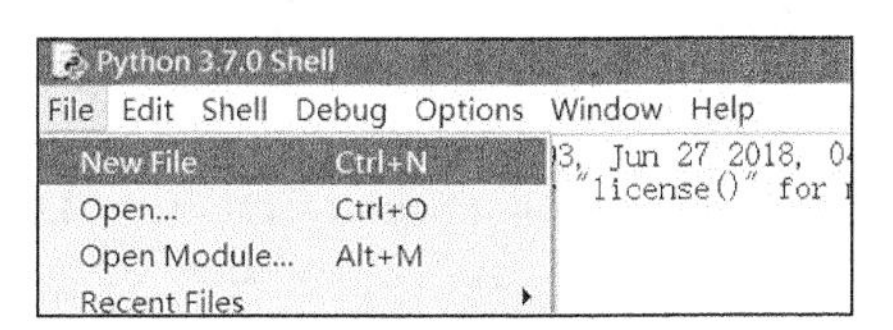

图 2-4　创建脚本文件

在新建的脚本文件中输入三行用于输出的代码，如图 2-5 所示。

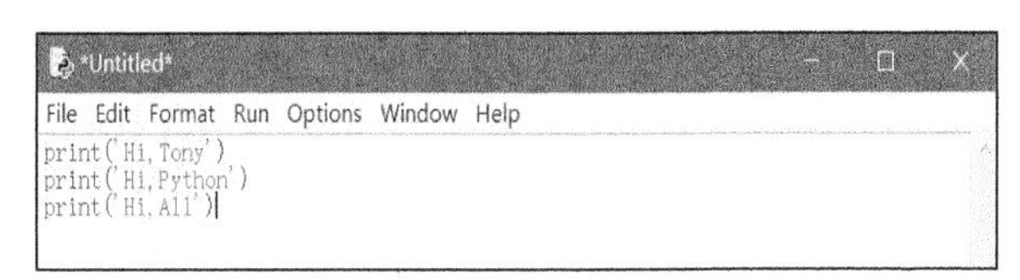

图 2-5　输入三行代码

接下来，选择 File→Save 菜单项，将新建的脚本文件另存为 test.py，保存路径为 C:\Users\Administrator\AppData\Local\Programs\Python\Python37\test.py，如图 2-6 所示。

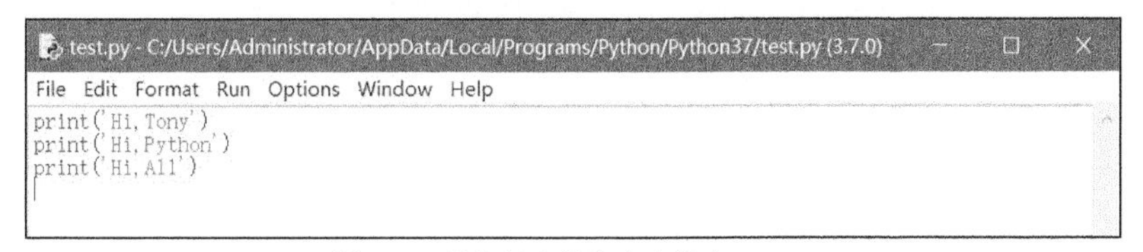

图 2-6　另存新建的脚本文件为 test.py

选择 Run→Run Module 菜单项就可以运行 test.py 脚本文件，系统将自动切换到 IDLE 应用界面，执行 test.py 脚本文件并显示执行结果，如图 2-7 所示。

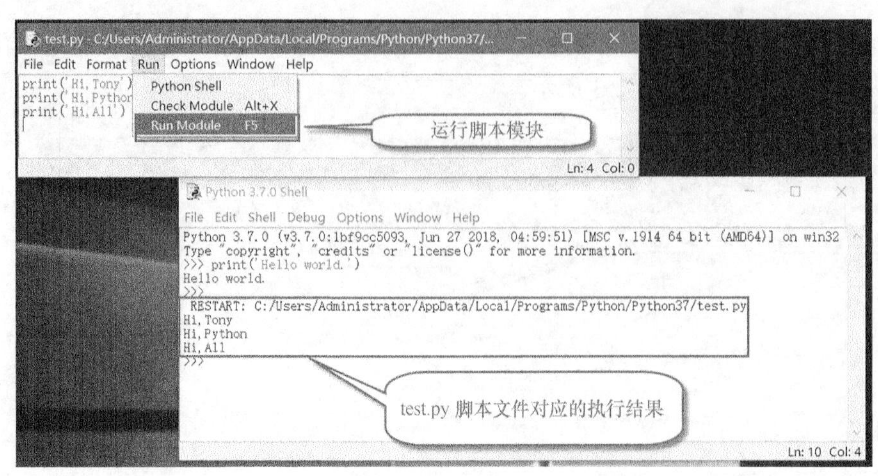

图 2-7　执行 test.py 脚本文件并显示执行结果

2.2 Python 相关术语

通过学习 2.1 节，相信读者一定掌握了 Python IDE——IDLE 的用法，本节介绍 Python 的相关知识。因为需要编写的代码不多，所以我们主要使用 IDLE 来完成相关脚本的编写与执行。

2.2.1　变量

很多读者因为上大学的时候没有学好 C、Fortran 等编程语言，抑或因为从未接触过编程语言，而对学习编程语言充满恐惧。读者其实大可不必。“不积跬步，无以至千里；不积小流，无以成江海”。在学习一门编程语言时，读者首先需要掌握一些专业术语。本节从“变量”开始介绍。

从字面上理解，“变量”用来存储之后可能会发生变化的一些值。在 Python 中，变量的名称必须是大小写英文字母、数字或下画线的组合，不能以数字开头，并且变量的名称是区分大小写的。

为变量赋值的语法是“变量的名称 = 需要赋予的值”。

下面列举几个合法的变量命名及赋值示例：

```
Teacher='Tony'
teacher=123
teacher='王老师'
all=1+2
姓名='于涌'
_var='123456'
No1='964591'
Num尾数='未知'
```

它们在 IDLE 中的执行结果如图 2-8 所示。

```
Python 3.7.0 Shell
File  Edit  Shell  Debug  Options  Window  Help
Python 3.7.0 (v3.7.0:1bf9cc5093, Jun 27 2018, 04:59:51) [MSC v.1914 64 bit (AMD6
4)] on win32
Type "copyright", "credits" or "license()" for more information.
>>> Teacher='Tony'
>>> teacher=123
>>> teacher='王老师'
>>> all=1+2
>>> 姓名='于涌'
>>> _var='123456'
>>> No1='964591'
>>> Num尾数='未知'
>>>
Ln: 11  Col: 4
```

图 2-8　执行结果

上面的脚本有一个问题，就是我们不知道最后的赋值是不是预期的结果，比如：

```
Teacher='Tony'
teacher=123
teacher='王老师'
all=1+2
```

也许很多读者对这 4 条语句的执行结果感到好奇，teacher 变量最后的值到底是什么呢？

我们简单分析一下这 4 条语句。首先，我们应明确这 4 条语句其实包含 3 个变量——Teacher、teacher 和 all。这里初学者最容易误解的一个地方就是：Teacher 和 teacher 尽管是同一个单词，但由于 Python 是区分大小写的，因此它们是两个不同的变量。其次，all=1+2 是将 1+2 这个表达式赋给了 all 变量，也就是将 3 赋给 all 变量。teacher 变量第 1 次被赋值为 123，第 2 次被赋值为'王老师'，所以最后的值应该是'王老师'，那么实际的结果是不是这样呢？我们可以使用 print()函数将这 3 个变量输出，看看它们的值分别是什么。为便于操作，这里将语句放入 test.py 文件，其中的内容如下：

```
Teacher='Tony'
teacher=123
teacher='王老师'
all=1+2
print(Teacher)
print(teacher)
print(all)
```

执行结果如图 2-9 所示，与我们预期的完全一致。

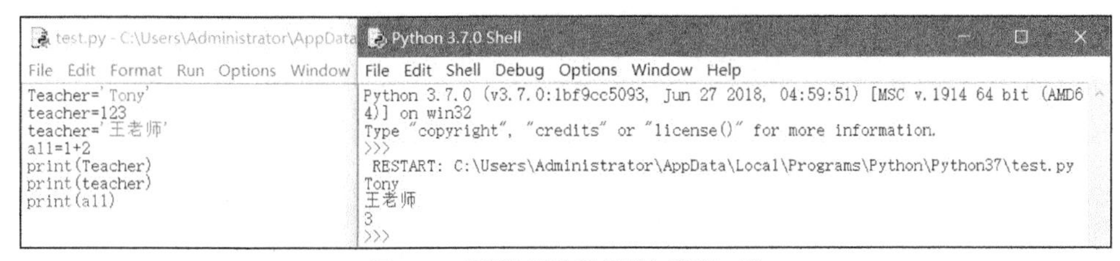

图 2-9　观察执行结果是否与预期一致

Python 支持汉字变量和下画线，所以像“姓名”、_var、No1、“Num 尾数”这样的变量都是允许的。我们可以将这些变量的值输出，结果如图 2-10 所示。

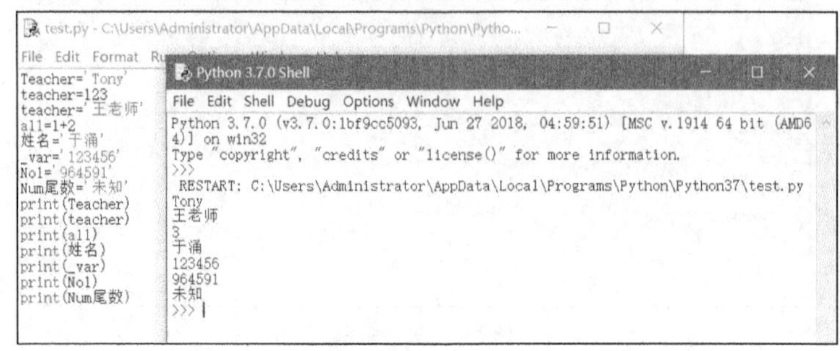

图 2-10 输出变量的值

前面介绍了一些正确的变量命名及赋值示例，那么如果我们定义了一些非法变量，Python 会输出一些错误消息吗？下面让我们一起来看一下，假设要创建一个名称以数字开头的非法变量，如 `234abc=123456`。

如图 2-11 所示，当定义一个非法变量时，IDLE 会添加底色以突出显示该变量，同时给出错误消息 `SyntaxError: invalid syntax`。

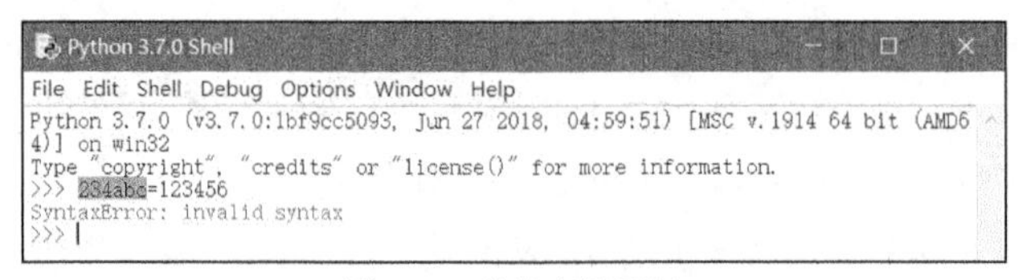

图 2-11 非法变量示例

此外，对于 Python 使用的一些关键字，比如 in、for、continue、break、def 等，不允许再使用它们作为变量名。

Python 所有的关键字包括 False、None、True、and、as、assert、async、await、break、class、continue、def、del、elif、else、except、finally、for、from、global、if、import、in、is、lambda、nonlocal、not、or、pass、raise、return、try、while、with、yield。

如果使用这些关键字作为变量的名称，系统将输出图 2-12 所示的错误信息。同时，IDLE 会添加底色以突出显示这些非法变量，并给出错误消息 `SyntaxError: invalid syntax`。

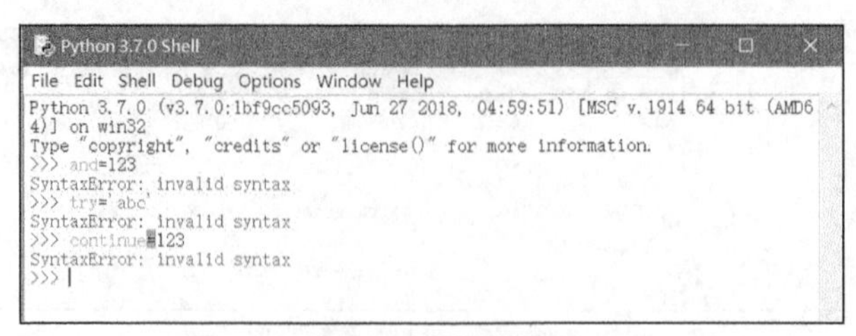

图 2-12 错误消息

还有一点需要注意，在对变量进行命名时，变量名不能包含空格，比如 abc=456 就是非法的。

2.2.2 数据类型

世界万物都有自己的类型和属性。拿我们人来说，人类尽管存在个体差异，但是我们拥有共同的属性，比如每个人都有眼睛、耳朵、嘴巴、鼻子、四肢等部位。再以蔬菜里的豆芽为例，豆芽一般由豆子生出来，并且通常由一个大大的“脑袋”和一条细长的“尾巴”构成。程序设计语言也由一些不同的数据类型（比如字符串类型、数值类型、布尔类型等）构成。

1. 字符串类型

字符串是由数字、字母、下画线等组成的一串文本，比如“123456789”“于涌”“Python 3.7.0”“你最棒!!!”“_abc1334”“?abcdef1234*”等都是合法的字符串。有的读者可能会反问：“123456789 不是一个数字吗？”对，123456789 是一个数字，但是如果把它用单引号或双引号括起来，它就变成字符串了，如图 2-13 所示。

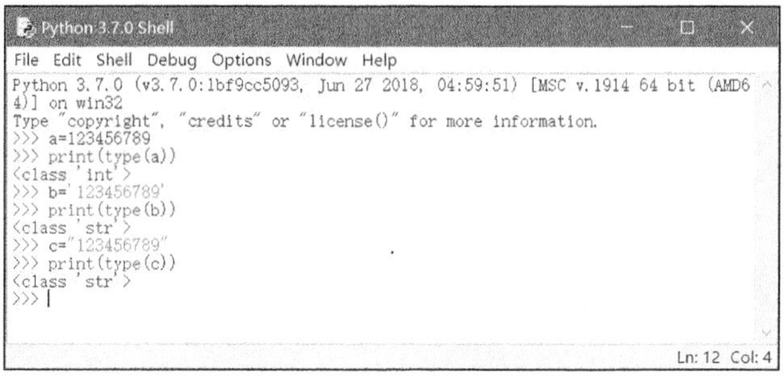

```
Python 3.7.0 Shell
File Edit Shell Debug Options Window Help
Python 3.7.0 (v3.7.0:1bf9cc5093, Jun 27 2018, 04:59:51) [MSC v.1914 64 bit (AMD6
4)] on win32
Type "copyright", "credits" or "license()" for more information.
>>> a=123456789
>>> print(type(a))
<class 'int'>
>>> b='123456789'
>>> print(type(b))
<class 'str'>
>>> c="123456789"
>>> print(type(c))
<class 'str'>
>>> |
Ln: 12 Col: 4
```

图 2-13 比较字符串变量和整型变量的输出

这里我们使用了 type()函数，type()函数的作用是返回传入的参数的类型。

```
a=123456789
print(type(a))
```

上述语句将整数 123456789 赋给变量 a，而后打印变量 a 的类型，返回的结果信息为<class 'int'>。其中，class 是类的意思，而 int 表示整型。也就是说，变量 a 的类型为整型。

```
b='123456789'
print(type(b))
```

上述语句将'123456789'赋给了变量 b，而后输出变量 b 的类型，返回的结果信息为<class 'str'>。其中，class 是类的意思，str 是英文 string 的前 3 个字符，表示字符串类型。也就是说，变量 b 为字符串类型。

```
c="123456789"
print(type(c))
```

上述语句将"123456789"赋给了变量 c，而后输出变量 c 的类型，返回的结果信息为<class

'str'>，这表示变量 c 为字符串类型。

由此可以看出，'123456789'和"123456789"都是字符串。另外，可以对两个字符串执行拼接操作，即便是两个数字字符串。

如图 2-14 所示，当将两个字符串相加时，执行的是拼接操作。比如，a = '123' + '678'，结果为'123678'；b= 'a12345' + 'cccc'，结果为'a12345cccc'。但是，在将两个整型数相加时，执行的是加法操作，比如 c= 123 + 678，结果为 801。

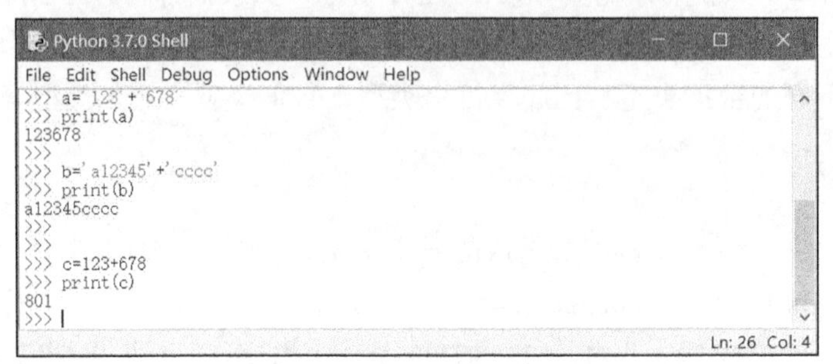

图 2-14　字符串拼接与整型数的相加

对于字符串类型，这有一个地方需要注意，就是字符串中转义字符(\)的处理。

下面给读者出一道题，请读者说出下面这条语句的输出结果。

```
print ("c:\nows")
```

一些读者可能会说："当然是 c:\nows 了。"那么事实如何呢？让我们一起来看一下实际的输出结果，如图 2-15 所示。

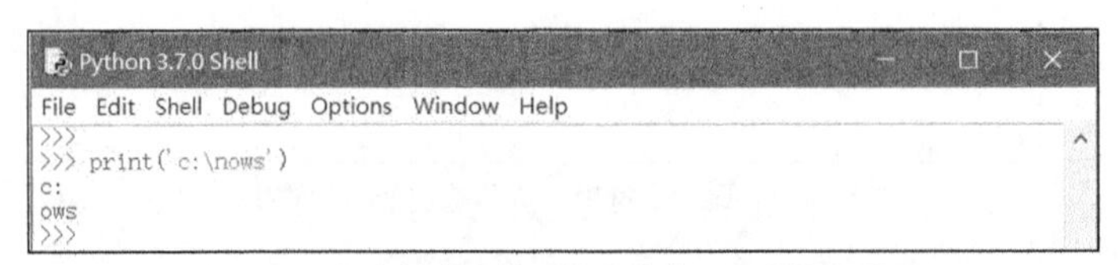

图 2-15　包含转义字符(\)的字符串示例的输出结果

输出结果怎么和预期不一致呢？这是因为\n 恰好是换行符，参见表 2-1。需要注意的是，在输出、定义、使用字符串变量时，我们一定要注意规避这类情况，除非已经知道并且想要达到这种效果。

表 2-1　经常需要用到的一些转义字符

转义字符	简要说明
\a	响铃符（BEL）
\b	退格符（BS），将当前位置移到前一列
\f	换页符（FF），将当前位置移到下一页开头
\n	换行符（LF），将当前位置移到下一行开头

续表

转义字符	简要说明
\r	回车符（CR），将当前位置移到本行开头
\t	水平制表符（HT），跳到下一个制表符
\v	垂直制表符（VT）
\\	代表一个反斜杠字符
\'	代表一个单引号字符
\"	代表一个双引号字符
\?	代表一个问号
\0	空（NULL）字符

那么有没有什么办法可以正确输出“c:\nows”这个字符串呢？

当然有，而且有两种方式：使用\\对\进行转义，或者在包含转义字符\的字符串的前面加上 r。下面让我们一起来看一下这两种方式的输出结果，如图 2-16 所示。

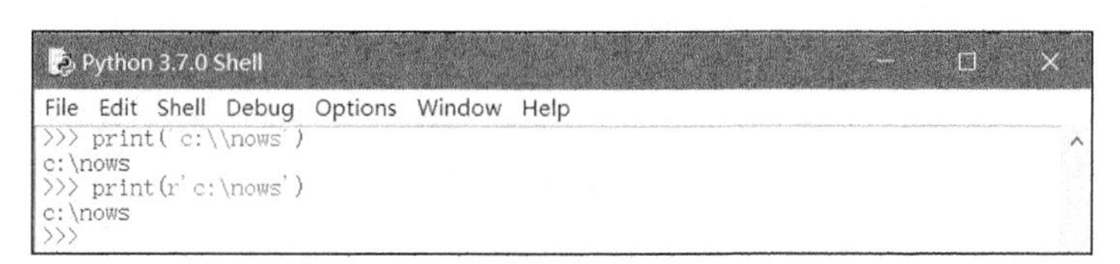

图 2-16　用来解决包含转义字符的字符串问题的两种方式

有时候，字符串的内容非常多，比如，要输出一首唐诗，Python 是否可以做到呢？Python 提供了“三重引号+内容”的方式来解决这个问题。这里以输出王之涣的《登鹳雀楼》为例，Python 脚本信息如下：

```
poem="""

        登鹳雀楼

白日依山尽，黄河入海流。
欲穷千里目，更上一层楼。"""

print(poem)
```

如图 2-17 所示，输出结果几乎保留了这首诗的原始风格。

2. 数值类型

数值类型主要包括整型和浮点型。123、56789、88、−222、−100 等都是整型数。浮点数就是包含小数点的数字，123.01、−888.88、3.1415926 等都是浮点数。

下面举一个例子，如图 2-18 所示。

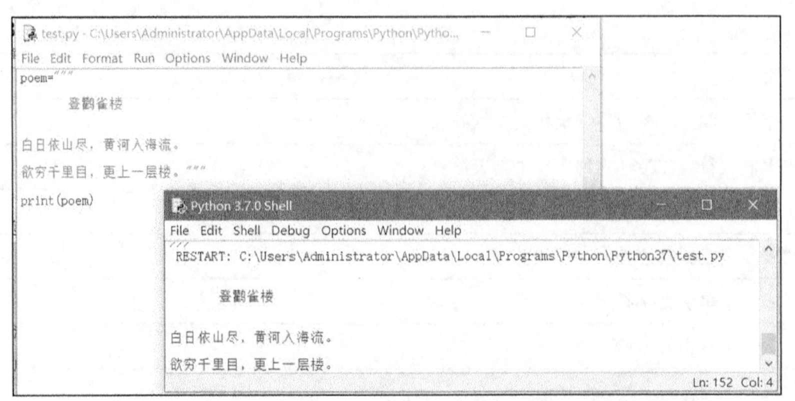

图 2-17　长字符串的处理方法

```
Python 3.7.0 Shell
File Edit Shell Debug Options Window Help
Python 3.7.0 (v3.7.0:1bf9cc5093, Jun 27 2018, 04:59:51) [MSC v.1914 64 bit (AMD6
4)] on win32
Type "copyright", "credits" or "license()" for more information.
>>> a=1234
>>> print(type(a))
<class 'int'>
>>> b=3.1415926
>>> print(type(b))
<class 'float'>
>>> c=d=88
>>> print(type(c),type(d))
<class 'int'> <class 'int'>
>>> e=f=-888.88
>>> print(type(e),type(f))
<class 'float'> <class 'float'>
```

图 2-18　数值类型的应用

如图 2-18 所示，我们可以看到变量 a 为整型（int），变量 b 为浮点型（float）。c = d = 88 相当于 c=88 和 d=88。对于语句 print(type(c),type(d))，系统在输出时会依次输出各个字符串或变量，遇到逗号时会输出一个空格。从输出结果中我们也能看到：两个<class 'int'>之间是有一个空格的。浮点型变量的赋值和输出与此类似，这里不再赘述。

我们平时经常会用到与日期和时间相关的一些对象，比如输出时间戳。有的读者可能对时间戳的概念不是很了解，这里简单介绍一下：时间戳是指格林尼治时间自 1970 年 1 月 1 日（00:00:00 GMT）至当前时间的总秒数。Python 提供了 calendar 和 time 模块用于格式化日期与时间，时间间隔是以秒为单位的浮点数，相关脚本和执行结果如图 2-19 所示。大家可以看到，时间戳的值为 1537970218.636964，这确实是一个浮点数。同样，Python 也提供了用于将浮点数转换显示为日期时间格式的方法，对这部分内容感兴趣的读者，可以查阅 time 模块的 strftime 和 localtime 方法，这里不再赘述。

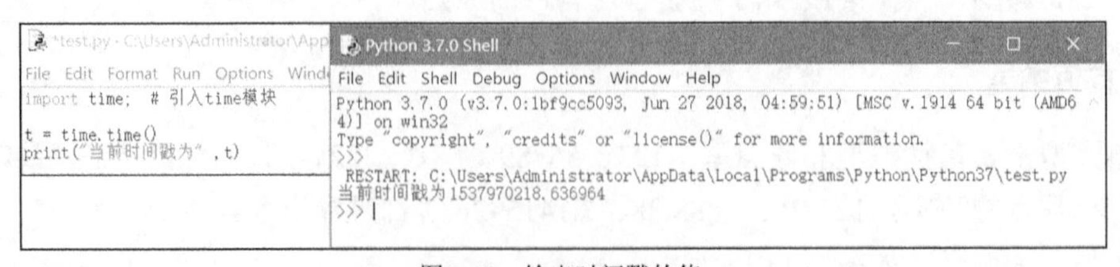

图 2-19　输出时间戳的值

3. 布尔类型

我们在考试的时候，通常会遇到判断题，判断题只有两个结果——对或错。布尔类型的变量对应有两个取值——真或假。真用 True 表示，假用 False 表示。布尔类型有些特别，因为布尔类型可以像整型那样进行操作，比如语句`print(True+7)`和`print(False+5)`。当把 True 和 False 作为整数参与运算时，True 相当于整数 1，而 False 相当于整数 0。让我们一起来看一下刚才那两条语句的执行结果，如图 2-20 所示。

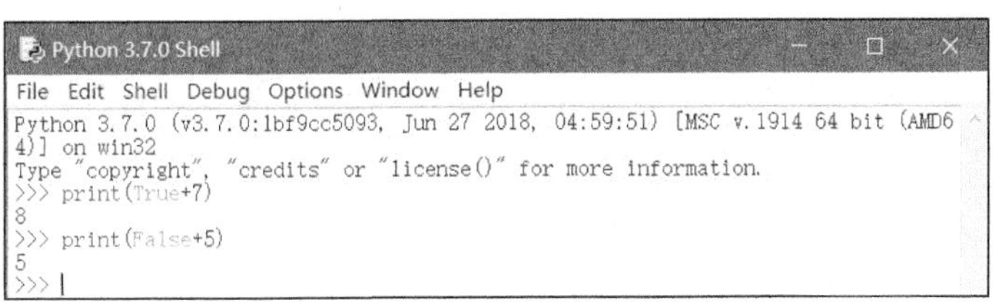

图 2-20 布尔类型可以参与整数运算

通常情况下，布尔类型主要用于表达式的判断：当表达式为真时，程序该如何处理，为假时又该如何处理。这里举一个简单的示例供读者参考，如图 2-21 所示。

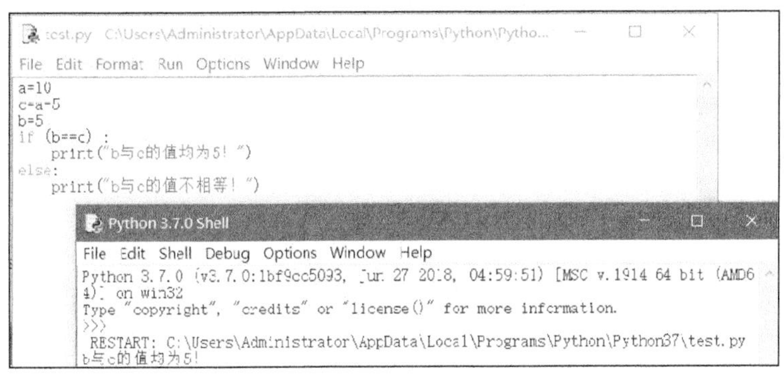

图 2-21 将布尔类型用于表达式的判断

针对图 2-21 中的脚本，我们做一下简单分析。变量 a 的值为 10；c=a-5，于是变量 c 的值应该为 10–5，结果是 5；变量 b 的值为 5。所以，表达式 b==c 的值为真（True），输出结果是“b 与 c 的值均为 5!”。

2.2.3 数据类型转换

2.2.2 节介绍了字符串、整型、浮点型、布尔类型等数据类型，相信大家对这些数据类型已经很明确了。在实际工作中我们可能经常遇到这样的情况：我们通过计算得到了一个数值，并且需要将这个数值显示在网页上，数值是不可以和字符串直接拼接到一起的，数据类型不匹配会导致错误产生，如图 2-22 所示。

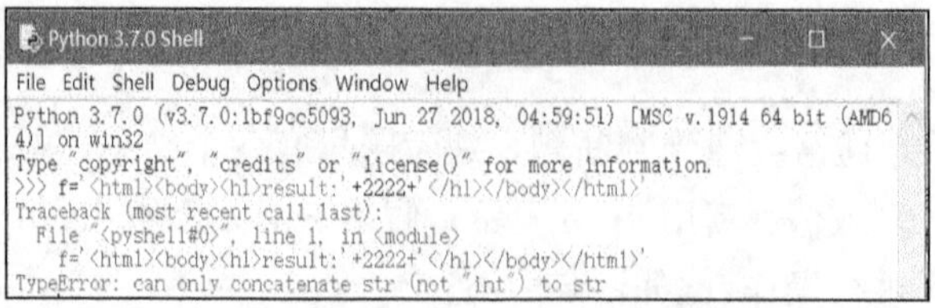

```
Python 3.7.0 Shell
File Edit Shell Debug Options Window Help
Python 3.7.0 (v3.7.0:1bf9cc5093, Jun 27 2018, 04:59:51) [MSC v.1914 64 bit (AMD6
4)] on win32
Type "copyright", "credits" or "license()" for more information.
>>> f='<html><body><h1>result:'+2222+'</h1></body></html>'
Traceback (most recent call last):
  File "<pyshell#0>", line 1, in <module>
    f='<html><body><h1>result:'+2222+'</h1></body></html>'
TypeError: can only concatenate str (not "int") to str
```

图 2-22 数据类型不匹配会导致错误产生

我们想创建一个 HTML 文件，但是发现如果将字符串和数值拼接到一起，将产生异常，提示 TypeError: can only concatenate str (not "int") to str，这表示数值不能和字符串拼接到一起。那么有没有什么办法将它们拼接到一起呢？当然有，方法就是先将 2222 这个数字转换为字符串，之后再和前后的两个字符串进行拼接。这里需要用到 str()函数，str()函数可以将传入的参数作为字符串返回。将图 2-22 中的脚本语句修改为 f='<html><body><h1>result:'+ str(2222) +'</h1></body></html>'，执行结果如图 2-23 所示。

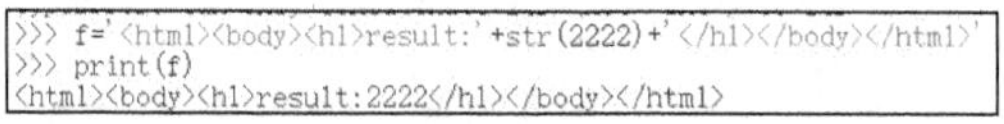

```
>>> f='<html><body><h1>result:'+str(2222)+'</h1></body></html>'
>>> print(f)
<html><body><h1>result:2222</h1></body></html>
```

图 2-23 使用 str()函数拼接数值和字符串

同样，可以通过 int()、float()函数将字符串转换为整型或浮点型。

阅读如下脚本，您能给出输出结果吗？

```
a=567
print(type(a))
print(type(str(a)))
b=123.56
print(type(b))
print(type(str(b)))
c='789.67'
print(type(c))
print(type(float(c)))
d='789.65abc'
print(type(d))
print(type(float(d)))
e='888'
print(type(e))
print(type(int(e)))
f='888ffff'
print(type(f))
print(type(int(f)))
```

下面让我们一起进行分析。

```
a=567
print(type(a))
print(type(str(a)))
```

以上三行代码先将变量 a 设置为 567，而后输出变量 a 的类型。变量 a 的类型自然应该为整型，也就是<class 'int'>，相信大家都应该很清楚这一点。大家有疑问的主要地方可能是print (type(str(a)))这条语句。这条语句先执行 str(a)，结果自然是生成'567'这个字符串，于是这条语句变成print(type('567'))，输出的结果也应该是字符串类型，也就是<class 'str'>。

```
b=123.56
print(type(b))
print(type(str(b)))
```

以上三行代码与前面的类似，只不过变量b 的数据类型为浮点型，也就是<class'float'>，这里不再赘述。

```
c='789.67'
print(type(c))
print(type(float(c)))
```

以上三行代码先定义了一个字符串变量 c，值为'789.67'。语句 print(type(c))的输出结果应为字符串类型，也就是<class 'str'>；语句 print(type(float(c)))的输出结果应为浮点型，也就是<class 'float'>。

```
d='789.65abc'
print(type(d))
print(type(float(d)))
```

以上三行代码是我们想要重点说明的。变量 d 的值为字符串'789.65abc'，因此变量 d 自然是字符串类型，语句 print(type(d))的输出结果自然为<class 'str'>，但是执行语句 print(type(float (d)))时会不会出错呢？因为'789.65abc'并不是一个真正的数字字符串，其中还包含英文字符，让我们看一下实际的输出结果，如图 2-24 所示。可以看到，当执行到语句 print(type(float(d)))时，系统报告 ValueError: could not convert string to float: '789.65abc'错误消息，这表示不能将字符串'789.65abc'转换为浮点数。

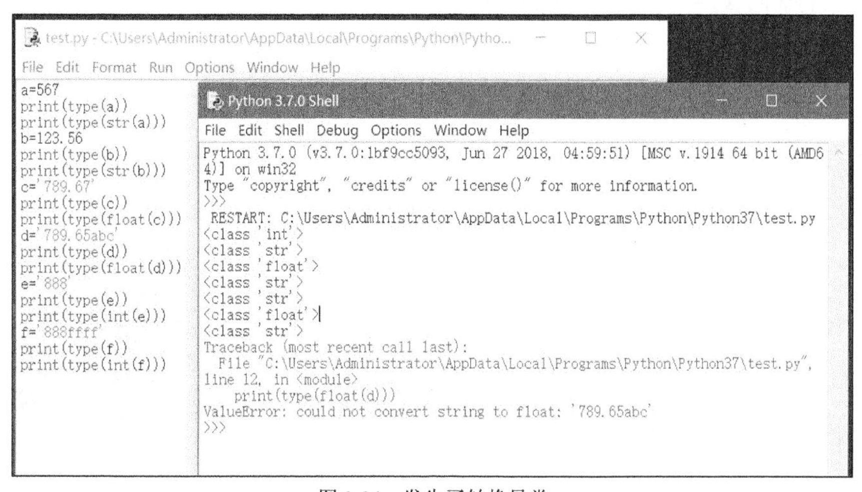

图 2-24 发生了转换异常

同时我们还发现，一旦语句出现异常，后面的代码就会停止执行。

2.2.4　缩进

缩进在 Python 程序中有着十分重大的作用，缩进使代码的层次结构变得清晰、整齐规范、赏心悦目，并且增强了可读性，在一定程度上还提高了可维护性。但是，如果由于自己疏忽大意导致缩进的位置发生变化，那么 Python 程序的执行结果很可能和预期有天壤之别。

下面我们以一段简单的脚本代码做演示。

```
a=10
b=11
if (a>b):
    print("b大于a")
print('程序执行结束')
```

在以上代码中，变量 a 的值为 10，变量 b 的值为 11，所以 a>b 为假，因而不会输出“b 大于 a”，而是输出“程序执行结束”，如图 2-25 所示。

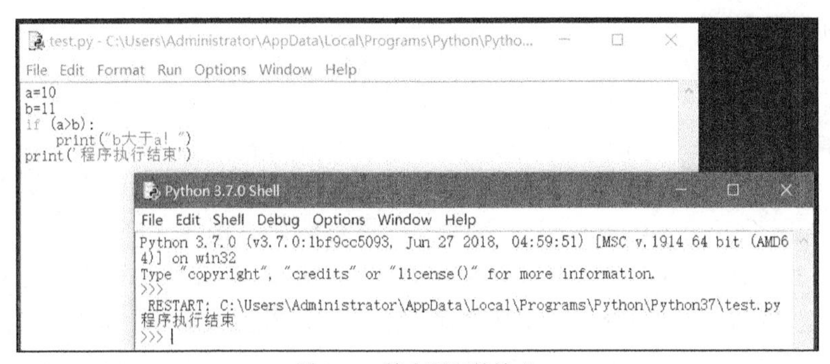

图 2-25　符合预期的输出

但是，如果我们在编写上述代码时，由于疏忽对语句 print('程序执行结束') 做了缩进，那么执行结果就完全变了，如图 2-26 所示。

```
a=10
b=11
if (a>b):
    print("b大于a! ")
    print('程序执行结束')
```

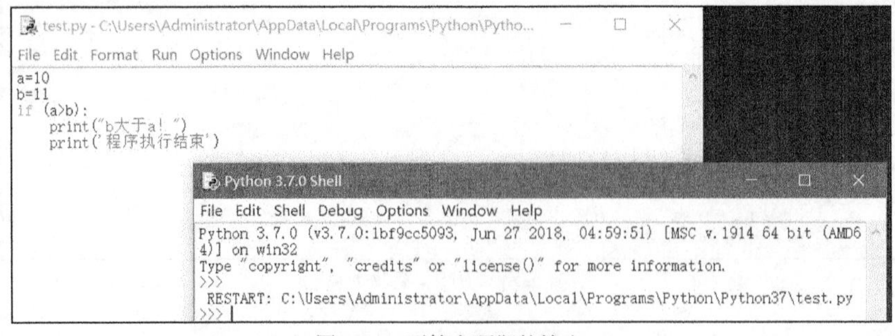

图 2-26　不符合预期的输出

上面的代码由于 if 语句为假，因此永远不会输出“程序执行结束”。

由此可见，缩进在 Python 中意义重大。缩进在 Python 代码中用来标识不同的代码块，Python 通过不同的缩进来判断代码行之间的关系。

2.2.5 内置函数

内置函数（Built-In Function，BIF）是 Python 为方便程序设计人员快速编写脚本程序而自带的一些函数，在使用时直接调用即可，比如 print()函数就是内置函数。

那么除 print()函数之外，Python 还提供了哪些其他内置函数呢？您可以通过 dir(_ _builtins_ _)语句来获得 Python 提供的内置函数列表，如图 2-27 所示。

图 2-27 Python 提供的内置函数列表

很多读者可能要问：“内置函数这么多，它们都有什么用呢？”这是一个非常好的问题，我们可以使用 help()函数（也是内置函数）来查看这些内置函数的说明。这里以查看 print()函数为例，如图 2-28 所示。

如图 2-28 所示，help()函数的用法十分简单：只需要将想要查看帮助信息的函数名以参数的形式传给 help()函数，就可以看到对应的帮助信息了。以 help(print)为例，这里系统输出了

print()函数的说明信息，其中包括对每一个参数的说明，这对于初学者来讲非常有帮助，大家最好都能够掌握 help()函数。

```
Python 3.7.0 Shell
File Edit Shell Debug Options Window Help
Python 3.7.0 (v3.7.0:1bf9cc5093, Jun 27 2018, 04:59:51) [MSC v.1914 64 bit (AMD6
4)] on win32
Type "copyright", "credits" or "license()" for more information.
>>> help(print)
Help on built-in function print in module builtins:

print(...)
    print(value, ..., sep=' ', end='\n', file=sys.stdout, flush=False)

    Prints the values to a stream, or to sys.stdout by default.
    Optional keyword arguments:
    file:  a file-like object (stream); defaults to the current sys.stdout.
    sep:   string inserted between values, default a space.
    end:   string appended after the last value, default a newline.
    flush: whether to forcibly flush the stream.

>>>
```

图 2-28 查看 print()函数的说明信息

2.3 列表

有时候，我们需要将一些数据存储起来，以备在后续调用中使用。如果您学习过 C、Pascal 或 Java 等语言，相信一定知道数组的概念。数组可以将同一类型的多个数据存储起来，但是 Python 中不存在数组的概念，转而使用的是列表。列表（list）是一种有序的序列结构，序列中的元素可以使用不同的数据类型。

2.3.1 创建列表

列表在 Python 中经常会用到，那么如何创建列表呢？创建列表和创建变量十分类似，只需要在等号的后面用中括号把数据括起来就可以了，数据之间用逗号进行分隔，比如 alist=[1,2,3,4,5,6,7,8,9,0]就是一个列表。如果要定义一个空的列表，只要中括号中不包含任何数据就可以了，比如 alist=[]就是一个不包含任何元素的空列表。当然，列表中也可以包含不同类型的数据，比如 alist=[1,2,'abc','456abc']；列表中甚至还可以包含列表元素，比如 alist=[1,2,'abc',[1,2,3,'def'],'fed','test']，alist 列表中又包含了列表元素[1,2,3,'def']。

在 IDLE 中执行以下代码，结果如图 2-29 所示。

```
alist=[1,2,3,4,5,6,7,8,9,0]
print(alist)
alist=[1,2,'abc','456abc']
print(alist)
alist=[1,2,'abc',[1,2,3,'def'],'fed','test']
print(alist)
```

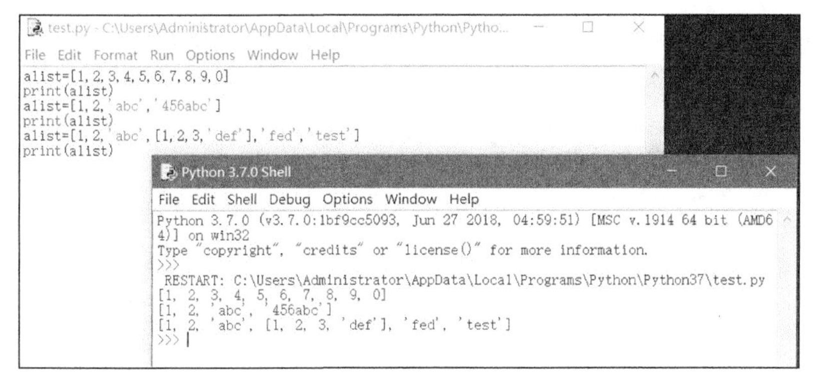

图 2-29　创建列表的结果

2.3.2　使用索引获取列表元素

2.3.1 节介绍了如何创建列表，创建列表以后，如何获取列表元素呢？以列表 list1=[1,2,3,4,5,6,7,8,9,0]为例，我们要将这个列表中的 4 这个元素取出来。下面我们看一下 4 这个元素的索引，有一点请读者一定要记住，Python 中，在涉及列表数据的读取时，列表中第 1 个元素的索引是从 0 开始的。换言之，如果要获取列表 list1 中的第 1 个元素，那么可以使用 list1[0]；如果要获取第 2 个元素，则需要使用 list1[1]。因此，要获取 4 这个元素，需要使用的就是 list[3]，如图 2-30 所示。

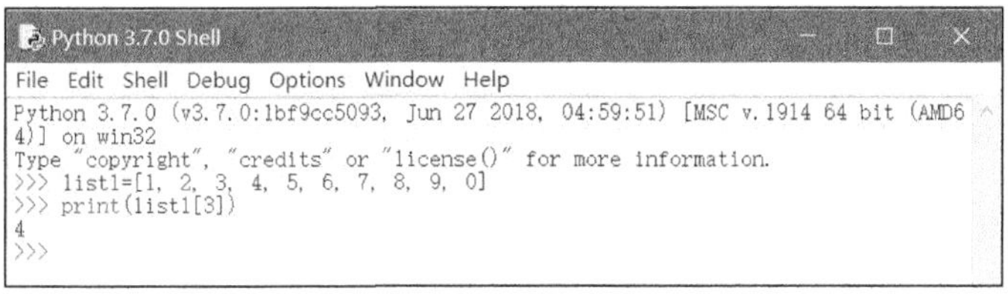

```
Python 3.7.0 Shell
File Edit Shell Debug Options Window Help
Python 3.7.0 (v3.7.0:1bf9cc5093, Jun 27 2018, 04:59:51) [MSC v.1914 64 bit (AMD64)] on win32
Type "copyright", "credits" or "license()" for more information.
>>> list1=[1, 2, 3, 4, 5, 6, 7, 8, 9, 0]
>>> print(list1[3])
4
>>>
```

图 2-30　获取列表元素

那么如何获取 list1 列表中的 0 这个元素呢？除使用上面介绍的方式——使用 list1[9]获取以外，还可以使用倒序的方式，也就是使用 list1[−1]来获取。对于后面这种方式，从列表末尾的元素开始算起，如果要获取列表 list1 中的 9 这个元素，那么可以使用 list1[−2]，以此类推。下面我们看一下执行结果，如图 2-31 所示。

从图 2-31 可以看出，当索引值超出列表的长度（比如，以 list1 列表为例，这个列表有 10 个元素，因此 list1[10]或 list1[−11]中的索引值便超出了 list1 列表的长度）时，Python 将会给出错误消息 IndexError: list index out of range（索引错误：列表索引超出了范围）。

2.3.3　使用切片获取列表元素

前面介绍了如何使用索引获取列表元素，有的读者可能会问："有没有办法一次性获取列表中的多个元素呢？”当然有，在 Python 中，可以使用切片来获取列表中的一个或多个元素。图 2-32 展示了如何获取 List1 列表中的所有数据。

图 2-31　以倒序方式获取列表元素

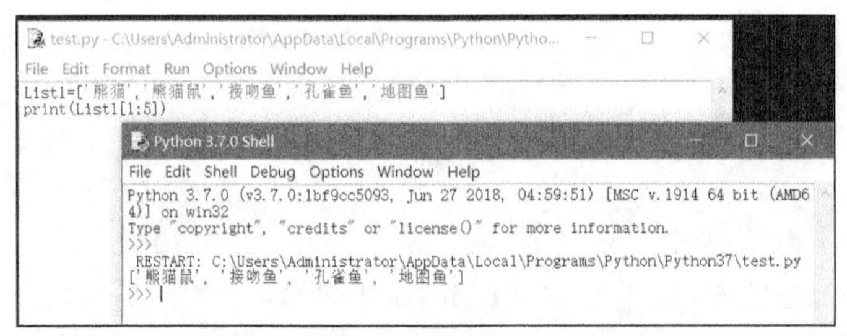

图 2-32　以切片获取 List1 列表中的所有数据

使用切片从列表中获取多个元素竟然这么简单！是的，切片的应用极大减轻了程序设计人员的工作量。在应用切片时，只需要用冒号隔开两个索引值即可：列表变量的名称[起始索引位置：终止索引位置+1]。您是不是感到有些困惑？为什么是“终止索引位置+1”呢？

如图 2-33 所示，我们可以看到 List1 列表一共有 5 个元素。如果输入的是 print(List1[1:4])，那么输出的是“['熊猫鼠', '接吻鱼', '孔雀鱼']”，里面没有包含 List1 列表中第 4 个索引位置的元素'地图鱼'。所以，如果要输出包括'地图鱼'在内的所有鱼类信息，就应该输入 print(List1[1:5])，也就是“列表变量名称[起始索引位置：**终止索引位置+1**]”，请大家一定记牢！

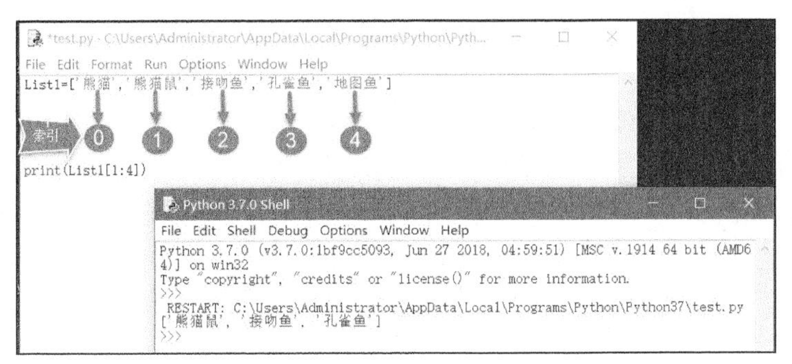

图 2-33 以切片获取列表元素（一）

示例脚本如下。

```
List1=['熊猫','熊猫鼠','接吻鱼','孔雀鱼','地图鱼']
print(List1[:4])
print(List1[:])
print(List1[::-1])
print(List1[::2])
```

在上述脚本中，我们没有指定切片的起始索引位置，因而默认起始索引位置为 0，于是print(List1[:4])完全等价于 print(List1[0:4])。如果既没有指定起始索引位置，也没有指定终止索引位置，那么表示包含整个列表中的所有元素。语句 print(List1[::−1])会输出什么呢？这条语句中多了一个冒号和一个参数，这个参数代表步长，默认为 1。测试人员往往都有一颗好奇的心，不妨把这个参数设置成−1，看看执行结果是什么。得到的执行结果是“['地图鱼', '孔雀鱼', '接吻鱼', '熊猫鼠', '熊猫']”，这相当于对 List1 列表中的元素进行了反转：列表中的最后一个元素成了第一个元素，列表中的倒数第二个元素成了第二个元素，以此类推，列表中的第一个元素成了最后一个元素。是不是很惊讶？在 Python 中实现列表元素的反转竟然这么容易！如果步长为 2，结果又是什么呢？程序将对每两个元素取值一次，以 List1 列表为例，列表元素为“['熊猫', '熊猫鼠', '接吻鱼', '孔雀鱼', '地图鱼']”，于是先获取索引为 0 的第一个元素'熊猫'，而后开始计数，继续往下一个位置移动（索引位置为 1 的列表元素不取），接着往下移到索引为 2 的位置，这个索引位置的元素'接吻鱼'正是我们想要获取的元素（因为这是第 2 次计数了），而后继续往后移动，重新开始计数，以此类推。执行结果如图 2-34 所示。

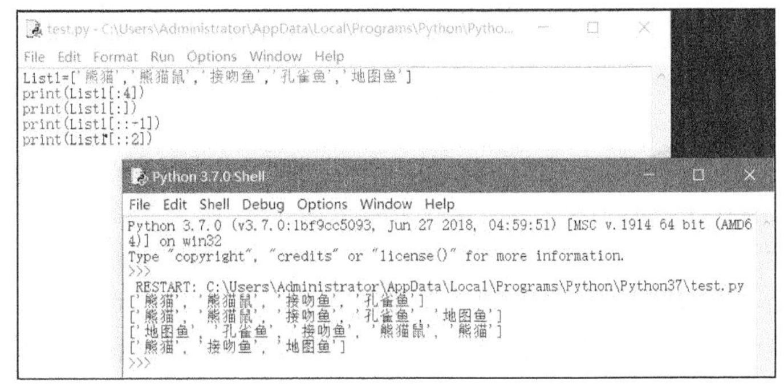

图 2-34 以切片获取列表元素（二）

2.3.4 添加列表元素

列表的应用十分广泛，列表中的数据会根据程序设计的需求发生变化，我们经常需要执行如下操作：向列表中添加元素，向列表中指定的索引位置添加元素，删除列表中的元素等。

这里首先介绍如何向列表中添加元素。向列表中添加元素非常简单，使用 append()方法即可。假设有一个包含三个元素的列表对象 List2，其中的列表元素是'金鱼'、'鲨鱼'和'黄花鱼'。现在，我们需要向 List2 列表中添加一个新的元素'鳄鱼'，直接使用 List2.append('鳄鱼')就可以了，如图 2-35 所示。

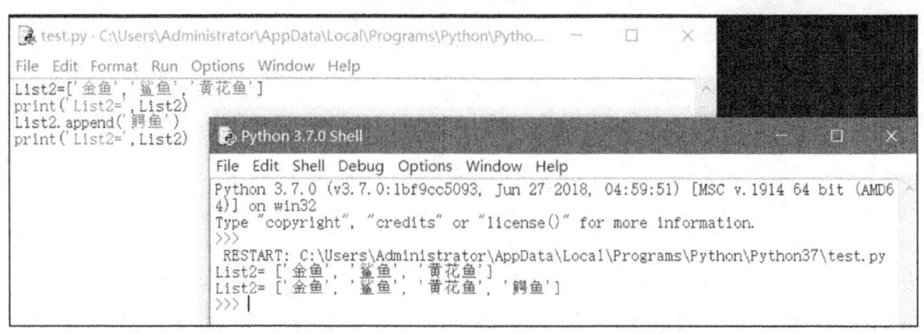

图 2-35 使用 append()方法向列表中添加元素

那么有没有什么办法可以向列表中指定的索引位置添加元素呢？当然有，使用 insert()方法就可以实现。同样以刚才的列表对象 List2 为例，假设现在需要向 List2 列表中'鲨鱼'元素所在位置插入一个新的元素'带鱼'，那么可以使用 List2.insert(1，'带鱼')来实现，如图 2-36 所示。

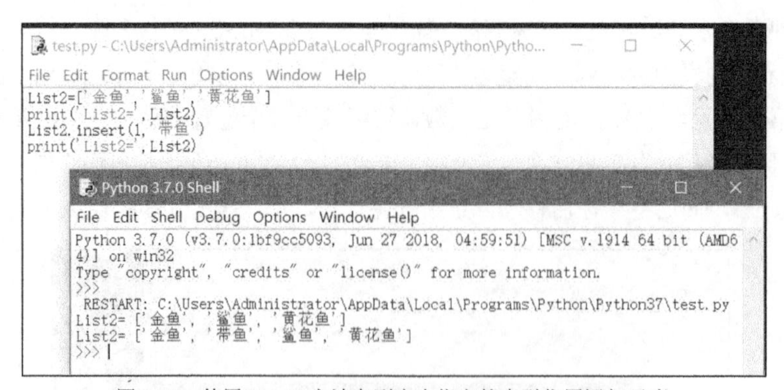

图 2-36 使用 insert()方法向列表中指定的索引位置添加元素

如图 2-36 所示，我们发现'鲨鱼'元素所在的索引位置 1 被'带鱼'元素“霸占”了，索引位置 1 原来的元素以及后面的元素都按照之前的顺序往后移动了一个位置。当使用 insert()方法向列表中添加元素时，需要用到两个参数：第一个参数是要在列表中插入元素的索引位置，第二个参数就是要插入的元素。

2.3.5 删除列表元素

下面介绍如何从列表中删除元素。我们既可以使用 remove()或 pop()方法删除列表元素，也可以使用 del 语句来删除列表元素。

1. 使用 remove()方法删除列表元素

当我们知道想要删除的元素的名称，而不知道元素所在的索引位置时，可以使用 remove()方法。如图 2-37 所示，通过在列表对象的 remove()方法中传入参数，我们可以删除列表中指定的元素。

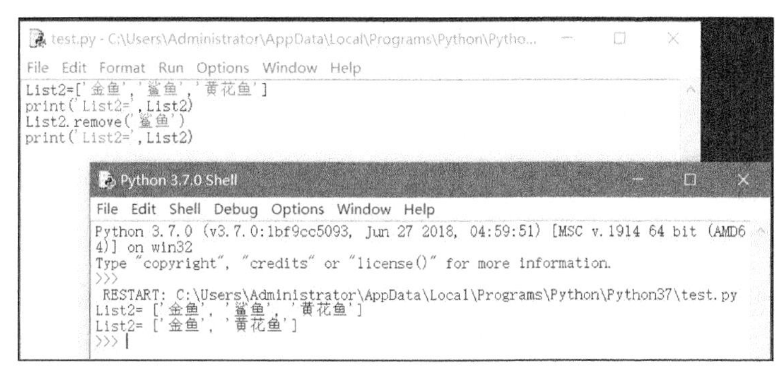

图 2-37 使用 remove()方法删除列表元素

删除不存在的列表元素会出错吗？如图 2-38 所示，当试图删除列表中不存在的元素时，Python 将给出错误消息 `ValueError: list.remove(x): x not in list`。因此，大家在删除列表元素时一定要注意这个问题，否则会出现异常，导致程序终止运行。

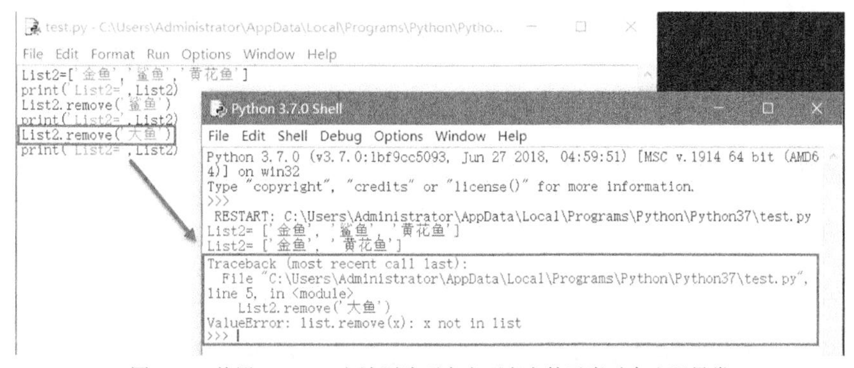

图 2-38 使用 remove()方法删除列表中不存在的元素时会出现异常

2. 使用 del 语句删除列表元素

如果要根据列表元素的索引位置删除某个列表元素或删除整个列表，那么可以使用 del 语句。请大家注意，del 是一条语句而非列表方法，所以在使用时，不用在后面添加圆括号。

下面举一个例子：

```
List2=['金鱼','鲨鱼','黄花鱼']
del List2[1]
print(List2)
```

在上述脚本中，列表 List2 有三个列表元素，我们使用 del 语句删除了索引为 1 的列表元素'鲨鱼'，而后输出 List2 列表，输出结果如图 2-39 所示。

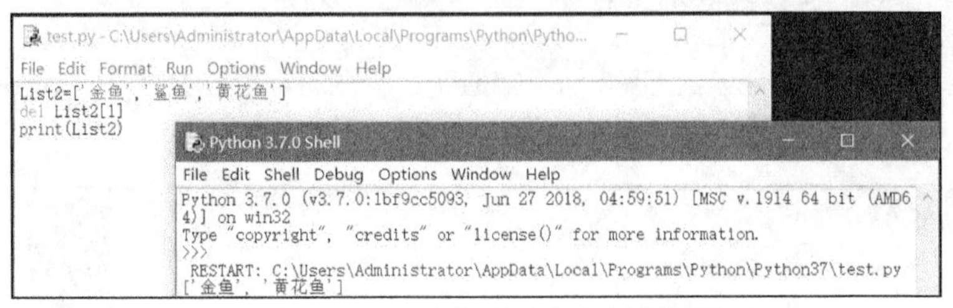

图 2-39　使用 del 语句删除列表中指定索引位置的元素

可以看出，删除'鲨鱼'元素后的 List2 列表只包含'金鱼'和'黄花鱼'这两个列表元素。

如果使用 del 语句删除不存在的列表元素，是不是也会出现异常呢？如图 2-40 所示，当使用 del 语句删除 List2 列表中不存在的列表元素时，同样会报错，所以大家在使用时一定要注意。

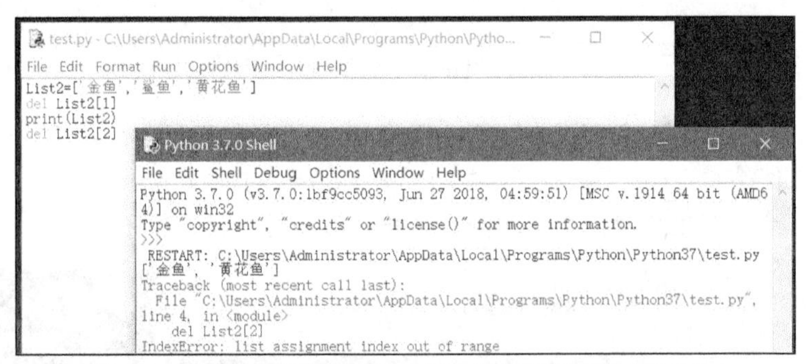

图 2-40　使用 del 语句删除列表中不存在的元素时也会出现异常

使用 del 语句不仅可以删除指定索引位置的元素，还可以删除整个列表，如图 2-41 所示。

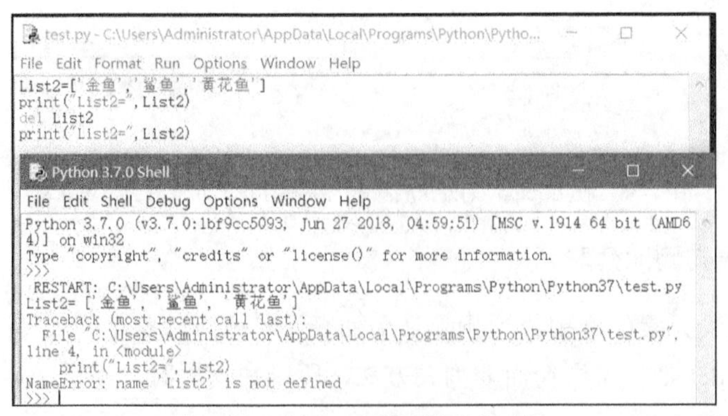

图 2-41　使用 del 语句删除整个列表

如图 2-41 所示，使用 del 语句删除整个列表 List2 后，当再次输出列表 List2 时，将会给出错误信息 NameError: name 'List2' is not defined。

3. 使用 pop()方法删除列表元素

除使用 remove()方法和 del 语句删除列表元素之外，使用 pop()方法也可以删除列表元素。

在使用 remove()方法时，如果不指定参数，那么删除的将是列表中的最后一个元素。如果将列表中的某个索引位置作为参数传给 pop()方法，就可以删除这个索引位置的列表元素，如图 2-42 所示。

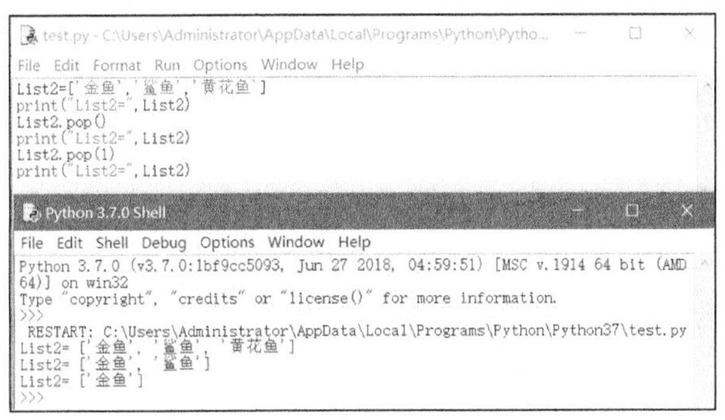

图 2-42 使用 pop()方法删除列表元素

如图 2-43 所示，当使用 pop()方法删除列表中不存在的元素时同样会报错，所以大家在使用时一定要注意。

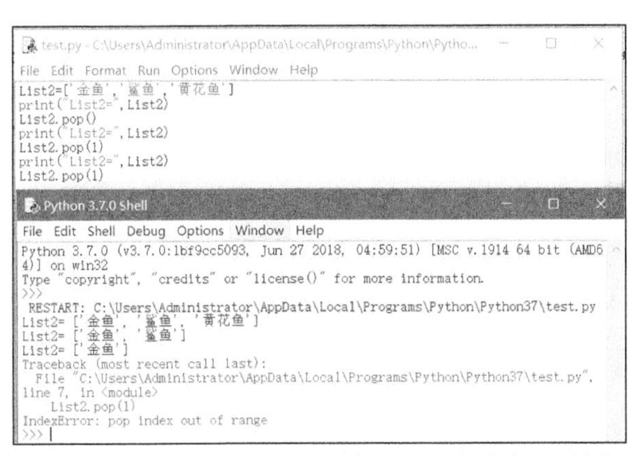

图 2-43 使用 pop()删除列表中不存在的元素时也会出现异常

2.3.6 计数列表元素

Python 为什么受到越来越多的人青睐？“没有无缘无故的爱”，强大的、人性化的、简单的、可读性强的方法和语法结构等语言特性无疑是 Python 的制胜法宝。

以前，当我们使用其他编程语言统计数组或字符串中有多少个相同的元素时，通常需要进行遍历和计数。但是在 Python 中，要统计列表中的某个元素出现了几次，用一条语句就可以实现，这真的是太方便了！

如图 2-44 所示，可以使用 List2.count('金鱼')来统计'金鱼'这个元素在 List2 列表中总共出现了几次，从输出结果可以看到，一共出现了 4 次。

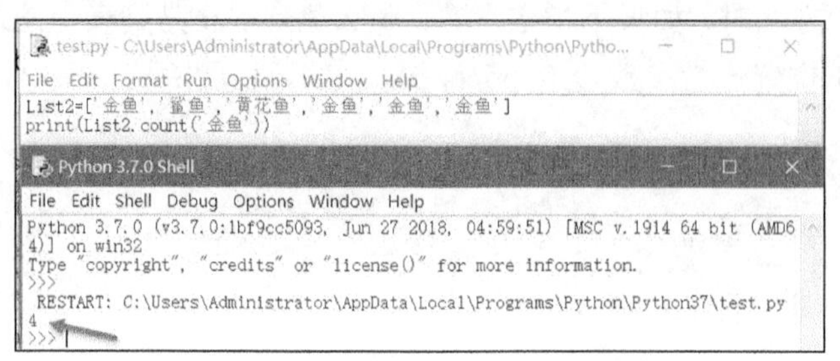

图 2-44　统计列表元素出现的次数

在使用 Python 统计列表中某个元素的出现次数时，只需要使用“列表名称.count(元素名称)”这种语句形式就可以轻松实现。有的读者可能会觉得，如果输出结果中能带上一些文字描述就更好了。这非常对！这涉及我们在前面章节中讲过的类型转换问题，因为 List2 是列表对象，需要转换成字符串类型才能和字符串进行拼接。例如，List2.count('金鱼')的返回值为整型，如图 2-45 所示，在和前后的文本描述连接到一起之前，需要使用 str()函数进行类型转换。

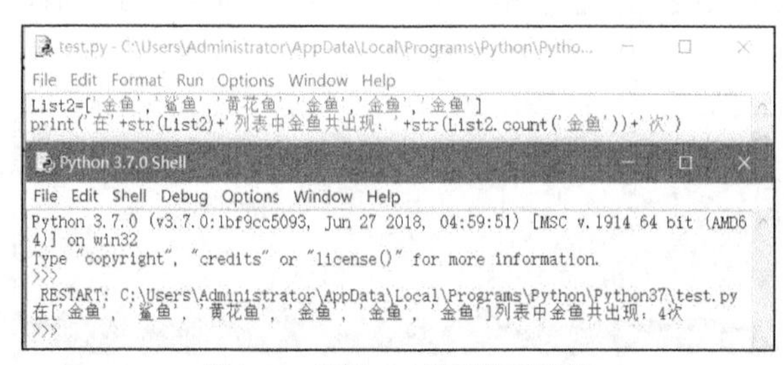

图 2-45　使用 str()进行类型转换

如果不使用 str()函数进行类型转换，则会出现图 2-46 所示的错误消息。

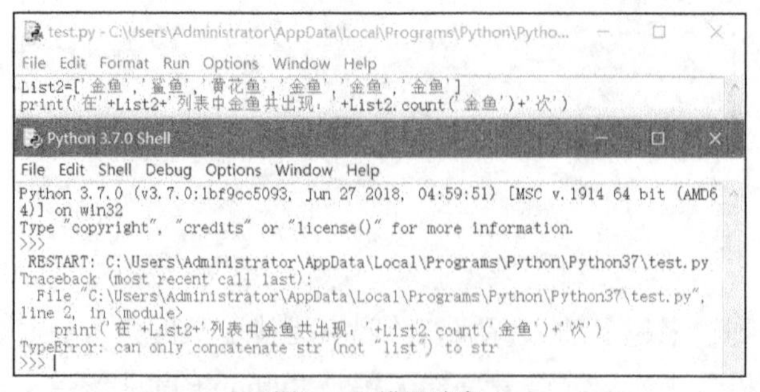

图 2-46　错误消息

2.3.7 获取列表元素的索引位置

有时候列表中的元素非常多，要获取某个列表元素的索引位置，如果总靠数这个列表元素排第几来解决，就太麻烦了。Python 是否提供了用于获取列表元素所在索引位置的方法呢？当然提供了，可以使用“列表名称.index(元素名称)”这种语法来获取指定的列表元素在列表中的索引位置。

如图 2-47 所示，语句 print(List2.index('黄花鱼'))的输出结果表明'黄花鱼'在 List2 列表中的索引位置为 2。

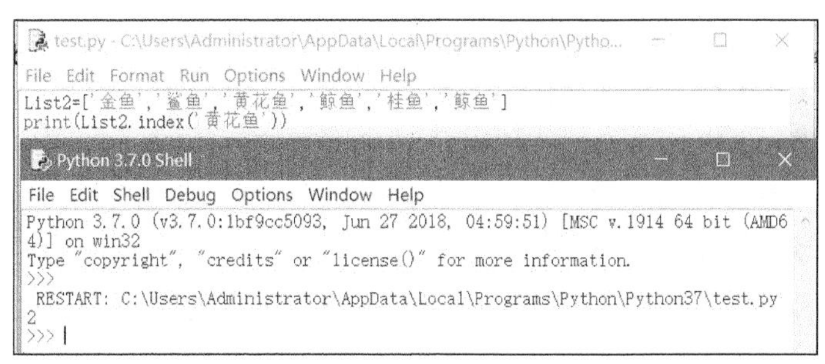

图 2-47　使用 index()方法获取列表元素的索引位置

有些读者可能会问：“如果列表中包含多个符合要求的元素，我们应该怎样获得指定元素的索引位置呢？”这是一个非常好的问题，正是因为存在这个问题，所以 index()方法提供了两个参数，从而将搜索限定在一定范围内。

如图 2-48 所示，如果限定只搜索列表中从第 3 个索引位置开始到第 7 个索引位置结束的'黄花鱼'元素，那么返回值为 6。如果将范围扩大到搜索从第 0 个索引位置开始到第 7 个索引位置结束的'黄花鱼'元素，那么有两个符合条件的索引位置——第 2 个索引位置和第 6 个索引位置，返回值应该是什么呢？

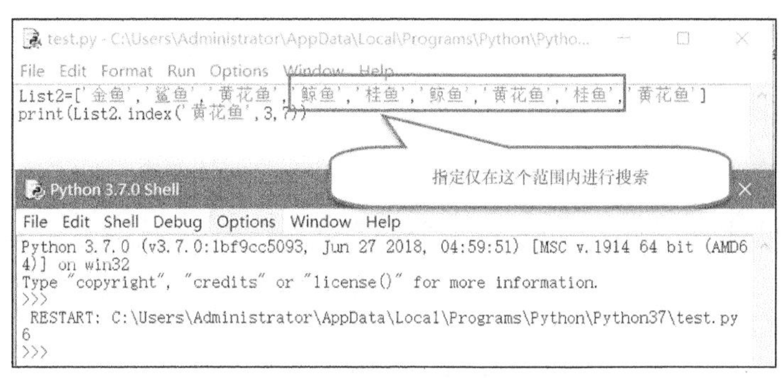

图 2-48　在限定范围内获取列表元素的索引位置

从图 2-49 可以看到，返回值为第一个符合检索条件的索引位置，而不是两个索引位置都返回。

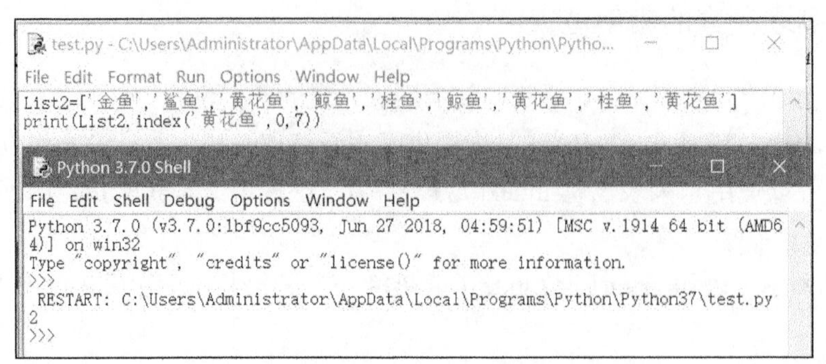

图 2-49　仅返回第一个符合检索条件的索引位置

2.3.8　反转列表元素并获取列表的长度

前面在讲解使用切片获取列表元素时，介绍了如何实现列表的反转，那么有没有什么办法可以实现列表元素的反转呢？

如图 2-50 所示，使用“列表名称.reverse()”语法可以实现列表元素的反转。

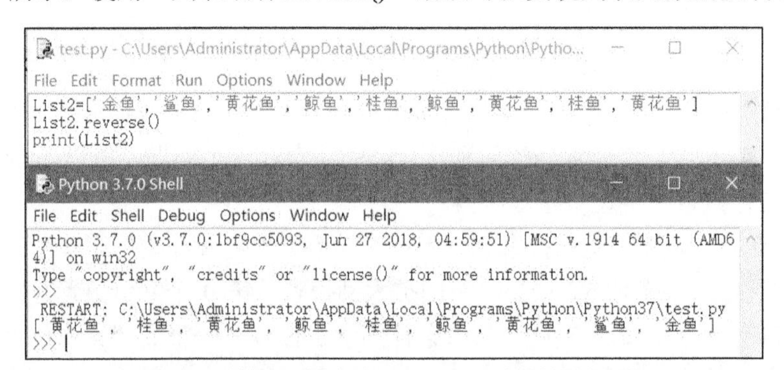

图 2-50　使用“列表名称.reverse()”语法反转列表元素

您还可以使用 len()函数来获取列表中元素的个数，也就是列表的长度，如图 2-51 所示。

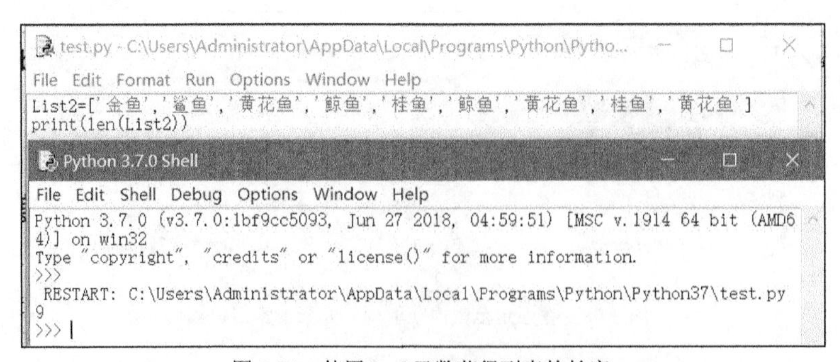

图 2-51　使用 len()函数获得列表的长度

列表对象还提供了很多其他的方法，要了解列表对象的所有方法，可以使用 dir(list)命令来获取相关信息，如图 2-52 所示。

```
Python 3.7.0 Shell
File Edit Shell Debug Options Window Help
Python 3.7.0 (v3.7.0:1bf9cc5093, Jun 27 2018, 04:59:51) [MSC v.1914 64 bit (AMD64)] on win32
Type "copyright", "credits" or "license()" for more information.
>>> dir(list)
['__add__', '__class__', '__contains__', '__delattr__', '__delitem__', '__dir__', '__doc__',
'__eq__', '__format__', '__ge__', '__getattribute__', '__getitem__', '__gt__', '__hash__',
'__iadd__', '__imul__', '__init__', '__init_subclass__', '__iter__', '__le__', '__len__', '__
lt__', '__mul__', '__ne__', '__new__', '__reduce__', '__reduce_ex__', '__repr__', '__reverse
d__', '__rmul__', '__setattr__', '__setitem__', '__sizeof__', '__str__', '__subclasshook__',
'append', 'clear', 'copy', 'count', 'extend', 'index', 'insert', 'pop', 'remove', 'reverse',
'sort']
>>>
Ln: 5 Col: 4
```

图 2-52　查看列表对象提供的所有方法

2.4 元组

元组（tuple）与列表类似，元组中包含的元素可以是不同的类型。但元组中的元素是不可以改变的，它们一旦初始化，就不能再修改，否则会报错。

2.4.1 创建元组

创建元组和创建列表非常相似，只不过在创建列表时使用的是中括号，而创建元组时使用的是圆括号。如图 2-53 所示，我们创建了一个包含 6 个元素的元组。

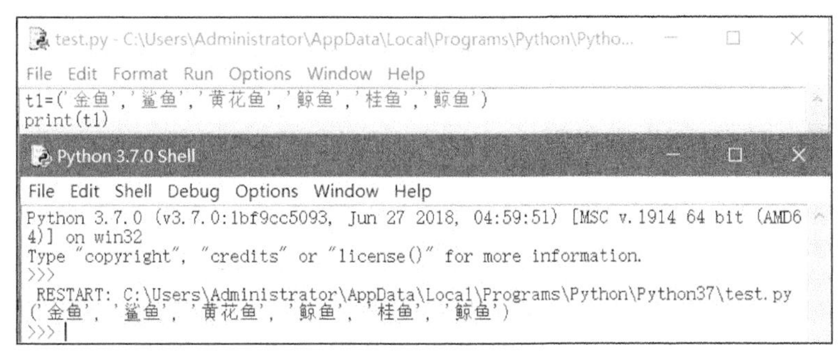

图 2-53　创建元组

2.4.2 使用索引获取元组元素

元组在创建之后，如何获取元组中的元素呢？以元组 `t1=('金鱼', '鲨鱼', '黄花鱼', '鲸鱼', '桂鱼', '鲸鱼')`为例，我们想要提取这个元组中的'鲸鱼'这个元素，下面首先看一下这个元素的索引位置。有一点请读者一定要记住，**Python** 中，在涉及元组数据的读取时，元组中第一个元素的索引是从 0 开始的。

如图 2-54 所示，使用索引获取元组元素与使用索引获取列表元素相比并无太大差异。

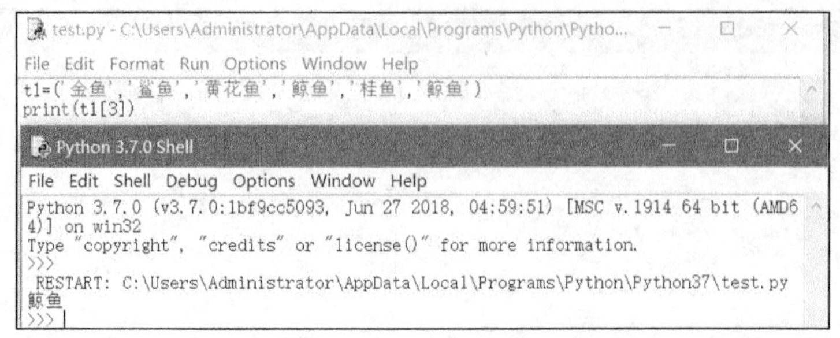

图 2-54　使用索引获取元组元素

2.4.3　使用切片获取元组元素

在 Python 中，也可以像列表一样，使用切片来获取元组中的一个或多个元素。图 2-55 展示了如何使用切片来获取 `t1` 元组中所有的鱼类数据。

图 2-55　使用切片获取元组元素

2.4.4　统计元组元素的出现次数

元组一旦被赋值后，就不允许再添加和删除元素。因此，元组对象并不提供 append()、remove()和 pop()方法，它提供的所有方法如图 2-56 所示。

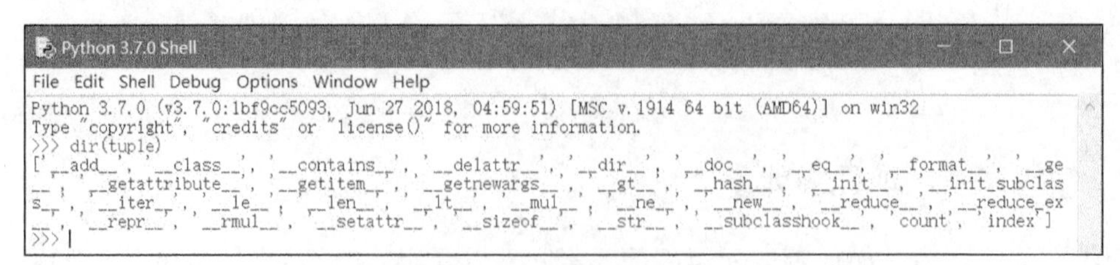

图 2-56　元组对象提供的所有方法

如图 2-57 所示，当使用 Python 统计元组中元素的出现次数时，只需要和列表一样，使用“元组名称.count(元素名称)”语法就可以了，这十分方便。

图 2-57 统计元组元素的出现次数

2.4.5 获取元组元素的索引位置

就像列表一样，可以使用“元组名称.index(元素名称)”语法来获取指定的元素在元组中的索引位置。如图 2-58 所示，语句 print(t1.index('接吻鱼'))的输出结果表明'接吻鱼'元素在 `t1` 元组中的索引位置为 2。

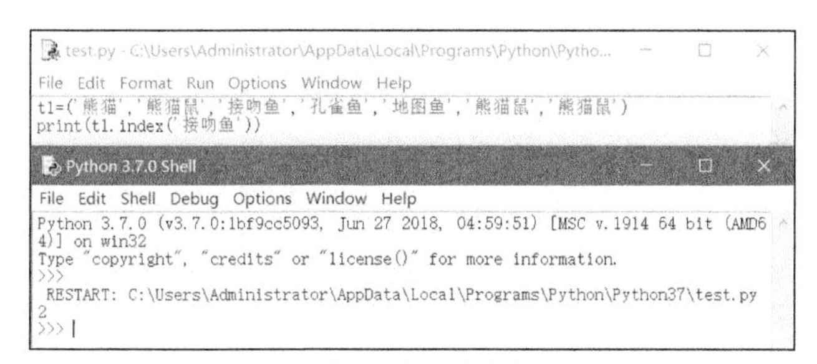

图 2-58 获取元组元素的索引位置

如图 2-59 所示，当限定只搜索 `t1` 元组中从第 2 个索引位置开始到第 7 个索引位置结束的'熊猫鼠'元素时，返回值为 5。

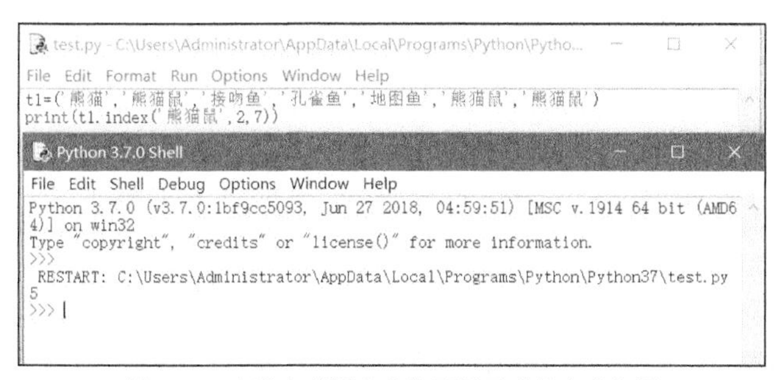

图 2-59 在限定范围内获取元组元素的索引位置

2.4.6 删除整个元组

尽管元组对象没有提供方法来删除元组中的元素，但我们可以使用 del 语句来删除整个元组，如图 2-60 所示。

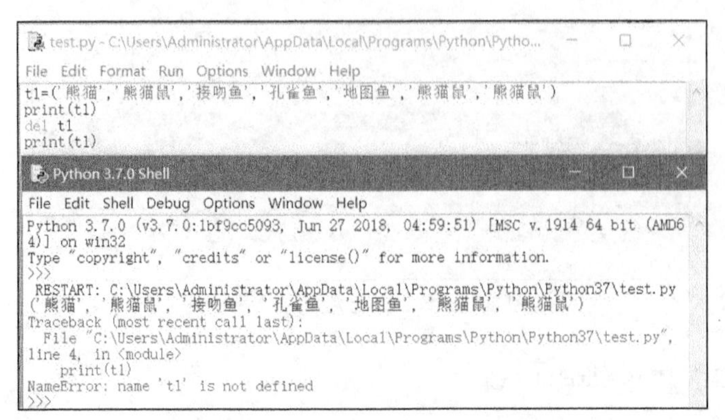

图 2-60　使用 del 语句删除整个元组

如果试图删除元组中的元素，Python 将报告错误信息 TypeError: 'tuple' object doesn't support item deletion，同时脚本终止运行，如图 2-61 所示。

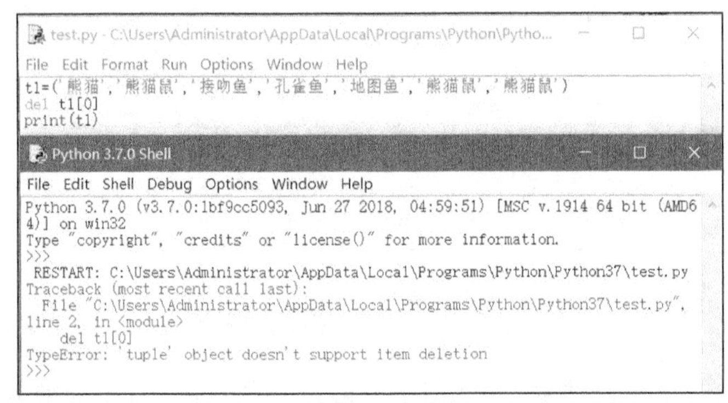

图 2-61　使用 del 语句删除元组中的元素会产生异常

2.5 字典

字典（dictionary）在其他编程语言中也称作哈希映射（hash map）或关联数组（associative array）。

字典由一个或多个键值对构成。通常，键（key）和值（value）之间用冒号分隔。若存在多个键值对，则键值对之间以逗号分隔。就像我们平时通过拼音可以快速在汉语字典中找到对应的汉字一样，在编程语言中，使用键可以快速找到对应的值。

2.5.1 创建字典

字典的创建非常简单。既可以创建空的字典——只有一对大括号，也可以创建包含一个或多个键值对的非空字典，如图 2-62 所示。

```
test.py - C:\Users\Administrator\AppData\Local\Programs\Python\Pytho...
File Edit Format Run Options Window Help
empty={}
print("空字典:",empty)
dict1={0:'熊猫',1:'熊猫鼠',2:'接吻鱼',3:'孔雀鱼',4:'地图鱼',5:'熊猫鼠',6:'熊猫鼠
print("非空字典:",dict1)

Python 3.7.0 Shell
File Edit Shell Debug Options Window Help
Python 3.7.0 (v3.7.0:1bf9cc5093, Jun 27 2018, 04:59:51) [MSC v.1914 64 bit (AMD6
4)] on win32
Type "copyright", "credits" or "license()" for more information.
>>>
 RESTART: C:\Users\Administrator\AppData\Local\Programs\Python\Python37\test.py
空字典: {}
非空字典: {0: '熊猫', 1: '熊猫鼠', 2: '接吻鱼', 3: '孔雀鱼', 4: '地图鱼', 5: '熊
猫鼠', 6: '熊猫鼠'}
>>>
```

图 2-62　字典的创建示例

如图 2-62 所示，我们创建了一个空的字典 empty，而后创建了一个包含 7 个键值对的字典 dict1。

需要重点指出的是，字典中的键值对是不能重复的，但值可以重复。例如，在 dict1 字典中，1、5、6 这三个键对应的就是同一个值'熊猫鼠'。

在定义字典时，如果不小心出现重复的键，结果又会如何呢？如图 2-63 所示，dict1 字典中存在多个键为 0 的键值对，比如 0:'熊猫鼠'、0:'熊猫'、0:'接吻鱼'。从输出结果可以看到，当存在多个相同的键时，将只保留定义字典时的最后一个键值对。

图 2-63　包括重复键的字典创建示例

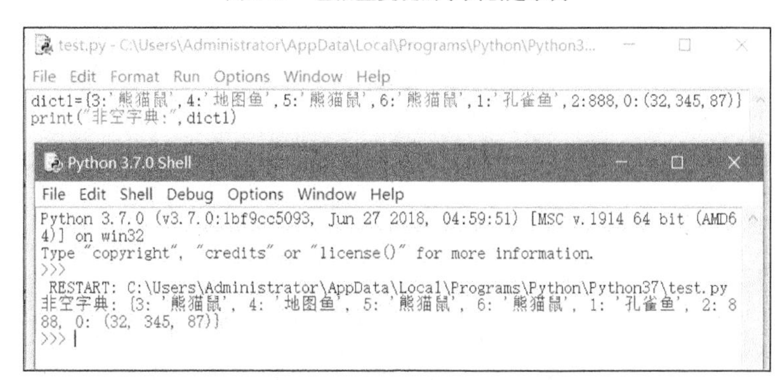

图 2-64　包括不同类型值的字典创建示例

如图 2-64 所示，字典的值不仅可以是字符串，而且可以是数字，甚至可以是元组、列表等。

2.5.2 获取字典元素

使用“字典名称[键]”的语法形式可以获得字典中与指定的键对应的值。例如，如图 2-65 所示，使用 dict1[2] 可以获取 dict1 字典中与 2 这个键对应的值，输出结果为 888；使用 dict1['f'] 可以获取 dict1 字典中与'f'这个键对应的值，输出结果为列表[23,'a','bc']。

```
Python 3.7.0 Shell
File Edit Shell Debug Options Window Help
Python 3.7.0 (v3.7.0:1bf9cc5093, Jun 27 2018, 04:59:51) [MSC v.1914 64 bit (AMD64)] on win32
Type "copyright", "credits" or "license()" for more information.
>>> dict1={3:'熊猫鼠',4:'地图鱼',5:'熊猫鼠',2:888,0:[32,345,87],'f':[23,'a','bc']}

>>> dict1[2]
888
>>> dict1['f']
[23, 'a', 'bc']
>>> |
```

图 2-65 从字典中获得与指定的键对应的值

如图 2-66 所示，使用字典对象的 get()方法可以达到同样的目的。

```
Python 3.7.0 Shell
File Edit Shell Debug Options Window Help
Python 3.7.0 (v3.7.0:1bf9cc5093, Jun 27 2018, 04:59:51) [MSC v.1914 64 bit (AMD6
4)] on win32
Type "copyright", "credits" or "license()" for more information.
>>> dict1={3:'熊猫鼠',4:'地图鱼',5:'熊猫鼠',2:888,0:[32,345,87],'f':[23,'a','bc'
]}
>>> dict1.get(2)
888
>>> dict1.get('f')
[23, 'a', 'bc']
>>>
```

图 2-66 使用字典对象的 get()方法获得与指定的键对应的值

如图 2-67 所示，使用字典对象的 items()方法可以获得字典的所有键值对信息。从中可以看出，items()方法返回的键值对已使用圆括号括起来，键和值之间以逗号分隔。换言之，items()方法返回的是一个元组。

```
Python 3.7.0 Shell
File Edit Shell Debug Options Window Help
Python 3.7.0 (v3.7.0:1bf9cc5093, Jun 27 2018, 04:59:51) [MSC v.1914 64 bit (AMD6
4)] on win32
Type "copyright", "credits" or "license()" for more information.
>>> dict1={3:'熊猫鼠',4:'地图鱼',5:'熊猫鼠',2:888,0:[32,345,87],'f':[23,'a','bc'
]}
>>> dict1.items()
dict_items([(3, '熊猫鼠'), (4, '地图鱼'), (5, '熊猫鼠'), (2, 888), (0, [32, 345,
 87]), ('f', [23, 'a', 'bc'])])
>>>
```

图 2-67 使用字典对象的 items()方法获得字典的所有键值对信息

如图 2-68 所示，使用字典对象的 keys()方法可以返回字典对象的所有键。

```
Python 3.7.0 Shell
File Edit Shell Debug Options Window Help
Python 3.7.0 (v3.7.0:1bf9cc5093, Jun 27 2018, 04:59:51) [MSC v.1914 64 bit (AMD64)] on win32
Type "copyright", "credits" or "license()" for more information.
>>> dict1={3:'熊猫鼠',4:'地图鱼',5:'熊猫鼠',2:888,0:[32,345,87],'f':[23,'a','bc']}
>>> dict1.keys()
dict_keys([3, 4, 5, 2, 0, 'f'])
>>>
```

图 2-68　使用字典对象的 keys()方法返回字典对象的所有键

如图 2-69 所示，使用字典对象的 values()方法可以返回字典对象的所有值。

```
Python 3.7.0 Shell
File Edit Shell Debug Options Window Help
Python 3.7.0 (v3.7.0:1bf9cc5093, Jun 27 2018, 04:59:51) [MSC v.1914 64 bit (AMD64)] o
n win32
Type "copyright", "credits" or "license()" for more information.
>>> dict1={3:'熊猫鼠',4:'地图鱼',5:'熊猫鼠',2:888,0:[32,345,87],'f':[23,'a','bc']}
>>> dict1.values()
dict_values(['熊猫鼠', '地图鱼', '熊猫鼠', 888, [32, 345, 87], [23, 'a', 'bc']])
>>>
```

图 2-69　使用字典对象的 values()方法返回字典对象的所有值

2.5.3　修改字典

在创建字典以后，若我们需要修改字典的值，就可以使用字典对象的 update()方法，也可通过直接找到对应的键并赋值的方式来完成修改，如图 2-70 所示。

```
Python 3.7.0 Shell
File Edit Shell Debug Options Window Help
Python 3.7.0 (v3.7.0:1bf9cc5093, Jun 27 2018, 04:59:51) [MSC v.1914 64 bit (AMD64)] on win32
Type "copyright", "credits" or "license()" for more information.
>>> dict1={3:'熊猫鼠',4:'地图鱼',5:'熊猫鼠',2:888,0:[32,345,87],'f':[23,'a','bc']}
>>> dict1[3]='斑马鱼'
>>> dict1
{3: '斑马鱼', 4: '地图鱼', 5: '熊猫鼠', 2: 888, 0: [32, 345, 87], 'f': [23, 'a', 'bc']}
>>> dict1.update({3:'海马',8:'蜗牛'})
>>> dict1
{3: '海马', 4: '地图鱼', 5: '熊猫鼠', 2: 888, 0: [32, 345, 87], 'f': [23, 'a', 'bc'], 8: '蜗牛'}
>>>
```

图 2-70　修改字典

观察图 2-70，以修改 dict1 字典对象中的“3: '熊猫鼠'”元素为例，该元素的键为 3，值为'熊猫鼠'，使用 dict1[3]='斑马鱼'就可以将 3 这个键的值修改为'斑马鱼'。这演示了如何通过直接找到对应的键并赋值来修改字典，此类操作也可以通过使用字典对象的 update()方法来完成。这里修改了 3 这个键的值，变更为'海马'，同时添加了一个新的键值对“8: '蜗牛'”。经过上述变更后，dict1 字典对象的内容为“{3:'海马',4:'地图鱼',5:'熊猫鼠',2:888,0:[32,345,87],'f':[23,'a', 'bc'],8:'蜗牛'}”。

2.5.4　统计字典元素个数

字典对象提供的所有方法如图 2-71 所示，从中可以看出，字典对象没有提供用来对元素进行统计的方法，那么我们是否可以像统计元组、列表元素一样对字典元素进行统计呢？有，使用 len()函数实现字典元素的统计。

```
Python 3.7.0 Shell
File Edit Shell Debug Options Window Help
Python 3.7.0 (v3.7.0:1bf9cc5093, Jun 27 2018, 04:59:51) [MSC v.1914 64 bit (AMD64)] on win3
2
Type "copyright", "credits" or "license()" for more information.
>>> dir(dict)
['__class__', '__contains__', '__delattr__', '__delitem__', '__dir__', '__doc__', '__eq__',
'__format__', '__ge__', '__getattribute__', '__getitem__', '__gt__', '__hash__', '__init__
', '__init_subclass__', '__iter__', '__le__', '__len__', '__lt__', '__ne__', '__new__', '__r
educe__', '__reduce_ex__', '__repr__', '__setattr__', '__setitem__', '__sizeof__', '__str__
', '__subclasshook__', 'clear', 'copy', 'fromkeys', 'get', 'items', 'keys', 'pop', 'popitem
', 'setdefault', 'update', 'values']
>>> |
```

图 2-71　字典对象提供的所有方法

如图 2-72 所示，定义一个字典对象 dict1，其中包含 5 个键值对元素，分别是'3':'熊猫鼠'、'4':'地图鱼'、'5':'熊猫鼠'、'2':888、'0':[32,345,87]。这里先通过 print()方法输出 dict1 字典对象，而后使用 len(dict1)获取这个字典对象的长度，也就是看看其中包含多少个键值对，输出结果为 5。

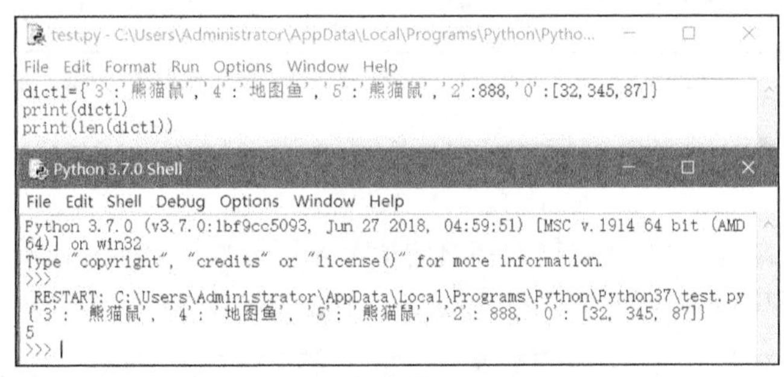

图 2-72　统计字典元素个数

2.5.5　删除字典或字典中的元素

使用字典对象的 pop()、popitem()或 clear()方法可以删除字典中的键值对元素或者删除整个字典。

在使用 pop()方法时，需要指定要弹出的键，返回的则是与指定的键对应的值。pop()方法执行完之后，刚才得到的键值对将从字典中消失。如图 2-73 所示，这里指定弹出'3'这个键，使用 print()方法输出返回的值，输出结果为'熊猫鼠'；而后使用 print()方法输出字典对象 dict1，从输出结果中可以看到，'3':'熊猫鼠'这个键值对元素已从 dict1 字典对象中消失。

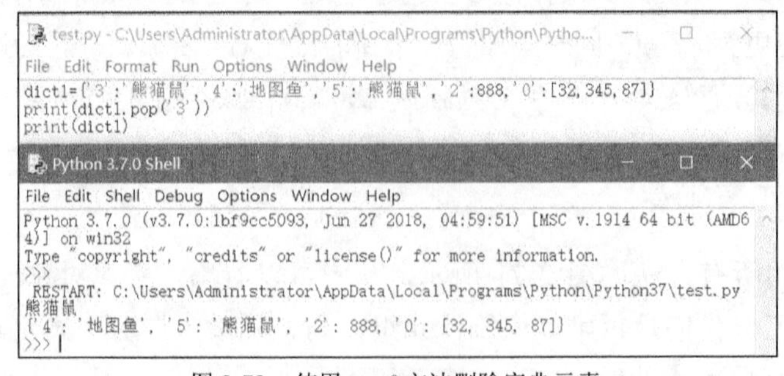

图 2-73　使用 pop()方法删除字典元素

使用字典对象的 popitem()方法可以删除字典对象的最后一个键值对元素。如图 2-74 所示，每调用一次 popitem()方法，就从字典对象 dict1 中删除最后一个键值对元素。

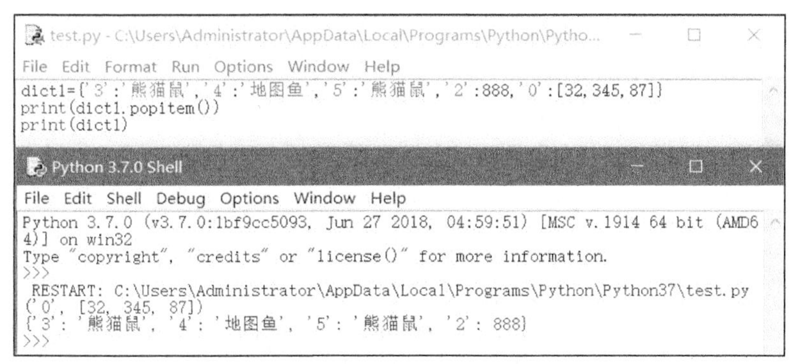

图 2-74 使用 popitem()方法删除字典对象的最后一个键值对元素

有没有什么办法可以快速清空字典对象呢？使用字典对象的 clear()方法就可以清空字典对象中的所有键值对元素。如图 2-75 所示，在使用字典对象 dict1 的 clear()方法后，字典对象 dict1 的所有键值对元素将都被删除，字典对象 dict1 将变成空的。

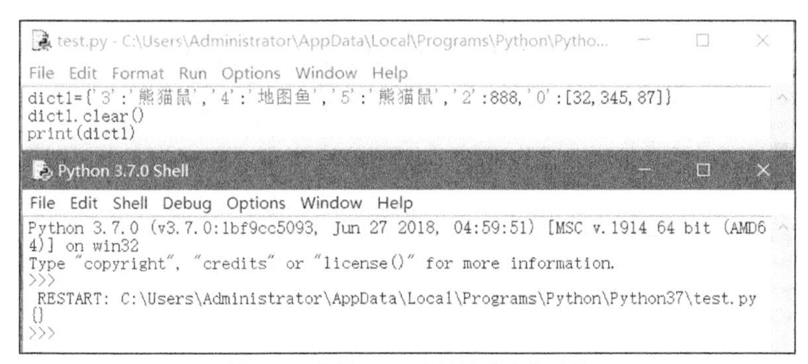

图 2-75 使用 clear()方法清空字典对象

2.6 集合

集合（set）由一组键构成。在集合中，不允许有重复的键。因此，集合可以用于去除重复值。同时，我们可以对集合执行数学意义上的集合运算，如并集、交集、差集、对称差等。

2.6.1 创建集合

集合的创建有两种方式——使用 set()函数或使用大括号{}。如图 2-76 所示，集合由大括号和集合元素构成，集合中的元素（键）则使用逗号进行分隔。这里在设置集合元素时，故意输入了两个重复的元素'熊猫鼠'；但是，当我们输出集合对象 set1 时，发现里面只保留了其中一个。同时，细心的读者会发现，集合中元素的位置也发生了变化，因此在使用集合时必须注意如下两点。

- 集合中的元素是无序的。
- 在定义集合时，尽管可以输入两个甚至多个重复的元素，但是集合会自动去除重复的那些元素。

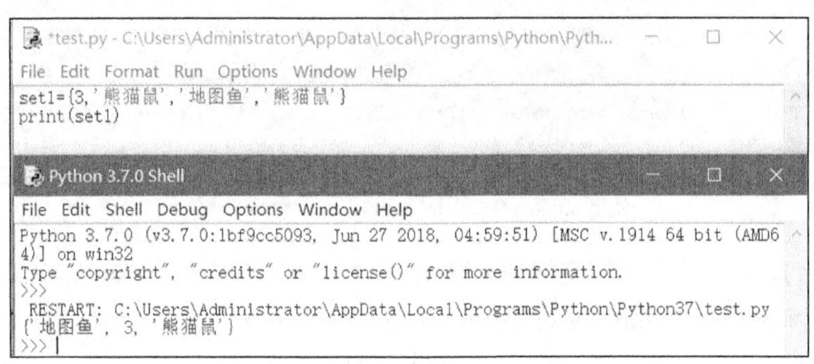

图 2-76　集合

另外，Python 不允许使用大括号定义空的集合。要定义空的集合，使用 set()函数，如图 2-77 所示。

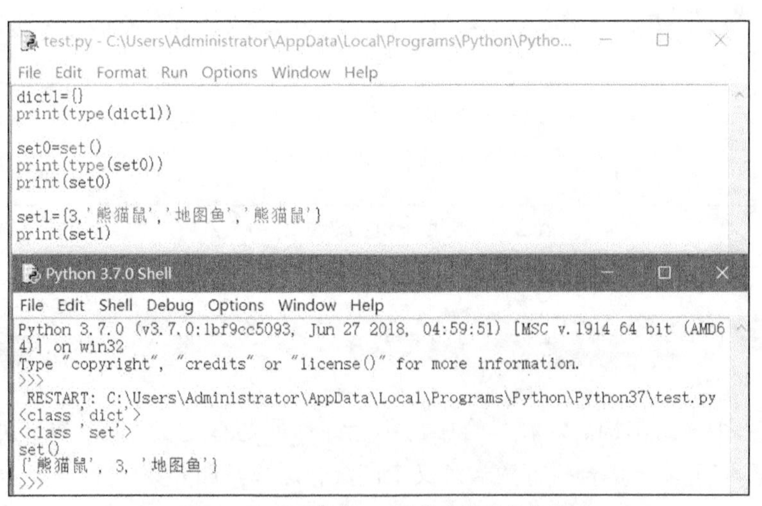

图 2-77　必须使用 set()函数定义空的集合

如图 2-77 所示，当尝试使用大括号创建空的集合并输出集合的类型时，您将发现输出的是字典类型。只有当使用 set()函数创建空的集合时，得到的才是集合类型。

此外，您还可以使用 set()函数强制将列表、元组转换为集合，如图 2-78 所示。

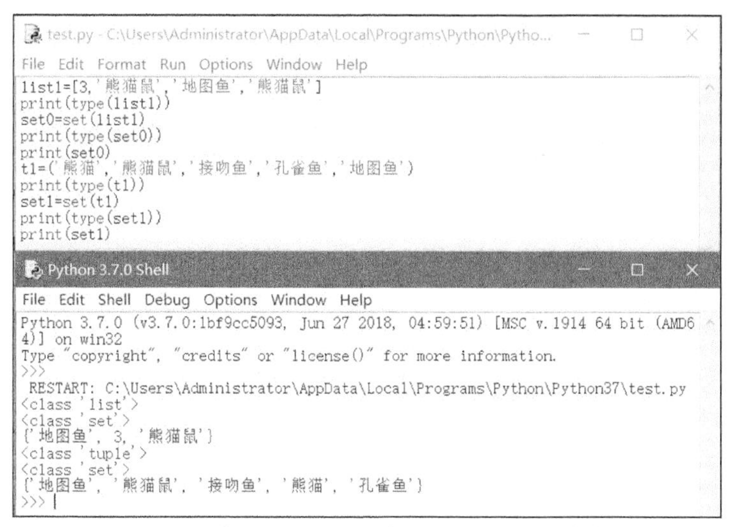

图 2-78　使用 set()函数强制将列表、元组转换为集合

2.6.2　获取集合元素

集合中的元素由于是无序的，因此我们不能像对列表、元组那样使用索引对它们进行访问。但是，我们可以使用 in 或 not in 来判断某个元素是否在集合中，返回的结果为 True 或 False。

如图 2-79 所示，这里定义了一个集合对象 set1，其中包含 5 个元素——'熊猫'、'熊猫鼠'、'接吻鱼'、'孔雀鱼'和'地图鱼'。语句 print('接吻鱼' in set1)用来判断'接吻鱼'是否在 set1 集合对象中。显然，'接吻鱼'是这个集合中的元素，因此输出结果为 True。同理，'孙悟空'不在 set1 集合对象中，因此语句 print('孙悟空' in set1)的输出结果为 False，而语句 print('孙悟空' not in set1)的输出结果为 True。

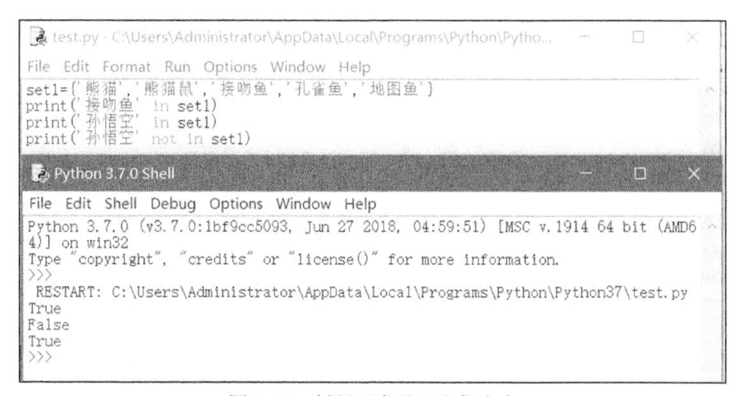

图 2-79　判断元素是否在集合中

如图 2-80 所示，我们可以使用迭代的方式输出集合中的元素。也许大家并不熟悉迭代语句的用法，但没有关系，这部分内容将在后续章节中详细介绍。

test.py - C:\Users\Administrator\AppData\Local\Programs\Python\Pytho...
File Edit Format Run Options Window Help
set1={'熊猫','熊猫鼠','接吻鱼','孔雀鱼','地图鱼'}
for item in set1:
print(item)
Python 3.7.0 Shell
File Edit Shell Debug Options Window Help
Python 3.7.0 (v3.7.0:1bf9cc5093, Jun 27 2018, 04:59:51) [MSC v.1914 64 bit (AMD64)] on win32
Type "copyright", "credits" or "license()" for more information.
>>>
RESTART: C:\Users\Administrator\AppData\Local\Programs\Python\Python37\test.py
熊猫鼠
熊猫
地图鱼
孔雀鱼
接吻鱼
>>>

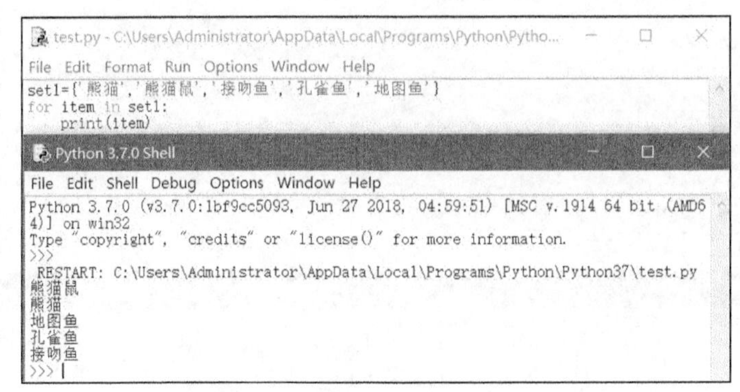

图 2-80　使用迭代的方式输出集合中的元素

2.6.3　添加集合元素

我们先来看一下集合对象都提供了哪些方法，如图 2-81 所示。

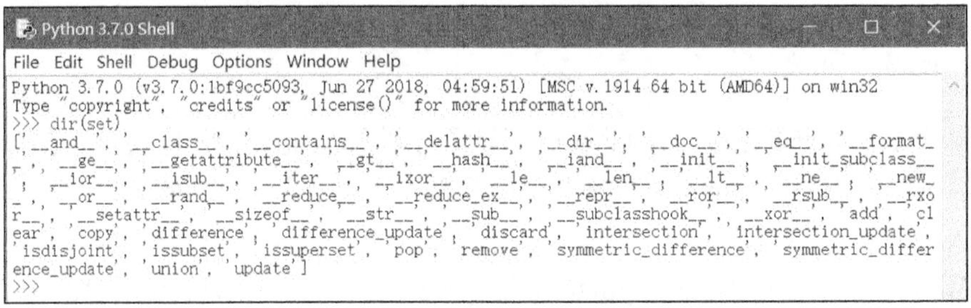

Python 3.7.0 Shell
File Edit Shell Debug Options Window Help
Python 3.7.0 (v3.7.0:1bf9cc5093, Jun 27 2018, 04:59:51) [MSC v.1914 64 bit (AMD64)] on win32
Type "copyright", "credits" or "license()" for more information.
>>> dir(set)
['__and__', '__class__', '__contains__', '__delattr__', '__dir__', '__doc__', '__eq__', '__format__', '__ge__', '__getattribute__', '__gt__', '__hash__', '__iand__', '__init__', '__init_subclass__', '__ior__', '__isub__', '__iter__', '__ixor__', '__le__', '__len__', '__lt__', '__ne__', '__new__', '__or__', '__rand__', '__reduce__', '__reduce_ex__', '__repr__', '__ror__', '__rsub__', '__rxor__', '__setattr__', '__sizeof__', '__str__', '__sub__', '__subclasshook__', '__xor__', 'add', 'clear', 'copy', 'difference', 'difference_update', 'discard', 'intersection', 'intersection_update', 'isdisjoint', 'issubset', 'issuperset', 'pop', 'remove', 'symmetric_difference', 'symmetric_difference_update', 'union', 'update']
>>>

图 2-81　集合对象提供的所有方法

从中可以看出，集合对象提供了 add()方法。使用 add()方法向集合中添加元素，如图 2-82 所示。

test.py - C:\Users\Administrator\AppData\Local\Programs\Python\Pytho...
File Edit Format Run Options Window Help
set1={'熊猫','熊猫鼠','接吻鱼','孔雀鱼','地图鱼'}
set1.add('老虎')
print(set1)
Python 3.7.0 Shell
File Edit Shell Debug Options Window Help
Python 3.7.0 (v3.7.0:1bf9cc5093, Jun 27 2018, 04:59:51) [MSC v.1914 64 bit (AMD64)] on win32
Type "copyright", "credits" or "license()" for more information.
>>>
RESTART: C:\Users\Administrator\AppData\Local\Programs\Python\Python37\test.py
{'熊猫', '老虎', '孔雀鱼', '接吻鱼', '熊猫鼠', '地图鱼'}
>>>

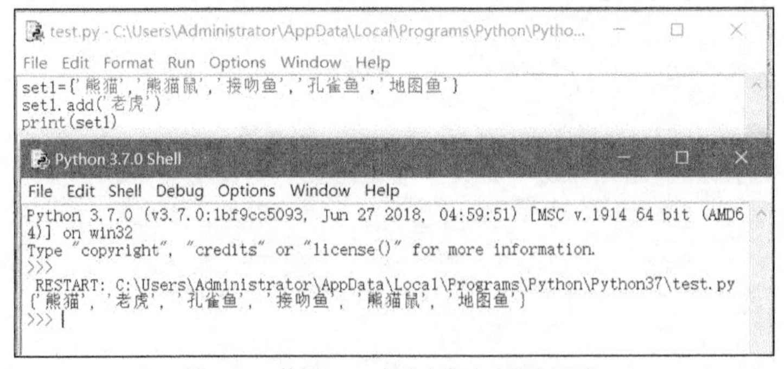

图 2-82　使用 add()方法向集合中添加元素

2.6.4　修改集合

在创建集合以后，若我们需要修改集合中的元素，就可以使用集合对象的 update()方法。

如图 2-83 所示，当使用集合对象 set1 的 update()方法修改 set1 集合中的元素时，如果要修改的元素和集合中的元素相同，那么只保留其中一个；如果要修改的元素不在集合中，那么就把元素添加到里面，111 这个元素不在集合 set1 中，因此在执行 update()方法后，元素 111 将被添加到集合 set1 中。

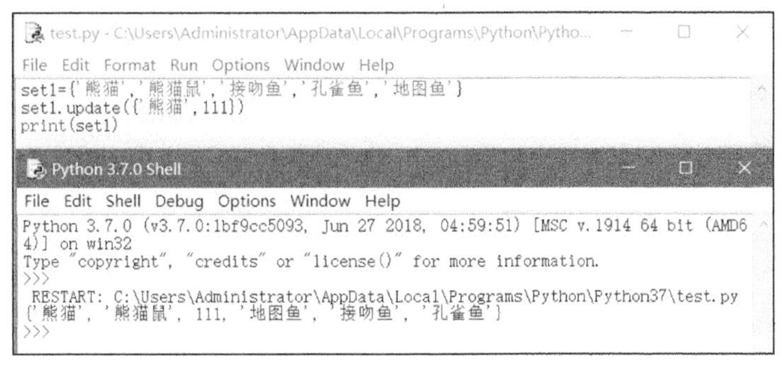

图 2-83　修改集合

当然，您也可以通过求相关的并集、差集、对称差等来完成对原有集合元素的修改。如图 2-84 所示，可以通过先对集合 set1 和 set2 求并集，再赋给集合 set3 的方式来达到修改集合的目的。集合的并集运算是指对两个集合的元素进行合并，若元素出现重复，则只保留其中一个而去除重复的那些。

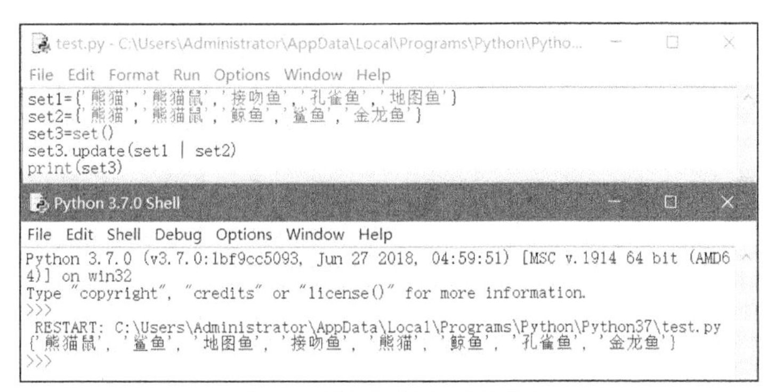

图 2-84　通过集合运算修改集合

集合的相关运算如表 2-2 所示。

表 2-2　集合的相关运算

集合运算	其他表示方法	得到的结果
a | *b*	*a*.union(*b*)	*a* 集合和 *b* 集合中全部的唯一元素
a & *b*	*a*.intersection(*b*)	*a* 集合和 *b* 集合中都有的元素
a−*b*	*a*.difference(*b*)	*a* 集合中的元素，但要求元素不在 *b* 集合中
a ^ *b*	*a*.symmetric_difference(*b*)	*a* 集合或 *b* 集合中的元素，但要求元素不同时属于集合 *a* 和集合 *b*

2.6.5　计数集合元素

使用 len()函数可以实现集合元素的计数。如图 2-85 所示，可以看到，集合会自动去除重复的元素，并且在使用 len()函数统计集合元素时，重复的元素将只统计一次。

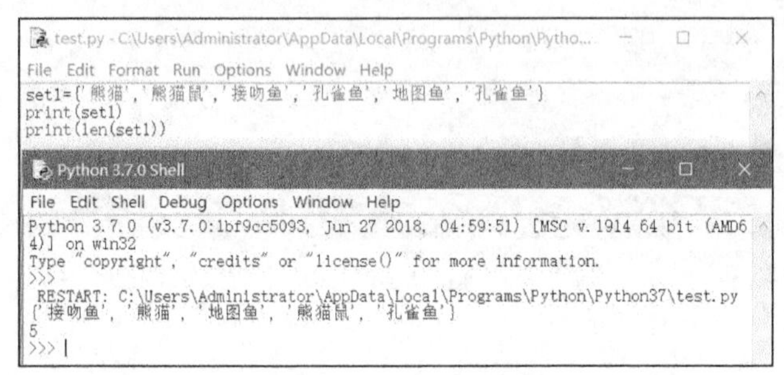

图 2-85　使用 len()函数统计集合元素

2.6.6　删除集合或集合中的元素

使用集合对象的 pop()、remove()或 clear()方法可以删除集合中的元素或者删除整个集合。

当集合中都是字符串时，使用 pop()方法可以删除集合中的第一个元素。pop()方法执行完毕后，“熊猫”元素将从集合中消失，同时由于“孔雀鱼”元素在集合中重复了，因此最终结果如图 2-86 所示，重复的“孔雀鱼”元素也被合并了。

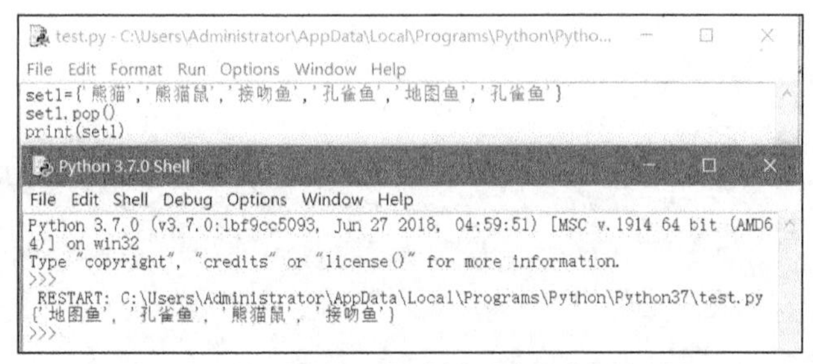

图 2-86　使用 pop()方法删除集合中的第一个元素

如图 2-87 所示，使用 remove()方法可以从集合 set1 中删除指定的元素。

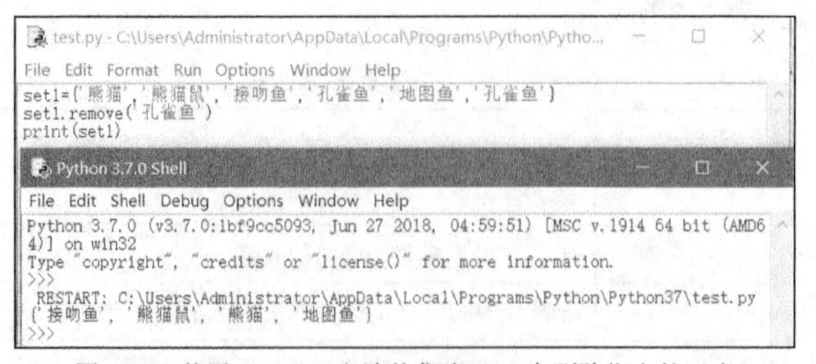

图 2-87　使用 remove()方法从集合 set1 中删除指定的元素

有没有一种方法可以快速清空集合中所有元素呢？当然有，使用集合对象的 clear()方法就可以清空集合中的所有元素，如图 2-88 所示。

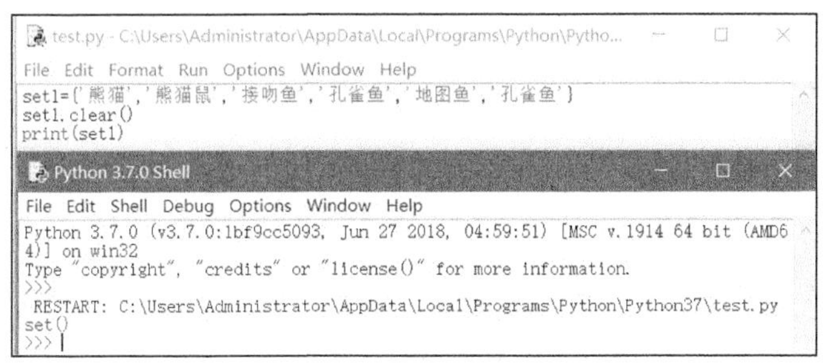

图 2-88 使用 clear()方法清空集合中所有元素

2.7 常用运算符

在实际工作中，我们可能碰到很多涉及大量的科学计算和逻辑判断的情况。因此，掌握常用运算符的用法是测试人员的必备技能。

2.7.1 算术运算符

尽管算术运算很简单，但是人们发现，算术运算在实际的工作和生活中与我们联系最密切。当您去菜市场买菜时，卖菜的大妈算完了应收您多少钱之后，您会不自觉地算一下，看看是不是一致。在年底，您也会大概算一下今年一共赚了多少钱，算算手里一共有多少存款，等等。这些都和算术运算有关，那么如何使用 Python 实现这些算术运算呢？

Python 中的算术运算符主要包括+（加）、-（减）、*（乘）、/（除）、%（模）、**（幂）、//（取整除）。Python 提供的算术运算符如表 2-3 所示。

表 2-3 Python 提供的算术运算符

算术运算符	描述	实例(假设 a=10 且 b=2)
+（加）	将两个数字相加	a + b 的结果为 12
-（减）	用一个数字减去另一个数字	a-b 的结果为 8
*（乘）	将两个数字相乘或返回一个重复多次的字符串	a * b 的结果为 20
/（除）	用数字 a 除以数字 b，但是注意分母不可为 0	a / b 的结果为 5.0
%（取模）	取模运算，返回除法的余数	b % a 的结果为 2
**（求幂）	返回数字 a 的 b 次幂	a**b 表示 10 的 2 次方，结果为 100
//（取整）	返回两个数字的商的整数部分，这里为向下取整，并非四舍五入取整	(a+1)//b，也就是 11//2，结果为 5

下面我们实际演示一下表 2-3 中的相关操作，如图 2-89 所示，从而让大家对这些算术运算有一个清晰的认识。

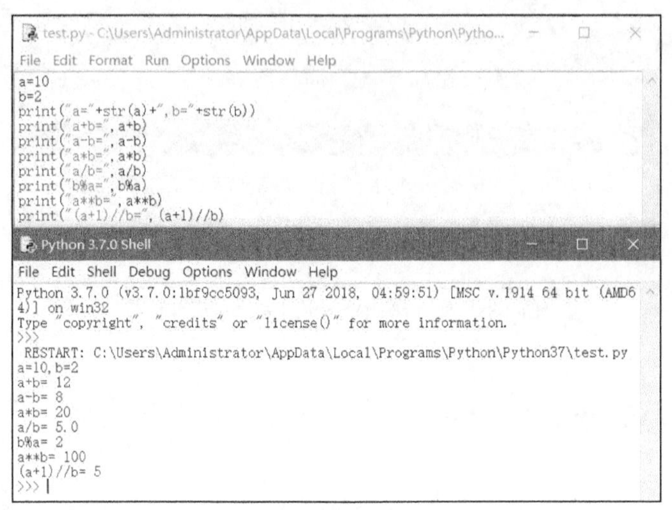

图 2-89　算术运算实例

我们上面只演示了两个数字的乘法操作，在表 2-3 中，“返回一个重复多次的字符串”是什么意思呢？假设我们定义了一个字符串，而后想对这个字符串重复拼接三次，这可以使用乘法运算符来实现，如图 2-90 所示。使用 Python 实现字符串的重复拼接竟然这么简单。

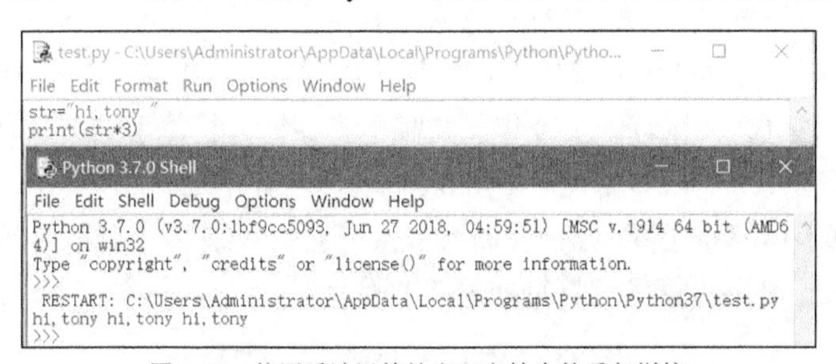

图 2-90　使用乘法运算符实现字符串的重复拼接

“先乘除，后加减”，上学的时候，为了方便我们记忆，老师会让学生背诵一些顺口溜。上面这句顺口溜其实是想让我们记住加、减、乘、除运算的优先级。例如，`a-b+c*d/e` 的计算结果什么呢？按照上学时老师讲的数学运算规则，执行顺序是 `a-b+((c*d)/e)`。这里为了使用实际的输出结果来验证正确性，我们分别对 a、b、c、d、e 进行如下赋值：a=100，b=5，c=2，d=3，e=2。

如图 2-91 所示，`print(a-b+((c*d)/e))`与 `print(a-b+c*d/e)`的输出结果一致，都是 98.0，这反映了加、减、乘、除运算的执行顺序。在不引入圆括号改变优先级的情况下，先执行乘、除运算，后执行加、减运算，对于相同级别的运算，则按照表达式从左到右执行。

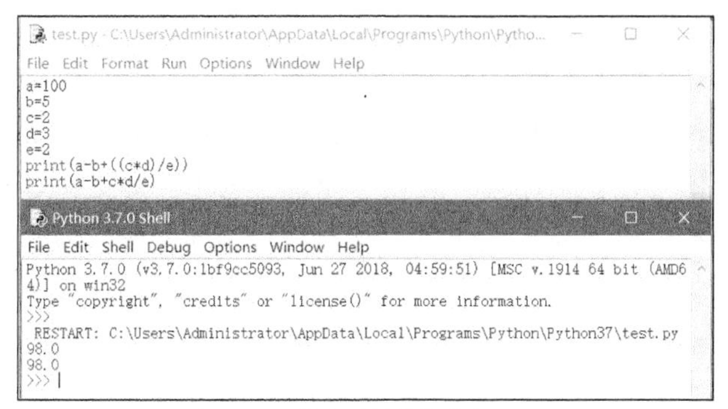

图 2-91 算术运算的优先级(一)

算术运算符的优先级如表 2-4 所示。

表 2-4 算术运算符的优先级

算术运算符	描述
**	指数运算，优先级最高
* 、/ 、% 、//	乘、除、取模和取整除，优先级次高
+、-	加法、减法，优先级最低

下面举例说明：

```
a=100
b=5
c=2
d=3
e=2
f=2
g=3
print(a-b+c*d/e//g**f)
print(a-b+(c*d/e//(g**f)))
```

按照算术运算的优先级，表达式 a-b+c*d/e//g**f 等价于 a-b+(c*d/e//(g**f))，所以经过计算后，它们的值都是 95.0，如图 2-92 所示。

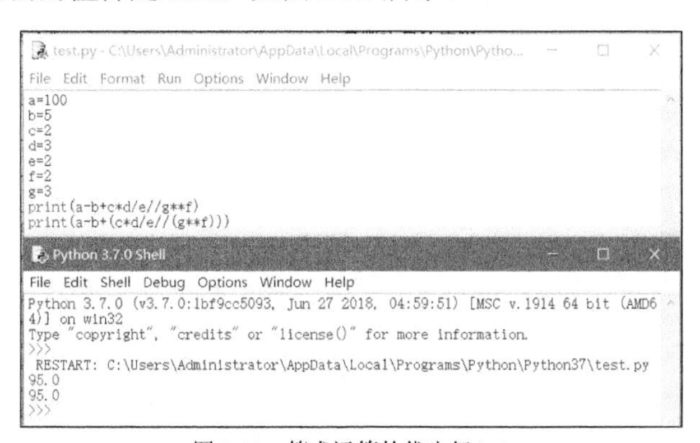

图 2-92 算术运算的优先级(二)

2.7.2　逻辑运算符

测试人员认为存在缺陷肯定是因为当他们执行测试用例时，根据操作步骤输入相关数据后，实际的输出结果与预期不一致。我们在实际工作中，经常需要编写一些测试脚本，因而必然涉及一些逻辑操作和处理。如果实际结果与预期一致，应该怎样做？不一致又该怎样做？

Python 提供的逻辑运算符有 and（与）、or（或）和 not（非），如表 2-5 所示。

表 2-5　Python 提供的逻辑运算符

逻辑运算符	描述	实例
and	如果参与运算的两个变量 a 和 b 都为 True，那么 a and b 为 True；否则，为 False。如果变量 a 为 False，返回 False；否则，计算 b 的值	若 a=True，b=False，则 a and b 的返回值为 False 若 a=10，b=20，则 a and b 的返回值为 20 若 a=10，b=0，则 a and b 的返回值为 0
or	如果参与运算的两个变量中有一个为 True，那么 a or b 为 True；只有当两个变量都为 False 时，a or b 才为 False。如果变量 a 非零，返回 a 的值；否则，返回 b 的值	若 a=True，b=False，则 a or b 的返回值为 True 若 a=10，b=20，则 a or b 的返回值为 10 若 a=10，b=0，则 a or b 的返回值为 10
not	如果参与运算的变量 a 为 True，那么 not a 为 False；如果变量 a 为 False，那么 not a 为 True	若 a=True，则 not a 的返回值为 False 若 a=10，则 not a 的返回值为 False 若 a=0，则 not a 的返回值为 True

注：当变量正整数时，可以表示为 True；当变量为 0 时，可以表示为 False。

逻辑运算实例如图 2-93 所示，除布尔类型之外，整型也可以参与逻辑运算。

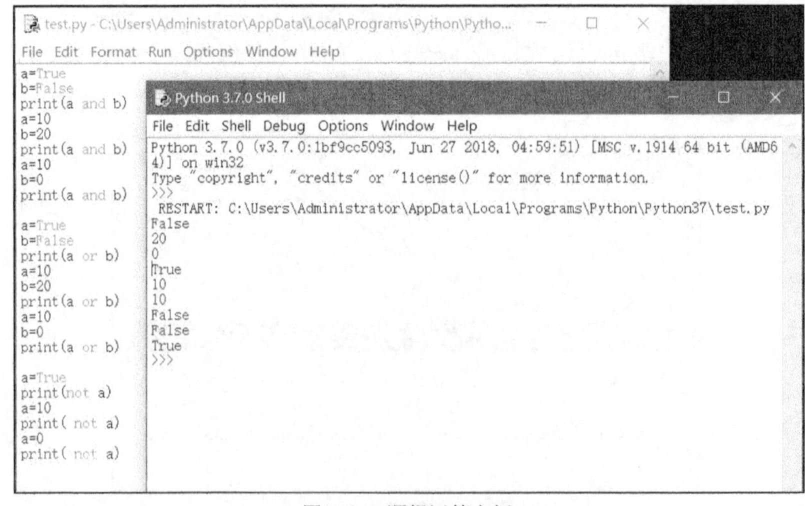

图 2-93　逻辑运算实例

2.7.3 比较运算符

比较运算符主要包括>（大于）、>=（大于或等于）、<（小于）、<=（小于或等于）、!=（不等于）、==（等于），表 2-6 对比较运算符做了总结。

表 2-6 Python 提供的比较运算符及相关说明

比较运算符	描述	实例（假设 a=10 且 b=2）
==	比较 a 和 b 是否相等	(a == b)返回 False
!=	比较 a 和 b 是否不相等	(a!=b)返回 True
>	返回 a 是否大于 b	(a > b)返回 True
<	返回 a 是否小于 b	(a < b)返回 False
>=	返回 a 是否大于或等于 b	(a >= b)返回 True
<=	返回 a 是否小于或等于 b	(a <= b)返回 False

比较运算实例如图 2-94 所示，执行比较运算后，返回的是布尔类型的值 True 或 False。

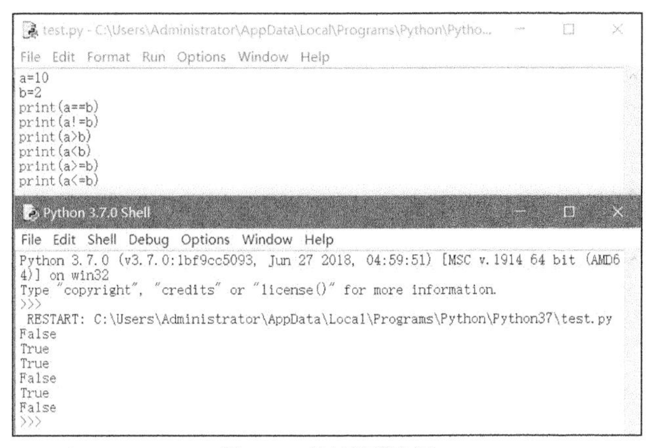

图 2-94 比较运算实例

2.7.4 赋值运算符

通常，我们在计算两个变量的乘积时，会写成 c=a*b 的形式，那么有没有更简便的写法？当然有，Python 提供了很多非常简便的赋值运算符来帮助我们简化此类写法，如表 2-7 所示。

表 2-7 Python 提供的赋值运算符及相关说明

赋值运算符	描述	实例（假设 a=10 且 b=2）
=	简单的赋值运算符	c = a + b，将 a + b 的结果赋给 c，相当于 c=10+2=12
+=	加法赋值运算符	b += a 等效于 b = b + a，相当于 b=2+10=12
-=	减法赋值运算符	b-= a 等效于 b = b-a，相当于 b=2-10= -8

续表

赋值运算符	描述	实例（假设 a=10 且 b=2）
*=	乘法赋值运算符	b *= a 等效于 b = b * a，相当于 b=2*10=20
/=	除法赋值运算符	b /= a 等效于 b = b / a，相当于 b=2/10=0.2
%=	取模赋值运算符	b %= a 等效于 b = b % a，相当于 b=2%10=2
**=	求幂赋值运算符	b **= a 等效于 b = b ** a，相当于 b=2**10=1024
//=	取整赋值运算符	b //= a 等效于 b = b // a，相当于 b=2//10=0

赋值运算实例如图 2-95 所示，实际的执行结果与表 2-7 完全一致。但是，“从 b+=a 开始往后，我们为什么要对 a 和 b 重新赋值呢？这是因为如果不重新赋值，表达式 b+=a 将改变 b 的值，b 的值就变成 12，而不是原来的 2 了。

图 2-95　赋值运算实例

2.7.5　位运算符

尽管位运算符在我们实际的工作中应用得不是太多，但这里还是做了总结，如表 2-8 所示。

表 2-8　Python 提供的位运算符及相关说明

位运算符	描述	实例
&	按位与运算符：参与运算的两个值中，只有当对应的两位都为 1 时，结果位才为 1；否则，为 0	a=10（二进制值：0000 1010） b=2（二进制值：0000 0010） (a & b)的输出结果为 2，对应的二进制值为 0000 0010

续表

<table>
<tr><th>位运算符</th><th>描述</th><th>实例</th></tr>
<tr><td>|</td><td>按位或运算符：参与运算的两个值中，只要对应的两位中有一个为 1，结果位就为 1；否则，为 0</td><td>a=10（二进制值：0000 1010）
b=2（二进制值：0000 0010）
(a | b) 的输出结果为 10，对应的二进制值为 0000 1010</td></tr>
<tr><td>^</td><td>按位异或运算符：参与运算的两个值中，只有当对应的两位不同时，结果位才为 1；否则，为 0</td><td>a=10（二进制值：0000 1010）
b=2（二进制值：0000 0010）
(a ^ b) 的输出结果为 8，对应的二进制值为 0000 1000</td></tr>
<tr><td>~</td><td>按位取反运算符：对每位取反，也就是把原来的 1 变为 0，把原来的 0 变为 1</td><td>b=2（二进制值：0000 0010）
(~b) 的输出结果-3，对应的二进制值为 1111 1101</td></tr>
<tr><td><<</td><td>左移位运算符：将所有位左移若干位，移动的位数由 << 右边的数字指定，高位丢弃，低位补 0</td><td>a=10（二进制值：0000 1010）
a << 2 的输出结果为 40，对应的二进制值为 0010 1000</td></tr>
<tr><td>>></td><td>右移位运算符：将所有位右移若干位，移动的位数由>> 右边的数字指定，低位丢弃，高位补 0</td><td>a=10（二进制值：0000 1010）
a >> 2 的输出结果为 2，对应的二进制值为 0000 0010</td></tr>
</table>

位运算实例如图 2-96 所示。很多初学者可能会觉得位运算非常难懂，这是因为位运算涉及的都是一些关于计算机原理的知识，如原码、补码和反码。如果有兴趣，您可以阅读相关的书籍或资料，这里不再赘述。

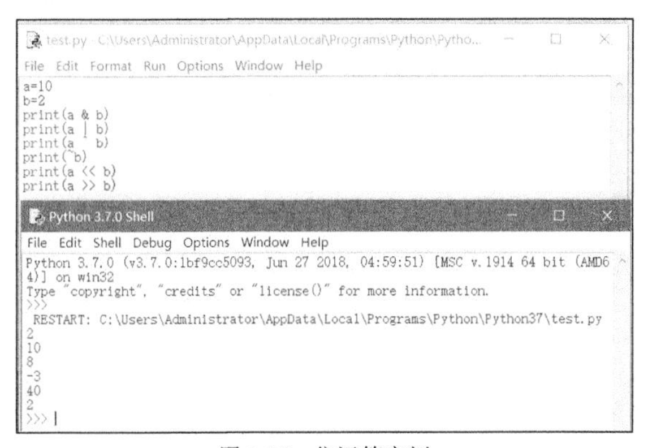

图 2-96　位运算实例

2.8 常规语句应用基础

在实际工作中，我们经常需要用到一些语句（比如循环语句、条件语句）以完成一些常见操作，常见操作包括字符串的拆分和拼接、文件处理、网络操作等。本节将讲解常用的一些语句以及脚本的设计和编写。

2.8.1　for 循环语句

循环语句是我们平时应用十分广泛的一种语句。比如读取文本文件的内容，计算从 1 到 100 的自然数累加和，做猜数字游戏直到猜对为止，这些都涉及使用循环语句。

这里以计算从 1 到 100 的自然数累加和为例，介绍 for 循环语句的应用。在开始介绍之前，我们先来看一下 range()函数。range()函数包含三个参数，函数原型如下：

```
range(start, stop[, step])
```

计数将从 start 开始（默认从 0 开始），到 stop 结束，但不包括 stop。因此，range(10)等价于 range(0,10)，表示的是序列[0, 1, 2, 3, 4，5，6，7，8，9]。step 表示步长，默认为 1，因此 range(0,10)等价于 range(0, 10, 1)。

Python 的 for 循环可以用来遍历任何序列，序列可以是列表、字符串等。

for 循环的一般格式如下：

```
for 变量 in 序列:
    语句
```

下面就让我们使用 for 循环和 range()函数计算从 1 到 100 的自然数累加和，如图 2-97 所示。

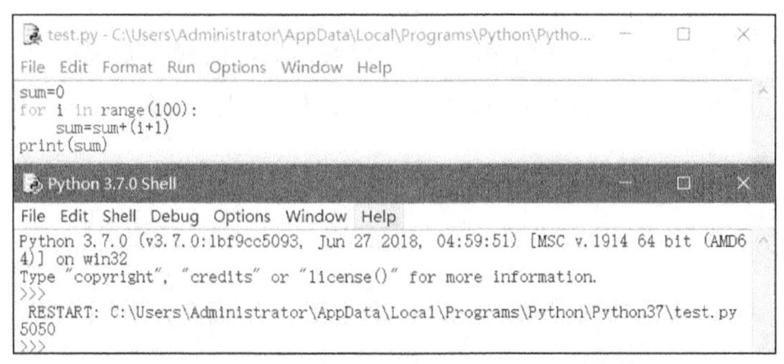

图 2-97　使用 for 循环计算从 1 到 100 的自然数累加和

2.8.2　while 循环语句

while 循环同样可以用来计算从 1 到 100 的自然数累加和。while 循环的一般格式如下：

```
while 判断条件:
    语句
```

对于 while 循环语句，只有在判断条件为 True 时，才会执行 while 语句块内的语句。如果判断条件始终为 True，结果将如何呢？这将导致“死循环”，while 语句块内的语句将不停地执行。所以，在使用 while 循环时，一定要保证判断条件能为 False，从而保证能跳出 while 循环。

如图 2-98 所示，脚本一开始将变量 sum 初始化为 0，将变量 i 初始化为 1，而后开始执行 while 循环体内的语句 sum=sum+i，作用是使用 sum 变量累加每次的计算结果。为了保证能跳出 while 循环，变量 i 每执行一次 while 循环都要加 1，直到 i 等于 101 时，判断条件为 False，while 循环体内的语句才不再执行，输出求和结果，也就是 sum 变量的值。

```
test.py - C:\Users\Administrator\AppData\Local\Programs\Python\Pytho...
File Edit Format Run Options Window Help
sum=0
i=1
while (i<=100):
    sum=sum+i
    i=i+1
print(sum)

Python 3.7.0 Shell
File Edit Shell Debug Options Window Help
Python 3.7.0 (v3.7.0:1bf9cc5093, Jun 27 2018, 04:59:51) [MSC v.1914 64 bit (AMD6
4)] on win32
Type "copyright", "credits" or "license()" for more information.
>>>
 RESTART: C:\Users\Administrator\AppData\Local\Programs\Python\Python37\test.py
5050
>>> |
```

图 2-98　使用 while 循环计算从 1 到 100 的自然数累加和

2.8.3　if-else 条件语句

Python 可通过计算一条或多条判断语句的结果来决定执行的代码，比如为 True 时执行一条语句（或代码块）；否则，执行另一条语句（或代码块）。if-else 条件语句的一般格式如下：

```
if 判断条件:
    语句 1
else:
    语句 2
```

假设我们想输出 1～10 的偶数和奇数，该怎么做呢？我们知道，偶数能整除 2，奇数则不能，因此可以把这作为判断一个数字是否是偶数的条件。如图 2-99 所示，当这个条件为 True 时，输出的数字为偶数；否则，为奇数。因为数字不能和字符串直接进行拼接，所以需要先使用 str()函数将数字强制转换为字符串。

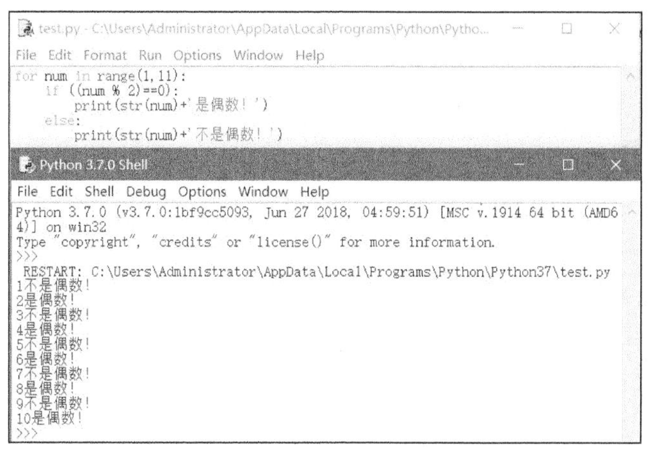

图 2-99　使用 if-else 条件语句输出 1～10 的偶数和奇数

2.8.4　break 语句

break 语句的作用是从循环体中跳出。假设我们想输出自然数 1～10 中的第一个偶数，该怎样做呢？如图 2-100 所示，细心的读者可能已经发现，相比 2.8.3 节中的脚本示例，我们只添加了一条 break 语句，就实现了以上需求。通过使用 break 语句，我们可以立即退出循环。

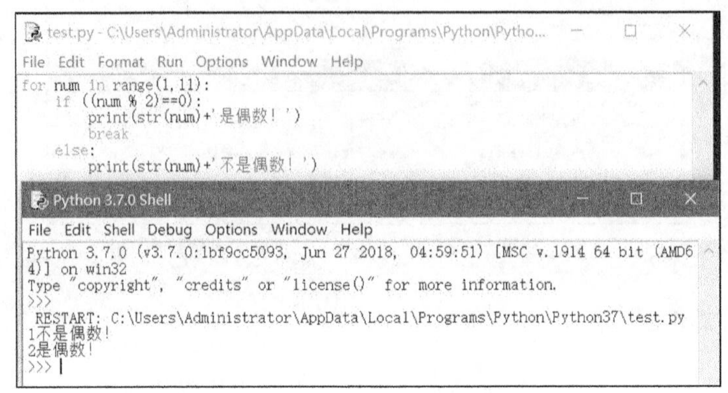

图 2-100　输出 1～10 的第一个偶数

2.8.5　continue 语句

假设我们的需求又变了，我们想输出自然数 1～10 的所有偶数，但不输出任何奇数，又该怎么做呢？这时就用到了 continue 语句，continue 语句的作用是终止本轮循环并开始执行下一轮循环。如图 2-101 所示，当数字为偶数时，就输出这个数字；否则，执行 continue 语句，跳过本次循环，继续开始判断下一个数字。

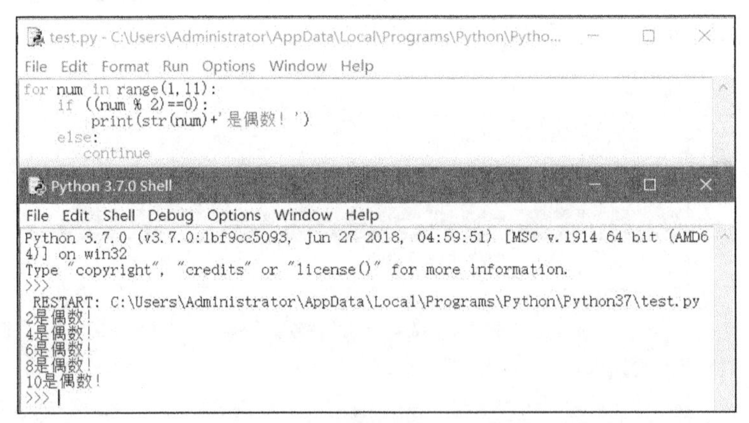

图 2-101　输出 1～10 的所有偶数，但不输出任何奇数

2.8.6　导入模块

Python 被称为“调包侠”是有道理的，因为它有非常多的第三方包可供调用。下面以实现猜数字游戏为例。猜数字游戏的游戏规则是可以输入数字 10 次，已知要猜的数字将会在 1～10 随机产生，当输入的数字正好和随机数一致时，游戏发出提示“您真厉害，可以买彩票去

了！一定能中 500 万！”，游戏结束；若猜不中，则继续弹出“请输入数字！”对话框，重新开始，直到 10 次机会用完为止。

那么现在问题来了，我们并不知道 Python 中的哪个模块包含产生随机数的方法。

您可以通过阅读 Python 3.7 Module Docs 来查找需要的模块以及对应的方法等。另外，快速地通过互联网进行查找也不失为好的方法，参见图 2-102～图 2-104。

图 2-102　打开 Python 3.7 Module Docs

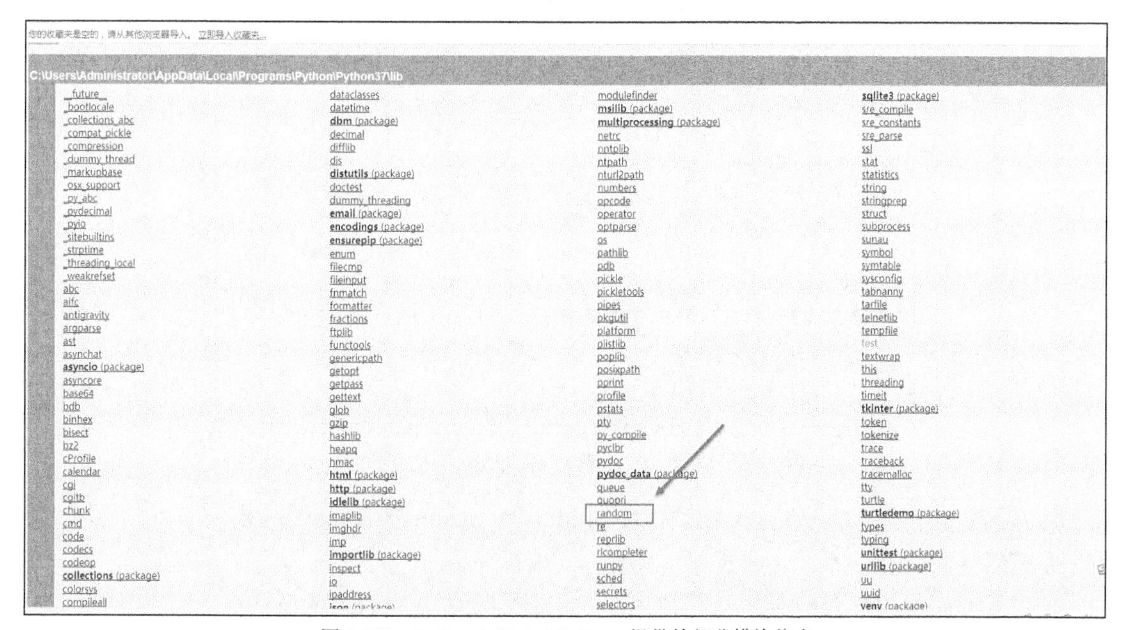

图 2-103　Python 3.7 Module Docs 提供的部分模块信息

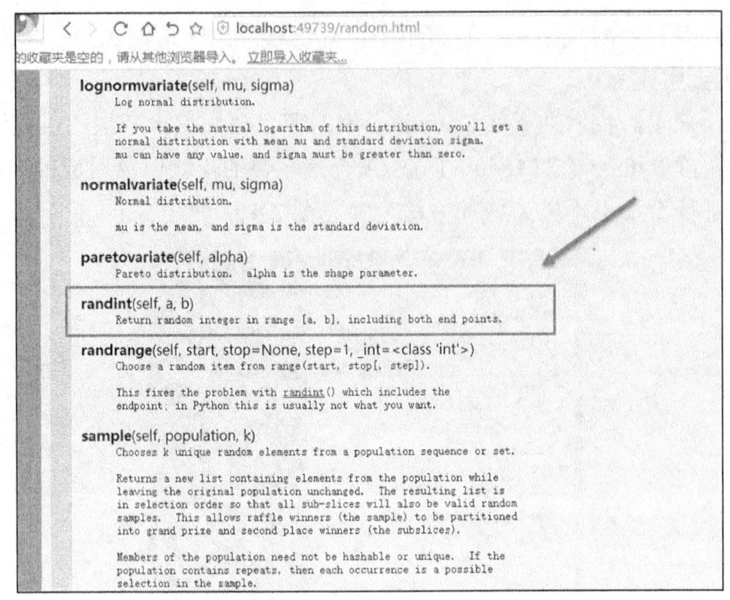

图 2-104　randint()方法的相关信息

如图 2-104 所示，randint()正是我们要找的方法，现在就让我们一起开始编写脚本吧！但是，如图 2-105 所示，当我们使用 random.randint()方法时，系统给出错误信息 NameError: name 'random' is not defined，指示名称 random 没有定义，这是怎么回事呢？

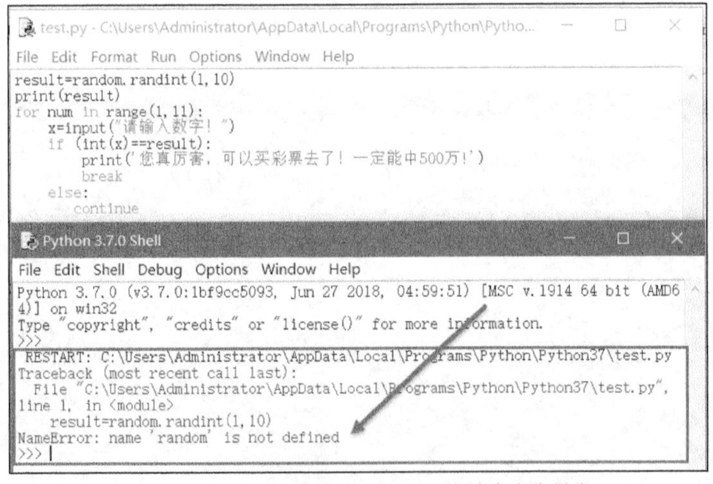

图 2-105　直接使用 random.randint()方法会产生异常

这是因为还没有导入 random 模块，使用 import random 导入 random 模块即可。导入后，程序将能够正常运行，系统不再报错，如图 2-106 所示。

您是不是很惊讶？仅仅使用 9 行代码，我们就实现了一个有趣的游戏！

一个模块中可能包含 a、b、c 三个方法，但有时我们只希望导入 a 方法，而不希望导入整个模块，可以使用“from 模块名 import 方法名称”语法形式来实现上述目的。如图 2-107 所示，在代码中添加了 from random import randint 语句后，使用 randint()方法时就不需要在方法名称的前面加模块名了。

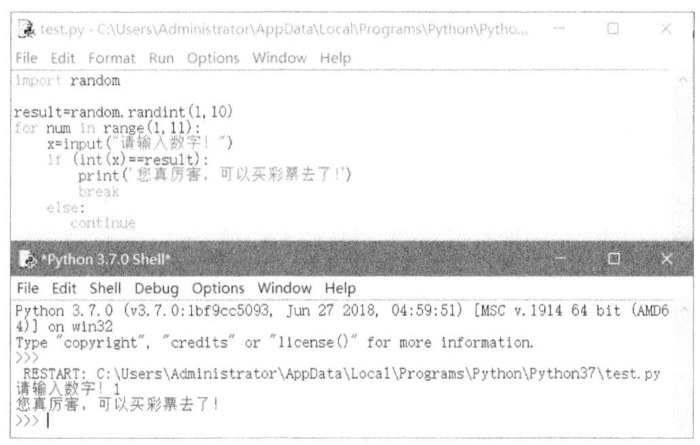

图 2-106　运行猜数字游戏

图 2-107　只导入 random 模块中的 randint()方法

2.8.7　函数

函数非常重要，毫不夸张地说，函数是所有编程语言中的重中之重。以 random 模块中的随机数生成函数 randint()为例（其实类对象的方法就是函数）。我们不需要关心函数内部是怎么实现的，也不必每次都实现 randint()函数，而只需要知道 randint()函数是做什么的，直接拿来使用就可以了。再比如，假设有 4 个列表，其中存放的是正方形的边长信息，这 4 个列表如下：edges1=[2,22,11,45,27,8,91,124,66,77,33,55]，edges2=[55,66,77,88,99,100,35,62,78,125,78,89,2]， edges3=[55,66,77,88,99,100,56,90,32,56,49]，edges4=[55,66,77,88,99,100,87,71,30,82,69,67]。现在，假设我们需要计算 edges1、edges2、edges3 和 edges4 列表中各个元素对应的正方形的面积。在没有函数的情况下，我们通常使用如下方式来计算这些正方形的面积：

```
edges1=[2,22,11,45,27,8,91,124,66,77,33,55]
edges2=[55,66,77,88,99,100,35,62,78,125,78,89,2]
edges3=[55,66,77,88,99,100,56,90,32,56,49]
edges4=[55,66,77,88,99,100,87,71,30,82,69,67]
for edge in edges1:
    print('边长为'+str(edge)+'的正方形面积为'+str(edge*edge)+'!')
print("-----------------------------------------------------------")
for edge in edges2:
    print('边长为'+str(edge)+'的正方形面积为'+str(edge*edge)+'!')
print("-----------------------------------------------------------")
for edge in edges3:
    print('边长为'+str(edge)+'的正方形面积为'+str(edge*edge)+'!')
print("-----------------------------------------------------------")
for edge in edges4:
    print('边长为'+str(edge)+'的正方形面积为'+str(edge*edge)+'!')
```

如果能编写一个专门针对列表对象的函数，计算起来是不是会更方便呢？

```
def listsquare(list1):
    print('__________________________________')
    for i in list1:
        print('边长为'+str(i)+'的正方形面积为'+str(i*i)+'!')
edges1=[2,22,11,45,27,8,91,124,66,77,33,55]
edges2=[55,66,77,88,99,100,35,62,78,125,78,89,2]
edges3=[55,66,77,88,99,100,56,90,32,56,49]
edges4=[55,66,77,88,99,100,87,71,30,82,69,67]
listsquare(edges1)
listsquare(edges2)
listsquare(edges3)
listsquare(edges4)
```

上述代码针对传入的列表对象可以实现相同的功能，从应用角度讲，代码是不是显得规整、简洁很多呢？

对比前后两段代码，我们不难发现，第一段代码需要对每个列表元素执行平方计算，而第二段代码只需要调用 listsquare()函数即可。

1. 函数的一般形式

通常，函数的一般形式如图 2-108 所示。

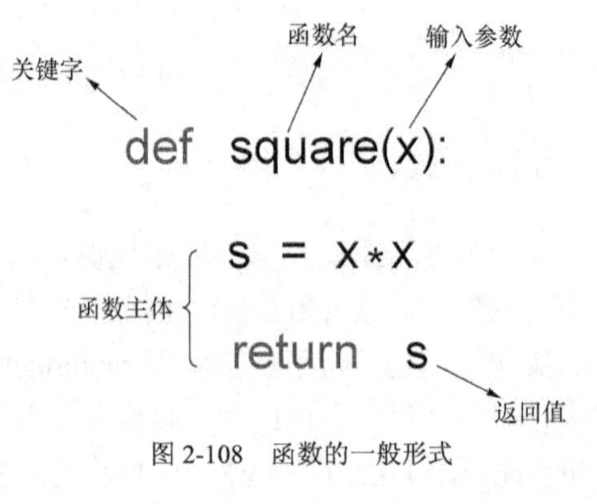

图 2-108　函数的一般形式

Python 中的函数在声明时必须包含 def 关键字，def 关键字的后面是一个空格，而后是函数名，最后是一对圆括号。函数运行所需的参数可放到函数名后面的圆括号中，以逗号进行分隔。函数主体是函数实现的业务功能。如果函数有返回值，可使用 return 语句返回。当然，函数也可以没有返回值，比如我们刚才编写的 listsquare()函数。

2. 函数的形参和实参

从调用的角度看，参数分为形式参数和实际参数。形式参数是指函数在声明时圆括号中的参数（简称形参），而实际参数是指函数在调用时传递进来的参数（简称实务）。以 listsquare()函数为例，list1 就是形参，而在调用语句 listsquare(edges1)中，edges1 就是传入的实参。

3. 函数的返回值及函数参数的设定

下面定义一个函数，用它计算多项式 S=1+2x+3y+zy。这个多项式包含 3 个参数，分别是 x、y 和 z。这个函数的声明如下：

```
def polynomial(x,y,z):
    S=1+2*x+3*y+z*y
    return S
```

从上述定义看，polynomial()函数共包含 3 个形参，分别是 x、y 和 z。函数主体为多项式 S=1+2x+3y+zy，而后将计算结果返回。接下来，让我们调用这个函数，如图 2-109 所示。

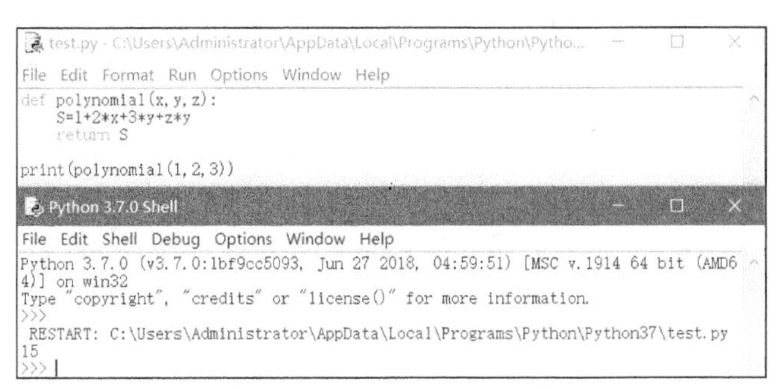

图 2-109 调用 polynomial()函数

在没有特别指定参数的情况下，在调用函数时将按顺序传递参数，于是 polynomial(1,2,3) 相当于 polynomial(x=1, y=2, z=3)，如图 2-110 所示，二者的结果是一致的。

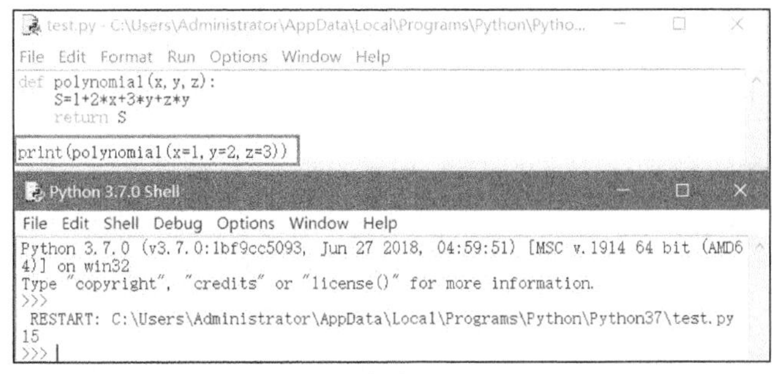

图 2-110 polynomial(1,2,3)相当于 polynomial(x=1, y=2, z=3)

下面以同样的方式传递参数，但是稍加变化，结果会是什么样呢？如图 2-111 所示，我们对传入的参数位置和值都做了一些变化，可以发现，当指定参数名称时，返回的结果只和参数的值有关，而和参数的位置无关。在使用这种方式时，注意，如果传入的第一个参数值指定了参数名称，那么后面传入的每个参数值也都需要指定参数名称；否则，会出现语法错误。

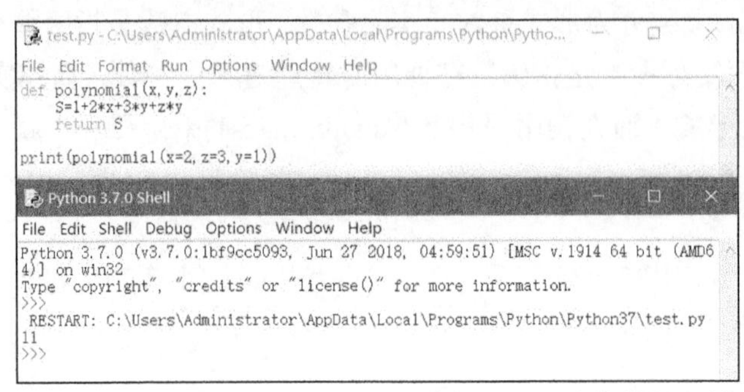

图 2-111　函数返回的结果只和参数的值有关，而和参数的位置无关

在特定情况下，输入的参数可以事先设定好值，也就是默认值。在调用函数时，可以不输入参数，函数内部会直接使用默认值。比如，如图 2-112 所示，在定义 polynomial()函数时，我们指定参数 z 的默认值为 5。在调用 polynomial()函数时，若不指定 z 的值，参数 z 将使用默认值 5 参与计算。

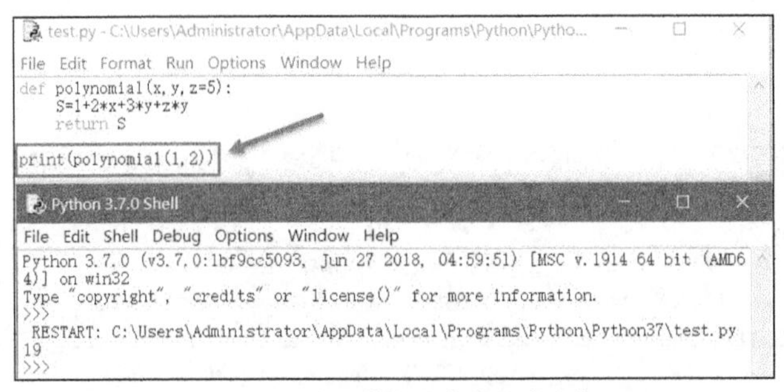

图 2-112　为函数的参数指定默认值

2.8.8　lambda 函数

lambda 函数可以使一些简单函数的表示变得更加简洁，lambda 函数的一般形式和应用分别如图 2-113 和图 2-114 所示，这里我们以实现前面编写的 polynomial()函数为例。

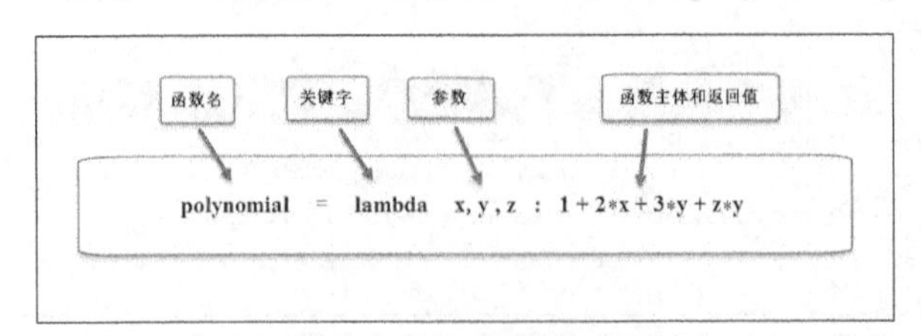

图 2-113　lambda 函数的一般形式

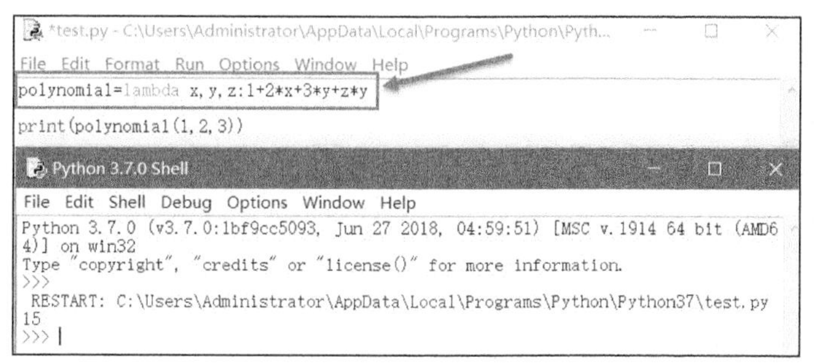

图 2-114　lambda 函数的应用

2.8.9 断言

如果您之前接触过 xUnit 系列的单元测试，相信一定对“断言”这个词不陌生。断言广泛应用于 Java、.NET、Python 等编程语言的单元测试中，考虑到很多读者可能没有接触过单元测试，这里对断言做一下简单介绍。当我们编写自动化测试脚本（如 QTP）时，通常需要设置检查点：根据用例相关的输入（操作步骤、输入的数据等），应该出现某个值或页面。如果没有出现这个值或页面，我们就认为出现了 bug，因为根据输入得到的实际执行结果与我们预期的结果不一致。比如，编写一个计算两个整数之和的函数 addtwoint(a,b)，我们肯定还要验证这个函数的功能是否正确。为此，我们可以设计一些测试用例。比如，对于 addtwoint(1,2)，如果返回结果为 3，则说明 addtwoint()函数的功能正确；否则，说明 addtwoint()函数的功能有误。此时就可以使用断言。当 assert 关键字后面的条件为 False 时，脚本将抛出 AssertionError 异常。断言可以对实际输出结果和预期结果进行比较。若一致，则没有问题；否则，就说明存在 bug。

如图 2-115 所示，这里首先定义了函数 addtwoint()，而后使用了断言。语句 assert addtwoint(1,2)==3 是对的，所以在执行时没有抛出任何异常信息。但语句 assert addtwoint(2,2)==6 不对，因而抛出 AssertionError 异常。

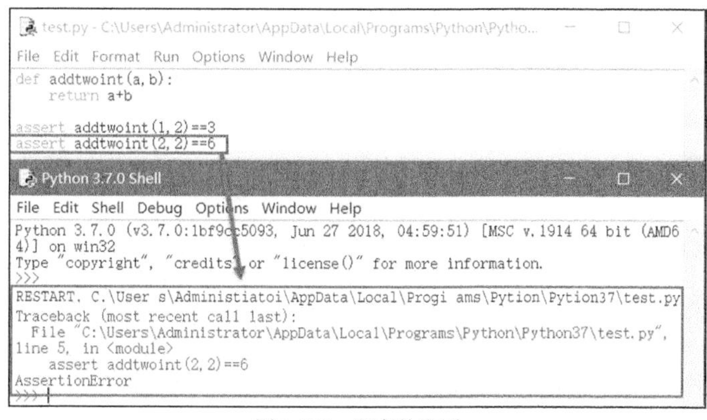

图 2-115　断言的应用

2.8.10　局部变量和全局变量

在 Python 编程语言中，变量的有效范围称为变量的作用域。在 Python 编程语言中，所有的变量都有自己的作用域。按作用域的不同，变量可分为局部变量和全局变量两种类型。

如图 2-116 所示，根据执行结果，可以得出如下结论。

在模块文件中，变量 `a` 的值为 3，在模块文件的最外层，代码无缩进，因此变量 `a` 是一个全局变量。无论是否有 global 关键字，变量 `a` 在整个模块文件中都有效。换言之，`global a` 与 `a=3` 等价于 `a=3`，变量 `c`、`d`、`f` 等与之类似，我们不再赘述。

全局变量是在函数外部定义的变量，这种变量不属于某个函数，而属于整个模块文件，因而作用域也是整个模块文件。局部变量是在函数内部定义的，其作用域仅限于函数内。

当局部变量和全局变量同名时，在局部变量的作用域内，全局变量不起作用。比如在 four() 函数内部，变量 `a` 的值为 2 而非 3，变量 `c` 的值为 5 而非 10，变量 `d` 的值为 1 而非 50。当然，如果没有声明同名的局部变量，那么输出的内容为全局变量的值，如输出结果中变量 `f` 为 100。在函数内部，也可以通过 global 关键字来定义全局变量，如变量 `e` 在输出结果中为 5，加 3 后变为 8。

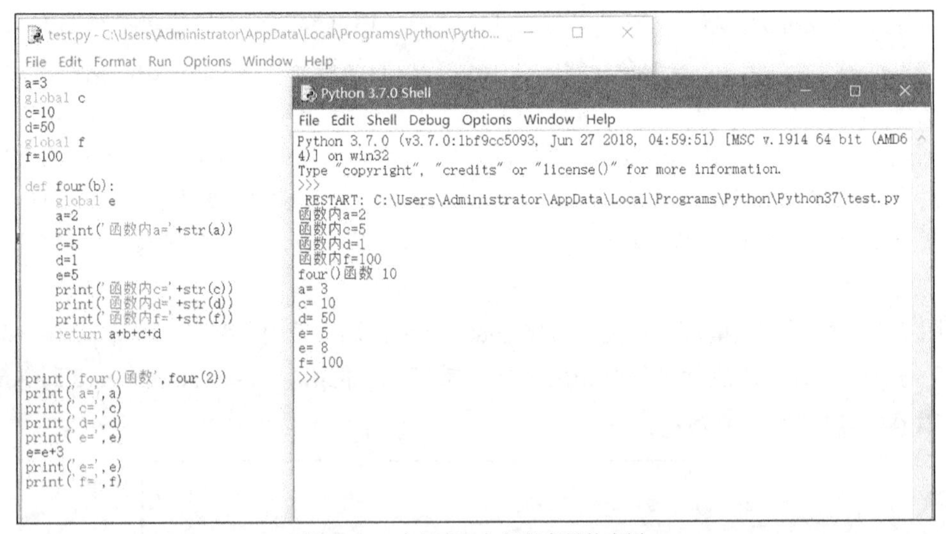

图 2-116　全局变量与局部变量的应用

2.8.11　单行注释与多行注释

如果在 IT 行业里工作了一段时间，相信您一定知道，这是一个人员流动性很高的行业。如何保证人员流失对团队和公司造成的影响最小呢？规范团队成员的工作行为是一项很好的措施。每一位成员的工作成果都需要提交至配置管理工具（如 SVN、VSS 等），或者使用文件服务器将相关的工作成果保存起来。同时，团队成员应该遵循共同的标准，比如，脚本应有统一的编写规范，脚本中的有效注释率不低于 30%等。当然，每个公司的情况不一样，应结合实际情况，因地制宜采取相应措施。下面我们就结合 Python 编程语言讲解一下如何使用注释。好的注释不仅能使脚本更容易理解阅读，还能在一定程度上减少人员离职带来的影响等。

注释的应用示例如图 2-117 所示。通过阅读注释，初学者很快就能理解这个脚本做了些什么。当然，这里的注释显得有些多余，因为注释的都是一些简单的赋值语句。

图 2-117　注释的应用示例

1. 单行注释

在 Python 编程语言中，使用#对单行语句进行注释，如图 2-118 所示。

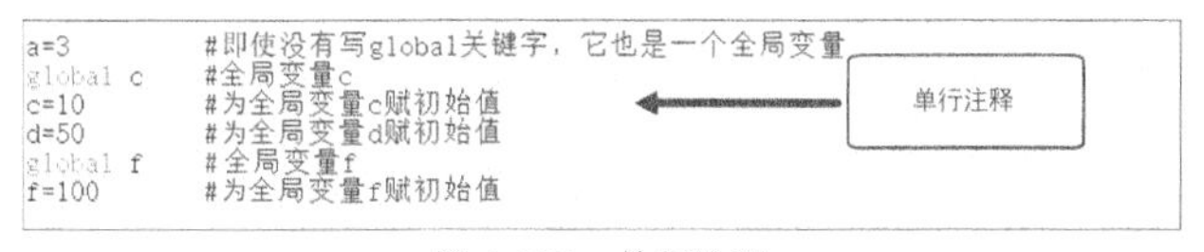

图 2-118　单行注释

2. 多行注释

在 Python 编程语言中，多行注释以 3 个"或'开始，同时以对应的 3 个"或'结束，如图 2-119 所示。

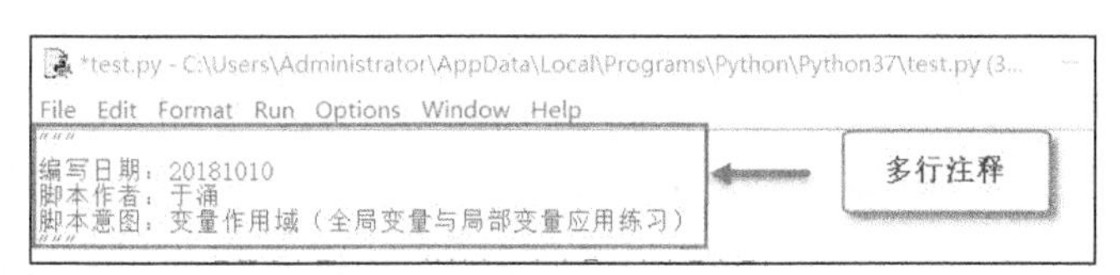

图 2-119　多行注释

2.9 语法错误及异常处理

2.9.1 语法错误

Python 初学者面临的第一个问题就是记不住语法，所以经常会发现自己编写的脚本报语法错误（SyntaxError），那么什么是语法错误呢？当您编写完一个 Python 脚本并进行编译时，若脚本中存在不符合 Python 语法规则的代码，Python 就会停止编译并返回错误信息。这是不是仍然很抽象？下面举几个具体的示例。

1. 关键字错误

在下面的脚本中，我们故意将 for 关键字写错，这样就会产生语法错误，如图 2-120 所示。

```
fo i in range(5); #这里故意将 for 关键字写错，所以将会产生语法错误
    print(i)
```

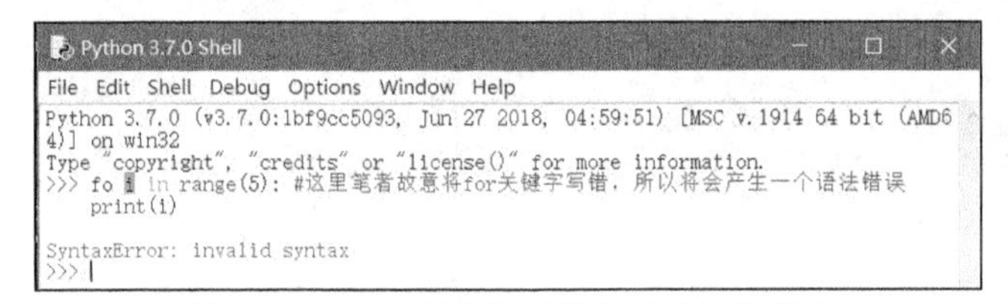

图 2-120　由于关键字拼写错误而产生语法错误

2. 缺少开始或结束符号（如引号、括号等）

在下面的脚本中，我们故意将字符串'abc'弄丢一个单引号，这样也会产生语法错误，如图 2-121 所示。

```
word='abc
```

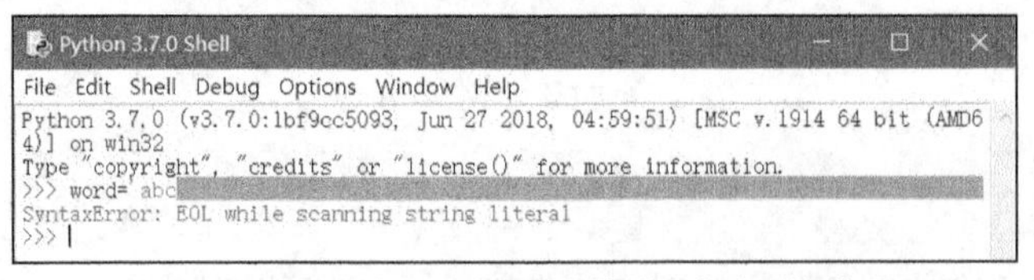

图 2-121　由于缺少开始或结束符号而产生语法错误

3. 缩进错误

在下面的脚本中，我们故意在第二条 print()语句的前面添加了缩进，但是因为没有 for、while、if 等语句将其作为程序体，Python 同样会报语法错误，如图 2-122 所示。

```
for i in range(5):
    print(i)
        print('abc')
```

```
Python 3.7.0 Shell
File  Edit  Shell  Debug  Options  Window  Help
Python 3.7.0 (v3.7.0:1bf9cc5093, Jun 27 2018, 04:59:51) [MSC v.1914 64 bit (AMD6
4)] on win32
Type "copyright", "credits" or "license()" for more information.
>>> for i in range(5):
    print(i)
        print('abc')

SyntaxError: unexpected indent
>>> |
```

图 2-122　由于缩进错误而产生语法错误

2.9.2　其他错误

在做除法运算时，除数不可为零。如果计算机在进行除法运算时，恰巧除数就是零，就会产生 ZeroDivisionError 错误，如图 2-123 所示。

```
Python 3.7.0 Shell
File  Edit  Shell  Debug  Options  Window  Help
Python 3.7.0 (v3.7.0:1bf9cc5093, Jun 27 2018, 04:59:51) [MSC v.1914 64 bit (AMD6
4)] on win32
Type "copyright", "credits" or "license()" for more information.
>>> i=10 / 0
Traceback (most recent call last):
  File "<pyshell#0>", line 1, in <module>
    i=10 / 0
ZeroDivisionError: division by zero
>>>
```

图 2-123　由于除数为零而产生异常

其他错误较语法错误更难被发现，前者只在代码运行时才会发生。其他错误包括数据类型错误、运算错误、索引错误、属性错误等。

1. 数据类型错误

在下面的脚本中，我们故意将字符串和整数相加，由于它们的数据类型不一致，无法相加，因此就会产生数据类型错误，如图 2-124 所示。

```
c='abc'+2
```

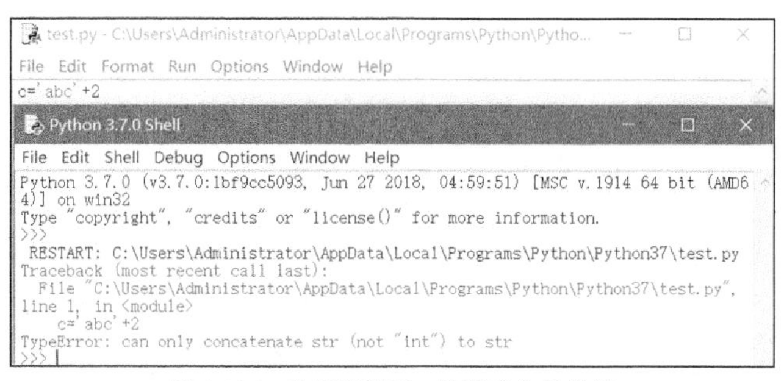

图 2-124　数据类型不一致而产生的错误

2. 运算错误

图 2-123 所示的也是运算错误。

3. 索引错误

在下面的脚本中，我们先定义了一个包含 5 个元素的列表 list1，而后输出索引为 8 的列表元素，但是这个列表元素并不存在，所以就会产生索引错误，如图 2-125 所示。

```
list1=[1,2,3,4,5]
print(list1[8])
```

```
Python 3.7.0 Shell
File Edit Shell Debug Options Window Help
Python 3.7.0 (v3.7.0:1bf9cc5093, Jun 27 2018, 04:59:51) [MSC v.1914 64 bit (AMD6
4)] on win32
Type "copyright", "credits" or "license()" for more information.
>>> list1=[1,2,3,4,5]
>>> print(list1[8])
Traceback (most recent call last):
  File "<pyshell#1>", line 1, in <module>
    print(list1[8])
IndexError: list index out of range
>>> |
```

图 2-125　由于索引越界而产生错误

4. 属性错误

在下面的脚本中，我们先定义了一个包含 5 个元素的元组 t1，而后向元组 t1 中添加元素 6。因为元组在定义后不可再改变，同时元组也没有 append()方法，所以就会产生属性错误，如图 2-126 所示。

```
t1=(1,2,3,4,5)
t1.append(6)
```

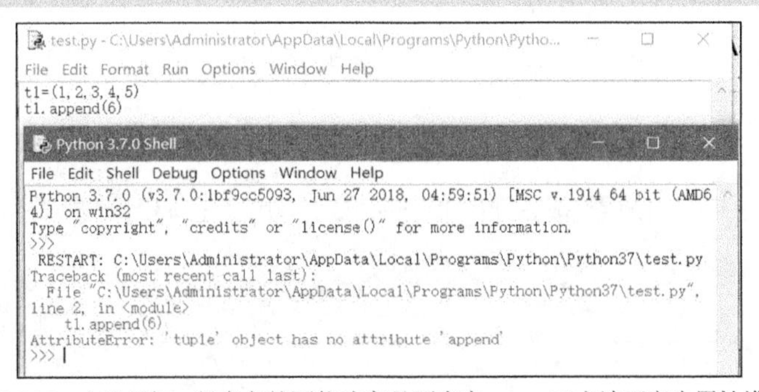

图 2-126　由于元组一经定义就不能改变且不存在 append()方法而产生属性错误

2.9.3　通过 try-except 捕获异常

脚本程序在出现异常时，一般都会直接中断。但是有些时候，我们希望在出现异常时程序能够继续执行或做一些其他方面的处理，比如弹出提示框，以通知我们出现错误了。

这里仍然以进行除法运算时除数为零作为示例，在不添加异常捕获功能时，如下脚本的执行结果是什么样的？

```
a=10
b=a/0
print('a=',a)
```

在上面的脚本中，我们先定义了变量 a 并初始化为 10，而后将变量 a 除以零并把结果赋给变量 b，最后输出变量 a。因为除数为零，所以脚本执行到 b=a/0 这条语句时，将出现错误，从而终止运行，后面的 print 语句自然也就不会执行，如图 2-127 所示。

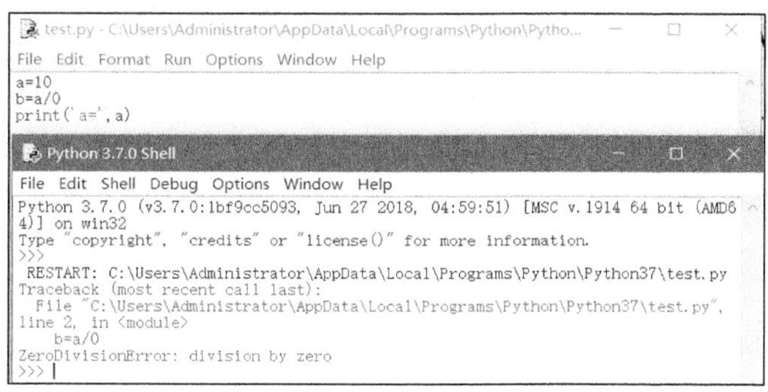

图 2-127　由于除数为零而产生错误

那么当出现异常信息时，如何才能给出提示以告诉我们异常产生的原因或忽略出错的语句，从而继续执行后面的语句呢？

这里先对代码进行如下改造：

```
a=10
try:
    b=a/0
except:
    print('除数为零，出错了！')
print('a=',a)
```

观察前后两个脚本，我们发现区别不是很大，只是在导致异常的除法语句的前后加了 try-except 语句和一条输出“除数为零，出错了！”的 print 语句。程序会不会再次中断呢？

我们惊喜地发现，尽管也存在除数为零的语句，但是程序没有中断执行，反而提示我们“除数为零，出错了！”，并且输出了变量 a 的值，如图 2-128 所示。

try-except 是我们捕获异常时最常使用的语句。try 部分是正常代码，当这部分代码出错时，就会进入 except 部分，执行 except 部分的代码。try-except 语句的语法结构如图 2-129 所示。

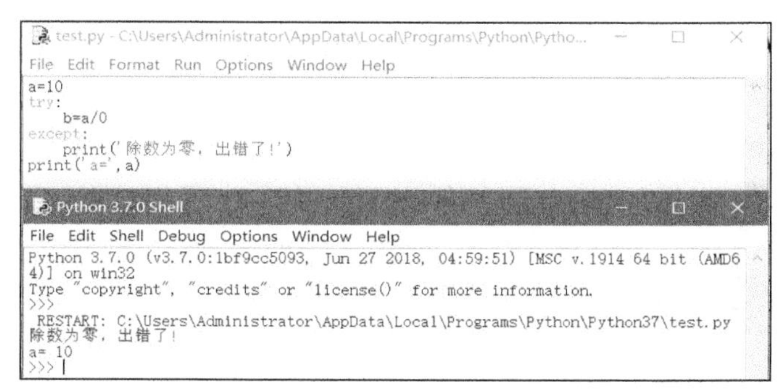

图 2-128　加入 try-except 语句后的执行结果

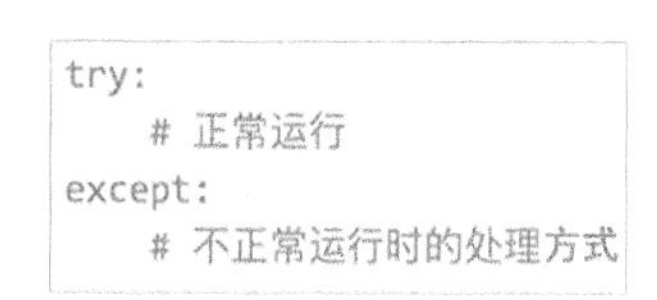

图 2-129　try-except 语句的语法结构

2.9.4　通过 try-except-else-finally 捕获异常

如果无论脚本是否正常运行，我们都需要执行一段固定的代码，就应该考虑使用 finally 子句。我们在工作过程中会经常要对数据文件进行操作。在对文件进行操作时，必须先打开文件，而后才能对文件进行读写操作，文件使用完之后还需要进行关闭。如果在对文件进行读写的过程中出现异常，将会导致资源无法及时释放，直到进行垃圾回收时，才会释放这部分资源。遇到这种情况该怎么办呢？这就用到了 finally 子句。如图 2-130 所示，如果使用了 finally 子句，那么无论脚本是否正常运行，finally 部分的语句都会执行。

```
try:
    # 正常运行
except(Exception1, Exception2, ...),e:
    # 发生Exception1、Exception2、...时的处理方式
else:
    # 正确时执行
finally:
    # 无论对错都执行
```

图 2-130　finally 部分的语句无论脚本是否正常运行都会执行

观察如下脚本：

```
try:
    f=open("c:\\afile.txt", "r")        #以读方式打开文件
    try:
        print(f.read())                 #读取文件内容
    except:
        print("读文件操作出现异常！")    #如果读取文件时产生异常，输出"读文件操作出现异常！"
    else:
        print("读取文件结束！")          #如果没有出现异常，输出"读取文件结束！"
    finally:
        f.close()                       #关闭文件
        print("文件关闭！")              #输出"文件关闭！"
except:
    print("出错了，文件不存在！")        #如果打开文件时出现异常，输出"出错了，文件不存在！"
else:
    print("不出错的情况下我会被执行！") #如果未出现异常，输出"不出错的情况下我会被执行！"
finally:
    print("我一定会被执行的！")          #输出"我一定会被执行的！"
```

afile.txt 文件（位于 C 盘）的内容如图 2-131 所示。

```
afile.txt - 记事本
文件(F) 编辑(E) 格式(O) 查看(V) 帮助(H)
这是我写的第一行测试数据！
```

图 2-131　afile.txt 文件的内容

下面我们针对上面的脚本做如下简单分析：当 c:\afile.txt 文件存在时，可以正常打开这个文件，读取其中的内容并输出，因为没有产生异常，所以输出“读取文件结束！”，关闭文件后输出“文件关闭！”，由于外层也不存在异常，因此输出“不出错的情况下我会被执行！”和“我一定会被执行的！”，如图 2-132 所示。

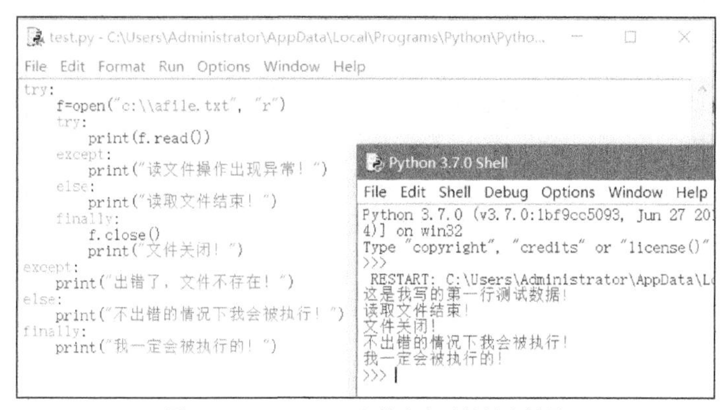

图 2-132　c:\afile.txt 文件存在时的输出结果

如果我们故意将 c:\afile.txt 文件删除，将会出现什么后果呢？

我们同样针对上面的脚本做一下分析：因为 c:\afile.txt 文件不存在，所以读取这个文件时将产生异常，输出“出错了，文件不存在！”，因为出现了异常，所以不会输出“不出错的情况下我会被执行！”，但是 finally 部分的语句一定会被执行，因而输出“我一定会被执行的！”，如图 2-133 所示。

图 2-133　c:\afile.txt 文件不存在时的输出结果

2.9.5　抛出异常

有的读者可能会问：“能不能自己抛出异常信息呢？”当然可以，您可以使用 raise 语句来主动抛出异常。如图 2-134 所示，这里先输出“这是一个主动抛出异常的实验脚本”，而后使用 raise SyntaxError 语句主动抛出了语法异常。因为产生了异常，脚本将中断运行，后面的语句也不会被执行，更不会输出“我想继续干活儿，但是被主动抛出的异常给中断了”。

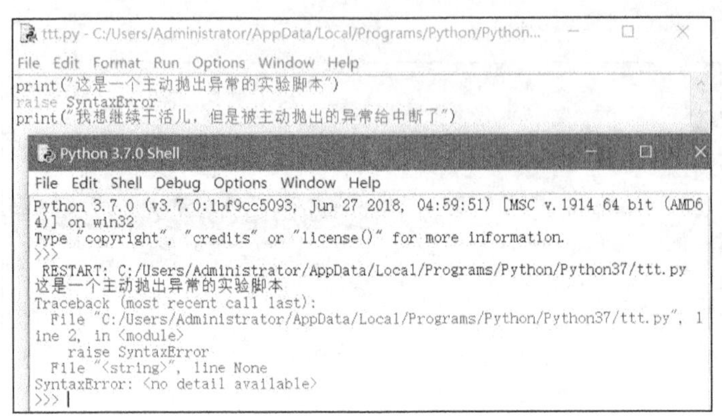

图 2-134 主动抛出异常

当抛出异常时，也可以传入参数。比如，可以传入用来对异常做进一步解释的信息。如图 2-135 所示，脚本几乎相同，但是我们传入了一些文字描述，这样的表达方式是不是更准确了呢？

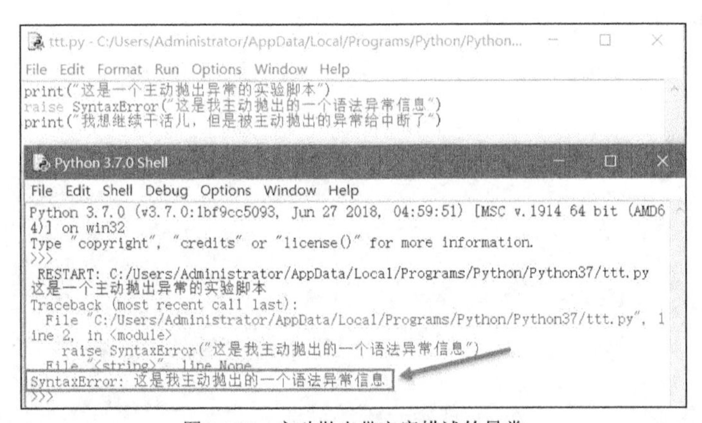

图 2-135 主动抛出带文字描述的异常

2.10 多线程处理

2.10.1 __name__ == "__main__":

我们平时在搜索 Python 编程语言的相关信息时，经常会在 Python 脚本代码中发现语句 if __name__ == "__main__"。那么这条语句是什么意思？为什么要使用它呢？这里举一个例子，相信大家看了以后就明白了。使用 PyCharm 分别编写两个模块文件——func.py 和 maintest.py。

func.py 模块文件的内容如下：

```
def addtwonum(a,b):
    return a+b
print(addtwonum(2,3))
print(addtwonum(3,3))
print(addtwonum(5,3))
```

maintest.py 模块文件的内容如下：

```
import func
print(func.addtwonum(10,10))
```

这里我们想在 maintest.py 模块文件中调用 func.py 模块文件中的 addtwonum()函数，从而输出 addtwonum(10,10)的执行结果。

右击 maintest.py 模块文件，从弹出的菜单中选择 Run 'maintest.py'菜单项，如图 2-136 所示。

maintest.py 模块文件的运行结果如图 2-137 所示，这是不是和预期大相径庭呢？该文件应该只输出 20 啊！为什么会输出 5、6、8 和 20 呢？一连串的问题自然而然就冒了出来。

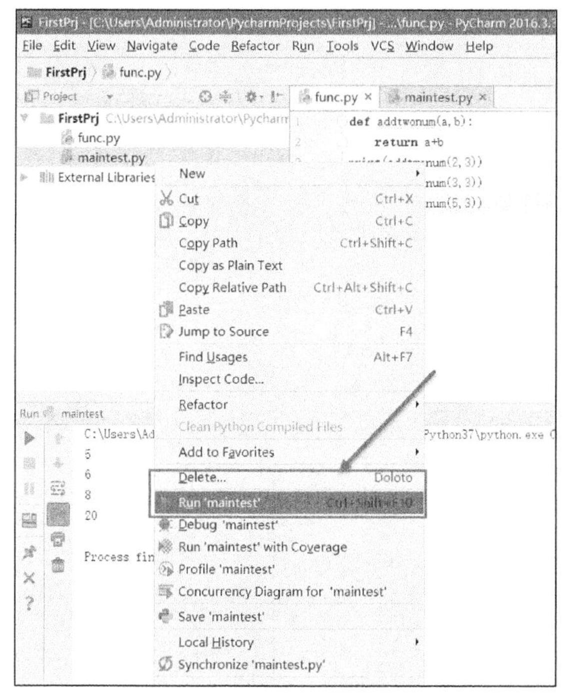

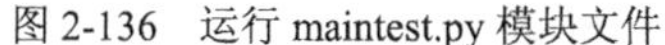
图 2-136　运行 maintest.py 模块文件

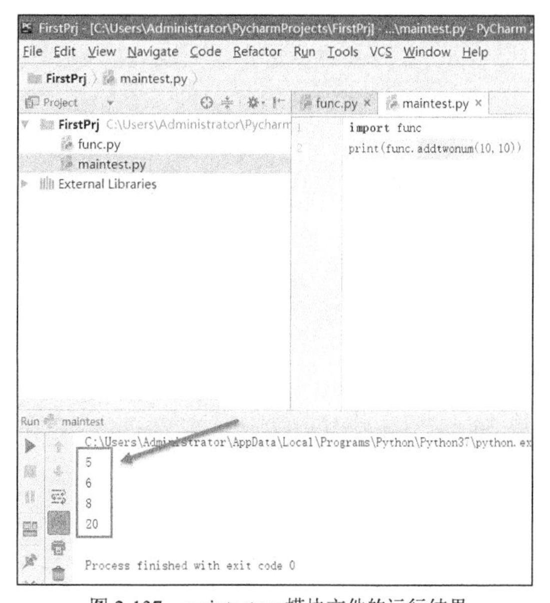

图 2-137　maintest.py 模块文件的运行结果

现在再看一下 func.py 和 maintest.py 模块文件。因为导入了 func.py 模块文件，所以我们不仅调用了 func.py 模块文件中的 addtwonum()函数，这个模块文件中的如下其他 3 条语句也执行了：

```
print(addtwonum(2,3))
print(addtwonum(3,3))
print(addtwonum(5,3))
```

这 3 条语句的输出结果就是 5、6、8。对比图 2-137，这 3 个值与输出的前 3 个值完全一致。print(func.addtwonum(10,10))语句对应的输出则为 20。

但这并不是我们想要的结果。若我们只想输出 10 加 10 的结果，就要用到 if __name__ == "__main__"这条语句。在作为脚本运行时，__name__的值是__main__；而当作为模块导入时，__name__的值就是模块名称。知道以上两点以后，我们是不是就可以对这两个模块文件进行改造，从而只输出 10 加 10 的结果呢？

改造后的 func.py 模块文件的内容如下：

```
def addtwonum(a,b):
    return a+b
if __name__ == "__main__":
    print(addtwonum(2,3))
    print(addtwonum(3,3))
    print(addtwonum(5,3))
```

改造后的 maintest.py 模块文件的内容如下：

```
import func
print(func.addtwonum(10,10))
print(func.__name__)
print(__name__)
```

如图 2-138 所示，当我们再次运行 maintest.py 模块文件时，输出结果只有 20，同时 func.__name__的输出为 func，而__name__的输出为__main__。

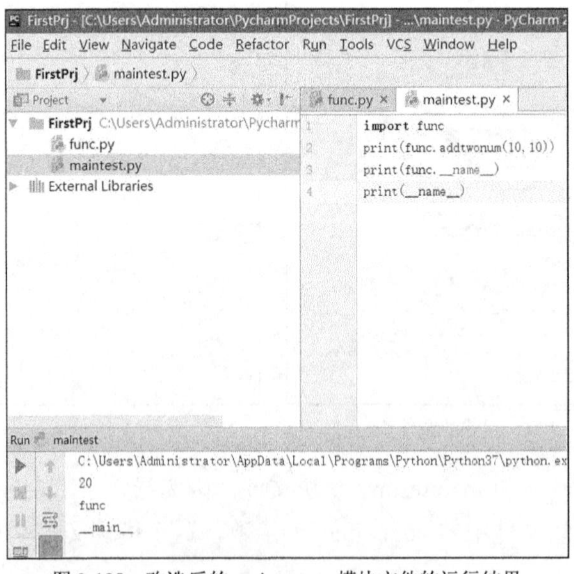

图 2-138　改造后的 maintest.py 模块文件的运行结果

2.10.2 线程概念解析

计算机能够高效处理多个任务得益于计算机的 CPU（中央处理器），CPU 就像我们人类的大脑，可以协调处理来自各方面的任务。目前，计算机通常是多核的，处理能力非常强。也许大家经常听说过“4 核 8 线程”等说法，那么它们代表什么意思呢？在进行介绍之前，让我们先来了解一下什么是物理内核的数量，物理内核的数量=CPU 个数（机器上 CPU 的数量）×每个 CPU 的内核数。所谓“4 核 8 线程”，其中“4 核”指的是物理内核的数量为 4，借助超线程技术，人们便能够用一个物理内核模拟两个虚拟内核，这样每个物理内核就有两个线程，总共就有了 8 个线程。线程则可以用来处理计算机系统的相关任务。操作系统会给出一定的时钟周期，让 CPU 处理这些任务，CPU 频率越高，处理速度就越快。进程是用来分配和调度资源的独立单元，而线程则是 CPU 调度的基本单元；同一个进程可以包括多个线程，并且线程能够共享整个进程的资源（如寄存器、堆栈、上下文等）。一个进程至少包括一个线程。

在 Python 3.7 中，可以使用 thread 和 threading 模块来对线程进行相关操作。thread 模块是 Python 的原生模块，而 threading 模块是对 thread 模块的扩展。在后续关于线程的应用中，我们将统一使用 threading 模块来进行介绍。

表 2-9 对 Python 提供的与线程相关的主要方法做了总结，供大家参考。

表 2-9 Python 提供的与线程相关的主要方法

方法	描述
start()	启动线程
join(timeout)	为线程添加阻塞，timeout 参数的单位为秒，用于控制超时。如果子线程告诉主进程需要等待 timeout 参数指定的时间，那么主进程需要等待子线程在指定的超时时间内完成后才继续往下执行；如果在指定的超时时间内，子线程仍未执行完、发生超时，那么主进程不会再等子线程，而继续执行主进程中的相关代码，主进程执行完全部代码后，将会关闭所有的子线程。需要特别说明的是，join(timeout)方法必须放在 start()方法之后执行
isAlive()	返回一个布尔类型的值，表示线程是否处于活动状态
getName()	返回线程的名称
setName()	设置线程的名称
setDaemon()	设置守护线程，作用就是当主进程结束后，不管子线程的执行状态是什么，都将它们关闭。Python 编程语言默认情况下没有设置守护线程。可以通过使用 setDaemon(True)来启用守护线程，但 setDaemon(True)必须放在 start()方法之前执行

2.10.3 创建单线程

通常，我们一般按照如下语法格式来创建和启动单线程：

```
变量=threading.Thread(target=线程需要执行的函数)
变量.start()
```

下面来看一个示例：

```
import threading
def sayHello(word):
   print("Hello "+word)
if __name__ == "__main__":
   th1=threading.Thread(target=sayHello('Tony.'))
   th1.start()
```

上述脚本首先创建了一个用来打招呼的函数 sayHello()，然后创建了一个线程 th1，用它调用 sayHello()函数，运行结果如图 2-139 所示。

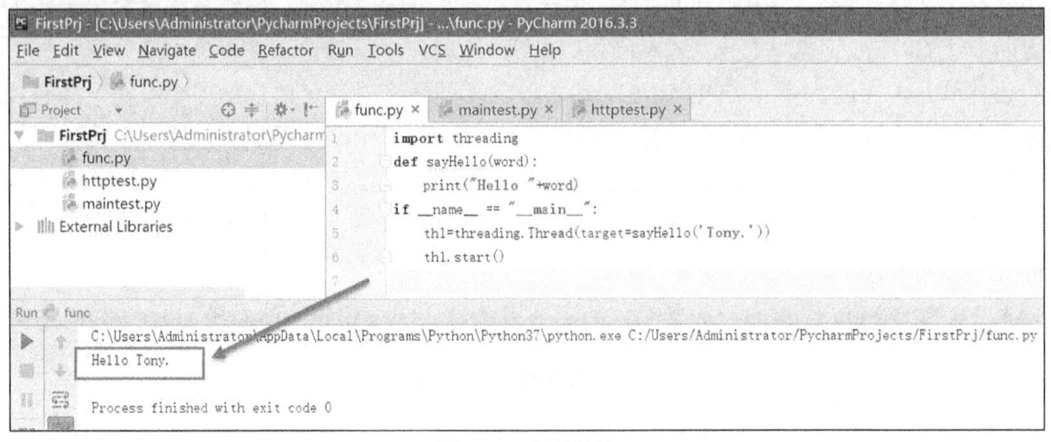

图 2-139 运行结果

2.10.4 创建多线程

2.10.3 节介绍了单线程的创建方法，本节介绍如何创建多线程。因为这里需要用到与日期和时间相关的一些方法，所以在讲解多线程的创建之前，我们需要先安装一个名为 datetime 的模块，安装过程如图 2-140 所示。

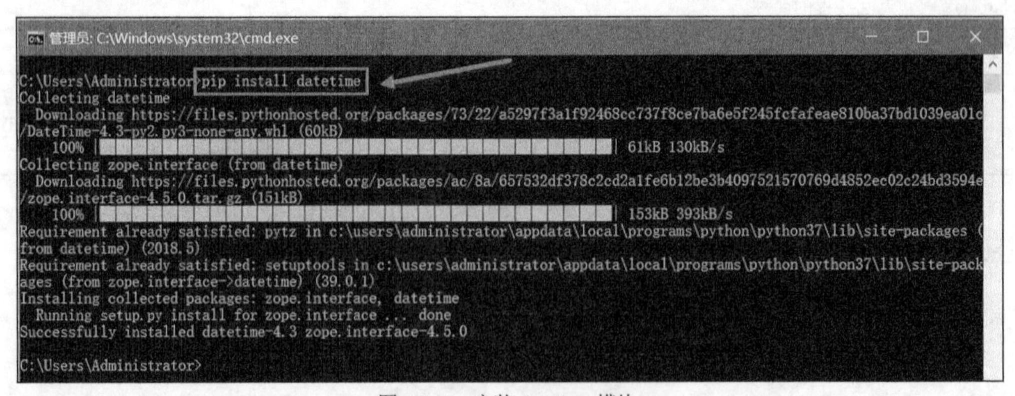

图 2-140 安装 datetime 模块

如果需要创建多线程，那么可以使用 append()方法将想要创建的所有线程添加到一个线程列表中，如下所示：

```
import threading                #导入 threading 模块
from datetime import *          #导入 datetime 模块
def sayHello(word):             #输出时间戳、Hello 和传入的 word 参数
    print('时间点：'+str(datetime.now())+", Hello "+word)
def thds():                     #线程函数
    threads=[]                  #定义一个名为 threads 的空列表
    for i in range(5):          #创建 5 个线程，并将它们加入列表中
        th=threading.Thread(target=sayHello(str(i)))    #为每个线程传入的打招呼信息不同
        threads.append(th)  #将线程加入线程列表中
    for th in threads:          #启动线程列表中的线程
        th.start()
if __name__ == "__main__":
    thds()                      #调用 thds()函数
```

上述脚本的运行结果如图 2-141 所示。

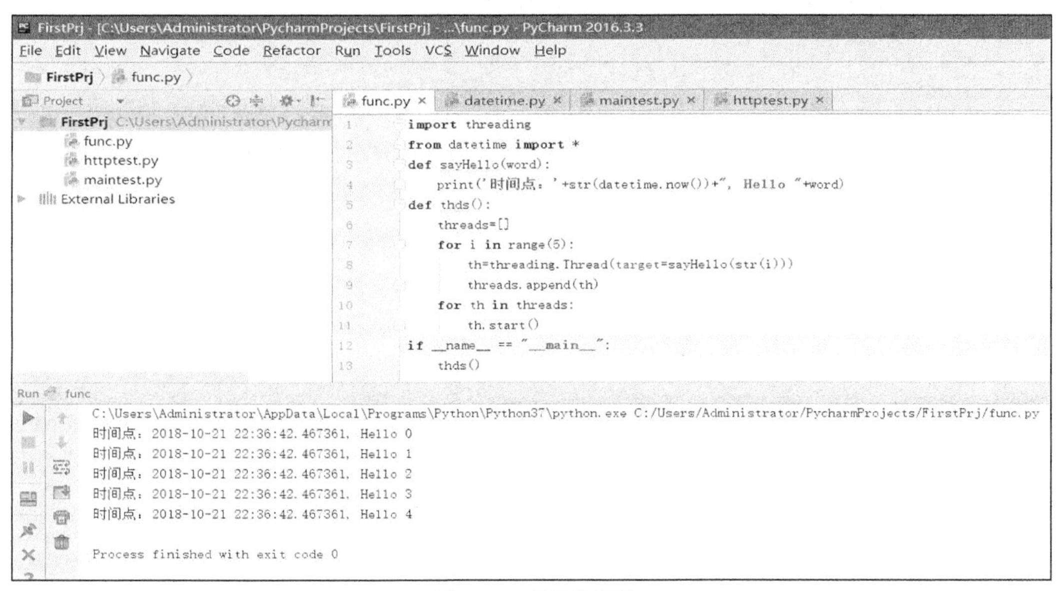

图 2-141　创建多线程

2.10.5　守护线程

测试人员在实际工作过程中，可能经常会遇到一些像内存溢出、逻辑错误或死循环这样的缺陷。以下代码存在什么问题？

```
import threading
from datetime import *
def sayHello():
    words=['Hi','my','friend']
```

```
    word=''
    for str1 in words:
        word=word+' '+str1
    while (len(words)>=0):
        print('时间点：'+str(datetime.now())+","+word)
def thds():
    threads=[]
    for i in range(5):
        th=threading.Thread(target=sayHello)
        threads.append(th)
    for th in threads:
        th.start()
if __name__ == "__main__":
    thds()
    print('我干完活了，要歇会儿...')
```

下面我们一起分析上述 Python 脚本的意图。

首先，看一下 sayHello()函数。它的意图是什么？

```
def sayHello():
    words=['Hi','my','friend']          #定义一个列表，其中包含 3 个元素
    word=''                              #定义一个空的字符串变量 word
    for str1 in words:                   #将列表中的 3 个元素拼接起来，以空格对元素进行分隔
        word=word+' '+str1               #最终，word 变量的内容为"Hi my friend"
    while (len(words)>=0): #因为 words 列表中共包含 3 个元素，所以(len(words)>=0)永远为 True
        print('时间点：'+str(datetime.now())+","+word)
#输出"时间点：xxxx-xx-xx xx:xx:xx.xxxxxx，Hi my friend"
```

然后，看一下 thds()函数。它的意图是什么？

```
def thds():
    threads=[]                                       #定义一个空的列表 threads
    for i in range(5):                               #创建 5 个线程，并将它们添加到 threads 列表中
        th=threading.Thread(target=sayHello)
        threads.append(th)
    for th in threads:                               #循环启动这 5 个线程
        th.start()
```

最后，看一下主进程部分。它的意图是什么？

```
if __name__ == "__main__":
    thds()                                           #执行 thds()函数
    print('我干完活了，要歇会儿...')                   #输出'我干完活了，要歇会儿...'
```

以上脚本有什么问题吗？

上述脚本存在死循环的问题，因为 while 语句中的条件永远为 True。您可以执行上述脚本，看看结果。

如图 2-142 所示，脚本将不停地输出信息，进入死循环。怎么办呢？我们将不得不单击停止运行的按钮来终止程序的运行。综上所述，一个小小的疏忽就有可能产生严重的后果。如果测试不充分，就把程序发布到生产环境中，有可能导致灾难性的后果。

那么如何避免死循环导致整个脚本程序无法结束的情况发生呢？这就需要用到守护线程方面的知识了。

通常，一个进程可以包含若干线程。当主进程结束时，其中包含的线程也应该终止，这样就可以避免线程进入死循环，从而避免主进程无法结束的情况发生。

图 2-142　发生了死循环

那么什么是守护线程呢？守护线程的作用就是当主进程结束后，将所有子线程都关闭，而不管它们的执行状态是什么。默认情况下，Python 编程语言并没有设置守护线程，只有当主进程中的所有线程执行完毕后，才终止主进程。

那么如何设置守护线程呢？非常简单，只需要在启动线程前开启守护线程即可，方法是使用“线程.setDaemon(True)”语句。现在让我们修改一下之前的脚本，如下所示：

```
import threading
from datetime import *
def sayHello():
    words=['Hi','my','friend']
    word=''
    for str1 in words:
        word=word+' '+str1
    while (len(words)>=0):
        print('时间点：'+str(datetime.now())+","+word)
def thds():
    threads=[]
    for i in range(5):
        th=threading.Thread(target=sayHello)
        threads.append(th)
    for th in threads:
th.setDaemon(True)                                  #启用守护线程
        th.start()
if __name__ == "__main__":
    thds()
    print('我干完活了，要歇会儿...')
```

如上所示，我们在运行线程之前，加了一行用来启用守护线程的代码 th.setDaemon(True)。接下来，让我们看一下执行结果，如图 2-143 所示。主进程输出“我干完活了，要歇会儿...”之后，再无相关输出内容。当然，这只是一次巧合，通常当主进程执行完之后，可能对应的子线程不会立即终止执行，而需要经过一段较短的时间才能终止。所以通常情况下，多输出几行信息是正常的，如图 2-144 所示。

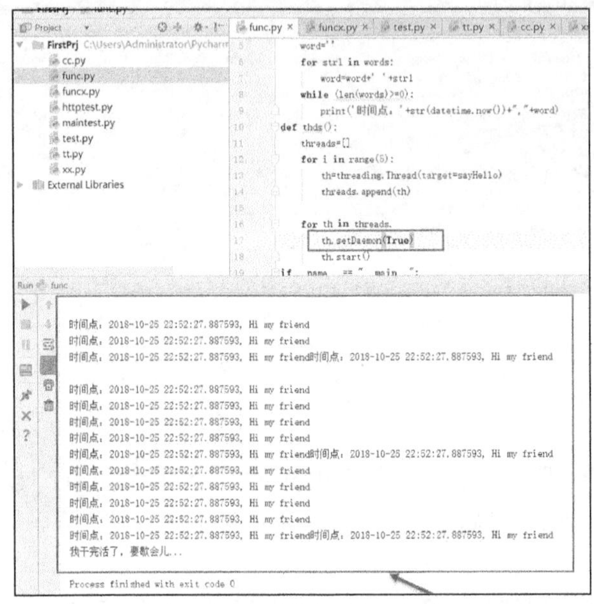

图 2-143　加入守护线程后的执行结果（一次巧合情况）

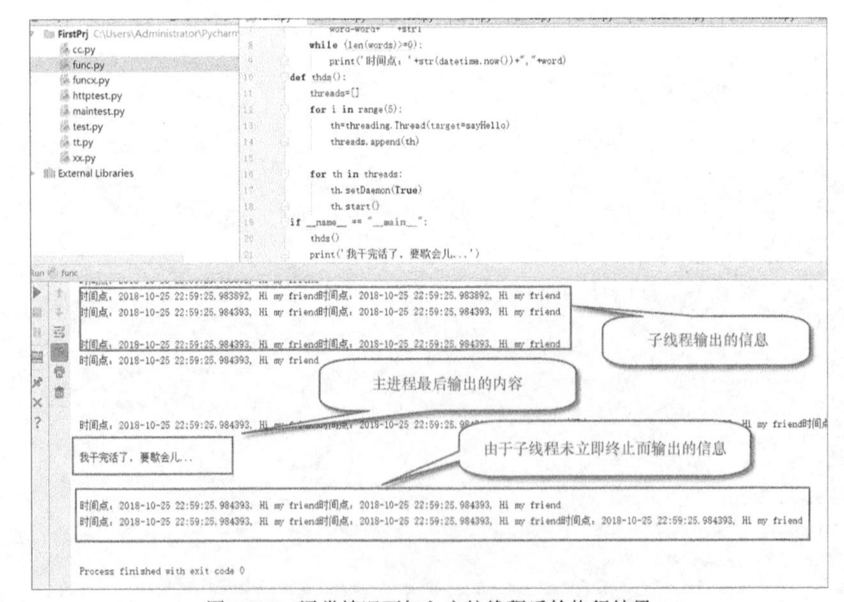

图 2-144　通常情况下加入守护线程后的执行结果

很多细心的读者可能会问：“能不能控制子线程不输出信息呢？”当然可以，但是需要设计一下。比如，可以在子线程的执行函数中加入一些延时、空的循环次数、sleep()函数等，通过加入这段等待时间，让子线程及时响应主进程的终止指令，从而结束子线程的执行。

改良后的脚本代码如下：

```
import threading
from datetime import *
import time
def sayHello():
    words=['Hi','my','friend']
    word=''
    for str1 in words:
        word=word+' '+str1
    while (len(words)>=0):
        print('时间点：'+str(datetime.now())+","+word)
        time.sleep(1)                                    #每次输出后延时 1s
def thds():
    threads=[]
    for i in range(5):
        th=threading.Thread(target=sayHello)
        threads.append(th)

    for th in threads:

        th.setDaemon(True)
        th.start()
if __name__ == "__main__":
    thds()
    print('我干完活了，要歇会儿...')
```

这里，我们在子线程的调用函数中加入一行代码，使得每次输出信息后延时 1s。再次执行脚本时，就能保证每次输出“我干活完活了，要歇会儿...”后不再输出子线程的信息，如图 2-145 所示。当然，您也可以使用阻塞线程来解决这个问题。

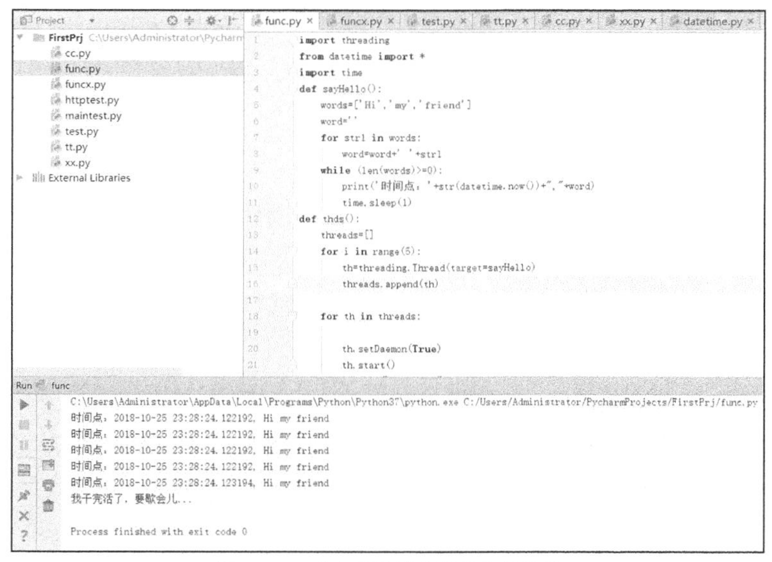

图 2-145　改良后的脚本及其执行结果

2.10.6　阻塞线程

阻塞线程可以让主进程等待子线程执行完之后才继续执行，这样主进程和线程就不会显得那么混乱。您可以使用“线程.join(timeout)”语法为线程加上阻塞，timeout 参数的单位为秒，通过这个参数可以控制超时。

仍然以 2.10.5 节的 Python 脚本为例，加入阻塞线程后的代码如下：

```
import threading
from datetime import *
import time
def sayHello():
    words=['Hi','my','friend']
    word=''
    for str1 in words:
        word=word+' '+str1
    while (len(words)>=0):
        print('时间点：'+str(datetime.now())+","+word)
        time.sleep(0.1)                          #每次输出后延时 0.1s

def thds():
    threads=[]
    for i in range(5):
        th=threading.Thread(target=sayHello)
        threads.append(th)

    for th in threads:
        th.setDaemon(True)
        th.start()

    for th in threads:
        th.join(2)                               #线程阻塞，将超时时间设置为 2s

if __name__ == "__main__":
    thds()
    print('我干完活了，要歇会儿...')
```

执行结果如图 2-146 所示。

多线程处理的相关知识还有很多，如线程的同步、异步执行、线程队列、线程锁等，应用场景也很多，这里不再赘述。读者最好能够加强对这部分内容的学习。

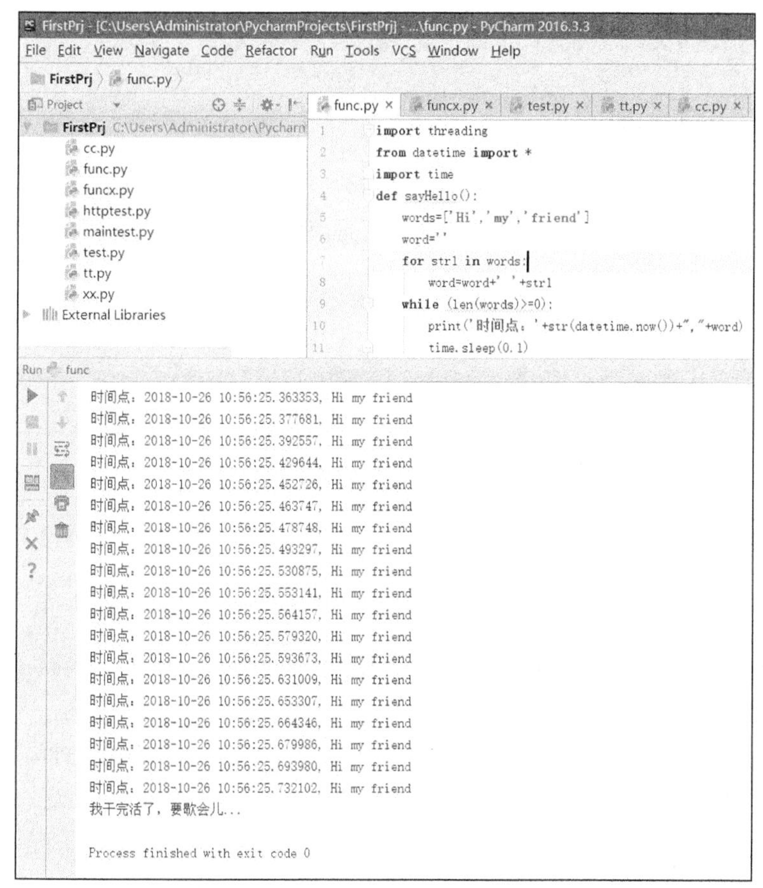

图 2-146 加入阻塞线程后的脚本及其执行结果

2.11 类和对象

相信很多读者听说过“对象”这个术语。那么，在编程语言中我们所说的对象到底是什么呢？其实，简单来讲，编程语言中的对象是对现实生活中一些客观事实的抽象。以人为例，人是人类的简称，代表一种群体。人是存在个体差异的，但是他们有一些共同的特征，比如都有姓名、性别、年龄、出生地等，具备吃饭、睡觉、读书、讲话等一系列行为。

2.11.1 对象思想的引入

如何在计算机中使用编程语言来表达不同的人呢？我们可以使用字符串变量来存储姓名、性别、出生地、职业等信息，而使用整型变量来存储年龄信息，并编写相应的函数来实现吃饭、睡觉、读书、讲话这样的行为。初学者能想到这些已经非常不错了。但是，如果要使用 Python

编写一段脚本，描述 100 个人的特征和行为，那么需要定义多少个变量、写多少个函数呢？

2.11.2　对象（类）的概念

在 Python 或其他高级编程语言中，通常使用类来描述对象。类通常由属性和方法构成。在定义类的时候，类的名称最好能够恰如其分。下面就让我们看一下如何使用类来描述人这种对象。代码如下：

```
class Person:
    name='于涌'                #姓名
    age=40                     #年龄
    sex='男'                   #性别
    birthplace='吉林'          #出生地

    def eat(self):                                 #吃饭
        return self.name+'正在吃饭...'
    def talk(self):                                #说话
        return self.name+'正在讲话...'
    def sleep(self):                               #睡觉
        return self.name+'正在睡觉...'
```

在上述代码中，我们使用 Python 编程语言完成了 Person 类的定义：name、age、sex 与 birthplace 分别代表姓名、年龄、性别和出生地这些每个人都有的共同属性，它们是 Person 类的属性信息；eat()、talk()和 sleep()方法分别代表的吃饭、说法、睡觉这些行为则是每个人都拥有的一些行为特征，它们是 Person 类的方法信息。

我们已经完成了 Person 类的定义，接下来如何调用 Person 类呢？为了演示 Person 类的调用过程，我们编写了两个 Python 模块文件——Person.py 和 testPerson.py。

Person.py 模块文件（其中保存的是数据信息）中的内容如下：

```
class Person:
    name='于涌'                #姓名
    age=40                     #年龄
    sex='男'                   #性别
    birthplace='吉林'          #出生地

    def eat(self):                                 #吃饭
        return self.name+'正在吃饭...'
    def talk(self):                                #说话
        return self.name+'正在讲话...'
    def sleep(self):                               #睡觉
        return self.name+'正在睡觉...'
```

testPerson.py 模块文件（其中保存的是测试代码）中的内容如下：

```
from Person import *
iyuy=Person()
print(iyuy.eat())
print(iyuy.talk())
iyuy.name = '孙悟空'
```

```
print(iyuy.name)
print(iyuy.talk())
print(iyuy.eat())
print(iyuy.sleep())
```

testPerson.py 模块文件的执行结果如图 2-147 所示。

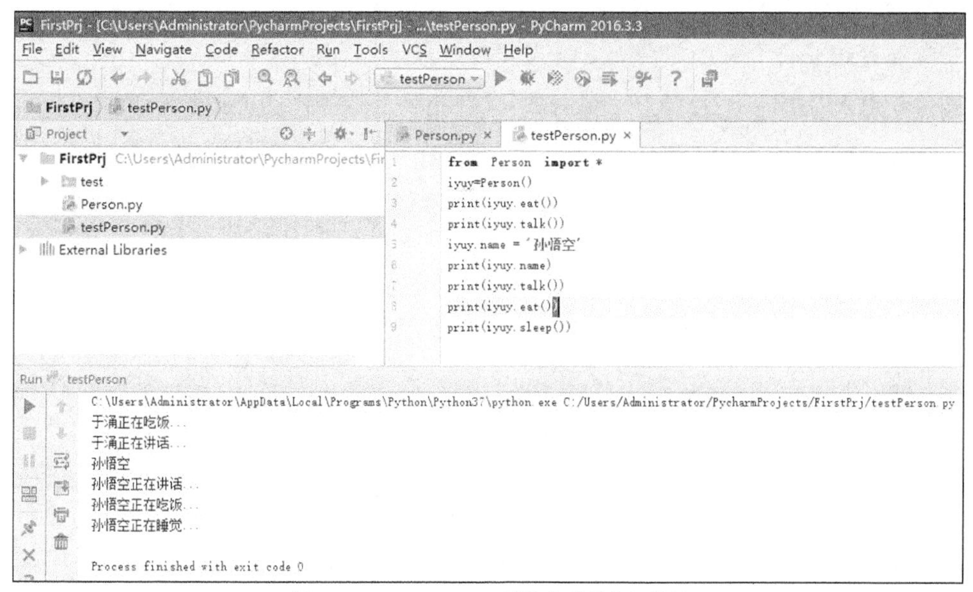

图 2-147 testPerson.py 模块文件的执行结果

在这里，我们首先通过使用 from Person import *语句引入了 Person 类，而后通过 iyuy=Person()语句创建了一个实例，创建完实例以后，就可以使用语法形式“实例+.+类的属性或方法”来对类的相关属性或方法进行调用了。接下来，我们使用语句 print(iyuy.eat())与 print(iyuy.talk())来调用 iyuy 实例的 eat()和 talk()方法，因为默认情况下 name 属性为'于涌'，所以输出的是与“于涌”这个人相关的信息。当我们使用“iyuy.name = '孙悟空'”语句对 iyuy 实例的 name 属性重新赋值后，就可以看到 iyuy 实例的所有方法（比如 eat()、sleep()和 talk()）输出的都是有关“孙悟空”的信息，这里不再赘述。

现在，您是不是觉得在创建了类以后，工作量和代码量都少了很多呢？

2.11.3 类中的 self 是什么

细心的读者已经看到了，当我们定义类的方法时，莫名其妙地使用了 self。您是不是感到不知所措呢？self 的作用到底是什么呢？

self 代表每个实例本身，这对于初学者来讲可能理解起来稍有一些困难。为了便于理解，下面举一个例子。以前面定义的 Person 类为例，我们每个人都不一样，比如长相可能不同。另外，即使是双胞胎，性格也不可能完全相同。也就是说，人与人之间存在个体差异。

下面对 Person 类稍微进行改造。修改后的 Person.py 模块文件的内容如下：

```
class Person:
   name='于涌'                #姓名
   age=40                     #年龄
   sex='男'                   #性别
   birthplace='吉林'          #出生地

   def eat(self):                                    #吃饭
      print(self)
      return self.name+'正在吃饭...'
   def talk(self):                                   #说话
      return self.name+'正在讲话...'
   def sleep(self):                                  #睡觉
      return self.name+'正在睡觉...'
```

这里，我们在 eat()方法中加入了一条输出 self 信息的语句。

修改后的 testPerson.py 模块文件的内容如下：

```
from Person import *
p1=Person()
p2=Person()
print(p1.eat())
print(p2.eat())
```

这里，我们创建了 Person 类的两个实例——p1 和 p2。对它们调用 eat()方法后，输出的内容都是“于涌正在吃饭...”，但是它们的 self 输出信息是不同的，如图 2-148 所示。

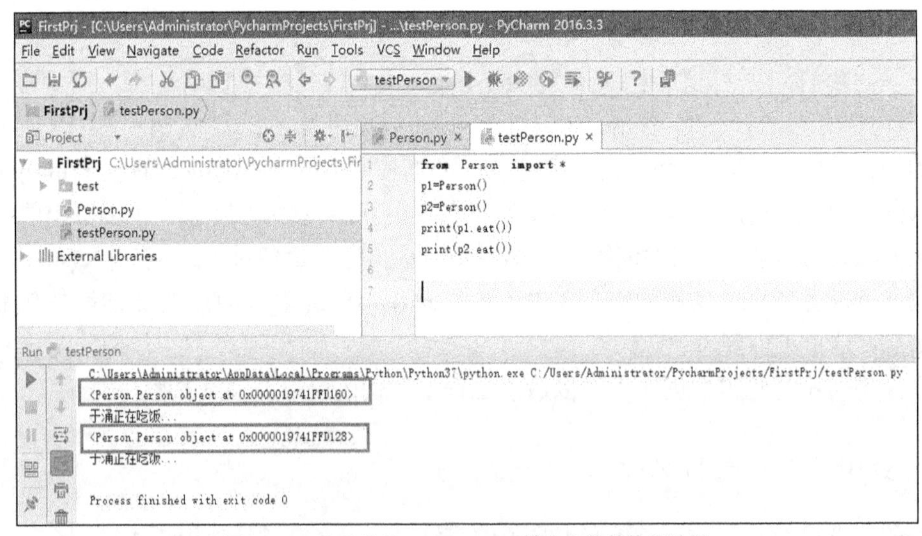

图 2-148　修改后的 testPerson.py 模块文件的执行结果

从图 2-148 所示的输出可以看出，尽管 p1 和 p2 都是 Person 类的实例，但它们是不同的，比如存储的地址信息就明显不同。一个类可以生成无数个实例，因此必须使用 self 作为第一个参数传递给类的方法，从而区分每个实例本身。

2.11.4　构造函数与析构函数

尽管我们实现了 Person 类并且可以成功调用，但对于初始化对象属性来说，事实上，这并不是一种好的处理方式。为了说明问题，编写如下 test.py 脚本：

```
name = 'Global value'

class Person():
    name = 'Person value'

    def Hi(self,aname):
        name=aname

    def Hi1(self):
        print('Self name:  %s' % self.name)
        print('Class name:  %s' % name)
        print("Person.name:  %s" % (Person.name))

p1 = Person()
p1.Hi('tom')
p1.Hi1()
```

我们在以上脚本中定义了全局变量 name，值为'Global value'。在 Person 类中，我们定义了名称同样是 name 的属性，而后分别定义了两个方法——Hi()和 Hi1()。在主程序中，我们先创建了一个名为 p1 的 Person 实例，而后调用 p1 实例的 Hi()方法，传入的参数为'tom'，最后执行 p1 实例的 Hi1()方法。执行结果如图 2-149 所示，我们发现 Hi1()方法的执行结果与我们预期的输出结果不一致。

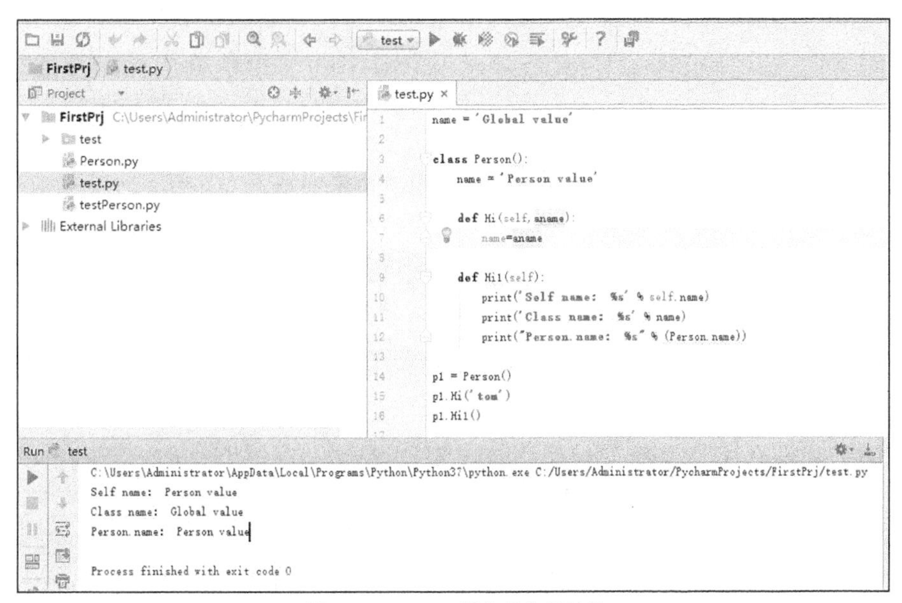

图 2-149　test.py 脚本的执行结果

从图 2-149 可以看出，尽管我们向 Hi()方法传入了'tom'参数，但是相关的输出信息并没有发生改变。我们向 Hi()方法传入的参数在后续的 Hi1()方法中并没有用到，只是作为 Hi()方法的局部变量而已，这显然不是我们想要的结果。

通常情况下，在定义类时，如果要初始化类的实例，必然要用到构造函数。在 Python 编程语言中，使用的构造函数是__init__。

下面使用构造函数改写 test.py 脚本，代码如下：

```
name = 'Global value'

class Person():
    name = 'Person value'

    def __init__(self,name='于涌',age=40,sex='男',birthplace='吉林'):
        self.name=name
        self.age=age
        self.sex=sex
        self.birthplace=Birthplace

    def Hi1(self):
        print('Self name: %s' % self.name)
        print('Global name: %s' % name)
        print("Class name: %s" % (Person.name))

p1 = Person('tom')
p1.Hi1()
p1 = Person('tom')
p1.Hi1()
print('______________________________')
p2= Person()
p2.Hi1()
```

执行结果如图 2-150 所示，这与我们期望的输出结果一致。

从以上脚本中，您可以清楚地看到在不同的作用域内，name 变量的值分别是什么。在 p1 实例被初始化之后，在 Hi1()方法中，self.name 的值为实例初始化之后的值（以 p1 实例为例，self.name 的值为 tom），Person.name 的值是 Person 类声明的局部变量 name 的值（以 p1 实例为例，Person.name 的值为 Person value），而 name 变量的值与脚本中的全局变量 name 相同（以 p1 实例为例，name 变量的值为 Global value）。

与构造函数对应的是析构函数。在 Python 编程语言中，析构函数是__del__。在定义的类中，如果存在__del__方法，那么当类被删除时，程序会自动执行__del__方法中的代码，用于销毁对象。需要说明的是，Python 通过引用计数技术来跟踪和回收垃圾。Python 内部记录着使用中的所有对象各有多少引用。当创建对象时，引用计数加 1；当对象不再需要且这个对象的引用计数变为 0 时，这个对象将被回收。但回收不是实时进行的，因为我们只删除对应的标识符，对象占用的内存并没有释放，而由解释器在适当的时机（如等到定时回收内存时）对垃圾对象占用的内存空间进行回收。

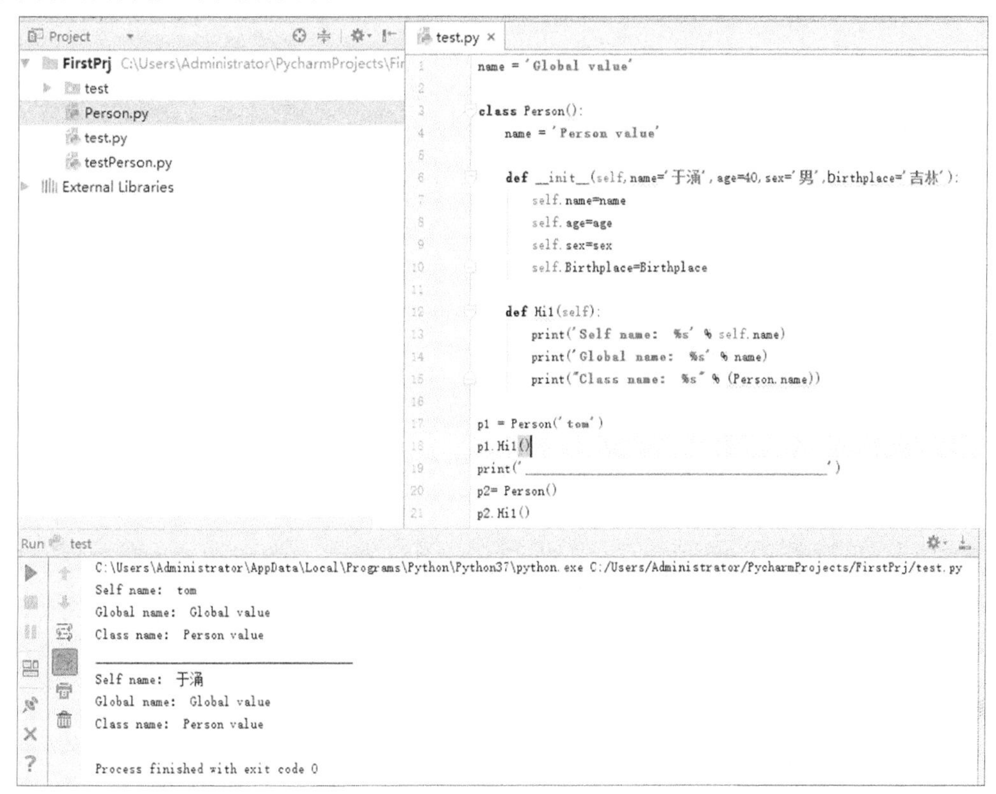

图 2-150 使用构造函数改写 test.py 脚本后的执行结果

2.11.5 类的继承

我们每个人都是社会上的个体，同时也属于一类群体，比如学生、农民、医生等，但是每一类群体也都具备人类（Person 类）的所有特征。那么，当需要实现 Student、Farmer 或 Doctor 类来分别表示学生、农民和医生时，需要将 Person 类的属性和方法重新实现一次吗？答案是不需要。我们可以使用类的继承机制，让子类继承父类的属性和方法，而不用重新实现它们。下面以实现 Student 类为例，看看如何继承 Person 类，然后又是怎样使用的。为了便于阅读，这里分别列出 Person 类、Student 类的定义代码以及它们的测试脚本（test.py）。

Person.py 模块文件的内容如下：

```
class Person:
    def __init__(self,name='于涌',age=40,sex='男',birthplace='吉林'):
        self.name=name
        self.age=age
        self.sex=sex
```

```
        self.birthplace=birthplace

    def eat(self):
        return self.name+'正在吃饭...'
    def talk(self):
        return self.name+'正在讲话...'
    def sleep(self):
        return self.name+'正在睡觉...'
```

Student.py 模块文件的内容如下：

```
from Person import *
class Student(Person):
    def __init__(self,name='王五',age=22,sex='男',birthplace='北京',No='001'):
        self.name=name
        self.sex=sex
        self.age=age
        self.birthplace=birthplace
        self.No = No
        super().__init__(name,age,sex,birthplace)

    def study(self):
        return self.name+'正在努力学习...'
    def introduce(self):
        return '我叫'+self.name+',今年'+str(self.age)+'岁，来自'+self.BirthPlace+',
                请大家多关照！'
    def eat(self):
        return '吃饱了，才能好好学习...'
```

在 Student.py 模块文件中，语句 class Student(Person):实现了 Student 类继承自 Person 类。继承的一般形式如下：

```
class 类名（被继承类的类名):
```

被继承的类通常称为父类或基类，继承类则通常称为子类，子类可以继承父类的所有属性和方法。

在 Student 类的__init__方法中，我们使用 super().__init__(name,age,sex,birthplace)实现了对父类 Person 中__init__方法的调用。那么 super()函数又是什么呢？super()函数能帮助我们自动找到父类中的方法并且自动传入 self 参数，这是不是很方便呢？有时候，如果我们还需要在子类中实现和父类中同名的方法，也就是使用子类的方法覆盖父类的同名方法，该怎么办呢？这种处理方式在 Python 和一些其他编程语言中称为“重写”。比如，Student 类的 eat()方法就实现了对父类 Person 中同名方法的重写。当我们在子类 Student 中调用 eat()方法时，调用的将是子类中的 eat()方法而非父类中的同名方法。当然，子类也可以实现自己的方法、添加自己的属性。比如在 Student 类中，就可以添加 No 属性和 introduce()、study()这两个方法。

测试脚本 test.py 中的代码如下：

```
from Student import *
s1=Student('小朱',20,'女','济南','123')
print('姓名: '+s1.name+'; 学号: '+s1.No)
print(s1.introduce())
print(s1.study())
print(s1.eat())
```

在以上测试脚本中，我们创建了一个名为 s1 的 Student 实例，并传入对应的 5 个参数。其中，name 为'小朱'，age 为 20，sex 为'女'，birthplace 为'济南'，No 为'123'。而后输出姓名和学号信息，并通过调用 introduce()方法来输出个人介绍性信息，通过调用 study()方法来输出学习信息，通过调用 eat()方法来输出吃饭信息，执行结果如图 2-151 所示。

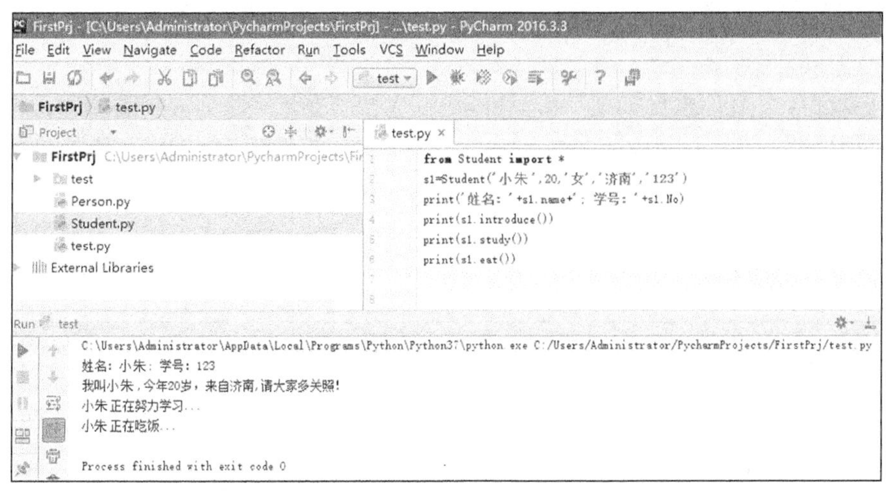

图 2-151　test.py 测试脚本的执行结果

Python 编程语言支持类的多重继承，形式如下所示：

```
class 类名(父类1,父类2,...):
```

关于这部分内容，这里不再赘述。

2.12 字符串相关操作

我们平时在编写脚本时，字符串是经常会用到的一种数据类型，涉及字符串的常见操作包括字符串的拼接、截取、替换等。

2.12.1 字符串的类型转换

在 Python 编程语言中，无论是整型变量，还是列表等数据结构，都可以通过 str()函数转换为字符串类型。

为便于理解这部分内容，我们编写了如下脚本：

```
a=10
alist=['First',2,'Tony','Tom']
adict={1:"abc",2:"tony",3:"mary"}
print(a,type(a))
print(alist,type(alist))
print(adict,type(adict))
print("________________________________________________")
stra=str(a)
strlist=str(alist)
strdict=str(adict)
print(stra,type(stra))
print(strlist,type(strlist))
print(strdict,type(strdict))
```

在以上脚本中，我们定义了 a、alist 和 adict 这 3 个变量，它们分别是整数、列表和字典类型。而后，我们分别输出对应的变量和变量类型信息，并使用分隔线对转换变量为字符串类型前后的输出做了分隔。接下来，我们分别对整数、列表和字典类型的变量运用 str()函数进行转换，然后赋给 stra、strlist 和 strdict 这三个变量，最后输出转换后的变量和变量类型信息。执行结果如图 2-152 所示。

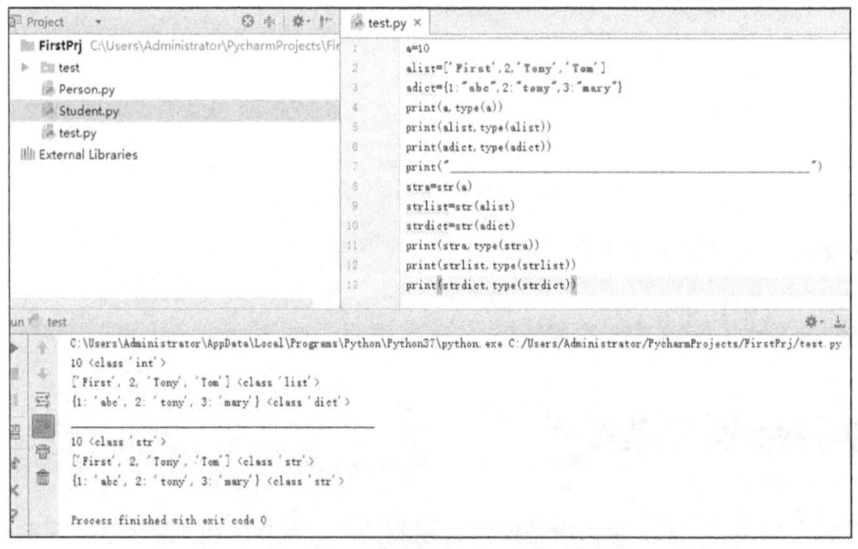

图 2-152　将不同类型的变量转换为字符串类型前后的执行结果

由图 2-152 可知，不同类型的变量经 str()函数转换后，均变为字符串类型。

2.12.2　字符串的拼接

为了对两个字符串进行拼接，只需要简单地使用+运算符就可以了。但是，如果要对一个字符串和一个整数进行拼接，则必须先将整数转换为字符串，之后才能执行拼接操作。

为便于理解这部分内容，我们编写了如下脚本：

```
str1="大家好！"
str2="欢迎大家阅读本书！"
alist=['abc','welcome','Tony']
num1=123
flag=True
print(str1+str2)
print(str1+str(alist))
print(str1+str(num1))
print(str1+str(flag))
```

在以上脚本中，我们定义了 5 个变量，分别是两个字符串变量、一个列表变量、一个整型变量和一个布尔型变量。我们可以直接对两个字符串变量进行拼接，但是不是字符串的其他类型的变量需要先转换为字符串类型（通过 str()函数）才能进行拼接。拼接的结果如图 2-153 所示。

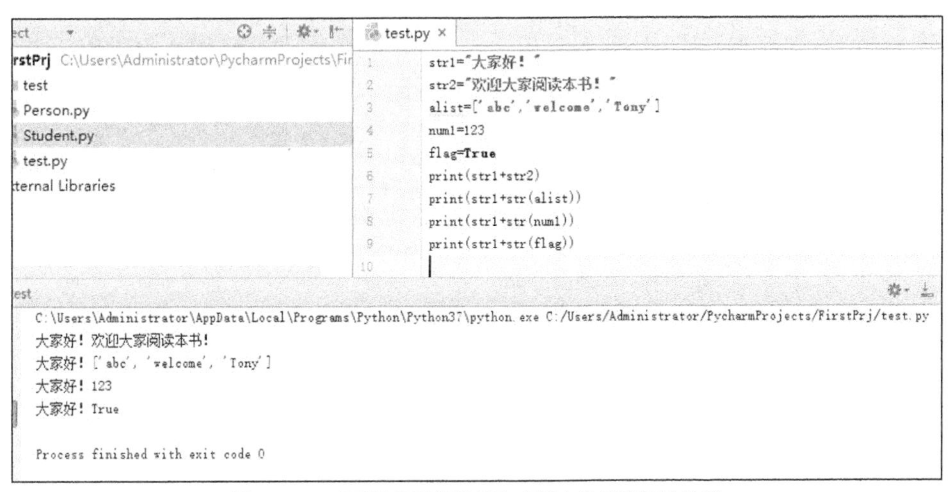

图 2-153 对不同类型的数据和字符串进行拼接的结果

如果不使用 str()函数进行转换就和字符串进行拼接，会产生什么样的结果呢，如图 2-154 所示。

```
  File "C:/Users/Administrator/PycharmProjects/FirstPrj/test.py", line 7, in <module>
    print(str1+alist)
TypeError: can only concatenate str (not "list") to str

  File "C:/Users/Administrator/PycharmProjects/FirstPrj/test.py", line 8, in <module>
    print(str1+num1)
TypeError: can only concatenate str (not "int") to str

  File "C:/Users/Administrator/PycharmProjects/FirstPrj/test.py", line 9, in <module>
    print(str1+flag)
TypeError: can only concatenate str (not "bool") to str
```

图 2-154 不使用 str()函数进行转换就和字符串进行拼接的结果

2.12.3　字符串的截取

字符串的截取是日常编程中经常需要用到的操作。如果我们想要的数据在字符串中，现在需要把其中一部分有价值的内容截取出来，就需要用到字符串的截取操作了。字符串的截取可以通过字符串的索引来完成。对于字符串 `str='Hi , my friend.'`，假设我们想截取其中的 friend 这个单词，那么可以采用字符串索引切片实现。字符串的索引是从 0 开始的，很明显 friend 这个单词在字符串变量 str 中是从第 8 个索引位置开始的。当然，也可以从字符串的末尾进行截取。

用来实现以上目的的字符串截取代码如下：

```
str='Hi , my friend.'
f=str[-7:-1]       #以字符串索引切片方式截取 friend
f1=str[8:14]       #以字符串索引切片方式截取 friend
print(f)
print(f1)
print(str[::-1])  #对整个字符串进行反转
```

以上脚本的输出结果如图 2-155 所示。

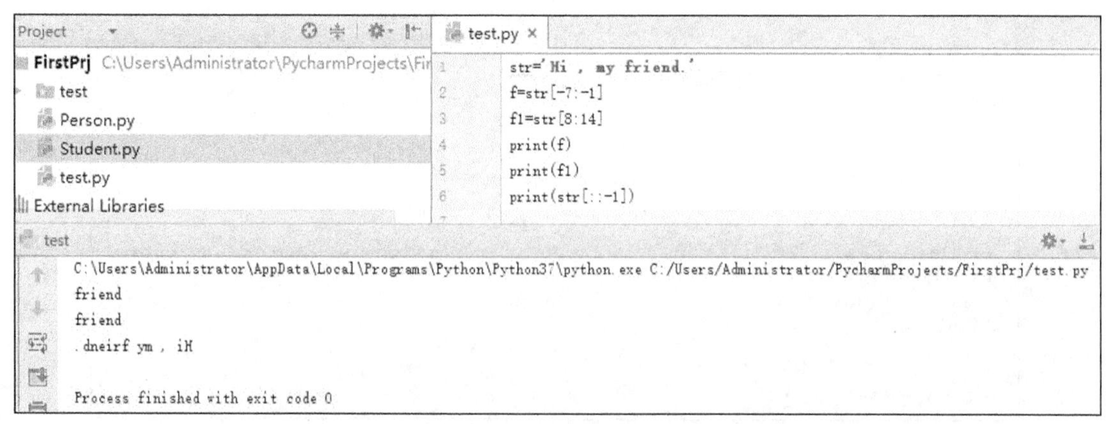

图 2-155　字符串截取结果

另外，有的字符串可能还有一些特征，比如字符串 `str='s1=123,s2=345,s3=678,s4=888,s5=999,s6=666'`。这个字符串使用逗号对 s1～s6 进行了分隔，s1～s6 又使用等号对变量的名称和值进行了分隔。假设我们想要截取其中的内容 s3=678，该怎么办呢，可以使用字符串的 split()方法。split()方法都需要哪些参数？返回值又是什么？

split()方法需要两个参数——sep 和 maxsplit。sep 表示需要指定的分隔符，maxsplit 表示最大分隔次数。split()方法的返回值为分隔后的字符串列表。

这里以字符串 `str='s1=123,s2=345,s3=678,s4=888,s5=999,s6=666'`为例，看看怎样从中截取 s3=678。

脚本如下：

```
str='s1=123,s2=345,s3=678,s4=888,s5=999,s6=666'
print(str.count(','))
print(str.split(',',str.count(',')))
print(str.split(',',str.count(','))[2])
```

在以上脚本中，我们先通过 str.count(',')获得分隔次数并使用 print()函数进行输出；而后使用 split()方法，以逗号作为分隔符，对字符串 str 进行分隔，并使用 print()函数对分隔后返回的列表进行输出。分隔后返回的是列表，而列表的索引是从 0 开始的，因此不难发现，s3=678 的索引为 2，于是使用 print(str.split(',',str.count(','))[2])输出返回的列表。以上脚本的运行结果如图 2-156 所示。

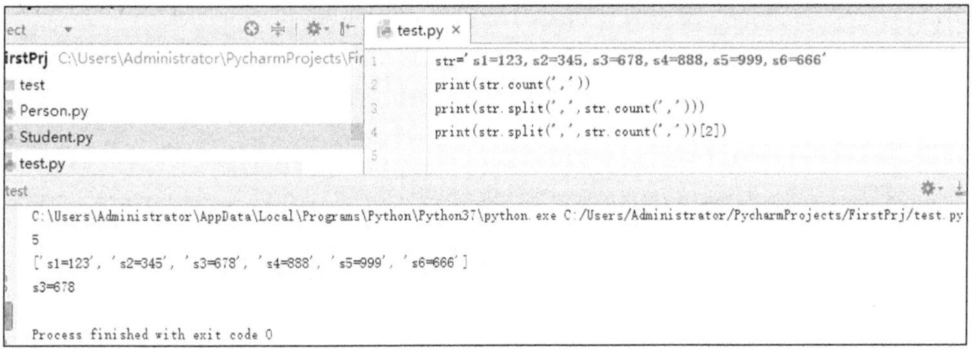

图 2-156　运行结果

2.12.4　字符串的替换

字符串的替换也是日常编程中经常需要用到的操作。比如，如果我们要做回归测试，并且前期已经有了一份文本数据，就可以针对先前的数据进行处理，比如在以前那些有规律的数据的基础上添加“回归测试”几个字。这里假设之前那份文本数据的第一行内容为 s1=123,s2=345,s3=678,s4=888,s5=999,s6=666，我们想要把这行内容变成 s1=12300,s2=34500,s3=67800,s4=88800,s5=99900,s6=66600。后者只是在前者的每一个数值的基础上在末尾添加了 00。

Python 针对字符串提供了专用的替换方法 replace()，该方法有 3 个参数——old、new 和 count。old 表示要替换的旧内容，new 表示用来替换的新内容，count 表示替换次数。replace()方法的返回值为替换后的字符串。

结合字符串的 replace()方法，对于字符串 s1=123,s2=345,s3=678,s4=888,s5=999,s6=666，是不是只需要使用“00,”替换“,”，最后补上 00，就得到了字符串 s1=12300,s2=34500,s3=67800,s4=88800,s5=99900,s6=66600 呢？

的确是这样，如图 2-157 所示。

由此可以看出，借助 replace()方法，只使用一行代码就完成了字符串的替换。

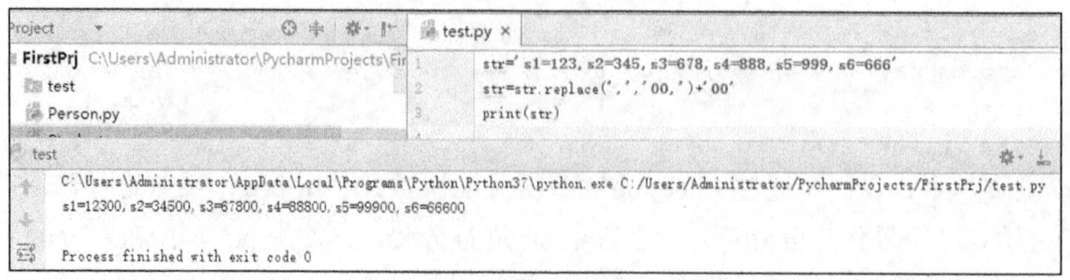

图 2-157　使用 replace()方法替换字符串

当然，我们还可以加入第 3 个参数来限制替换次数。假设我们只想替换 s1=12300,s2=34500,s3=67800,s4=888,s5=999,s6=666 中 s1～s3 的值，那么只需要对代码稍加修改，改成 str=str.replace (',','00,',3) 即可，结果如图 2-158 所示。

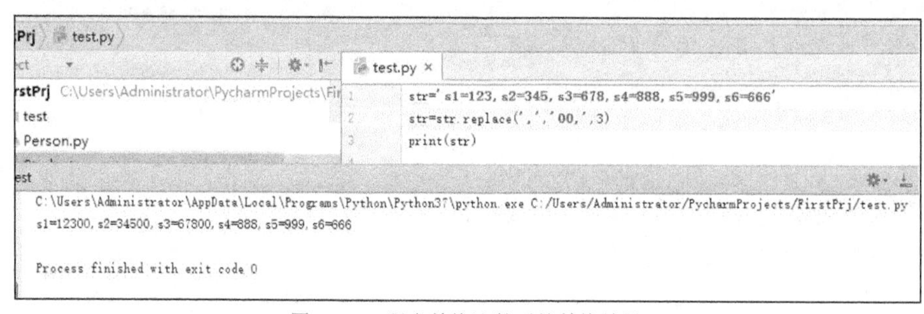

图 2-158　限定替换次数后的替换结果

2.12.5　字符串的位置判断

判断一个字符串是否包含另一个字符串，以及一个字符串在另一个字符串中的索引位置，也是日常编程中经常可能碰到的场景。

Python 提供了 index()方法来做这件事。index()方法有 3 个参数——sub、start 和 end。sub 表示要检索的字符串内容，start 表示开始索引的位置，end 表示结束索引的位置。当使用 index()方法检查一个字符串在另一个字符串中是否存在时，如果存在，index()方法将返回前者的索引位置；否则，将出现 ValueError: substring not found 异常信息。

下面以检索 s2=是否在 str='s1=123,s2=345,s3=678,s4=888,s5=999,s6=666' 中为例，脚本代码和相应的执行结果如图 2-159 所示。

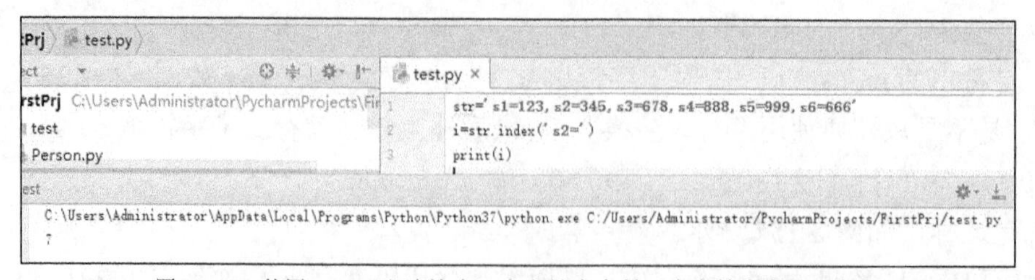

图 2-159　使用 index()方法检查一个字符串在另一个字符串中是否存在

2.13 文件相关操作

我们在编写测试脚本时，经常需要进行文件的相关操作，比如从文件中读取测试数据，将测试结果写入文件等。

2.13.1 文本文件操作

在日常工作中，对文本文件进行操作可能是最频繁的一件事情了。文本文件是指 Windows 操作系统中以.txt 为扩展名的文件。

1. 文本文件的写操作

测试人员经常需要在测试脚本中写一些日志或测试结果等内容，通常，文本文件是我们应用最多的一种文件类型。

在进行文本文件操作时，首先需要使用 open()函数打开文件，返回一个可用的文件对象，之后才能进行后续的读写操作。注意，文件操作完之后，必须使用 close()函数关闭文件。

open()函数的原型如下：

```
open(name,mode='r',buffering=-1,encoding=None,errors=None,newline=None,closefd=None,
opener=None)
```

open()函数有很多参数，常用的参数有 name、mode、buffering 和 encoding，其他几个参数平时不常用。

- name 参数表示需要操作的文件的名称，如果没有指定绝对路径，那么操作的将是脚本所在路径下的文件。
- mode 参数表示操作模式，默认为'r'，也就是只读模式，常用的模式还有写模式（'r'）和追加模式（'a'）。
- buffering 参数表示缓冲区，可以是 0、1 或其他大于 1 的整数，取值为-1 表示无缓冲区，取值为 0 表示关闭缓冲区（只适用于二进制模式），取值为 1 表示线性缓冲区（只适用于文本模式），取值为大于 1 的整数表示初始化之后的缓冲区大小。
- encoding 参数表示返回的数据采用何种编码，一般取值为 utf8 或 gbk。
- errors 参数的取值一般是 strict 或 ignore。当取值为 strict 时，如果字符编码出现问题，程序将会报错；当取值为 ignore 时，如果字符编码出现问题，程序将会忽略，继续执行下去。
- newline 参数用于区分换行符，可以是 None、\n、\r、\r\n 等，但这个参数只对文本模式有效。
- closefd 参数的取值与传入的 name 参数有关。当取值为 True 时，传入的 name 参数数为文件的文件名；当取值为 False 时，传入的 name 参数只能是文件描述符（文件描述符是一个非负整数，在 UNIX 内核中，每打开一个文件，就会返回一个文件描述符）。

- 调用*opener*自定义 opener 参数，底层文件可通过调用*opener*、*file*、*flags*来获取描述信息。

下面举一个例子：

```
f=open('mytest.txt','w')
for i in range(0,3):
    f.write('第'+str(i+1)+'次向您问好！\n')
f.close()
```

在以上脚本中，我们实现了向 mytest.txt 文本文件中循环写入内容，每写完一次就会换行。

执行完以上脚本之后，Python 将会生成一个名为 mytest.txt 的文本文件。当我们打开这个文件时，却发现里面所有的汉字都成了小方块，如图 2-160 所示。这显然不是我们想要的结果，那么如何才能将汉字正常显示出来呢？这就需要用到 open()函数的 encoding 参数了。

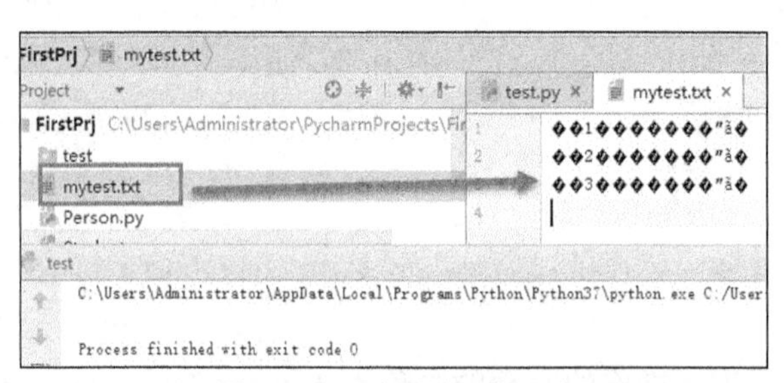

图 2-160　汉字无法正常显示

对上面的脚本进行修改，加入 encoding='utf8'参数，如下所示：

```
f=open('mytest.txt','w',encoding='utf8')
for i in range(0,3):
    f.write('第'+str(i+1)+'次向您问好！\n')
f.close()
```

再次运行脚本，您就会惊喜地发现文件中的汉字能够正常显示了，如图 2-161 所示。

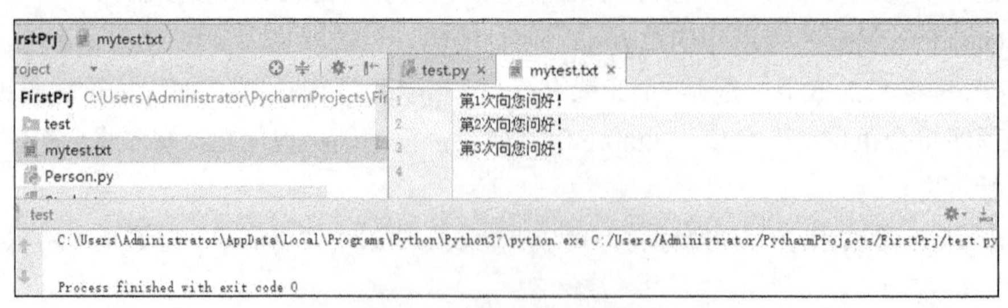

图 2-161　汉字得以正常显示

2. 文本文件的读操作

文本文件的读取也非常容易，这里以读取 mytest.txt 文本文件为例，代码如下：

```
f=open('mytest.txt','r',encoding='utf8')
data=f.read()
print(data)
f.close()
```

上述代码将使用 f.read()方法把 mytest.txt 文本文件的内容读取出来，赋给 data，而后输出，最后关闭文件。相关代码及执行结果如图 2-162 所示。

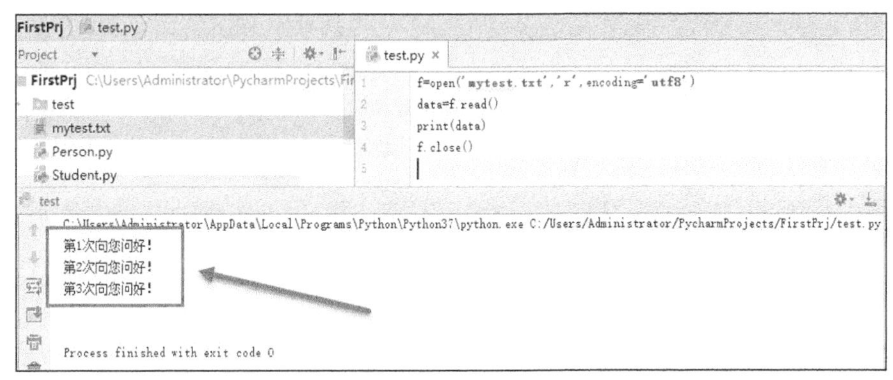

图 2-162　文本文件的读取代码及执行结果

2.13.2　Excel 文件操作

Excel 因为具有易用、操作快捷、功能强大等特点，所以使用者非常多。本书介绍如何使用 Python 编程语言实现 Excel 文件的读写。

1. Excel 文件的写操作

Excel 文件的写入需要用到 xlwt 模块，该模块可以从 PyPI 网站下载。这里我们使用 pip install xlwt 命令来安装 xlwt 模块，如图 2-163 所示。

```
管理员: C:\Windows\system32\cmd.exe
Microsoft Windows [版本 10.0.14393]
(c) 2016 Microsoft Corporation。保留所有权利。

C:\Users\Administrator>pip install xlwt
Collecting xlwt
  Downloading https://files.pythonhosted.org/packages/44/48/def306413b25c3d01753603b1a222a011b8621aed27cd7f89cbc27e6b0f4
/xlwt-1.3.0-py2.py3-none-any.whl (99kB)
    100% |████████████████████████████████| 102kB 41kB/s
Installing collected packages: xlwt
Successfully installed xlwt-1.3.0

C:\Users\Administrator>
```

图 2-163　安装 xlwt 模块

xlwt 模块安装完毕后，就可以导入这个模块，然后新建 Excel 文件，创建工作表，向单元格中写入相关数据，设置单元格数据的字体和字号，设置公式等。

下面编写一些脚本，以演示如何向 Excel 文件中写入数据：

```
1   import xlwt
2   import random
3   workbook = xlwt.Workbook(encoding = 'utf8')
4   worksheet = workbook.add_sheet('测试数据')
5
6   font = xlwt.Font()
7   font.name = '宋体'
8   font.bold = True
9
10  style = xlwt.XFStyle()
11  style.font = font
12  pattern = xlwt.Pattern()
13  pattern.pattern = xlwt.Pattern.SOLID_PATTERN
14  pattern.pattern_fore_colour = 5
15  style.pattern = pattern
16
17  borders = xlwt.Borders()
18  borders.left = xlwt.Borders.MEDIUM
19  borders.right = xlwt.Borders.MEDIUM
20  borders.top = xlwt.Borders.MEDIUM
21  borders.bottom = xlwt.Borders.MEDIUM
22  borders.left_colour = 0x40
23  borders.right_colour = 0x40
24  borders.top_colour = 0x40
25  borders.bottom_colour = 0x40
26  style.borders = borders
27
28  alignment = xlwt.Alignment()
29  alignment.horz = xlwt.Alignment.HORZ_CENTER
30  alignment.vert = xlwt.Alignment.VERT_CENTER
31  style.alignment = alignment
32
33  worksheet.write_merge(0,0,0,3,'测试数据',style)
34
35  worksheet.write(1, 0, '序号')
36  worksheet.write(1, 1, '语文')
37  worksheet.write(1, 2, '数学')
38  worksheet.write(1, 3, '英语')
39
40  for i in range(1,21):
```

```
41        worksheet.write(i+1, 0, i)
42        worksheet.write(i+1, 1,random.randint(10,100))
43        worksheet.write(i+1, 2,random.randint(20,100))
44        worksheet.write(i+1, 3,random.randint(40,100))
45
46    worksheet.write(22, 0, '成绩求和')
47    worksheet.write(22, 1, xlwt.Formula('SUM(B3:B22)'))
48    worksheet.write(22, 2, xlwt.Formula('SUM(C3:C22)'))
49    worksheet.write(22, 3, xlwt.Formula('SUM(D3:D22)'))
50    workbook.save('myexcel.xls')
```

以上脚本的执行结果如图 2-164 所示。

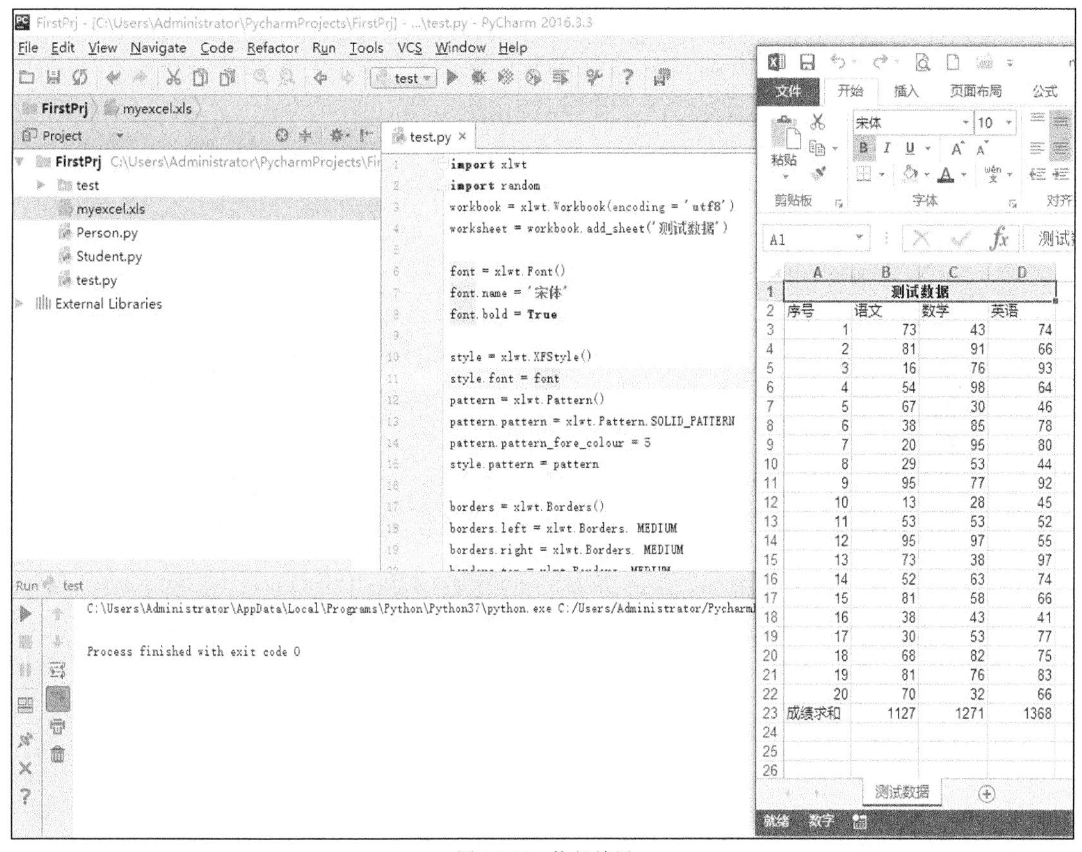

图 2-164　执行结果

接下来，我们一起分析一下上述脚本。

第 3 行和第 4 行代码创建了一个名为“测试数据”的 Excel 表。

第 6～8 行代码表示使用加粗的宋体字。

第 10～15 行代码创建了一种样式，并将加粗的宋体字、黄色背景赋给这种样式。

第 17～26 行代码设置了边框及其颜色，然后将它们赋给刚才创建的样式。

第 28～31 行代码设置了文字的布局，这里设置为行和列均居中，并赋给刚才创建的样式。

第 33 行代码用于合并单元格，并向合并后的单元格中写入“测试数据”这 4 个字，然后将前面创建的样式赋给合并后的单元格。

第 35～38 行代码用于在第 2 行的单元格中依次写入“序号”“语文”“数学”“英语”。以 worksheet.write(1, 0, '序号')为例，这里的 1 表示第 2 行，0 表示第 1 列，因为 Excel 单元格的行和列都是从 0 开始索引的。

第 40～44 行代码将循环执行 20 次，每一次都分别添加序号、语文、数学和英语信息。这里从第 3 行开始添加数据，因为变量 i 的初始值为 1，而变量 i 的值就是序号。语文、数学和英语成绩都是整型的随机数，这里不再赘述。

第 46～55 行代码用于在第 23 行、第 1 列的位置填写“成绩求和”，并在第 23 行、第 2～4 列的位置分别添加一个计算公式，用于计算对应列的成绩之和。

2. Excel 文件的读操作

Excel 文件的读取需要用到 xlrd 模块，下载地址为 PyPI 网站。这里我们使用 pip install xlrd 命令来安装 xlrd 模块，如图 2-165 所示。

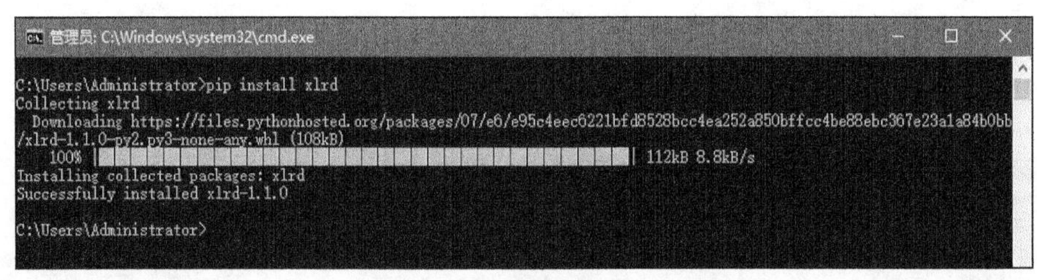

图 2-165　安装 xlrd 模块

xlrd 模块安装完之后，我们就可以导入 xlrd 模块，读取 Excel 文件的内容了。

下面演示一下如何读取 Excel 文件的内容，这里以读取刚刚创建的 myexcel.xls 文件为例：

```
import xlrd
xl = xlrd.open_workbook('myexcel.xls')
print('该文件包括的所有 Sheet 的名称为'+str(xl.sheet_names()))
print('该文件共有'+str(xl.nsheets)+'个 Sheet！')
table = xl.sheet_by_name("测试数据")
print('当前 Sheet 的名称为'+table.name)
print ('当前 Sheet 共有'+str(table.ncols)+'列数据！')
print('当前 Sheet 共有'+str(table.nrows)+'行数据！')
print("逐行读取 Excel 文件内容：")
for i in range(0,table.nrows):
    print(table.row_values(i))
```

```
print("逐行读取每个单元格的内容：")
print(table.cell(0,0).value)
for i in range(1,23):
    print(str(table.cell(i,0).value)+','+str(table.cell(i,1).value)+','+
str(table.cell(i,2).value)+','+str(table.cell(i,3).value))
```

以上代码相信大家一看就懂，这里不再赘述，对应的部分输出结果如图 2-166 所示。

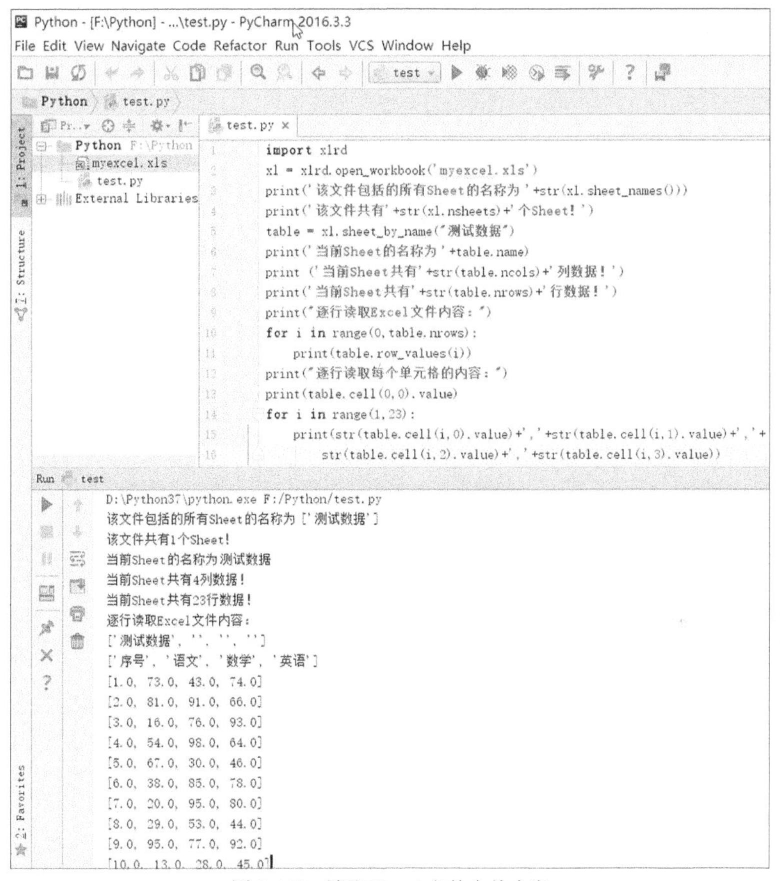

图 2-166 读取 Excel 文件中的内容

上面演示了如何创建 Excel 表，如何设置单元格样式、字体、背景色、公式等。掌握了这些内容，您便能够在后续工作中，在涉及读写 Excel 文件时得心应手。

2.13.3 JSON 文件操作

JSON（JavaScript Object Notation）是一种轻量级的数据交换格式，它基于 ECMAScript（欧洲计算机协会制定的 JavaScript 规范）的一个子集，采用完全独立于编程语言的文本格式来存储和表示数据。简洁、清晰的层次结构使得 JSON 成为理想的数据交换格式。JSON 不仅易于人们阅读和编写，还易于机器解析和生成。JSON 可以有效地提升网络传输效率。目前很多应用采用 JSON 格式作为数据传递方式，所以本书非常有必要对 JSON 进行介绍。

下面的数据使用的是典型的 JSON 格式：

```
{
    "HeWeather6": [
        {
            "basic": {
                "cid": "CN101010100",
                "location": "北京",
                "parent_city": "北京",
                "admin_area": "北京",
                "cnty": "中国",
                "lat": "39.90498734",
                "lon": "116.40528870",
                "tz": "8.0"
            },
            "now": {
                "cond_code": "101",
                "cond_txt": "多云",
                "fl": "16",
                "hum": "73",
                "pcpn": "0",
                "pres": "1017",
                "tmp": "14",
                "vis": "1",
                "wind_deg": "11",
                "wind_dir": "北风",
                "wind_sc": "微风",
                "wind_spd": "6"
            },
            "status": "ok",
            "update": {
                "loc": "2017-10-26 17:29",
                "utc": "2017-10-26 09:29"
            }
        }
    ]
}
```

那么，在 Python 编程语言中如何将 Python 对象转换为 JSON 格式，又如何将 JSON 格式的数据转换为 Python 可以处理的对象呢？这就需要用到 json 模块以及其中的两个方法——json.dumps()和 json.loads()，这两个方法的用途参见表 2-10。

表 2-10　json.dumps()和 json.loads()方法的用途

方法	用途
json.dumps()	将 Python 对象转换为 JSON 格式
json.loads()	将 JSON 格式的数据转换为 Python 对象

1. 将 Python 对象转换为 JSON 格式

查看如下脚本：

```
import json
data = { '语文' : 90, '数学' : 96, '计算机' : 89, '英语' : 94, '体育' : 85 }
print(type(data))
json = json.dumps(data,ensure_ascii=False)
print(type(json))
print(json)
```

在以上脚本中，我们定义了字典对象 data，而后使用 json.dumps(data,ensure_ascii=False)方法将这个字典对象转换为 JSON 格式并赋给 json 对象。当我们再次查看 json 对象的类型时，发现类型为 str，也就是字符串类型。最后，我们输出 json 字符串对象的内容。以上脚本的执行结果如图 2-167 所示。

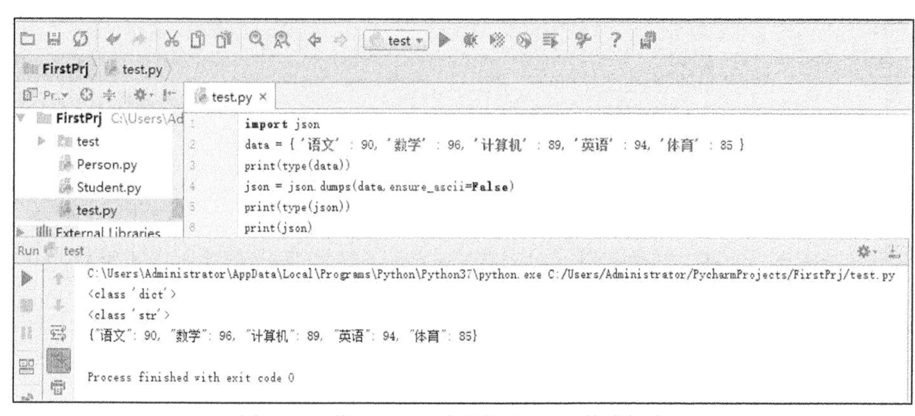

图 2-167 将 Python 对象转换为 JSON 格式的结果

为了方便查看 JSON 格式的数据，建议格式化它们，这样就更加一目了然了，如图 2-168 所示。

图 2-168 经过格式化之后的 JSON 数据

2. 将 JSON 格式的数据转换为 Python 对象

下面介绍如何把 JSON 格式的数据转换为 Python 对象。

查看如下脚本：

```
import json
data = { '语文' : 90, '数学' : 96, '计算机' : 89, '英语' : 94, '体育' : 85 }
json1 = json.dumps(data,ensure_ascii=False)
print(type(json1))
json = json.loads(json1)
print(type(json))
print(json)
print(json['语文'])
```

在以上脚本中，我们首先通过使用 json.dumps()方法，将字典对象 data 转换为 JSON 格式并保存到字符串对象 json1 中。而后，我们通过 json.loads()方法将 json1 字符串对象转换为字典对象 json，最后输出字典对象 json 的内容，并查找与“语文”键对应的值信息。以上脚本的执行结果如图 2-169 所示。

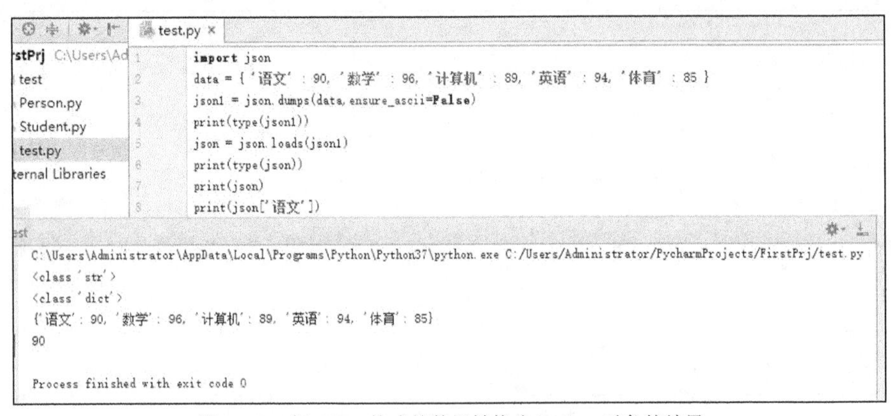

图 2-169 把 JSON 格式的数据转换为 Python 对象的结果

第3章 基于 Python 的单元测试框架 UnitTest

3.1 UnitTest 单元测试框架

UnitTest 是基于 Python 语言的单元测试框架，其设计灵感最初来源于 JUnit 以及其他编程语言中具有共同特征的单元框架。

大家可以通过访问 UnitTest 官网来阅读关于 UnitTest 的详细信息，这里引用了 UnitTest 官网上的部分描述信息。

UnitTest 支持自动化测试以及在测试中使用 setUp 和 tearDown 操作，使用 UnitTest 可以将测试用例组织为套件（批量运行），并且可以使测试和报告独立开来。

为了实现以上功能，UnitTest 以一种面向对象的方式定义了一些十分重要的概念。

- 测试固件（test fixture）：测试执行前需要做的准备工作以及测试结束后需要做的清理工作。比如，创建临时/代理数据库、目录或启动服务器进程。
- 测试用例（test case）：单元测试中的最小个体，用于检查特定输入的响应信息。UnitTest 提供了基础类 TestCase 以创建测试用例。
- 测试套件（test suite）：测试用例的合集，我们通常使用测试套件将测试用例汇总起来，然后一起执行。
- 测试运行器（test runner）：不仅可以执行测试用例并提供测试结果给用户，还可以提供图形界面、文本界面或通过返回值来表示测试结果。

3.2 UnitTest 单元测试框架的应用

3.2.1　前期准备

因为本节在介绍 UnitTest 单元测试框架时，所有测试脚本都以“极速数据”网站提供的接口为例，所以非常有必要对如何注册“极速数据”网站的用户以及如何使用 UnitTest 提供的相关接口进行介绍。

读者可以先在“极速数据”网站上注册账号，申请免费使用。普通用户可以每天免费调用“极速数据”网站提供的“标准体重计算器”接口 100 次，如图 3-1 所示。

图 3-1　免费调用“标准体重计算器”接口

注册“极速数据”网站的用户非常简单。如图 3-2 所示，单击“注册”按钮，然后按照页面要求填写信息即可，这里不再赘述。

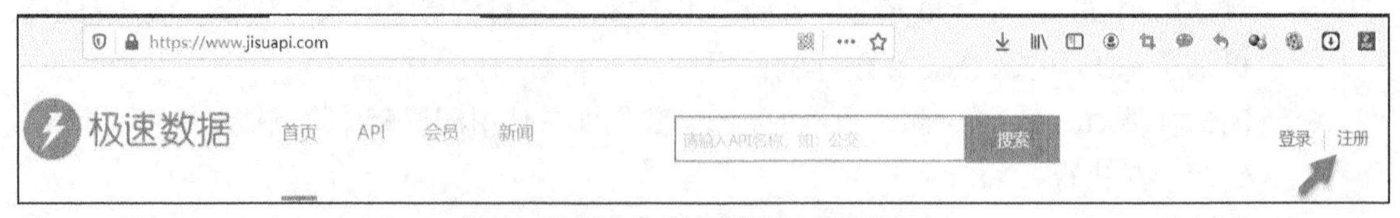

图 3-2　注册成为“极速数据”网站的用户

注册完毕后，就可以登录“极速数据”网站，请记住“极速数据”网站为您分配的 appkey，如图 3-3 所示。appkey 非常重要，在后续调用接口时将会用到。

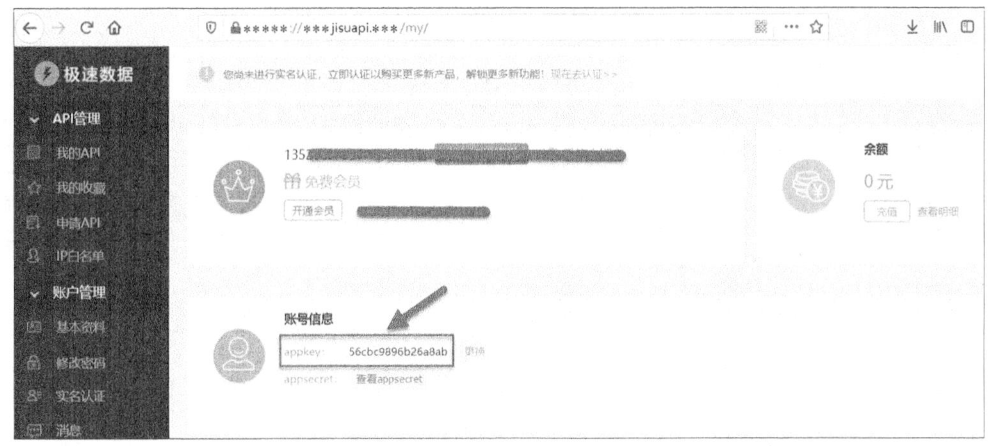

图 3-3　“极速数据”网站为注册用户分配的 appkey

以调用“标准体重计算器”接口为例，文档信息如图 3-4 所示。

图 3-4　“标准体重计算器”接口的文档信息

具体内容如下。

- “标准体重计算器”接口介绍：标准体重计算器将通过输入的身高和体重来计算身材是否标准，衡量标准则是国际上比较权威的 BMI。
- 接口地址：*****://api.jisuapi.***/weight/bmi。
- 请求参数：详见表 3-1。

- 返回参数：详见表 3-2。

表 3-1　请求参数

参数名称	说明	是否必填	示例
sex	性别，字符串类型，可选值有 male、female、男、女	是	sex="男"
height	身高，字符串类型，单位为厘米（cm）	是	height="175"
weight	体重，字符串类型，单位为千克（kg）	是	weight="100"
appkey	用户认证密钥，字符串类型	是	appkey=××××××××××

表 3-2　返回参数

参数名称	类型	说明
bmi	string	BMI
normbmi	string	正常 BMI
idealweight	string	理想体重
level	string	水平
danger	string	相关疾病的发病风险
status	string	是否正常

数据返回示例如下：

```
{
   "status": 0,
   "msg": "ok",
   "result": {
      "bmi": "21.6",
      "normbmi": "18.5～23.9",
      "idealweight": "68",
      "level": "正常范围",
      "danger": "平均水平",
      "status": "1"
   }
}
```

3.2.2　设计测试用例

下面对“标准体重计算器”接口进行接口功能性测试用例的设计，以检验这个接口是否能够正确处理正常或异常参数的输入。

为便于理解，这里将用例整理成表格，并且只选取正常用例和异常用例各 4 个，供大家参考，如表 3-3 和表 3-4 所示。

表 3-3 正常用例的设计（接口功能性测试）

序号	输入	预期输出	相应测试数据
1	正确输入包含必填参数在内的相关内容（必填参数包括 sex（中文）、height、weight 和 appkey）——正常体重	正确输出对应性别、身高、体重的人员的 BMI 等数据，并且 level 值为“正常范围”	*****://api.jisuapi.***/weight/bmi?appkey=yourappkey&sex=男&height=175&weight=70 *****://api.jisuapi.***/weight/bmi?appkey=yourappkey&sex=女&height=170&weight=60
2	正确输入包含必填参数在内的相关内容（必填参数包括 sex（英文）、height、weight 和 appkey）	正确输出对应性别、身高、体重的人员的 BMI 等数据，并且 level 值为“正常范围”	*****://api.jisuapi.***/weight/bmi?appkey=yourappkey&sex=male&height=175&weight=70 *****://api.jisuapi.***/weight/bmi?appkey=yourappkey&sex=female&height=170&weight=60
3	正确输入包含必填参数在内的相关内容（必填参数包括 sex（中文）、height、weight 和 appkey）——偏肥胖	正确输出对应性别、身高、体重的人员的 BMI 等数据，并且 level 值为“II 度肥胖”	*****://api.jisuapi.***/weight/bmi?appkey=yourappkey&sex=男&height=175&weight=110
4	正确输入包含必填参数在内的相关内容（必填参数包括 sex（英文）、height、weight 和 appkey）——偏营养不良	正确输出对应性别、身高、体重的人员的 BMI 等数据，并且 level 值为“体重过低”	*****://api.jisuapi.***/weight/bmi?appkey=yourappkey&sex=女&height=170&weight=40
⋮	⋮	⋮	⋮

表 3-4 异常用例的设计（接口功能性测试）

序号	输入	预期输出	相应测试输入数据
1	不输入任何参数	返回异常的 JSON 信息（格式为 {"status":"101","msg":"appkey为空","result":""}）	*****://api.jisuapi.***/weight/bmi
2	不输入必填参数（appkey 参数）	返回异常的 JSON 信息（格式为{"status":"101","msg":" appkey不存在","result":""}）	*****://api.jisuapi.***/weight/bmi?sex=男&height=172&weight=60
3	不输入必填参数（sex 参数）	返回异常的 JSON 信息（格式为 {"status":"101","msg":"性别不存在","result":""}）	*****://api.jisuapi.***/weight/bmi?appkey=yourappkey&height=170&weight=40
4	输入的体重超出正常数值范围（weight = 20 000 000 000）	返回异常的 JSON 信息（格式为 {"status":"204","msg":"体重有误","result":""}）	*****://api.jisuapi.***/weight/bmi?appkey=yourappkey&sex=女&height=170&weight=20000000000
⋮	⋮	⋮	⋮

3.2.3 测试用例

UnitTest 是 Python 自带的单元测试框架，在使用 UnitTest 设计测试用例时，必须继承

unittest.TestCase 类。

观察以下 UnitTest 单元测试代码（依据表 3-4）：

```
import unittest
import requests
import json
class bmierr_test(unittest.TestCase):
    def test_err1(self):
        self.url="*****://api.jisuapi.***/weight/bmi?"
        r=requests.get(self.url)
        data=json.loads(r.text)
        print(data)
        self.assertEqual("101" ,data["status"])

    def test_err2(self):
        self.url="*****://api.jisuapi.***/weight/bmi?"
        params='sex=男&height=172&weight=60'
        r=requests.get(self.url+params)
        data=json.loads(r.text)
        print(data)
        self.assertEqual("101" ,data["status"])

    def test_err3(self):
        self.url="*****://api.jisuapi.***/weight/bmi?"
        params='appkey=56cbc9896b26a8ab&height=170&weight=40'
        r=requests.get(self.url+params)
        data=json.loads(r.text)
        print(data)
        self.assertEqual("101", data["status"])

    def test_err4(self):
        self.url="*****://api.jisuapi.***/weight/bmi?"
        params='appkey=56cbc9896b26a8ab&sex=女&height=170&weight=20000000000'
        r=requests.get(self.url+params)
        data=json.loads(r.text)
        print(data)
        self.assertEqual("204" , data["status"])
```

从这段 UnitTest 测试代码可以看出，通常情况下我们会在一个测试类中创建多个测试用例，每一个测试用例将作为测试类的一个方法。

测试用例的三要素包括输入、预期输出和实际输出。根据操作步骤，若实际的执行结果和预期结果不一致，则有可能出现了 bug。那么在 UnitTest 中，如何对实际执行结果和预期结果是否一致进行判断呢？答案就是利用断言方法，上述代码就用到了我们平时经常使用的断言方法 assertEqual()。常用的断言方法如表 3-5 所示。

表 3-5 常用的断言方法

序号	断言方法	用途
1	assertEqual(a, b)	若 a 和 b 相等，则通过；否则，失败
2	assertNotEqual(a, b)	若 a 和 b 不相等，则通过；否则，失败
3	assertTrue(x)	若 x 为 True，则通过；否则，失败
4	assertFalse(x)	若 x 为 Flase，则通过；否则，失败
5	assertIs(a, b)	若 a 和 b 是相同的对象；则通过，否则，失败
6	assertIsNot(a, b)	若 a 和 b 是不同的对象；则通过，否则，失败
7	assertIsNone(x)	若 x 为 None，则通过；否则，失败
8	assertIsNotNone(x)	若 x 不为 None，则通过；否则，失败
9	assertIn(a, b)	若 a in b 表达式成立，则通过；否则，失败
10	assertNotIn(a, b)	若 a not in b 表达式成立，则通过；否则，失败
11	assertIsInstance(a, b)	若 isInstance(a,b)成立，则通过；否则，失败
12	assertNotIsInstance(a, b)	若 isInstance(a,b)不成立，则通过；否则，失败

3.2.4 测试固件

测试固件是测试运行前需要做的准备工作以及测试结束后需要做的清理工作。为便于理解，这里仍以 3.2.3 节的脚本为例，我们可以清晰地看到每段代码都用到了 URL。这时就可以使用测试固件 setUp()来完成 URL 的初始化工作，然后在相关的测试用例中就不用再将 URL 重写一遍了，这样做的好处是代码更加简洁明了，便于修改。改进后的脚本如下所示：

```
import unittest
import requests
import json
class bmierr_test(unittest.TestCase):
    def setUp(self):
        self.url="*****://api.jisuapi.***/weight/bmi?"

    def test_err1(self):
        r=requests.get(self.url)
        data=json.loads(r.text)
        print(data)
        self.assertEqual("101" ,data["status"])

    def test_err2(self):
        params='sex=男&height=172&weight=60'
        r=requests.get(self.url+params)
        data=json.loads(r.text)
        print(data)
```

```
        self.assertEqual("101" ,data["status"])

    def test_err3(self):
        params='appkey=56cbc9896b26a8ab&height=170&weight=40'
        r=requests.get(self.url+params)
        data=json.loads(r.text)
        print(data)
        self.assertEqual("101", data["status"])

    def test_err4(self):
        params='appkey=56cbc9896b26a8ab&sex=女&height=170&weight=20000000000'
        r=requests.get(self.url+params)
        data=json.loads(r.text)
        print(data)
        self.assertEqual("204" , data["status"])
```

脚本是不是简洁清晰了很多呢？通常情况下，测试环境和生产环境下只是访问的 URL 不同，功能完全相同。当需要测试生产环境或其他环境中的部署是否正确时，轻松地替换 URL 就能执行测试用例了。因此，在测试脚本中使用测试固件 setUp()和 tearDown()是一种非常好的习惯，setUp()用来完成测试的相关初始化工作，tearDown()则用来完成测试结束后的清理工作。

3.2.5　测试套件

前面已经实现了很多测试用例，那么如何将这些测试用例组织起来，决定哪些测试用例执行、哪些测试用例不执行呢？就像在测试软件产品的大版本时，通常会执行全部的测试用例，而发布补丁时通常只修复 bug 和执行相关的功能测试用例一样，在执行接口的自动化测试时，也需要针对实际情况，因地制宜地选择合适的测试用例集来执行。您可以使用测试套件来决定执行哪些测试用例。

如果需要执行全部的测试用例，那么通过如下脚本来实现：

```
import unittest
import requests
import json
class bmierr_test(unittest.TestCase):
    def setUp(self):
        self.url="https://api.jisuapi.com/weight/bmi?"

    def test_err1(self):
        r=requests.get(self.url)
        data=json.loads(r.text)
        print(data)
        self.assertEqual("101" ,data["status"])

    def test_err2(self):
```

```
        params='sex=男&height=172&weight=60'
        r=requests.get(self.url+params)
        data=json.loads(r.text)
        print(data)
        self.assertEqual("101" ,data["status"])

    def test_err3(self):
        params='appkey=56cbc9896b26a8ab&height=170&weight=40'
        r=requests.get(self.url+params)
        data=json.loads(r.text)
        print(data)
        self.assertEqual("101", data["status"])

    def test_err4(self):
        params='appkey=56cbc9896b26a8ab&sex=女&height=170&weight=20000000000'
        r=requests.get(self.url+params)
        data=json.loads(r.text)
        print(data)
        self.assertEqual("204" , data["status"])

def suite():
    bmitest=unittest.makeSuite(bmierr_test,"test")
    return bmitest
```

从以上脚本可以看出，为了让脚本阅读起来更加方便、易懂，这里声明了 suite()函数。观察 suite()函数声明中的代码行 bmitest=unittest.makeSuite(bmierr_test,"test")，这行代码的作用是将测试类 bmierr_test 中所有以 test 开头的测试用例添加到测试套件中，之后再将测试套件赋给 bmitest。添加到测试套件中的只是异常情况下的测试用例，加入正常情况下的测试用例，合并后的脚本如下：

```
import unittest
import requests
import json
class bmi_test(unittest.TestCase):
    def setUp(self):
        self.url="*****://api.jisuapi.***/weight/bmi?"

    def test_succ1(self):
        params='appkey=56cbc9896b26a8ab&sex=男&height=175&weight=70'
        r=requests.get(self.url+params)
        data=json.loads(r.text)
        print(data)
        self.assertEqual("正常范围" ,data["result"]["level"])

    def test_succ2(self):
        params='appkey=56cbc9896b26a8ab&sex=male&height=175&weight=70'
```

```
        r=requests.get(self.url+params)
        data=json.loads(r.text)
        print(data)
        self.assertEqual("正常范围" ,data["result"]["level"])

    def test_succ3(self):
        params='appkey=56cbc9896b26a8ab&sex=男&height=175&weight=110'
        r=requests.get(self.url+params)
        data=json.loads(r.text)
        print(data)
        self.assertEqual("II 度肥胖" ,data["result"]["level"])

    def test_succ4(self):
        params='appkey=56cbc9896b26a8ab&sex=女&height=170&weight=40'
        r=requests.get(self.url+params)
        data=json.loads(r.text)
        print(data)
        self.assertEqual("体重过低" ,data["result"]["level"])

    def test_err1(self):
        r=requests.get(self.url)
        data=json.loads(r.text)
        print(data)
        self.assertEqual("101" ,data["status"])

    def test_err2(self):
        params='sex=男&height=172&weight=60'
        r=requests.get(self.url+params)
        data=json.loads(r.text)
        print(data)
        self.assertEqual("101" ,data["status"])

    def test_err3(self):
        params='appkey=56cbc9896b26a8ab&height=170&weight=40'
        r=requests.get(self.url+params)
        data=json.loads(r.text)
        print(data)
        self.assertEqual("101", data["status"])

    def test_err4(self):
        params='appkey=56cbc9896b26a8ab&sex=女&height=170&weight=2000000000'
        r=requests.get(self.url+params)
        data=json.loads(r.text)
        print(data)
        self.assertEqual("204" , data["status"])
```

```
def suite():
    bmitest =unittest.makeSuite(bmi_test,"test")
    return bmitest
```

如果您不想执行某些测试用例，该怎么办呢？其实最简单的方法是将不执行的测试用例前面的 test 改成其他值，比如将 def test_err4(self)改为 def abc_err4(self)。

3.2.6 测试运行器

测试运行器不仅可以执行测试用例并提供测试结果给用户，还可以提供图形界面、文本界面或通过返回值来表示测试结果。

这里仍然以“标准体重计算器”接口为例，包含正常、异常测试用例的完整的脚本如下：

```
import unittest
import requests
import json
class bmi_test(unittest.TestCase):
    def setUp(self):
        self.url="*****://api.jisuapi.***/weight/bmi?"

    def test_succ1(self):
        params='appkey=56cbc9896b26a8ab&sex=男&height=175&weight=70'
        r=requests.get(self.url+params)
        data=json.loads(r.text)
        print(data)
        self.assertEqual("正常范围" ,data["result"]["level"])

    def test_succ2(self):
        params='appkey=56cbc9896b26a8ab&sex=male&height=175&weight=70'
        r=requests.get(self.url+params)
        data=json.loads(r.text)
        print(data)
        self.assertEqual("正常范围" ,data["result"]["level"])

    def test_succ3(self):
        params='appkey=56cbc9896b26a8ab&sex=男&height=175&weight=110'
        r=requests.get(self.url+params)
        data=json.loads(r.text)
        print(data)
        self.assertEqual("II 度肥胖" ,data["result"]["level"])

    def test_succ4(self):
        params='appkey=56cbc9896b26a8ab&sex=女&height=170&weight=40'
        r=requests.get(self.url+params)
        data=json.loads(r.text)
        print(data)
        self.assertEqual("体重过低" ,data["result"]["level"])

    def test_err1(self):
```

```
        r=requests.get(self.url)
        data=json.loads(r.text)
        print(data)
        self.assertEqual("101" ,data["status"])

    def test_err2(self):
        params='sex=男&height=172&weight=60'
        r=requests.get(self.url+params)
        data=json.loads(r.text)
        print(data)
        self.assertEqual("101" ,data["status"])

    def test_err3(self):
        params='appkey=56cbc9896b26a8ab&height=170&weight=40'
        r=requests.get(self.url+params)
        data=json.loads(r.text)
        print(data)
        self.assertEqual("101", data["status"])

    def test_err4(self):
        params='appkey=56cbc9896b26a8ab&sex=女&height=170&weight=20000000000'
        r=requests.get(self.url+params)
        data=json.loads(r.text)
        print(data)
        self.assertEqual("204" , data["status"])

def suite():
    bmitest=unittest.makeSuite(bmi_test,"test")
    return bmitest

if __name__ == "__main__":
    runner=unittest.TextTestRunner()
    runner.run(suite())
```

观察上述脚本中末尾部分的代码行 runner =unittest.TextTestRunner()，这行代码创建了一个 TextTestRunner 实例对象 runner（TextTestRunner 类就是一个测试运行器类）。runner 对象提供了 run()方法，用于指定想要运行的测试套件，这样就可以执行需要运行的测试用例了。

现在让我们一起来看一下执行结果（参见图 3-5～图 3-7）。如图 3-5 所示，我们执行了 8 个测试用例，在标号为 1 的区域，UnitTest 使用不同的颜色清晰地标识了哪些执行成功、哪些执行失败，绿色表示成功，黄色表示失败。另外，UnitTest 还在每个测试用例的后面对应给出了相应的执行时间以及耗费的总时间。标号为 2 的区域则使用横条展示了执行信息，我们最终的目的是要观察是否存在执行失败的测试用例。若所有测试用例都执行成功，则以绿条显示；若存在执行失败的测试用例，则以红条显示。此次测试一共执行了 8 个测试用例，其中 1 个执行失败，所以这里以红条显示。另外，红条的右侧显示了总的执行时间。标号为 3 的区域以文本方式显示了每个测试用例的执行信息。若测试用例中有执行失败的，比如断言和预期不一致，则给出相应的错误信息，比如 test.py:54:AssertionError、AssertionError: '101' != 0 等，从而提示您哪里出现了问题。

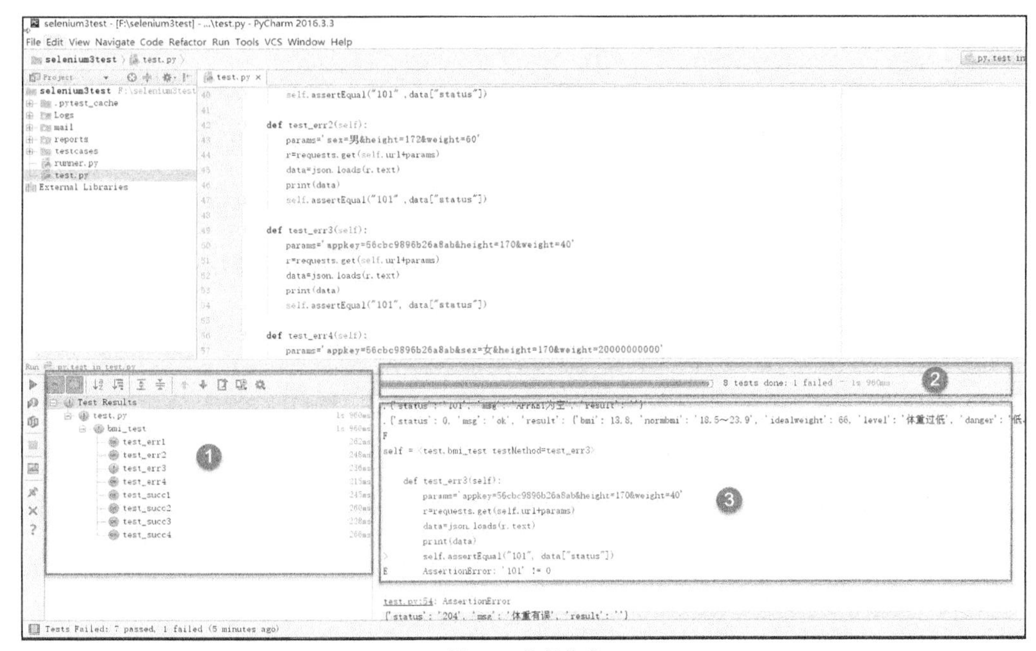

图 3-5　执行信息

如果您不想展示执行成功的测试用例，如图 3-6 所示，只需要取消选中箭头 1 指向的按钮即可。单击箭头 2 指向的按钮，便可将本次执行结果以 HTML、XML 或用户自定义的模板方式导出。这里以 HTML 方式导出执行结果，导出后的 HTML 如图 3-7 所示。

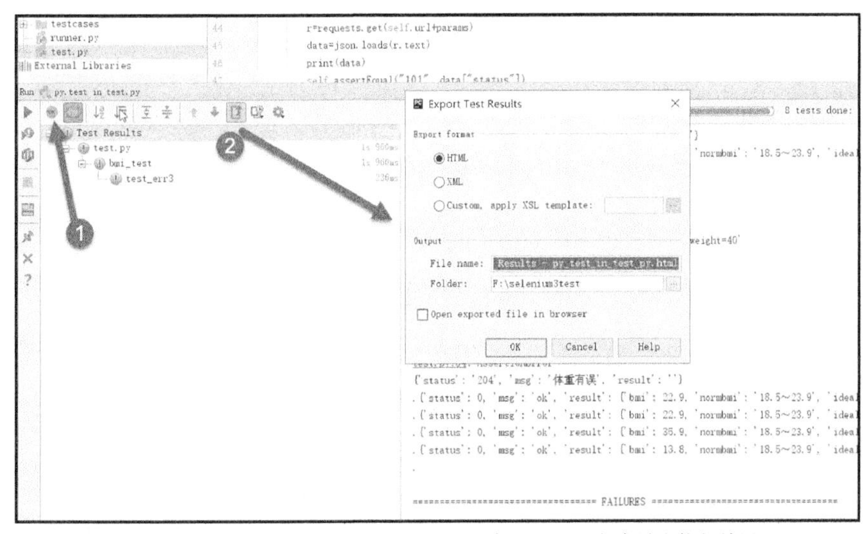

图 3-6　不展示执行成功的测试用例，同时以 HTML 方式导出执行结果

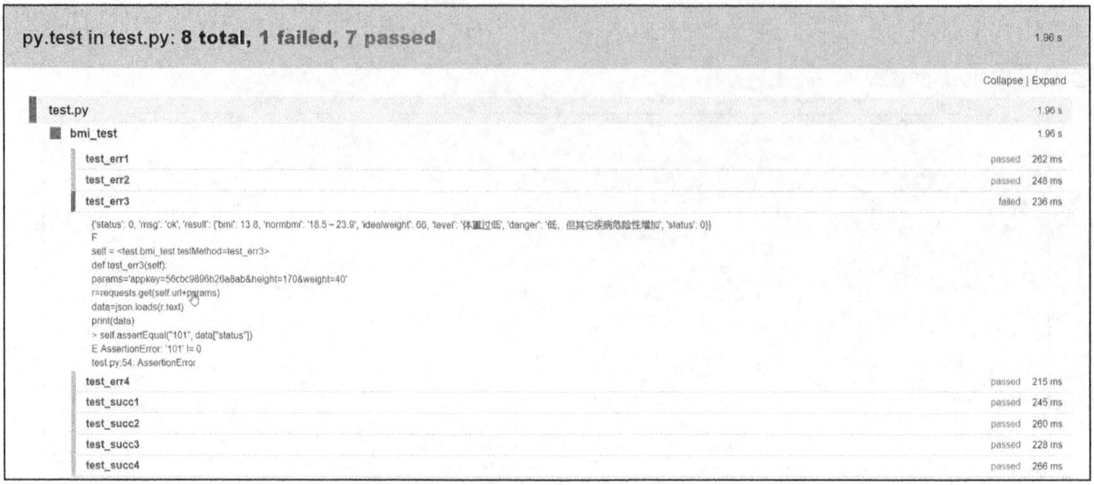

```
py.test in test.py: 8 total, 1 failed, 7 passed                                  1.96 s
                                                                       Collapse | Expand
test.py                                                                          1.96 s
  bmi_test                                                                       1.96 s
    test_err1                                                           passed  262 ms
    test_err2                                                           passed  248 ms
    test_err3                                                           failed  236 ms
      {'status': 0, 'msg': 'ok', 'result': {'bmi': 13.8, 'normbmi': '18.5~23.9', 'idealweight': 66, 'level': '体重过低', 'danger': '低，但其它疾病危险性增加', 'status': 0}}
      F
      self = <test.bmi_test testMethod=test_err3>
      def test_err3(self):
      params='appkey=56cbc9896b26a8ab&height=170&weight=40'
      r=requests.get(self.url+params)
      data=json.loads(r.text)
      print(data)
      > self.assertEqual("101", data["status"])
      E AssertionError: '101' != 0
      test.py:54: AssertionError
    test_err4                                                           passed  215 ms
    test_succ1                                                          passed  245 ms
    test_succ2                                                          passed  260 ms
    test_succ3                                                          passed  228 ms
    test_succ4                                                          passed  266 ms
```

图 3-7　导出后的 HTML

UnitTest 展示了一份比较完整的测试报告，用绿色竖线标识执行成功的测试用例，用红色竖线标识执行失败的测试用例，至于为什么执行失败，下方也有相关的描述信息，我们不再赘述。在每个测试用例的最右侧，UnitTest 还使用文字标识了执行结果（passed 或 failed）和执行耗时（时间单位为毫秒）等信息。

第 4 章　HttpRunner 测试框架及其应用

4.1 HttpRunner 测试框架介绍

HttpRunner 是一款非常优秀的测试框架，您可以通过访问 GitHub 找到 HttpRunner 测试框架的相关信息，如图 4-1 所示。这里我们引用《HttpRunner V2.x 中文使用文档》中的一段话来对 HttpRunner 进行介绍，“HttpRunner 是一款面向 HTTP(S)的通用测试框架，只需要编写和维护一份 YAML/JSON 脚本，就可以实现自动化测试、性能测试、线上监控、持续集成等多种测试需求。”

httprunner / httprunner　Watch 127　Star 1.8k　Fork 710
Code　Issues 224　Pull requests 1　Actions　Projects 3　Security　Insights
Dismiss
Join GitHub today
GitHub is home to over 40 million developers working together to host and review code, manage projects, and build software together.
Sign up
One-stop solution for HTTP(S) testing.　https://docs.httprunner.org/
api-test　locustio　performance-testing　locust　httptest　testrunner　htmltestrunner　load-testing
1,396 commits　3 branches　0 packages　45 releases　12 contributors　Apache-2.0
Branch: master　New pull request　Find file　Clone or download
debugtalk Merge pull request #861 from httprunner/leo_dev …　Latest commit c665485 5 days ago
.github　doc: report bug with device ID　2 months ago
docs　2.5.7: improve validate with python script　5 days ago
httprunner　2.5.7: improve validate with python script　5 days ago
tests　refactor: is_test_content　2 months ago
.gitignore　test:　3 months ago

图 4-1　HttpRunner 测试框架的相关信息

HttpRunner 测试框架在设计理念上利用了 Request、pytest、Fiddler、Charles 等开源项目，经过充分且合理的规划和设计，才最终形成一款强大的测试框架。使用简单的 YAML/JSON 文件就可以完成测试用例的配置、设计和组织。执行完测试用例后，HttpRunner 还可以及时展示较详细的执行报告。HttpRunner 的设计理念如图 4-2 所示。

HttpRunner 测试框架的核心特性如下。

- 继承 Requests 的全部特性，轻松满足 HTTP(S)的各种测试需求。
- 采用 YAML/JSON 的形式描述测试场景，保障测试用例描述的统一性和可维护性。
- 借助辅助函数（debugtalk.py），在测试脚本中轻松实现复杂的动态计算逻辑。
- 支持完善的测试用例分层机制，充分实现测试用例的复用。
- 测试前后支持完善的 hook 机制。
- 响应结果支持丰富的校验机制。
- 基于 HAR 实现接口录制和用例生成功能（har2case）。
- 结合 Locust 框架，不需要额外的工作即可实现分布式性能测试。
- 执行方式采用 CLI 调用，可与 Jenkins 等持续集成工具完美结合。
- 测试结果简洁清晰，附带详尽的统计信息和日志记录。
- 具有极强的可扩展性，可轻松实现二次开发和 Web 平台化。

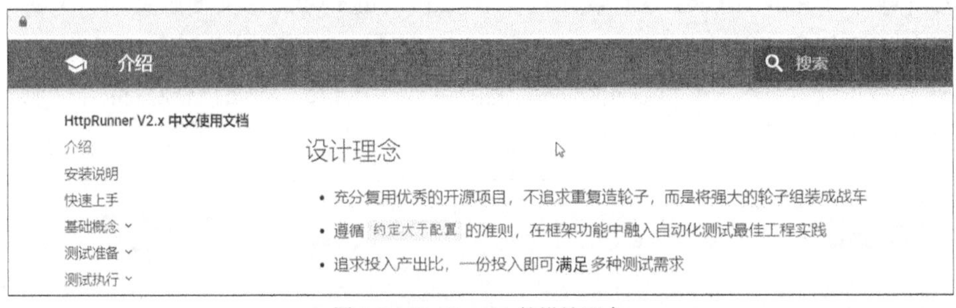

图 4-2　HttpRunner 的设计理念

良好的设计理念和优秀的核心特性，让 HttpRunner 使用起来简单、方便，HttpRunner 功能强大、输出的测试结果清晰明了，所有这一切都促使 HttpRunner 不断流行开来。

4.2 HttpRunner 运行环境的搭建过程

这里使用 CentOS 7.0 作为搭建 HttpRunner 运行环境的操作系统，详细的搭建过程如下。

1. 安装依赖环境

CentOS 7.0 中默认自动安装的是 Python 2.7.5，而我们后续在运行 HttpRunner 时将会用到

Python 3，而且使用源码安装 Python 3 相关版本，因此首先需要安装依赖环境。

我们可以使用 yum 来安装开发工具包和可能用到的其他一些库文件，命令如下：

```
yum -y groupinstall "Development tools"
yum -y install zlib-devel bzip2-devel openssl-devel ncurses-devel sqlite-devel
readline-devel tk-devel gdbm-devel db4-devel libpcap-devel xz-devel libffi-devel
```

2. 下载 Python 3 的源码包

您可以访问 Python 官网以下载 Python 3 的源码包。这里下载的是 Python 3.8.2 的源码包，下载后对应的文件名为 Python-3.8.2.tgz。

3. 安装 Python 3.8.2

要先装 Python 3.8.2，具体步骤如下。

（1）在/usr/local 路径下创建名为 python3 的目录。

```
mkdir  /usr/local/python3
```

（2）解压 Python-3.8.2.tgz 文件。

```
tar -zxvf Python-3.8.2.tgz
```

（3）进入解压后的 Python3.8.2 目录。

```
cd  Python3.8.2
```

（4）编译安装包。

```
./configure --prefix=/usr/local/python3
make && make install
```

（5）创建 python3 和 pip3 的软链。

```
ln -sf /usr/local/python3/bin/python3   /usr/bin/python3
ln -sf /usr/local/python3/bin/pip3    /usr/bin/pip3
```

（6）添加环境变量。

```
vim  /etc/profile
```

（7）在文件的最后，添加如下两行代码，然后保存文件。

```
PATH=$PATH:$HOME/bin:/usr/local/python3/bin
export PATH
```

（8）保存好文件后，执行下面的命令，使新的配置生效。

```
source   /etc/profile
```

（9）验证软链和配置文件的正确性。

```
pip3  -V
python3  -V
```

如果出现图 4-3 所示的信息，则表示已经成功安装了 Python 3.8.2。

```
[root@localhost ~]# pip3 -V
pip 20.0.2 from /usr/local/python3/lib/python3.8/site-packages/pip (python 3.8)
[root@localhost ~]# python3 -V
Python 3.8.2
[root@localhost ~]#
```

图 4-3 Python 3.8.2 安装成功后的版本信息

通常，pip 工具需要升级，您可以使用 pip3 install --upgrade pip 命令来完成 pip 工具的升级。

4. 安装 HttpRunner

Python 3 运行环境搭建好以后，可以使用 pip3 install httprunner 命令来安装 HttpRunner，如图 4-4 所示。

```
[root@localhost bin]# pip3 install httprunner
Collecting httprunner
  Using cached httprunner-2.5.7-py2.py3-none-any.whl (79 kB)
Collecting requests-toolbelt<0.10.0,>=0.9.1
  Using cached requests_toolbelt-0.9.1-py2.py3-none-any.whl (54 kB)
Collecting jinja2<3.0.0,>=2.10.3
  Using cached Jinja2-2.11.1-py2.py3-none-any.whl (126 kB)
Collecting colorlog<5.0.0,>=4.0.2
  Using cached colorlog-4.1.0-py2.py3-none-any.whl (14 kB)
Collecting colorama<0.5.0,>=0.4.1
  Using cached colorama-0.4.3-py2.py3-none-any.whl (15 kB)
Collecting jsonschema<4.0.0,>=3.2.0
  Using cached jsonschema-3.2.0-py2.py3-none-any.whl (56 kB)
Collecting har2case<0.4.0,>=0.3.1
  Using cached har2case-0.3.1-py2.py3-none-any.whl (15 kB)
Collecting pyyaml<6.0.0,>=5.1.2
  Using cached PyYAML-5.3.tar.gz (268 kB)
Collecting sentry-sdk<0.14.0,>=0.13.5
  Using cached sentry_sdk-0.13.5-py2.py3-none-any.whl (91 kB)
Collecting requests<3.0.0,>=2.22.0
  Using cached requests-2.23.0-py2.py3-none-any.whl (58 kB)
Collecting filetype<2.0.0,>=1.0.5
  Downloading filetype-1.0.5-py2.py3-none-any.whl (17 kB)
Collecting jsonpath<0.83,>=0.82
  Using cached jsonpath-0.82.tar.gz (9.6 kB)
Collecting MarkupSafe>=0.23
  Downloading MarkupSafe-1.1.1-cp38-cp38-manylinux1_x86_64.whl (32 kB)
Collecting pyrsistent>=0.14.0
  Downloading pyrsistent-0.15.7.tar.gz (107 kB)
     |████████████████████████████████| 107 kB 10 kB/s
Collecting six>=1.11.0
  Downloading six-1.14.0-py2.py3-none-any.whl (10 kB)
Collecting attrs>=17.4.0
```

图 4-4　安装 HttpRunner

最后，可以通过输入 httprunner -V 命令来查看已安装的 HttpRunner 的版本信息，如图 4-5 所示。在编写本书时，HttpRunner 的最新版本为 2.5.7。

```
[root@localhost bin]# httprunner -V
2.5.7
```

图 4-5　HttpRunner 的版本信息

4.3 HttpRunner 简单应用案例

本节通过一个小的案例演示一下 HttpRunner 的应用。

这里以访问****://***.httpbin.***/get 为例，相关的请求和响应如图 4-6 所示。HttpRunner 的测试用例支持两种文件格式：YAML 和 JSON。下面简单演示一下如何编写符合 HttpRunner 要求的 YAML 格式的测试用例，以及执行测试用例和查看测试报告。JSON 格式的测试用例类似，这里不再赘述。

针对以上需求，我们设计的 YAML 格式的测试用例如图 4-7 所示。

在 HttpRunner 中，测试用例的组织形式主要有以下 3 种。

- 测试步骤（test step）：对应 YAML/JSON 文件中的 test 部分，用于描述单次接口测试的全部内容，包括发起接口请求、解析响应结果和校验响应结果等。

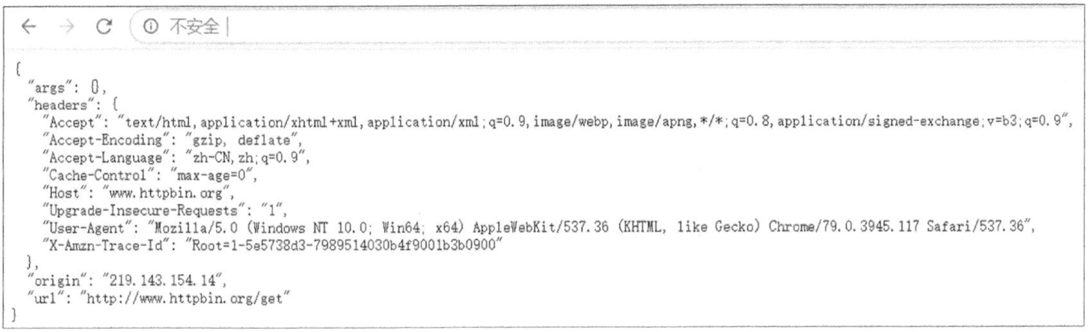

不安全 |


```
{
  "args": {},
  "headers": {
    "Accept": "text/html,application/xhtml+xml,application/xml;q=0.9,image/webp,image/apng,*/*;q=0.8,application/signed-exchange;v=b3;q=0.9",
    "Accept-Encoding": "gzip, deflate",
    "Accept-Language": "zh-CN,zh;q=0.9",
    "Cache-Control": "max-age=0",
    "Host": "www.httpbin.org",
    "Upgrade-Insecure-Requests": "1",
    "User-Agent": "Mozilla/5.0 (Windows NT 10.0; Win64; x64) AppleWebKit/537.36 (KHTML, like Gecko) Chrome/79.0.3945.117 Safari/537.36",
    "X-Amzn-Trace-Id": "Root=1-5e5738d3-7989514030b4f9001b3b0900"
  },
  "origin": "219.143.154.14",
  "url": "http://www.httpbin.org/get"
}
```


图 4-6　访问****://***.httpbin.***/get

- 测试用例（test case）：对应一个 YAML/JSON 文件，其中包含一个或多个测试步骤。
- 测试用例集（TestSuite）：对应一个文件夹，其中包含一个或多个测试用例文件。

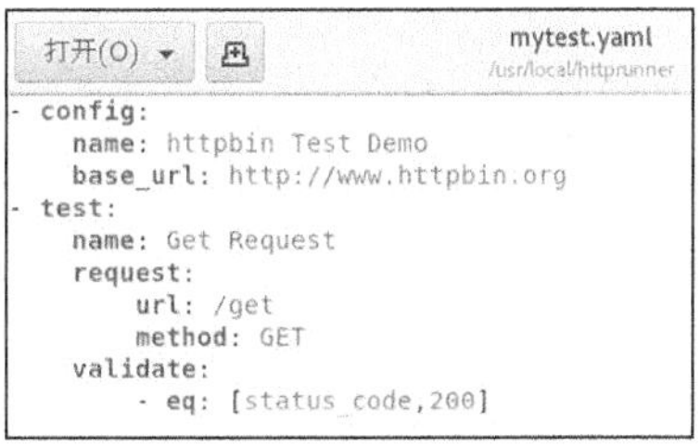

结合图 4-7，在这个 YAML 格式的测试用例中，我们可以看到其中主要包含两大部分——config 和 test。config 部分用来配置测试用例的全局配置项；test 部分的每一个测试对应一个测试步骤，如果测试用例中存在多个测试，就说明有多个测试步骤，测试步骤在测试用例中存在顺序关系，将从上至下顺序执行。

打开(O) ▾　mytest.yaml　/usr/local/httprunner

```
- config:
    name: httpbin Test Demo
    base_url: http://www.httpbin.org
- test:
    name: Get Request
    request:
        url: /get
        method: GET
    validate:
        - eq: [status_code,200]
```

图 4-7　YAML 格式的测试用例

接下来，我们看一下 config 部分的 name 和 base_url 又是做什么的。name 表示测试用例的名称，在测试用例执行后，可作为测试报告的标题显示。base_url 表示测试用例请求 URL 时的公共主机，如果指定了 base_url，test 部分的 url 只描述 path 部分即可。

test 部分的 name、request、validate 等又表示什么呢？前面已经介绍过 test 部分的测试就是测试步骤，test 部分的 name 表示测试步骤的名称，request 表示 HTTP/HTTPS 请求的详细内容。在通过 HTTP 发送请求时，你必须指定请求地址和请求方式。request 内部的 url 就表示 HTTP/HTTPS 请求地址。结合图 4-7 来讲，因为前面已经设定 base_url 为****://***.httpbin.***，所以这里只需要设置为/get 即可。method 表示 HTTP/HTTPS 请求的发送方式，这里因为发送的是 GET 请求，所以将 method 指定为 GET。validate 表示测试用例中定义的针对响应数据添加的结果校验项，如果您学习过 LoadRunner 或 UFT，那么一定知道检查点的概念，在这里它们的含义基本是一致的。在 validate 的内部，“- eq: [status_code,200]”的含义是可以从 HTTP/HTTPS 请求的响应数据中，判断响应的状态码是否等于 200，eq 是等于的意思。当然，也可以根据自己的需要设定响应数据中是否包含某些特定的字符串内容并将之作为检查项，这里由于篇幅受限，不再赘述。如果您希望了解细节，可以访问 HttpRunner 网站。如果您对 YAML 格式还不是很了解，那么编写 YAML 格式的测试用例可能不是一件容易的事情。因此，建议读者一定学习一下 YAML，掌握 YAML 的基本语法、不同数据类型和 YAML 对象的使用方法等。

前面创建的 YAML 格式的测试用例参见图 4-7。下面执行这个测试用例，输入 hrun mytest.yaml 或 httprunner mytest.yaml 命令，如图 4-8 所示。

```
[root@localhost httprunner]# hrun  mytest.yaml
INFO     HttpRunner version: 2.5.7
INFO     Start to run testcase: httpbin Test Demo
Get Request
INFO     GET http://www.httpbin.org/get
INFO     status_code: 200, response_time(ms): 6646.34 ms, response_length: 315 bytes

.
----------------------------------------------------------------------
Ran 1 test in 6.648s

OK
INFO     Start to render Html report ...
INFO     Generated Html report: /usr/local/httprunner/reports/20200227T080849.401903.html
```

图 4-8　执行 YAML 格式的测试用例

从图 4-8 可以看出，执行结果中包括 HttpRunner 的版本、正在执行的测试用例的名称、测试用例的执行步骤的名称、请求内容、请求响应的状态码、响应时间、响应的长度以及结果存放的路径等信息，这些只是简单的描述性信息。作为测试人员，通常情况下，我们需要一份较详细的测试报告。结合测试的执行情况，这里将测试报告保存在/usr/local/httprunner/reports 目录下的 20200227T080849.401903.html 文件中。

使用 Firefox 或其他浏览器查看测试报告，其中包括更详细的测试用例执行信息，如图 4-9 所示。

测试报告由两部分构成，分别是 Summary 部分和 Details 部分。Summary 部分主要描述了测试用例开始执行的时间、持续时间、平台情况（比如操作系统内核、HttpRunner 和 Python 版本等）、测试用例和测试步骤的成功或失败等概述性信息。Details 部分主要描述了测试用例的名称、成功、失败、错误等统计信息，还显示了每一个测试步骤的执行状态、名称、响应时间和日志等信息。单击 log-1，就可以看到具体的请求和响应信息，如图 4-10 所示。

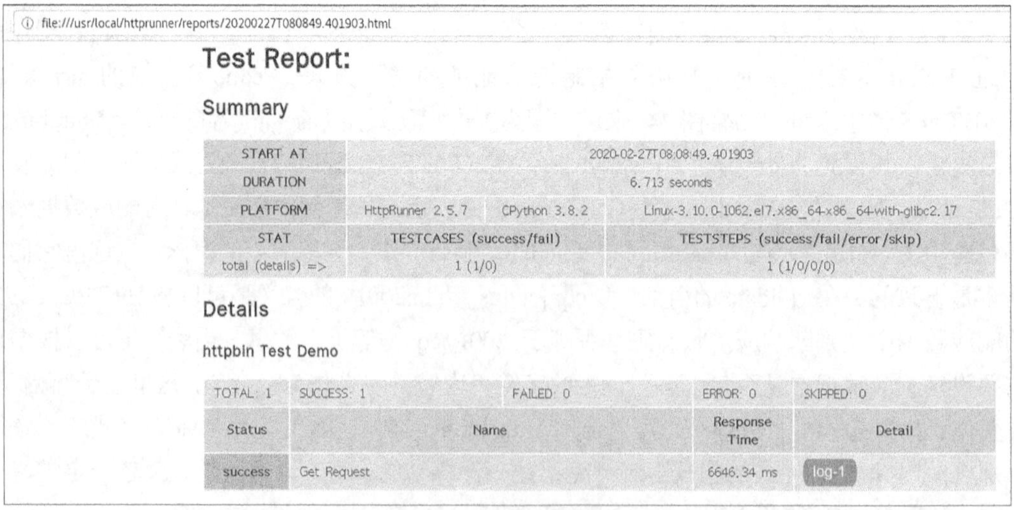

file:///usr/local/httprunner/reports/20200227T080849.401903.html

Test Report:

Summary

START AT	2020-02-27T08:08:49.401903		
DURATION	6.713 seconds		
PLATFORM	HttpRunner 2.5.7	CPython 3.8.2	Linux-3.10.0-1062.el7.x86_64-x86_64-with-glibc2.17
STAT	TESTCASES (success/fail)		TESTSTEPS (success/fail/error/skip)
total (details) =>	1 (1/0)		1 (1/0/0/0)

Details

httpbin Test Demo

TOTAL: 1	SUCCESS: 1	FAILED: 0	ERROR: 0	SKIPPED: 0
Status	Name		Response Time	Detail
success	Get Request		6646.34 ms	log-1

图 4-9　查看测试报告

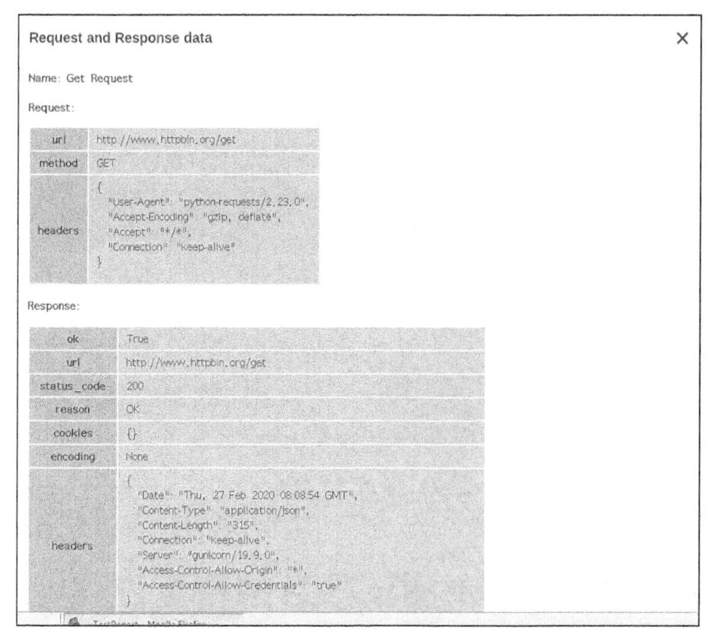

图 4-10　查看具体的请求和响应信息

若因为测试报告为英文而感到烦恼，您可以通过修改/usr/local/python3/lib/python3.8/site-packages/httprunner/report/html 目录下的 template.html 文件把测试报告转换为中文，如图 4-11 所示。把对应的英文单词换成中文，修改完毕后保存。当再次执行测试用例时，您就会惊喜地发现测试报告中的英文变成了修改后的中文，如图 4-12 所示。

```
root@localhost:/usr/local/python3/lib/python3.8/site-packages/httprunner/report/html
文件(F) 编辑(E) 查看(V) 搜索(S) 终端(T) 帮助(H)
 </style>
</head>

<body>
  <h1>Test Report: {{html_report_name}}</h1>

  <h2>概要信息</h2>
  <table id="summary">
    <tr>
      <th>START AT</th>
      <td colspan="4">{{time.start_da[illegible]}}</td>
    </tr>
    <tr>
      <th>DURATION</th>
      <td colspan="4">{{ '%0.3f'| format(time.duration|[illegible]) }} seconds</td>
    </tr>
    <tr>
      <th>PLATFORM</th>
      <td>HttpRunner {{ platform.httprunner_version }} </td>
      <td>{{ platform.python_version }} </td>
      <td colspan="2">{{ platform.platform }}</td>
    </tr>
    <tr>
      <th>STAT</th>
      <th colspan="2">TESTCASES (success/fail)</th>
      <th colspan="2">TESTSTEPS (success/fail/err[illegible]skip)</th>
    </tr>
    <tr>
      <td>total (details) =</td>
      <td colspan="2">{{stat.testcas[illegible]total}} ({{stat.testcases.success}}/{{stat.testcases.fail}})</td>
      <td colspan="2">{{stat.tes[illegible]eps.total}} ({{stat.teststeps.successes}}/{{stat.teststeps.failures}}/{{stat.teststeps.errors}}/{{stat.te
    </tr>
  </table>

  <h2>详细信息</h2>

  {% for test_suite_summary in details %}
  {% set suite_index = loop.index %}
  <h3>{{test_suite_summary.name}}</h3>
  <table id="suite_{{suite_index}}" class="details">
```

修改 Summary 和 Details 为汉字

图 4-11　修改 template.html 文件中的英文单词为中文

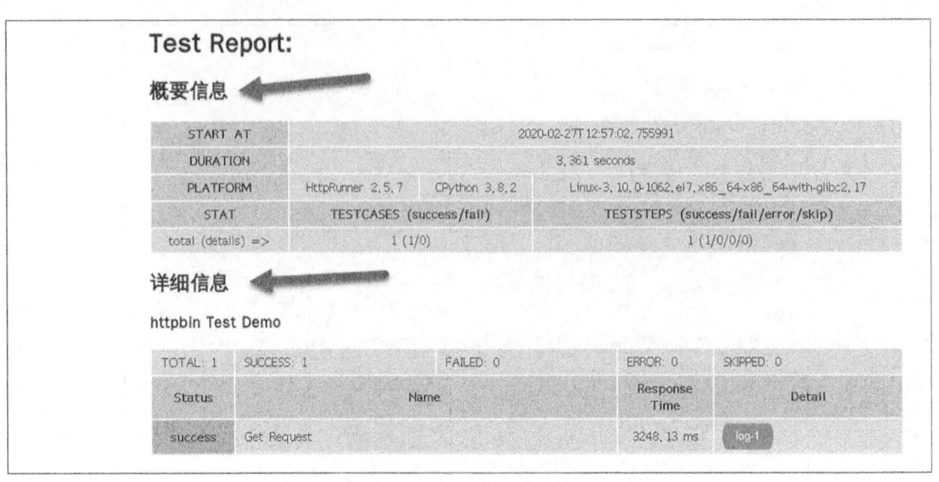

图 4-12　修改后的测试报告

4.4 HttpRunnerManager 测试平台的搭建过程

HttpRunnerManager 是使用 Python 语言开发的基于 HttpRunner 的接口自动化测试平台。HttpRunnerManager 测试平台的具体搭建过程如下。

1. 安装 MySQL 数据库

在安装 MySQL 数据库时，建议安装 MySQL 5.7 或更高版本。下面详细介绍 MySQL 数据库的安装过程。

（1）下载 MySQL 源安装包。

```
wget ****://dev.mysql.***/get/mysql57-community-release-el7-8.noarch.rpm
```

（2）安装 MySQL 源。

```
yum localinstall mysql57-community-release-el7-8.noarch.rpm
yum install mysql-devel
```

（3）安装 MySQL。

```
yum install mysql-community-server
```

（4）检查 MySQL 源是否安装成功。

```
yum repolist enabled | grep "mysql.*-community.*"
```

（5）启动 MySQL 服务。

```
systemctl start mysqld
```

（6）查看 MySQL 的启动状态。

```
systemctl status mysqld
```

（7）开机启动 MySQL 服务。

```
systemctl enable mysqld
```

（8）修改 root 用户的本地登录密码。

```
grep 'temporary password' /var/log/mysqld.log
mysql -u root -p
mysql> ALTER USER 'root'@'localhost' IDENTIFIED BY 'Mypwd1234!';
```

启动 MySQL 服务以后，就可以在/var/log/mysqld.log 文件中找到临时密码，而后以 root 用户名和临时密码登录，毕竟生成的临时密码不方便记忆，这里将密码改为“Mypwd1234!”，如图 4-13 所示。

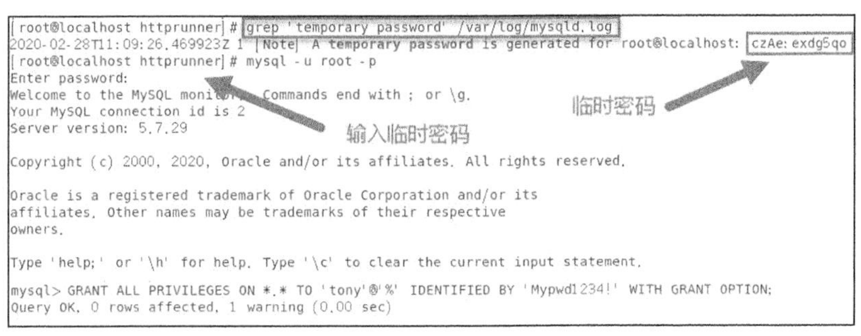

图 4-13　修改临时密码

1）修改字符集编码格式

为了以后创建数据库时中文能够显示正常，最好将数据库的字符集设置成 UTF8。具体设置方法是打开/etc/my.cnf 文件，在[mysqld]下添加编码配置，将编码格式设置为 UTF8。

```
[mysqld]
character_set_server=utf8
init_connect='SET NAMES utf8'
```

修改完毕后，保存/etc/my.cnf 文件，而后重启 MySQL 服务。

```
systemctl restart mysqld
```

2）添加远程登录用户

默认情况下，MySQL 仅允许使用 root 账户在本地登录。如果要在其他计算机上连接 MySQL，则必须修改 root 账户以允许远程连接，也可以添加一个新的账户并设置为允许远程连接。这里我们选择创建一个新的账户，用户名为 tony，密码为“Mypwd1234!”。对应的 MySQL 命令如下：

```
mysql>GRANT ALL PRIVILEGES ON *.* TO 'tony'@'%' IDENTIFIED BY 'Mypwd1234!' WITH GRANT
OPTION;
mysql>create database mydb;        //创建一个测试库
```

为了验证 MySQL 数据库能够正常工作，创建一个名为 mydb 的数据库，对应的 MySQL 命令如下：

```
mysql>create database mydb;
```

接下来，创建一个名为 man 的数据表，并在这个数据表中添加两条记录，以验证中文字符能够正确显示，对应的 MySQL 命令如图 4-14 所示。

3）开放 MySQL 的端口

为了方便以后能够通过一些客户端连接 MySQL 服务器，必须开放 3306 端口，运行以下防火墙相关命令：

```
firewall-cmd --zone=public --add-port=3306/tcp --permanent
firewall-cmd-reload   # 重新载入，更新防火墙规则，使之生效
```

4）远程访问 MySQL 数据库

在 MySQL 服务器上运行 ifconfig 命令，MySQL 服务器的 IP 地址为 192.168.45.130，如图 4-15 所示。

```
mysql> use mydb;
Database changed
mysql> create table man(id int,name varchar(20));
Query OK, 0 rows affected (0.01 sec)
mysql> insert into man(id,name) values(1,'tony');
Query OK, 1 row affected (0.00 sec)
mysql> insert into man(id,name) values(1,'等待');
Query OK, 1 row affected (0.00 sec)

mysql> select * from man;
+------+-------+
| id   | name  |
+------+-------+
|    1 | tony  |
|    1 | 等待  |
+------+-------+
2 rows in set (0.00 sec)
```

图 4-14　创建数据表 man 并插入数据的 MySQL 命令

```
[root@localhost ~]# ifconfig
ens33: flags=4163<UP,BROADCAST,RUNNING,MULTICAST>  mtu 1500
        inet 192.168.45.130  netmask 255.255.255.0  broadcast 192.168.45.255
        inet6 fe80::13e7:fb3:a07f:4a10  prefixlen 64  scopeid 0x20<link>
        ether 00:0c:29:30:e6:d8  txqueuelen 1000  (Ethernet)
        RX packets 267  bytes 23089 (22.5 KiB)
        RX errors 0  dropped 0  overruns 0  frame 0
        TX packets 145  bytes 14767 (14.4 KiB)
        TX errors 0  dropped 0 overruns 0  carrier 0  collisions 0
```

图 4-15　MySQL 服务器的 IP 地址

接下来，我们尝试使用 Navicat 来远程访问 MySQL 数据库。我们首先建立 MySQL 数据库连接，如图 4-16 所示。

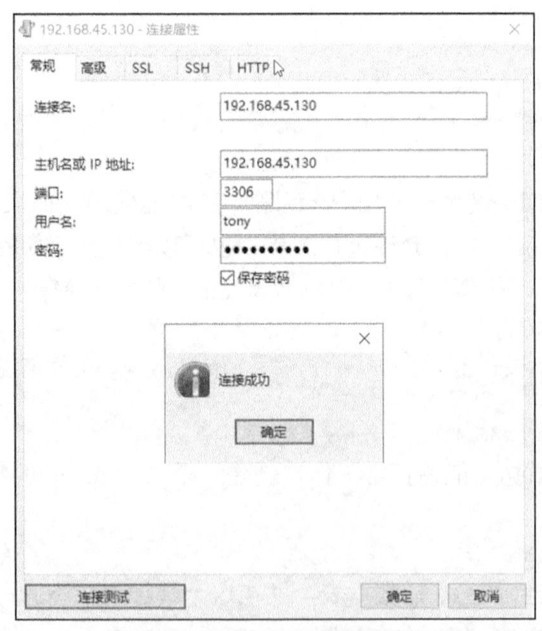

图 4-16　建立 MySQL 数据库连接

双击已经建立好的 192.168.45.130 连接，就可以查看 MySQL 服务器上的数据库和数据表信息，如图 4-17 所示。

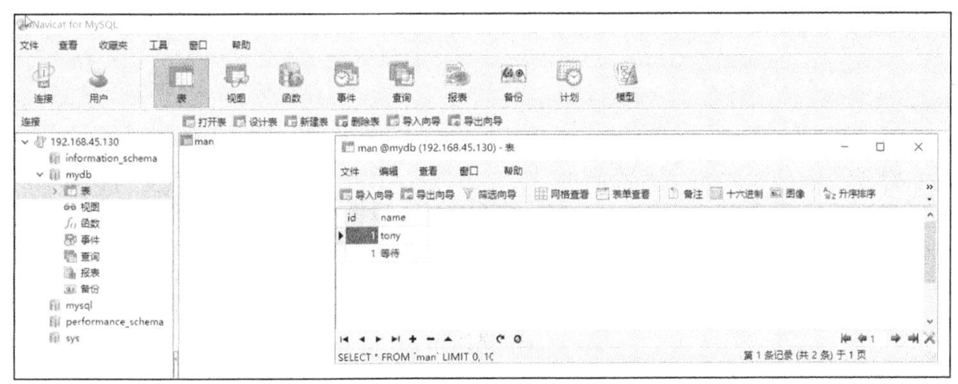

图 4-17 MySQL 服务器上的数据库和数据表

一切就绪后，我们再创建一个后续搭建 HttpRunnerManager 测试平台时必须用到的数据库，将这个数据库命名为 HttpRunner，创建过程不再赘述，使用 SQL 语句或 Navicat 客户端图形界面都可以。

2. 安装 RabbitMQ

RabbitMQ 是使用 Erlang 语言开发的消息代理软件，是高级消息队列协议（Advanced Message Queue Protocol，AMQP）的开源实现。AMQP 是应用层协议的开放标准，专为面向消息的中间件而设计，基于 AMQP 的客户端与消息中间件之间可传递消息，且不受产品、开发语言等条件的限制。

首先，通过以下命令安装 socat。

```
yum -y install socat
```

然后，通过以下命令下载并安装 Erlang。

```
wget ****://***.rabbitmq.***/releases/erlang/erlang-19.0.4-1.el7.centos.x86_64.rpm
rpm -ivh erlang-19.0.4-1.el7.centos.x86_64.rpm
```

安装完毕后，可以通过输入 erl 命令来验证 Erlang 是否安装成功。若出现图 4-18 所示的界面，则表示 Erlang 安装成功。

```
[root@localhost rabbitmq]# erl
Erlang/OTP 19 [erts-8.0.3] [source] [64-bit] [smp:2:2] [async-threads:10] [hipe] [kernel-poll:false]

Eshell V8.0.3  (abort with ^G)
1>
```

图 4-18 验证 Erlang 是否安装成功

接下来，通过以下命令下载 RabbitMQ 源并安装。

```
wget *****://***.rabbitmq.***/releases/rabbitmq-server/v3.6.8/rabbitmq-server-3.6.8-1.el7
.noarch.rpm
rpm -ivh rabbitmq-server-3.6.10-1.el7.noarch.rpm
```

接下来，通过以下命令启动 RabbitMQ。

```
systemctl start rabbitmq-server
```

为了配置网页插件，首先创建目录/etc/rabbitmq，否则在安装 RabbitMQ 时有可能会出错，命令如下：

```
mkdir  /ect/rabbitmq
```

然后启用相关网页插件，命令如下：

```
rabbitmq-plugins  enable  rabbitmq_management
```

为了方便以后能够顺畅访问，必须开放 RabbitMQ 将要用到的 15672 端口（网页管理端口）和 5672 端口（AMQP 端口）。执行以下防火墙相关命令：

```
firewall-cmd --permanent --add-port=15672/tcp
firewall-cmd --permanent --add-port=5672/tcp
firewall-cmd--reload  # 重新载入，更新防火墙规则，使之生效
```

接下来，访问 RabbitMQ 管理页面，网址为 http://192.168.45.130:15672/，如图 4-19 所示。

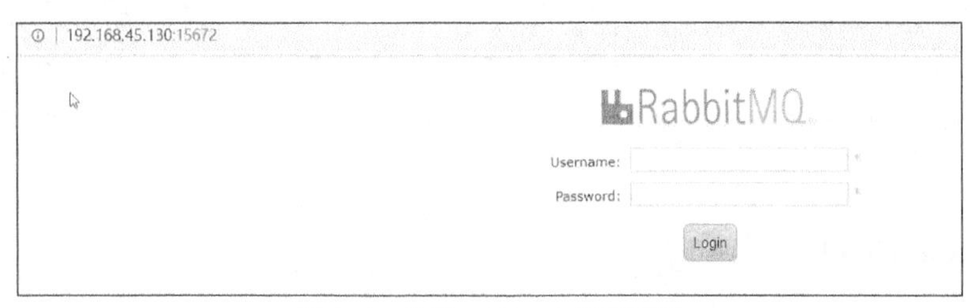

图 4-19　访问 RabbitMQ 管理页面

接下来，创建一个用户名为 tony、密码为 tony1234 的管理员账户，命令如下：

```
rabbitmqctl add_user tony tony1234
rabbitmqctl set_permissions -p /  tony ".*" ".*" ".*" //添加权限
rabbitmqctl set_user_tags tony administrator          //修改用户角色
```

在管理员账户创建过程中显示的信息如图 4-20 所示。

```
[root@localhost rabbitmq]# rabbitmqctl add_user tony tony1234
Creating user "tony" ...
[root@localhost rabbitmq]# rabbitmqctl set_permissions -p /  tony ".*" ".*" ".*"
Setting permissions for user "tony" in vhost "/" ...
[root@localhost rabbitmq]# rabbitmqctl set_user_tags tony administrator
Setting tags for user "tony" to [administrator] ...
[root@localhost rabbitmq]#
```

图 4-20　在管理员账户创建过程中显示的信息

现在就可以使用刚才创建的管理员账户登录 RabbitMQ 管理页面了，如图 4-21 所示。

3. HttpRunnerManager 源码的下载与配置

1）下载 HttpRunnerManager 源码并解压

使用以下命令下载完 HttpRunnerManager 源码后，可以看到 HttpRunnerManager 源码是一个名为 master.zip 的压缩包文件。

```
wget ****://github.***/httprunner/HttpRunnerManager/archive/master.zip
```

图 4-21　登录 RabbitMQ 管理页面

如果没有安装 unzip 解压工具，那么需要使用 yum install -y unzip zip 命令来安装。安装完毕后，就可以使用 unzip master.zip 命令进行解压，如图 4-22 所示。

```
[root@localhost local]# unzip master.zip
Archive:  master.zip
f783fcd07587559d99a811c91e1d602ee741252e
   creating: HttpRunnerManager-master/
  inflating: HttpRunnerManager-master/.gitattributes
  inflating: HttpRunnerManager-master/.gitignore
   creating: HttpRunnerManager-master/ApiManager/
  inflating: HttpRunnerManager-master/ApiManager/__init__.py
  inflating: HttpRunnerManager-master/ApiManager/admin.py
  inflating: HttpRunnerManager-master/ApiManager/apps.py
  inflating: HttpRunnerManager-master/ApiManager/managers.py
   creating: HttpRunnerManager-master/ApiManager/migrations/
 extracting: HttpRunnerManager-master/ApiManager/migrations/__init__.py
  inflating: HttpRunnerManager-master/ApiManager/models.py
```

图 4-22　解压 HttpRunnerManager 源码

解压完毕后，您将会发现 HttpRunnerManager 源码位于 HttpRunnerManager-master 目录下，如图 4-23 所示。

```
[root@localhost local]# ll
总用量 2584
drwxr-xr-x. 2 root root       6 4月  11 2018 bin
drwxr-xr-x. 2 root root       6 4月  11 2018 etc
drwxr-xr-x. 2 root root       6 4月  11 2018 games
drwxr-xr-x. 3 root root     114 2月  28 13:19 httprunner
drwxr-xr-x. 8 root root     236 7月  11 2019 HttpRunnerManager-master
drwxr-xr-x. 2 root root       6 4月  11 2018 include
drwxr-xr-x. 2 root root       6 4月  11 2018 lib
drwxr-xr-x. 2 root root       6 4月  11 2018 lib64
drwxr-xr-x. 2 root root       6 4月  11 2018 libexec
-rw-r--r--. 1 root root 2643847 2月  29 09:30 master.zip
drwxr-xr-x. 6 root root      56 2月  26 19:44 python3
drwxr-xr-x. 2 root root       6 4月  11 2018 sbin
drwxr-xr-x. 5 root root      49 2月  22 16:36 share
drwxr-xr-x. 2 root root       6 4月  11 2018 src
```

图 4-23　HttpRunnerManager 源码的存放路径

为减少无关文件对磁盘空间的占用，可以将 master.zip 文件删除，命令为 rm -rf master.zip。

接下来，进入 HttpRunnerManager-master 源码目录，查看一下其中的内容，如图 4-24 所示。

```
[root@localhost local]# cd HttpRunnerManager-master/
[root@localhost HttpRunnerManager-master]# ll
总用量 36
drwxr-xr-x. 5 root root  175 7月  11 2019 ApiManager
drwxr-xr-x. 2 root root  111 7月  11 2019 HttpRunnerManager
drwxr-xr-x. 2 root root 4096 7月  11 2019 images
-rw-r--r--. 1 root root 1079 7月  11 2019 LICENSE
drwxr-xr-x. 2 root root   39 7月  11 2019 logs
-rw-r--r--. 1 root root  815 7月  11 2019 manage.py
-rw-r--r--. 1 root root 9488 7月  11 2019 README.md
-rw-r--r--. 1 root root  187 7月  11 2019 requirements.txt
drwxr-xr-x. 3 root root   20 7月  11 2019 static
drwxr-xr-x. 2 root root 4096 7月  11 2019 templates
-rw-r--r--. 1 root root  274 7月  11 2019 uwsgi.ini
```

图 4-24　进入 HttpRunnerManager-master 源码目录

2）安装 HttpRunnerManager 源码依赖库文件

下面我们先看一下 HttpRunnerManager 源码依赖库文件的内容。打开 requirements.txt 文件，其中的内容如图 4-25 所示。

在这里，我们需要对 requirements.txt 文件进行修改，去掉 HttpRunner（因为前面已经安装了 HttpRunner 且版本为 2.5.7）并将使用的 Django 版本改为 2.1.2，修改后的 requirements.txt 文件的内容如图 4-26 所示。

```
文件(F) 编辑(E) 查看(V) 搜索(S) 终
Django == 2.0.3
PyYAML == 3.12
requests == 2.18.4
eventlet == 0.22.1
mysqlclient == 1.3.12
django-celery == 3.2.2
flower == 0.9.2
dwebsocket == 0.4.2
paramiko == 2.4.1
HttpRunner == 1.5.8
```

图 4-25　requirements.txt 文件的内容

```
文件(F) 编辑(E) 查看(V) 搜索(S) 终端(T)
Django == 2.1.2
PyYAML == 3.12
requests == 2.18.4
eventlet == 0.22.1
django-celery == 3.2.2
flower == 0.9.2
dwebsocket == 0.4.2
paramiko == 2.4.1
mysqlclient
```

图 4-26　修改后的 requirements.txt 文件的内容

保存 requirements.txt 文件，而后通过 pip 工具安装相关的依赖库，命令如下：

```
pip3 install -r requirements.txt
```

3）配置 HttpRunnerManager

接下来，我们一起来完成 HttpRunnerManager 源码关于 MySQL 和 RabbitMQ 的配置工作。首先进入 HttpRunnerManager 源码主目录，而后进入 HttpRunnerManager 子目录，如图 4-27 所示。

```
[root@localhost HttpRunnerManager-master]# cd HttpRunnerManager/
[root@localhost HttpRunnerManager]# ll
总用量 28
-rw-r--r--. 1 root root  512 7月  11 2019 activator.py
-rw-r--r--. 1 root root  789 7月  11 2019 celery.py
-rw-r--r--. 1 root root  231 7月  11 2019 __init__.py
drwxr-xr-x. 2 root root  183 2月  29 21:20 __pycache__
-rw-r--r--. 1 root root 7659 2月  29 20:54 settings.py
-rw-r--r--. 1 root root 1090 7月  11 2019 urls.py
-rw-r--r--. 1 root root  412 7月  11 2019 wsgi.py
```

图 4-27　进入 HttpRunnerManager 子目录

在 HttpRunnerManager 子目录下，有一个名为 settings.py 的 Python 文件，settings.py 文件

就是HttpRunnerManager的配置文件。下面结合前面所讲的知识，对MySQL数据库和RabbitMQ进行配置，如图4-28所示。

```
文件(F) 编辑(E) 查看(V) 搜索(S) 终端(T) 帮助(H)
# Static files (CSS, JavaScript, Images)
# https://docs.djangoproject.com/en/1.11/howto/static-files/

if DEBUG:
    DATABASES = {
        'default': {
            'ENGINE': 'django.db.backends.mysql',
            'NAME': 'HttpRunner',  # 新建数据库的名称
            'USER': 'tony',        # 数据库登录名
            'PASSWORD': 'Mypwd1234!',  # 数据库登录密码
            'HOST': '192.168.45.130',  # 数据库所在服务器的IP地址
            'PORT': '3306',            # 监听端口，使用默认的3306端口即可
        }
    }
    STATICFILES_DIRS = (
        os.path.join(BASE_DIR, 'static'),  # 静态文件额外目录
    )
else:
    DATABASES = {
        'default': {
            'ENGINE': 'django.db.backends.mysql',
            'NAME': 'HttpRunner',  # 新建数据库的名称
            'USER': 'tony',        # 数据库登录名
            'PASSWORD': 'Mypwd1234!',  # 数据库登录密码
            'HOST': '192.168.45.130',  # 数据库所在服务器的IP地址
            'PORT': '3306',            # 监听端口，使用默认的3306端口
        }
    }
    STATIC_ROOT = os.path.join(BASE_DIR, 'static')

STATIC_URL = '/static/'

STATICFILES_FINDERS = (
    'django.contrib.staticfiles.finders.FileSystemFinder',
    'django.contrib.staticfiles.finders.AppDirectoriesFinder'
)

SESSION_COOKIE_AGE = 300 * 60

djcelery.setup_loader()
CELERY_ENABLE_UTC = True
CELERY_TIMEZONE = 'Asia/Shanghai'
BROKER_URL = 'amqp://tony:tony1234@192.168.45.130:5672//' if DEBUG else 'amqp://tony:tony1234@192.168.45.130:5672//'
CELERYBEAT_SCHEDULER = 'djcelery.schedulers.DatabaseScheduler'
CELERY_RESULT_BACKEND = 'djcelery.backends.database:DatabaseBackend'
CELERY_ACCEPT_CONTENT = ['application/json']
CELERY_TASK_SERIALIZER = 'json'
CELERY_RESULT_SERIALIZER = 'json'
```


图4-28 settings.py文件中的配置信息

在settings.py文件中，找到EMAIL_SEND_USERNAME和EMAIL_SEND_PASSWORD，您可以通过设置自己的邮箱和密码来定时发送测试报告，如图4-29所示。

```
EMAIL_SEND_USERNAME = 'testabcdef@163.com'   # 定时发送测试报告，支持163、QQ、新浪、企业QQ邮箱等
EMAIL_SEND_PASSWORD = 'test12345678'         # 邮箱密码
```

图4-29 设置邮箱和密码以定时发送测试报告

修改完毕后，记得保存settings.py文件使配置生效。

4）生成数据库迁移脚本和数据表

切换到HttpRunnerManager的主目录HttpRunnerManager-master，而后执行如下命令以生成数据库迁移脚本和数据表。

```
ython3   manage.py   makemigrations   ApiManager #生成数据库迁移脚本
python3   manage.py   migrate          #应用到HttpRunner数据库以生成数据表
```

以上命令执行成功后，您将会发现HttpRunner数据库中生成了很多数据表，如图4-30所示。

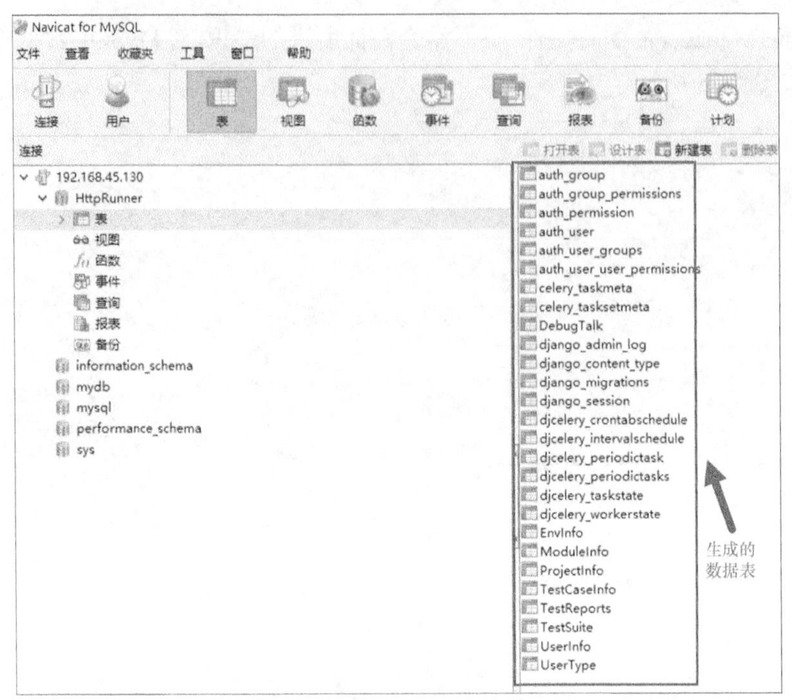

图 4-30　HttpRunner 数据库中生成的相关数据表

5）创建超级管理员

如果需要管理后台数据库，那么可以创建超级管理员。超级管理员的创建命令如下：

```
python3  manage.py  createsuperuser
```

在创建超级管理员时，系统会提示输入用户名、邮箱、密码和确认密码，如图 4-31 所示。

```
[root@localhost HttpRunnerManager-master]# python3 manage.py createsuperuser
用户名 (leave blank to use 'root'):
电子邮件地址: mytest@163.com
Password:
Password (again):
Superuser created successfully.
[root@localhost HttpRunnerManager-master]#
```

图 4-31　创建超级管理员

6）启动服务

可以使用如下命令来启动服务：

```
python3  manage.py  runserver  0.0.0.0:8000
```

服务启动后，将显示图 4-32 所示的信息。

```
[root@localhost HttpRunnerManager-master]# python3 manage.py runserver 0.0.0.0:8000
Performing system checks...

System check identified no issues (0 silenced).
March 01, 2020 - 08:44:49
Django version 2.1.2, using settings 'HttpRunnerManager.settings'
Starting development server at http://0.0.0.0:8000/
Quit the server with CONTROL-C.
```

图 4-32　服务启动后的相关信息

7）启动 worker

如果选择同步执行并且能够确保不会使用到定时任务，那么不必启动 worker；否则，需要执行如下命令：

```
python3  manage.py  celery -A HttpRunnerManager worker --loglevel=info  #启动 worker
python3  manage.py  celery beat --loglevel=info #启动定时任务监听器
celery  flower                                  #启动任务监控后台
```

8）开放 HttpRunnerManager 用到的相关端口

为了方便以后能够顺畅访问 HttpRunnerManager，需要开放 8000 端口（网页功能和管理端口）。如果需要查看任务列表和状态，那么还需要开放 5555 端口。这里我们只关注 HttpRunnerManager 的相关功能，所以只需要开放 8000 端口即可。为此，执行以下防火墙相关命令：

```
firewall-cmd --permanent --add-port=8000/tcp
firewall-cmd--reload  # 重新载入，更新防火墙规则，使之生效
```

9）HttpRunnerManager 功能页面

在浏览器中访问 HttpRunnerManager 的用户注册页面，如图 4-33 所示，网址为 http://192.168.45.130:8000/api/register/。

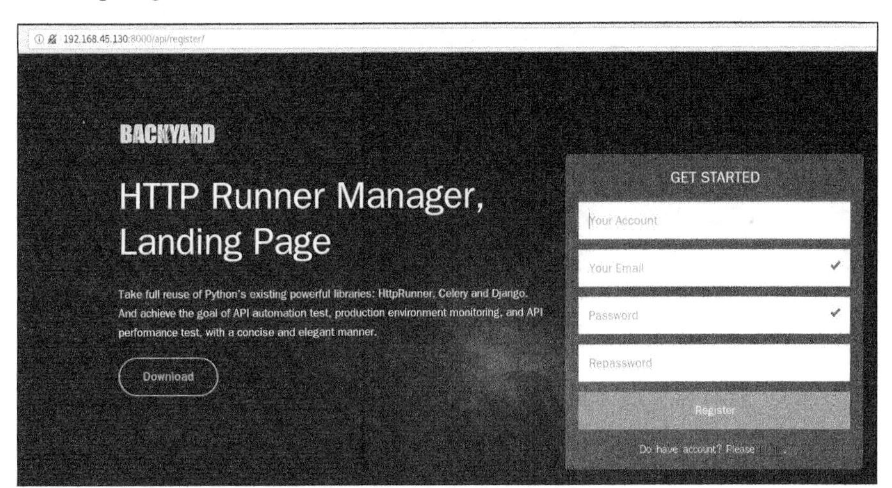

图 4-33　HttpRunnerManager 的用户注册页面

注册一个用户名为 tony 的账户。注册完毕后，以 tony 用户登录 HttpRunnerManager，进入 HttpRunnerManager 的功能页面，如图 4-34 所示。

如果您在前面创建了超级管理员，那么还可以超级管理员身份登录 HttpRunnerManager 运维管理系统，对数据进行维护，对应的登录页面和功能页面分别如图 4-35 和图 4-36 所示。

关于 HttpRunnerManager 的使用说明，网上有很多资源可以查阅，这里不再赘述。但 HttpRunnerManager 项目目前已经停止维护，所以在选择使用 HttpRunnerManager 时，最好具有二次开发能力，从而使 HttpRunnerManager 能够满足自己的实际需求。

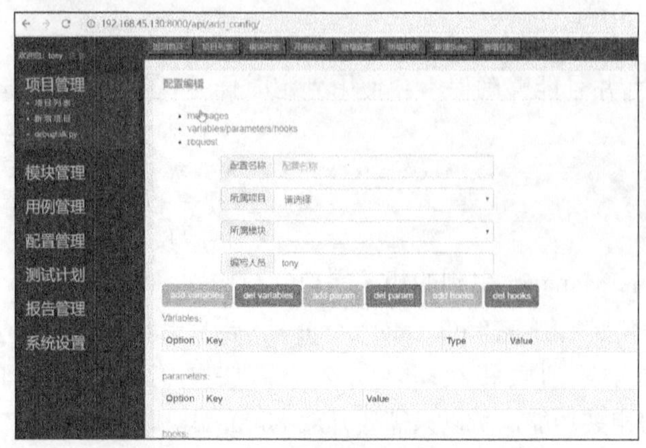

图 4-34　HttpRunnerManager 的功能页面

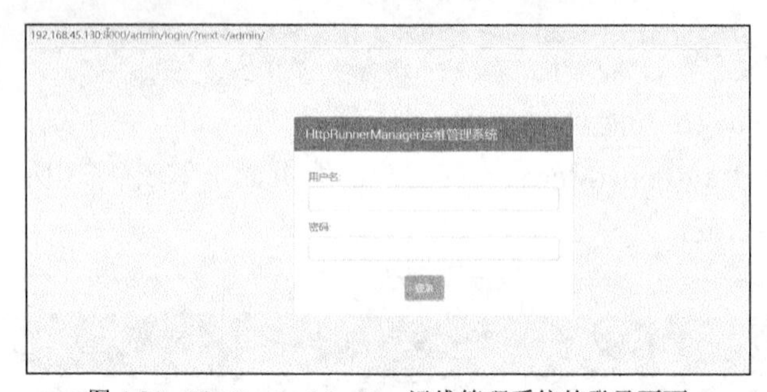

图 4-35　HttpRunnerManager 运维管理系统的登录页面

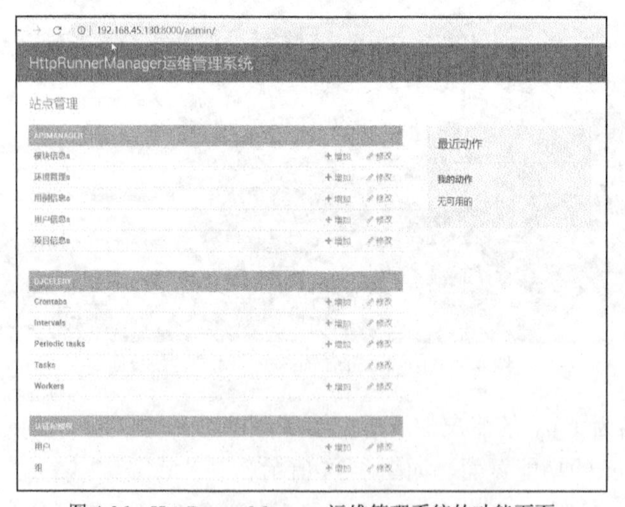

图 4-36　HttpRunnerManager 运维管理系统的功能页面

4. 在 HttpRunnerManager 安装过程中可能会遇到的问题

1）访问登录页面或注册页面时出现导入错误

当访问 http://192.168.45.130:8000/api/register/或 http://192.168.45.130:8000/api/login/时，如果出

现与图 4-37 类似的模块导入问题，就需要修改 tasks.py 和 views.py 文件，将其中的 from httprunner import HttpRunner 改为 from httprunner.api import HttpRunner 以后，再次刷新页面就可以了。

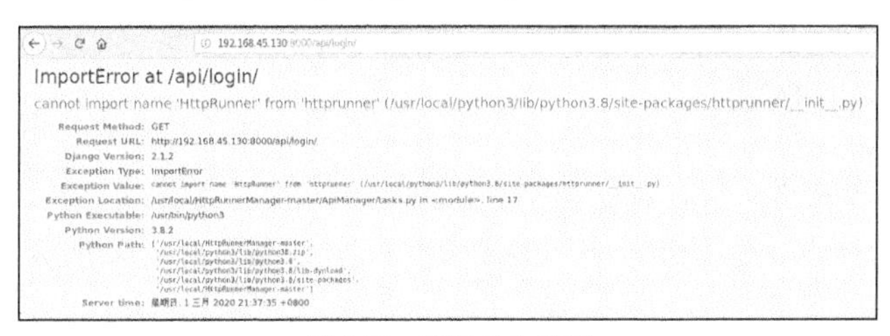

图 4-37 出现导入错误

2）登录成功后首页提示百度地图 API 未授权

在成功登录 HttpRunnerManager 后，有可能显示图 4-38 所示的提示框。这可能是因为百度未授权您使用百度地图 API，也可能是因为您提供的密钥不是有效的百度 LBS 开放平台密钥，等等。

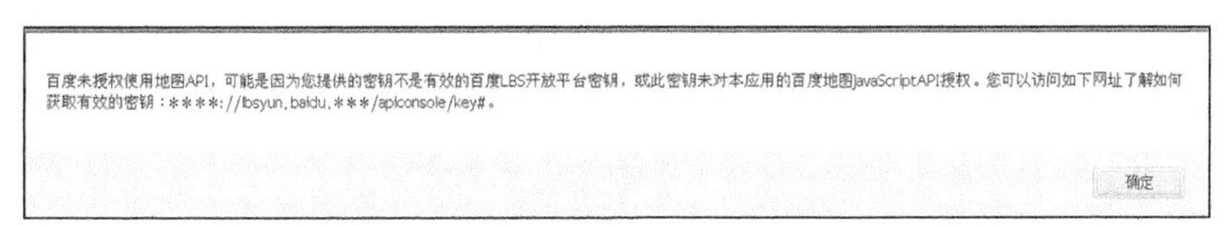

图 4-38 提示百度地图 API 未授权

您可以通过访问****://lbsyun.baidu.***/apiconsole/key#来获取有效的密钥，并使用新的密钥替换 HttpRunnerManager-master/templates/index.html 文件中的旧密钥，如图 4-39 所示。

```
{% extends "base.html" %}
{% block title %}首页{% endblock %}
{% load staticfiles %}
{% block content %}
    <div class="admin">
        <div class="admin-index">
            <dl data-am-scrollspy="{animation: 'slide-right', delay: 100}">
                <dt class="qs"><i class="am-icon-users"></i></dt>
                <dd>{{ project_length }}</dd>
                <dd class="f12"><a href="/api/project_list/1/" style="text-decoration: none">Project Total</a></dd>
            </dl>
            <dl data-am-scrollspy="{animation: 'slide-right', delay: 300}">
                <dt class="cs"><i class="am-icon-area-chart"></i></dt>
                <dd>{{ module_length }}</dd>
                <dd class="f12"><a href="/api/module_list/1/" style="text-decoration: none">Module Total</a></dd>
            </dl>
            <dl data-am-scrollspy="{animation: 'slide-right', delay: 900}">
                <dt class="ls"><i class="am-icon-bug"></i></dt>
                <dd>{{ test_length }}</dd>
                <dd class="f12"><a href="/api/test_list/1/" style="text-decoration: none">Case Total</a></dd>
            </dl>
            <dl data-am-scrollspy="{animation: 'slide-right', delay: 600}">
                <dt class="hs"><i class="am-icon-server"></i></dt>
                <dd>{{ suite_length }}</dd>
                <dd class="f12"><a href="/api/suite_list/1/" style="text-decoration: none">Suite Total</a></dd>
            </dl>
        </div>

        <div id="main" style="height:80%; margin-top: 5%;"></div>

    </div>
    <script type="text/javascript" src="****://echarts.baidu.***/gallery/vendors/echarts/echarts.min.js"></script>
    <script type="text/javascript" src="****://echarts.baidu.***/gallery/vendors/echarts-gl/echarts-gl.min.js"></script>
    <script type="text/javascript" src="****://echarts.baidu.***/gallery/vendors/echarts-stat/ecStat.min.js"></script>
    <script type="text/javascript"
            src="****://echarts.baidu.***/gallery/vendors/echarts/extension/dataTool.min.js"></script>
    <script type="text/javascript" src="****://echarts.baidu.***/gallery/vendors/echarts/map/js/china.js"></script>
    <script type="text/javascript" src="****://echarts.baidu.***/gallery/vendors/echarts/map/js/world.js"></script>
    <script type="text/javascript" src="****://api.map.baidu.***/api?v=2.0&ak=[illegible]"></script>
    <script type="text/javascript"
            src="****://echarts.baidu.***/gallery/vendors/echarts/extension/bmap.min.js"></script>
    <script type="text/javascript" src="****://echarts.baidu.***/gallery/vendors/simplex.js"></script>
    <script>
        var dom = document.getElementById("main");
        var myChart = echarts.init(dom);
```

替换为新的密钥

图 4-39 替换旧密钥为有效密钥

4.5 HttpRunner 应用综合案例

4.5.1　被测项目环境搭建

Web Tours 是 LoadRunner 自带的飞机订票系统，功能主要包括飞机票的预订、机票查询、系统登录、系统用户注册、系统退出等。Web Tours 十分小巧且易于理解，十分适合作为被测项目。

您可以从网络上搜索 Web Tours 的相关资源并进行下载，这里以下载的 WebTours.rar 压缩包为例。

打开这个压缩包，您会看到一个名为 strawberry-perl-5.10.1.0.msi 的可执行文件和一个名为 WebTours 的文件夹。

对 WebTours.rar 压缩包进行解压，然后双击 strawberry-perl-5.10.1.0.msi 文件，打开 Perl 语言环境的安装向导，如图 4-40 所示。

选中 I accept the terms in the License Agreement 复选框，单击 Install 按钮，就会开始安装 Perl 语言环境，安装过程很快，可能几十秒后就会弹出安装完成对话框，如图 4-41 所示。单击 Finish 按钮，完成安装。

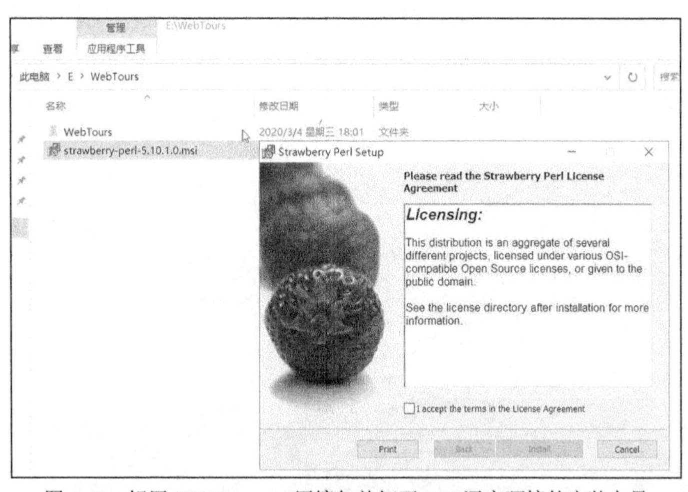

图 4-40　解压 WebTours.rar 压缩包并打开 Perl 语言环境的安装向导

接下来，进入 WebTours 文件夹，找到 StartServer.bat 文件，如图 4-42 所示。而后双击这个文件，将会弹出图 4-43 所示的命令行窗口。除非不需要使用 Web Tours 站点的功能，否则请不要关闭这个命令行窗口，因为关闭后，Web Tours 站点也将停止提供服务。

接下来，在浏览器中，访问 Web Tours 站点，网址为 http://127.0.0.1:1080/ webtours/，如图 4-44 所示。

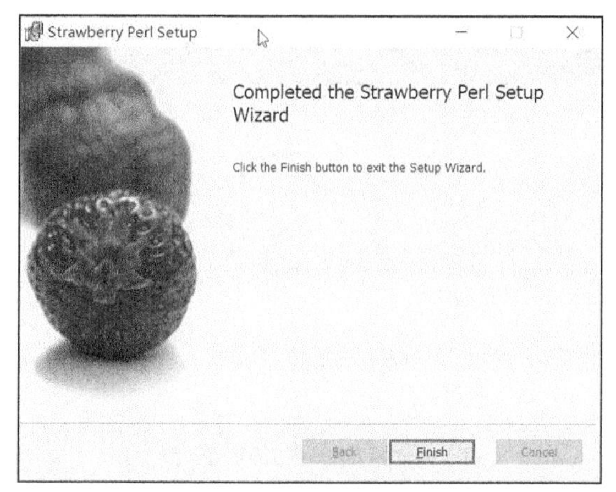

图 4-41　安装完成对话框

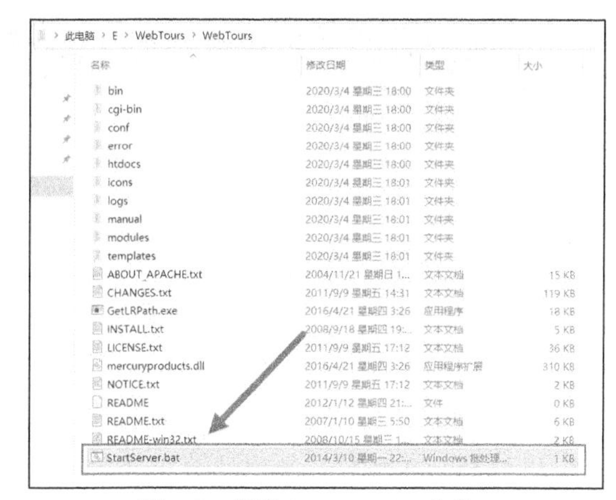

图 4-42　找到 StartServer.bat 文件

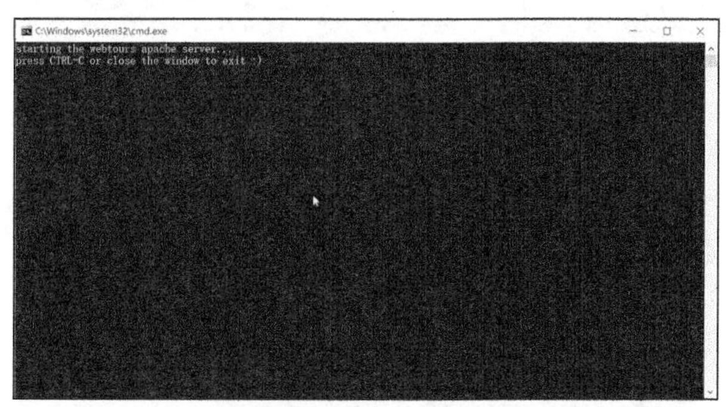

图 4-43　启动 Web Tours 站点的命令行窗口

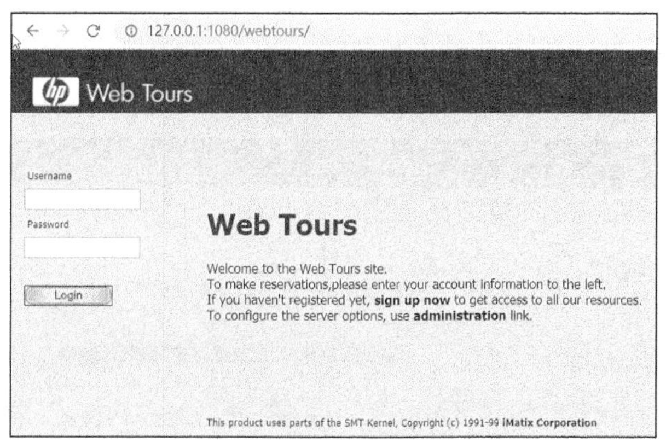

图 4-44　访问 Web Tours 站点

默认的用户名为 jojo，密码为 bean，输入后单击 Login 按钮，即可登录系统，进入 Web Tours 核心功能页面，如图 4-45 所示。当然，如果您不想使用系统提供的默认用户名和密码，那么可以单击 sign up now 链接自行注册账户，而后使用自己注册的账户进行登录，因为操作非常简单，这里不再赘述。

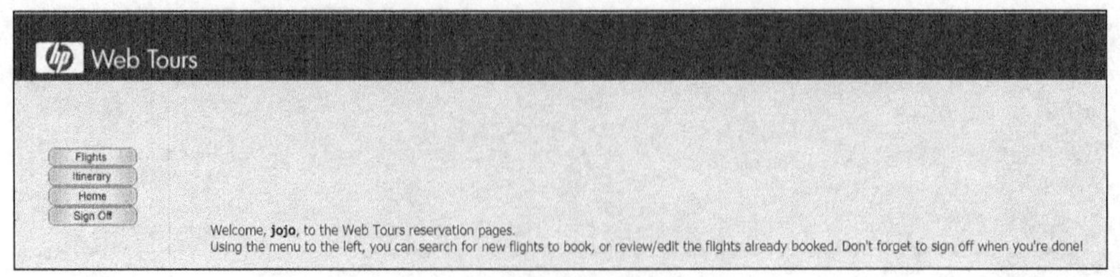

图 4-45　进入 Web Tours 核心功能页面

由于我们后续将通过 HttpRunner 来实现完整的机票订购业务，因此这里主要介绍 Flights（航班）功能，主要业务就是选择航班和订购机票。

单击 Flights 按钮，将出现图 4-46 所示的页面，输入要查询的航班的基础信息。

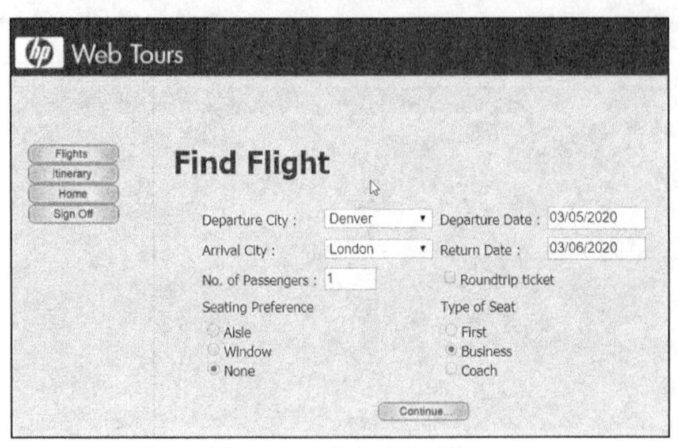

图 4-46　查询航班的页面

这里选择 2020 年 3 月 25 日从丹佛出发到伦敦的个人商务座，单击 Continue 按钮。如图 4-47 所示，在出现的所有可选航班中，选择 Blue Sky Air 023 航班，单击 Continue 按钮。

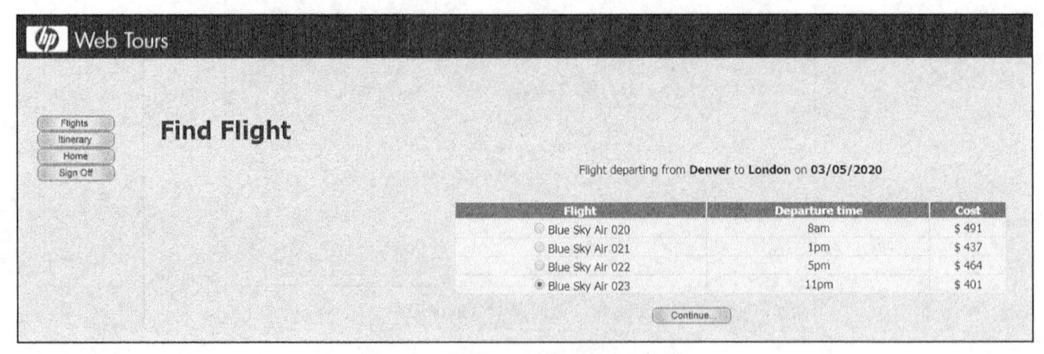

图 4-47　选择 Blue Sky Air 023 航班

如图 4-48 所示，在弹出的付款明细页面中填写用户姓名、住址和信用卡等相关信息，单击 Continue 按钮。

如图 4-49 所示，费用清单页面会展示订购的机票详情。

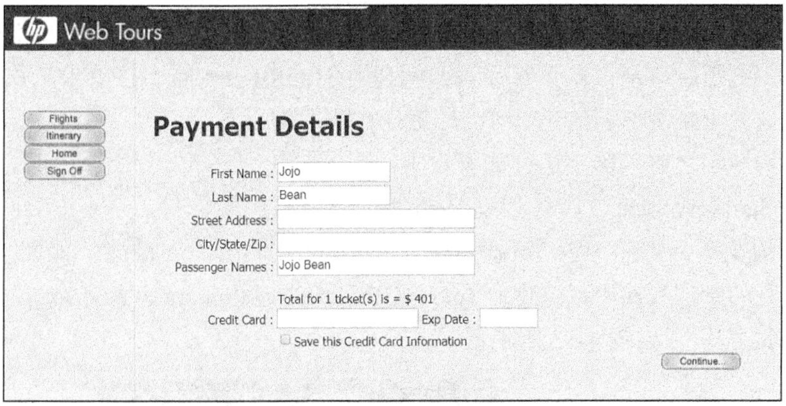

图 4-48 填写付款明细信息

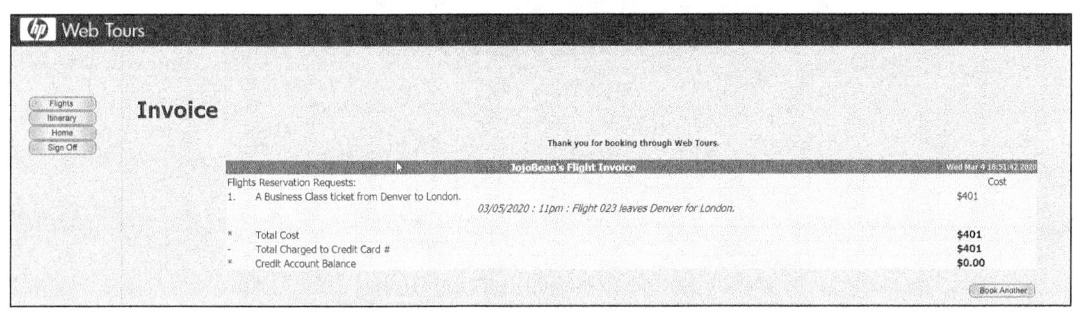

图 4-49 费用清单页面

单击费用清单页面左侧的 Itinerary 按钮，查看对应的行程信息，如图 4-50 所示。

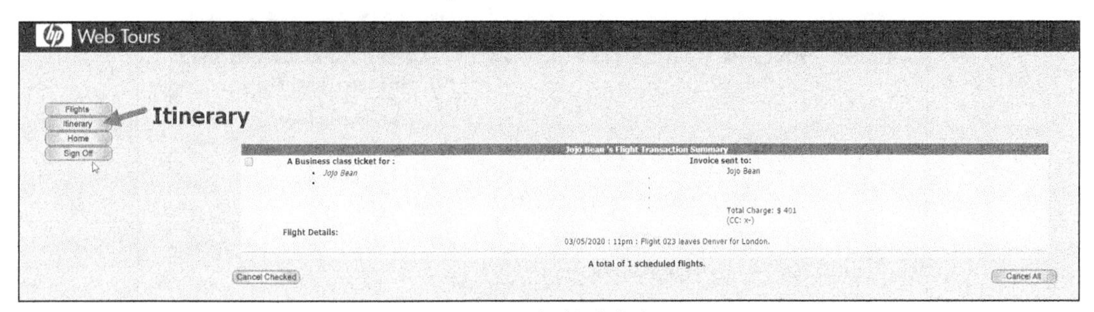

图 4-50 查看行程信息

4.5.2 被测项目必要设置

通常情况下，我们在操作应用系统时，都会通过使用 Session 或 Cookie 来保持用户的连接状态并标识用户的唯一性。另外，当我们进行业务操作时也是有上下文依赖的。例如，为了订机票，您需要先登录飞机订票系统，查询出行日期的航班，然后订票并付款。以上一系列操作都是存在依赖关系的，比如必须先登录才能进行机票的查询和订购。

上面只讲了一个简单的没有业务依赖关系的案例。在实际工作中，您很可能碰到有依赖关系的接口测试，到那时该怎么做呢？又该如何利用 HttpRunner 呢？接下来，我们将详细介绍应对方法。这里使用刚刚部署的 Web Tours 站点作为案例。

在进行案例演示之前，需要进行如下设置。

（1）双击 StartServer.bat 文件，启动 Web Tours 站点。

（2）打开浏览器，访问 Web Tours 页面，单击 administration 链接，如图 4-51 所示。

（3）在打开的管理页面中，选中“Set LOGIN form's action tag to an error page.”复选框，而后单击 Update 按钮，如图 4-52 所示。

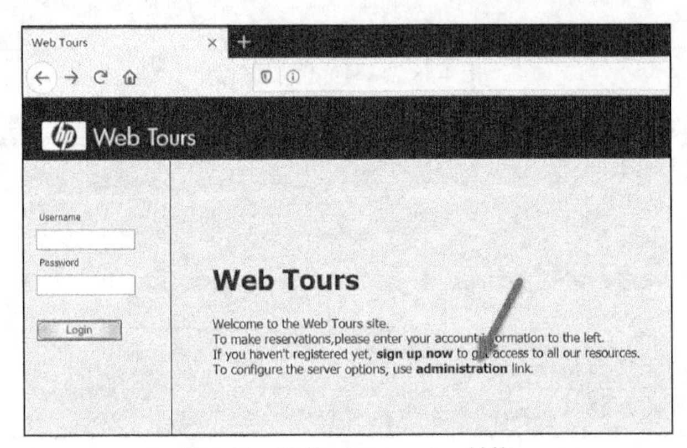

图 4-51　单击 administration 链接

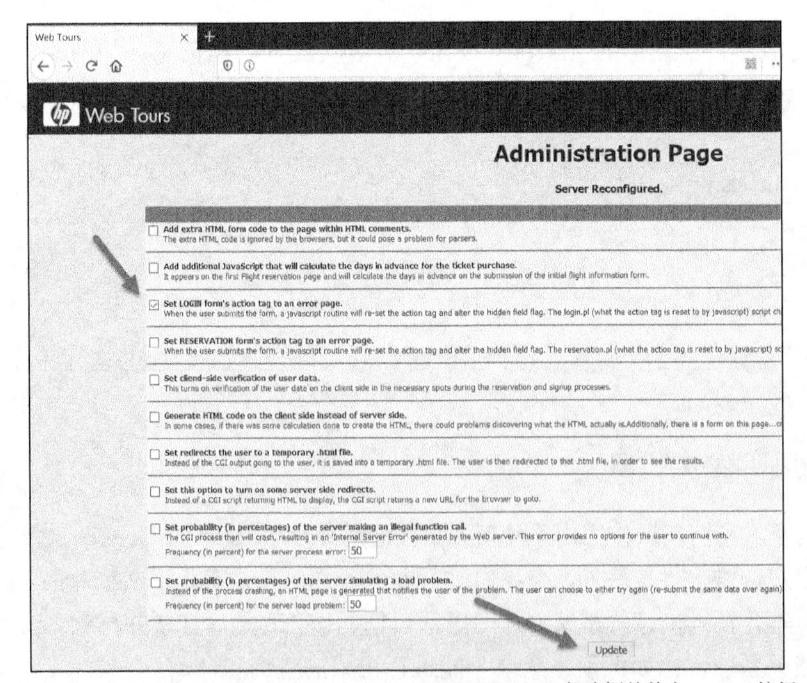

图 4-52　选中“Set LOGIN form's action tag to an error page.”复选框并单击 Update 按钮

以上设置能保证出现动态 Session 效果。Session 和 Cookie 的概念这里不再赘述，不了解的读者请自行阅读相关材料。

4.5.3 Charles 脚本的录制与优化

这里结合 Web Tours 被测项目，使用 Charles 实现从登录飞机订票系统到查询出行日期的航班，最后订票并付款的整个业务。

为什么要使用 Charles 录制业务脚本呢？这和 HttpRunner 的应用又有什么关系呢？

我们先来介绍一下 Charles。官网上关于 Charles 的描述如下：Charles 是 HTTP 代理/ HTTP 监视器/反向代理，能使开发人员查看自己的计算机与 Internet 之间的所有 HTTP 和 SSL/HTTPS 通信，包括请求、响应和 HTTP 标头（里面包含 Cookie 和缓存信息）。在这里，我们将使用 Charles 来捕获用户从登录飞机订票系统，到查询出行日期的航班，最后订票并付款的整个业务流程中产生的所有相关请求和响应，而后对这些接口操作进行分析，保留最核心且精简的接口操作，最后将业务脚本导出为.har 格式的文件。

下面我们再来说一说 Charles 和 HttpRunner 有什么关系。随着敏捷开发、DevOps 等新技术的应用，以及互联网行业的蓬勃发展，提升软件产品的质量、效能越来越受到重视。利用已掌握的技术、工具将效能最大化，无疑是很好的策略，毕竟我们没有必要重复造轮子。前面已经说过，Charles 可以将捕获到的请求、响应等保存为.har 格式的文件。使用 HttpRunner 提供的 har2case 工具，就可以将.har 格式的文件直接转换为 JSON 或 YAML 格式的测试用例，从而极大地节省编写测试用例所需的时间，提升工作效率。

上面已经阐述了最核心的两个问题，现在就让我们一起来看看具体的实施过程。

1. 设置浏览器网络代理

打开 Firefox 浏览器，进入选项设置界面。选择“常规”选项页，然后滚动页面至“网络设置”部分。单击“设置”按钮，在打开的“连接设置”对话框中，选中“手动代理配置”单选按钮，在“HTTP 代理”文本框中输入 127.0.0.1，在“端口”文本框中输入 8888，单击“确定”按钮，设置网络代码，如图 4-53 所示。

2. 设置 Charles

Charles 的设置主要包括两部分——录制设置和代理设置。

启动 Charles，在主界面中选择 Proxy→Recording Settings 菜单项，如图 4-54 所示。

在弹出的 Recording Settings 对话框中，切换至 Include 选项卡，单击 Add 按钮。在弹出的 Edit Location 对话框中，选择使用 HTTP 协议并输入 WebTours 样例部署的机器 IP 地址 192.168.1.102，将端口号配置为 1080，完成所有设置后单击 OK 按钮，回到 Recording Settings

对话框，再单击 OK 按钮，如图 4-55 所示。经过设置后，录制时将只录制和 Web Tours 相关的操作，从而避免信息杂乱不利于分析。

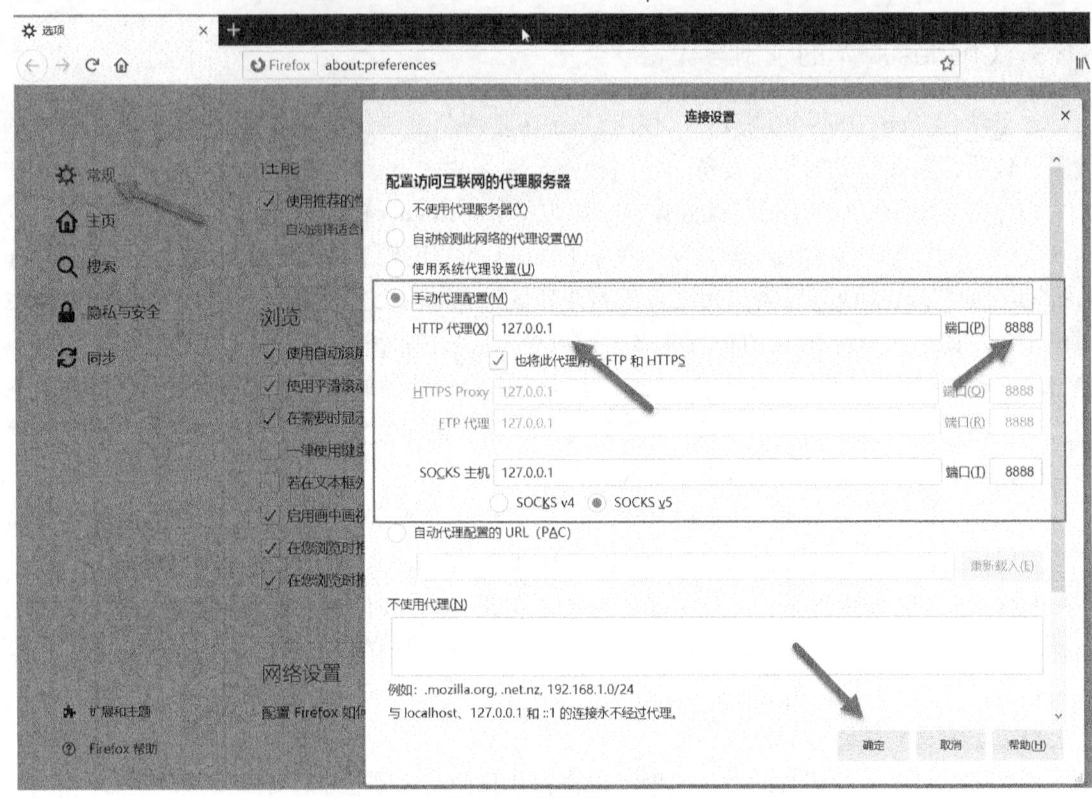

图 4-53　设置网络代理

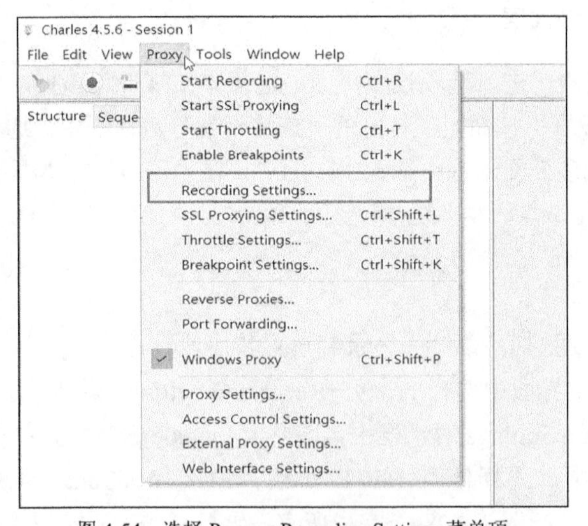

图 4-54　选择 Proxy→Recording Settings 菜单项

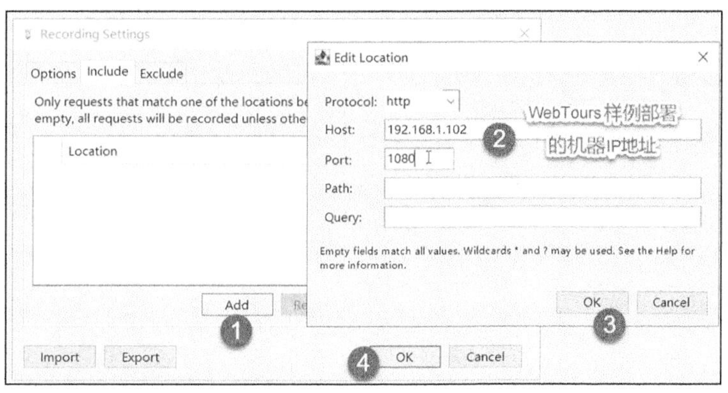

图 4-55 进行录制设置

如图 4-54 所示，在 Charles 的主界面中选择 Proxy→Proxy Settings 菜单项，在弹出的 Proxy Settings 对话框中，确保端口号和浏览器中设置的代理端口号一致，单击 OK 按钮，如图 4-56 所示。

3. 启动 Charles 录制

单击工具栏的 Start Recording 按钮，启动 Charles 录制功能，如图 4-57 所示。

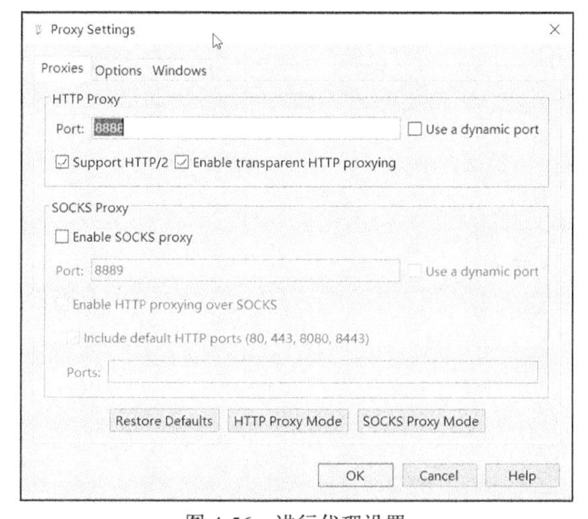

图 4-56 进行代理设置

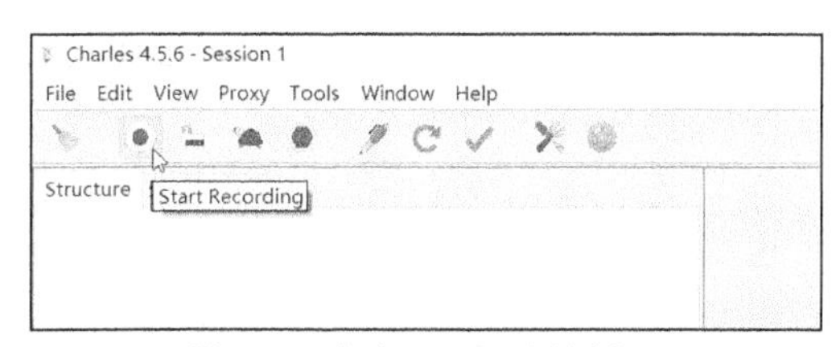

图 4-57 启动 Charles 录制功能

4. 录制业务脚本

在 Firefox 浏览器中完成从登录飞机订票系统，到查询出行日期的航班，最后订票并付款的整个业务流程，而后停止录制，Charles 中将产生机票订购相关业务的脚本信息，如图 4-58 所示。

通过分析和调试，我们可以确定，只需要保留 3 个接口操作就可以完成机票订购业务，优化后的脚本如图 4-59 所示。

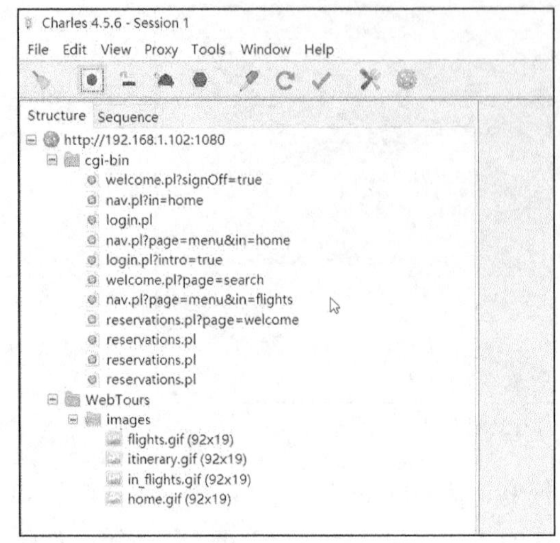

图 4-58　Charles 中产生的机票订购相关业务的脚本信息

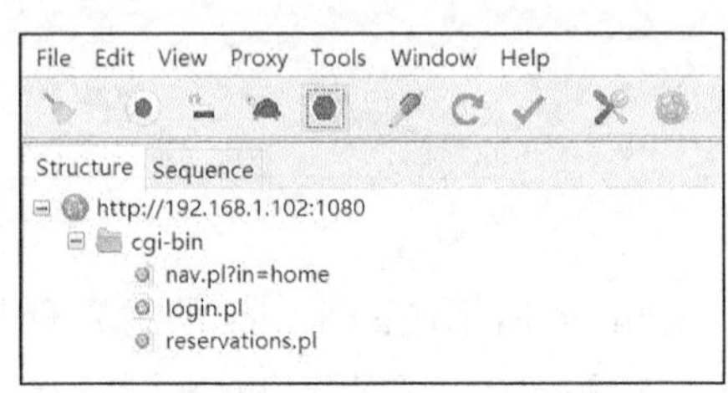

图 4-59　优化后的脚本

5. 导出 Charles 脚本为.har 格式的文件

在 Charles 的主界面中选择 File→Export Session 菜单项，在弹出的“保存”对话框中，选择文件类型为 HTTP Archive (.har)，将文件命名为 S_WebTours.har，单击“保存”按钮，导出 Charles 脚本为.har 格式的文件，如图 4-60 所示。

图 4-60　导出 Charles 脚本为.har 格式的文件

4.5.4　将 Charles 生成的脚本转换为 HttpRunner 测试用例

我们在前面已经将 Charles 生成的脚本保存到 E:\WebTours.har 文件中。在 HttpRunner 框架中，使用一个名为 har2case 的小工具可以将.har 文件转换为符合 HttpRunner 要求的测试用例。您可以通过输入 har2case -2y S_WebTours.har 命令来生成符合 HttpRunner 框架要求的测试用例格式的

YAML 文件，如图 4-61 所示。关于 har2case 小工具的更多信息，您可以通过输入 har2case --help 命令来了解。

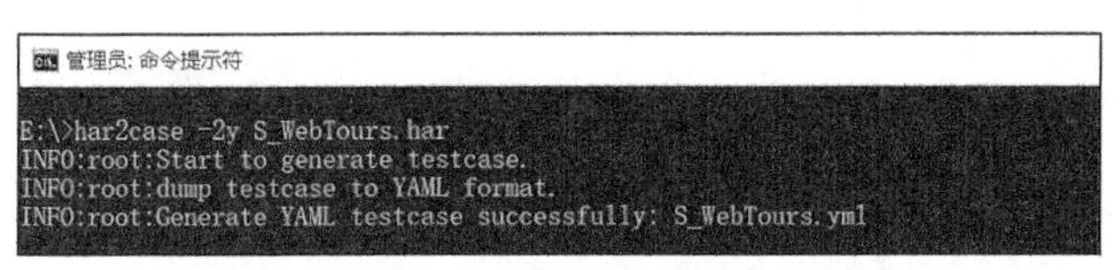

图 4-61　使用 har2case 小工具转换文件格式

在图 4-61 中，您会发现 har2case 小工具将帮助我们自动创建符合 HttpRunner 框架要求的测试用例——S_WebTours.yml 文件。

4.5.5　HttpRunner 测试用例运行失败原因分析

HttpRunner 竟然能够如此快捷地帮助我们生成符合要求的测试用例。接下来，运行测试用例，输入如下命令：

```
hrun  S_WebTours.yml
```

测试用例可以成功运行，并且生成测试报告 20200306T142150.672957.html，如图 4-62 所示。所有测试人员都应该有一颗严谨、求实的心，因此下一步就是验证到底有没有成功生成机票订单。登录 Web Tours 飞机订票系统，单击 Itinerary 按钮以查看新增的机票行程订单，您会非常失望地看到并没有生成新的机票行程订单。

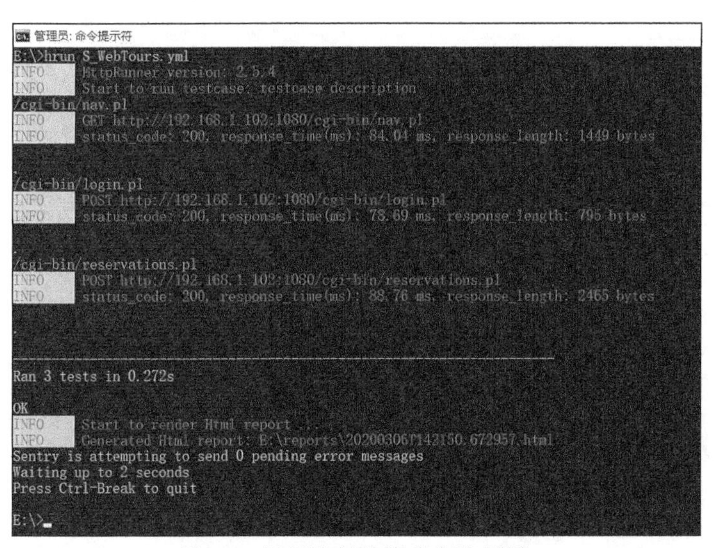

图 4-62　运行测试用例并生成测试报告

这是为什么呢？执行成功了，但是为什么没有生成新的机票行程订单呢？让我们一起来看一下 S_WebTours.yml 文件的内容，这里推荐使用 PyCharm 打开这个文件，其中的部分测试用例如图 4-63 所示。

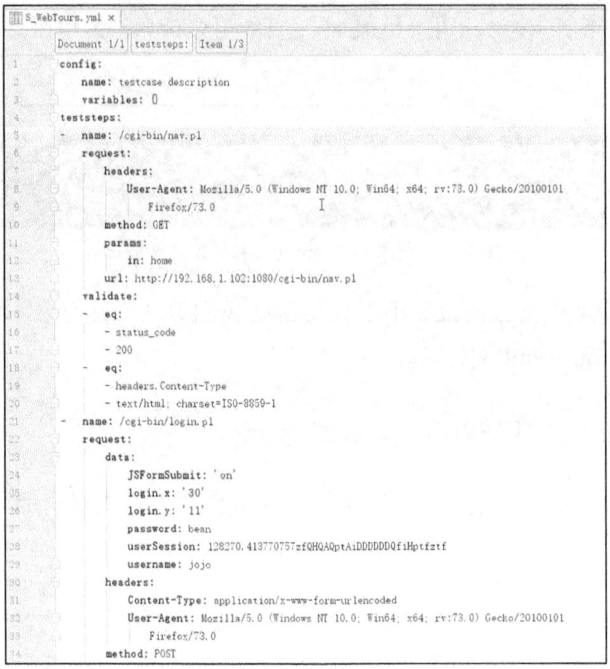

```
S_WebTours.yml ×
Document 1/1  teststeps:  Item 1/3
1  config:
2      name: testcase description
3      variables: {}
4  teststeps:
5  -   name: /cgi-bin/nav.pl
6      request:
7          headers:
8              User-Agent: Mozilla/5.0 (Windows NT 10.0; Win64; x64; rv:73.0) Gecko/20100101
9                  Firefox/73.0
10         method: GET
11         params:
12             in: home
13         url: http://192.168.1.102:1080/cgi-bin/nav.pl
14     validate:
15     -   eq:
16         - status_code
17         - 200
18     -   eq:
19         - headers.Content-Type
20         - text/html; charset=ISO-8859-1
21 -   name: /cgi-bin/login.pl
22     request:
23         data:
24             JSFormSubmit: 'on'
25             login.x: '30'
26             login.y: '11'
27             password: bean
28             userSession: 128270.413770757zfQHQAQptAiDDDDDDQfiHptfztf
29             username: jojo
30         headers:
31             Content-Type: application/x-www-form-urlencoded
32             User-Agent: Mozilla/5.0 (Windows NT 10.0; Win64; x64; rv:73.0) Gecko/20100101
33                 Firefox/73.0
34         method: POST
```

图 4-63　S_WebTours.yml 文件中的部分测试用例

为了使大家能够全面了解 S_WebTours.yml 文件，下面列出 S_WebTours.yml 文件的所有内容：

```
config:
    name: testcase description
    variables: {}
teststeps:
-   name: /cgi-bin/nav.pl
    request:
        headers:
            User-Agent: Mozilla/5.0 (Windows NT 10.0; Win64; x64; rv:73.0) Gecko/20100101
                Firefox/73.0
        method: GET
        params:
            in: home
        url: http://192.168.1.102:1080/cgi-bin/nav.pl
    validate:
    -   eq:
        - status_code
        - 200
    -   eq:
        - headers.Content-Type
        - text/html; charset=ISO-8859-1
-   name: /cgi-bin/login.pl
```

```
    request:
        data:
            JSFormSubmit: 'on'
            login.x: '30'
            login.y: '11'
            password: bean
            userSession: 128270.413770757zfQHQAQptAiDDDDDDQfiHptfztf
            username: jojo
        headers:
            Content-Type: application/x-www-form-urlencoded
            User-Agent: Mozilla/5.0 (Windows NT 10.0; Win64; x64; rv:73.0) Gecko/20100101
                Firefox/73.0
        method: POST
        url: http://192.168.1.102:1080/cgi-bin/login.pl
    validate:
    -   eq:
        - status_code
        - 200
    -   eq:
        - headers.Content-Type
        - text/html; charset=ISO-8859-1
-   name: /cgi-bin/reservations.pl
    request:
        data:
            .cgifields: saveCC
            JSFormSubmit: 'off'
            address1: ''
            address2: ''
            advanceDiscount: '0'
            buyFlights.x: '55'
            buyFlights.y: '4'
            creditCard: ''
            expDate: ''
            firstName: Jojo
            lastName: Bean
            numPassengers: '1'
            oldCCOption: ''
            outboundFlight: 023;401;03/07/2020
            pass1: Jojo Bean
            returnFlight: ''
            seatPref: None
            seatType: Business
        headers:
            Content-Type: application/x-www-form-urlencoded
            User-Agent: Mozilla/5.0 (Windows NT 10.0; Win64; x64; rv:73.0) Gecko/20100101
                Firefox/73.0
```

```
        method: POST
        url: http://192.168.1.102:1080/cgi-bin/reservations.pl
    validate:
    -   eq:
        - status_code
        - 200
    -   eq:
        - headers.Content-Type
        - text/html; charset=ISO-8859-1
```

您也许已经看出来问题了，主要有两点。

首先，validate 部分只包含对两项基本信息的验证，即分别验证 HTTP 响应状态码是否为 200，以及 HTTP 响应头信息中的 Content-Type 是否为“text/html;charset=ISO-8859-1”。如果您对 HTTP/HTTPS 协议有基本了解，一定非常清楚，这是最基本的验证，即使操作失败，服务器的返回信息中也会包含 HTTP 响应状态码 200 和 HTTP 响应头信息，所以，您至少还需要再加入一项验证信息。比如，可以将页面操作成功后必定会出现的文本作为一项验证。

其次，在名为/cgi-bin/login.pl 的测试步骤中，当提交 POST 请求时，提交的数据中出现了 userSession:128270.413770757zfQHQAQptAiDDDDDDQfiHptfztf。如果您对 HTTP/HTTPS 和 Session 熟悉，那么一定清楚，结合 S_WebTours.yml 文件的内容，userSession 的值可能会动态变化，因而已经不是 128270.413770757zfQHQAQptAiDDDDDDQfiHptfztf 了。但是，userSession 的值是由第一个测试步骤/cgi-bin/nav.pl 动态返回的，因此，当以固定的值再次提交请求时，就会产生错误，因为它们是有上下文依赖关系的。综上可知，我们必须把测试步骤/cgi-bin/nav.pl 动态返回的 userSession 值保存起来，再将 128270.413770757zfQHQAQptAiDDDDDDQfiHptfztf 替换为保存的值，才可以保证这种有上下文依赖关系的业务能够得到正常处理。

4.5.6　HttpRunner 测试用例的优化与再运行

结合 4.5.5 节所做的分析，下面对 S_WebTours.yml 文件进行修改和完善，修改后的内容如下：

```
config:
    name: testcase description
    variables: {}
teststeps:
-   name: /cgi-bin/nav.pl
    request:
        headers:
            User-Agent: Mozilla/5.0 (Windows NT 10.0; Win64; x64; rv:73.0) Gecko/20100101
                Firefox/73.0
        method: GET
        params:
            in: home
        url: http://192.168.1.102:1080/cgi-bin/nav.pl
```

```
    extract:
     userSess: userSession\" value=\"(.+)\"/>
    validate:
    -   eq:
        - status_code
        - 200
    -   eq:
        - headers.Content-Type
        - text/html; charset=ISO-8859-1
-   name: /cgi-bin/login.pl
    request:
        data:
            JSFormSubmit: 'on'
            login.x: '30'
            login.y: '11'
            password: bean
            userSession: $userSess
            username: jojo
        headers:
            Content-Type: application/x-www-form-urlencoded
            User-Agent: Mozilla/5.0 (Windows NT 10.0; Win64; x64; rv:73.0) Gecko/20100101
                Firefox/73.0
        method: POST
        url: http://192.168.1.102:1080/cgi-bin/login.pl
    validate:
    -   eq:
        - status_code
        - 200
    -   eq:
        - headers.Content-Type
        - text/html; charset=ISO-8859-1
-   name: /cgi-bin/reservations.pl
    request:
        data:
            .cgifields: saveCC
            JSFormSubmit: 'off'
            address1: ''
            address2: ''
            advanceDiscount: '0'
            buyFlights.x: '55'
            buyFlights.y: '4'
            creditCard: ''
            expDate: ''
            firstName: Jojo
            lastName: Bean
            numPassengers: '1'
```

```
        oldCCOption: ''
        outboundFlight: 023;401;03/07/2020
        pass1: Jojo Bean
        returnFlight: ''
        seatPref: None
        seatType: Business
    headers:
        Content-Type: application/x-www-form-urlencoded
        User-Agent: Mozilla/5.0 (Windows NT 10.0; Win64; x64; rv:73.0) Gecko/20100101
            Firefox/73.0
    method: POST
    url: http://192.168.1.102:1080/cgi-bin/reservations.pl
validate:
-   eq:
    - status_code
    - 200
-   contains:
    - content
    - Thank you for booking through Web Tours.
```

这里对新加入或修改的内容以粗体格式进行了突出显示。在 HttpRunner 中，使用 extract 关键字可以从当前 HTTP 请求的响应结果中提取参数，并将它们保存到参数变量（例如测试用例的 userSess）中，后续的测试用例可通过$userSess 的形式进行引用。那么“userSess:userSession\" value=\"(.+)\"/>”具体是什么含义呢？含义就是将相应数据中符合左边为 userSession" value="、右边为"/>的要求的数据提取出来，保存到 userSess 变量中，这里的\为转义字符。至于 http://192.168.1.102:1080/cgi-bin/nav.pl?in=home 接口在 Charles 中的请求和响应信息，相信大家早已一目了然，如图 4-64 所示。

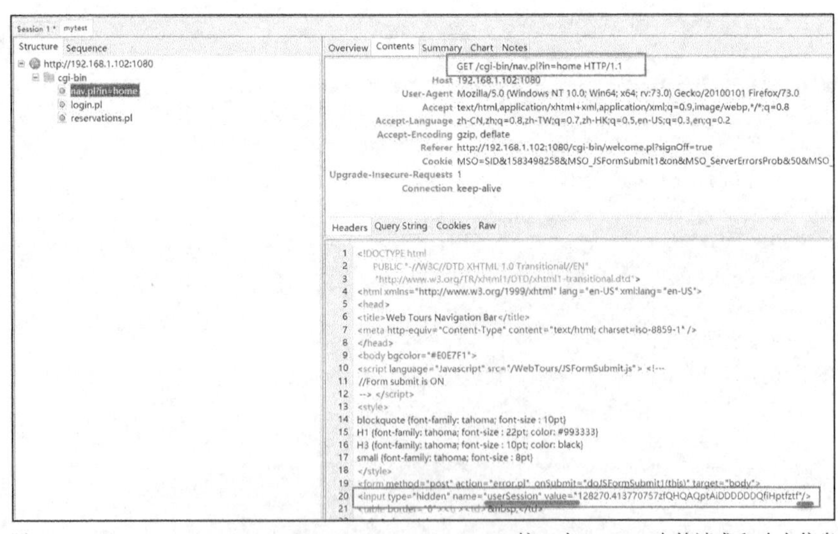

图 4-64　http://192.168.1.102:1080/cgi-bin/nav.pl?in=home 接口在 Charles 中的请求和响应信息

后续当用到 userSession 时，自然就应该使用 userSession:$userSess 替换先前的 128270.413770757zfQHQAQptAiDDDDDDQfiHptfztf。这就是/cgi-bin/login.pl 接口在提交 POST 请求数据时使用 userSession: $userSess 的原因，userSession 的取值信息如图 4-65 所示。

```
S_WebTours.yml ×
Document 1/1 | teststeps: | Item 2/3 | request: | data:
23 -   name: /cgi-bin/login.pl
24     request:
25         data:
26             JSFormSubmit: 'on'
27             login.x: '30'
28             login.y: '11'
29             password: bean
30             userSession: $userSess
31             username: jojo
32         headers:
33             Content-Type: application/x-www-form-urlencoded
34             User-Agent: Mozilla/5.0 (Windows NT 10.0; Win64; x64; rv:73.0) Gecko/20100101
35                 Firefox/73.0
36         method: POST
37         url: http://192.168.1.102:1080/cgi-bin/login.pl
38     validate:
39     -   eq:
40         - status_code
41         - 200
42     -   eq:
43         - headers.Content-Type
44         - text/html; charset=ISO-8859-1
```

图 4-65 userSession 的取值信息

为了解决无法真实反映机票是否成功订购的问题，我们必须加入一个新的检查点。这里选择的判断依据如下：在最后一个接口提交请求后，是否会出现“Thank you for booking through Web Tours.”提示信息，因为在手动执行业务时必然出现此提示信息，如图 4-66 所示。先前检查的内容不够准确，所以这是必须要做的工作。这里多说一句，在做测试时，原则上每个接口都应该有足以判断接口运行是否真正成功的检查点（或断言）内容，而不应该只以 HTTP 响应头信息或响应状态码作为判断依据。

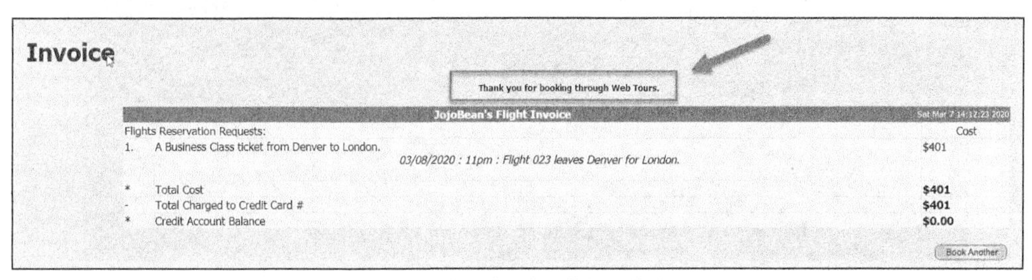

图 4-66 订票成功后的提示信息

上面详细分析了测试用例运行失败的原因，并且将猜测到的所有可能方法落实到修改 S_WebTours.yml 测试用例文件。您现在是不是迫不及待地想要试一下呢？

别着急，为了验证测试脚本的正确性，我们还需要做一些准备工作，比如将 Web Tours 系统中生成的机票行程订单全部删除。登录 Web Tours 系统，在页面左侧单击 Itinerary 按钮，而后单击 Cancel All 按钮就可以将全部的机票行程订单删除，如图 4-67 所示。

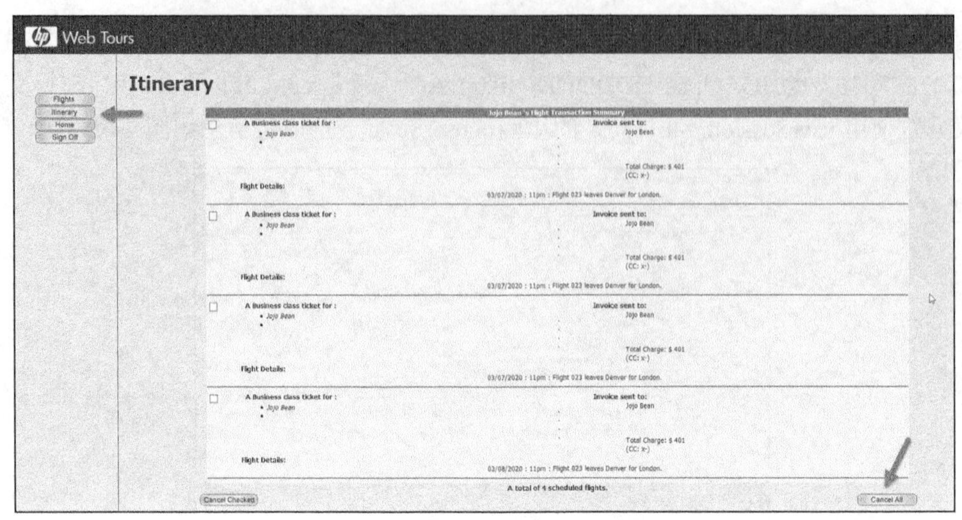

图 4-67　删除所有的机票行程订单

现在，再次运行 S_WebTours.yml 测试用例，执行 hrun S_WebTours.yml 命令，结果如图 4-68 所示。我们没有发现任何失败信息，登录 Web Tours 系统，看看是否真的生成了机票行程订单。单击 Itinerary 按钮，您会发现真的多了一条机票行程订单信息，如图 4-69 所示。

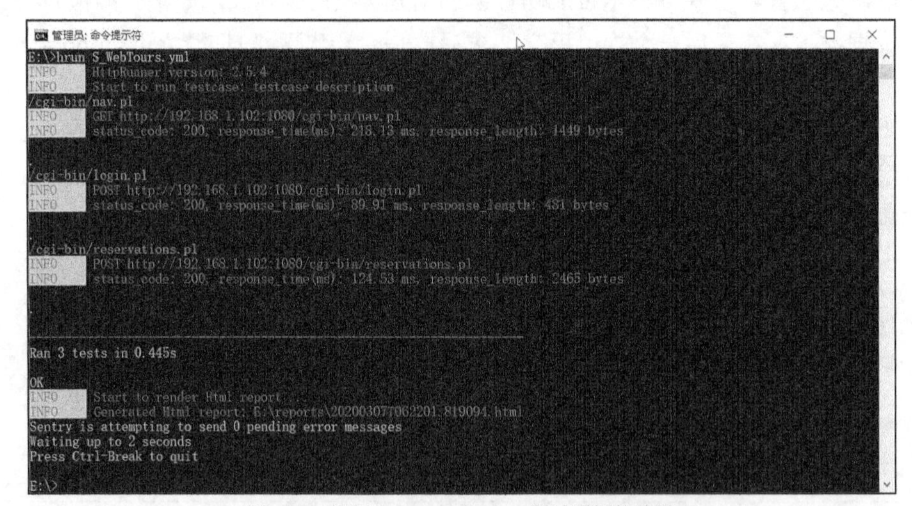

图 4-68　运行 S_WebTours.yml 测试用例的结果

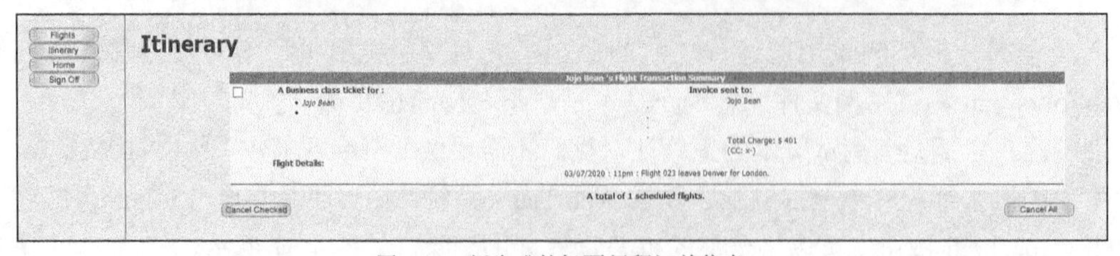

图 4-69　新生成的机票行程订单信息

看一下测试报告（见图 4-70），测试用例中的测试步骤都正确显示。我们重点关注一下最后一个步骤，可单击 Detail 列的 log−1 来查看具体的请求和响应日志。

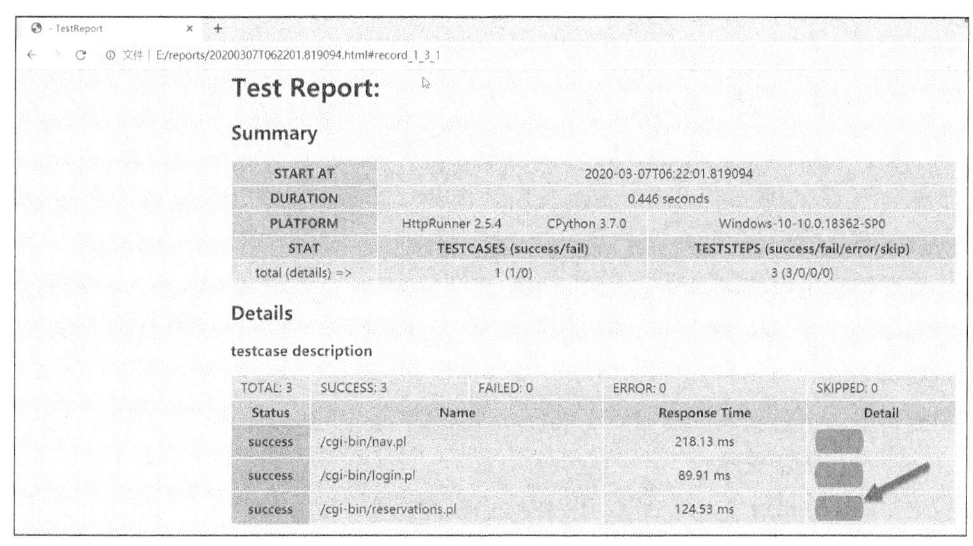

图 4-70　测试报告

从请求和响应数据的日志信息（见图 4-71）中，我们发现确实出现了“Thank you for booking through Web Tours.”提示信息。

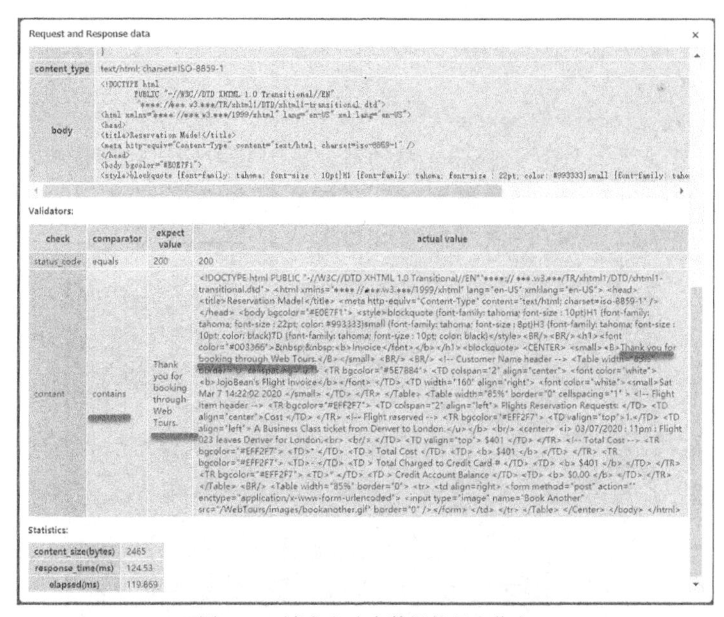

图 4-71　请求和响应数据的日志信息

至此，我们终于可以开心地说：“成功了！”

4.6 HttpRunner 2.0 测试框架的应用

HttpRunner 2.0 对测试用例的组织形式进行了调整，并且对测试用例的分层机制进行了重新设计。测试用例的分层机制的核心是对接口定义、测试步骤、测试用例进行分离，并单独进行描述和维护，从而尽可能降低自动化测试用例的维护成本。

接下来，让我们进一步明确一下测试用例、测试步骤和测试用例集这 3 个核心概念的特点。

- 每个测试用例都应该是完整的、可独立运行的。
- 每个测试步骤对应一个 API 的请求描述，测试用例是一个或多个测试步骤的有序集合。
- 测试用例集是测试用例的无序集合，测试用例集中的测试用例是相互独立的，它们之间不存在依赖关系。

事实上，HttpRunner 2.0 结合以上概念针对测试用例的分层机制做了很多工作。下面我们借助 HttpRunner 2.0 的功能，将前面的测试用例按照分层机制重新实现一次。

1. 创建 HttpRunner 项目

之前我们在 Linux 系统中使用 HttpRunner，这里以 Windows 系统为例演示 HttpRunner 2.0 测试框架的应用。需要说明的是，这里涉及的所有 hrun 命令也适用于 Linux 系统。

执行如下命令：

```
hrun  --startproject  webtours
```

这样我们就创建了一个名为 webtours 的项目，它能帮我们自动创建相关接口、测试用例、测试用例集、测试报告以及相应的模板文件，如图 4-72 所示。

图 4-72　创建 webtours 项目

webtours 项目的创建过程就体现了 HttpRunner 2.0 的设计理念。

2. 实现 webtours 项目的相关接口

如图 4-73 所示，HttpRunner 2.0 帮助我们自动创建了 YAML 格式的接口模板。

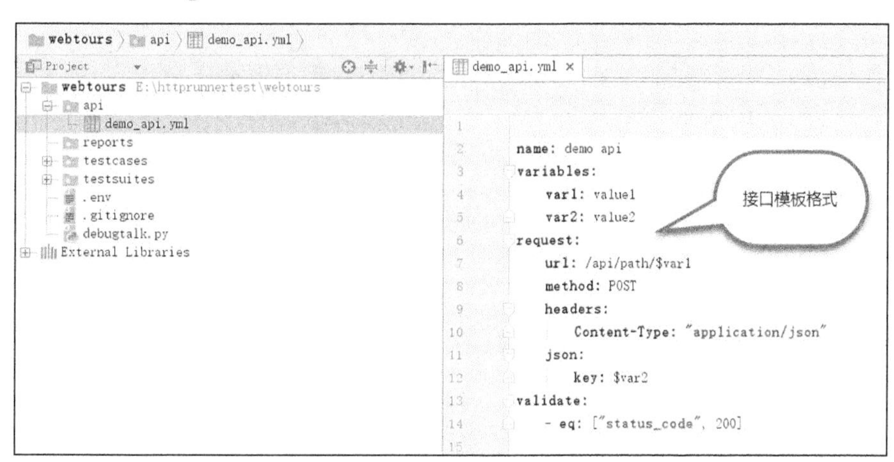

图 4-73 YAML 格式的接口模板

下面就根据接口模板分别实现用于访问首页、登录页面和机票预订页面的 API，并将它们分别存放到 home.yml、login.yml 和 reservations.yml 文件中。

home.yml 文件的内容如下：

```
name: webtours Home
base_url: http://192.168.1.102:1080
request:
    url: /cgi-bin/nav.pl
    params:
        in: home
    method: GET
    headers:
        Content-Type: "application/json"
validate:
    - eq: ["status_code", 200]
    - contains: [content, "userSession"]
```

login.yml 文件的内容如下：

```
name: webtours login
base_url: http://192.168.1.102:1080
request:
    url: /cgi-bin/login.pl
    method: POST
    data:
        JSFormSubmit: 'on'
```

```
        login.x: '30'
        login.y: '11'
        password: bean
        userSession: $userSess
        username: jojo
    headers:
        Content-Type: "application/x-www-form-urlencoded"
validate:
    - eq: ["status_code", 200]
    - contains: [content, "Web Tours"]
```

reservations.yml 文件的内容如下：

```
name: webtours reservations
base_url: http://192.168.1.102:1080
request:
    url: /cgi-bin/reservations.pl
    method: POST
    data:
        .cgifields: saveCC
        JSFormSubmit: 'off'
        address1: ''
        address2: ''
        advanceDiscount: '0'
        buyFlights.x: '55'
        buyFlights.y: '4'
        creditCard: ''
        expDate: ''
        firstName: Jojo
        lastName: Bean
        numPassengers: '1'
        oldCCOption: ''
        outboundFlight: 023;401;03/07/2020
        pass1: Jojo Bean
        returnFlight: ''
        seatPref: None
        seatType: Business
    headers:
        Content-Type: "application/x-www-form-urlencoded"
validate:
    - eq: ["status_code", 200]
    - contains: [content, "Thank you for booking through Web Tours."]
```

3. 实现 webtours 项目的相关测试用例

为了演示，我们准备了如下两个测试用例——登录业务用例（yw_login.yml）和生成飞机行程订单用例（yw_Itinerary.yml）。您可以在测试用例的测试步骤中直接引用接口文件，比如“../api/home.yml”表示直接引用用于访问首页的接口文件。另外，测试用例集也可以引用测试用例。

yw_login.yml 文件的内容如下：

```
config:
    name: "登录业务用例"
    base_url: "http://192.168.1.102:1080"
    output:
        - userSess

teststeps:
-
    name: 访问首页
    api: ../api/home.yml
    extract:
        - userSess: userSession\" value=\"(.+)\"/>
    output:
        - userSess
    validate:
        - eq: ["status_code", 200]
-
    name: 登录
    api: ../api/login.yml
    validate:
        - eq: ["status_code", 200]
```

yw_Itinerary.yml 文件的内容如下：

```
config:
    name: "生成飞机行程订单用例"
    base_url: "http://192.168.1.102:1080"
    output:
        - userSess

teststeps:
-
    name: 访问首页
    api: ../api/home.yml
    extract:
        - userSess: userSession\" value=\"(.+)\"/>
    output:
        - userSess
    validate:
        - eq: ["status_code", 200]
-
```

```
    name: 登录
    api: ../api/login.yml
    validate:
        - eq: ["status_code", 200]

-
    name: 行程订单
    api: ../api/reservations.yml
    validate:
        - eq: ["status_code", 200]
```

4. 实现 webtours 项目的相关测试用例集

为了演示，这里专门编写了一个测试用例集，其中包括登录业务用例和生成飞机行程订单用例。webtours_testsuite.yml 文件的内容如下：

```
config:
    name: "webtours testsuite"
    base_url: "http://192.168.1.102:1080"

testcases:
-
    name: 登录业务用例
    testcase: ../testcases/yw_login.yml

-
    name: 生成飞机行程订单用例
    testcase: ../testcases/yw_Itinerary.yml
```

webtours 项目的相关目录结构如图 4-74 所示。

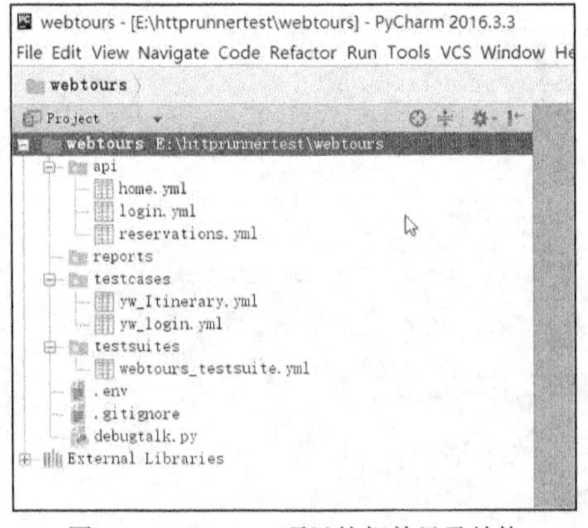

图 4-74　webtours 项目的相关目录结构

接下来，执行以下命令，将测试报告存放到项目的 reports 目录中，如图 4-75 所示。

```
hrun webtours_testsuite.yml--report-dir../reports
```

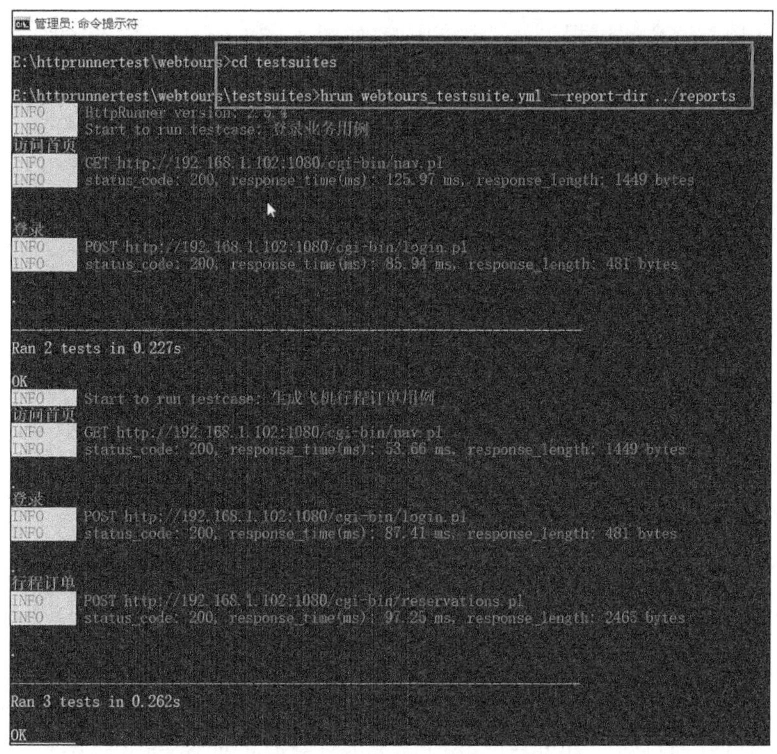

图 4-75　将测试报告存放到项目的 reports 目录中

测试用例集执行完之后，您将在 webtours 项目的 reports 目录下发现生成好的测试报告，如图 4-76 所示。

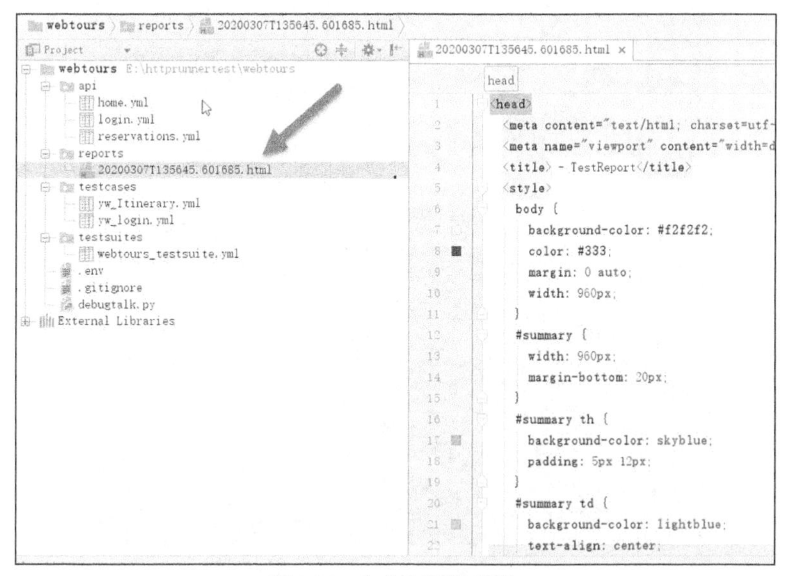

图 4-76　生成好的测试报告

使用浏览器打开这个测试报告，其中的内容如图 4-77 所示。

Test Report:

Summary

START AT	2020-03-07T13:15:13.743006	
DURATION	0.499 seconds	
PLATFORM	HttpRunner 2.5.4 CPython 3.7.0	Windows-10-10.0.18362-SP0
STAT	TESTCASES (success/fail)	TESTSTEPS (success/fail/error/skip)
total (details) =>	2 (2/0)	5 (5/0/0/0)

Details

登录业务用例

TOTAL: 2	SUCCESS: 2	FAILED: 0	ERROR: 0	SKIPPED: 0
Status	Name		Response Time	Detail
success	访问首页		125.97 ms	log-1
success	登录		85.94 ms	log-1

生成飞机行程订单用例

TOTAL: 3	SUCCESS: 3	FAILED: 0	ERROR: 0	SKIPPED: 0
Status	Name		Response Time	Detail
success	访问首页		53.66 ms	log-1
success	登录		87.41 ms	log-1
success	行程订单		97.25 ms	log-1

图 4-77 webtours 项目的测试报告中的内容

前面主要使用的是 hrun 命令的--startproject 和--report-dir 参数。事实上，hrun 命令还有一些其他参数，您可以通过执行 hrun --help 命令来进行查看，如图 4-78 所示。

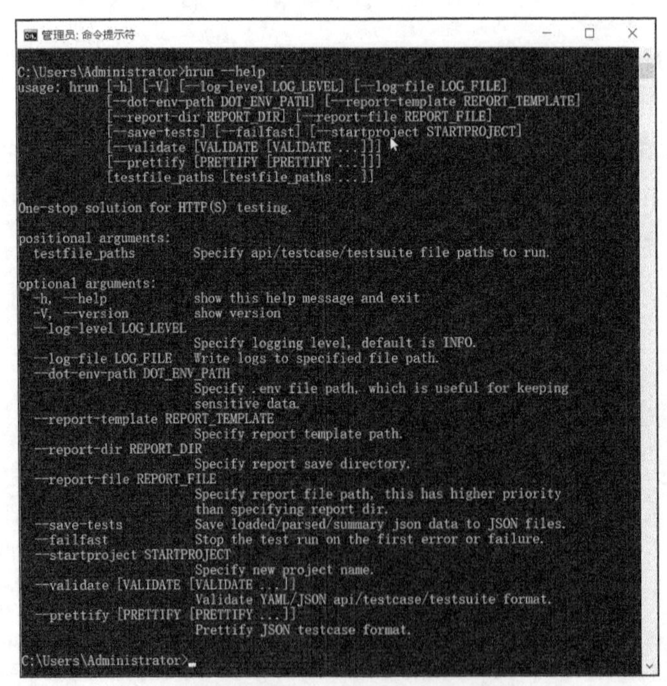

```
C:\Users\Administrator>hrun --help
usage: hrun [-h] [-V] [--log-level LOG_LEVEL] [--log-file LOG_FILE]
            [--dot-env-path DOT_ENV_PATH] [--report-template REPORT_TEMPLATE]
            [--report-dir REPORT_DIR] [--report-file REPORT_FILE]
            [--save-tests] [--failfast] [--startproject STARTPROJECT]
            [--validate [VALIDATE [VALIDATE ...]]]
            [--prettify [PRETTIFY [PRETTIFY ...]]]
            [testfile_paths [testfile_paths ...]]

One-stop solution for HTTP(S) testing.

positional arguments:
  testfile_paths        Specify api/testcase/testsuite file paths to run.

optional arguments:
  -h, --help            show this help message and exit
  -V, --version         show version
  --log-level LOG_LEVEL
                        Specify logging level, default is INFO.
  --log-file LOG_FILE   Write logs to specified file path.
  --dot-env-path DOT_ENV_PATH
                        Specify .env file path, which is useful for keeping
                        sensitive data.
  --report-template REPORT_TEMPLATE
                        Specify report template path.
  --report-dir REPORT_DIR
                        Specify report save directory.
  --report-file REPORT_FILE
                        Specify report file path, this has higher priority
                        than specifying report dir.
  --save-tests          Save loaded/parsed/summary json data to JSON files.
  --failfast            Stop the test run on the first error or failure.
  --startproject STARTPROJECT
                        Specify new project name.
  --validate [VALIDATE [VALIDATE ...]]
                        Validate YAML/JSON api/testcase/testsuite format.
  --prettify [PRETTIFY [PRETTIFY ...]]
                        Prettify JSON testcase format.

C:\Users\Administrator>
```

图 4-78 查看 hrun 命令提供的其他参数

同样，如果要查看 har2case 命令的参数信息，可以执行如下命令：

```
har2case  --help
```

执行结果如图 4-79 所示。

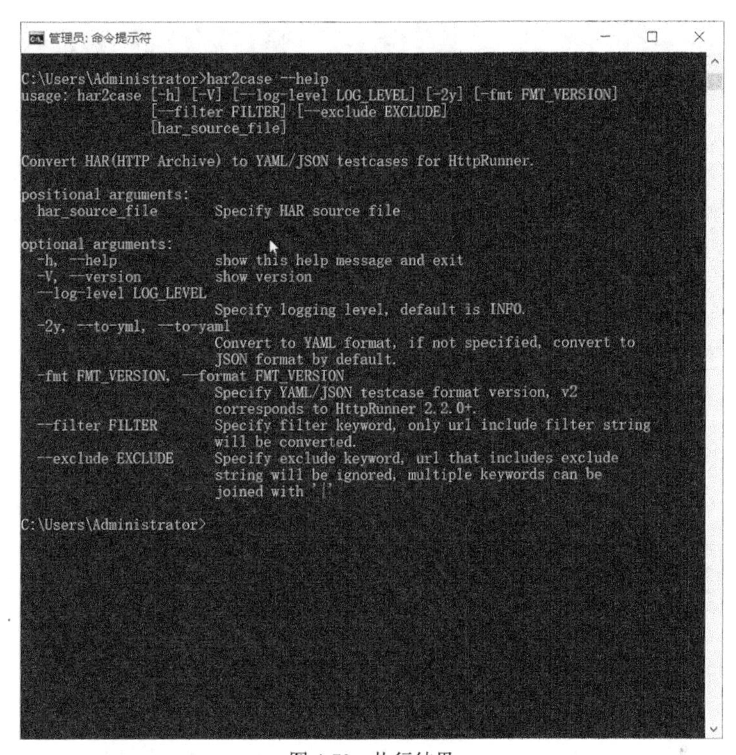

图 4-79　执行结果

第5章　JMeter和Postman在接口测试中的应用

5.1 JMeter在接口测试中的应用

越来越多的研发团队开始转型为敏捷团队。在敏捷开发中，软件项目在构建初期被切分成多个子项目，各个子项目的成果都经过测试且具备可集成和可运行使用的特征。研发团队的转型对测试人员的要求越来越高，我们可能没有更多集中的时间去进行测试。面对需求的变更、紧迫的版本测试任务和不断压缩的测试时间，我们需要通过不断提升测试技能以及自身的综合素质，来适应团队转型的痛苦过程，快速、全面地提升项目或产品的质量。接口测试是十分重要的一种测试类型，相对来说投入产出性价比较高。那么，如何高效地完成接口测试工作呢？掌握接口测试工具于是成为我们必备的技能之一。目前用于接口测试的工具有很多，比如JMeter、Postman、SoapUI、Fiddler等。

5.1.1　JMeter介绍

阅读本书的很多读者可能做过性能测试，因而大家一定对其中两款主流的性能测试工具不陌生，它们就是LoadRunner（LoadRunner是商用的工业级性能测试利器，多用于金融、保险等行业）和JMeter。

JMeter是免费且开源的性能测试工具，由Apache组织开发。JMeter最初是专为测试Web应用程序而设计的，但后来又扩展到其他测试，比如接口测试。由于功能强大、开源，提供了很多可以拿来就用的插件，并且能够方便项目或产品的持续集成，因此JMeter受到很多互联网企业的青睐。JMeter 可用于测试静态和动态资源，还可用于测试动态 Web 应用程序的性能。此外，JMeter 能够模拟服务器、服务器组、网络及对象上的重负载，以测试强度或分析不同负载类型下的整体性能。

5.1.2 准备 JMeter 安装环境

JMeter 是一款纯使用 Java 开发出来的工具，因而肯定需要 Java 运行环境。我们可以从官网下载 JMeter 的最新版本，如图 5-1 所示。

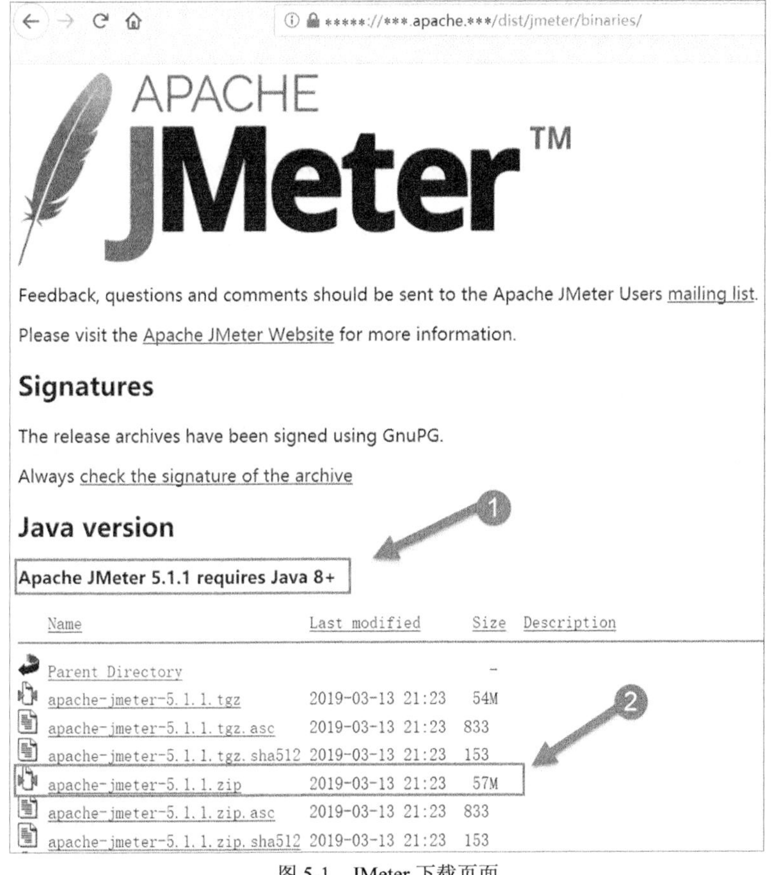

图 5-1 JMeter 下载页面

在编写本书时，JMeter 的最新版本为 5.1.1，这里我们选择下载 apache-jmeter-5.1.1.zip 压缩包。另外，从图 5-1 可以看到，运行 JMeter 需要 Java 8 以上版本。

您可以从 Oracle 官网下载 Java，这里由于本书使用的是 64 位的 Windows 10 操作系统，因此我们选择下载对应 64 位 Windows 10 操作系统的安装版本（您可以根据自己的实际情况下载对应的版本），对应的安装文件名为 jdk-11.0.3_windows-x64_bin.exe（见图 5-2）。

Java SE Development Kit 11.0.3

You must accept the Oracle Technology Network License Agreement for Oracle Java SE to download this software.

Thank you for accepting the Oracle Technology Network License Agreement for Oracle Java SE; you may now download this software.

Product / File Description	File Size	Download
Linux	147.31 MB	jdk-11.0.3_linux-x64_bin.deb
Linux	154.04 MB	jdk-11.0.3_linux-x64_bin.rpm
Linux	171.37 MB	jdk-11.0.3_linux-x64_bin.tar.gz
macOS	166.2 MB	jdk-11.0.3_osx-x64_bin.dmg
macOS	166.52 MB	jdk-11.0.3_osx-x64_bin.tar.gz
Solaris SPARC	186.85 MB	jdk-11.0.3_solaris-sparcv9_bin.tar.gz
Windows	150.98 MB	jdk-11.0.3_windows-x64_bin.exe
Windows	171 MB	jdk-11.0.3_windows-x64_bin.zip

图 5-2　下载 64 位 windows 版的 JDK

5.1.3　安装 JDK

双击已成功下载的 jdk-11.0.3_windows-x64_bin.exe 文件，将弹出图 5-3 所示的 JDK 安装向导。

单击“下一步”按钮，选择将 JDK 安装到哪个目录。这里我们选择默认路径，不做更改。单击“下一步”按钮，进入定制安装界面（见图 5-4），选择具体安装哪些功能，可以选择保持默认设置。

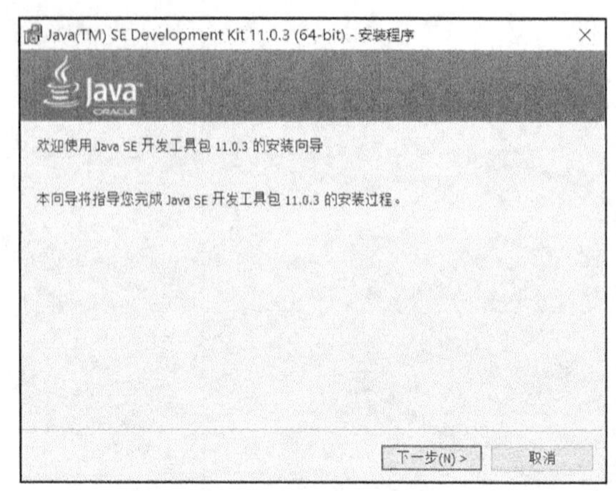

图 5-3　JDK 安装向导

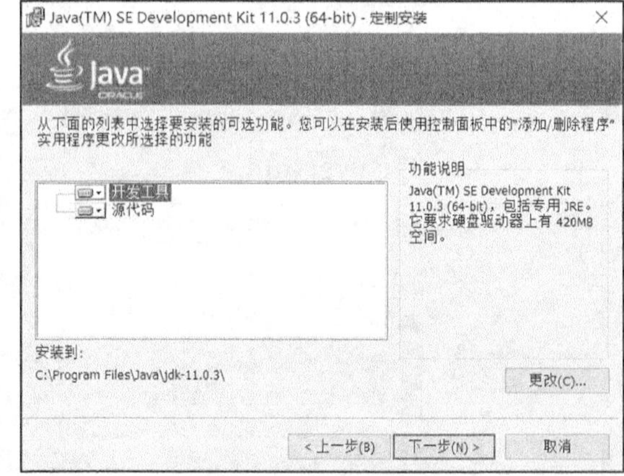

图 5-4　定制安装界面

单击“下一步”按钮，安装程序开始向硬盘复制文件，这里不再赘述。安装完毕后，将出现图 5-5 所示的界面。单击“关闭”按钮，完成 JDK 的安装。

而后，您需要将 Java 可执行文件的路径添加到 Windows 操作系统的 PATH 环境变量中，如图 5-6 所示。

最后，打开命令行控制台，执行 java –version 命令。如果能够显示图 5-7 中的 JDK 版本信息，就说明已经成功安装了 JDK 11.0.3。

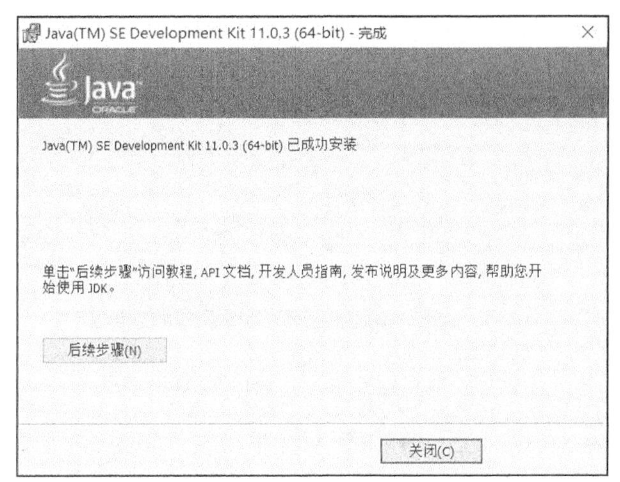

图 5-5　安装完毕界面

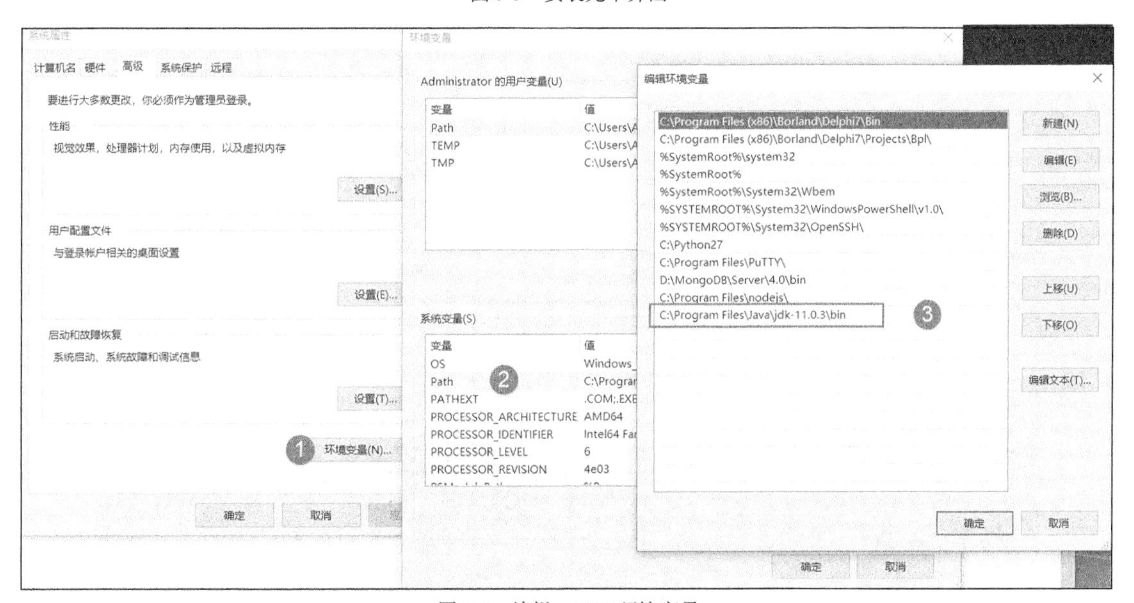

图 5-6　编辑 PATH 环境变量

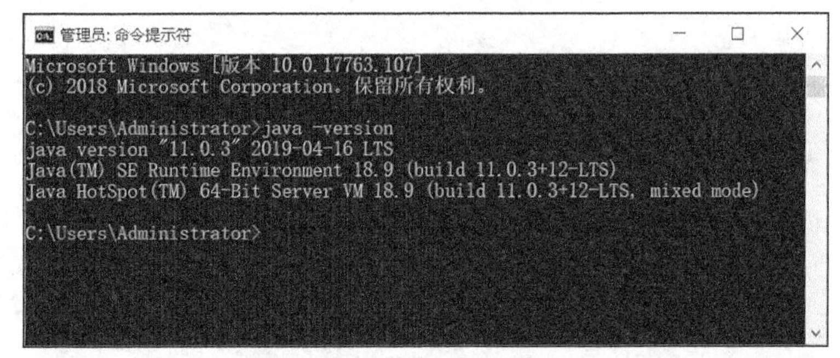

图 5-7　JDK 版本信息

5.1.4　安装 JMeter

双击已成功下载的 apache-jmeter-5.1.1.zip 压缩包，查看其中的内容，如图 5-8 所示。

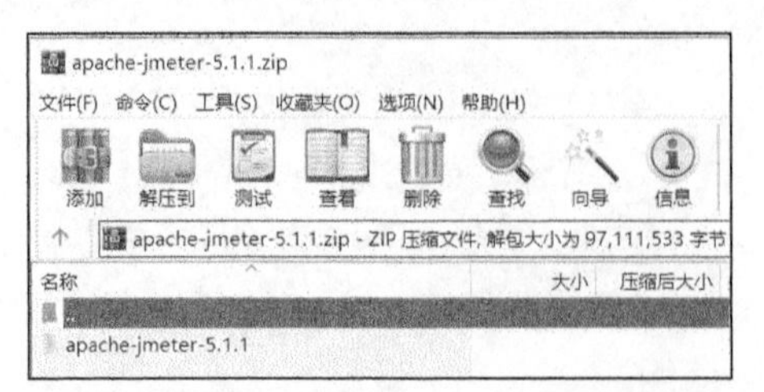

图 5-8　apache-jmeter-5.1.1.zip 压缩包中的内容

这里将 apache-jmeter-5.1.1 文件夹解压到 C 盘根目录，如图 5-9 所示。

图 5-9　解压 apache-jmeter-5.1.1 文件夹

进入 C:\apache-jmeter-5.1.1\bin 目录，找到 jmeter.bat 文件，双击这个文件即可运行 JMeter。JMeter 运行后，将显示 JMeter 的主界面（见图 5-10）。

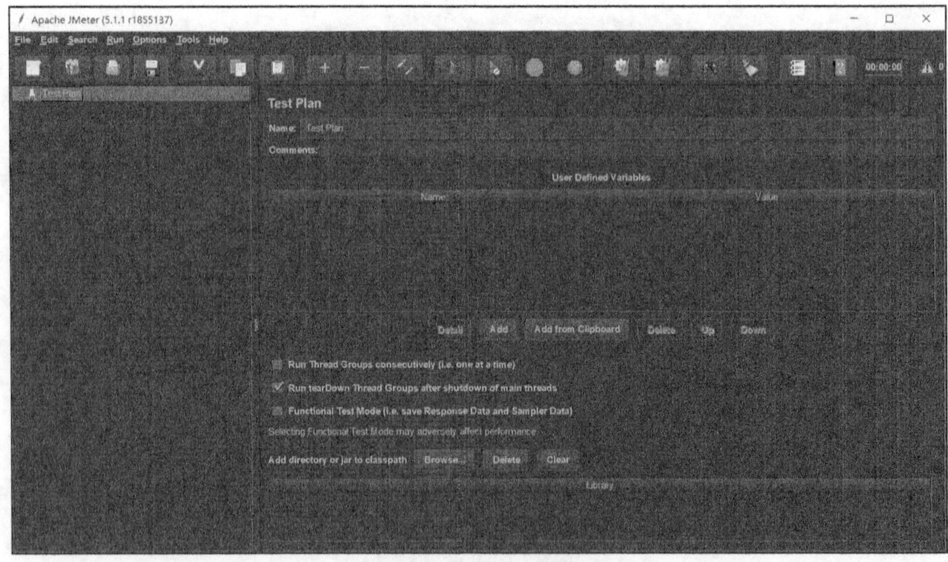

图 5-10　JMeter 的主界面

5.1.5 JMeter 录制需求介绍

很多读者可能已经习惯使用“录制”方式，让工具帮我们自动捕获客户端和服务器的交互过程，您也可以理解为自动捕获客户端和服务器之间的接口信息。下面以捕获通过百度网站搜索 API 的过程为例，详细介绍录制与后续相关操作，以便您快速掌握 JMeter 工具的用法。

5.1.6 创建线程组

JMeter 中的任务必须由线程处理，并且任务都必须在线程组中创建。因此，我们必须事先在测试计划（Test Plan）下创建线程组（Thread Group）。线程组的创建方法如下：在 JMeter 的主界面中，右击 Test Plan，在弹出的快捷菜单中依次选择 Add→Threads（Users）→Thread Group，如图 5-11 所示。

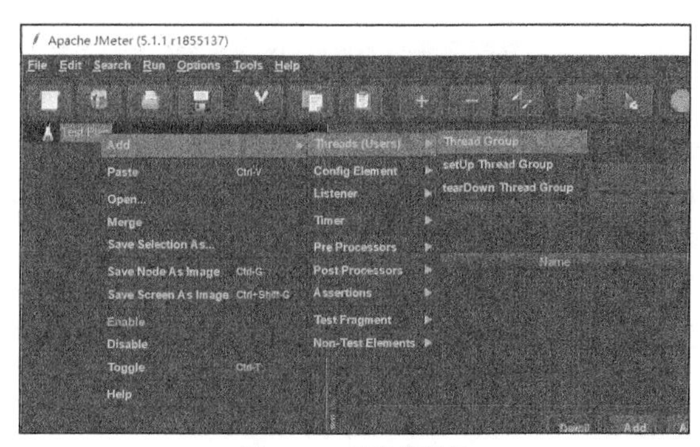

图 5-11 创建线程组

线程组创建完之后，将显示线程组相关选项，如图 5-12 所示。线程组相关选项的含义参见表 5-1。

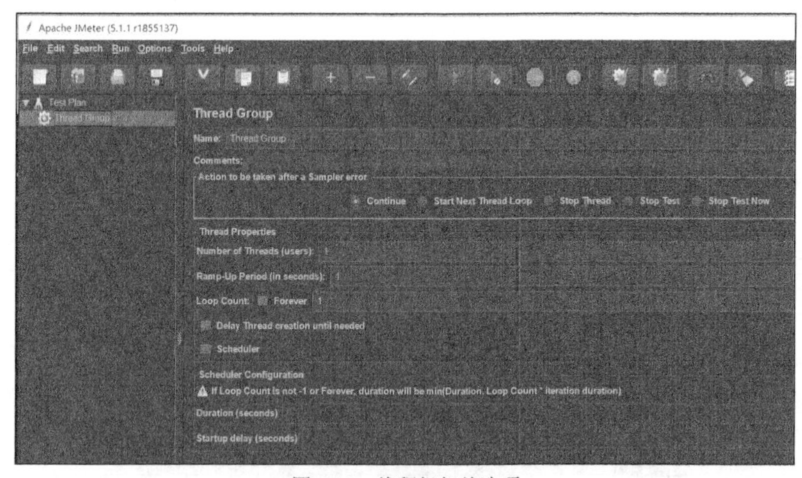

图 5-12 线程组相关选项

表 5-1　线程组相关选项的含义

选项	含义
Name	线程组的名称，起的名称要有一定的含义
Comments	注释信息，如果需要可以填写
Action to be taken after a Sampler error	设置当使用 Sampler 元件模拟用户请求出错后该怎样进行处理。 • Continue：请求出错后继续运行。 • Start Next Thread Loop：如果出错，启动下一个线程，当前线程的后续操作不再执行。 • Stop Thread：停止出错的线程。 • Stop Test：停止测试，执行完此次迭代后，停止所有线程的执行。 • Stop Test Now：立刻停止，马上停止所有线程的执行
Number of Threads(users)	运行中的线程数。每个线程相当于一个虚拟用户，虚拟用户可以用来模拟真实用户的行为
Ramp-Up Period(in seconds)	线程启动并开始运行的时间间隔，以秒为单位。如果设置运行中的线程数为 20，并且此处设置为 10，那么每秒将加载两个虚拟用户（因为 20/10=2）。如果此处设置为 0，那么表示 20 个线程（虚拟用户）同时运行
Loop Count 和 Forever	Loop Count 表示循环次数。若选中 Forever，则一直执行，除非被终止执行
Delay Thread creation until needed	在需要的情况下可以为线程设置创建延时，选中后，线程将在指定的 Rame-Up Period 时间间隔内启动并运行
Scheduler	设置何时开始运行测试
Duration(seconds)	设置持续运行时间
Startup delay(seconds)	设置等待多少秒以后开始运行

这里将线程组的名称改为“搜索关键字”，其他相关选项保持默认设置不变。

5.1.7　添加测试脚本录制器

在 JMeter 的主界面中，右击 Test Plan，在弹出的快捷菜单中依次选择 Add→Non-Test Elements→HTTP(S) Test Script Recorder，添加测试脚本录制器，如图 5-13 所示。

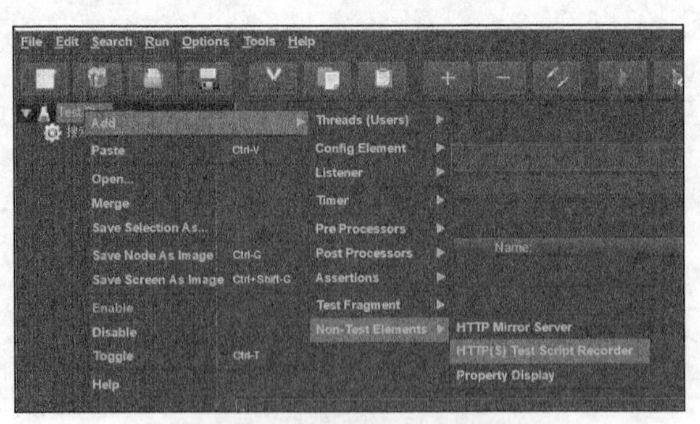

图 5-13　添加测试脚本录制器

测试脚本录制器创建完之后，将出现图 5-14 所示界面。部分关键选项的含义参见表 5-2。

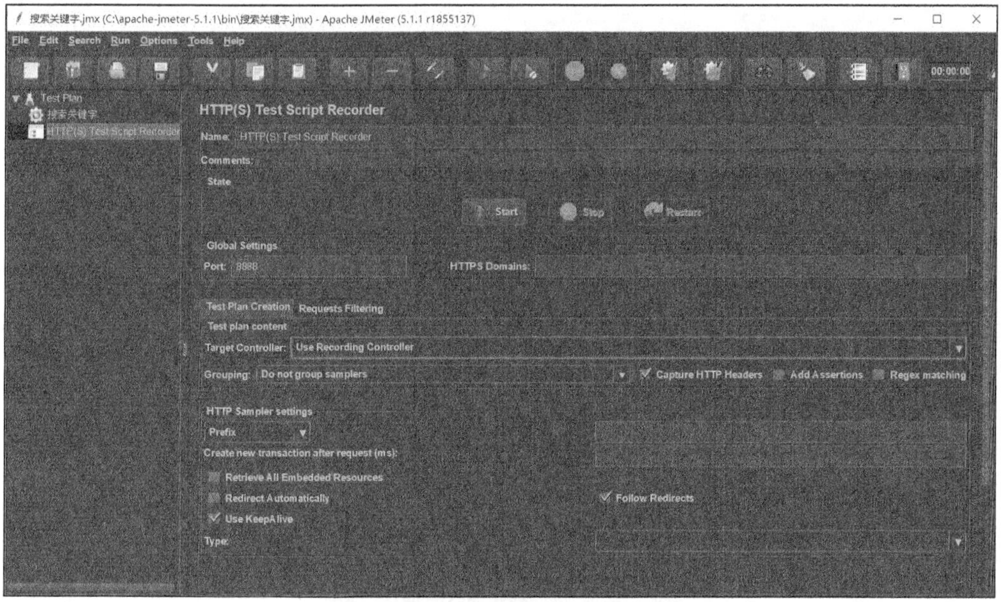

图 5-14 测试脚本录制器的选项信息

表 5-2 测试脚本录制器的部分关键选项的含义

选项	含义
Name	测试脚本录制器的名称
Comments	注释信息
Start/Stop/Restart	启动测试脚本录制器/停止测试脚本录制器/重启测试脚本录制器
Port	默认端口号为 8888，如果和已有端口有冲突，可以进行修改
HTTPS Domains	HTTPS 域
Target Controller	目标控制器。可以选择刚才新建的“搜索关键字”线程组，后续产生的所有脚本都将保存在这个线程组中
Grouping	分组。脚本录制后将产生很多节点信息，为了方便查看这些节点信息，可以对它们进行分组，这样更便于理解，默认不进行分组。 • Capture HTTP Headers：录制请求头。 • Add Assertions：添加断言，可以理解为性能测试中的检查点。 • Regex matching：正则表达式匹配的内容

JMeter 的测试脚本录制器是通过代理来录制操作的，所以您还需要在浏览器中设置对应的端口号，使它们能够正常工作并产生脚本信息。

以 360 浏览器为例，在“高级设置”页面中，单击“代理服务器设置”按钮，如图 5-15 所示。

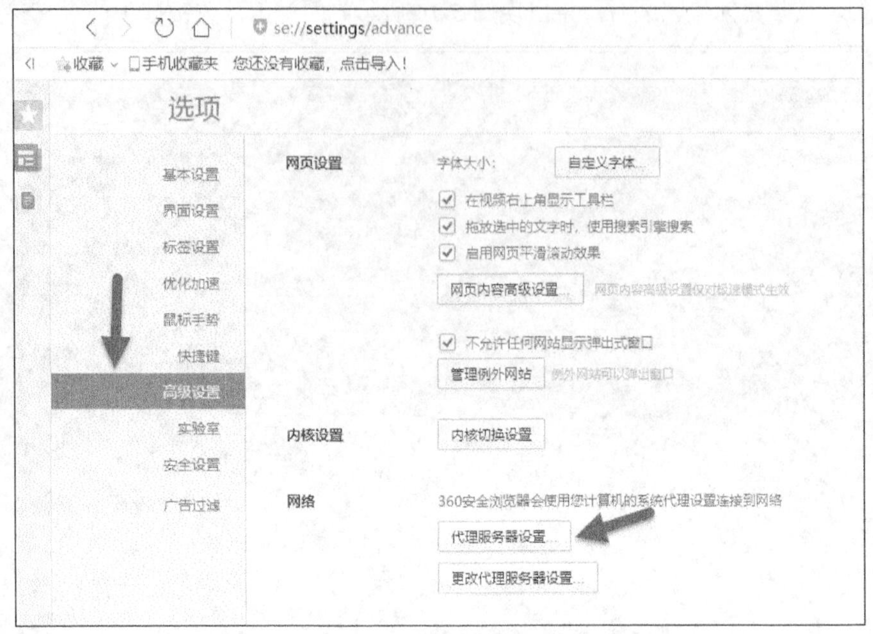

图 5-15　单击“代理服务器设置”按钮

在弹出的“代理服务器列表”中，输入 localhost:8888（表示本机和 8888 端口）。请记住，端口号一定要和 JMeter 的端口号一致，如图 5-16 所示。

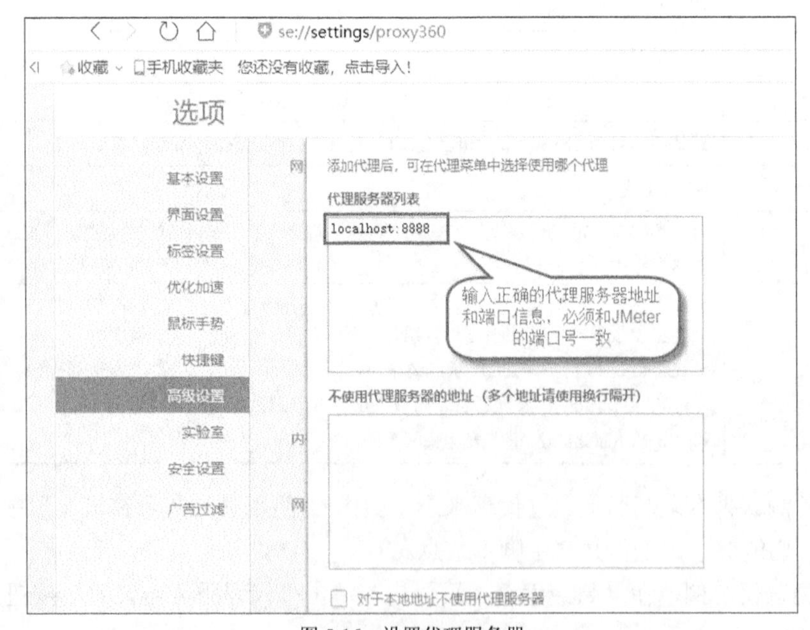

图 5-16　设置代理服务器

5.1.8 配置证书

随着信息技术的蓬勃发展，大家的安全意识也与日俱增，基于 HTTP 的网站已经越来越少，而基于 HTTPS 的网站越来越多。那么这两个协议之间有什么区别呢？HTTPS 是以安全为目标的 HTTP 通道，它是 HTTP 的安全版。HTTPS 的安全基础是 SSL，SSL 依靠证书来验证服务器的身份，并对浏览器和服务器之间的通信进行加密。

这两个协议之间主要有以下几点区别。

- HTTPS 需要从 CA 那里申请证书，从而证明服务器的用途，只有在将 CA 证书用于对应的服务器时，客户端才信任服务器。
- HTTP 以明文传输信息，而 HTTPS 在传输信息时会使用 SSL 进行加密。
- HTTP 和 HTTPS 使用的端口也不同，HTTP 使用的是 80 端口，而 HTTPS 使用的是 443 端口。
- HTTP 是无状态协议，而 HTTPS 是使用 SSL 和 HTTP 构建的可进行身份验证和加密传输的协议。

从以上区别我们不难发现 HTTPS 的安全性更高。那么，如何对基于 HTTPS 的应用进行脚本录制呢？您需要配置 JMeter 自带的临时证书，使得客户端和服务器都信任您，才能正确录制脚本，否则在录制过程中就可能产生很多问题，这里不再赘述。

下面介绍如何配置证书。以 360 浏览器为例，在“安全设置”页面中，单击“管理 HTTPS/SSL 证书”按钮，在弹出的“证书”对话框中，单击“导入”按钮，如图 5-17 所示。

图 5-17 打开“证书”对话框

在弹出的证书导入向导中，单击“下一步”按钮，如图 5-18 所示。

接下来，选择证书文件，这里选择 JMeter 提供的临时证书 ApacheJMeterTemporaryRootCA，此证书存放在 JMeter 安装路径的 bin 目录下，有效期为 7 天，如图 5-19 所示，单击“打开”按钮。

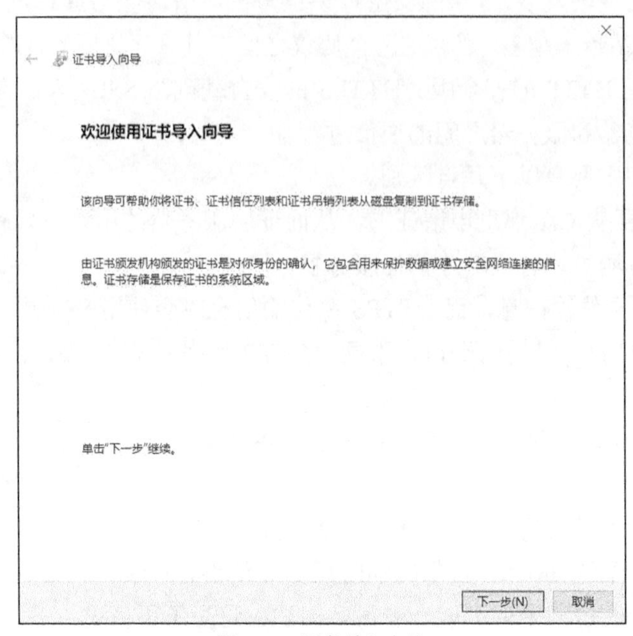

图 5-18　证书导入向导

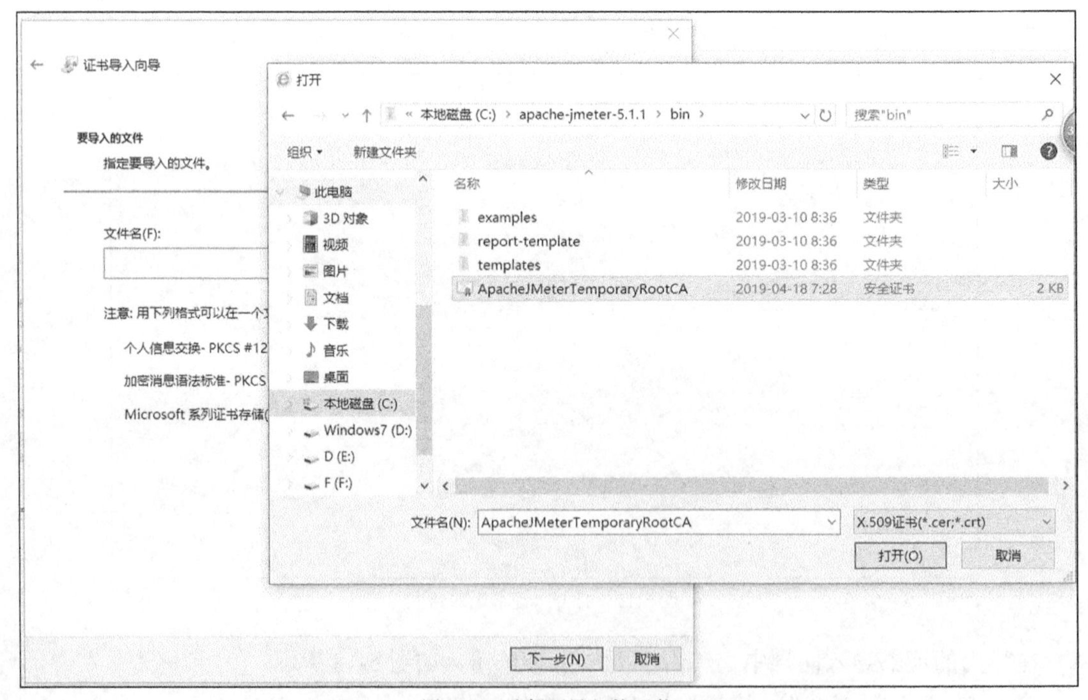

图 5-19　选择要导入的证书

指定要导入的文件后，单击“下一步”按钮，如图 5-20 所示。

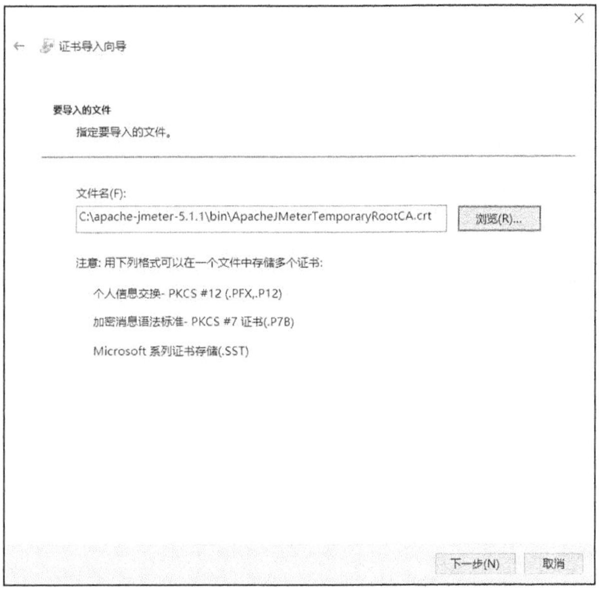

证书导入向导
要导入的文件
指定要导入的文件。
文件名(F):
C:\apache-jmeter-5.1.1\bin\ApacheJMeterTemporaryRootCA.crt
浏览(R)...
注意: 用下列格式可以在一个文件中存储多个证书:
个人信息交换- PKCS #12 (.PFX,.P12)
加密消息语法标准- PKCS #7 证书(.P7B)
Microsoft 系列证书存储(.SST)
下一步(N)
取消

图 5-20　指定要导入的证书

接下来，选择证书的存储位置，这里选择“受信任的根证书颁发机构”，如图 5-21 所示，而后单击“下一步”按钮。

证书导入向导
证书存储
证书存储是保存证书的系统区域。
Windows 可以自动选择证书存储，你也可以为证书指定一个位置。
根据证书类型，自动选择证书存储(U)
将所有的证书都放入下列存储(P)
证书存储:
受信任的根证书颁发机构
浏览(R)...
下一步(N)
取消

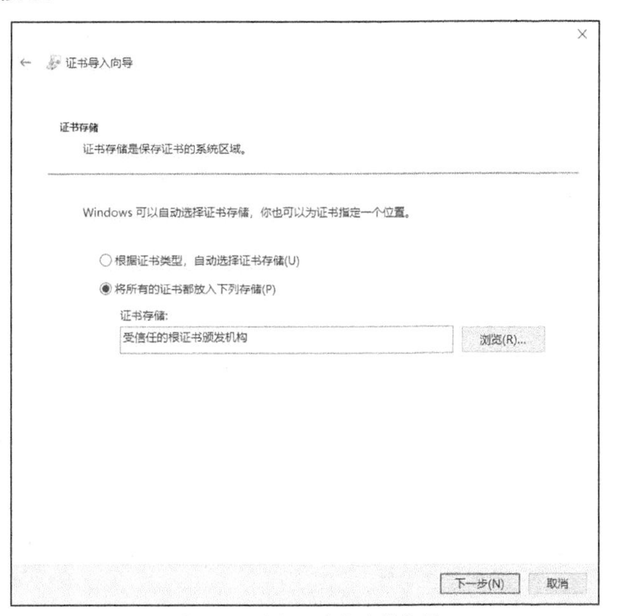

图 5-21　选择证书的存储位置

在下一个对话框中，单击“完成”按钮，完成证书的导入，如图 5-22 所示。

图 5-22　完成证书的导入

在弹出的“安全警告”对话框（见图 5-23）中，查看安全警告信息，单击“是”按钮，安装证书。

证书安装完毕后，将提示证书导入成功，如图 5-24 所示，单击“确定”按钮。

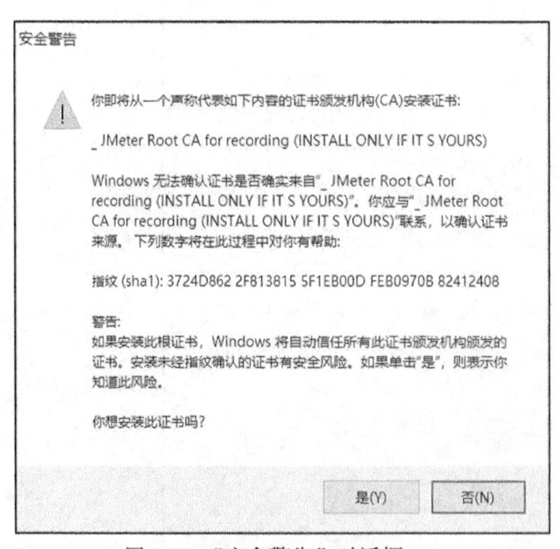

图 5-23　“安全警告”对话框

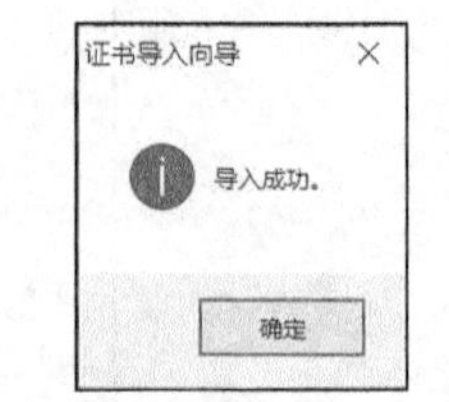

图 5-24　提示证书导入成功

这时，在“证书”对话框中，您将发现“受信任的根证书颁发机构”选项卡中多了一个 JMeter 临时证书，截止日期为 2019-04-25，如图 5-25 所示。

图 5-25　已安装的 JMeter 临时证书

5.1.9　运行测试脚本录制器

JMeter 临时证书安装完毕后，我们就可以尝试启动测试脚本录制器，结合录制需求进行操作了。首先，选中 HTTP(S) Test Script Recorder 元件，单击 Start 单选按钮以启动测试脚本录制器，如图 5-26 所示。

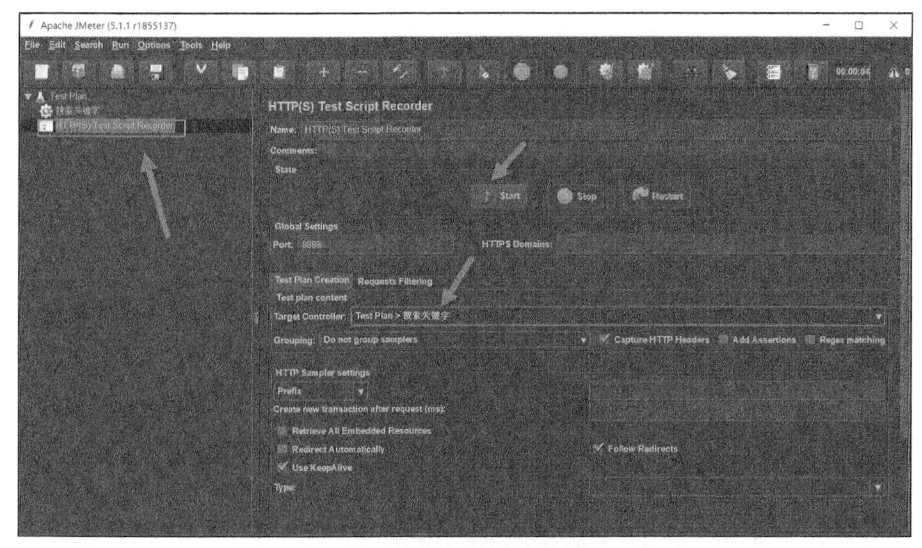

图 5-26　启动测试脚本录制器

测试脚本录制器启动后，将弹出图 5-27 所示对话框，我们不需要关注太多，可以直接单击 OK 按钮或不予处理。

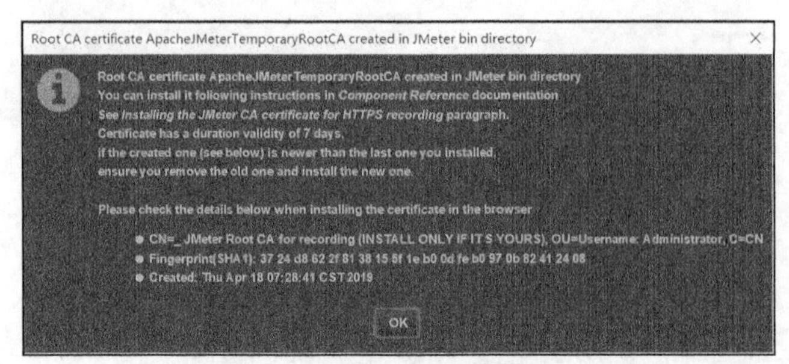

图 5-27　关于证书对话框提示信息

接下来，将出现“Recorder：Transactions Control”对话框，如图 5-28 所示。

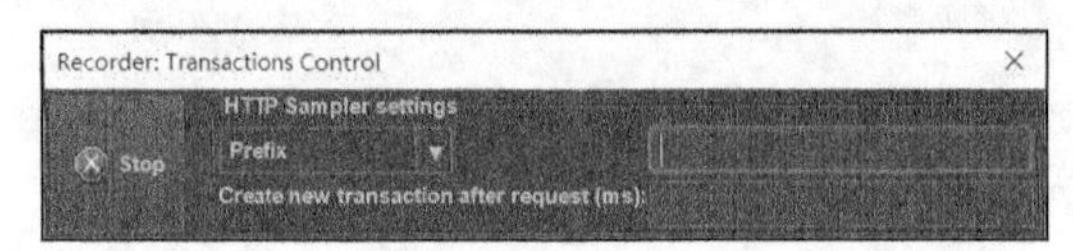

图 5-28　“Recorder：Transactions Control”对话框

“Recorder：Transactions Control”对话框主要是用于定义事务前缀的，这里不用关注和处理。

打开 360 浏览器，访问百度网站，使用百度搜索引擎搜索关键字“API”，搜索结果如图 5-29 所示。

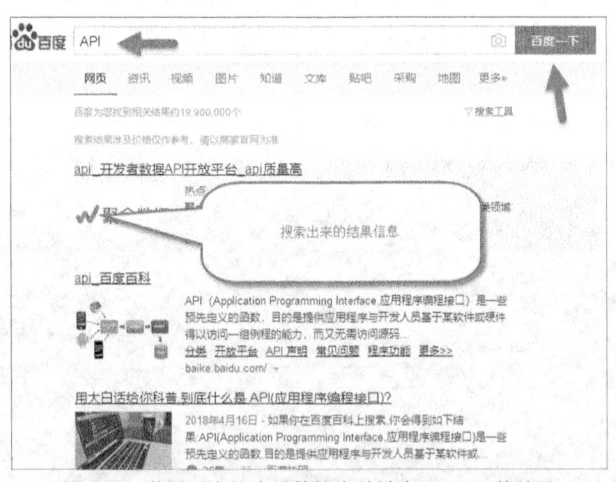

图 5-29　使用百度搜索引擎搜索关键字“API”的结果

单击图 5-28 中的 Stop 按钮，停止录制，返回 JMeter 的主界面。

从图 5-30 中可以看到，“搜索关键字”线程组中产生了很多录制好的脚本信息，其中包含图片、PHP 代码、图标等。另外，显示的信息中不仅涉及百度，还涉及 360 浏览器的安全扫描等，这些信息显然不是我们想要录制到 JMeter 脚本中的内容。有两种方式可用来处理这种情况：一种是将不需要的脚本删除；另一种是在录制脚本前设置过滤条件，从而在录制时自动忽略那些不想录制的内容。当然，第二种方式不一定能过滤掉所有指定的内容，但起码能减轻工作量。

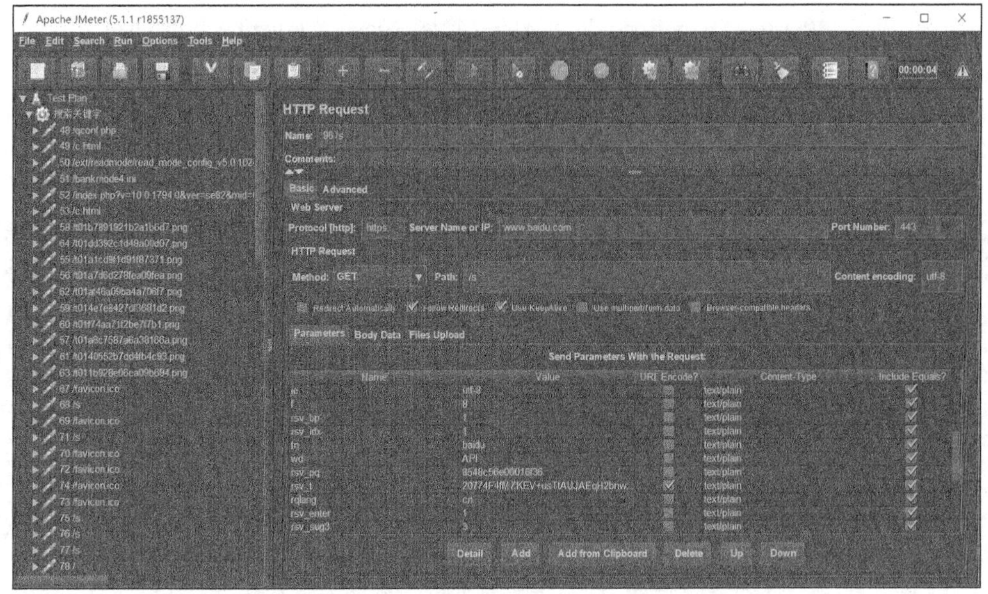

图 5-30　因搜索 API 关键字而产生的脚本信息

我们不妨对比一下，当前录制的脚本数量为 81（从序号 48 开始，到序号 128 结束），如图 5-31 所示。

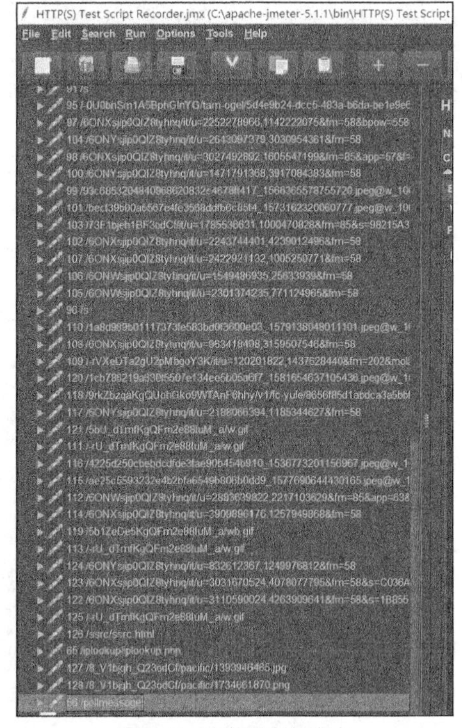

图 5-31　当前录制的脚本

下面选中 HTTP(S) Test Script Recorder 元件，切换到 Requests Filtering 界面，在 URL Patterns to Exclude 中添加一个正则表达式，对使用.js、.css、.png、.jpg、.ico、.png、.gif、.php、.dat、.svg 作为后缀的文件不予录制。这里我们使用的正则表达式为“.*\.(js|css|PNG|jpg|ico|png|gif|php|dat|svg).*”，如图 5-32 所示。

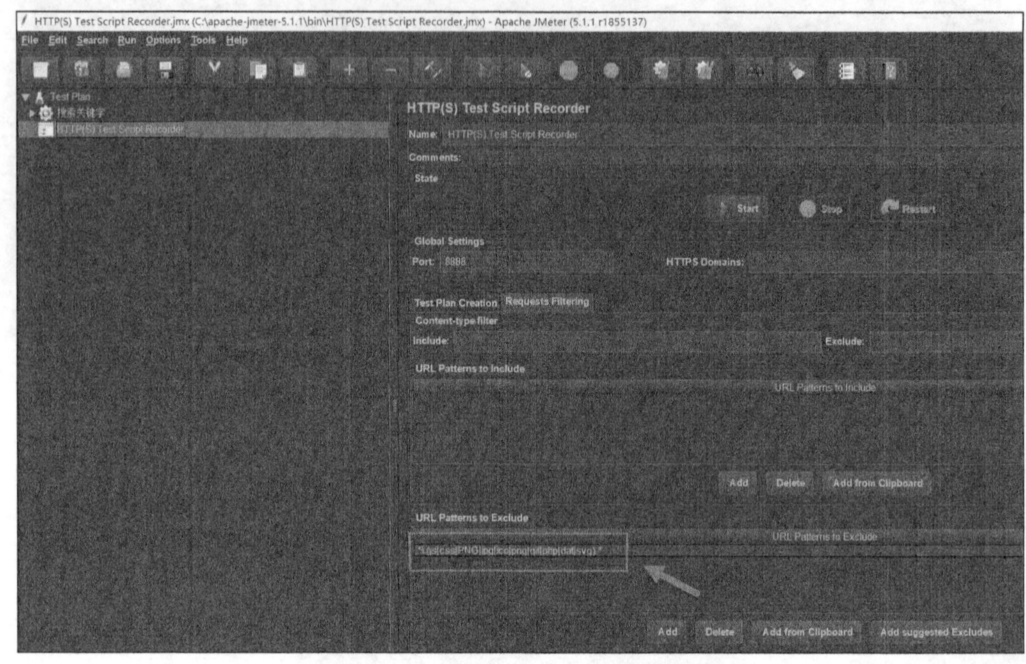

图 5-32 添加过滤内容使用的正则表达式

而后您就可以将产生的所有脚本删除。建议您将之前的业务操作重新录制一遍，看看生成的脚本数量是否会发生变化。

我们发现，再次录制后产生的脚本数量为 24，如图 5-33 所示。

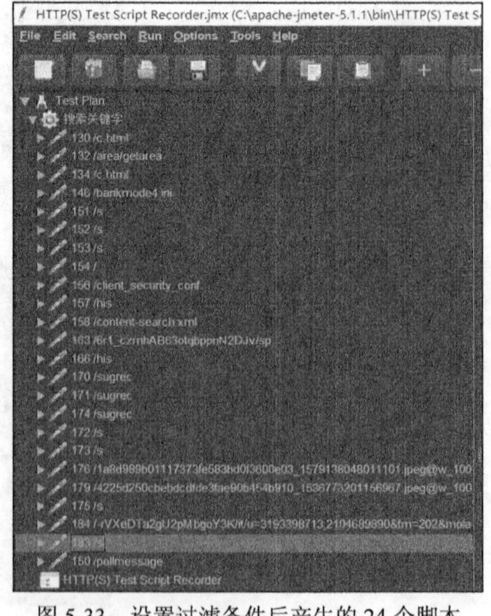

图 5-33 设置过滤条件后产生的 24 个脚本

相比上一次的 81 条脚本，简单地设置一下就减少了大约四分之三的工作量，这是不是很值得呢？当然，您还可以继续设置过滤条件以减少对无用脚本的录制。但是，有些脚本是无法避免录制的，比如搜索时因关键字自动匹配产生的脚本信息，如图 5-34 所示。事实上，我们需要的只有序号为 183 的脚本，其他的可以删除。因为我们只关注 API 这个关键字的搜索结果，如图 5-35 所示。

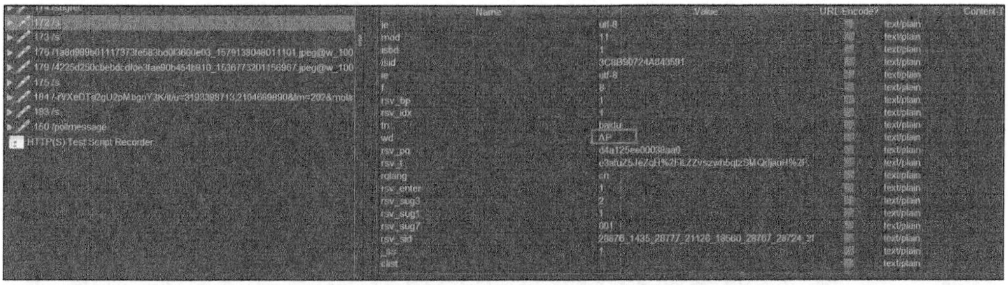

图 5-34　搜索时因关键字自动匹配产生的脚本信息

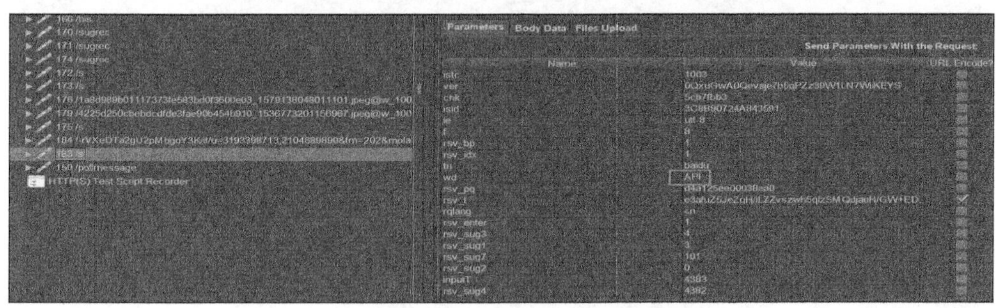

图 5-35　因搜索 API 关键字产生的脚本信息

现在又有了一个新的问题，如何验证按照之前的方法删除其他无关脚本后，脚本仍然能够正确执行呢？

5.1.10　添加监听器

删除无用脚本后，右击“搜索关键字”线程组，在弹出的快捷菜单中选择 Add→Listener→View Results Tree 菜单项，添加 View Results Tree 元件，如图 5-36 所示。

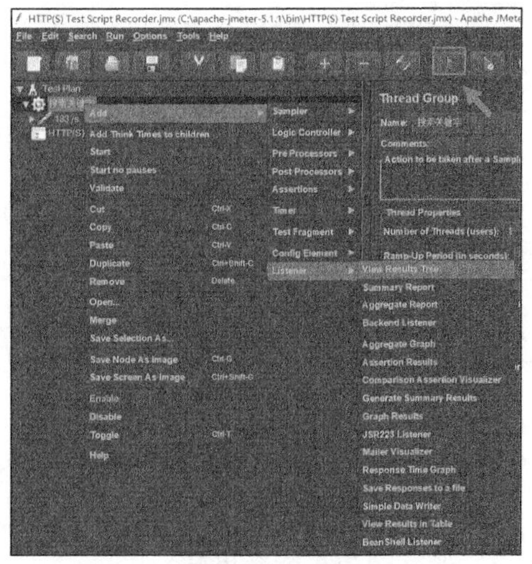

图 5-36　添加 View Results Tree 元件

接下来，单击“运行”按钮（图 5-36 中箭头所指图标），开始回放脚本。运行完之后，单击 View Results Tree 元件，查看 View Results Tree 元件的相关信息，如图 5-37 所示。

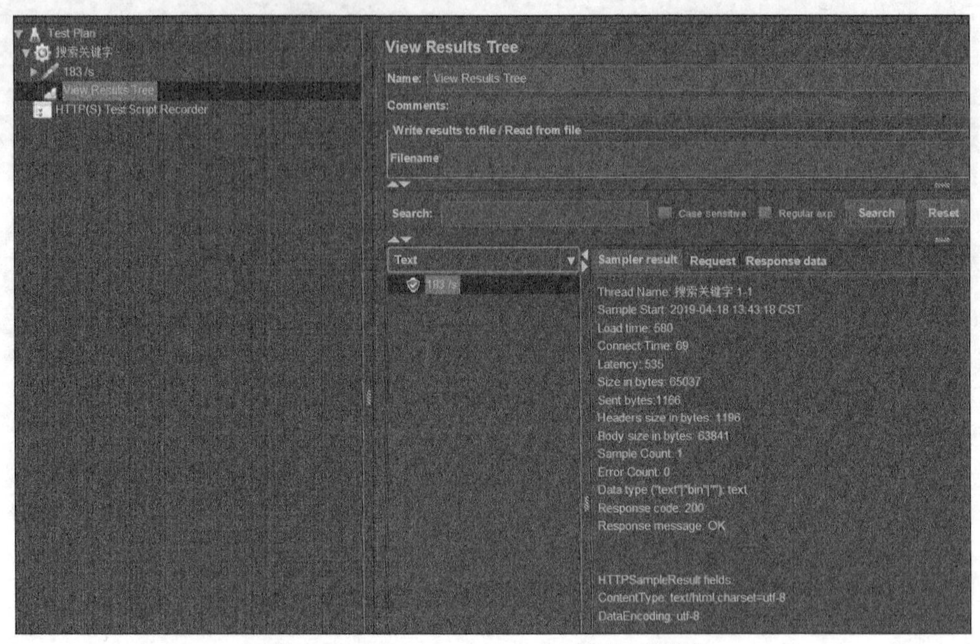

图 5-37　查看 View Results Tree 元件的相关信息

默认情况下，信息是以 Text 方式展示的。为了更加直观，可以切换成 HTML 方式，而后在 Response data 选项卡中查看页面的展现效果，如图 5-38 所示。

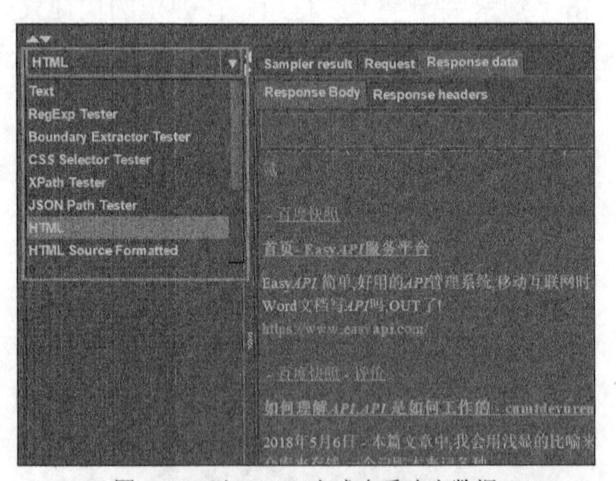

图 5-38　以 HTML 方式查看响应数据

我们可以看到，显示的结果和使用百度搜索引擎手动进行搜索时产生的结果完全一致。掌握了接口测试之后，您就会发现在大量的请求中，核心功能可能就是一条请求。如果您能抓住系统的核心业务功能进行测试，那么效果可能会更好。

5.1.11　添加检查点

对于测试开发人员或接口测试人员来说，每天可能要验证几百个测试用例。如果对于每个测试用例都需要查看响应数据，而后和实际搜索结果进行对比，工作量实在太大了。自动化测试或性能测试中都有检查点的概念，单元测试中有断言的概念。我们可不可以在 JMeter 中加入类似的元件，从而方便我们直观地看到哪些结果是对的，哪些结果是错的呢？当然可以。

我们可以通过添加断言元件来达成以上目的。右击“搜索关键字”线程组，从弹出的快捷菜单中选择 Add→Assertions→Response Assertion 菜单项，添加响应断言，如图 5-39 所示。

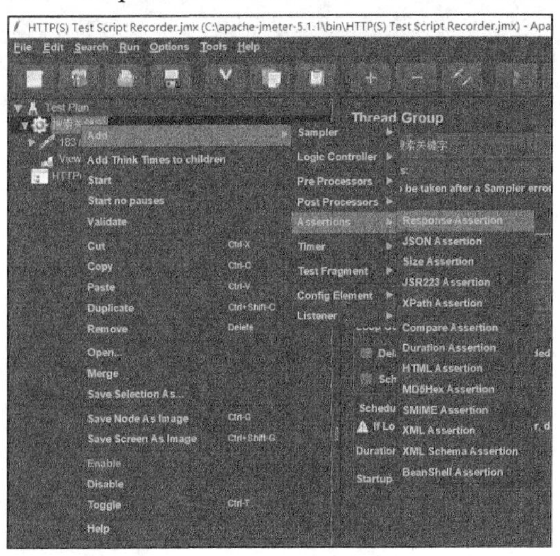

图 5-39　添加响应断言

在图 5-40 所示的界面中，我们可以继续对响应断言进行设置：如果响应数据中包含某个文本，就认为用例运行成功了；否则，就认为运行失败。这里在 Pattern Matching Rules 选项组中选择 Contains 单选按钮，将 Patterns to Test 设置为 Application Programming Interface，设置响应断言的模式，如图 5-41 所示。

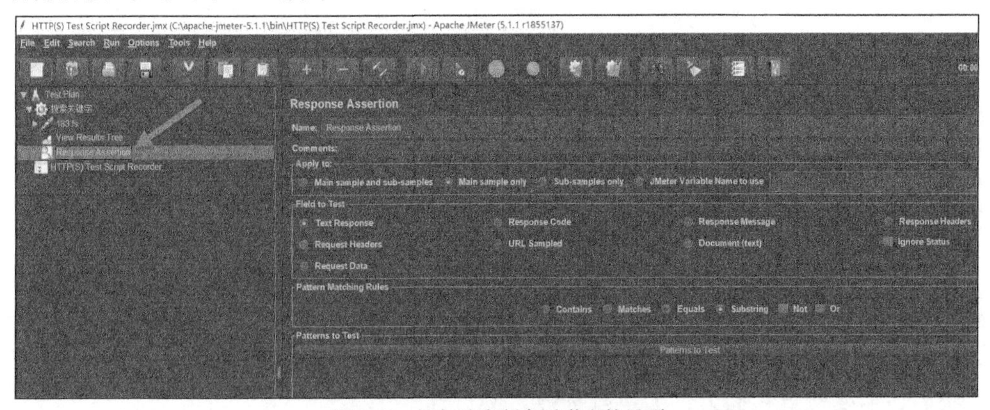

图 5-40　添加响应断言后弹出的界面

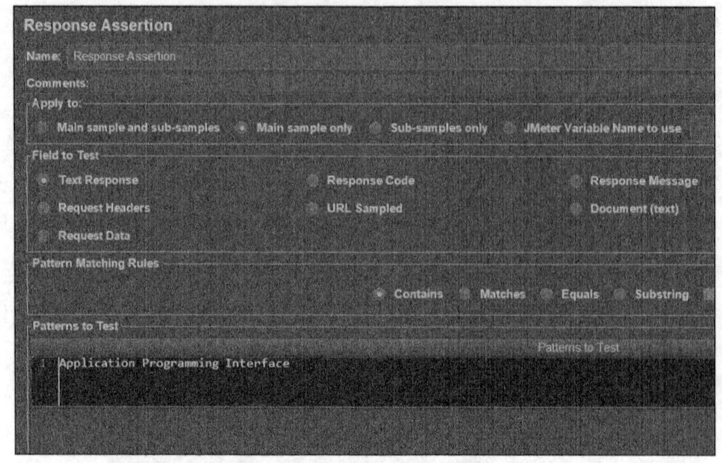

图 5-41　设置响应断言的模式

为响应断言设置测试的模式时，必须确认设置的模式存在且唯一，以防止搜索结果不对、文本却包含的情况发生，如图 5-42 所示，模式 Application Programming Interface 存在且在结果信息中唯一。

接下来，需要调整一下断言元件的位置，拖动断言元件，将其放置到 View Results Tress 元件的前面，如图 5-43 所示。

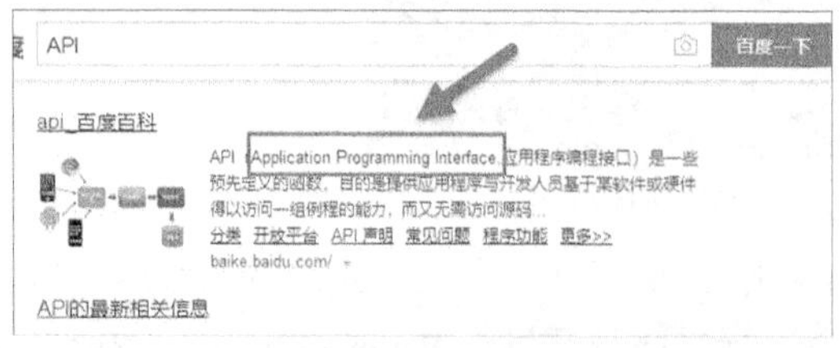

图 5-42　必须确认设置的模式存在且唯一

图 5-43　调整断言元件的位置

如图 5-44 所示，当设置的断言和实际响应结果一致时，就以对号（√）图标进行显示；如果不一致，就以叉号（×）图标进行显示，并提示为什么失败。结合本例，我们故意在 Application Programming Interface 的末尾添加了两个“啊”字，因为响应数据中并不包含此文本，所以 JMeter 报错。

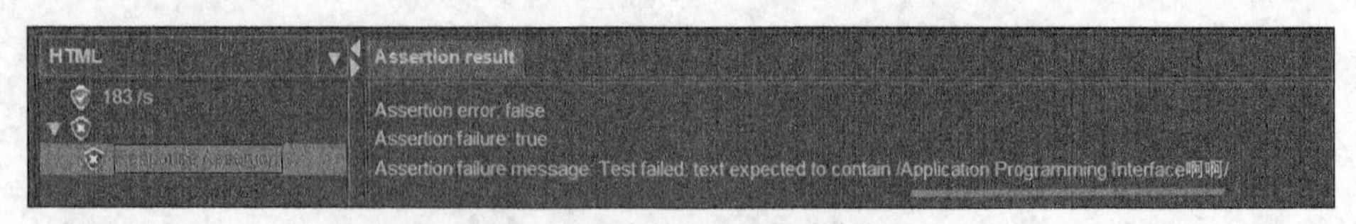

图 5-44　断言的成功或失败信息

这样就可以很直观地发现哪些脚本正确运行了，而哪些脚本运行失败了。对于运行失败的脚本，我们还需要检查它们为什么运行失败。

5.1.12　分析结果信息

如果您希望了解接口测试执行过程中的一些性能指标（如响应时间、吞吐量等），或者想要更加直观地查看接口测试的执行结果，那么可以添加图 5-45 所示的 Summary Report 和 View Results in Table 监控元件。

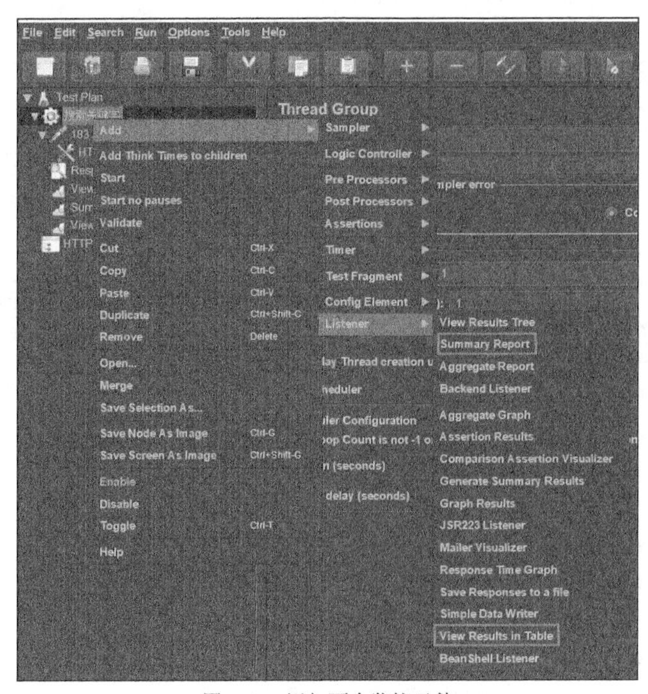

图 5-45　添加两个监控元件

如果再次回放 JMeter 脚本，将产生概要报表信息，如图 5-46 所示。概要报表中相关选项的含义参见表 5-3。

Label	# Samples	Average	Min	Max	Std. Dev.	Error %	Throughput	Received KB/sec	Sent KB/sec	Avg. Bytes
183 /s	1	670	670	670	0.00	0.00%	1.5/sec	102.08	1.70	70036.0
TOTAL	1	670	670	670	0.00	0.00%	1.5/sec	102.08	1.70	70036.0

图 5-46　概要报表信息

表 5-3　概要报表中的相关选项的含义

选项	含义
Label	取样器的别名
#Samples	取样器的运行次数
Average	请求的平均响应时间
Min	最短响应时间

续表

选项	简要说明
Max	最长响应时间
Std. Dev.	响应时间的标准偏差
Error %	业务（事务）错误百分比
Throughput	吞吐量
Received （Sent）KB/sec	每秒接收（发送）的流量，单位为千字节
Avg. Bytes	平均流量，单位为字节

如果再次回放 JMeter 脚本，将产生表格形式的结果信息，如图 5-47 所示。表格中相关选项的含义参见表 5-4。

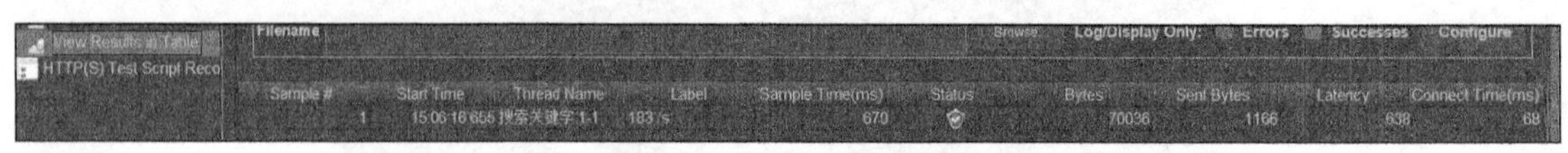

图 5-47　表格形式的结果信息

表 5-4　图 5-47 所示表格中相关选项的含义

选项	含义
#Samples	取样器的运行编号
Start Time	当前取样器开始运行的时间
Thread Name	线程的名称
Label	取样器的别名
Sample Time(ms)	服务器的响应时间，单位为毫秒
Status	状态（成功对应绿色图标，失败对应红色图标）
Bytes	响应数据的大小
Sent Bytes	发送数据的大小
Latency	等待服务器响应耗费的时间
Connect Time(ms)	为了与服务器建立连接而耗费的时间

JMeter 工具提供了很多元件和功能，由于本书讲解的是接口测试相关内容，因此我们仅对接口测试用到的部分元件和功能进行较详细的讲解。如果您想深入掌握其他元件和功能，请阅读相应书籍，这里不再赘述。

5.2 基于 JMeter 的接口测试项目实战

5.1 节介绍了 JMeter 提供的脚本录制方法以及 JMeter 的基本用法。在实际工作中，我们通常不会以录制方式编写脚本，而更多依赖接口文档直接编写脚本。本节就以“极速数据”网站提供的“火车查询”接口为例，介绍使用 JMeter 进行接口测试的方法。

5.2.1 “火车查询”接口介绍

首先，我们需要到“极速数据”网站申请免费账号。使用申请的账号成功登录后，您就可以看到“账号信息”下的 appkey，如图 5-48 所示。appkey 非常重要，后续在调用“火车查询”接口时，appkey 是必填参数。

图 5-48　查看“账号信息”下的 appkey

其次，我们需要申请“火车查询”接口的 API 调用权限。方法是单击“申请 API”选项，再单击“交通出行”按钮，而后单击“火车查询”下方的“立即申请”按钮，如图 5-49 所示。

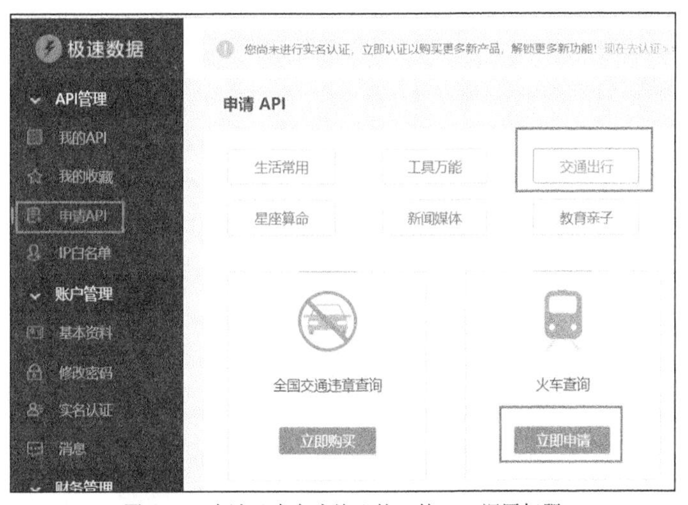

图 5-49　申请“火车查询”接口的 API 调用权限

有了“火车查询”接口的 API 调用权限后，单击“我的 API”，就会发现有了 100 次调用权限，这对于我们掌握如何使用 JMeter 进行接口测试已经足够了，如图 5-50 所示。

您可以单击图 5-50 中的“火车查询”链接来查看对应的文档信息。通常情况下，在实际工作中，类似的接口文档是研发人员肯定会提交测试的内容。测试人员必须认真阅读这些文档，并设计相应的接口测试用例，不仅要保证接口能够实现正常的业务功能，还要保证在输入异常数据的情况下，系统不由于接口问题而崩溃。

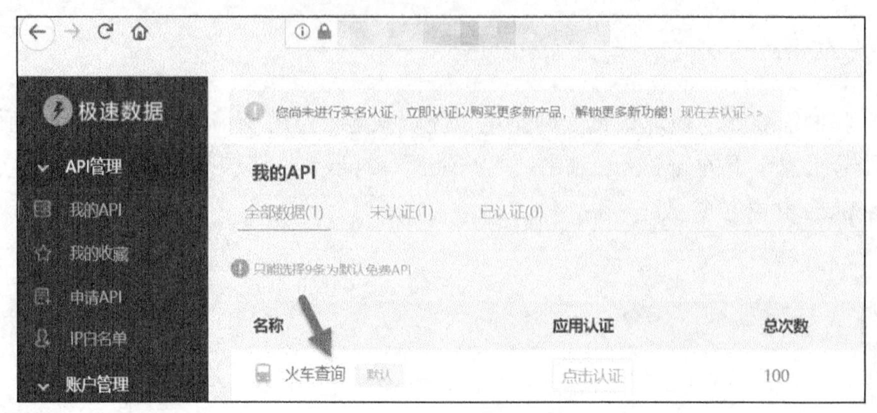

图 5-50　申请到 100 次调用权限

图 5-51 展示了“极速数据”网站提供的 “火车查询”接口的相关文档信息。图 5-52 展示了“火车查询”接口的相关请求代码以及 JSON 返回示例。

图 5-51　“火车查询”接口的相关文档信息

请求代码：

PHP Python Java

```
#!/usr/bin/python
# encoding:utf-8

import urllib2, json, urllib, time



# 1、站站查询


data = {}
data["appkey"] = "your_appkey_here"
data["start"] = "北京"
data["end"] = "杭州"
data["ishigh"] = 0
url_values = urllib.urlencode(data)
url = "*****://api.jisuapi.***/train/station2s" + "?" + url_values
request = urllib2.Request(url)
```

JSON返回示例：

```
{
    "status": "0",
    "msg": "ok",
    "result": [
        {
            "trainno": "G34",
            "type": "高铁",
            "station": "杭州东",
            "endstation": "北京南",
```

图 5-52 “火车查询”接口的相关请求代码和 JSON 返回示例

表 5-5 与表 5-6 分别展示了火车车次查询的请求参数和返回参数。

表 5-5 火车车次查询的请求参数

参数名称	类型	是否必填	说明
trainno	string	是	车次
date	string	否	时间

表 5-6 火车车次查询的返回参数

参数名称	类型	说明
trainno	string	车次
type	string	类型
sequenceno	string	序号
station	string	车站
day	string	天数
arrivaltime	string	到达时间
departuretime	string	出发时间
stoptime	string	停留时间
costtime	string	用时
distance	string	距离

续表

参数名称	类型	说明
isend	int	是否是终点
pricesw	string	商务座票价
pricetd	string	特等座票价
pricegr1	string	高级软卧上铺票价
pricegr2	string	高级软卧下铺票价
pricerw1	string	软卧上铺票价
pricerw2	string	软卧下铺票价
priceyw1	string	硬卧上铺票价
priceyw2	string	硬卧中铺票价
priceyw3	string	硬卧下铺票价
priceyd	string	一等座票价
priceed	string	二等座票价
pricerz	string	软座票价
priceyz	string	硬座票价

“火车查询”接口提供两类错误码——火车车次查询的错误码（见表 5-7）和“火车查询”接口的系统错误码（见表 5-8）。由于这里只针对火车车次查询进行测试，因此我们只需要重点关注表 5-7 中的错误码。

表 5-7　火车车次查询的错误码

错误码	说明
201	车次为空
202	始发站或到达站为空
203	没有信息

表 5-8　“火车查询”接口的系统错误码

系统错误码	说明
101	appkey 为空或不存在
102	appkey 已过期
103	无请求权限
104	请求超过次数限制
105	IP 地址被禁止
106	从 IP 地址发出的请求超过限制
107	接口维护中
108	接口已停用

5.2.2 “火车查询”接口测试用例设计

假设现在要测试“火车查询”接口，接口测试人员如何保证测试覆盖全面呢？

首先，您肯定需要了解关于火车票的一些分类信息，例如，C 字头代表城际列车，D 字头代表动车列车，G 字头代表高铁列车，Z 字头代表直达列车，T 字头代表特快列车，K 字头代表快速列车，还有由纯数字构成的列车编号。只有知道了这些信息才能覆盖所有正常列车。

这里我们针对这些类别的列车，分别准备对应的列车分类数据，如表 5-9 所示。

表 5-9　列车分类数据（测试数据）

序号	分类	车次	出发站/到达站
1	高铁列车	G5	北京南/上海
2	动车列车	D701	北京/上海
3	直达列车	Z281	北京/上海南
4	特快列车	T109	北京/上海
5	快速列车	K215	北京/吉林
6	城际列车	C1001	长春/吉林
7	其他列车	4375	长春/吉林

接下来，我们设计针对“火车查询”接口的正常测试用例，如表 5-10 所示。由于测试用例很多，因此这里只列出部分测试用例，请读者发挥自身的用例设计能力自行补充。

表 5-10　正常测试用例

序号	输入	预期输出	测试输入数据
1	正确输入包含必填高铁参数的相关内容（必填参数包括高铁列车车次和 appkey）	正确输出对应高铁列车车次的相关信息（包括所有输出参数），并与 12306 网站进行比对，必须完全一致	*****://api.jisuapi.***/train/line?appkey=35062409367ad***&trainno=G5
2	正确输入包含必填动车参数的相关内容（必填参数包括动车车次和 appkey）	正确输出对应动车车次的相关信息（包括所有输出参数），并与 12306 网站进行比对，必须完全一致	*****://api.jisuapi.***/train/line?appkey=35062409367ad***&trainno= D701
3	正确输入包含必填直达列车参数的相关内容（必填参数包括直达车次和 appkey）	正确输出对应直达列车车次的相关信息（包括所有输出参数），并与 12306 网站进行比对，必须完全一致	*****://api.jisuapi.***/train/line?appkey=35062409367ad***&trainno= Z281

续表

序号	输入	预期输出	测试输入数据
4	正确输入包含必填特快列车参数的相关内容（必填参数包括特快列车车次和 appkey）	正确输出对应特快列车车次的相关信息（包括所有输出参数），并与 12306 网站进行比对，必须完全一致	*****://api.jisuapi.***/train/line?appkey=35062409367ad***&trainno= T109
5	正确输入包含必填快速列车参数的相关内容（必填参数包括快速列车车次和 appkey）	正确输出对应快速列车车次的相关信息（包括所有输出参数），并与 12306 网站进行比对，必须完全一致	*****://api.jisuapi.***/train/line?appkey=35062409367ad***&trainno= K215
6	正确输入包含必填城际列车参数的相关内容（必填参数包括城际列车车次和 appkey）	正确输出对应城际列车车次的相关信息（包括所有输出参数），并与 12306 网站进行比对，必须完全一致	*****://api.jisuapi.***/train/line?appkey=35062409367ad***&trainno= C1001
7	正确输入包含必填其他列车参数的相关内容（必填参数包括其他列车车次和 appkey）	正确输出对应其他列车车次的相关信息（包括所有输出参数），并与 12306 网站进行比对，必须完全一致	*****://api.jisuapi.***/train/line?appkey=35062409367ad***&trainno= 4375
8	正确输入包含必填高铁参数的相关内容（必填参数包括高铁列车车次、appkey 和可选日期）	正确输出对应高铁列车车次的相关信息（包括所有输出参数），并与 12306 网站进行比对，必须完全一致	*****://api.jisuapi.***/train/line?appkey=35062409367ad***&trainno=G5&date=2019-05-20
⋮	⋮	⋮	⋮

接下来，我们设计针对“火车查询”接口的异常测试用例，如表 5-11 所示。由于测试用例很多，因此这里也只列出部分测试用例，请读者发挥自身的用例设计能力自行补充。

表 5-11　异常测试用例

序号	输入	预期输出	测试输入数据
1	不输入任何参数	返回错误码 101	*****://api.jisuapi.***/train/line?
2	不输入必填参数且不输入必填 appkey 参数	返回错误码 101	*****://api.jisuapi.***/train/line?appkey=&trainno=G5&date=2019-05-20
3	不输入必填参数且不输入必填车次参数	返回错误码 201	*****://api.jisuapi.***/train/line?appkey=35062409367ad***&trainno=
4	为必填参数输入不存在的值，为车次输入非法值	返回错误码 203	*****://api.jisuapi.***/train/line?appkey=35062409367ad***&trainno=G22222223334
5	为日期输入非法值或过期日期	待验证，文档未描述	*****://api.jisuapi.***/train/line?appkey=35062409367ad***&trainno=G5&date=2019-15-20
⋮	⋮	⋮	⋮

5.2.3　首个接口测试用例的 JMeter 脚本的实现

下面我们参考表 5-10 来实现首个接口测试用例，也就是“正确输入包含必填高铁列车参数的相关内容（必填参数包括高铁列车车次和 appkey）”这个测试用例。

首先，创建一个新的 JMeter 测试脚本。然后，新建一个线程组，将名称定义为“火车车次查询接口测试”，如图 5-53 所示。

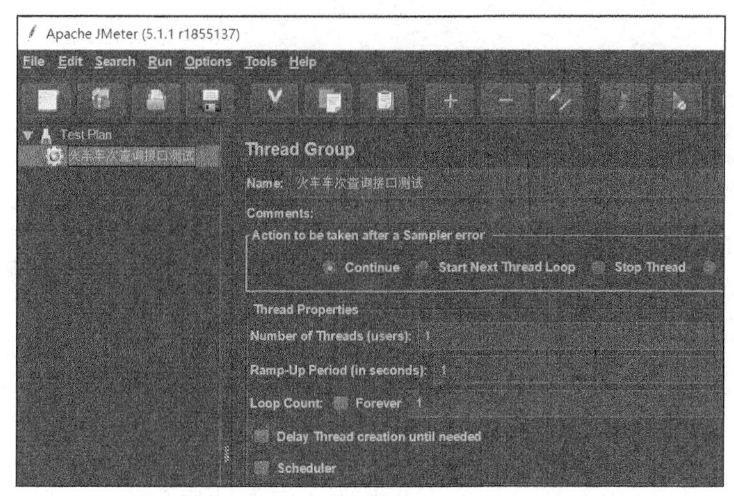

图 5-53 新建“火车车次查询接口测试”线程组

接下来，添加一个 HTTP Request 取样器元件，如图 5-54 所示。

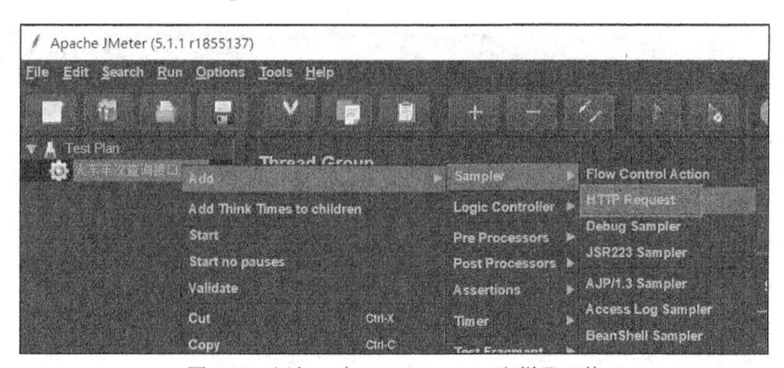

图 5-54 添加一个 HTTP Request 取样器元件

最后，对新添加的 HTTP Request 取样器元件进行编辑，如图 5-55 所示。

从图 5-55 可以看到，我们已将 HTTP Request 取样器重命名为“正例-G5 高铁车次查询”。另外，还添加了注释信息“正确输入包含必填高铁参数的相关内容（必填参数包括高铁列车车次和 appkey）”。这里使用的协议是 HTTPS，服务器的名称是 api.jisuapi.com，端口号是 443，请求的发送方式为 GET，路径为/train/line?appkey=35062409367ad442&trainno=G5。

以上完成了首个接口测试用例，为了能够看到执行结果，这里又加入两个监听器元件——View Results Tree 和 View Results in Table 元件，如图 5-56 所示。最后将脚本保存为 huocheapitest. jmx。

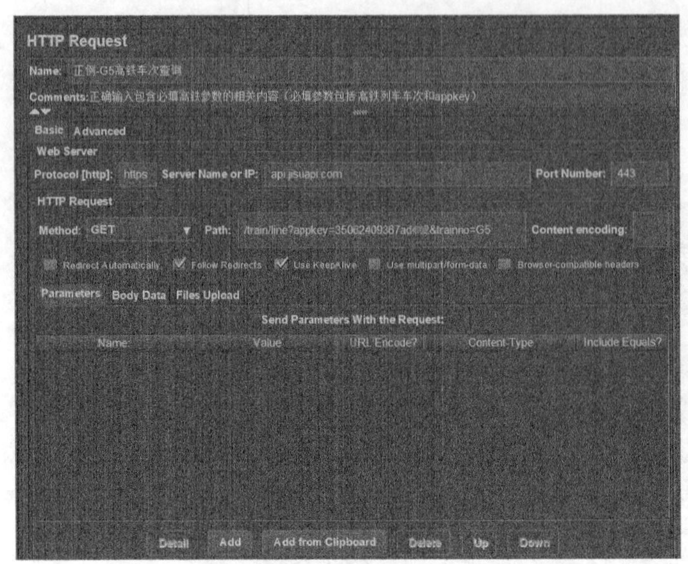

图 5-55　编辑新添加的 HTTP Request 取样器元件

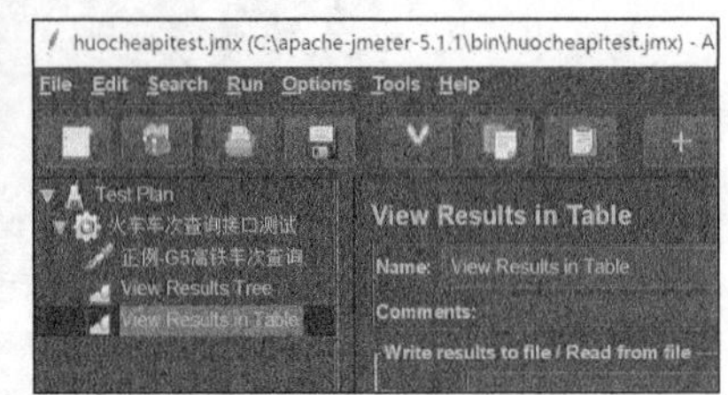

图 5-56　“火车查询”接口的相关测试脚本

5.2.4　首个接口测试用例的 JMeter 脚本的执行与结果分析

现在，在 JMeter 中，单击“运行”按钮，让我们一起来看一下执行结果，如图 5-57 所示。

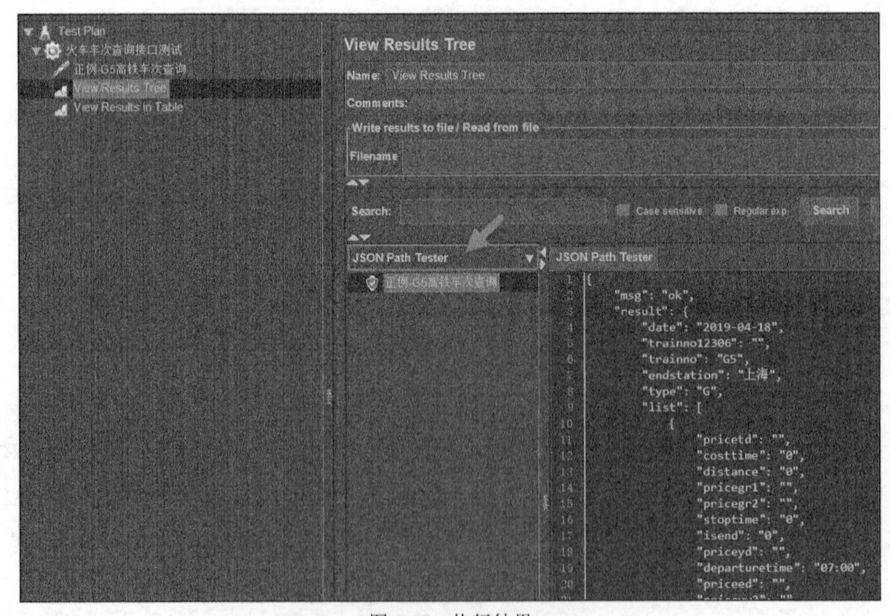

图 5-57　执行结果

观察图 5-57，这里为了便于查看 JSON 格式的输出数据，我们将响应数据的展现方式调整为 JSON Path Tester。但是，我们看到的输出信息仍然不完整。为了便于查看，下面列出所有输出信息，供大家参考。


```
{
    "msg": "ok",
    "result": {
        "date": "2019-04-18",
        "trainno12306": "",
        "trainno": "G5",
        "endstation": "上海",
        "type": "G",
        "list": [
            {
                "pricetd": "",
                "costtime": "0",
                "distance": "0",
                "pricegr1": "",
                "pricegr2": "",
                "stoptime": "0",
                "isend": "0",
                "priceyd": "",
                "departuretime": "07:00",
                "priceed": "",
                "priceyw2": "",
                "sequenceno": "1",
                "priceyw1": "",
                "pricesw": "",
                "priceyw3": "",
                "station": "北京南",
                "arrivaltime": "----",
                "pricerw1": "",
                "day": "1",
                "pricerw2": ""
            },
            {
                "pricetd": "",
                "costtime": "31",
                "distance": "0",
                "pricegr1": "",
                "pricegr2": "",
                "stoptime": "2",
                "isend": "0",
                "priceyd": "94.5",
                "departuretime": "07:33",
                "priceed": "54.5",
                "priceyw2": "",
```

```
        "sequenceno": "2",
        "priceyw1": "",
        "pricesw": "174.5",
        "priceyw3": "",
        "station": "天津南",
        "arrivaltime": "07:31",
        "pricerw1": "",
        "day": "1",
        "pricerw2": ""
    },
    {
        "pricetd": "",
        "costtime": "90",
        "distance": "0",
        "pricegr1": "",
        "pricegr2": "",
        "stoptime": "2",
        "isend": "0",
        "priceyd": "314.5",
        "departuretime": "08:32",
        "priceed": "184.5",
        "priceyw2": "",
        "sequenceno": "3",
        "priceyw1": "",
        "pricesw": "589.5",
        "priceyw3": "",
        "station": "济南西",
        "arrivaltime": "08:30",
        "pricerw1": "",
        "day": "1",
        "pricerw2": ""
    },
    {
        "pricetd": "",
        "costtime": "210",
        "distance": "0",
        "pricegr1": "",
        "pricegr2": "",
        "stoptime": "2",
        "isend": "0",
        "priceyd": "748.5",
        "departuretime": "10:32",
        "priceed": "443.5",
        "priceyw2": "",
        "sequenceno": "4",
```

```
                "priceyw1": "",
                "pricesw": "1403.5",
                "priceyw3": "",
                "station": "南京南",
                "arrivaltime": "10:30",
                "pricerw1": "",
                "day": "1",
                "pricerw2": ""
            },
            {
                "pricetd": "",
                "costtime": "280",
                "distance": "0",
                "pricegr1": "",
                "pricegr2": "",
                "costtimetxt": "4 时 40 分",
                "stoptime": "0",
                "isend": "1",
                "priceyd": "939.0",
                "departuretime": "11:40",
                "priceed": "558.0",
                "priceyw2": "",
                "sequenceno": "5",
                "priceyw1": "",
                "pricesw": "1762.5",
                "priceyw3": "",
                "station": "上海",
                "arrivaltime": "11:40",
                "pricerw1": "",
                "day": "1",
                "pricerw2": ""
            }
        ],
        "startstation": "北京南",
        "typename": "高铁"
    },
    "status": "0"
}
```

接下来，登录 12306 网站，验证上述执行结果是否与 12306 网站上 G5 列车的信息一致（见图 5-58）。

在 12306 网站上，您还可以查询不同席位车票的售价信息，如图 5-59 所示。

经过细心比对，您发现首个接口测试用例的执行结果与 12306 网站上的信息完全匹配，所以“正确输入包含必填高铁参数的相关内容（必填参数包括高铁列车车次和 appkey）”这个测试用例测试通过。

图 5-58　在 12306 网站上查询 G5 列车的信息

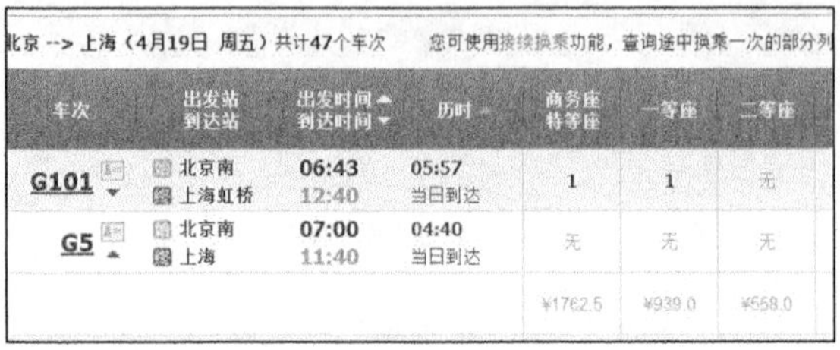

北京 --> 上海（4月19日 周五）共计47个车次　您可使用接续换乘功能，查询途中换乘一次的部分列

车次	出发站 到达站	出发时间 到达时间	历时	商务座 特等座	一等座	二等座
G101	北京南 上海虹桥	06:43 12:40	05:57 当日到达	1	1	无
G5	北京南 上海	07:00 11:40	04:40 当日到达	无	无	无
				¥1762.5	¥939.0	¥558.0

图 5-59　在 12306 网站上查询不同席位车票的售价信息

5.2.5　所有接口测试用例的 JMeter 脚本的实现

接下来，我们继续实现所有接口测试用例（包括正常和异常接口测试用例）的 JMeter 脚本。为了能够更加直观地了解接口测试用例的执行结果是否和预期一致，我们需要为每一个接口测试用例设计一个断言。这里只需要简单进行处理即可。因为所有正例（正常接口测试用例的简称）的输出都包含车次信息，所以我们以正例是否包含车次数据作为断言的依据。以我们为第一个正例加入的断言为例，如图 5-60 所示，其他正例的断言设置与此类似，不再赘述。

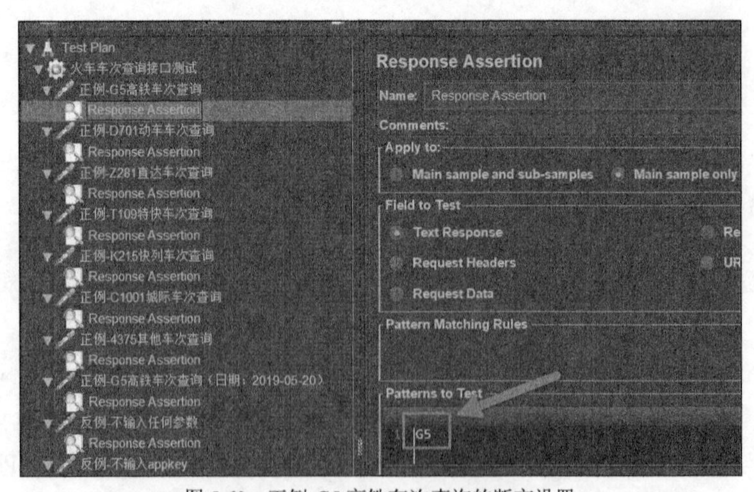

图 5-60　正例-G5 高铁车次查询的断言设置

反例（异常接口测试用例的简称）通常情况下都有明确的输出。比如，如果 appkey 参数缺失，就会返回错误码 101，所以我们以反例是否包含这个错误码作为断言的依据，如图 5-61 所示，其他反例的断言设置与此类似，不再赘述。

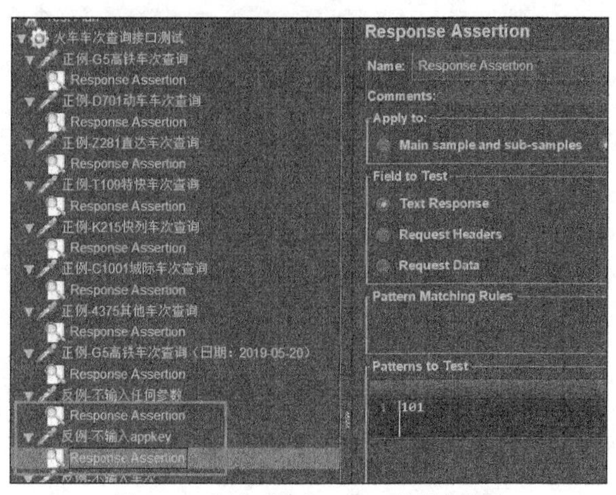

图 5-61　反例-不输入 appkey 的断言设置

但是有一种情况——我们不确定到底会输出什么。日期参数是可选参数，当输入非法格式的日期或失效日期时，会输出什么样的结果，文档中并未提及，所以我们不确定到底会输出什么。这里将反例-输入非法日期的断言设置为是否包含 999 或其他肯定不存在的值，如图 5-62 所示。这样执行必定失败，您可以查看输出结果，补充需求不完善的地方并提升测试用例的覆盖度，以防止漏测情况的发生。

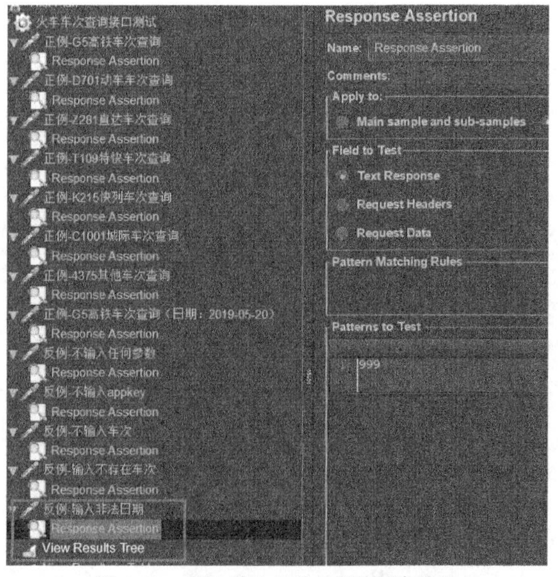

图 5-62　反例-输入非法日期的断言设置

最终，针对前面设计的正常和异常接口测试用例，实现的 JMeter 脚本如图 5-63 所示。

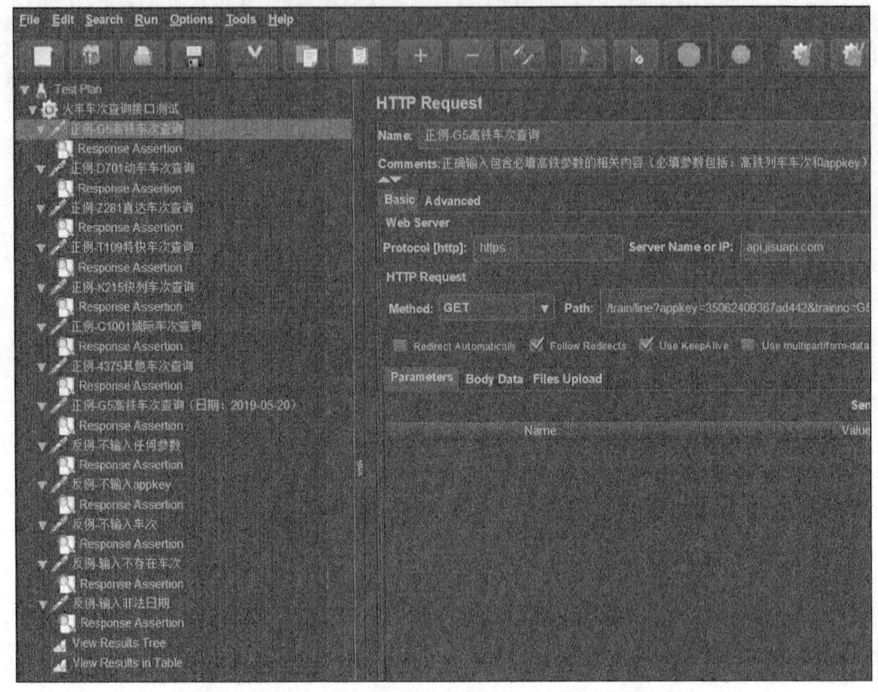

图 5-63　火车车次查询接口测试的 JMeter 脚本的实现信息

5.2.6　所有接口测试用例的 JMeter 脚本的执行与结果分析

执行火车车次查询的全部接口测试用例，执行后的结果树如图 5-64 所示。

图 5-64　针对火车车次查询的全部接口测试用例执行后的结果树

从图 5-64 中可以看到，只有最后那个接口测试用例的断言失败了（见图 5-65），这在我们意料之中，因为返回值不可能包含 999。

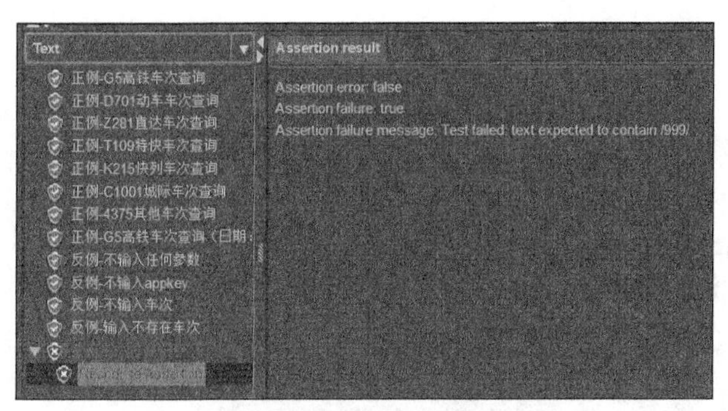

图 5-65 反例-输入非法日期的断言失败了

从响应数据（见图 5-66）看，该用例应该忽略了日期参数。也就是说，没有对日期参数进行任何校验，而只对 appkey 参数和车次信息是否输入以及输入的内容进行了校验。

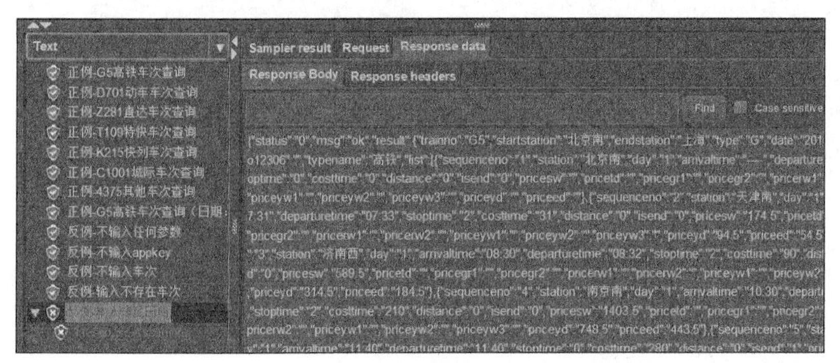

图 5-66 断言失败的接口测试用例的响应数据

从测试的角度看，如果参数没有意义，那么这样的参数完全可以省略。

当然，如果您觉得文本方式看起来不方便，可以切换成 JSON Path Tester 显示方式，效果如图 5-67 所示。

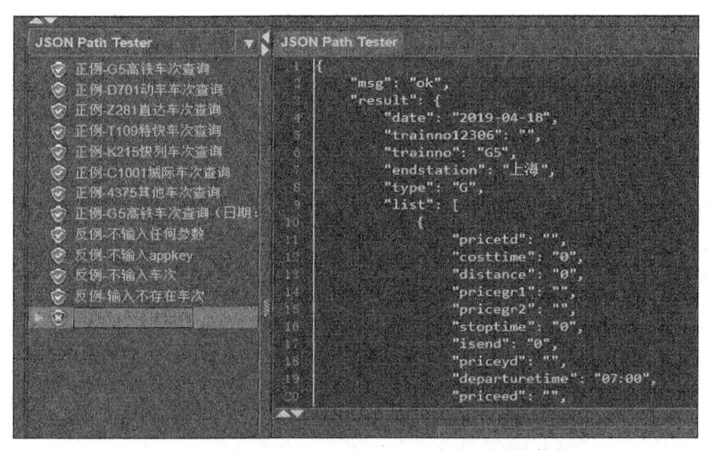

图 5-67 以 JSON Path Tester 方式显示响应数据

如果使用表格形式显示执行结果，就更加直观了，如图 5-68 所示。

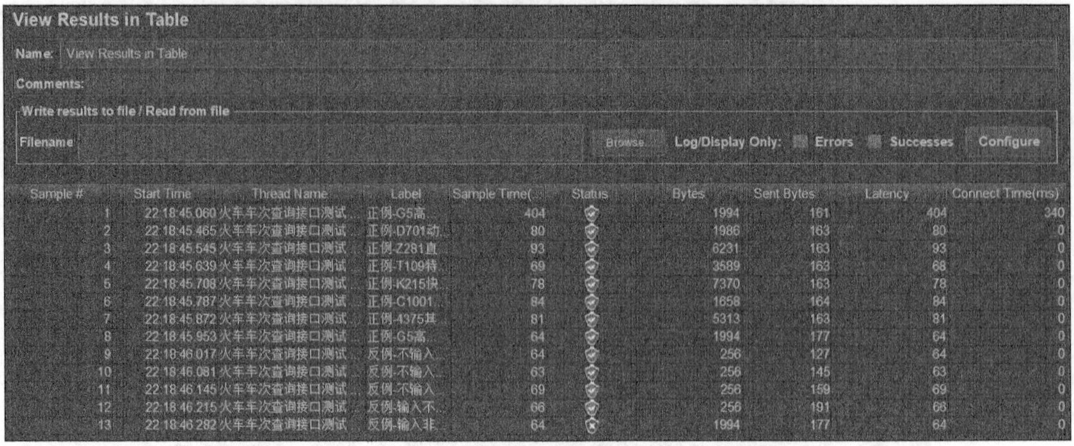

View Results in Table

Name: View Results in Table

Comments:

Write results to file / Read from file

Filename　Browse...　Log/Display Only: Errors　Successes　Configure

Sample #	Start Time	Thread Name	Label	Sample Time(...	Status	Bytes	Sent Bytes	Latency	Connect Time(ms)
1	22:18:45.060	火车车次查询接口测试...	正例-G5高...	404		1994	161	404	340
2	22:18:45.465	火车车次查询接口测试...	正例-D701动...	80		1986	163	80	0
3	22:18:45.545	火车车次查询接口测试...	正例-Z281直...	93		6231	163	93	0
4	22:18:45.639	火车车次查询接口测试...	正例-T109特...	69		3589	163	68	0
5	22:18:45.708	火车车次查询接口测试...	正例-K215快...	78		7370	163	78	0
6	22:18:45.787	火车车次查询接口测试...	正例-C1001...	84		1658	164	84	0
7	22:18:45.872	火车车次查询接口测试...	正例-4375其...	81		5313	163	81	0
8	22:18:45.953	火车车次查询接口测试...	正例-G5高...	64		1994	177	64	0
9	22:18:46.017	火车车次查询接口测试...	反例-不输入...	64		256	127	64	0
10	22:18:46.081	火车车次查询接口测试...	反例-不输入...	63		256	145	63	0
11	22:18:46.145	火车车次查询接口测试...	反例-不输入...	69		256	159	69	0
12	22:18:46.215	火车车次查询接口测试...	反例-输入不...	66		256	191	66	0
13	22:18:46.282	火车车次查询接口测试...	反例-输入非...	64		1994	177	64	0

图 5-68　以表格形式显示执行结果

从图 5-68 中可以看到，我们一共执行了 13 个接口测试用例，其中 12 个接口测试用例的实际执行结果和预期一致，只有最后一个和预期不一致（原因前面已经讲过，这里不再赘述）。

5.3 Postman 在接口测试中的应用

5.3.1　Postman 介绍及安装

Postman 是 API 开发中最完整的工具链之一，是全球使用最多的 REST 客户端之一，在底层设计上就支持 API 开发及测试人员，并且提供了直观的用户界面来发送请求、保存响应、添加测试及创建工作流。

在进行接口测试时，我们可以通过 Postman 工具模拟各种复杂类型的请求（如 GET、POST、PUT 请求等），查看响应内容是否正确。

Postman 有如下 3 个本地应用程序版本。

- Postman 免费版：提供完整的 API 开发环境，适用于个人和小型团队。
- Postman Pro 付费版：最多允许 50 个用户协作，允许对扩展特性进行完全访问。
- Postman Enterprise 付费版：适用于任何规模的团队，支持更多高级特性。

大家应结合各自的需求，选择相应的版本。图 5-69 对 Postman 的 3 个版本做了比较。

另外，Postman 还有一款已集成到 Chrome 浏览器中的版本，可作为 Chrome App 使用。但是这个版本现在已经弃用，原因是谷歌已经宣布终止对使用 Windows、Mac 和 Linux 操作系统的 Chrome App 提供支持，这意味着对 Postman Chrome App 的支持也会消失。曾经许多用户认为，Postman 只能作为 Chrome App 使用。虽然最初 Postman 是使用 Chrome 浏览器扩展的拦截器，但 Postman 后来在 Mac、Windows 和 Linux 操作系统中分别引入了本地应用程序，因此 Postman 官方推荐大家使用本地应用程序版本。

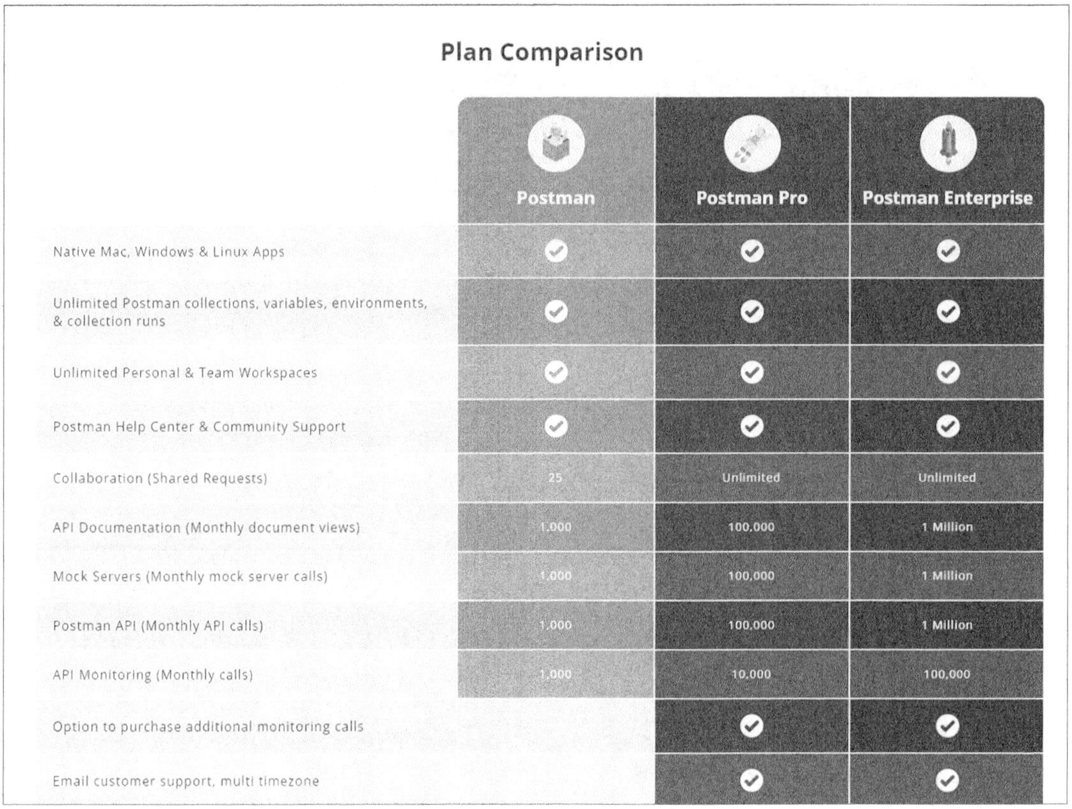

Plan Comparison

	Postman	Postman Pro	Postman Enterprise
Native Mac, Windows & Linux Apps	✓	✓	✓
Unlimited Postman collections, variables, environments, & collection runs	✓	✓	✓
Unlimited Personal & Team Workspaces	✓	✓	✓
Postman Help Center & Community Support	✓	✓	✓
Collaboration (Shared Requests)	25	Unlimited	Unlimited
API Documentation (Monthly document views)	1,000	100,000	1 Million
Mock Servers (Monthly mock server calls)	1,000	100,000	1 Million
Postman API (Monthly API calls)	1,000	100,000	1 Million
API Monitoring (Monthly calls)	1,000	10,000	100,000
Option to purchase additional monitoring calls		✓	✓
Email customer support, multi timezone		✓	✓

图 5-69 Postman 各个版本的对比说明

本地应用程序版本和 Chrome App 版本的不同之处主要体现在以下几个方面。

- Cookie：本地应用程序版本允许直接使用 Cookie，不需要借助单独的 Chrome 浏览器扩展。
- 内置代理：本地应用程序版本附带了内置代理，可以用来捕获网络流量。
- 受限标头：本地应用程序版本允许发送 Origin 和 User-Agent 这样的请求标头，但是这些请求标头在 Chrome App 版本中不允许使用。
- 不必自动重定向：在本地应用程序版本中不必自动重定向，以防止返回 300 系列响应的请求被自动重定向；相反，以前在 Chrome App 版本中，则需要使用拦截器扩展才能实现这一点。
- 菜单栏：本地应用程序版本不受 Chrome 菜单栏标准的限制，因而菜单栏可以更加丰富。
- Postman 控制台：本地应用程序版本都有内置的控制台，允许您查看进行 API 调用时网络请求的详细信息。

在本书中，我们选择安装的版本是支持 64 位 Windows 操作系统的 Postman 6.6.1。大家可以从 Postman 官网获取并下载相应的安装包，如图 5-70 所示。下载后进行默认安装即可。

图 5-70　下载 Postman 6.6.1 的用于 64 位 Windows 操作系统的安装包

安装成功后，运行并打开 Postman 工具，Postman 的主界面由三大部分构成，如图 5-71 所示。

- 顶部菜单部分：主要提供新建和编辑请求，选择和查看视图或帮助，以及进行相关设置等功能。
- 左侧导航部分：主要提供测试集合列表和查看历史记录等功能。
- 右侧构建部分：主要提供构建请求和查看响应结果等功能。

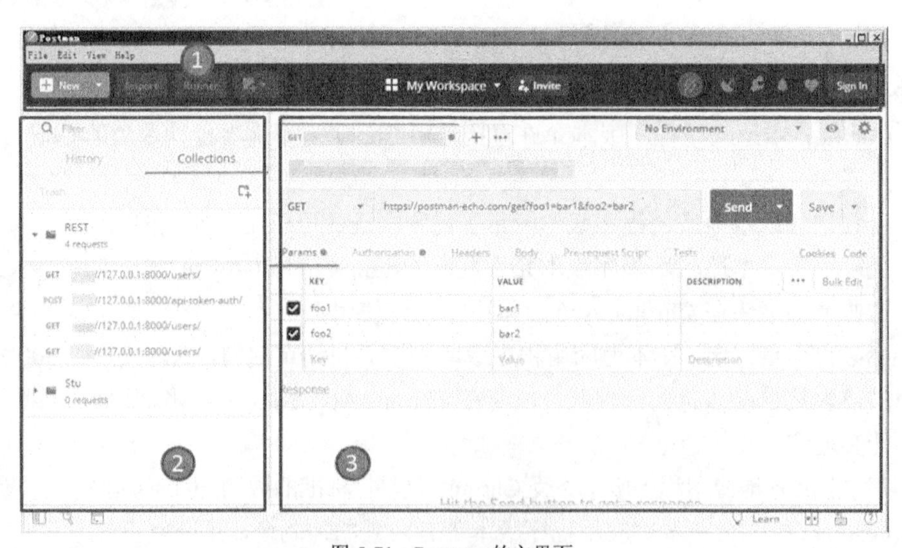

图 5-71　Postman 的主界面

5.3.2 发送请求

HTTP 支持多种请求方式，如 GET、PUT、POST、DELETE、PATCH、HEAD 等。Postman 支持所有 HTTP 请求方式，甚至包括一些很少使用的请求方式，如 PROPFIND、UNLINK 等（详细信息请参阅 RFC 2616）。

Postman 官方提供了 API 服务器 postman-echo.com 用于测试，此 API 服务器由 Postman 托管，可以试验各种类型的请求，同时可以提取请求中的部分数据作为返回的响应内容。这里也将这个 API 服务器作为我们的试验环境。

1. 创建集合

接口测试用例一般由多个 HTTP 请求构成。在 Postman 中，我们可以将相关的请求打包成集合，以便于集中保存和管理。在左侧导航部分选中 Collections 标签，下方将显示一个用于创建集合的按钮（当光标悬停在这个按钮上时会显示提示信息 New collection）。单击这个按钮后，将弹出新建集合的界面。输入集合的名称（本例使用的名称是 API Test）与描述信息，单击界面底部的 Create 按钮，如图 5-72 所示。

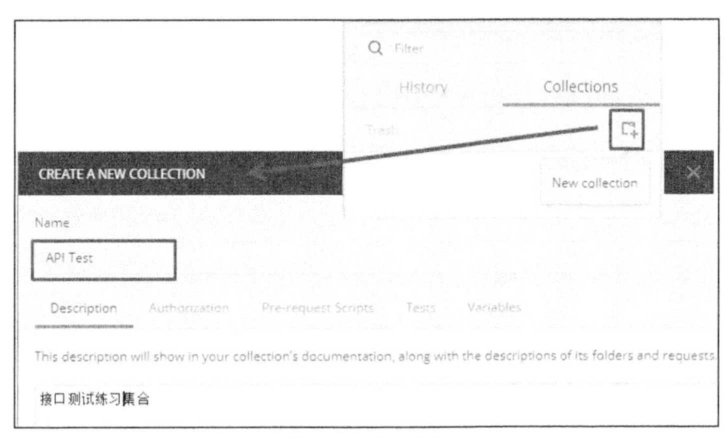

图 5-72　新建集合

2. 创建请求

右击新建的集合 API Test，在弹出的菜单中选择 Add Request，弹出 SAVE REQUEST 界面，在 Request name 下方的文本框中输入将要新建的请求的名称，在 Request description(Optional)下方的文本框中输入描述信息，在“Select a collection or folder to save to:”区域中选择要存储的测试集的名称，单击 Save to API Test 按钮，完成新建请求的过程，如图 5-73 所示。

3. 发送 HTTP GET 请求

HTTP GET 请求用于从服务器中获取数据，这些数据由 URI（统一资源标识符）指定。同时，在 HTTP GET 请求中还可以添加参数一并传给服务器。下面我们模拟发送一个 HTTP GET 请求，如图 5-74 所示。

图 5-73　新建请求

图 5-74　发送 GET 类型的请求

（1）将请求类型设置为 GET。

（2）输入请求地址*****://postman-echo.***/get?name=Jonah&age=12，Postman 会自动识别地址中附带的两个参数 name 和 age，提取后自动显示到参数列表中。您也可以直接在参数列表中添加参数，Postman 会自动将它们更新到请求地址中。

（3）单击 Send 按钮发送请求。

请求发送成功后，页面的下半部将显示响应结果。postman-echo.com 服务器会提取请求中的数据，并将它们作为响应正文的内容返回给请求发送方。本例默认以 JSON 格式的数据作为响应正文的内容。

根据响应结果的类型，我们可以选择不同的显示方式。本例返回的是 JSON 格式的数据，Postman 自动以 Pretty 方式显示它们，这样可以使 JSON 数据更加美观易读。Postman 提供的显示格式有 JSON、XML、HTML、Test，用户可以手动指定显示格式，也可以选择 Auto 让 Postman 自行选择。另外，您还可以切换成 Raw 或 Preview 方式，从而以“原始数据格式”或“预览模式”查看响应数据，如图 5-75 所示。

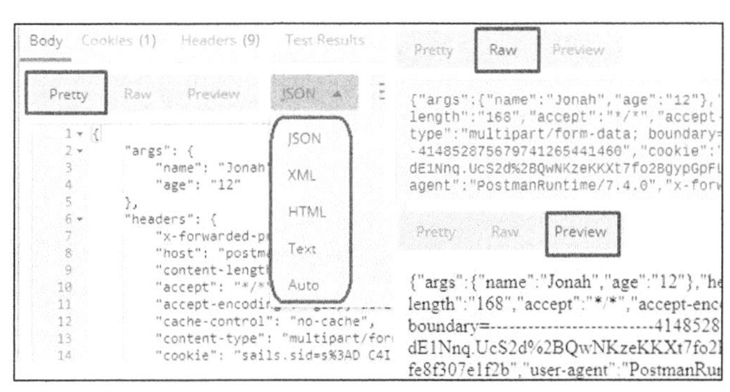

图 5-75　选择不同的查看方式和显示格式

4. 发送 HTTP POST 请求

发送 HTTP POST 请求的目的是将数据传输到服务器（并引发响应），并且发送 HTTP POST 请求相对于发送 HTTP GET 请求略微复杂一些，除可以像 HTTP GET 请求一样在地址中附加参数之外，还可以在请求体中嵌入数据，如图 5-76 所示。

（1）将请求方式设置为 POST。

（2）输入请求地址*****://postman-echo.***/post?name=Esther。

（3）选择 Body 标签。

（4）继续选择 form-data 格式。

（5）在表单内容列表中任意输入一条或多条数据。

（6）单击 Send 按钮，发送请求。

对于请求正文，我们可以选择不同的数据格式，比如 form-data、x-www-form-urlencoded、raw、binary，使用这些格式封装的数据分别对应显示在返回的响应正文的各个区域内，如 args{}、data{}、files{}、form{}、json{}。另外，不同的数据请求格式会在请求的头部字段 content-type 中得以体现。

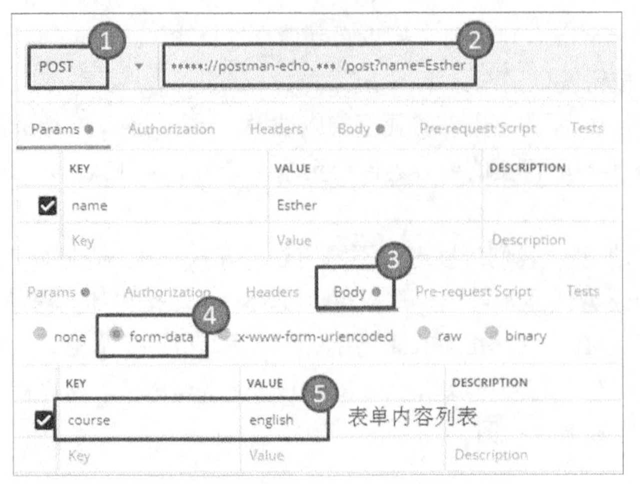

图 5-76　发送 POST 类型的请求

本例为请求正文选择的数据格式是 form-data，请求的头部字段 content-type 的取值是 multipart/form-data，输入的请求数据显示在 form{}区域内，响应内容如图 5-77 所示。大家可以切换数据请求格式，观察请求头的变化。

```
Pretty  Raw  Preview  JSON
1  {
2      "args": {
3          "name": "Esther"
4      },
5      "data": {},
6      "files": {},
7      "form": {
8          "course": "english"
9      },
10     "headers": {
11         "x-forwarded-proto": "https",
12         "host": "postman-echo.com",
13         "content-length": "168",
14         "accept": "*/*",
15         "accept-encoding": "gzip, deflate",
16         "cache-control": "no-cache",
17         "content-type": "multipart/form-data; boundary=--------------------------
18         "cookie": "sails.sid=s%3A8bdzgtmJgaoqmEhhcLfKGPdN041AqLtc.ApgSht80AuSZ6mh
19         "postman-token": "28041c3d-b2d9-461f-8d42-6e88ba953178",
20         "user-agent": "PostmanRuntime/7.4.0",
21         "x-forwarded-port": "443"
22     },
23     "json": null,
24     "url": "*****://postman-echo.***/post?name=Esther"
25 }
```

图 5-77　响应内容

5. 发送其他类型的 HTTP 请求

在 HTTP 请求中，GET 和 POST 是常见的两种请求类型。除这两种类型之外，Postman 还支持一些其他的 HTTP 请求类型，如图 5-78 所示。大家可以切换不同的 HTTP 请求类型并分别进行试验。需要注意的是，请求地址中的最后一项是 HTTP 请求类型的名称。

要发送 PUT 类型的请求，使用*****://postman-echo.***/**put**。

要发送 DELETE 类型的请求，使用*****://postman-echo.***/**delete**。

要发送 PATCH 类型的请求，使用*****://postman-echo.***/**patch**。

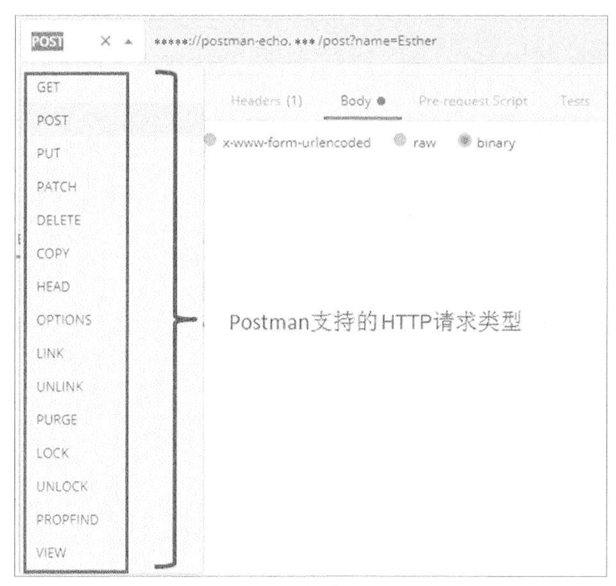

图 5-78 Postman 支持的 HTTP 请求类型

6. 查看历史记录

您使用 Postman 发送的请求都会自动保存在历史记录中。单击 History 标签，下方将自动列出请求的历史记录，如图 5-79 所示。随便选中一条记录，Postman 将自动使用一个新的请求界面将其打开，您可以编辑其中的内容，单击 Send 按钮将重新发送请求。

图 5-79 查看请求的历史记录

7. 查看控制台

Postman 提供了控制台，您可以通过控制台监控请求和响应的具体内容（参见图 5-80）。在 Postman 的主界面中，底部的状态栏中专门有一个用于打开控制台的按钮，单击后即可打开控制台。此时发送请求后，控制台会自动捕获请求和响应的具体内容。

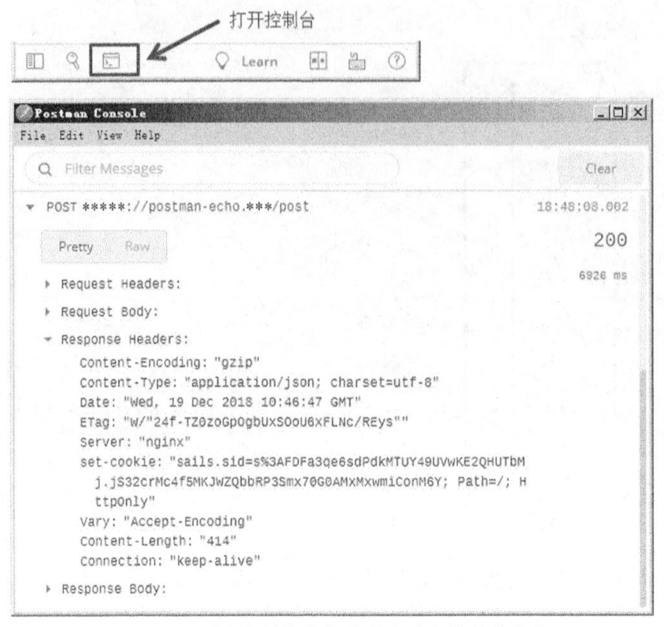

图 5-80　通过控制台监控请求和响应的具体内容

5.3.3　执行脚本

Postman 集成了一个基于 Node.js 的强大引擎，用它在请求和集合中添加拥有动态行为的 JavaScript 脚本，这样在进行测试时，就可以方便地在请求之间传递数据，甚至由多个请求构成“业务流”。Postman 支持如下两种类型的 JavaScript 脚本。

- 前置脚本（pre-request script）：在发送请求之前执行。
- 测试脚本（test script）：在接收到响应之后执行，可以完成测试中的断言任务，如图 5-81 所示。

图 5-81　脚本的执行流程

1. 环境管理

在使用 API 时，我们经常需要为本地计算机和服务器进行不同的环境设置。Postman 提供了环境管理功能，允许使用变量自定义请求，在不同的设置之间轻松切换，而无须更改请求。比如在进行接口测试时，可以随时切换测试环境、生产环境等，这非常方便。

如图 5-82 所示，单击右上角的环境管理图标，在弹出的界面中继续单击 Add 按钮，出现新建环境界面，为新建的环境指定名称，并在下方的变量列表中新建如下两个变量。

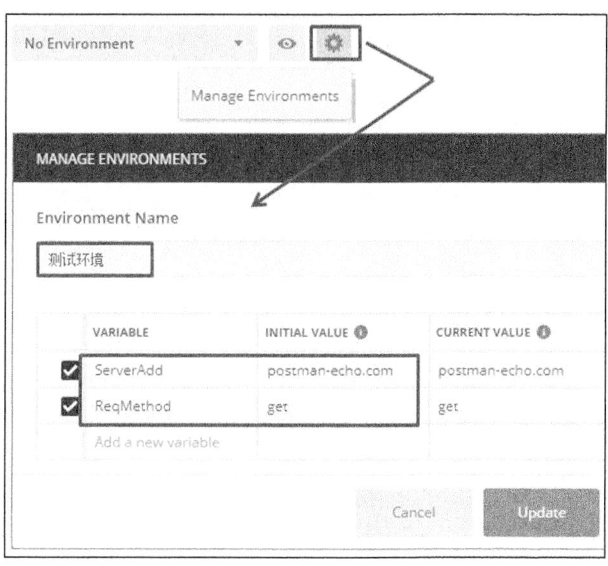

图 5-82 新建两个变量

- ServerAdd：用于保存接口服务器地址，初始值为 postman-echo.com。
- ReqMethod：用于保存请求地址的最后部分，也就是 HTTP 请求类型。

根据测试需求，您可以使用类似的方法同时建立多个环境，以便后续测试时随时进行切换，如图 5-83 所示。

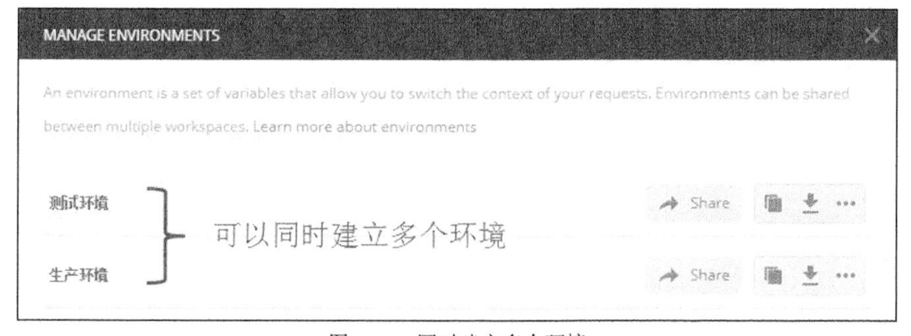

图 5-83 同时建立多个环境

新建一个 GET 类型的 HTTP 请求，从环境列表中选择刚才创建的“测试环境”之后，就可以使用“测试环境”中定义的变量了（见图 5-84）。

输入请求地址 https://{{ServerAdd}}/{{ReqMethod}}。其中，两对大括号的作用是读取变量内容，这里填入变量名称即可。这里将同时读取“测试环境”中定义的两个变量，它们分别是 ServerAdd 和 ReqMethod。从响应内容中可以看到，实际请求的地址是*****://postman-echo.***/get，这说明环境和变量设置成功。

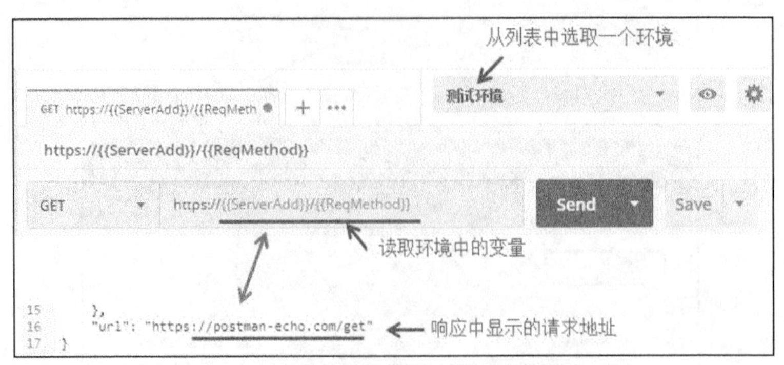

图 5-84　使用“测试环境”中定义的变量

2. 执行测试脚本

在 Postman 中，可以使用 JavaScript 语言为每个请求编写和运行测试，其本质是在发送请求并接收到响应后，执行指定的 JavaScript 代码。

新建一个 POST 类型的 HTTP 请求，将请求地址设置为*****://postman-echo.***/post。对于请求正文，在 Body 选项卡中选择 form-data 类型，输入一对键值，即可为执行测试脚本准备数据（见图 5-85）。

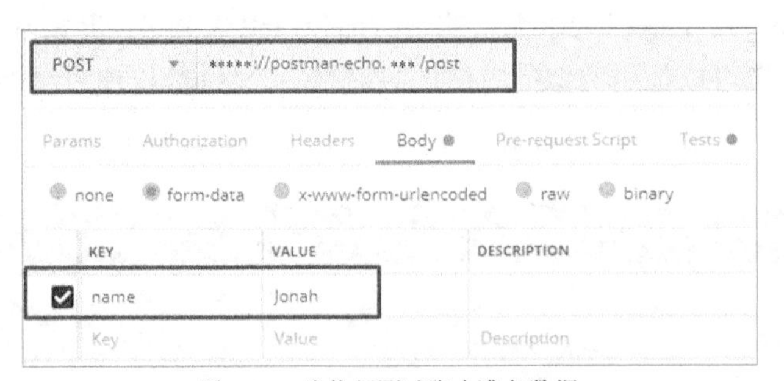

图 5-85　为执行测试脚本准备数据

切换到 Tests 选项卡后，右侧的 SNIPPETS 区域将显示多个测试项，单击后会自动生成与测试相关的代码片段。我们分别选中以下 3 个代码片段作为测试内容。

- “Status code:Code name has string”：判断返回的响应中是否包含指定的描述内容。
- “Status code:Code is 200”：判断返回的响应中 HTTP 状态码是否为 200。
- “Response body:Contains string”：判断返回的响应中是包含指定的字符串。

Postman 会在代码区域自动生成 JavaScript 代码，我们在此基础上进行适当修改即可，修改后的代码如下：

```
1   pm.test("Status code name has string", function () {
2       pm.response.to.have.status("OK");
3   });
4
```

```
5    pm.test("Status code is 200", function () {
6        pm.response.to.have.status(200);
7    });
8
9    pm.test("Body matches string", function () {
10       pm.expect(pm.response.text()).to.include("Jonah");
11   });
```

第 2 行代码判断返回的响应中是否包含 OK。

第 6 行代码判断返回的响应中 HTTP 状态码是否为 200。

第 10 行代码判断返回的响应中是否包含字符串 Jonah。

编写完测试脚本后，单击 Send 按钮，发送请求。返回响应后，切换到 Test Results 选项卡，查看测试结果，如图 5-86 所示。

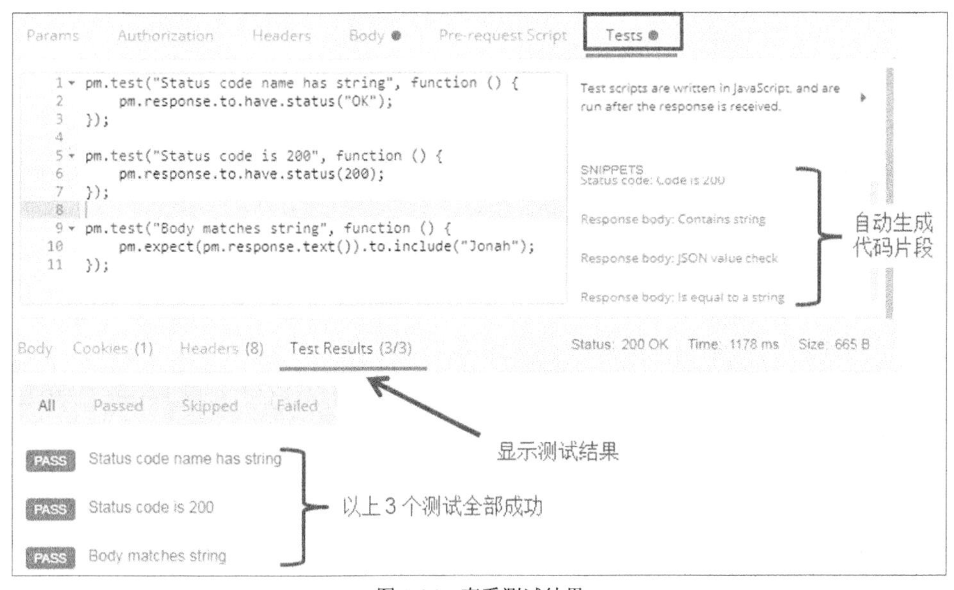

图 5-86　查看测试结果

3. 执行前置脚本

前置脚本是在发送请求之前执行的 JavaScript 代码。我们之前开发了一个含 JWT 认证的 REST 接口，当访问这个 REST 接口时，需要提前获得 JWT 才可以正确返回数据库中的数据。因此，提前获取 JWT 这项工作就可以放在前置脚本中。下面我们就实现这项操作。

新建一个 GET 类型的 HTTP 请求，请求地址为 http://127.0.0.1:8000/users/。切换到 Pre-request Script 选项卡，输入用于获取 JWT 的代码，如图 5-87 所示。

GET　http://127.0.0.1:8000/users/

Params　Authorization　Headers (1)　Body　Pre-request Script ●　Tests

```
1
2 const PostRequest = {
3   url: 'http://127.0.0.1:8000/api-token-auth/',
4   method: 'POST',
5   header: 'Content-Type:application/json',
6   body: JSON.stringify({"username": "admin", "password": "admin1234"})
7 };
8
9 pm.sendRequest(PostRequest, function (err, res) {
10     console.log(res.json());
11     pm.globals.set("jwttoken", res.json().token);
12     console.log(pm.globals.get("jwttoken"));
13 });
14
```

图 5-87　输入用于获取 JWT 的代码

第 3 行代码指定用于获取 JWT 的 URL。

第 4 行代码将请求方式指定为 POST。

第 5 行代码为请求头添加字段，指定请求内容为 JSON 格式。

第 6 行代码将用户名和密码转换为 JSON 格式的请求体。

第 7 行代码发送定义的 POST 类型的 HTTP 请求。

第 10 行代码在控制台中输出获取到的 JWT。

第 11 行代码从返回的实体中取出 JWT，存入全局变量 jwttoken 中。

第 12 行代码在控制台中输出全局变量 jwttoken 的值。

切换到 Headers 选项卡，追加 JWT 请求头字段以实现用户认证（见图 5-88）。将获取的 JWT 填入，由于在脚本中已经将 JWT 保存到全局变量 jwttoken 中，因此这里只需要从 jwttoken 变量中取出即可。

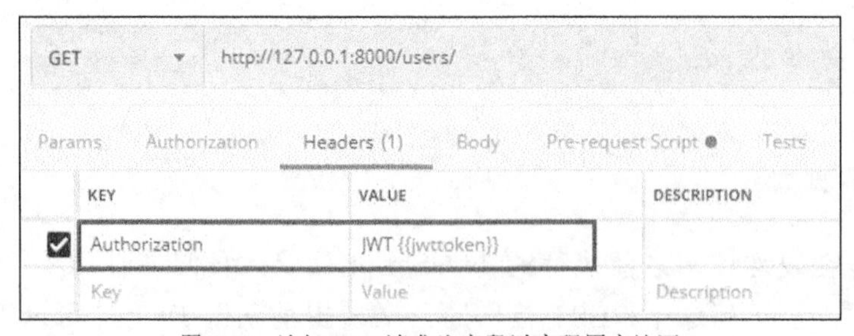

图 5-88　追加 JWT 请求头字段以实现用户认证

单击 Send 按钮，发送请求。在响应结果（见图 5-89）中，Postman 已正确返回数据库中的数据，这说明前面实现的前置脚本执行成功了。

Body Cookies Headers (7) Test Results

Pretty Raw Preview JSON

```
1 [
2     {
3         "url": "http://127.0.0.1:8000/users/4/",
4         "username": "Tom",
5         "email": "",
6         "groups": [
7             "http://127.0.0.1:8000/groups/1/"
8         ]
9     },
10    {
11        "url": "http://127.0.0.1:8000/users/2/",
12        "username": "jonah",
13        "email": "",
14        "groups": []
15    },
```

正确返回数据库中数据

图 5-89 响应结果

打开控制台，您不仅可以看到获取的 JWT，还可以查看请求和响应的整个过程，如图 5-90 所示。

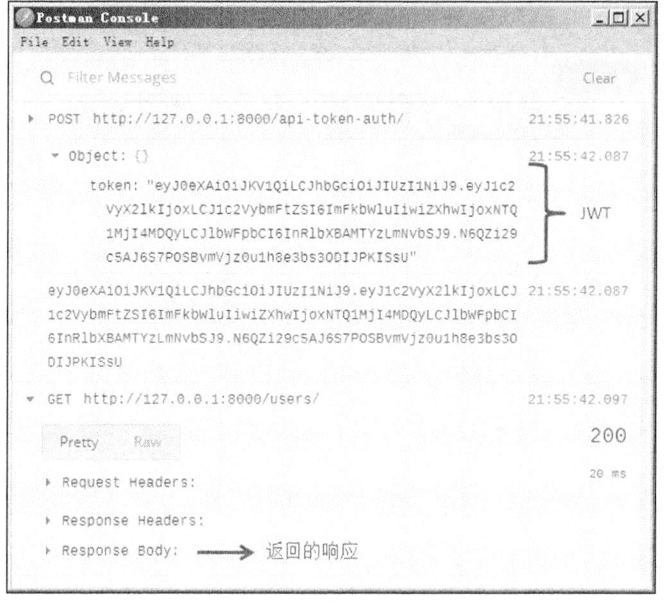

图 5-90 查看控制台

5.3.4 运行集合

一个集合通常包括一组请求，这些请求可以一起运行在相应的环境中。当要自动化 API 测试时，运行集合非常有用。Postman 能逐个发送集合中的所有请求。

选中要运行的集合，单击右侧三角形的展开按钮，继续单击 Run 按钮，以运行指定的集合，如图 5-91 所示。

在弹出的 Collection Runner 对话框中，设置与待运行集合相关的参数，如图 5-92 所示。设置完之后，直接单击 Run API Test 按钮即可执行 API Test 集合中的请求。

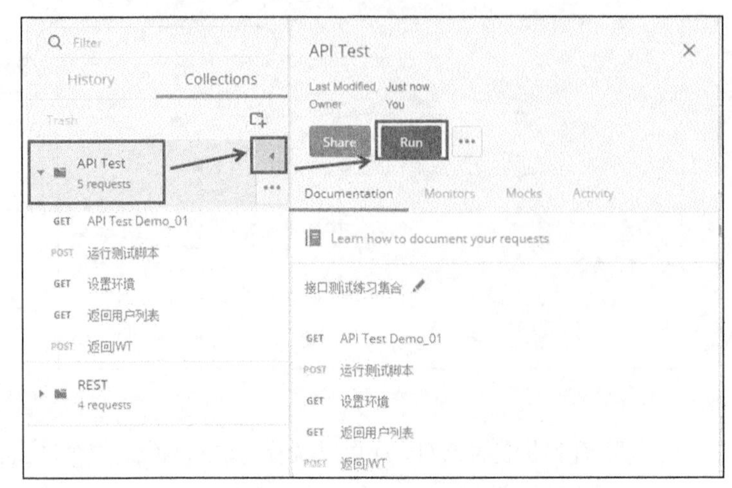

图 5-91　运行指定的集合

图 5-92　设置与待运行集合相关的参数

- Environment：选择使用的环境。
- Iterations：设置迭代次数，这里设置为 3，表示 API Test 集合中所有的请求都会执行 3 次。

- Delay：设置延迟时间，也就是相邻两次迭代的间隔时间。
- Log Responses：设置日志模式，也就是响应日志的级别。默认情况下，所有响应都将被记录下来，以便调试。对于请求数量很多的大型集合，可以更改此设置以提高性能。
    - For all requests：记录所有请求的响应。
    - For failed requests：只记录产生失败测试的请求的响应。
    - For no requests：不记录响应。

Postman 在运行集合时会持续显示运行结果，如图 5-93 所示。右侧的数字区域将显示当前迭代次数，单击就可以看到当时的迭代运行情况。中间区域将显示每个请求的运行情况，红色表示运行失败，绿色表示运行成功。

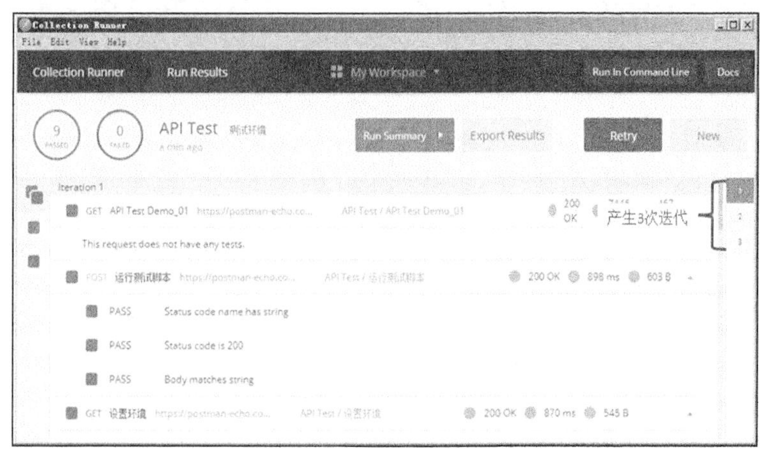

图 5-93 查看运行结果

单击 Run Summary 按钮，显示运行摘要，如图 5-94 所示。单击 Export Results 按钮，将运行结果导出为文件。

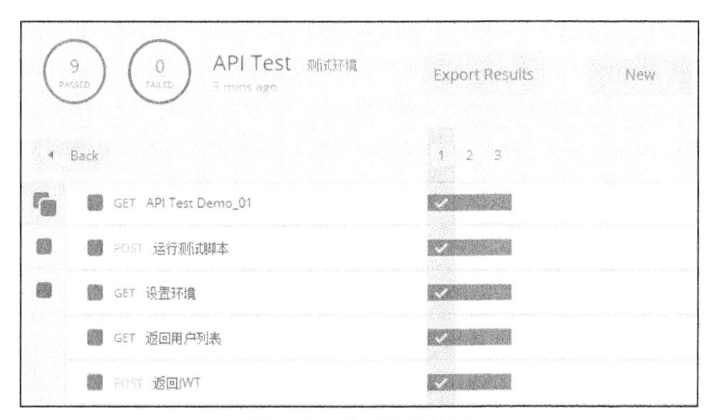

图 5-94 显示运行摘要

5.4 基于 Postman 的接口测试项目实战

这里仍以“火车查询”接口为例。如果对“火车查询”接口的相关内容不是很清楚，建议回头阅读 5.2.1 节和 5.2.2 节的内容。

5.4.1 接口测试用例的 Postman 脚本的实现

下面新建一个集合，这里的集合可以理解为由测试用例构成的用例集合，因此简称用例集。在 Postman 中，在 Create New 选项卡中，单击 Collection 链接，如图 5-95 所示。

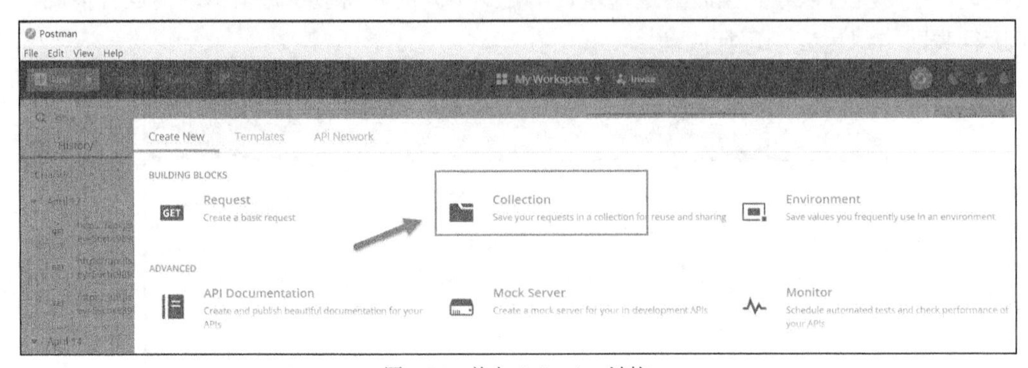

图 5-95 单击 Collection 链接

在弹出的界面上，将新建的用例集命名为“火车车次查询接口测试用例集”，单击 Create 按钮，如图 5-96 所示。

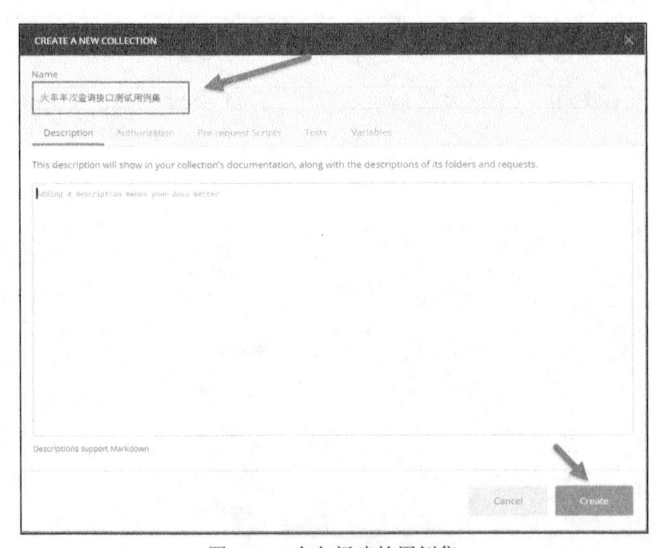

图 5-96 命名新建的用例集

接下来，单击图 5-97 所示界面上标识为①的 ··· 按钮，从弹出的快捷菜单中选择 Add Request 菜单项。

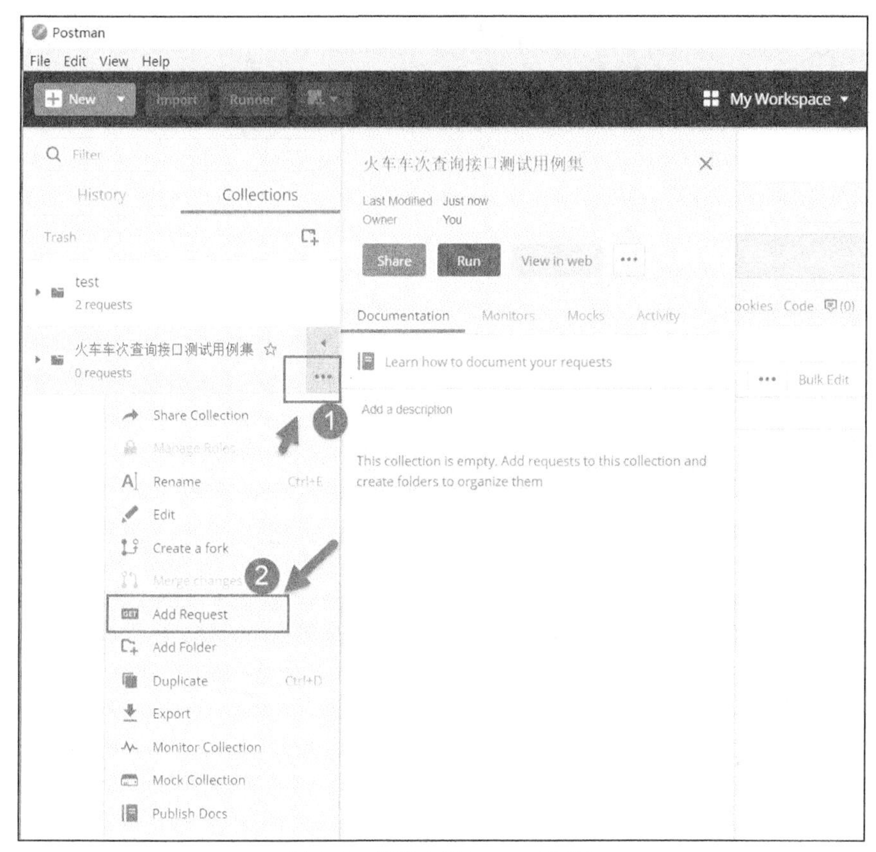

图 5-97　选择 Add Request 菜单项

结合 5.2.2 节中的表 5-10，我们来实现第一个测试用例——正确输入包含必填高铁参数的相关内容（必填参数包括高铁列车车次和 appkey）。这里以查询 G5 高铁车次为例。在 SAVE REQUEST 对话框中，将 Request name 设置为“正例-G5 高铁车次查询”，将 Request description（Optional）设置为“正确输入包含必填高铁参数的相关内容（必填参数包括高铁列车车次和 appkey）”。当然，在实际工作中，您可以根据自己的需要决定请求的名称以及是否需要填写描述信息。单击“Save to 火车车次查询接口测试用例集”按钮，将这个请求保存到“火车车次查询接口测试用例集”中，如图 5-98 所示。

接下来，编辑 HTTP 请求，填写 HTTP 请求的路径和参数信息，具体内容为*****://api.jisuapi.***/train/line?appkey=35062409367a***&trainno=G5，参数将被自动添加到 Postman 工具的参数列表中，如图 5-99 所示。

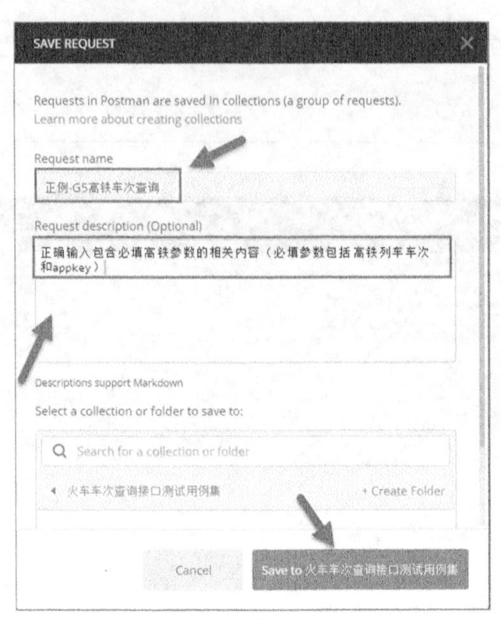

图 5-98　保存请求

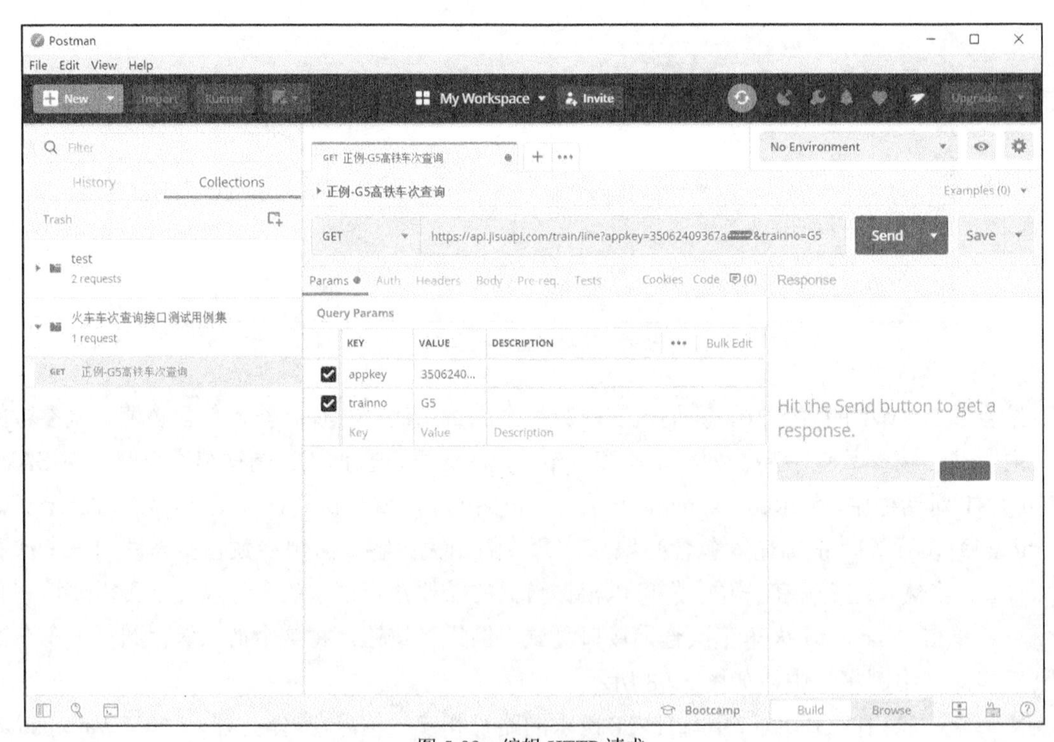

图 5-99　编辑 HTTP 请求

第一个测试用例的请求脚本编写完了。接下来，单击 Send 按钮，响应结果如图 5-100 所示。

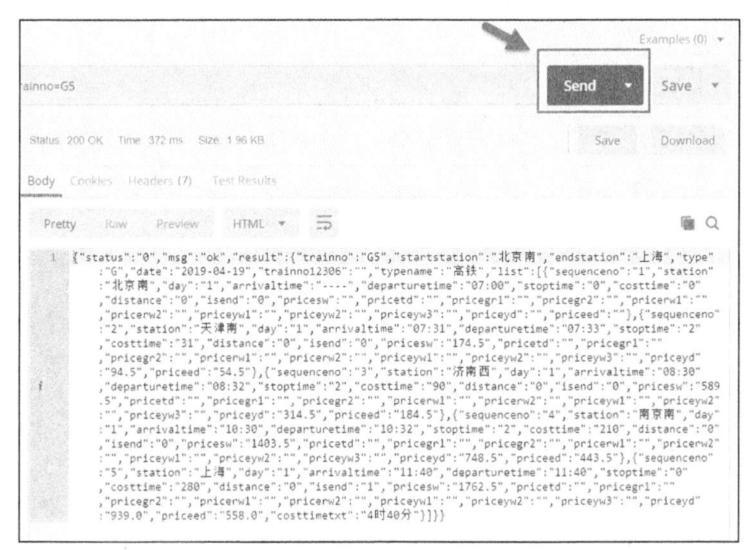

图 5-100　第一个测试用例的响应结果

以 HTML 方式显示的响应结果看起来密密麻麻，不便于阅读。下面以 JSON 格式显示响应结果，如图 5-101 所示，这看起来就舒服多了。

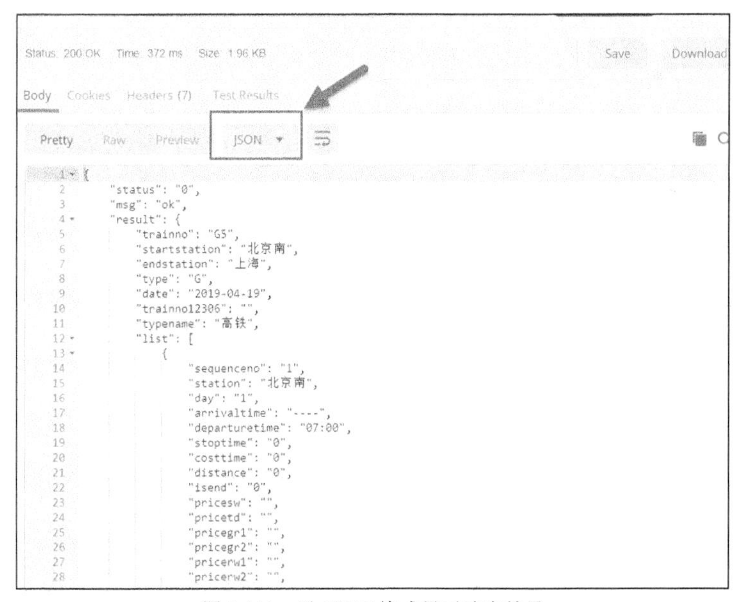

图 5-101　以 JSON 格式显示响应结果

为了展示响应结果，这里列出所有输出信息供大家参考。

```
{
    "status": "0",
    "msg": "ok",
    "result": {
```

```
        "trainno": "G5",
        "startstation": "北京南",
        "endstation": "上海",
        "type": "G",
        "date": "2019-04-19",
        "trainno12306": "",
        "typename": "高铁",
        "list": [
            {
                "sequenceno": "1",
                "station": "北京南",
                "day": "1",
                "arrivaltime": "----",
                "departuretime": "07:00",
                "stoptime": "0",
                "costtime": "0",
                "distance": "0",
                "isend": "0",
                "pricesw": "",
                "pricetd": "",
                "pricegr1": "",
                "pricegr2": "",
                "pricerw1": "",
                "pricerw2": "",
                "priceyw1": "",
                "priceyw2": "",
                "priceyw3": "",
                "priceyd": "",
                "priceed": ""
            },
            {
                "sequenceno": "2",
                "station": "天津南",
                "day": "1",
                "arrivaltime": "07:31",
                "departuretime": "07:33",
                "stoptime": "2",
                "costtime": "31",
                "distance": "0",
                "isend": "0",
                "pricesw": "174.5",
                "pricetd": "",
                "pricegr1": "",
                "pricegr2": "",
                "pricerw1": "",
                "pricerw2": "",
                "priceyw1": "",
                "priceyw2": "",
                "priceyw3": "",
                "priceyd": "94.5",
                "priceed": "54.5"
```

```
    },
    {
        "sequenceno": "3",
        "station": "济南西",
        "day": "1",
        "arrivaltime": "08:30",
        "departuretime": "08:32",
        "stoptime": "2",
        "costtime": "90",
        "distance": "0",
        "isend": "0",
        "pricesw": "589.5",
        "pricetd": "",
        "pricegr1": "",
        "pricegr2": "",
        "pricerw1": "",
        "pricerw2": "",
        "priceyw1": "",
        "priceyw2": "",
        "priceyw3": "",
        "priceyd": "314.5",
        "priceed": "184.5"
    },
    {
        "sequenceno": "4",
        "station": "南京南",
        "day": "1",
        "arrivaltime": "10:30",
        "departuretime": "10:32",
        "stoptime": "2",
        "costtime": "210",
        "distance": "0",
        "isend": "0",
        "pricesw": "1403.5",
        "pricetd": "",
        "pricegr1": "",
        "pricegr2": "",
        "pricerw1": "",
        "pricerw2": "",
        "priceyw1": "",
        "priceyw2": "",
        "priceyw3": "",
        "priceyd": "748.5",
        "priceed": "443.5"
    },
    {
        "sequenceno": "5",
        "station": "上海",
        "day": "1",
        "arrivaltime": "11:40",
        "departuretime": "11:40",
```

```
                "stoptime": "0",
                "costtime": "280",
                "distance": "0",
                "isend": "1",
                "pricesw": "1762.5",
                "pricetd": "",
                "pricegr1": "",
                "pricegr2": "",
                "pricerw1": "",
                "pricerw2": "",
                "priceyw1": "",
                "priceyw2": "",
                "priceyw3": "",
                "priceyd": "939.0",
                "priceed": "558.0",
                "costtimetxt": "4 时 40 分"
            }
        ]
    }
}
```

前面在应用 JMeter 时，我们得知可以通过加入断言并验证响应结果是否包含指定的字符串来判断测试是否正确执行。在 Postman 中，也可以通过加入这样的一段脚本（这里也称为检查点）来验证响应信息的正确性。单击 Tests 标签，而后单击“Response body:Contains string”链接，您将发现有一段脚本被自动添加到右侧的文本区域（见图 5-102）。另外，我们需要加上想要查询的高铁车次 G5。

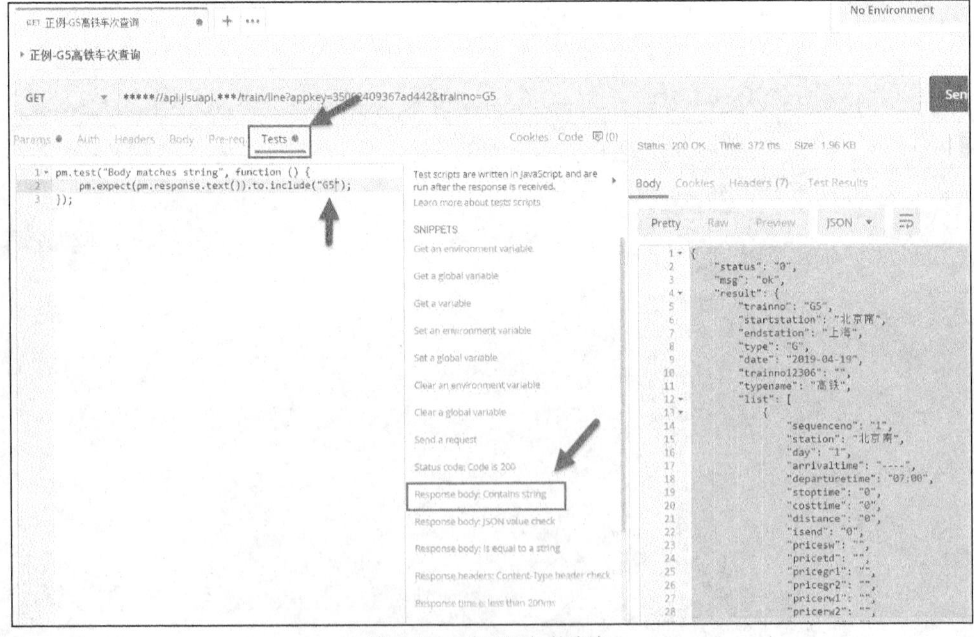

图 5-102　自动添加的脚本

在添加了检查点之后，当再次发送上述请求时，您将发现因为 G5 包含在响应结果中，所以请求成功了。Test Results 的后面将显示 1/1，这表示执行了一个用例，并且这个用例执行成功了，下方的区域也将显示 Pass 图标，如图 5-103 所示。

图 5-103 检查点执行成功时显示的信息

为了让大家看一下检查点执行失败时显示的信息，这里修改一下检查点的内容，将检查点修改为是否包含 G51。我们查询的高铁车次是 G5，不可能出现有关 G51 的信息，因此执行肯定是失败的。检查点执行失败后，Test Results 的后面将以红色显示 0/1，这表示执行了一个用例，但是因为执行失败了，所以显示为 0/1；同时还将显示醒目的红色图标 FAIL，FAIL 图标的右侧则显示了具体的响应结果和设置的检查点，如图 5-104 所示。

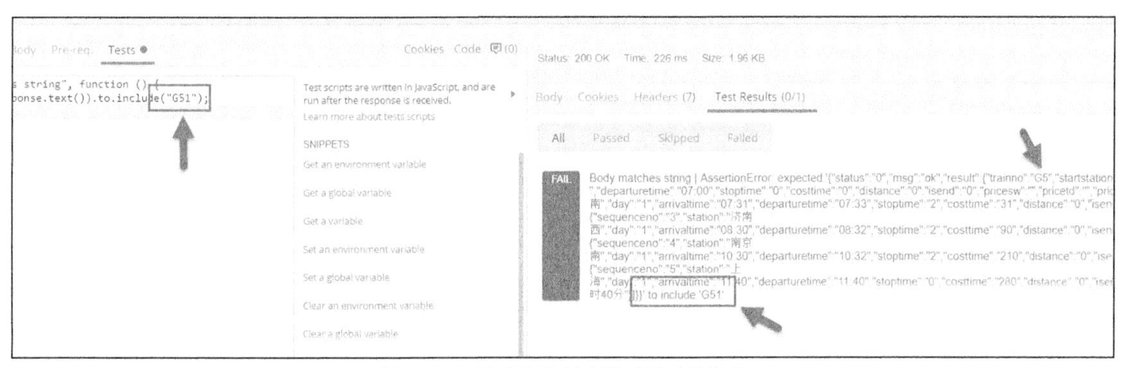

图 5-104 检查点执行失败时显示的信息

5.4.2 接口测试用例的 Postman 脚本的执行与结果分析

正常和异常测试用例都已经实现了，接下来执行用例集。如图 5-105 所示，单击标识为①的小三角图标，而后单击标识为②的 Run 按钮。

在弹出的 Collection Runner 对话框中，单击“Run 火车车次查询”按钮，如图 5-106 所示。

图 5-105　执行用例集

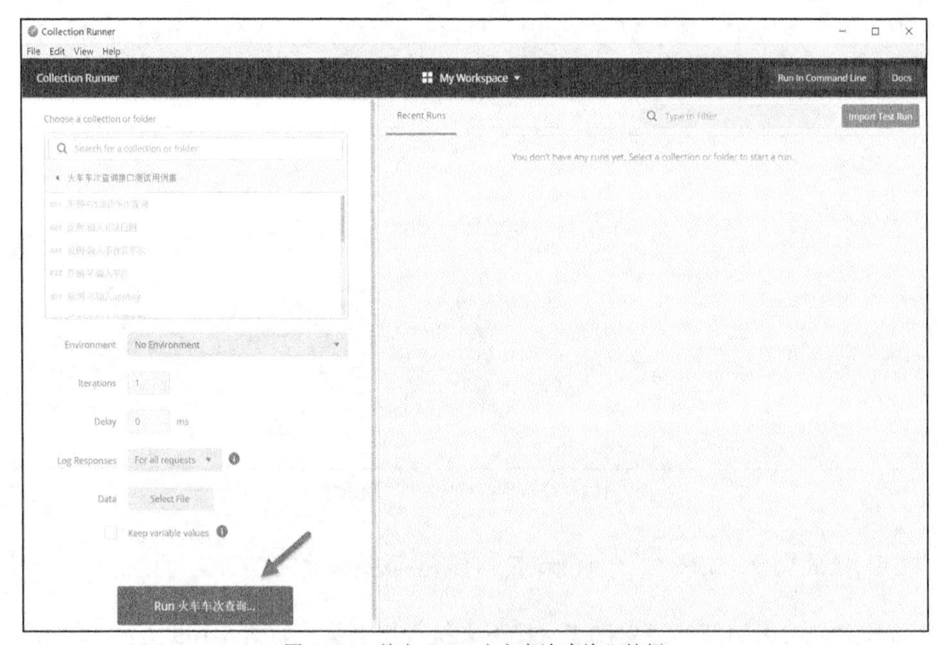

图 5-106　单击“Run 火车车次查询”按钮

您会发现“火车车次查询接口测试用例集”的接口测试用例很快就运行完了，几乎在瞬间运行完。运行完之后，将显示图 5-107 所示的运行结果。

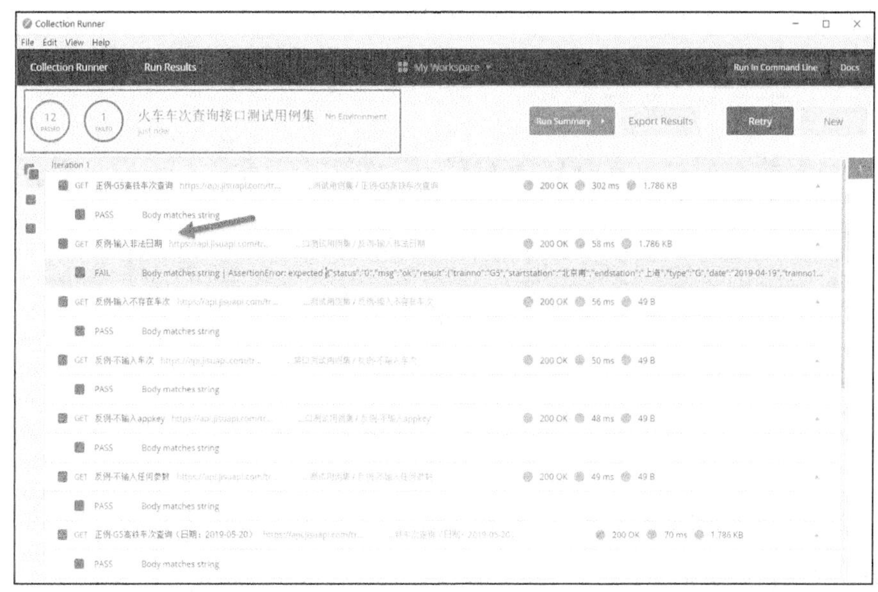

图 5-107　运行结果

从图 5-107 中可以看到，“反例-输入非法日期”这个用例运行失败了，失败原因在前面章节中已经介绍过，这里不再赘述。

当然，如果需要，还可以将运行结果输出。单击图 5-107 中的 Export Results 按钮，将显示图 5-108 所示的运行概要信息，从中可以清晰地看到每一个测试用例的运行结果。

图 5-108　运行概要信息

第 6 章　Docker 基础与操作实战

6.1 Docker 容器简介

Docker 是开源的应用容器引擎，基于 Go 语言并遵从 Apache 2.0 协议。Docker 还是用于开发、交付和运行应用程序的开放平台，能将应用程序与基础架构分开，从而快速交付软件。有了 Docker，我们就能够以与管理应用程序相同的方式管理基础架构。通过利用 Docker 的快速交付特性以及测试和部署代码的方法，开发人员可以极大地减小编写代码和在生产环境中运行代码之间的延迟。

Docker 针对 Windows、Mac、Linux 操作系统都有对应的产品，如图 6-1 所示。

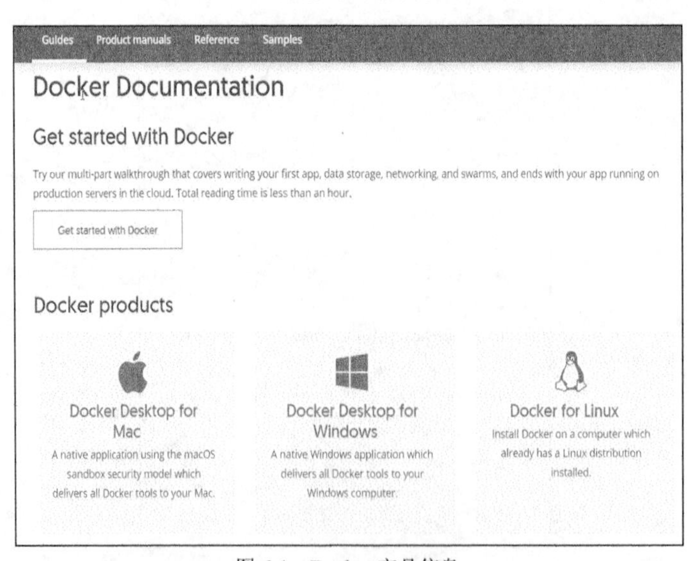

图 6-1　Docker 产品信息

Docker 从 17.03 版本之后分为社区版（Community Edition，CE）和企业版（Enterprise Edition，EE）两个版本，如图 6-2 所示。如果要进行学习和使用基本功能，社区版就可以。

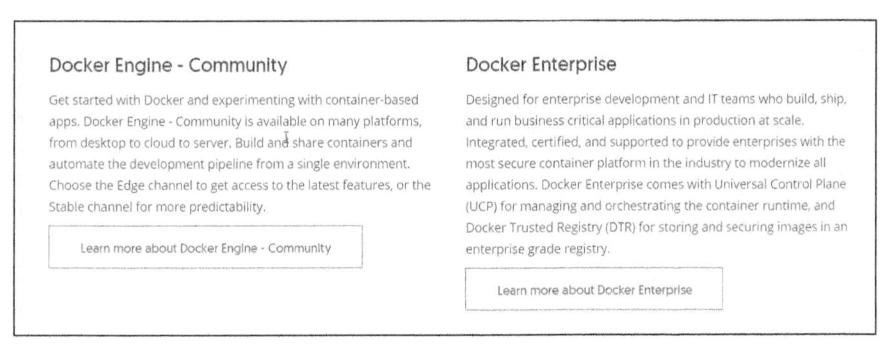

图 6-2　Docker 社区版和企业版的相关介绍性信息

Docker 提供了在松散隔离的环境（称为容器）中打包和运行应用程序的功能。隔离性和安全性使您可以在给定主机上同时运行多个容器。容器都是轻量级的，因为它们没有管理程序的额外负担，而是直接在主机的内核中运行。这意味着与使用虚拟机相比，可以在给定的硬件组合上运行更多的容器。

Docker 引擎的主要组件如图 6-3 所示。其中，服务器是一种长期运行的程序，称为守护进程；REST API 提供的接口可以用来与守护进程进行通信并指示守护进程做什么。

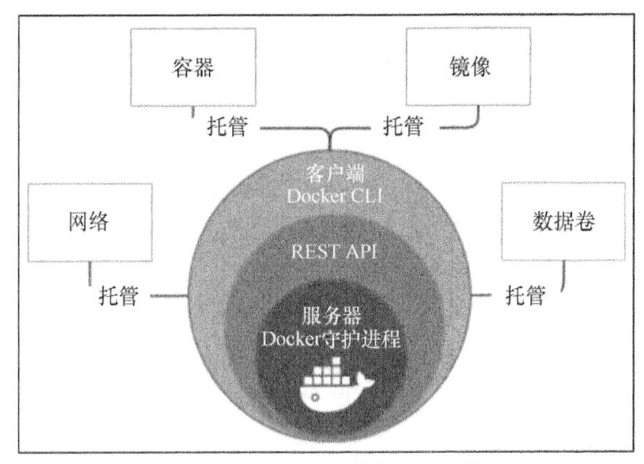

图 6-3　Docker 引擎的主要组件

那么使用 Docker 可以为我们带来哪些好处呢？

- 快速且一致地交付应用程序：Docker 允许开发人员使用您提供的应用程序或服务的本地容器在标准化环境中工作，从而缩短开发的生命周期。容器非常适合持续集成和持续交付（CI / CD）工作流程，请考虑以下示例方案：开发人员在本地编写代码，并使用 Docker 容器与同事共享他们的工作。他们使用 Docker 将应用程序推送到测试环境中，并执行自动或手动测试。当开发人员发现错误时，他们可以在开发环境中对错误进行修复，然后重新部署到测试环境中，以进行测试和验证。测试完成后，将修补程序推送给生产环境，就像将更新的镜像推送到生产环境一样简单。

- 响应式部署和扩展：Docker 是基于容器的平台，能够承担高度可移植的工作负载。Docker 容器可以在开发人员的本机上、数据中心的物理机或虚拟机上、云服务上或混合环境中运行。Docker 的可移植性和轻量级特性，使您可以轻松地承受动态管理的工作负担，并根据业务需求指示，实时扩展或拆除应用程序和服务。
- 在同一硬件上运行更多工作负载：Docker 轻巧快速，能为基于虚拟机管理程序的虚拟机提供可行、经济、高效的替代方案，因此可以利用更多的计算能力来实现业务目标。Docker 非常适合用于高密度环境以及中小型部署，而您可以用更少的资源做更多的事情。

Docker 使用了客户端/服务器架构，如图 6-4 所示。Docker 客户端与 Docker 守护进程进行对话，Docker 守护进程负责完成构建、运行和分发 Docker 容器的繁重工作。Docker 客户端和 Docker 守护进程可以在同一系统中运行，也可以将 Docker 客户端连接到远程 Docker 守护进程。Docker 客户端和 Docker 守护进程在 UNIX 套接字或网络接口上使用 REST API 进行通信。

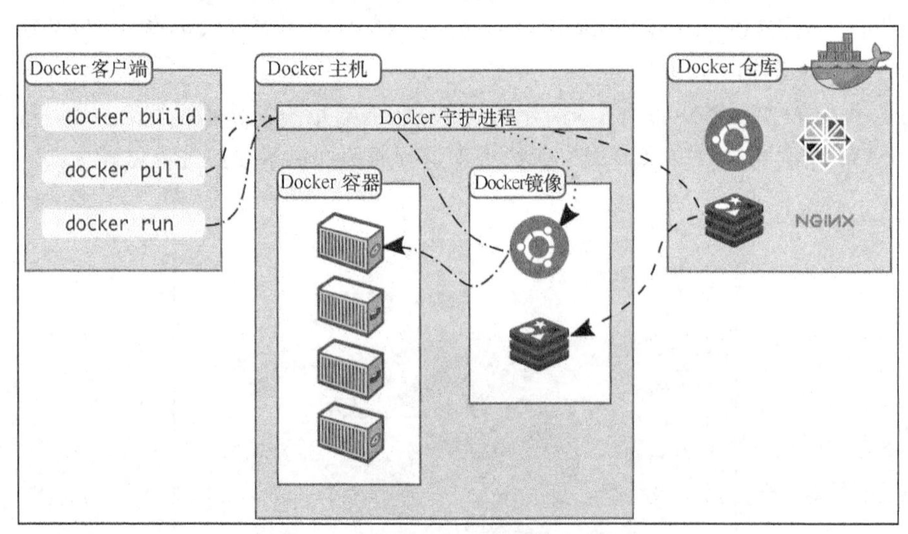

图 6-4　Docker 使用了客户端/服务器架构

Dock 的相关概念如表 6-1 所示。

表 6-1　Docker 的相关概念

概念	说明
Docker 守护进程	侦听 Docker API 请求并管理 Docker 对象，例如镜像、容器、网络和卷。Docker 守护进程还可以与其他守护进程通信以管理 Docker 服务
Docker 客户端	许多 Docker 用户与 Docker 交互的主要方式。当使用诸如 docker run 的命令时，Docker 客户端会将这些命令发送到 dockerd 以执行这些命令。docker 命令使用了 Docker API。Docker 客户端可以与多个 Docker 守护进程通信

续表

概念	说明
Docker 主机	物理或虚拟的机器，用于执行 Docker 守护进程和容器
Docker 仓库	用来保存 Docker 镜像，一个 Docker 仓库中可以包含多个仓库（repository），每个仓库可以包含多个标签（tag），每个标签对应一个镜像。通常，一个仓库会包含同一个软件的不同版本的镜像，而标签通常用于对应软件的各个版本。可以通过 “<仓库名>:<标签>” 格式来指定具体是这个软件的哪个版本的镜像。如果不给出具体的标签，将以 latest 作为默认标签
Docker 镜像	用于创建 Docker 容器的模板，比如 Ubuntu 系统。可以创建自己的镜像，也可以使用其他人创建并在仓库中发布的镜像。要构建自己的镜像，可以使用简单的语法创建 Dockerfile 来定义创建并运行镜像所需的步骤。Dockerfile 中的每条指令都会在镜像中创建一个层。更改 Dockerfile 并重建镜像时，仅重建那些已更改的层。与其他虚拟化技术相比，这是使镜像如此轻巧、小型和快速的部分原因
Docker 容器	镜像的可运行实例。可以使用 Docker API 或 CLI 创建、启动、停止、移动或删除容器，还可以将容器连接到一个或多个网络，将存储附加到网络，甚至根据它们的当前状态创建新的镜像。默认情况下，容器与其他容器及主机之间的隔离程度相对较高，但是可以根据需要，控制容器的网络、存储或其他基础子系统与其他容器或主机的隔离程度

6.2 Docker 的安装过程

这里主要介绍 Docker 在 CentOS 7.0 和 Windows 10 操作系统中的安装过程。

1. CentOS 7.0 操作系统中 Docker 的安装过程

由于 Docker 要求 CentOS 操作系统的内核版本必须高于 3.10，因此必须验证当前 CentOS 的版本是否支持 Docker。执行 uname -r 命令以查看当前 CentOS 的内核版本，如图 6-5 所示。

```
root@localhost:~
文件(F) 编辑(E) 查看(V) 搜索(S) 终端(T) 帮助(H)
[root@localhost ~]# uname -r
3.10.0-1062.el7.x86_64
[root@localhost ~]#
```

图 6-5 查看 CentOS 的内核版本

因为 CentOS 的内核版本满足要求，所以继续进行下一步。

安装 Docker 时，请切换到 root 权限，并执行 yum update 命令以确保 yum 包更新到最新版本。

如果 Docker 已经安装过，现在要安装新的 Docker 版本，请执行 yum remove docker docker-common docker-selinux docker-engine 命令以删除先前的版本。

为了安装需要的软件包，请执行 yum install -y yum-utils device-mapper-persistent-data lvm2 命令。其中，yum-utils 提供了 yum-config-manager，yum-config-manager 是用来管理镜像仓库及扩展包的工具，device mapper（存储驱动程序）需要 device-mapper-persistent-data 和 lvm2。

下面设置镜像源，既可以使用 Docker 提供的镜像源，也可以使用国内一些企业提供的镜像源。

若使用 Docker 官方的镜像源，请使用如下命令：

```
yum-config-manager  --add-repo  *****://download.docker.***/linux/centos/docker-ce.repo
```

若使用阿里巴巴公司提供的镜像源，请使用如下命令：

```
yum-config-manager --add-repo ****://mirrors.aliyun.***/docker-ce/linux/centos/docker-ce.repo
```

可根据自身网络情况，针对性地添加 Docker 镜像源，这里以添加阿里巴巴公司提供的镜像源为例，如图 6-6 所示。

```
[root@localhost ~]# yum-config-manager --add-repo ****://mirrors.aliyun.***/docker-ce/linux/centos/docker-ce.repo
已加载插件：fastestmirror, langpacks
adding repo from: ****://mirrors.aliyun.***/docker-ce/linux/centos/docker-ce.repo
grabbing file ****://mirrors.aliyun.***/docker-ce/linux/centos/docker-ce.repo to /etc/yum.repos.d/docker-ce.repo
repo saved to /etc/yum.repos.d/docker-ce.repo
```

图 6-6　添加阿里巴巴公司提供的镜像源到 yum 仓库

接下来，要正式安装 Docker 的社区版本，请使用如下命令：

```
yum  install  docker-ce
```

在安装过程中，也会安装依赖包，如图 6-7 所示。

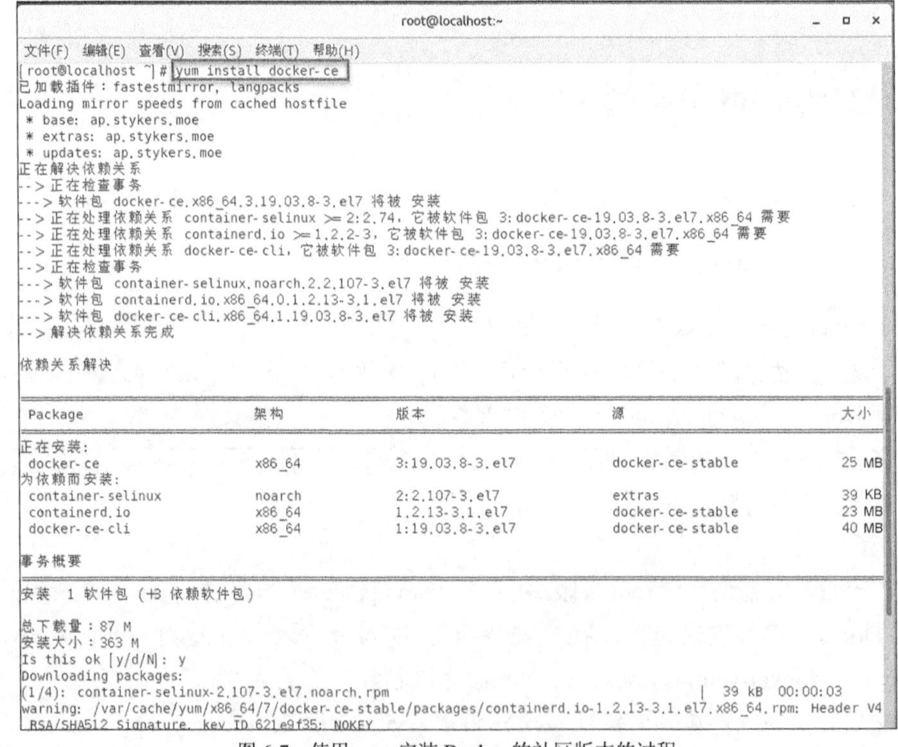

图 6-7　使用 yum 安装 Docker 的社区版本的过程

Docker 的社区版本安装完之后，可以使用 systemctl start docker 命令启动 Docker 服务。当 Docker 服务启动后，可以使用 docker version 命令查看 Docker 的版本信息，如图 6-8 所示。

```
root@localhost:~
文件(F) 编辑(E) 查看(V) 搜索(S) 终端(T) 帮助(H)
[root@localhost ~]# systemctl start docker
[root@localhost ~]# docker version
Client: Docker Engine - Community
 Version:           19.03.8
 API version:       1.40
 Go version:        go1.12.17
 Git commit:        afacb8b
 Built:             Wed Mar 11 01:27:04 2020
 OS/Arch:           linux/amd64
 Experimental:      false

Server: Docker Engine - Community
 Engine:
  Version:          19.03.8
  API version:      1.40 (minimum version 1.12)
  Go version:       go1.12.17
  Git commit:       afacb8b
  Built:            Wed Mar 11 01:25:42 2020
  OS/Arch:          linux/amd64
  Experimental:     false
 containerd:
  Version:          1.2.13
  GitCommit:        7ad184331fa3e55e52b890ea95e65ba581ae3429
 runc:
  Version:          1.0.0-rc10
  GitCommit:        dc9208a3303feef5b3839f4323d9beb36df0a9dd
 docker-init:
  Version:          0.18.0
  GitCommit:        fec3683
[root@localhost ~]#
```

图 6-8 启动 Docker 服务并查看版本信息

如图 6-8 所示，这里安装的是较新的 19.03.8 版本。如果需要安装其他版本，则需要指定版本信息，如 docker-ce-19.03.8。那么如何知道仓库中提供了对应的 Docker 版本呢？使用 yum list docker-ce --showduplicates | sort -r 命令可以查看仓库中可用的版本并按版本号（从高到低）对输出结果进行排序，如图 6-9 所示。

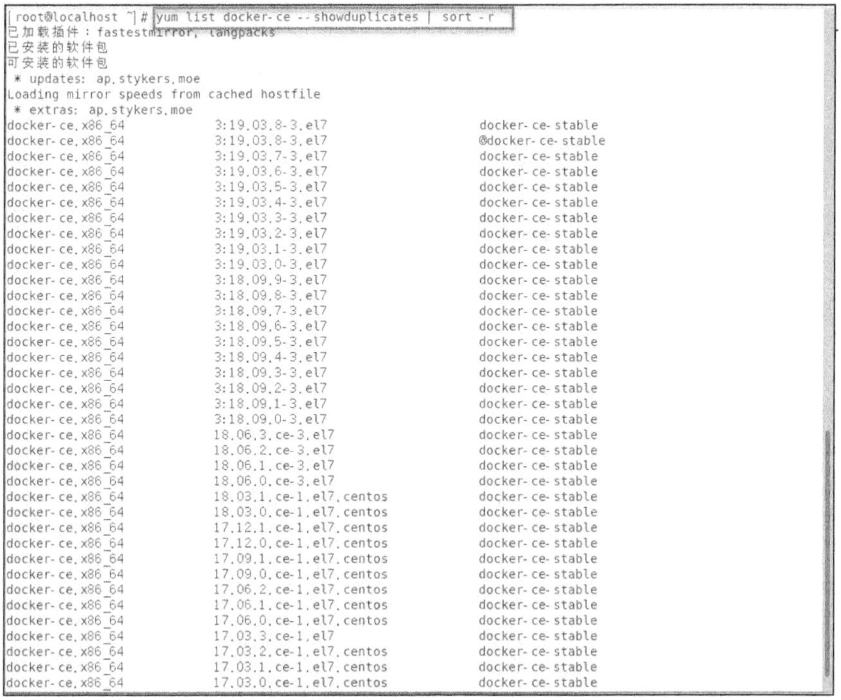

```
[root@localhost ~]# yum list docker-ce --showduplicates | sort -r
已加载插件：fastestmirror, langpacks
已安装的软件包
可安装的软件包
 * updates: ap.stykers.moe
Loading mirror speeds from cached hostfile
 * extras: ap.stykers.moe
docker-ce.x86_64            3:19.03.8-3.el7                     docker-ce-stable
docker-ce.x86_64            3:19.03.8-3.el7                     @docker-ce-stable
docker-ce.x86_64            3:19.03.7-3.el7                     docker-ce-stable
docker-ce.x86_64            3:19.03.6-3.el7                     docker-ce-stable
docker-ce.x86_64            3:19.03.5-3.el7                     docker-ce-stable
docker-ce.x86_64            3:19.03.4-3.el7                     docker-ce-stable
docker-ce.x86_64            3:19.03.3-3.el7                     docker-ce-stable
docker-ce.x86_64            3:19.03.2-3.el7                     docker-ce-stable
docker-ce.x86_64            3:19.03.1-3.el7                     docker-ce-stable
docker-ce.x86_64            3:19.03.0-3.el7                     docker-ce-stable
docker-ce.x86_64            3:18.09.9-3.el7                     docker-ce-stable
docker-ce.x86_64            3:18.09.8-3.el7                     docker-ce-stable
docker-ce.x86_64            3:18.09.7-3.el7                     docker-ce-stable
docker-ce.x86_64            3:18.09.6-3.el7                     docker-ce-stable
docker-ce.x86_64            3:18.09.5-3.el7                     docker-ce-stable
docker-ce.x86_64            3:18.09.4-3.el7                     docker-ce-stable
docker-ce.x86_64            3:18.09.3-3.el7                     docker-ce-stable
docker-ce.x86_64            3:18.09.2-3.el7                     docker-ce-stable
docker-ce.x86_64            3:18.09.1-3.el7                     docker-ce-stable
docker-ce.x86_64            3:18.09.0-3.el7                     docker-ce-stable
docker-ce.x86_64            18.06.3.ce-3.el7                    docker-ce-stable
docker-ce.x86_64            18.06.2.ce-3.el7                    docker-ce-stable
docker-ce.x86_64            18.06.1.ce-3.el7                    docker-ce-stable
docker-ce.x86_64            18.06.0.ce-3.el7                    docker-ce-stable
docker-ce.x86_64            18.03.1.ce-1.el7.centos             docker-ce-stable
docker-ce.x86_64            18.03.0.ce-1.el7.centos             docker-ce-stable
docker-ce.x86_64            17.12.1.ce-1.el7.centos             docker-ce-stable
docker-ce.x86_64            17.12.0.ce-1.el7.centos             docker-ce-stable
docker-ce.x86_64            17.09.1.ce-1.el7.centos             docker-ce-stable
docker-ce.x86_64            17.09.0.ce-1.el7.centos             docker-ce-stable
docker-ce.x86_64            17.06.2.ce-1.el7.centos             docker-ce-stable
docker-ce.x86_64            17.06.1.ce-1.el7.centos             docker-ce-stable
docker-ce.x86_64            17.06.0.ce-1.el7.centos             docker-ce-stable
docker-ce.x86_64            17.03.3.ce-1.el7                    docker-ce-stable
docker-ce.x86_64            17.03.2.ce-1.el7.centos             docker-ce-stable
docker-ce.x86_64            17.03.1.ce-1.el7.centos             docker-ce-stable
docker-ce.x86_64            17.03.0.ce-1.el7.centos             docker-ce-stable
```

图 6-9 查看仓库中提供的 Docker 版本

开发人员可通过完整的软件包名安装特定版本，软件包名由 docker-ce 加上版本字符串（第 2 列）组成，例如 docker-ce-19.03.6。要安装该版本，对应的命令为 yum install docker-ce-19.03.6。

2. Windows 10 操作系统中 Docker 的安装过程

为了在 Windows 10 操作系统中安装 Docker，需要先开启 Hyper-V。Hyper-V 是微软提供的一款虚拟化产品。

为了启用 Hyper-V，首先，在“应用和功能”界面中，单击“程序和功能”，如图 6-10 所示。

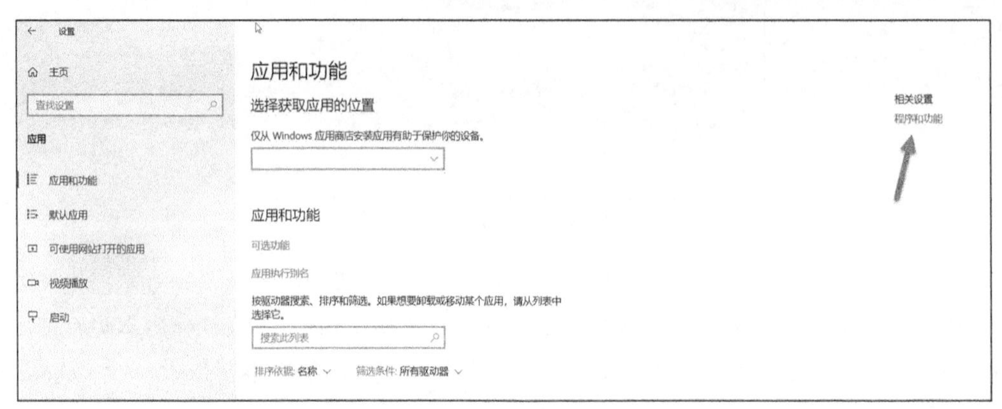

图 6-10 单击“程序和功能”

然后，在显示的“卸载或更改程序”界面中，单击“启用或关闭 Windows 功能”，参见标识为①的位置。而后，在弹出的“Windows 功能”对话框中，选择 Hyper-V 选项，参见标识为②的位置，单击“确定”按钮，如图 6-11 所示。待安装完毕后，重新启动计算机。

图 6-11 启用 Hyper-V 的操作步骤

如图 6-12 所示，单击 Download for Windows 按钮，下载 Docker Desktop。下载完之后，双击 Docker Desktop Installer.exe 文件，开始配置 Docker Desktop，如图 6-13 所示。

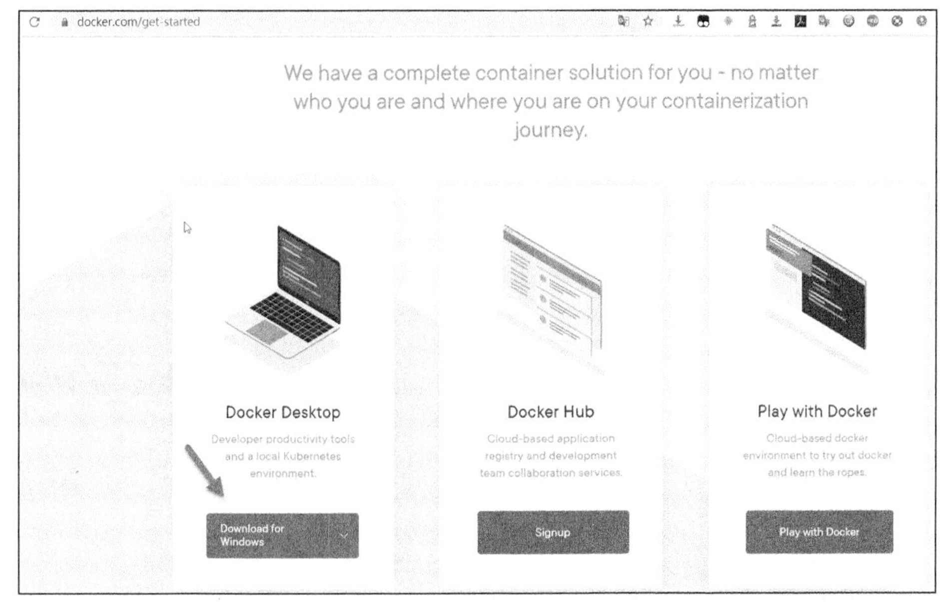

图 6-12　下载 Docker Desktop

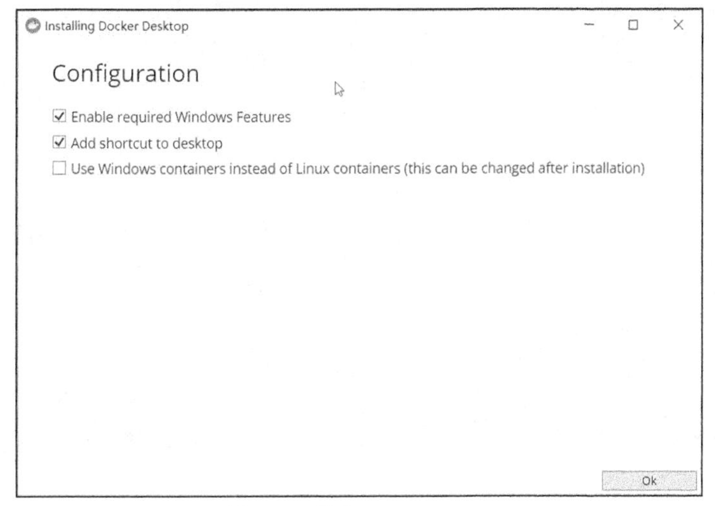

图 6-13　配置 Docker Desktop

单击 OK 按钮，开始安装过程，安装完毕后将显示图 6-14 所示的界面。

单击 Close 按钮，完成 Docker Desktop 2.2.0.5 版本的安装。

双击桌面上自动生成的 Docker Desktop 快捷方式，Docker 启动后，将在 Windows 状态栏中显示 Docker 图标，如图 6-15 所示。

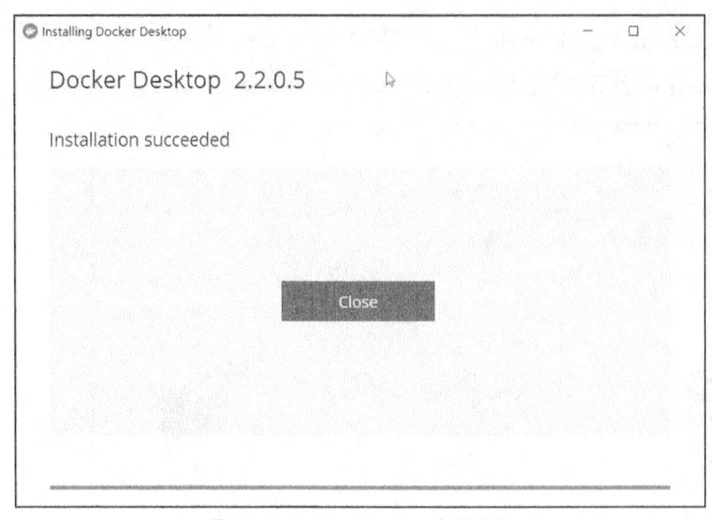

图 6-14　Docker Desktop 安装完毕

图 6-15　Docker 图标

接下来，可以打开控制台，执行 docker version 命令以查看 Docker 的版本信息，如图 6-16 所示。

```
管理员: 命令提示符
C:\Users\Administrator>docker version
Client: Docker Engine - Community
 Version:           19.03.8
 API version:       1.40
 Go version:        go1.12.17
 Git commit:        afacb8b
 Built:             Wed Mar 11 01:23:10 2020
 OS/Arch:           windows/amd64
 Experimental:      false

Server: Docker Engine - Community
 Engine:
  Version:          19.03.8
  API version:      1.40 (minimum version 1.12)
  Go version:       go1.12.17
  Git commit:       afacb8b
  Built:            Wed Mar 11 01:29:16 2020
  OS/Arch:          linux/amd64
  Experimental:     false
 containerd:
  Version:          v1.2.13
  GitCommit:        7ad184331fa3e55e52b890ea95e65ba581ae3429
 runc:
  Version:          1.0.0-rc10
  GitCommit:        dc9208a3303feef5b3839f4323d9beb36df0a9dd
 docker-init:
  Version:          0.18.0
  GitCommit:        fec3683

C:\Users\Administrator>_
```

图 6-16　Docker 版本信息

为了加快使用 Docker 拉取镜像等操作的速度，这里设置镜像加速，将镜像仓库地址指向国内的相关站点。右击 Windows 状态栏中的 Docker 图标，在弹出的快捷菜单中，选择 Settings 菜单项，如图 6-17 所示。

在打开的 Settings 界面中，选择 Docker Engine 标签页，在 registry-mirrors 中添加国内的 3 个镜像地址，单击 Apply & Restart 按钮，设置镜像加速，如图 6-18 所示。

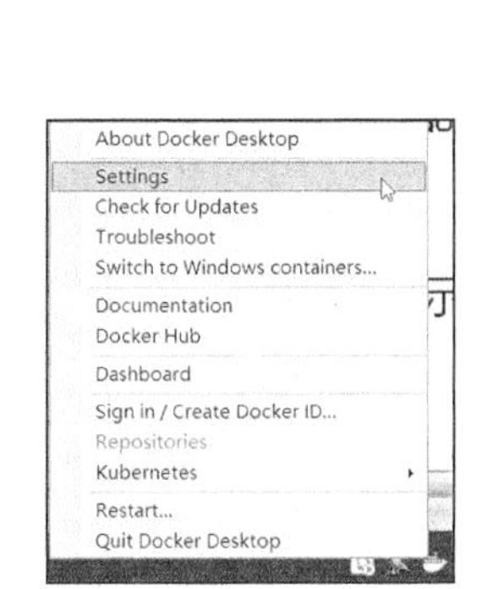

图 6-17　选择 Settings 菜单项

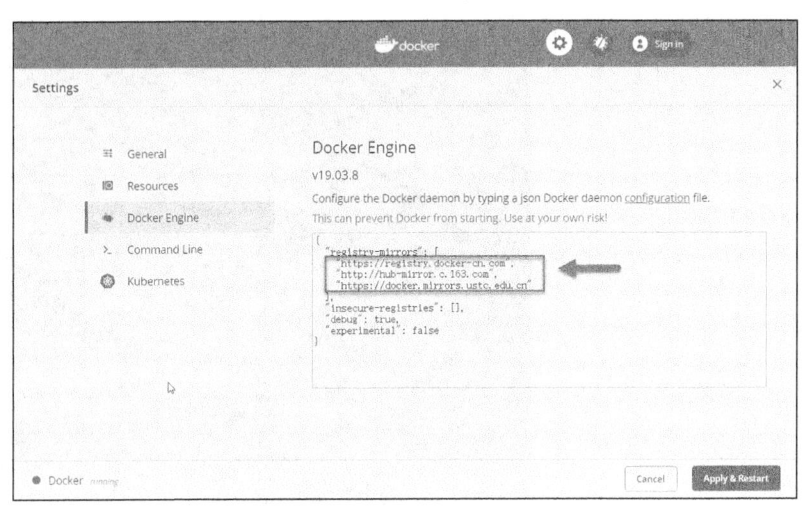

图 6-18　设置镜像加速

6.3　Docker 命令实战：帮助命令（docker --help）

进入 Windows 控制台，执行 docker --help 命令就可以查看 Docker 支持的所有命令，如图 6-19 所示。

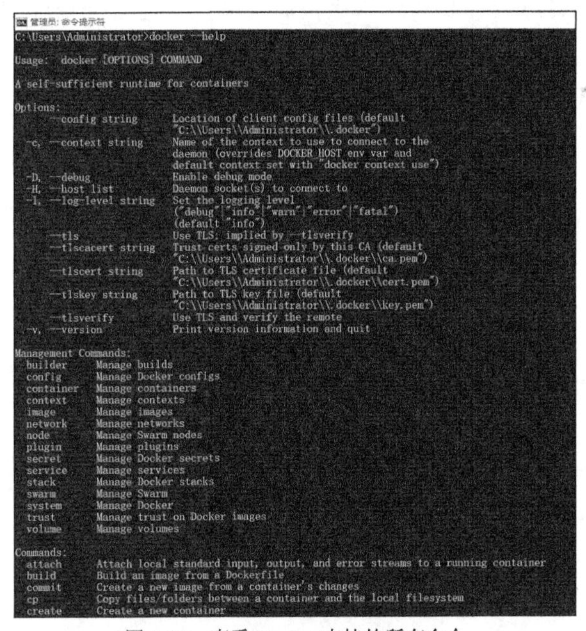

图 6-19　查看 Docker 支持的所有命令

使用 docker run --help 命令可以查看支持的所有参数及其说明信息，如图 6-20 所示。

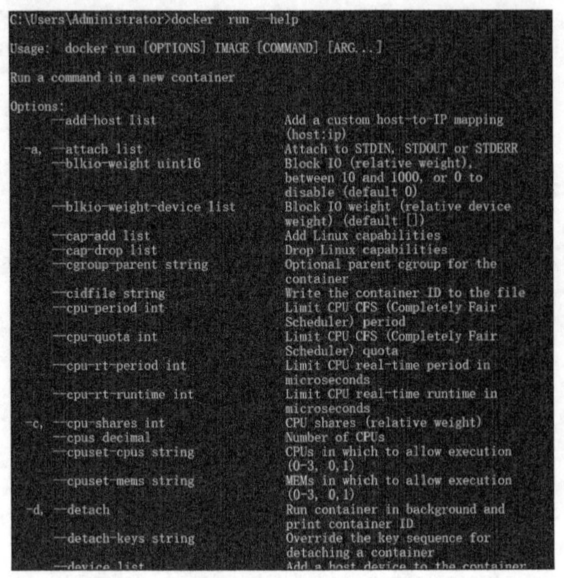

图 6-20　查看支持的所有参数及其说明信息

6.4 Docker 命令实战：拉取镜像（docker pull）

假设现在要拉取 MySQL 5.7 镜像，那么，需要看一下在 Docker Hub 或其他的镜像站点上都有哪些可以拉取的镜像。

在 Docker Hub 上搜索 mysql，共有 20 008 个结果，按照关注度和下载量降序显示结果，可以看到官方提供的镜像下载量最大并且关注度最高，如图 6-21 所示。

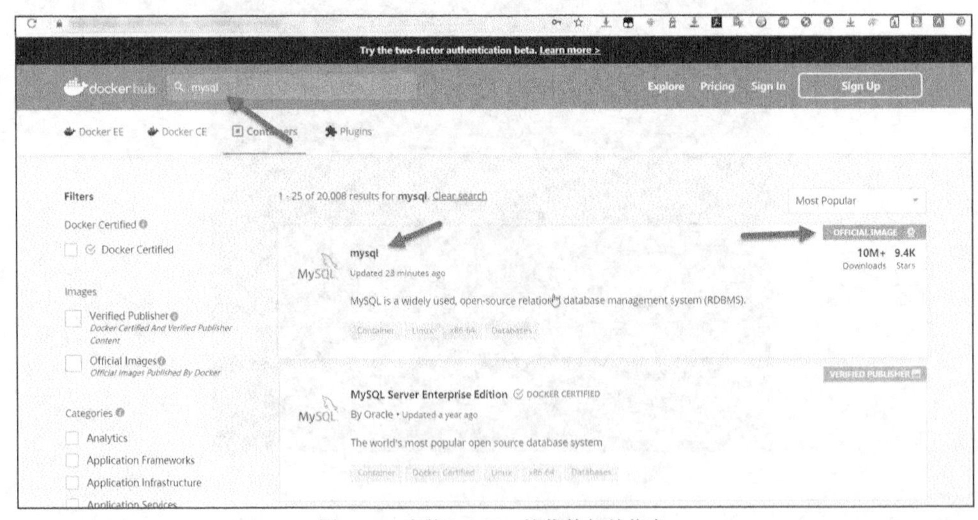

图 6-21　查找 MySQL 镜像的相关信息

单击官网上提供的 mysql 进入详情页，如图 6-22 所示。

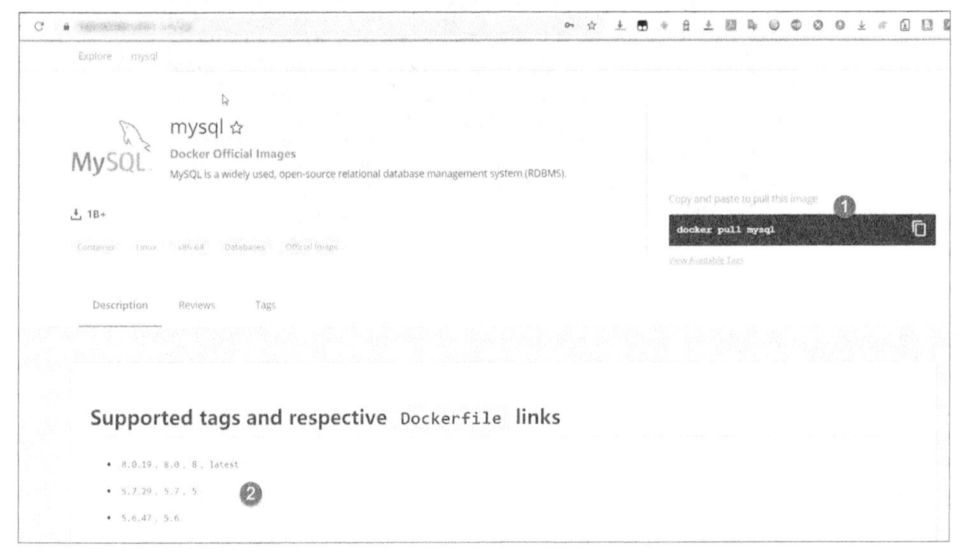

图 6-22　官网上提供的 MySQL 镜像的详情页

详情页上显示了 MySQL 镜像的拉取命令，参见图 6-22 中标识为①的位置。既有可下载的 MySQL 版本（参见图 6-22 中标识为②的区域），也有下载完镜像后如何使用的详细说明文字，如图 6-23 所示。

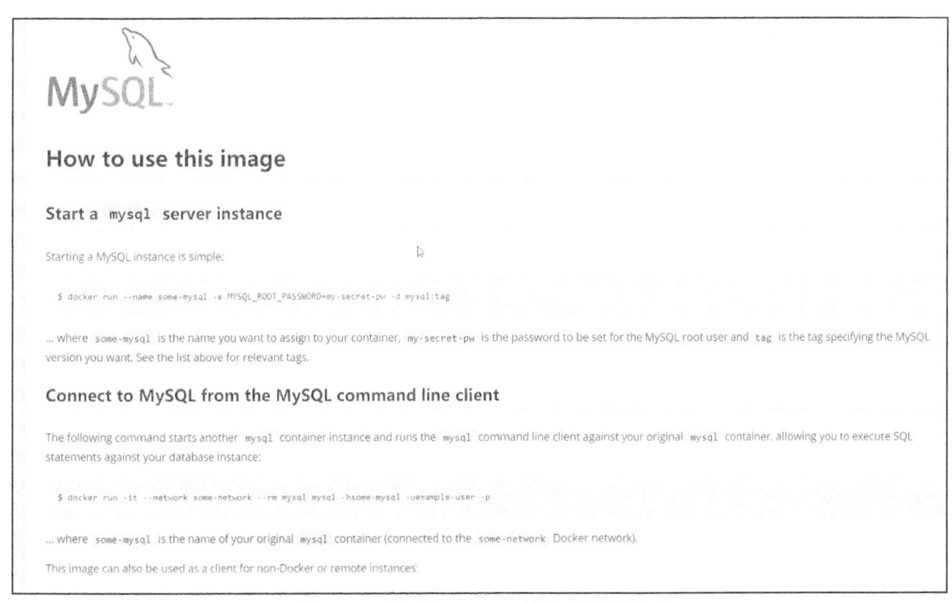

图 6-23　官网上 MySQL 镜像的使用说明

这里，我们拉取 MySQL 5.7 版本，对应的命令为 docker pull mysql:5.7，如图 6-24 所示。

```
C:\Users\Administrator>docker  pull  mysql:5.7
5.7: Pulling from library/mysql
54fec2fa59d0: Pull complete
bcc6c6145912: Pull complete
951c3d959c9d: Pull complete
05de4d0e206e: Pull complete
319f0394ef42: Pull complete
d9185034607b: Pull complete
013a9c64dadc: Pull complete
58b7b840ebff: Pull complete
9b85c0abc43d: Pull complete
bdf022f63e85: Pull complete
35f7f707ce83: Pull complete
Digest: sha256:95b4bc7c1b111906fdb7a39cd990dd99f21c594722735d059769b80312eb57a7
Status: Downloaded newer image for mysql:5.7
docker.io/library/mysql:5.7
```

图 6-24　拉取官网上 MySQL 5.7 镜像时的相关信息

6.5 Docker 命令实战：显示本机已有镜像（docker images）

镜像拉取完毕后，可以使用 docker images 命令来查看本机中已有的镜像，如图 6-25 所示。

```
C:\Users\Administrator>docker images
REPOSITORY          TAG                 IMAGE ID            CREATED             SIZE
mysql               5.7                 5d9483f9a7b2        6 hours ago         455MB

C:\Users\Administrator>
```

图 6-25　查看本机中已有镜像的相关信息

镜像由多个层组成，每层叠加之后，从外部看就像单个独立的对象。镜像内部是一个精简的操作系统，同时还包含应用运行所必需的文件和依赖包。因为容器的设计初衷就是快速和小巧，所以镜像通常都比较小，在图 6-25 中，MySQL 5.7 的镜像文件只有 455MB。

现在试想一下，在正常安装 MySQL 时，需要先找到匹配的操作系统 CentOS 7.0，可能是 VMware 中的镜像，也可能实际部署一套干净的环境，再通过使用 yum 来安装，起码要花费 20min 以上的时间，而使用 Docker 在不到 1min 的时间就拉取了基于 CentOS 7.0 操作系统的 MySQL 镜像。通常，VMware 虚拟机少则占用几吉字节，多则占用上百吉字节；而且开发环境不可能仅仅使用 MySQL，可能还涉及一些开发环境、第三方库/插件、Web 应用服务器等，配置和开发环境完全一致的测试环境需要花费多长时间呢？少则一天，多则几天才能部署完。如果开发人员能将开发环境制作成镜像分发给测试团队，测试团队就可以花费很少的时间，可能不到 10min 就部署好了，甚至能够在几秒内部署，这是多么美好的事情！

6.6 Docker 命令实战：启动容器（docker run）

容器是镜像的运行时实例，用户可以从镜像中启动一个或多个容器。使用 docker run 命令可以启动容器，该命令支持很多选项，如图 6-26 所示。

```
C:\Users\Administrator>docker run --help

Usage:  docker run [OPTIONS] IMAGE [COMMAND] [ARG...]

Run a command in a new container

Options:
      --add-host list                  Add a custom host-to-IP mapping
                                       (host:ip)
  -a, --attach list                    Attach to STDIN, STDOUT or STDERR
      --blkio-weight uint16            Block IO (relative weight),
                                       between 10 and 1000, or 0 to
                                       disable (default 0)
      --blkio-weight-device list       Block IO weight (relative device
                                       weight) (default [])
      --cap-add list                   Add Linux capabilities
      --cap-drop list                  Drop Linux capabilities
      --cgroup-parent string           Optional parent cgroup for the
                                       container
      --cidfile string                 Write the container ID to the file
      --cpu-period int                 Limit CPU CFS (Completely Fair
                                       Scheduler) period
      --cpu-quota int                  Limit CPU CFS (Completely Fair
                                       Scheduler) quota
      --cpu-rt-period int              Limit CPU real-time period in
                                       microseconds
      --cpu-rt-runtime int             Limit CPU real-time runtime in
                                       microseconds
  -c, --cpu-shares int                 CPU shares (relative weight)
      --cpus decimal                   Number of CPUs
      --cpuset-cpus string             CPUs in which to allow execution
                                       (0-3, 0,1)
      --cpuset-mems string             MEMs in which to allow execution
                                       (0-3, 0,1)
  -d, --detach                         Run container in background and
                                       print container ID
      --detach-keys string             Override the key sequence for
                                       detaching a container
      --device list                    Add a host device to the container
      --device-cgroup-rule list        Add a rule to the cgroup allowed
                                       devices list
      --device-read-bps list           Limit read rate (bytes per second)
                                       from a device (default [])
      --device-read-iops list          Limit read rate (IO per second)
                                       from a device (default [])
      --device-write-bps list          Limit write rate (bytes per
  -w, --workdir string                 Working directory inside the container
```

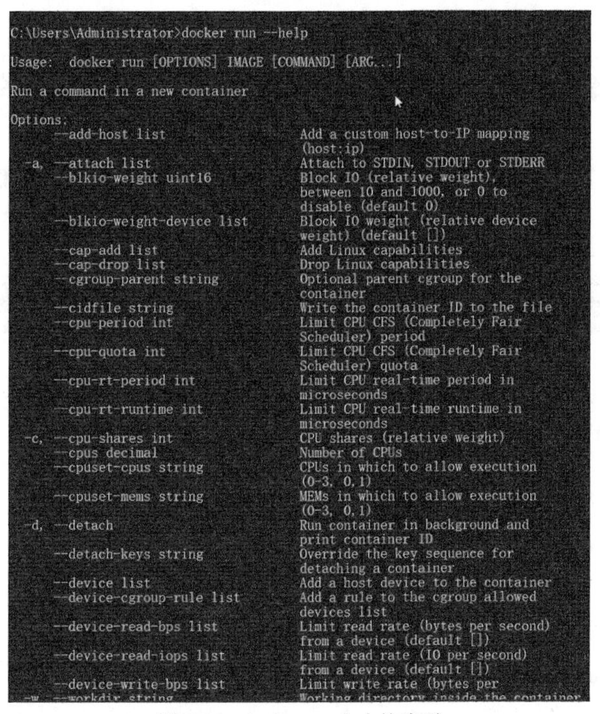

图 6-26　docker run 命令的选项

这里只介绍经常会用到的几个主要选项。

- -i：以交互模式运行容器。
- -d：指定在后台运行容器并输出容器的 id。
- -t：分配一个伪输入终端设备。
- --name string：为容器指定名称。
- -e：设置环境变量。
- --link：添加链接到另一个容器中。
- -P：随机端口映射，将容器内部端口随机映射到主机的高端口。
- -p：指定端口映射，格式为主机(宿主)端口:容器端口。

现在就让我们结合刚才下载的 MySQL 镜像来创建并启动一个容器。输入如下命令：

```
docker run --name test_mysql -e MYSQL_ROOT_PASSWORD=pwd123456 -d mysql:5.7
```

以上命令的意图是，基于 MySQL 5.7 镜像创建并启动一个名为 test_mysql 的容器，设置 MYSQL_ROOT_PASSWORD 环境变量的值为 pwd123456，也就是为 MySQL 的 root 用户创建初始密码 pwd123456。执行完以上命令后，将返回一个容器的 id，如图 6-27 所示。

```
管理员: 命令提示符

C:\Users\Administrator>docker run --name test_mysql -e MYSQL_ROOT_PASSWORD=pwd123456 -d mysql:5.7
18c1df016e67bf1c239442e66b9541e001ba3b0f30cc1b3c29bce22aa901bed0
```

图 6-27　返回一个容器的 id

6.7 Docker 命令实战：查看运行中的容器（docker ps）

既然创建了一个名为 test_mysql 的容器，那么如何才能查看这个容器呢？可以使用 docker ps 命令，如图 6-28 所示。

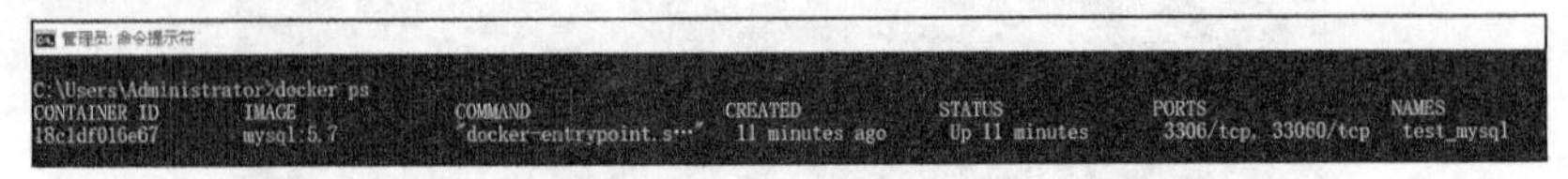

图 6-28　查看正在运行的容器

每列代表的含义如下。

- CONTAINER ID：容器的 id。
- IMAGE：使用的镜像。
- COMMAND：启动容器时运行的命令。
- CREATED：容器的创建时间，结合本例是 11min 以前创建的容器。
- STATUS：容器状态。
- PORTS：容器的端口信息和使用的连接类型。MySQL 使用的是 3306 端口。
- NAMES：容器的名称。

docker ps 命令支持很多选项，这里介绍如下 4 个经常用到的选项。

- -a：显示所有的容器，包括未运行的容器。
- -n：列出最近创建的 *n* 个容器。
- -q：静默模式，只显示容器编号。
- -s：显示文件的大小。

6.8 Docker 命令实战：在容器中运行命令（docker exec）

使用 docker exec 命令进入容器并运行指定的命令，这里进入先前创建的 test_mysql 容器并执行 bash 命令：

```
docker exec -i -t  test_mysql /bin/bash
```

运行以上命令后，您就会发现已进入 test_mysql 容器，如图 6-29 所示。

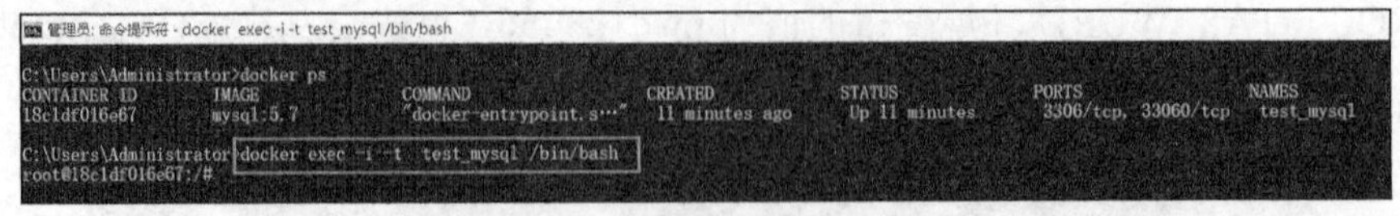

图 6-29　已进入 test_mysql 容器

进入容器之后，您就可以像进入正常的 CentOS 7.0 操作系统一样，正常执行相关的命令操作了。因为 test_mysql 容器已经安装了 MySQL 5.7，并且已经设置了 root 用户的初始密码，所以可以使用 root 用户和密码 pwd123456 登录 MySQL 了，如图 6-30 所示。

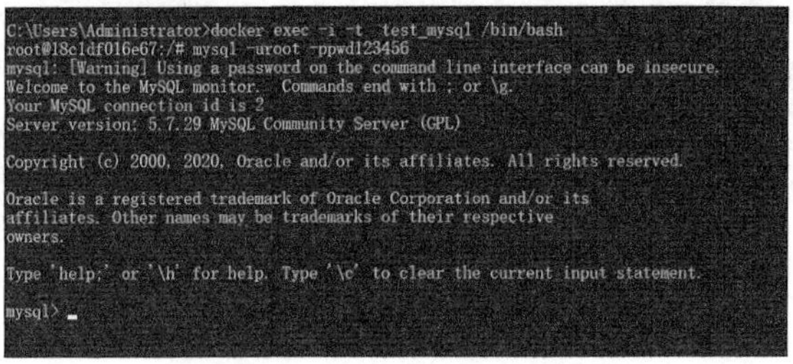

图 6-30　在容器中登录 MySQL

这里在 MySQL 中创建了一个数据库，名为 testdb，如图 6-31 所示。

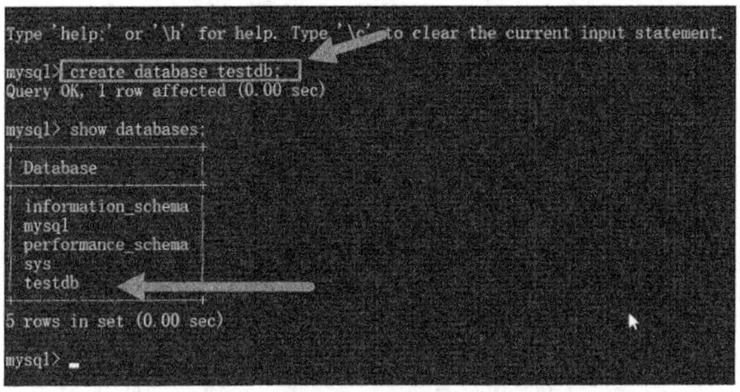

图 6-31　创建名为 testdb 的数据库

要从容器中退出，执行 exit 命令，如图 6-32 所示。

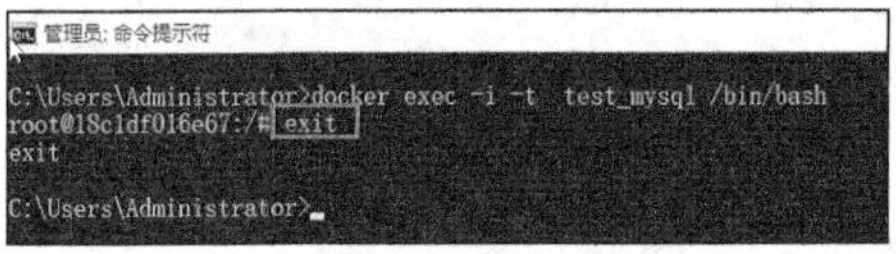

图 6-32　从容器中退出

docker exec 命令也支持很多选项，下面介绍 4 个经常用到的选项。

- -d：在后台运行。
- -i：即使没有连接，也保持 stdin 打开。
- -t：分配一个伪终端。
- -w：容器内的工作目录。

6.9 Docker 命令实战：停止容器运行（docker stop）

就像停止某个服务一样，Docker 容器也可以停止运行。除指定容器名称之外，还可以使用容器的 id 来停止容器的运行，如图 6-33 所示。

```
管理员: 命令提示符
C:\Users\Administrator>docker ps
CONTAINER ID        IMAGE               COMMAND                  CREATED             STATUS              PORTS                 NAMES
18c1df016e67        mysql:5.7           "docker-entrypoint.s…"   About an hour ago   Up About an hour    3306/tcp, 33060/tcp   test_mysql

C:\Users\Administrator>docker stop 18c1df
18c1df

C:\Users\Administrator>docker ps
CONTAINER ID        IMAGE               COMMAND             CREATED             STATUS              PORTS               NAMES

C:\Users\Administrator>docker ps -a
CONTAINER ID        IMAGE               COMMAND                  CREATED             STATUS                      PORTS               NAMES
18c1df016e67        mysql:5.7           "docker-entrypoint.s…"   About an hour ago   Exited (0) 26 seconds ago                       test_mysql

C:\Users\Administrator>
```

图 6-33　停止容器的运行

这里我们先查看处于运行状态的容器，正在运行的只有名为 test_mysql 的容器，对应的容器 id 为 18c1df016e67，使用 docker stop 18c1df 命令就可以让这个容器停止运行。这里的 18c1df 为容器 id 的前 6 个字符，甚至只输入 18，也能达到停止容器运行的目的，因为没有以 18 开头的别的容器。当运行的容器停止后，再次执行 docker ps 命令时，您就会发现已经查询不到对应的容器信息了。如果要查看所有容器的信息，包括未运行的容器，可以执行 docker ps -a 命令。

6.10 Docker 命令实战：启动/重启容器（docker start/restart）

既然容器可以停止，那么肯定也能启动或重启。若容器已停止运行，则可以使用 docker start 命令启动处于停止运行状态的容器，如图 6-34 所示。

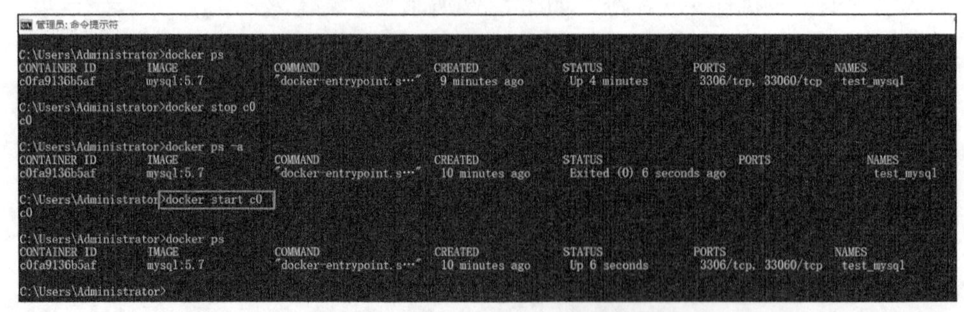

图 6-34　启动处于停止运行状态的容器

若要重启容器，则可以使用 docker restart 命令，如图 6-35 所示。

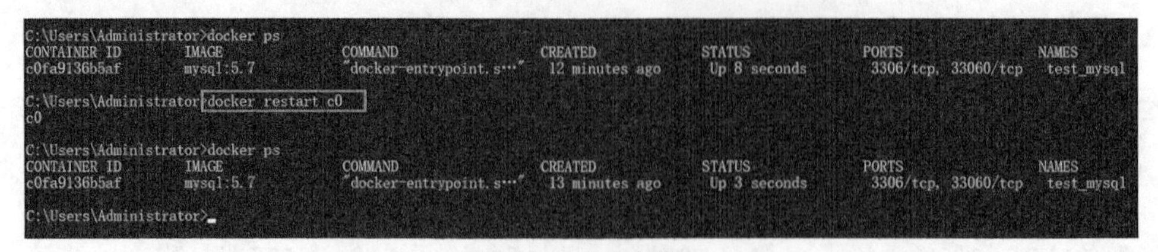

图 6-35　重启容器

6.11 Docker 命令实战：查看容器元数据（docker inspect）

使用 docker inspect 命令可以查看容器/镜像的元数据。这里以查看容器 test_mysql 为例，如图 6-36 所示。

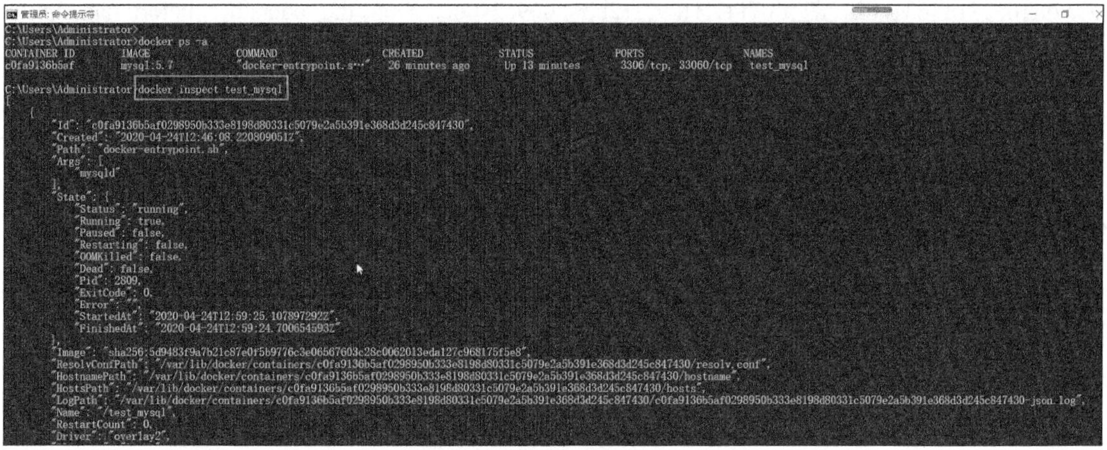

图 6-36 查看容器的元数据

图 6-36 显示了非常多的内容，但是通常我们关心的可能是容器的 IP 地址，那么如何只显示与容器对应的 IP 地址呢？

使用如下命令可以获得与容器对应的 IP 地址：

```
docker inspect test_mysql --format='{{.NetworkSettings.IPAddress}}'
```

执行以上命令后就会输出与容器对应的 IP 地址，如图 6-37 所示。

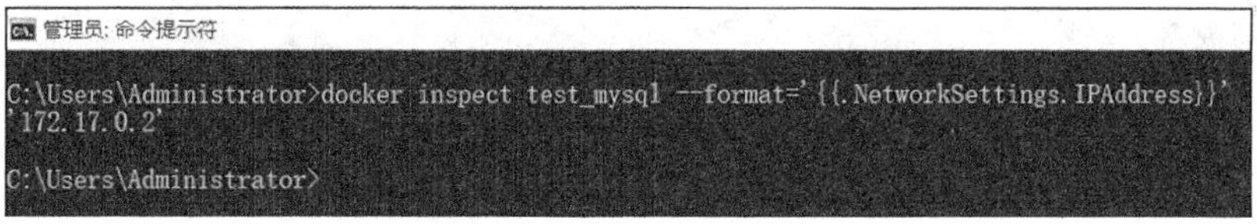

图 6-37 显示与容器对应的 IP 信息

在使用 docker inspect 命令时，主要用到的是--format 选项，这个选项可通过给定的 Go 语言模板来格式化输出的内容。为了使输出看起来更明确，可以再对上面的命令进行完善，如下所示：

```
docker inspect test_mysql --format=本机 IP:{{.NetworkSettings.IPAddress}}
```

对应的输出如图 6-38 所示。

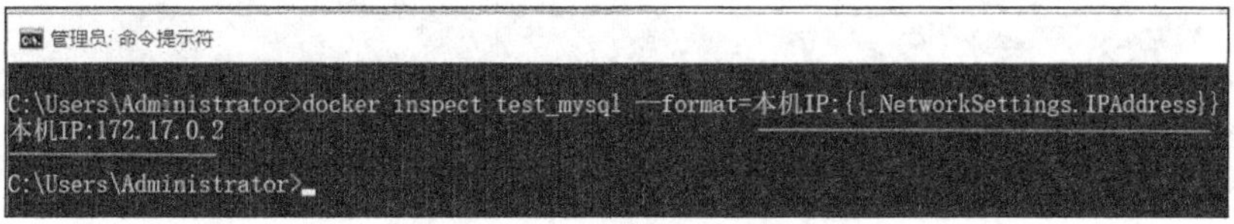

图 6-38 格式化输出的内容

6.12 Docker 命令实战：删除容器（docker rm）

使用 docker rm 命令可以删除容器，但是当删除正处于运行状态的容器时，命令行窗口中将会出现与“Error response from daemon: You cannot remove a running container 319758b2376b e3a79f16e281e 631ed2178740b7f41f1f699f12bb68069e9406c. Stop the container before attempting removal or force remove”类似的提示信息，如图 6-39 所示。

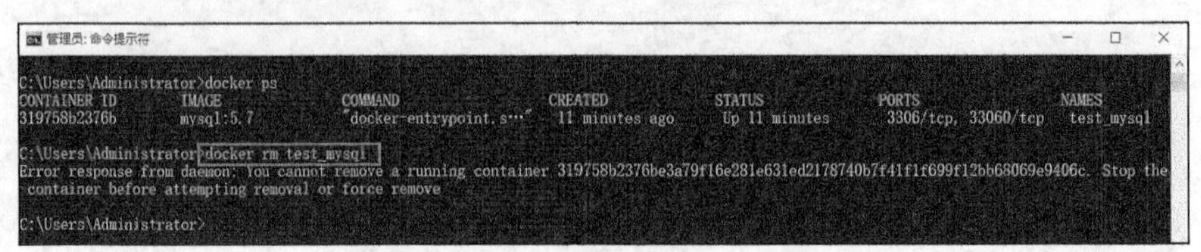

图 6-39　删除容器时的相关提示信息

根据提示信息，容器在删除前，必须停止运行或强制删除。

如图 6-40 所示，在停止正在运行的容器之后，当再次执行容器删除命令时，容器能够成功删除。

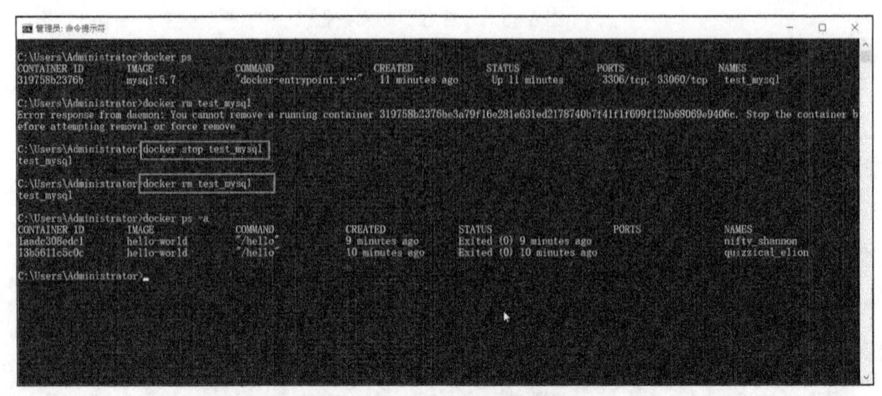

图 6-40　停止运行后再删除容器

当然，使用-f 选项可以强制删除正在运行的容器，如图 6-41 所示。

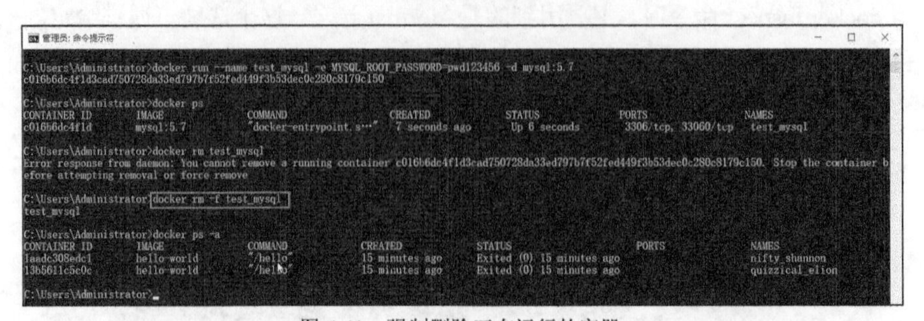

图 6-41　强制删除正在运行的容器

6.13 Docker 命令实战：删除镜像（docker rmi）

使用 docker rmi 命令可以删除镜像，但是当删除正在被引用的镜像时，命令行窗口中将会出现类似于“Error response from daemon: conflict: unable to remove repository reference "hello-world" (must force) - container a1c5aa5d9e4c is using its referenced image bf756fb1ae65”的提示信息，如图 6-42 所示。

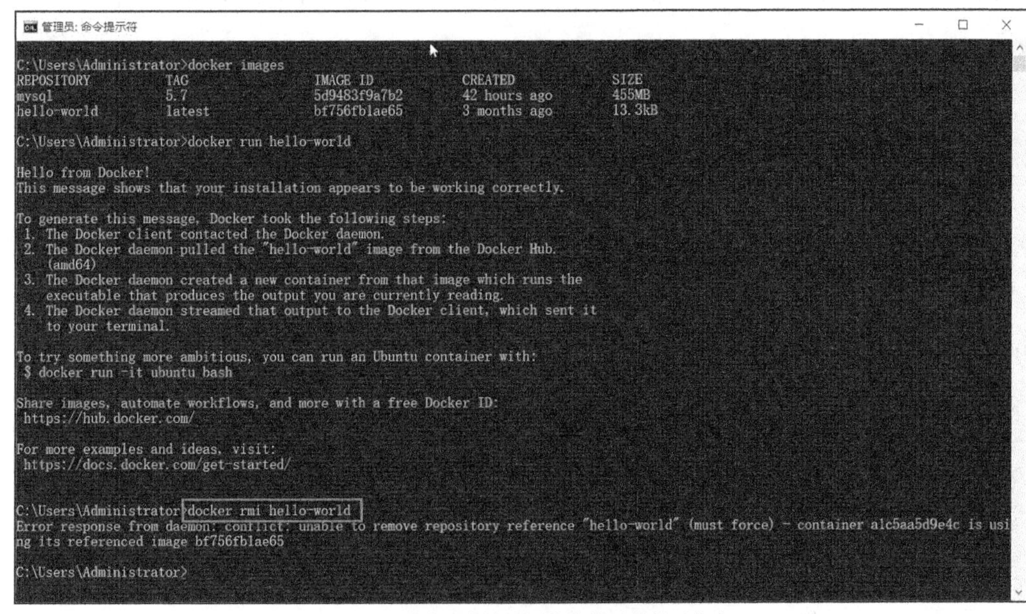

图 6-42 删除正在被引用的镜像时的提示信息

使用-f 选项可以强制删除镜像。删除镜像后，再次查看镜像时您会发现已删除的镜像虽然消失，但基于这个镜像创建的容器依然存在，如图 6-43 所示。

图 6-43 强制删除镜像后，基于这个镜像创建的容器依然存在

6.14 Docker 命令实战：导出容器（docker export）

从事研发相关工作（包括开发、测试和运维）的读者一定都很清楚，在部署过程中可能会

出现很多问题，耗时耗力。当研发人员在 Docker 容器中部署好环境后，如何让测试人员能够直接拿来就用呢？如果测试人员准备了一些待测试数据、对应版本的 Web 应用服务器、数据库等容器，我们能不能将它们导出并在后续测试过程中复用这些容器呢？可以！这里仅以复用 test_mysql 容器为例介绍一下。

因为前面已经将 test_mysql 容器删除了，所以现在重新创建 test_mysql 容器，关于创建、启动容器以及在容器的 MySQL 中创建数据库、数据表的过程，这里不再赘述，请大家看具体的命令，如下所示：

```
docker run --name test_mysql -v C:\Users\Administrator\docker\mysql\data:/var/lib/mysql -e
MYSQL_ROOT_PASSWORD=pwd123456 -d mysql:5.7
docker exec -it test_mysql /bin/bash
```

这里为了实现数据的持久化使用了卷（-v 选项），并建立了 C:\Users\Administrator\docker\mysql\data 目录，然后挂载到了容器的/var/lib/mysql 目录。

挂载后，容器的/var/lib/mysql 目录下的所有文件将会自动被同步复制到宿主机的 C:\Users\Administrator\docker\mysql\data 目录下，如图 6-44 所示。

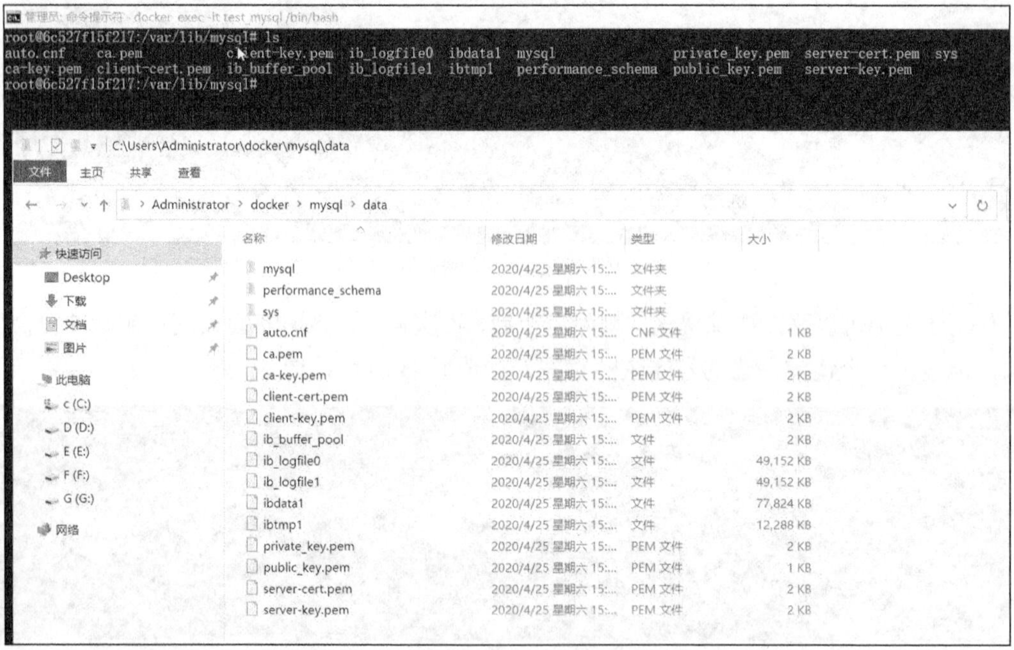

图 6-44　容器和宿主机对应的挂载目录中的文件

接下来，登录 MySQL 数据库，创建一个名为 yuytest 的数据库，再创建一个名为 man 的数据表，在其中插入两条记录，进行查询，如图 6-45 所示。

要导出容器，输入如下命令：

```
docker export test_mysql -o yu_test.tar
```

```
管理员: 命令提示符 - docker exec -it test_mysql /bin/bash
root@6c527f15f217:/var/lib/mysql# mysql -uroot -ppwd123456
mysql: [Warning] Using a password on the command line interface can be insecure.
Welcome to the MySQL monitor.  Commands end with ; or \g.
Your MySQL connection id is 2
Server version: 5.7.29 MySQL Community Server (GPL)

Copyright (c) 2000, 2020, Oracle and/or its affiliates. All rights reserved.

Oracle is a registered trademark of Oracle Corporation and/or its
affiliates. Other names may be trademarks of their respective
owners.

Type 'help;' or '\h' for help. Type '\c' to clear the current input statement.

mysql> create database yuytest;
Query OK, 1 row affected (0.03 sec)

mysql> use yuytest;
Database changed
mysql> create table man(id int ,name char(10),sex char(10),age int);
Query OK, 0 rows affected (0.05 sec)

mysql> insert into man(id,name,sex,age) values(1,'chen','female',18);
Query OK, 1 row affected (0.01 sec)

mysql> insert into man(id,name,sex,age) values(2,'yuy','male',20);
Query OK, 1 row affected (0.00 sec)

mysql> select * from man;
+------+------+--------+------+
| id   | name | sex    | age  |
+------+------+--------+------+
|    1 | chen | female |   18 |
|    2 | yuy  | male   |   20 |
+------+------+--------+------+
2 rows in set (0.00 sec)

mysql> _
```

图 6-45 登录 MySQL 数据库并执行相关操作

执行结果如图 6-46 所示。

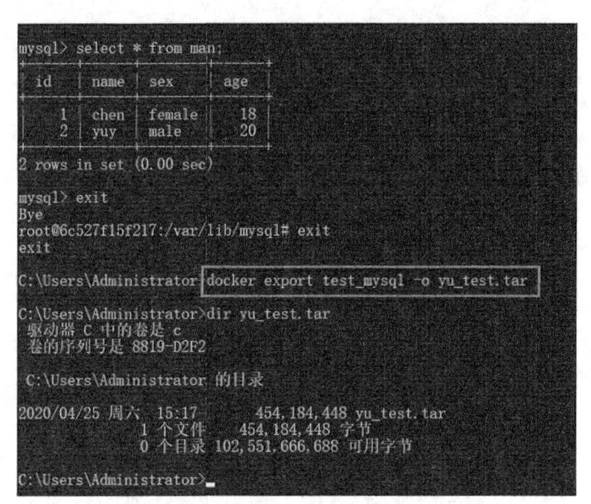

图 6-46 导出容器的结果

-o 选项用来指定目标输出文件，以上命令的意思是将 test_mysql 容器导出到 yu_test.tar 文件中。

6.15 Docker 命令实战：从 tar 文件中创建镜像（docker import）

既然创建了 yu_test.tar 文件，那么如何利用它呢？

为了展示效果，这里删除所有的容器和镜像，并从 yu_test.tar 文件创建一个名为 yuy、标签为 v1 的镜像，如图 6-47 所示。

```
选择管理员: 命令提示符 - docker exec -it yu_mysql /bin/bash

C:\Users\Administrator>docker images
REPOSITORY          TAG                 IMAGE ID            CREATED             SIZE

C:\Users\Administrator>docker ps -a
CONTAINER ID        IMAGE               COMMAND             CREATED             STATUS              PORTS               NAMES

C:\Users\Administrator>docker import  yu_test.tar yuy:v1
sha256:05a66363c2186bd330c83161633ccd3872892c39587ac626c449f51db1fbb215

C:\Users\Administrator>docker images
REPOSITORY          TAG                 IMAGE ID            CREATED             SIZE
yuy                 v1                  05a66363c218        3 hours ago         449MB
```

图 6-47　从 tar 文件创建镜像

如图 6-48 所示，使用 docker run --name yu_mysql -v C:\Users\Administrator\docker\mysql\data:/var/lib/mysql -e MYSQL_ROOT_PASSWORD=pwd123456　-d -p 33062:3306yuy:v1 /entrypoint.sh mysqld 命令，挂载数据库相关内容到容器，而后进入容器，执行数据库的相关操作，您会发现先前创建的数据库和数据表都存在。这里需要注意的是，如果分发给其他人员，那么需要复制 tar 文件和对应的挂载目录。这种部署测试环境的方式能够极大提升测试的效率，建议测试团队在有条件的情况下，考虑采用这种方式。

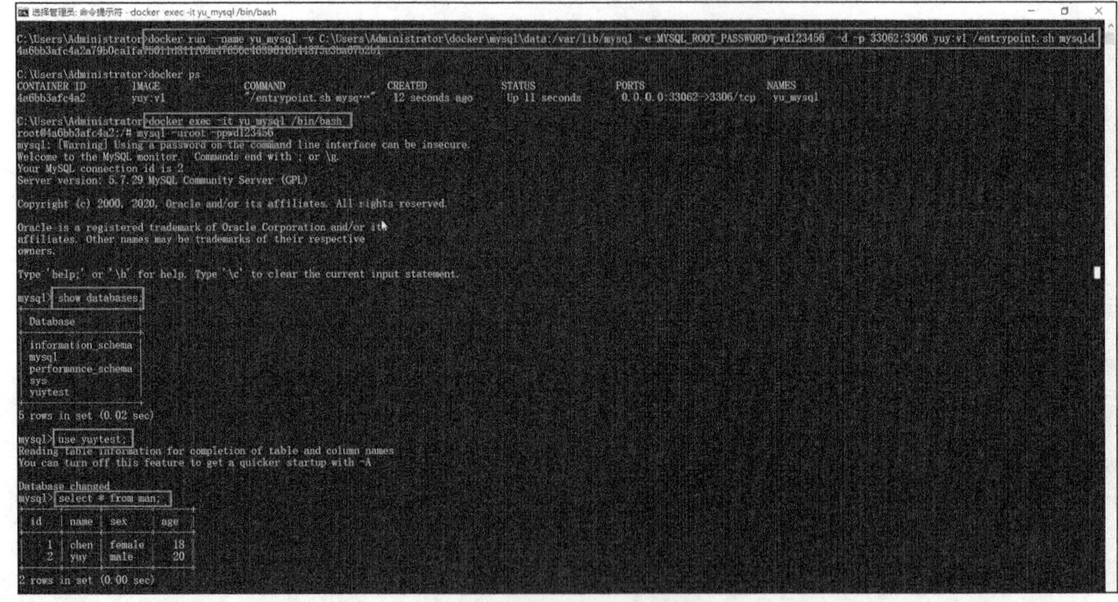

图 6-48　挂载数据库并执行相关操作

Docker 还提供了很多其他命令，由于本书更多是从测试角度出发的，因此我们只讲解了其中一部分命令的使用方法。如果您对 Docker 非常感兴趣，建议自行阅读相关书籍。

第 7 章　Selenium 自动化测试框架及其应用

7.1 Selenium 自动化测试框架

说到目前流行的自动化测试工具，只要您做过软件测试相关工作，就一定听说过大名鼎鼎的 Selenium，而对自动化测试有所了解的读者肯定会提到 Selenium。

图 7-1 所示是某企业招聘自动化测试工程师的信息，大家可以看到在岗位任职条件方面明确指出要求具有 Selenium 等主流自动化测试工具的使用经验。

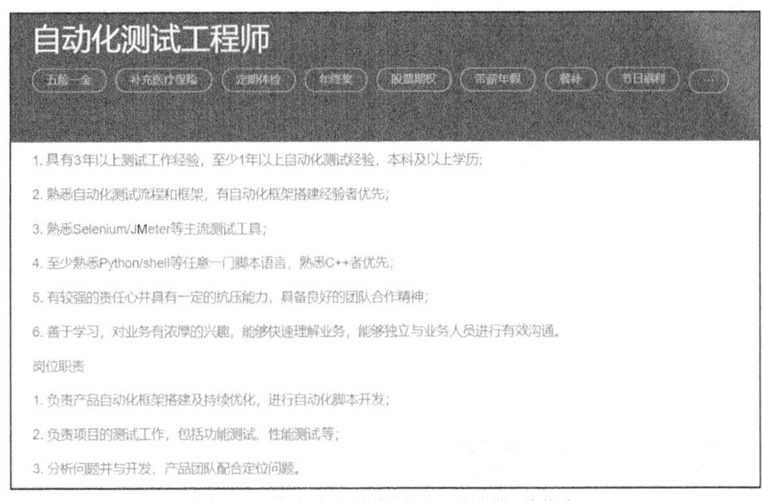

图 7-1　某企业自动化测试工程师招聘信息

那么 Selenium 是谁开发的？它是用来解决什么问题的？它为什么会被自动化测试人员广泛使用呢？

下面就结合这些问题简单介绍一下。

在日常的软件测试工作中，功能测试是软件测试的重要环节，而手动的功能测试有许多缺点，其中主要的缺点是测试过程单调且重复，长时间的这种往复操作容易使人厌倦、出错。在 2004 年，Thoughtworks 的工程师 Jason Huggins 决定使用自动化测试工具来改变这种情况。他开发了一款名为 JavaScript Test Runner 的 JavaScript 程序，这款 JavaScript 程序可以自动进行 Web 应用程序功能测试。同年，JavaScript Test Runner 被更名为 Selenium。

Selenium 是开源的，可以在 GitHub 上找到，如图 7-2 所示。Selenium 是大型项目，用于支持 Web 浏览器自动化的一系列工具和库。

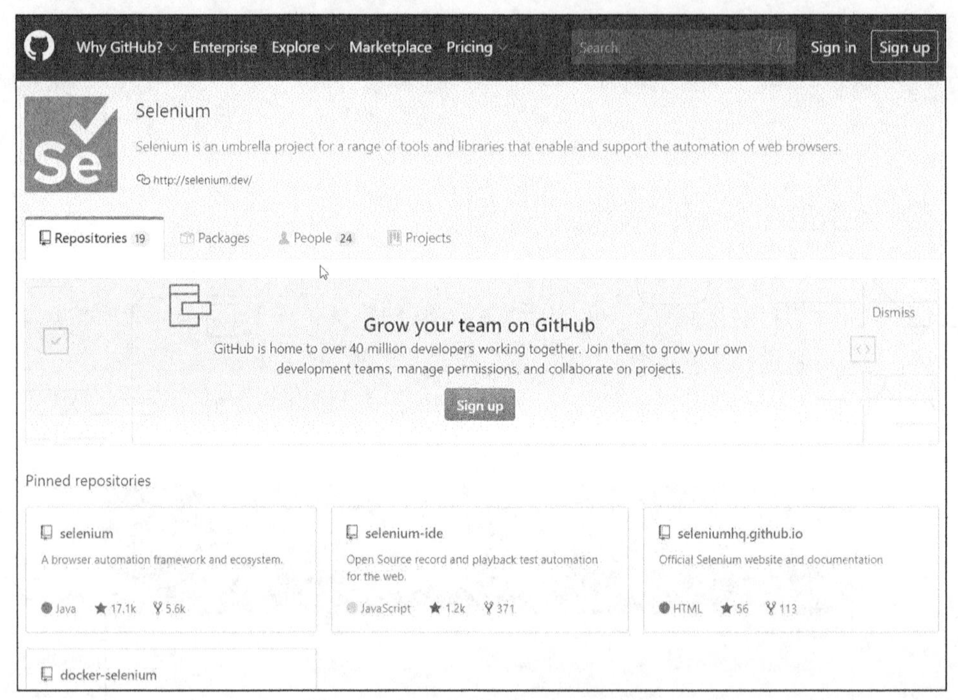

图 7-2 GitHub 上的 Selenium 项目信息

从图 7-2 可以看出，在 Selenium 项目的仓库中共有 19 个子项目，这进一步验证了 Selenium 是大型项目。这里我们只关注 Selenium 的核心内容，而不关注其他辅助性的子项目。

7.2 Selenium 的历史版本及核心组件

目前，Selenium 的最新可获取版本是 Selenium 4.0 alpha；而稳定版本是 Selenium 3.0，对应的可下载版本是 Selenium 3.141.0。为了使读者能够系统地掌握 Selenium，作者认为非常有必要了解 Selenium 的历史版本及核心组件。Selenium 的核心组件如图 7-3 所示。

1．Selenium 1.0

1）Selenium IDE

2006 年，Shinya Kasatani 开发了 Selenium IDE 的第一个版本，当时该版本是 Firefox 的一个插件。通过使用该插件，在 Firefox 浏览器中操作业务功能时，您就能够自动录制业务功能脚本，如图 7-4 所示。您还可以根据需要将产生的脚本转换为 Python、Java、Ruby、C#等脚本信息，如图 7-5 所示。录制的脚本或者由脚本产生的脚本信息可以回放，从而验证功能的可用性、正确性等。

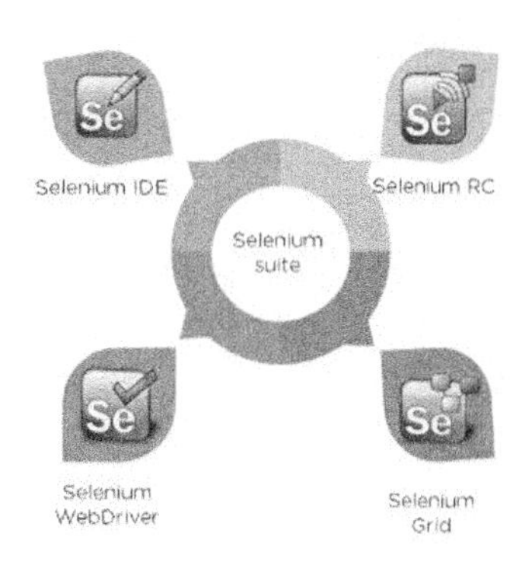

图 7-3 Selenium 的核心组件

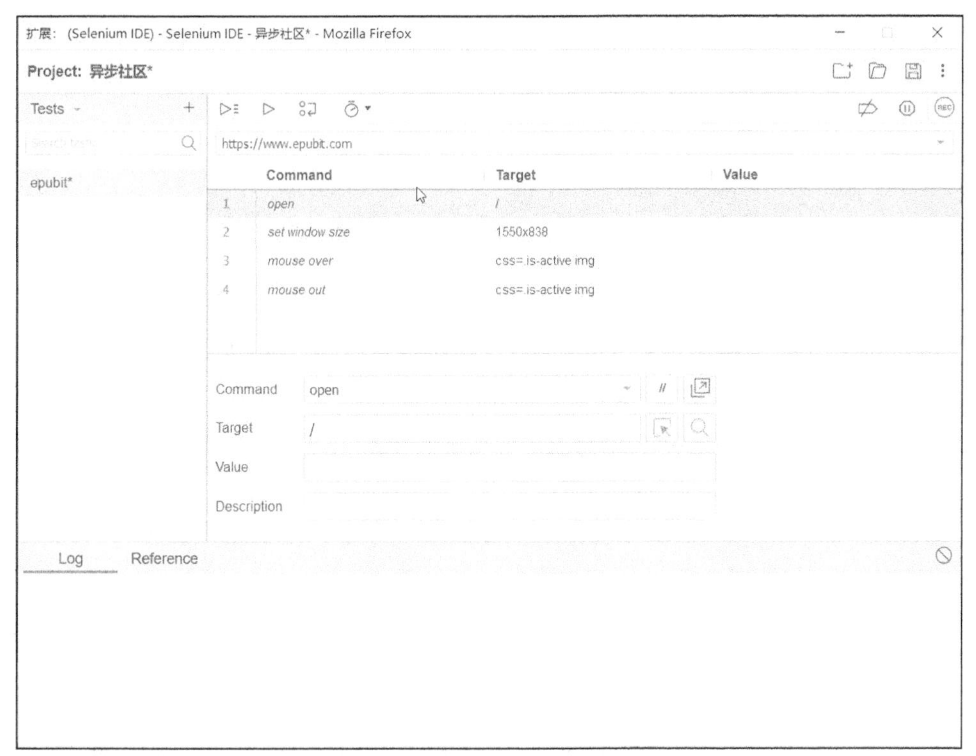

图 7-4 自动录制业务功能脚本

Selenium IDE 具有以下特点。

- 操作简单，不要求操作人员具有编码能力。
- 测试脚本可复用，从而减少测试人员的重复性操作。
- 可以单个或批量运行测试脚本。
- 支持在持续集成中使用命令行。
- 可以控制脚本的执行速度。

```
test_epubit.py ×
1   # Generated by Selenium IDE
2   import pytest
3   import time
4   import json
5   from selenium import webdriver
6   from selenium.webdriver.common.by import By
7   from selenium.webdriver.common.action_chains import ActionChains
8   from selenium.webdriver.support import expected_conditions
9   from selenium.webdriver.support.wait import WebDriverWait
10  from selenium.webdriver.common.keys import Keys
11  from selenium.webdriver.common.desired_capabilities import DesiredCapabilities
12
13  class TestEpubit():
14    def setup_method(self, method):
15      self.driver = webdriver.Firefox()
16      self.vars = {}
17
18    def teardown_method(self, method):
19      self.driver.quit()
20
21    def test_epubit(self):
22      self.driver.get("https://www.epubit.com/")
23      self.driver.set_window_size(1550, 838)
24      element = self.driver.find_element(By.CSS_SELECTOR, ".is-active img")
25      actions = ActionChains(self.driver)
26      actions.move_to_element(element).perform()
27      element = self.driver.find_element(By.CSS_SELECTOR, "body")
28      actions = ActionChains(self.driver)
29      actions.move_to_element(element, 0, 0).perform()
```

图 7-5　由 Selenium IDE 转换后的 Python 脚本信息

- 一定程度上支持脚本调试功能，比如设置断点、单步运行等。
- 可以将脚本导出为使用多种不同语言的代码。

这里只对 Selenium IDE 做了简单介绍，后续我们将进行更加详细的介绍。

2）Selenium Remote Control (RC)

Paul Hammant 开发了 Selenium Remote Control，这里我们将 Selenium Remote Control 简写成 Selenium RC。如前所述，Selenium 的核心是 JavaScript Test Runner。JavaScript Test Runner 是一组 JavaScript 函数，可首先通过使用浏览器内置的 JavaScript 解释器进行解释和执行 Selenese 命令，然后再将 Selenium Core 注入浏览器。但是，这里存在同源策略问题。也就是说，假设有一个 JavaScript 测试脚本，该脚本要访问 baidu.***域，从而访问 baidu.***/news、baidu.***/map 之类的页面元素，这没有问题，但无法访问 epubit.com 或 bing.com 等其他域的元素。因为 baidu.***/news 和 baidu.***/map 同源，它们有相同的域，都是 baidu.***，所以怎么才能够跨域访问呢？Selenium RC 就是用来解决这一问题的，它分为 Client Library 和 Selenium Server 两部分。Client Library 部分提供了丰富的接口，主要用于编写自动化测试脚本以连接、控制 Selenium Server。Selenium Server 负责充当客户端配置的 HTTP 代理，并“欺骗”浏览器以使 Selenium Core 和被测试的 Web 应用程序共享相同的来源，接收来自客户端程序的命令，并将它们传给浏览器。

3）Selenium Grid

Patrick Lightbody 开发了 Selenium Grid。Selenium Grid 可以实现在不同的浏览器和操作系

统中并行地执行测试脚本，从而最大限度地缩短测试的执行时间，提升工作效率。具体的工作模式是由一个 Hub 节点控制若干 Node，Hub 节点负责管理与收集 Node 的注册和工作状态等信息，接收远程调用并将相关请求分发给各 Node 来执行。

2. Selenium 2.0

Selenium 2.0 在 Selenium 1.0 的基础上添加了对 Selenium WebDriver 的支持。Selenium WebDriver 由 Simon Stewart 在 2006 年开发，是一个可以在操作系统级别配置和控制浏览器的跨平台测试框架。Selenium WebDriver 可直接与浏览器应用程序进行本地交互。Selenium WebDriver 不仅支持各种编程语言，如 Python、Ruby、PHP 和 Perl 等，还可以与 JUnit 和 Unittest 之类的单元测试框架集成以进行测试管理。

如图 7-6 所示，Selenium WebDriver 架构主要包括 4 部分——Selenium 客户端库、JSON 有线协议、浏览器驱动程序和浏览器。

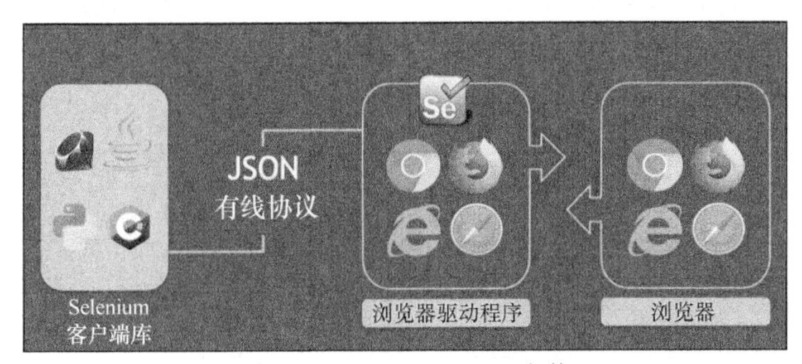

图 7-6 Selenium WebDriver 架构

- Selenium 客户端库：自动化测试人员可以使用 Java、Ruby、Python、C#等语言，利用它们提供的库来编写脚本。
- JSON 有线协议：在 HTTP 服务器之间传输信息的 REST API。每个浏览器驱动程序（如 FirefoxDriver、ChromeDriver 等）都有它们的 HTTP 服务器。
- 浏览器驱动程序：不同的浏览器都包含单独的浏览器驱动程序。浏览器驱动程序与相应的浏览器通信。当浏览器驱动程序接收到任何指令时，将在相应的浏览器中执行，响应信息将以 HTTP 响应的形式返回。
- 浏览器：Selenium 支持多种浏览器，如 Firefox、Chrome、IE、Safari 等。

Selenium 和 WebDriver 原本属于两个不同的项目。为了弥补 Selenium 和 WebDriver 各自的不足，形成更加完善的 Selenium 测试框架，才对这两个项目进行了合并。

3. Selenium 3.0

目前发布的稳定 Selenium 版本是 Selenium 3.0，Selenium 3.0 版本做了以下更新。

- 去除了 Selenium RC 组件。
- Selenium 3.0 只支持 Java 8 及以上版本。
- 在 IE 支持方面，只支持 IE 9.0 以上版本。
- Selenium 3.0 中的 Firefox 需要使用独立的浏览器驱动。

4. Selenium 4.0

自从 2019 年 4 月发布 Selenium 4.0 的第 1 个 alpha 版本以来，截至目前 Selenium 4.0 已经有 4 个 alpha 版本，如图 7-7 所示。Selenium 给自动化测试从业者带来了更多的期待，那么 Selenium 4.0 又有什么新特性呢？

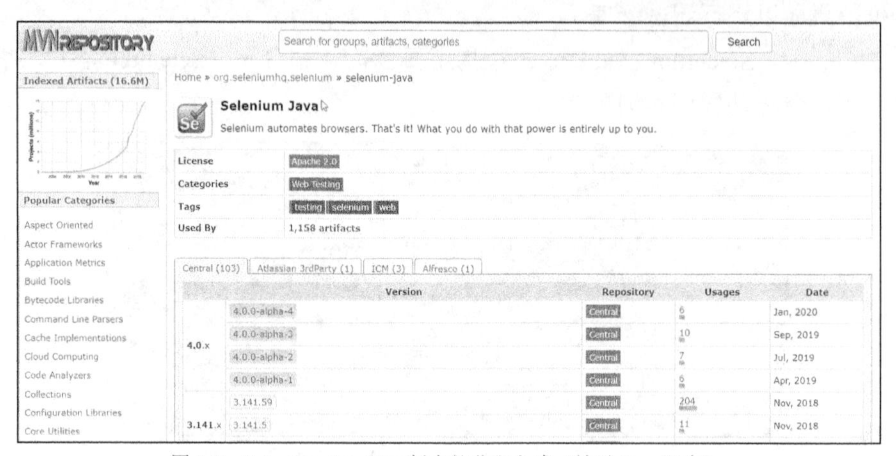

图 7-7　Selenium 4.0 alpha 版本的获取方式（针对 Java 语言）

单击 4.0.0-alpha-4 链接，可以查看对应的 Maven 依赖信息，如图 7-8 所示。

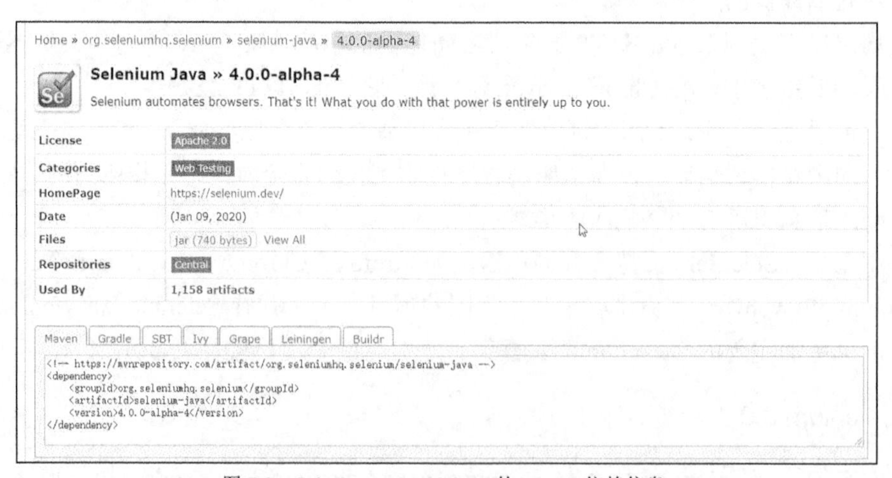

图 7-8　Selenium 4.0.0-alpha-4 的 Maven 依赖信息

Selenium 4.0 主要包括以下新特性。

- Selenium IDE 功能改版：用过 Selenium IDE 的读者都清楚，之前 Selenium IDE 以插件的形式运行在 Firefox 和 Chrome 浏览器中，改版后将能够用于更多浏览器。同时，它还提供了全新的基于 Node.js 的 CLI（命令行界面）运行程序，能够并行执行测试用例并提供通过和失败的测试用例、执行耗时等相关信息。新的 Selenium IDE 完全基于 Selenium WebDriver 运行程序。
- WebDriver API 成为 W3C 标准：WebDriver API 不仅用于 Selenium，还用在很多其他的自动化测试工具中，如 Appium。Selenium 新版本最突出的变化是 WebDriver API 完全遵循 W3C 标准，这意味着 WebDriver API 现在可以跨不同的软件实现，而不会出现任何兼容性问题。
- Selenium Grid 改良：如果您以前用过 Selenium Grid，一定会遇到一些节点配置方面的问题并记忆深刻。Selenium Grid 有两个基础组件——Node 和 Hub。Node 用于执行测试用例，而 Hub 用于控制所有执行用例的 Node。我们在连接 Hub 和 Node 时，经常会出现很多问题。但在 Selenium 4.0 中，当启动 Selenium Grid 时，Selenium Grid 将同时充当 Hub 和 Node 角色，使得连接过程变得非常容易，从而很好地支持 Docker 部署，并且不存在线程问题。Selenium Grid 服务器还可以输出 JSON 格式的日志文件。在用户界面上，Selenium 4.0 也有了很多改良，可以直观地看到执行测试用例的相关信息等。
- 更直观方便的调试信息：钩子（hook）和请求（request）跟踪的日志记录也得到了改进，因为可调试或可观察性不再仅适用于 DevOps。自动化测试人员现在可以更好地使用改进的用户界面来进行调试。
- 更完善的文档：文档对于任何项目的成功都非常重要。自从 Selenium 2.0 发布以来，这些文件已经很多年没有更新了。也就是说，任何想学习 Selenium 的人都必须依赖旧的教程，但许多特性在 Selenium 3.0 中已经发生了变化。SeleniumHQ 承诺将提供一份新的文档，这也许是自动化测试工程师最期待的更新。

7.3 安装 Selenium

使用如下命令安装 Selenium 4.0 alpha 5，如图 7-9 所示。

```
pip3 install selenium==4.0.0a5
```

在安装过程中，系统有可能提示您升级 pip。如果要升级 pip，可继续输入如下命令：

```
python-m pip install --upgrade pip
```

同时，需要安装 requests 模块，相关命令如下：

```
pip3 install requests
```

```
管理员: 命令提示符
Microsoft Windows [版本 10.0.18363.418]
(c) 2019 Microsoft Corporation。保留所有权利。

C:\Users\Administrator>pip3 install selenium==4.0.0a5
Collecting selenium==4.0.0a5
  Using cached selenium-4.0.0a5-py2.py3-none-any.whl (201 kB)
Requirement already satisfied: urllib3 in c:\users\administrator\appdata\local\programs\python\python38\lib\site-packa
s (from selenium==4.0.0a5) (1.25.8)
Installing collected packages: selenium
Successfully installed selenium-4.0.0a5
```

图 7-9　使用 pip 命令安装 Selenium 4.0 alpha 5

图 7-10 显示了用来安装 requests 模块的 pip 命令及输出信息。

```
管理员: 命令提示符 - pip install selenium==4.0.0a3 - pip install selenium==4.0.0a3

C:\Users\Administrator>pip3 install requests
Collecting requests
  Downloading requests-2.23.0-py2.py3-none-any.whl (58 kB)
     |████████████████████████████████| 58 kB 401 kB/s
Collecting certifi>=2017.4.17
  Downloading certifi-2019.11.28-py2.py3-none-any.whl (156 kB)
     |████████████████████████████████| 156 kB 88 kB/s
Collecting chardet<4,>=3.0.2
  Using cached chardet-3.0.4-py2.py3-none-any.whl (133 kB)
Requirement already satisfied: urllib3!=1.25.0,!=1.25.1,<1.26,>=1.21.1 in c:\users\administrator\appdata\local\programs\python\python38\lib\site-packages (from requests) (1.25.8)
Collecting idna<3,>=2.5
  Downloading idna-2.9-py2.py3-none-any.whl (58 kB)
     |████████████████████████████████| 58 kB 26 kB/s
Installing collected packages: certifi, chardet, idna, requests
Successfully installed certifi-2019.11.28 chardet-3.0.4 idna-2.9 requests-2.23.0
```

图 7-10　安装 requests 模块的 pip 命令及输出信息

7.4 Selenium 的配置与第一个可运行的脚本

前面已经介绍过 Selenium 是目前最流行的自动化测试工具，它可以模拟日常我们应用 Web 应用系统的相关操作。下面就让我们一起来完成一个可以运行的 Selenium 脚本。就像很多编程语言一样，我们把它作为系统学习 Selenium 的开始。为了使第一个脚本正常运行，必须先结合已安装的浏览器下载对应的浏览器驱动程序，这在 Selenium 项目中也提到过。如图 7-11 所示，在说明信息中有 Before Building，要求确认已安装 Chrome 浏览器、Chrome 浏览器驱动程序，并且 Chrome 浏览器的版本要匹配，还要将 Chrome 浏览器驱动程序放入 PATH 环境变量。

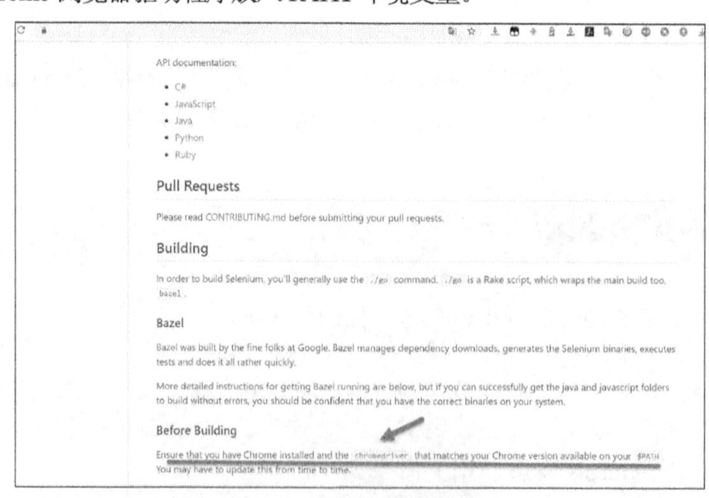

图 7-11　构建前的说明信息

在图 7-11 所示页面中，单击 chromedriver 链接，访问*****://chromedriver.chromium. ***/downloads 页面，如图 7-12 所示。

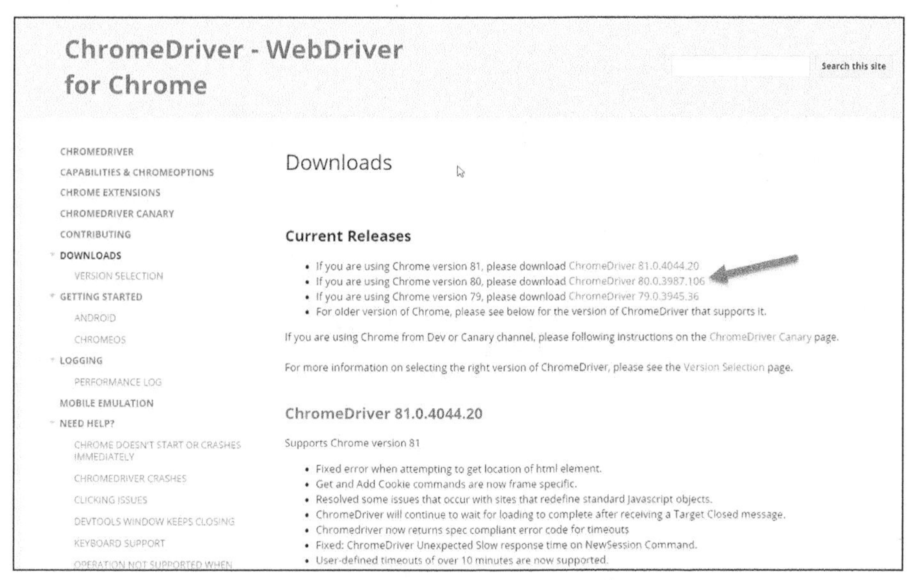

图 7-12 Chrome 浏览器驱动程序的下载页面

根据已安装的 Chrome 浏览器版本，如图 7-13 所示（从“打开”菜单中选择“帮助”→“关于 Google Chrome”菜单项来查看浏览器版本），选择下载哪个版本的 Chrome 浏览器驱动程序。

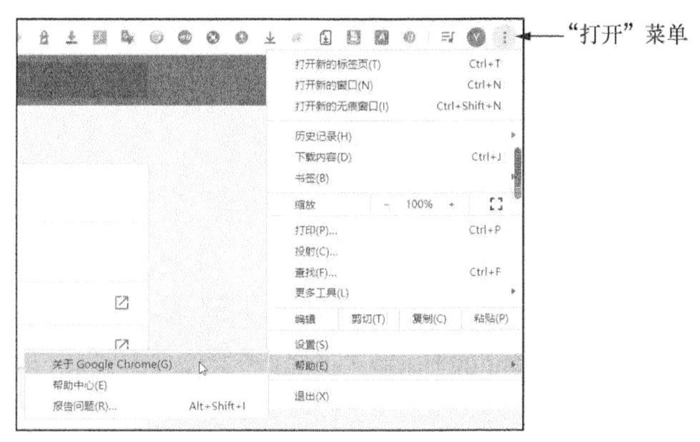

图 7-13 选择下载哪个版本的 Chrome 浏览器驱动程序

这里使用的 Chrome 浏览器版本是 80.0，所以单击 ChromeDriver 80.0.3987.106 链接。在文件列表中，选择下载 chromedriver_win32.zip 文件，如图 7-14 所示。

文件下载完毕后，打开 chromedriver_win32.zip 压缩文件，您就会发现压缩文件内部只有一个名为 chromedriver.exe 的 Chrome 浏览器驱动程序，将其解压到 Python 可执行文件所在目录，如图 7-15 所示。

Index of /80.0.3987.106/

Name	Last modified	Size	ETag
Parent Directory		-	
chromedriver_linux64.zip	2020-02-13 19:21:31	4.71MB	caf2eb7148c03617f264b99743e2051c
chromedriver_mac64.zip	2020-02-13 19:21:32	6.68MB	675a673c111fdcc9678d11df0e69b334
chromedriver_win32.zip	2020-02-13 19:21:34	4.17MB	d5fee78fdcb9c2c3af9a2ce1299a8621
notes.txt	2020-02-13 19:21:35	0.00MB	ba68a595cc67cb7a7a606b58deb0d259

图 7-14　不同操作系统对应的 Chrome 浏览器驱动程序

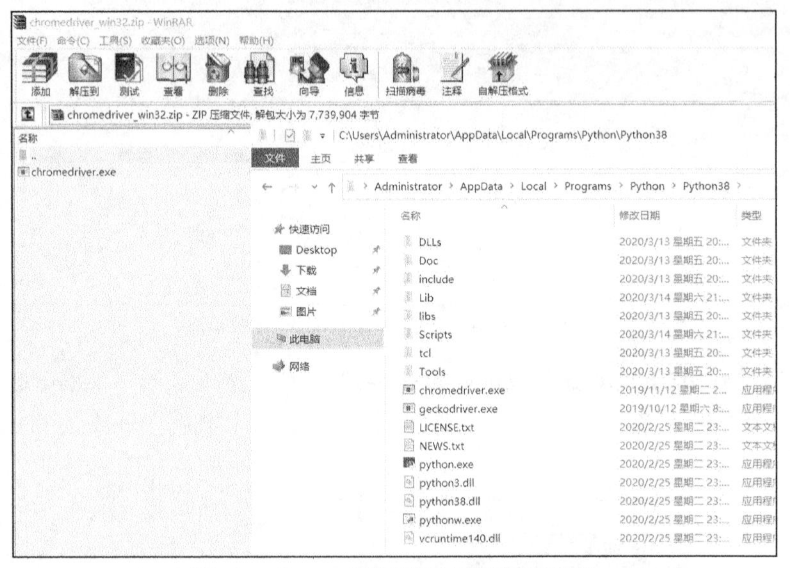

图 7-15　Chrome 浏览器驱动程序及存放路径

绝大部分浏览器厂商（如 Firefox、Edge、Chrome、Opera、Safari 等）提供了对 Selenium 的支持。根据自身的实际情况，选择下载对应的浏览器驱动程序，这里不再赘述。

当然，为了方便管理这些浏览器驱动程序，您还可以将它们集中放到一个专属文件夹中，然后再将这个专属文件夹的路径添加到 PATH 环境变量中。

启动 PyCharm，新建名为 SeleniumTest 的项目，并新建名为 testscript.py 的 Python 脚本文件，如图 7-16 所示。

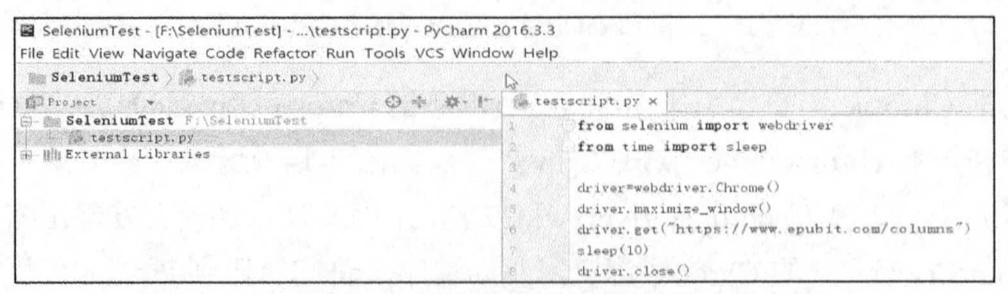

图 7-16　SeleniumTest 项目的相关内容

Python 脚本文件 testscript.py 中共包含 7 行代码（去除空行）。这些代码代表什么含义呢？

```
from selenium import webdriver                      #导入 webdriver 模块
from time import sleep                              #导入 sleep 函数

driver=webdriver.Chrome()                           #加载 Chrome 浏览器驱动程序
driver.maximize_window()                            #最大化浏览器窗口
driver.get("https://www.epubit.com/columns")        #打开异步社区专栏页面
sleep(10)                                           #等待 10s 时间
driver.close()                                      #关闭浏览器
```

运行脚本，将自动调用 Chrome 浏览器，并打开异步社区专栏页面，如图 7-17 所示。与正常启动的 Chrome 浏览器稍有不同，您可以在地址栏的下方看到提示信息“Chrome 正受到自动测试软件的控制”，这表示 Chrome 浏览器是由 Selenium 脚本启动的，非正常人工操作。

图 7-17 异步社区专栏页面相关信息

至此，我们一起完成了第一个 Selenium 脚本并成功运行。只使用几行代码就能够启动浏览器，并访问指定的页面。

7.5 Selenium 元素定位方法概述

事实上，Selenium 基本上可以模拟我们日常操作的各种行为，比如 Web 页面上的单击、双击、滑动、拖曳等操作，而这些操作都针对特定的页面元素。如果您对 HTML 语言比较了解，一定很清楚，网页其实就是 HTML 文件，由各种元素（比如按钮、标签、文本框、表单、表格、图片、链接等）构成。这里以 Web Tours 网站为例，让大家看一下该网站首页左侧框架对应的源码信息，右击，在弹出的快捷菜单中选择“查看框架的源代码”菜单项，如图 7-18 所示。在对应的 HTML 源码文件中，有诸如 html、body、td、tr、table、input、form 的 HTML 标签。如果您希望全面掌握 Selenium，HTML 语言是必备技能。所以，如果您对 HTML 还不了解，请务必抽时间先学习，而后再开启 Selenium 学习之路。

图 7-18　左侧框架对应的源码信息

Selenium 共提供了 8 种元素定位方法。

- 根据 id 属性定位元素。
- 根据 name 属性定位元素。
- 根据 class 属性定位元素。
- 根据标签（tag）定位元素。
- 根据链接文本定位元素。
- 根据部分链接文本定位元素。
- 根据 XPath 定位元素。
- 根据 CSS 定位元素。

7.6 根据 id 属性定位元素

使用 find_element_by_id()、find_elements_by_id()、find_element()或 find_elements()方法可

以定位一个或多个 Web 页面元素。

其中，find_element_by_id()和 find_element()方法可以根据元素的 id 属性来定位单个元素，而 find_elements_by_id()和 find_elements()方法可以根据元素的 id 属性来定位多个元素（页面上具有相同 id 的元素有多个）。

为了便于读者了解这几个方法的应用，这里以访问微软的 Bing 搜索页面为例，如图 7-19 所示。

图 7-19 微软的 Bing 搜索页面

为了便于查看页面元素的相关信息，这里推荐使用 Firefox 浏览器的 Web 开发者工具。当然，您也可以使用 Chrome 等浏览器自带的开发者工具，它们的功能类似。

如图 7-20 所示，在工具栏中，从 Firefox 浏览器的“打开”菜单中选择“Web 开发者”菜单项。

如图 7-21 所示，在弹出的二级菜单中选择“查看器”菜单项。

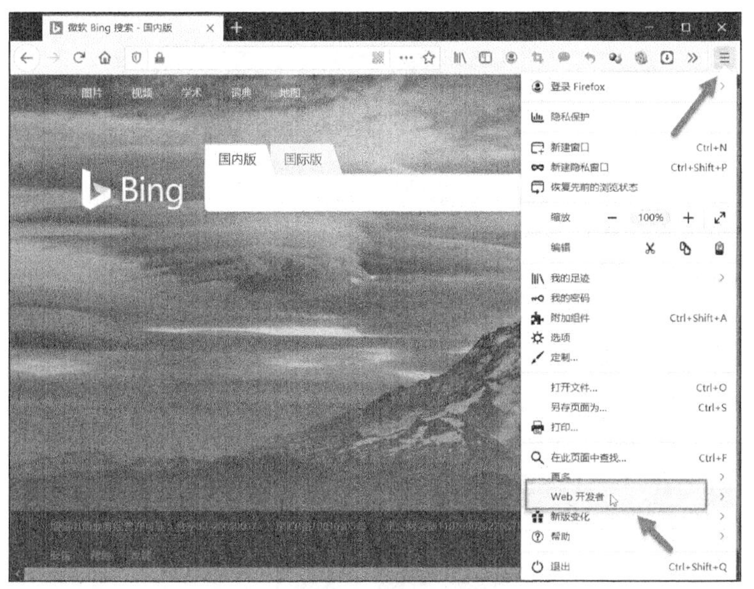

图 7-20 选择“Web 开发者”菜单项

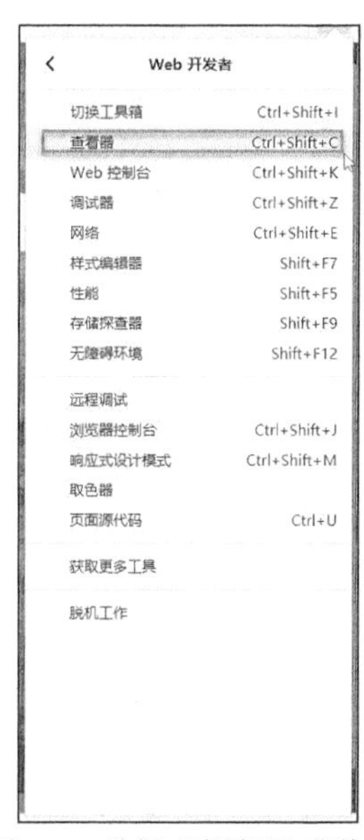

图 7-21 选择“查看器”菜单项

1. find_element_by_id()方法

假设我们要查看与 Bing 搜索页面的“搜索网页”按钮元素对应的 id，将光标移到“搜索网页”按钮的位置，就会发现这个位置自动以紫色背景突出显示，同时下方的“查看器”选项卡以淡蓝色显示了这个按钮元素的相关信息，如图 7-22 所示。

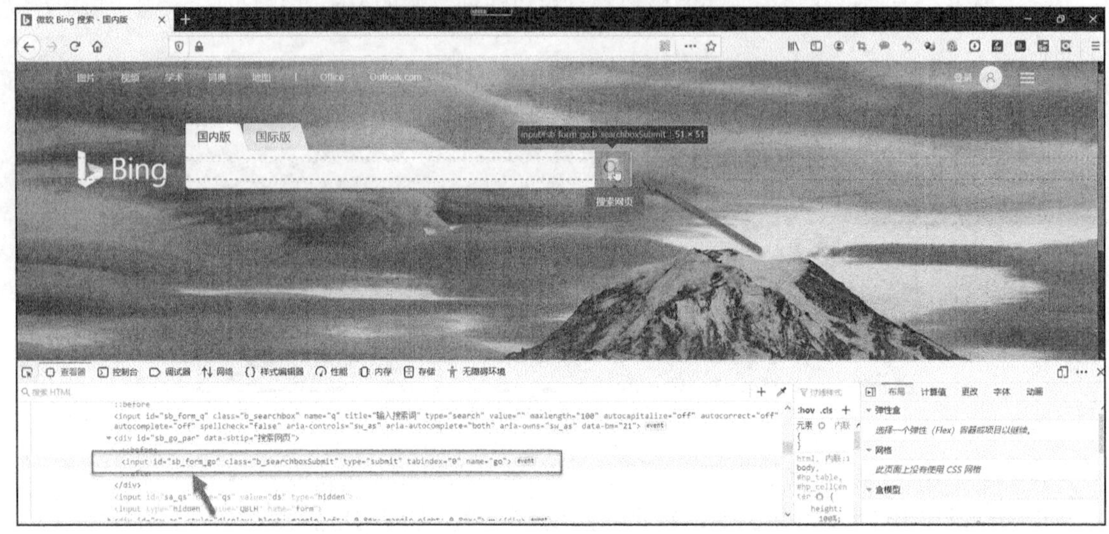

图 7-22　“搜索网页”按钮对应的 HTML 源码信息

从图 7-22 中可以看出“搜索网页”按钮对应的 id 为 sb_form_go。使用同样的操作方法，还可以将光标移到前方的“输入搜索词”输入框，看看它的 id 是什么。对应的 id 是 sb_form_q，如图 7-23 所示。

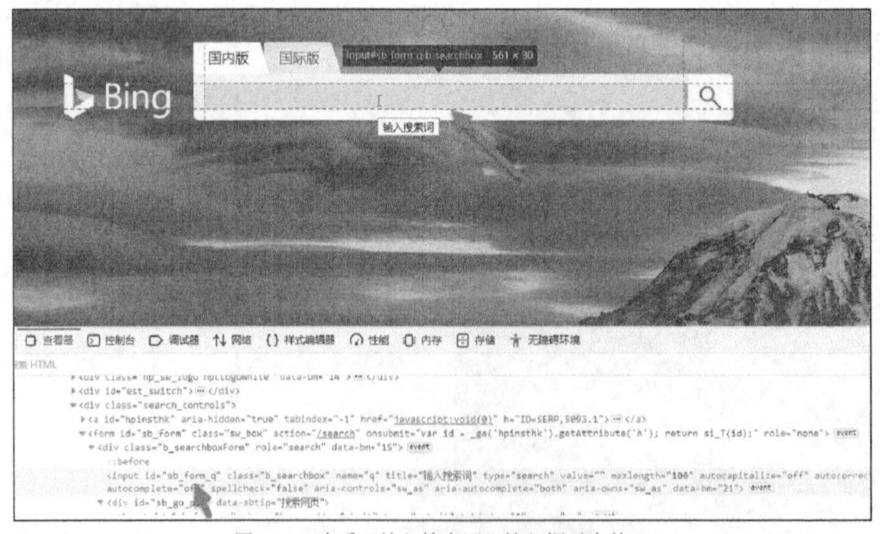

图 7-23　查看“输入搜索词”输入框对应的 id

找到了这两个元素对应的 id 以后，就可以操控这些元素了。这里假设我们要搜索“异步社区”关键词，下面使用 find_element_by_id()方法来实现，对应的完整脚本如下所示。

```
from selenium import webdriver                  #导入 webdriver 模块
from time import sleep                          #导入 sleep 函数

driver=webdriver.Chrome()                       #加载 Chrome 浏览器驱动程序
driver.maximize_window()                        #最大化浏览器窗口
driver.get("*****://cn.bing.***/")         #打开 Bing 搜索页面
#根据 id 定位到"输入搜索词"输入框并输入"异步社区"
driver.find_element_by_id('sb_form_q').send_keys('异步社区')
#根据 id 定位并单击搜索按钮
driver.find_element_by_id('sb_form_go').click()
sleep(10)                                       #等待 10s 时间
driver.close()                                  #关闭浏览器
```

从上面的脚本可以看出，加粗的两条语句使用 find_element_by_id()方法实现了元素的定位，后面的 send_keys()和 click()为操作方法，它们分别用于发送和单击字符串。通常情况下，在定位到元素后，这些方法都会显示出来，如图 7-24 所示。我们需要结合每个页面元素的类型以及支持的事件来准确选择操作方法。例如，对于按钮类型的元素，我们通常选择单击或双击，而不会选择发送字符串。发送字符串通常适用于输入框。对这些方法的准确应用有一个学习过程，需要持续积累，也可以针对性地看一看这方面的资料，以加速这个学习过程。

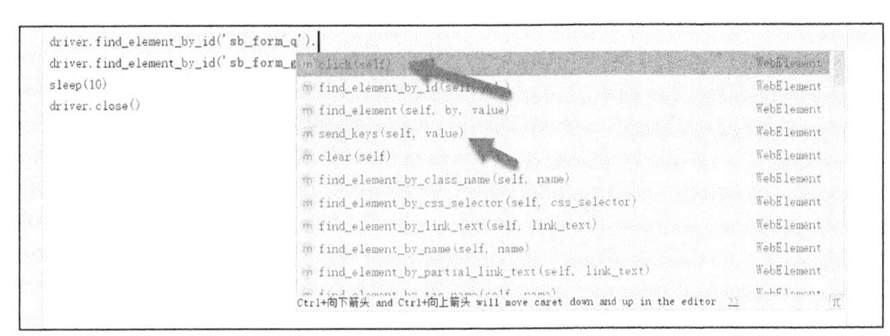

图 7-24　元素的相关方法

2. find_elements_by_id()方法

如果使用 find_elements_by_id()方法来定位页面元素，将返回一个列表，页面上使用相同 id 的所有元素将都被搜索到并放到这个列表中。这里仍以上面的需求为例，使用 find_elements_by_id()方法，对应的脚本如下：

```
from selenium import webdriver
from time import sleep

driver=webdriver.Chrome()
driver.maximize_window()
driver.get("*****://cn.bing.***/")
eles=driver.find_elements_by_id('sb_form_q')
print(type(eles))
```

```
print(len(eles))
if len(eles)==1:
    eles[0].send_keys('异步社区')
else:
    print('id 相同的元素很多，Selenium 也不知道用哪个')
driver.find_element_by_id('sb_form_go').click()
sleep(10)
driver.close()
```

请仔细看一下加粗的代码，这里先通过 find_elements_by_id('sb_form_q')方法定位到所有 id 为 sb_form_q 的元素，存放到 eles 变量中。而后，先输出 eles 变量的类型，再输出 eles 变量的长度信息。如图 7-25 所示，从执行结果可以看出 eles 变量的类型为 list，长度为 1。为防止因元素不唯一而执行异常，这里添加了如下条件判断：如果 eles 变量的长度为 1，获取列表中的第一个元素，发送"异步社区"字符串；否则，在控制台输出"id 相同的元素很多，Selenium 也不知道用哪个"。

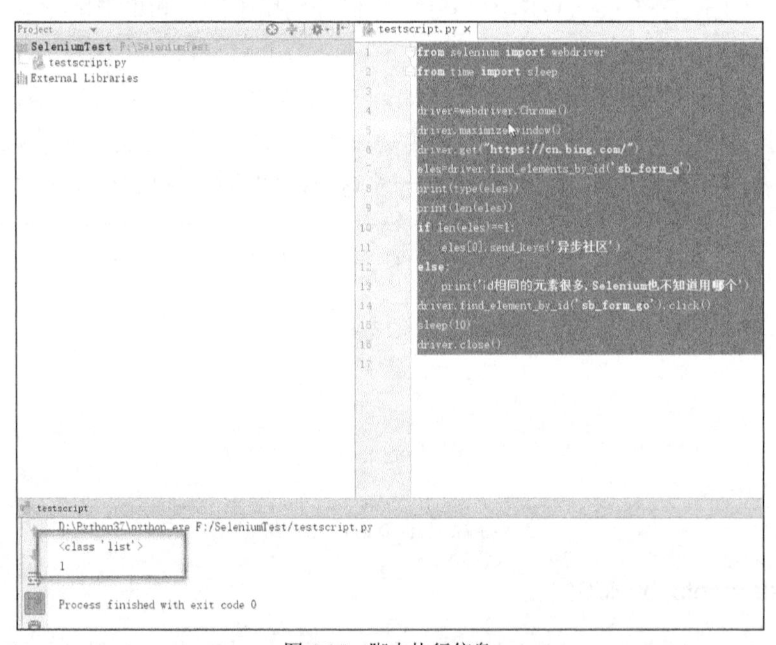

图 7-25　脚本执行信息

当然，对于本例，由于 id 为 sb_form_q 的元素只有一个，因此脚本显得比较冗长。事实上，我们在工作中经常会碰到一个页面上有多个元素使用相同 id 的情况，此时 find_elements_by_id()方法就会体现出强大的用途，让我们随心所欲地控制返回列表中的每一个元素。这里希望读者能够举一反三，在实际工作中灵活运用。

3. find_element()方法

在使用 find_element()方法根据 id 定位元素时，必须先导入 from selenium.webdriver.common.by import By，而后在使用 find_element()方法时，指定根据 id 定位元素，代码如下：

```
from selenium import webdriver
from time import sleep
from selenium.webdriver.common.by import By

driver=webdriver.Chrome()
driver.maximize_window()
driver.get("*****://cn.bing.***/")
driver.find_element(By.ID,'sb_form_q').send_keys('异步社区')    #按 id 定位元素
driver.find_element_by_id('sb_form_go').click()
sleep(10)
driver.close()
```

4. find_elements()方法

find_elements()方法和 find_element()方法一样，在定位元素时，必须先导入 from selenium.webdriver.common.by import By，而后在使用 find_elements()方法时，指定按照 id 定位元素。find_elements()方法又和 find_elements_by_id()方法类似，也返回一个列表，页面上使用相同 id 的所有元素将都被搜索到并放到这个列表中。

在使用时，您需要注意被操作元素的唯一性，示例代码如下：

```
from selenium import webdriver
from time import sleep
from selenium.webdriver.common.by import By

driver=webdriver.Chrome()
driver.maximize_window()
driver.get("*****://cn.bing.***/")
eles=driver.find_elements(By.ID,'sb_form_q')
print(type(eles))
print(len(eles))
if len(eles)==1:
   eles[0].send_keys('异步社区')
else:
   print('ID 同名元素很多，Selenium 也不知道用哪个')
driver.find_element_by_id('sb_form_go').click()
sleep(10)
driver.close()
```

7.7 根据 name 属性定位元素

页面上的元素通常具有多个属性，比如 Bing 搜索页面上的“输入搜索词”元素对应的 HTML 源码为<input class="b_searchbox" id="sb_form_q" name="q" title="输入搜索词" type="search" value="" maxlength="100" autocapitalize="off" autocorrect="off" autocomplete="off" spellcheck="false"

aria-controls="sw_as" aria-autocomplete="both" aria-owns="sw_as">。除 id 属性以外，还有 name、class 等其他属性，那么是否可以通过其他属性来定位元素呢？当然可以。

使用 find_element_by_name()、find_elements_by_name()、find_element()或 find_elements()方法可以定位一个或多个 Web 页面元素。

其中，find_element_by_name()和 find_element()方法可以根据元素的名称来定位单个元素，而 find_elements_by_name()和 find_elements()方法可以根据元素的名称来定位多个元素（页面上具有相同名称的元素有多个）。

1. find_element_by_name()方法

查看与 Bing 搜索页面的“搜索网页”按钮元素对应的 name 属性，如图 7-26 所示，属性值为 go。

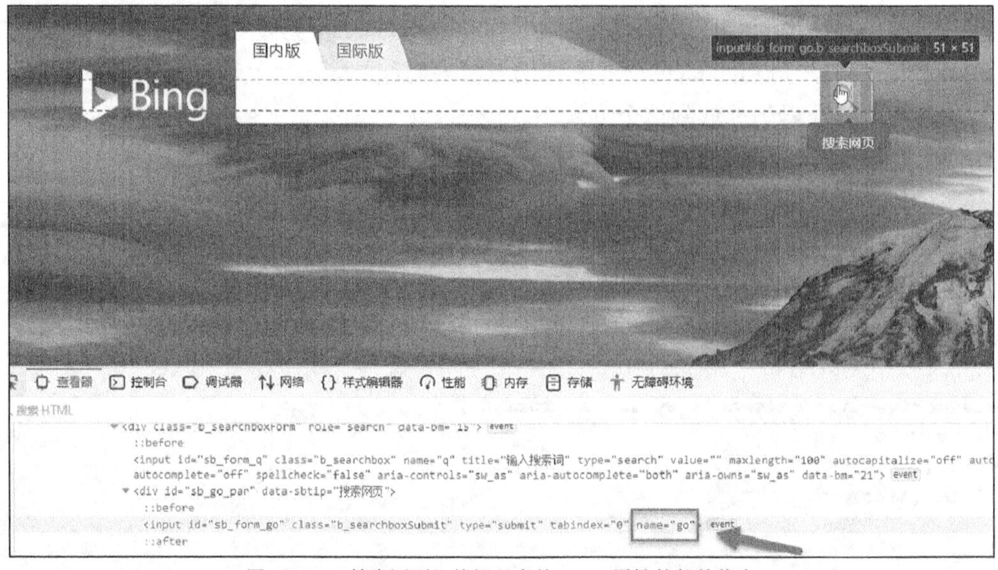

图 7-26　“搜索网页”按钮元素的 name 属性的相关信息

查看与 Bing 搜索页面的“输入搜索词”输入框元素对应的 name 属性，如图 7-27 所示，name 属性值为 q。

这里仍然以在 Bing 搜索页面上搜索“异步社区”关键词为例，展示 find_element_by_name()方法的应用，代码如下所示：

```
from selenium import webdriver
from time import sleep

driver=webdriver.Chrome()
driver.maximize_window()
```

```
driver.get("*****://cn.bing.***/")
#根据 name 属性定位到“输入搜索词”输入框并输入“异步社区”
driver.find_element_by_name('q').send_keys('异步社区')
#根据 name 属性定位并单击“搜索网页”按钮
driver.find_element_by_name('go').click()
sleep(10)
driver.close()
```

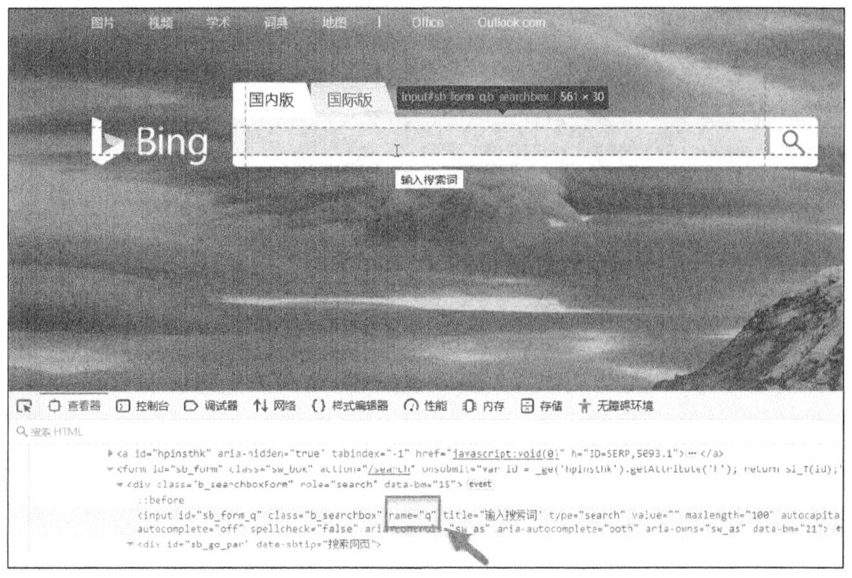

图 7-27 “输入搜索词”输入框元素的 name 属性的相关信息

2. find_elements_by_name()方法

find_elements_by_name()的使用方法与 find_elements_by_id()类似，所以不再赘述，仅给出示例代码，供大家参考。

```
from selenium import webdriver
from time import sleep

driver=webdriver.Chrome()
driver.maximize_window()
driver.get("*****://cn.bing.***/")
driver.find_elements_by_name('q')[0].send_keys('异步社区')
driver.find_elements_by_name('go')[0].click()
sleep(10)
driver.close()
```

因为已知“输入搜索词”输入框和“搜索网页”按钮的 name 属性都是唯一的，而 find_elements_by_name()方法的返回值是一个列表，所以可以直接选取返回值的第一个元素，而后执行相关操作。

3. find_element()方法

前面已经讲过 find_element()的使用方法，这里不再赘述，只给出根据 name 属性定位元素的示例代码，供大家参考。

```
from selenium import webdriver
from time import sleep
from selenium.webdriver.common.by import By

driver=webdriver.Chrome()
driver.maximize_window()
driver.get("*****://cn.bing.***/")
driver.find_element(By.NAME,'q').send_keys('异步社区')
driver.find_element(By.NAME,'go').click()
sleep(10)
driver.close()
```

4. find_elements()方法

前面已经讲过 find_elements()的使用方法，这里也不再赘述，只给出根据 name 属性定位元素的示例代码，供大家参考。

```
from selenium import webdriver
from time import sleep
from selenium.webdriver.common.by import By

driver=webdriver.Chrome()
driver.maximize_window()
driver.get("*****://cn.bing.***/")
driver.find_elements(By.NAME,'q')[0].send_keys('异步社区')
driver.find_elements(By.NAME,'go')[0].click()
sleep(10)
driver.close()
```

7.8 根据 class 属性定位元素

使用 find_element_by_class_name()、find_elements_by_class_name()、find_element()或 find_elements()方法可以定位一个或多个 Web 页面元素。

其中，find_element_by_class_name()和 find_element()方法可以根据元素的 class 属性来定位单个元素，而 find_elements_by_class_name()和 find_elements()方法可以根据元素的 class 属性来定位多个元素（页面上拥有相同 class 属性的元素有多个）。

1. find_element_by_class_name()方法

查看与 Bing 搜索页面上“搜索网页”按钮元素对应的 class 属性，如图 7-28 所示，属性值为 b_searchboxSubmit。

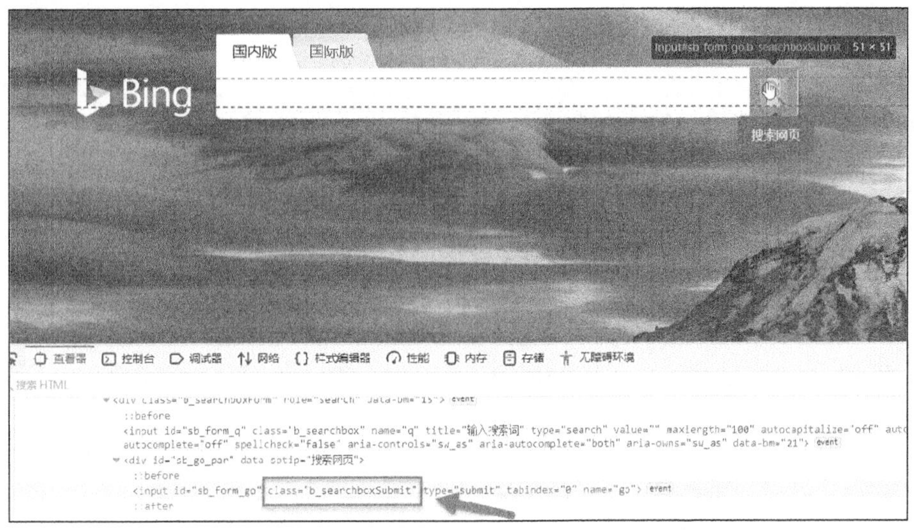

图 7-28 “搜索网页”按钮元素的 class 属性的相关信息

查看与 Bing 搜索页面上“输入搜索词”输入框元素对应的 class 属性，如图 7-29 所示，属性值为 b_searchbox。

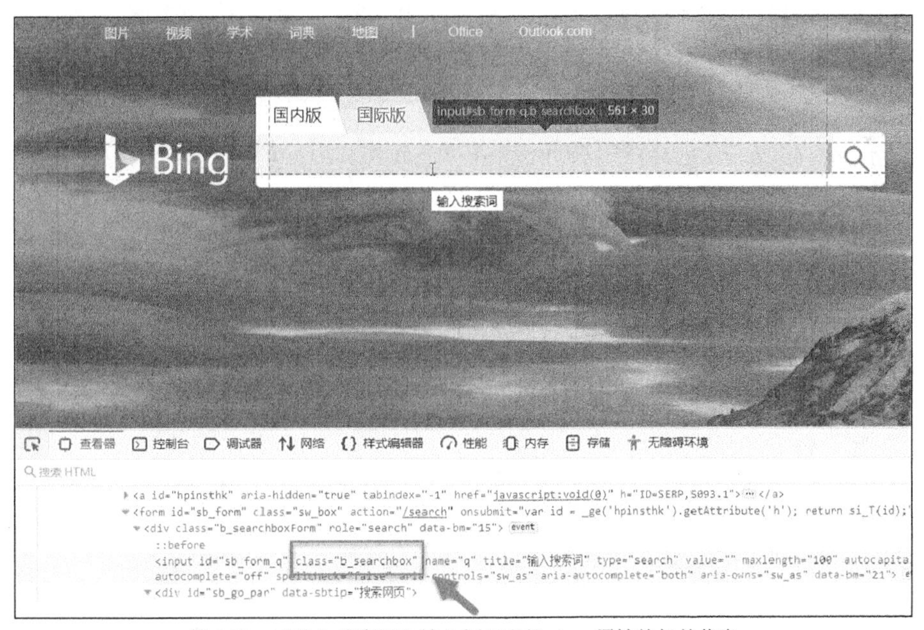

图 7-29 “输入搜索词”输入框元素的 class 属性的相关信息

下面仍以在 Bing 搜索页面上搜索“异步社区”关键词为例，展示 find_element_by_class_name() 方法的应用，代码如下所示：

```
from selenium import webdriver
from time import sleep

driver=webdriver.Chrome()
driver.maximize_window()
driver.get("*****://cn.bing.***/")
driver.find_element_by_class_name('b_searchbox').send_keys('异步社区')
driver.find_element_by_class_name('b_searchboxSubmit').click()
sleep(10)
driver.close()
```

2. find_elements_by_class_name()方法

find_elements_by_class_name()的使用方法和 find_elements_by_name()类似，所以不再赘述，仅给出示例代码，供大家参考。

```
from selenium import webdriver
from time import sleep

driver=webdriver.Chrome()
driver.maximize_window()
driver.get("*****://cn.bing.***/")
driver.find_elements_by_class_name('b_searchbox')[0].send_keys('异步社区')
driver.find_elements_by_class_name('b_searchboxSubmit')[0].click()
sleep(10)
driver.close()
```

因为已知“输入搜索词”输入框和“搜索网页”按钮的 class 属性都是唯一的，而 find_elements_by_class_name()方法的返回值是一个列表，所以可以直接选取返回值的第一个元素，而后执行相关操作。

3. find_element()方法

前面已经讲过 find_element()的使用方法，这里不再赘述，只给出根据 class 属性定位元素的示例代码，供大家参考。

```
from selenium import webdriver
from time import sleep
from selenium.webdriver.common.by import By

driver=webdriver.Chrome()
driver.maximize_window()
driver.get("https://cn.bing.com/")
driver.find_element(By.CLASS_NAME,'b_searchbox').send_keys('异步社区')
driver.find_element(By.CLASS_NAME,'b_searchboxSubmit').click()
sleep(10)
driver.close()
```

4. find_elements()方法

前面已经讲过 find_elements()的使用方法，这里也不再赘述，只给出根据 class 属性定位元素的示例代码，供大家参考。

```
from selenium import webdriver
from time import sleep
from selenium.webdriver.common.by import By

driver=webdriver.Chrome()
driver.maximize_window()
driver.get("*****://cn.bing.***/")
driver.find_elements(By.CLASS_NAME,'b_searchbox')[0].send_keys('异步社区')
driver.find_elements(By.CLASS_NAME,'b_searchboxSubmit')[0].click()
sleep(10)
driver.close()
```

7.9 根据标签定位元素

如果您掌握了 HTML 基础知识，就会非常清楚 HTML 语言中使用了大量的标签，比如 div、a、form、input 等标签。

通常情况下，一个页面上可能有很多相同的标签。图 7-30 中就有 4 个 input 标签。如何才能保证它们的唯一性（从而从众多的标签中找到想要操作的那个）？操作起来有点难。在实际工作中，通过标签定位页面元素确实用得较少，而且在使用这种方法时，通常要配合其他属性一起使用，才能准确定位要操作的元素。参考图 7-30 和图 7-31，我们知道它们分别对应“输入搜索词”和“搜索网页”页面元素的 HTML 源码，并且都是 input 标签，但是它们的其他属性（如 type、id、class 属性等）是不同的，所以必须借助这些属性才能区分它们到底是什么类型的元素，而后进行相应的操作。正常情况下，如果能使用 id 唯一区分不同的元素，就没必要做这些无意义的高难度操作了。

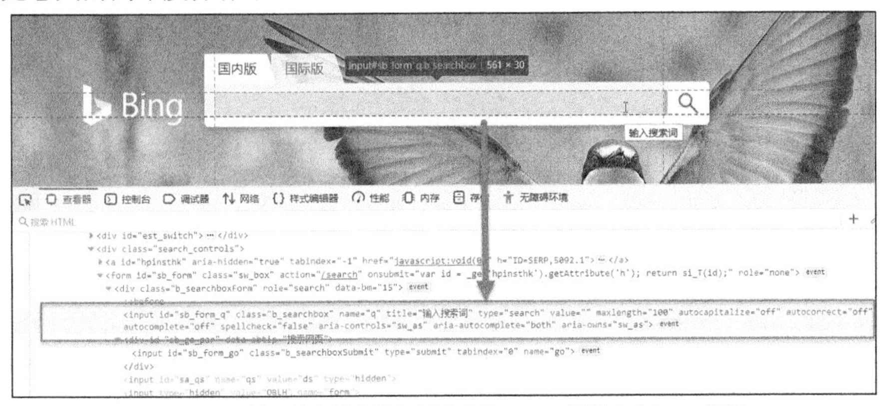

图 7-30　“输入搜索词”输入框元素的 HTML 源码中的 input 标签

使用 find_element_by_tag_name()、find_elements_by_tag_name()、find_element()或 find_elements()方法可以定位一个或多个 Web 页面元素。

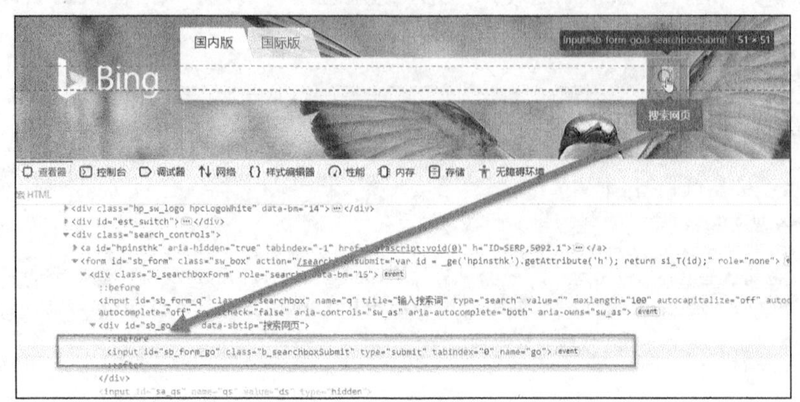

图 7-31 “搜索网页”按钮元素的 HTML 源码相关信息

“输入搜索词”页面元素的 type 属性值为 search，而“搜索网页”页面元素的 type 属性值为 submit，另外两个页面元素的 type 属性值为 hidden（也就是不可见）。这样，我们是不是就可以先找 input 标签，再判断 type 属性值，若为 search，就判断出页面元素是“输入搜索词”输入框了呢？

1. find_element_by_tag_name()方法

这里仍以在 Bing 搜索页面上搜索“异步社区”关键词为例，展示 find_element_by_tag_name()方法的应用，代码如下所示：

```
from selenium import webdriver
from time import sleep

driver=webdriver.Chrome()
driver.maximize_window()
driver.get("*****://cn.bing.***/")
ele_input=driver.find_element_by_tag_name('input')     #标签定位法
if ele_input.get_attribute('type')=='search': #判断捕获的第一个元素的 type 属性值是否为
search
    ele_input.send_keys('异步社区')              #如果元素是"输入搜索词"输入框，则输入"异步社区"
driver.find_element_by_name('go').click()
sleep(10)
driver.close()
```

2. find_elements_by_tag_name()方法

find_elements_by_tag_name()方法的应用代码如下所示。

```
from selenium import webdriver
from time import sleep
```

```
driver=webdriver.Chrome()
driver.maximize_window()
driver.get("*****://cn.bing.***/")
ele_inputs=driver.find_elements_by_tag_name('input')  #取得所有 input 标签
for ele_input in ele_inputs:                            #遍历 input 标签列表
    if ele_input.get_attribute('type')=='search':     #根据 type 属性找到"输入搜索词"页面元素
        kw=ele_input                                    #将找到的对象赋给 kw
        continue                                        #结束本次循环
    if ele_input.get_attribute('type')=='submit':     #根据 type 属性找到"搜索网页"页面元素
        search=ele_input                                #将找到的对象赋给 search
        continue                                        #结束本次循环
kw.send_keys('异步社区')                      #向"输入搜索词"输入框发送"异步社区"字符串
search.click()                                          #单击"搜索网页"按钮
sleep(10)
driver.close()
```

3. find_element()方法

前面已经讲过 find_element()的使用方法，这里不再赘述，只给出根据标签定位元素的示例代码，供大家参考。

```
from selenium import webdriver
from time import sleep
from selenium.webdriver.common.by import By

driver=webdriver.Chrome()
driver.maximize_window()
driver.get("*****://cn.bing.***/")
ele_input=driver.find_element(By.TAG_NAME,'input')
if ele_input.get_attribute('type')=='search':
    ele_input.send_keys('异步社区')
driver.find_element_by_name('go').click()
sleep(10)
driver.close()
```

4. find_elements()方法

前面已经讲过 find_elements()的使用方法，这里也不再赘述，只给出根据标签定位元素的示例代码，供大家参考。

```
from selenium import webdriver
from time import sleep
from selenium.webdriver.common.by import By

driver=webdriver.Chrome()
```

```
driver.maximize_window()
driver.get("*****://cn.bing.***/")
ele_inputs=driver.find_elements(By.TAG_NAME,'input')
for ele_input in ele_inputs:
    if ele_input.get_attribute('type')=='search':
        kw=ele_input
        continue
    if ele_input.get_attribute('type')=='submit':
        search=ele_input
        continue
kw.send_keys('异步社区')
search.click()
sleep(10)
driver.close()
```

7.10 根据链接文本定位元素

网页上有很多元素，比如文本输入框、按钮、复选框、图片、链接等。链接显示的文本可用于定位链接元素，这种定位方法主要用于 a 标签。如图 7-32 所示，在 Bing 搜索页面上，图片、视频、学术、字典等就是链接元素，查看对应的 HTML 源码可以发现它们都是 a 标签。

图 7-32　链接元素的 HTML 源码相关信息

使用 find_element_by_link_text()、find_elements_by_link_text()、find_element()或 find_elements()方法可以定位一个或多个链接元素。

1. find_element_by_link_text()方法

下面在 Bing 搜索页面上搜索 bee 关键词，查看词典信息，展示 find_element_by_link_text()方法的应用。先不要着急，我们先来分析一下平时是怎样操作的。

如图 7-33 所示，通常情况下，先输入搜索词 bee 并回车。

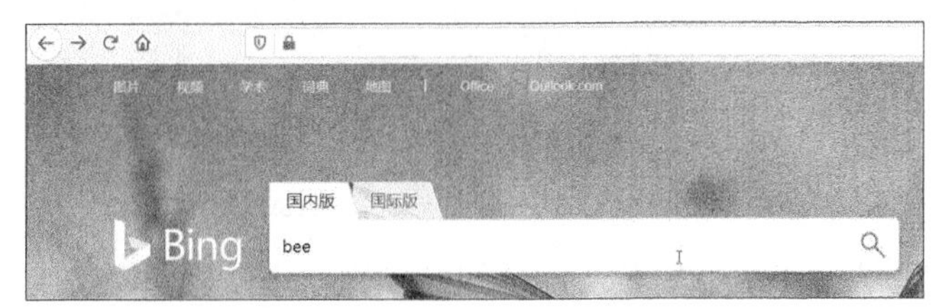

图 7-33 在“输入搜索词”输入框中输入 bee

如图 7-34 所示，Bing 搜索引擎会自动搜索出与关键词 bee 相关的网页信息。

图 7-34 显示与 bee 关键词相关的网页信息

如图 7-35 所示，单击“词典”链接，将显示对应的中英文相关词典信息。

图 7-35 显示与 bee 关键词相关的词典信息

上述操作过程的代码实现如下：

```
from selenium import webdriver
from time import sleep
from selenium.webdriver.common.keys import Keys

driver=webdriver.Chrome()
driver.maximize_window()
driver.get("*****://cn.bing.***/")
driver.find_element_by_name('q').send_keys('bee')
driver.find_element_by_name('q').send_keys(Keys.ENTER)    #回车
driver.find_element_by_link_text('词典').click()          #单击"词典"链接
sleep(10)
driver.close()
```

需要说明的是，这里应用了回车，所以需要引入 selenium.webdriver.common.keys import Keys。在使用 find_element_by_link_text()方法时，必须写全链接才能显示全文本信息；否则，将不能定位到对应的链接元素。

2. find_elements_by_ link_text()方法

find_elements_by_ link_text()方法的应用代码如下：

```
from selenium import webdriver
from time import sleep
from selenium.webdriver.common.keys import Keys

driver=webdriver.Chrome()
driver.maximize_window()
driver.get("*****://cn.bing.***/")
driver.find_element_by_name('q').send_keys('bee')
driver.find_element_by_name('q').send_keys(Keys.ENTER)
driver.find_elements_by_link_text('词典')[0].click()
sleep(10)
driver.close()
```

3. find_element()方法

示例代码如下：

```
from selenium import webdriver
from time import sleep
from selenium.webdriver.common.by import By
from selenium.webdriver.common.keys import Keys

driver=webdriver.Chrome()
driver.maximize_window()
driver.get("*****://cn.bing.***/")
driver.find_element_by_name('q').send_keys('bee')
```

```
driver.find_element_by_name('q').send_keys(Keys.ENTER)
driver.find_element(By.LINK_TEXT,'词典').click()
sleep(10)
driver.close()
```

4. find_elements()方法

示例代码如下：

```
from selenium import webdriver
from time import sleep
from selenium.webdriver.common.by import By
from selenium.webdriver.common.keys import Keys

driver=webdriver.Chrome()
driver.maximize_window()
driver.get("*****://cn.bing.***/")
driver.find_element_by_name('q').send_keys('bee')
driver.find_element_by_name('q').send_keys(Keys.ENTER)
driver.find_elements(By.LINK_TEXT,'词典')[0].click()
sleep(10)
driver.close()
```

7.11 根据部分链接文本定位元素

这种方法从字面上非常容易理解，只输入部分文本信息就可以定位到对应的链接元素，比如，对于“词典”链接，只需要输入“词”或“典”就可以定位到对应的链接元素。当然，前提是页面上没有包含这两个字的其他链接元素。

使用 find_element_by_partial_link_text()、find_elements_by_partial_link_text()、find_element()或find_elements()方法可以定位一个或多个链接元素。

1. find_element_by_partial_link_text()方法

示例代码如下：

```
from selenium import webdriver
from time import sleep
from selenium.webdriver.common.keys import Keys

driver=webdriver.Chrome()
driver.maximize_window()
driver.get("*****://cn.bing.***/")
driver.find_element_by_name('q').send_keys('bee')
driver.find_element_by_name('q').send_keys(Keys.ENTER)    #回车
```

```
driver.find_element_by_partial_link_text('典').click()    #单击包含“典”字的链接
sleep(10)
driver.close()
```

2. find_elements_by_partial_link_text()方法

示例代码如下：

```
from selenium import webdriver
from time import sleep
from selenium.webdriver.common.keys import Keys

driver=webdriver.Chrome()
driver.maximize_window()
driver.get("*****://cn.bing.***/")
driver.find_element_by_name('q').send_keys('bee')
driver.find_element_by_name('q').send_keys(Keys.ENTER)
driver. find_elements_by_partial_link_text('词')[0].click()
sleep(10)
driver.close()
```

3. find_element()方法

示例代码如下：

```
from selenium import webdriver
from time import sleep
from selenium.webdriver.common.by import By
from selenium.webdriver.common.keys import Keys

driver=webdriver.Chrome()
driver.maximize_window()
driver.get("*****://cn.bing.***/")
driver.find_element_by_name('q').send_keys('bee')
driver.find_element_by_name('q').send_keys(Keys.ENTER)
driver.find_element(By.PARTIAL_LINK_TEXT,'典').click()
sleep(10)
driver.close()
```

4. find_elements()方法

示例代码如下：

```
from selenium import webdriver
from time import sleep
from selenium.webdriver.common.by import By
from selenium.webdriver.common.keys import Keys

driver=webdriver.Chrome()
```

```
driver.maximize_window()
driver.get("*****://cn.bing.***/")
driver.find_element_by_name('q').send_keys('bee')
driver.find_element_by_name('q').send_keys(Keys.ENTER)
driver.find_elements(By.PARTIAL_LINK_TEXT,'词')[0].click()
sleep(10)
driver.close()
```

7.12 根据 XPath 定位元素

在日常工作中，如果页面元素的 id、name 属性信息非常容易获得，并且它们是唯一的，那么通过它们定位元素当然是最理想、最方便的。但是很多情况下，页面较复杂且不能通过 id、name 等其他方式准确定位到页面元素，因此大家就会经常使用 XPath 定位元素。在讲解如何使用 XPath 定位元素之前，本节先讲一讲什么是 XPath。

XPath 是 XML 路径语言（XML Path Language）的意思，可用来在 XML 文档中对元素和属性进行遍历。

那么如何通过 Firefox 开发者工具获得元素的 XPath 呢？下面以获取“输入搜索词”页面元素为例，详细介绍一下操作步骤。

首先，将光标移到要获取 XPath 的元素所在位置，这里当然就是移到“输入搜索词”输入框的位置，在对应的 HTML 源码位置右击，将弹出一个快捷菜单，如图 7-36 所示。

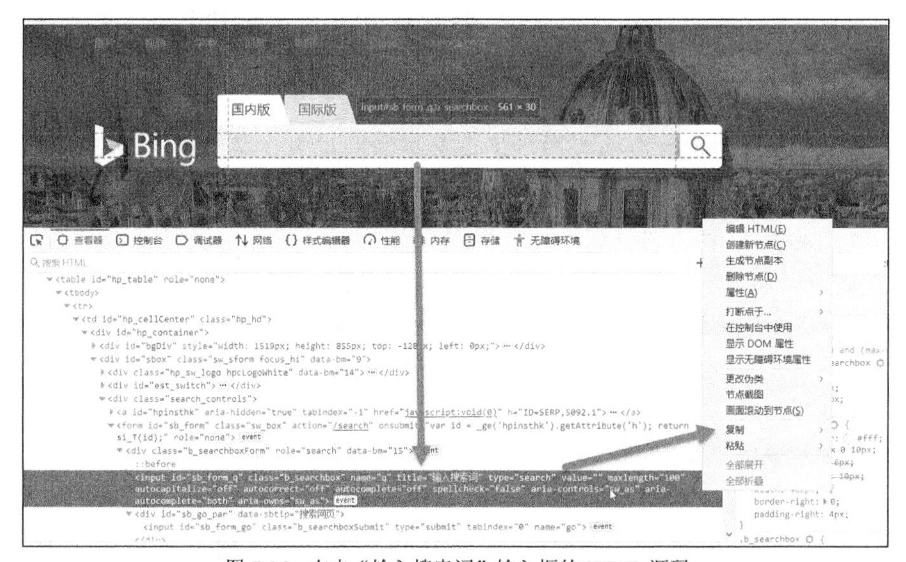

图 7-36　右击“输入搜索词”输入框的 HTML 源码

选择“复制”，在弹出的二级菜单中选择 XPath 菜单项，如图 7-37 所示。

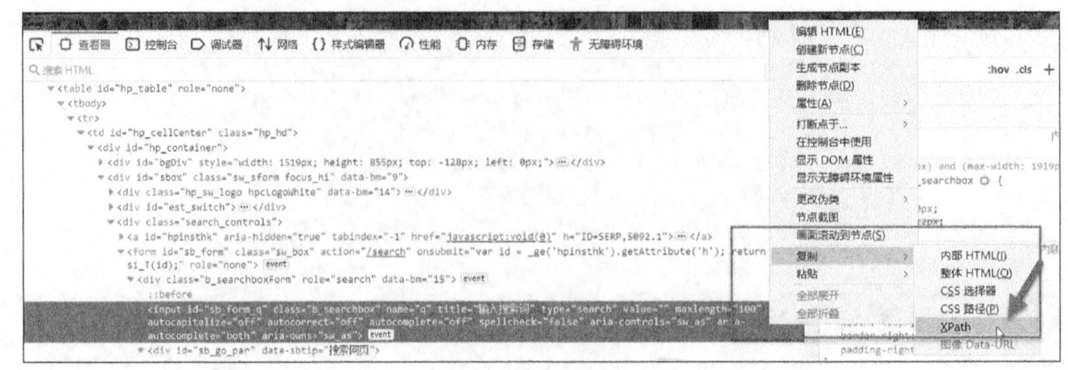

图 7-37　选择 Xpath 菜单项

而后，将复制的 XPath 粘贴到 Python 脚本中，如图 7-38 所示。

testscript.py

```
1   from selenium import webdriver
2   from time import sleep
3   from selenium.webdriver.common.by imp
4   from selenium.webdriver.common.keys i
5
6   driver=webdriver.Chrome()
7   driver.maximize_window()
8   driver.get("https://cn.bing.com/")
9   driver.find_element_by_xpath('//*[@id="sb_form_q"]').send_keys('异步社区')
10  driver.find_element_by_xpath('//*[@id="sb_form_go"]').click()
11  sleep(10)
12  driver.close()
```

"输入搜索词"页面元素对应的XPath

图 7-38　根据 XPath 定位元素的脚本

从图 7-38 可以看到对应“输入搜索词”页面元素的 XPath 为//*[@id="sb_form_q"]。这是不是看起来很奇怪？这里边有多个符号，比如/、*、@、[、]、=，还有看起来像是关键字的 id 等。尽管使用 Firefox 可以非常容易地获取页面元素的 XPath，但是能看明白 XPath 字符串更加重要。这里简单介绍一下 XPath 字符串表达式的相关知识。

XPath 基于 XML 的树状结构，提供了在数据结构树中找寻节点的功能，如图 7-39 所示。我们可以看到，XPath 是以 html 标签作为根节点并以各个不同元素作为子节点的树状结构。XPath 元素定位分成两种类型——绝对定位和相对定位。绝对定位是指从根节点开始，通过逐层标识来定位到期望查找的元素，比如“输入搜索词”输入框，它的绝对定位字符串表达式为/html/body/table/tbody/tr/td/div/div/div/form/div/input，参见图 7-39，这里用灰色的横线来标识。由此不难发现 XPath 绝对定位字符串表达式是以“/”开始的，每层使用的是标签的名称。

如果现在要求给出“搜索网页”按钮的 XPath 绝对路径，您能做到吗？有了“输入搜索词”输入框的 XPath 绝对路径，是不是很容易就能给出“搜索网页”按钮的 XPath 绝对路径呢？是的，只需要去掉/input，再加上/div/input 就可以了。为什么去掉 input 呢？为了让大家看得更清楚，这里我们只截取与这两个页面元素相关的 HTML 源码部分，如图 7-40 所示。大家可以看到“输入搜索词”输入框元素和 div 是同层的，而真正的“搜索网页”按钮元素是 div

的子节点。因此，“搜索网页”按钮元素的 XPath 绝对路径是/html/body/table/tbody/tr/td/div/div/div/form/div/div/input。

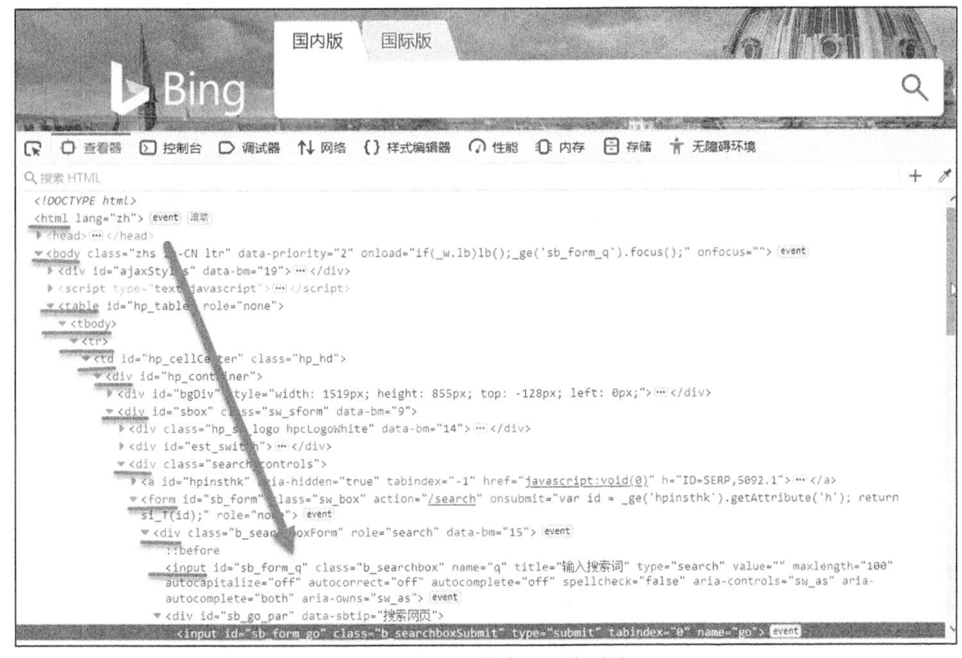

图 7-39　Bing 搜索页面的源码

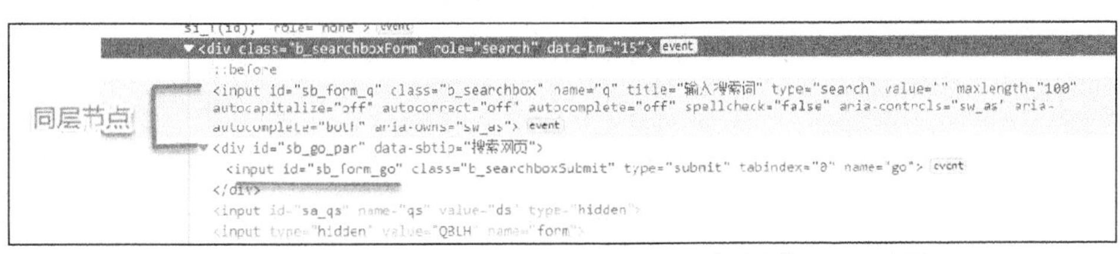

图 7-40　“输入搜索词”和“搜索页面”页面元素对应的 HTML 源码

您怎么看待 XPath 绝对定位呢？您是不是觉得它太麻烦，而且不直观？事实上，在大多数情况下，我们使用更多的是 XPath 相对定位。您在上面看到的“输入搜索词”页面元素的 XPath 为//*[@id="sb_form_q"]，这其实是一个 XPath 相对定位字符串表达式。XPath 相对定位字符串表达式以“//”开始，那么*代表什么呢？它代表任何元素的意思。中括号代表要在 Xpath 定位中根据 id 属性定位，这里表示定位 id 为 sb_form_q 的元素。

下面使用同样的操作方式，通过开发者工具复制“搜索网页”按钮元素的 XPath，可知 XPath 相对定位字符串表达式为//*[@id="sb_form_go"]。

既然“输入搜索词”输入框元素和“搜索网页”按钮元素的 XPath 绝对定位路径都找到了，我们就可以应用 XPath 定位元素了。

使用 find_element_by_xpath()、find_elements_by_xpath()、find_element()或 find_elements()方法

可以定位一个或多个页面元素。

关于 find_element_by_xpath()方法，使用 XPath 绝对定位路径的示例代码如下：

```
from selenium import webdriver
from time import sleep

driver=webdriver.Chrome()
driver.maximize_window()
driver.get("*****://cn.bing.***/")
driver.find_element_by_xpath('/html/body/table/tbody/tr/td/div/div/div/form/div/input').
send_keys('异步社区')
driver.find_element_by_xpath('/html/body/table/tbody/tr/td/div/div/div/form/div/div/input').
click()
sleep(10)
driver.close()
```

使用 XPath 相对定位路径的示例代码如下：

```
from selenium import webdriver
from time import sleep

driver=webdriver.Chrome()
driver.maximize_window()
driver.get("*****://cn.bing.***/")
driver.find_element_by_xpath('//*[@id="sb_form_q"]').send_keys('异步社区')
driver.find_element_by_xpath('//*[@id="sb_form_go"]').click()
sleep(10)
driver.close()
```

我们还可以通过一些属性的组合来完成页面元素的定位，这种方法特别适合出现属性重名（不唯一），通过组合属性就能唯一确定页面元素的情况，这里举一个联合使用 id 和 name 属性定位页面元素的例子。

```
from selenium import webdriver
from time import sleep

driver=webdriver.Chrome()
driver.maximize_window()
driver.get("*****://cn.bing.***/")
driver.find_element_by_xpath('//*[@id="sb_form_q" and @name="q"]').send_keys('异步社区')
driver.find_element_by_xpath('//*[@id="sb_form_go"]').click()
sleep(10)
driver.close()
```

除使用 and 等表达式以外，还可以使用节点关系（比如父节点、子节点）和轴。轴可以定义相对于当前节点的节点集。根据 XPath 定位元素的常用表达式，如表 7-1 所示。

表 7-1 根据 XPath 定位元素的常用表达式

表达式	说明
/	绝对定位方式，从根节点选取
//	相对定位方式，从匹配选择的当前节点选择文档中的节点，而不考虑它们的位置
@	选取属性，比如 id、name、class 等
contains	包含
ancestor	选取当前节点的所有先辈节点（父节点、祖父节点等）
attribute	选取当前节点的属性
child	选取当前节点的所有子元素节点
descendant	选取当前节点的所有后代元素节点（子节点、孙节点等）
descendant-or-self	选取当前节点的所有后代元素节点（子节点、孙节点等）以及当前节点本身
following	选取文档中当前节点的结束标签之后的所有节点
parent	选取当前节点的父节点
preceding	选取当前节点之前的所有节点
preceding-sibling	选取当前节点之前的所有同级兄弟节点
|	选取两个节点集
=	等于
!=	不等于
<	小于
<=	小于或等于
>	大于
>=	大于或等于
or	或
and	与
mod	取余

介绍了 XPath 的一些表达式以后，现在给出一道题目：通过 child、contains 表达式来定位并单击“国际版”元素，如图 7-41 所示。

图 7-41 “国际版”元素

现在让我们一起来分析这道题目，child 表达式用来“选取当前节点的所有子节点”，因而必须先找到当前节点，也就是“国际版”元素的父节点。

如图 7-42 所示，您会发现“国际版”元素对应的父节点是 id 为 est_switch 的 div 元素。

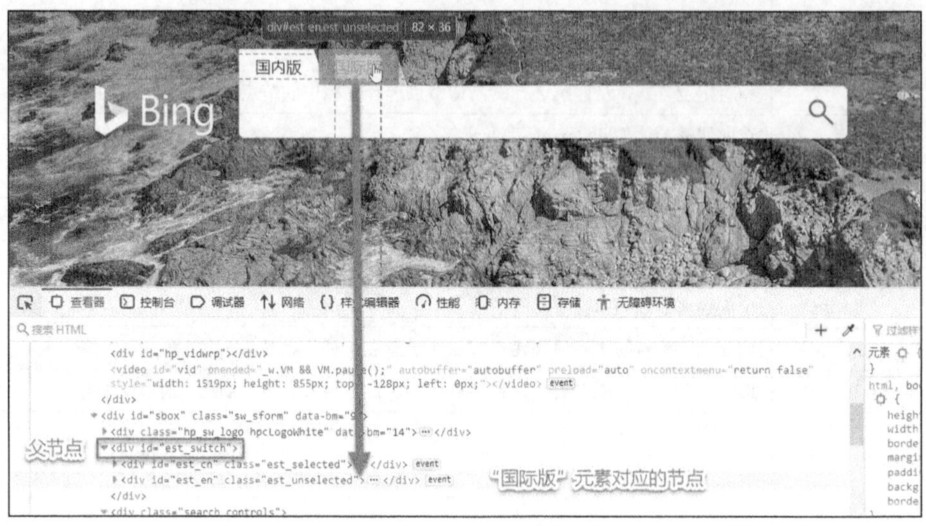

图 7-42 “国际版”元素对应的源码

“国际版”元素在这个 div 元素下包含了“国际版”这 3 个字，div 元素对应的源码如图 7-43 所示。

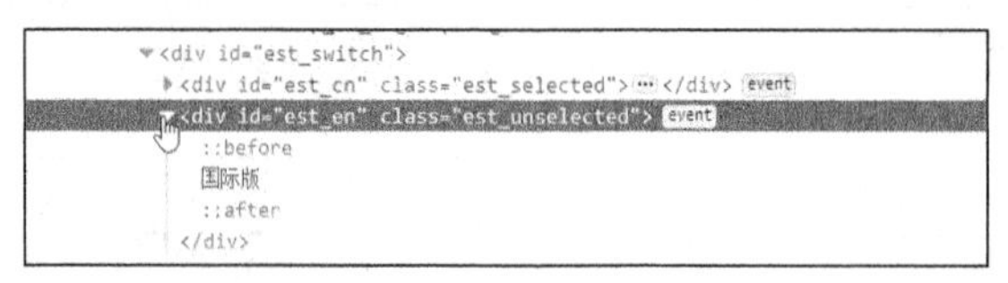

图 7-43 “国际版”元素所在的 div 元素对应的源码

那么是不是使用//*[@id="est_switch"]/child::div[contains(text(),"国际版")]就可以定位到“国际版”元素呢？是的，确实如此。

参考代码如下：

```
from selenium import webdriver
from time import sleep

driver=webdriver.Chrome()
driver.maximize_window()
driver.get("*****://cn.bing.***/")
driver.find_element_by_xpath('//*[@id="est_switch"]/child::div[contains(text(),"国际版
")]').click()
sleep(10)
driver.close()
```

另外，还可以根据所处位置实现“国际版”元素的单击操作。“国内版”和“国际版”元素都是 id 为 est_switch 的 div 元素的子节点，并且它们都是 div 元素，而“国际版”元素是第 2 个 div，使用下面的代码可以完成对“国际版”元素的单击操作。

```
from selenium import webdriver
from time import sleep

driver=webdriver.Chrome()
driver.maximize_window()
driver.get("*****://cn.bing.***/")
driver.find_element_by_xpath('//*[@id="est_switch"]/child::div[2]').click()
sleep(10)
driver.close()
```

1. find_elements_by_xpath()方法

关于 find_elements_by_xpath()方法的示例代码如下：

```
from selenium import webdriver
from time import sleep

driver=webdriver.Chrome()
driver.maximize_window()
driver.get("*****://cn.bing.***/")
driver.find_elements_by_xpath('//*[@id="sb_form_q"]')[0].send_keys('异步社区')
driver.find_elements_by_xpath('//*[@id="sb_form_go"]')[0].click()
sleep(10)
driver.close()
```

2. find_element()方法

示例代码如下：

```
from selenium import webdriver
from time import sleep
from selenium.webdriver.common.by import By

driver=webdriver.Chrome()
driver.maximize_window()
driver.get("*****://cn.bing.***/")
driver.find_element(By.XPATH,'//*[@id="sb_form_q"]').send_keys('异步社区')
driver.find_element(By.XPATH,'//*[@id="sb_form_go"]').click()
sleep(10)
driver.close()
```

3. find_elements()方法

示例代码如下：

```
from selenium import webdriver
from time import sleep
from selenium.webdriver.common.by import By
```

```
driver=webdriver.Chrome()
driver.maximize_window()
driver.get("*****://cn.bing.***/")
driver.find_elements(By.XPATH,'//*[@id="sb_form_q"]')[0].send_keys('异步社区')
driver.find_elements(By.XPATH,'//*[@id="sb_form_go"]')[0].click()
sleep(10)
driver.close()
```

7.13 根据 CSS 定位元素

在页面较复杂且不能通过 id、name 等属性准确定位页面元素时，除根据 XPath 定位元素以外，还可以根据 CSS 定位元素。后者较前者在执行速度方面更快，性能更加稳定，所以建议大家根据 CSS 定位元素。在讲解如何根据 CSS 定位元素之前，本节先讲一讲什么是 CSS。

层叠样式表（Cascading Style Sheet，CSS）是一种用来表现 HTML 或 XML 等文件样式的计算机语言，CSS 能够对网页中元素的位置进行准确定位。

那么如何通过 Firefox 开发者工具获得元素的 CSS 呢？下面以获取“输入搜索词”页面元素为例。

首先，将光标移到“输入搜索词”输入框的位置，右击对应的 HTML 源码，将弹出一个快捷菜单，如图 7-44 所示。

图 7-44　右击“输入搜索词”输入框的 HTML 源码

选择“复制”，在弹出的二级菜单中选择“CSS 选择器”或“CSS 路径”菜单项，如图 7-45 所示。那么这两个菜单项有什么区别呢？举一个例子，对于“输入搜索词”页面元素，CSS

选择器的内容为#sb_form_q，而 CSS 路径的内容为 html body.zhs.zh-CN.ltr table#hp_table tbody tr td#hp_cellCenter.hp_hd div#hp_container div#sbox.sw_sform div.search_controls form#sb_form.sw_box div.b_searchboxForm input#sb_form_q.b_searchbox。

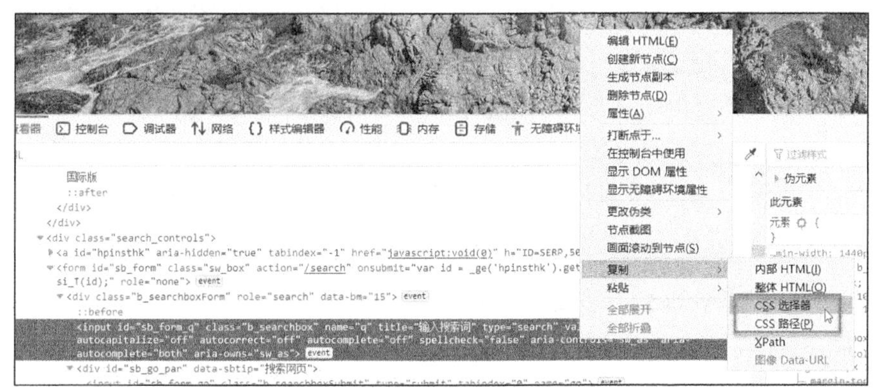

图 7-45　选择“CSS 选择器”或“CSS 路径”菜单项

而后，将复制的 CSS 粘贴到 Python 脚本中，如图 7-46 所示。这里，为“输入搜索词”输入框元素应用的是 CSS 路径方式，而为“搜索页面”按钮元素应用的是 CSS 选择器方式。

```
testscript.py ×
1   from selenium import webdriver
2   from time import sleep
3   from selenium.webdriver.common.by import By
4
5   driver=webdriver.Chrome()
6   driver.maximize_window()
7   driver.get("*****://cn.bing.***/")
8   driver.find_element_by_css_selector('html body.zhs.zh-CN.ltr table#hp_table tbody tr td#hp_cellCenter.'
9                                        'hp_hd div#hp_container div#sbox.sw_sform div.search_controls form'
10                                       '#sb_form.sw_box div.b_searchboxForm input#sb_form_q.b_searchbox')\
11                                       .send_keys('异步社区')   # CSS路径方式
12  driver.find_element_by_css_selector('#sb_form_go').click()   #CSS选择器方式
13  sleep(10)
14  driver.close()
```

图 7-46　根据 CSS 定位元素的脚本信息

从图 7-46 中不难发现 CSS 选择器方式十分简短，而 CSS 路径方式很好体现了元素的层次结构，但非常冗长，不利于阅读，所以在这里强烈建议使用 CSS 选择器方式。

CSS 元素定位法也支持绝对定位和相对定位，这里仍以定位“输入搜索词”输入框元素为例。

- CSS 绝对定位表达式：html>body>table>tbody>tr>td>div>div>div>form>div>input。不难发现，这种方式是将 XPath 的“/”分隔符替换为“>”，并且表达式中没有 XPath 的//。
- CSS 相对定位表达式：input[title = "输入搜索词"]。与 XPath 不同，CSS 在属性的前面不需要加@。
- CSS 的 id 定位表达式：#sb_form_q。#的后面是具体元素的 id 属性值。

- CSS 的 class 定位表达式：.b_searchbox。“.”的后面是具体元素的 class 属性值。
- CSS 的组合定位表达式：.b_searchboxForm :first-child。这个表达式意味着先通过 class 属性定位到“输入搜索词”输入框元素的父节点，这个父节点的 class 属性值为 b_searchboxForm，而后必须有一个空格，其后是 first-child，表示取第一个子节点，也就是“输入搜索词”元素节点。

CSS 元素定位法还有很多种形式，如果您希望了解更多，请自行阅读相关资料，这里不再赘述。

使用 find_element_by_css_selector()、find_elements_by_css_selector()、find_element()或 find_elements()方法可以定位一个或多个页面元素。

1. find_element_by_css_selector()方法

示例代码如下：

```
from selenium import webdriver
from time import sleep

driver=webdriver.Chrome()
driver.maximize_window()
driver.get("*****://cn.bing.***/")
driver.find_element_by_css_selector('.b_searchboxForm :first-child').send_keys('异步社区')
driver.find_element_by_css_selector('#sb_form_go').click()
sleep(10)
driver.close()
```

2. find_elements_by_css_selector()方法

示例代码如下：

```
from selenium import webdriver
from time import sleep

driver=webdriver.Chrome()
driver.maximize_window()
driver.get("*****://cn.bing.***/")
driver.find_elements_by_css_selector('.b_searchboxForm :first-child')[0].send_keys('异
步社区')
driver.find_elements_by_css_selector('#sb_form_go')[0].click()
sleep(10)
driver.close()
```

3. find_element()方法

示例代码如下：

```
from selenium import webdriver
from time import sleep
from selenium.webdriver.common.by import By
```

```
driver=webdriver.Chrome()
driver.maximize_window()
driver.get("*****://cn.bing.***/")
driver.find_element(By.CSS_SELECTOR,'.b_searchboxForm :first-child').send_keys('异步社区')
driver.find_element(By.CSS_SELECTOR,'#sb_form_go').click()
sleep(10)
driver.close()
```

4. find_elements()方法

示例代码如下：

```
from selenium import webdriver
from time import sleep
from selenium.webdriver.common.by import By

driver=webdriver.Chrome()
driver.maximize_window()
driver.get("*****://cn.bing.***/")
driver.find_elements(By.CSS_SELECTOR,'.b_searchboxForm :first-child')[0].send_keys
('异步社区')
driver.find_elements(By.CSS_SELECTOR,'#sb_form_go')[0].click()
sleep(10)
driver.close()
```

7.14 基于 Docker 和 Selenium Grid 的测试技术的应用

尽管未来将会推出的 Selenium 4.0 对 Selenium Grid 的一些新特性进行了说明，但是从目前看，官方并没有太多详细文档可供参考，所以本书仍结合目前被广泛使用的 Selenium Grid 版本进行讲解。

参考官网上的描述，Selenium Grid 是智能代理服务器，允许 Selenium 测试将命令路由到远程 Web 浏览器实例，目的是提供一种在多台计算机上并行运行测试的简便方法。使用 Selenium Grid，一台服务器可以充当将 JSON 格式的测试命令路由到一个或多个已注册 Grid 节点的中枢，以获得对远程浏览器实例的访问。Hub 有一个已注册服务器的列表，可以访问并允许控制这些实例。Selenium Grid 允许我们在多台计算机上并行运行测试，并集中管理不同的浏览器版本和浏览器配置。

如图 7-47 所示，Selenium Grid 主要由 Hub 和 Node 两部分构成。使用 Python、Java、C# 等语言编写和测试 Selenium 脚本，每个 Selenium Grid 仅有一个 Hub，客户端脚本可以指定连接到这个 Hub（主控节点或者叫集线器），Hub 接收客户端脚本的运行测试请求，同时将这些测试请求分发到已注册的一个或多个节点去执行并收集运行结果。Selenium Grid 中可以一个或多个 Node（节点）。作为节点的机器不必与 Hub 或其他 Node 具有相同的操作系统或浏览器。换言之，某个 Node 可能是 Windows 操作系统，而在 Windows 操作系统中安装的是 Internet Explorer 浏览器，另外的 Node 可能使用的是 Linux、Mac 操作系统，而它们安装的浏览器可能是 Firefox、Safari、Chrome 等。结合测试来讲，这些 Node 的设置可用于确定做哪些操作系统和浏览器版本的兼容性测试，在实际工作中请结合测试执行计划和策略进行选择。

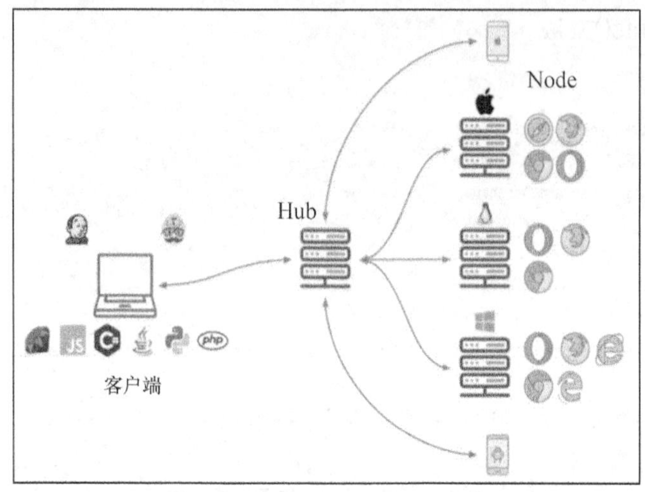

图 7-47　Selenium Grid 的组件构成

7.15 基于 Docker 的 Selenium Grid 的相关配置

Docker Hub 提供了 Selenium Grid 的相关镜像以供使用，如图 7-48 所示。

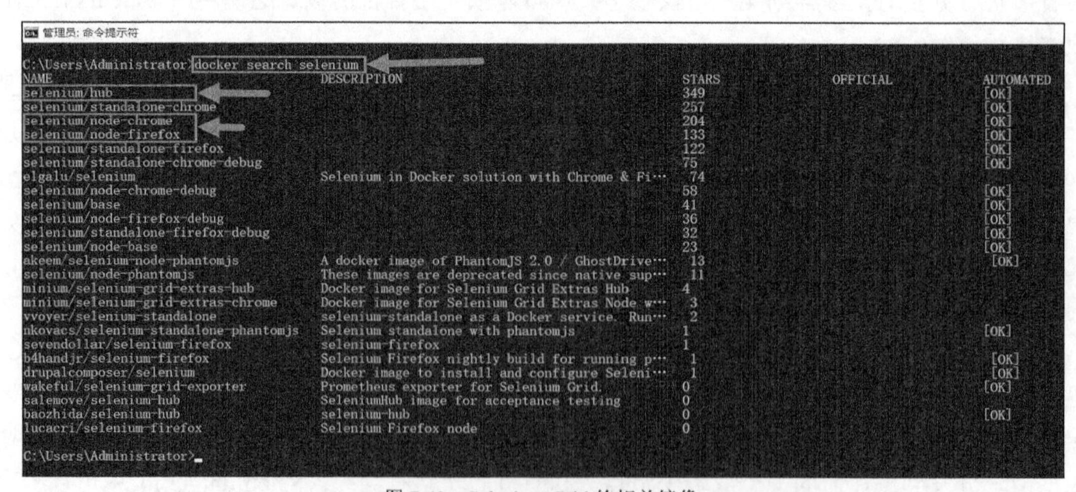

图 7-48　Selenium Grid 的相关镜像

这里，我们使用命令分别将这 3 个镜像拉取下来，对应的拉取命令如下：

```
docker pull selenium/hub
docker pull selenium/node-chrome
docker pull selenium/node-firefox
```

拉取镜像到本地后，可以使用 docker images 命令查看一下相关镜像的信息，如图 7-49 所示。

```
管理员: 命令提示符
C:\Users\Administrator>docker images
REPOSITORY              TAG       IMAGE ID       CREATED         SIZE
yuy                     v1        05a66363c218   18 hours ago    449MB
mysql                   5.7       5d9483f9a7b2   2 days ago      455MB
selenium/node-firefox   latest    3cb363ed7dc0   2 weeks ago     837MB
selenium/node-chrome    latest    c3454acccbb6   2 weeks ago     908MB
selenium/hub            latest    fc6accc9b9e2   2 weeks ago     263MB
```

图 7-49　Selenium Grid 的相关镜像的信息

这里我们先测试一下 Hub 与 Node 之间的连通性。

创建并启动 Hub 容器，如图 7-50 所示。

```
C:\Users\Administrator>docker run -p 4444:4444 -d --name hub selenium/hub
060c667a8c21ef40acb232a3a48d495ede62d2571193c80c0af003fd195f98df
```

图 7-50　创建并启动 Hub 容器

创建并启动 chromenode 容器节点，如图 7-51 所示。

```
C:\Users\Administrator>docker run -d -P -p 5900:5900 --name chromenode --link hub selenium/node-chrome
ce186bb432683c1e4b8b6314d349166ab0390c312cac30e3314a908884ddbe00
```

图 7-51　创建并启动 chromenode 容器节点

创建并启动 firefoxnode 容器节点，如图 7-52 所示。

```
C:\Users\Administrator>docker run -d -P -p 5901:5900 --name firefoxnode --link hub selenium/node-firefox
02a4063d669b10c6d4bddf9cd7efee4e3de3fcf9728320d7712544021a87ef5b
```

图 7-52　创建并启动 firefoxnode 容器节点

接下来，在本机浏览器的地址栏中输入 http://localhost:4444/grid/console 并回车，打开 Selenium Grid 的控制台，如图 7-53 所示。

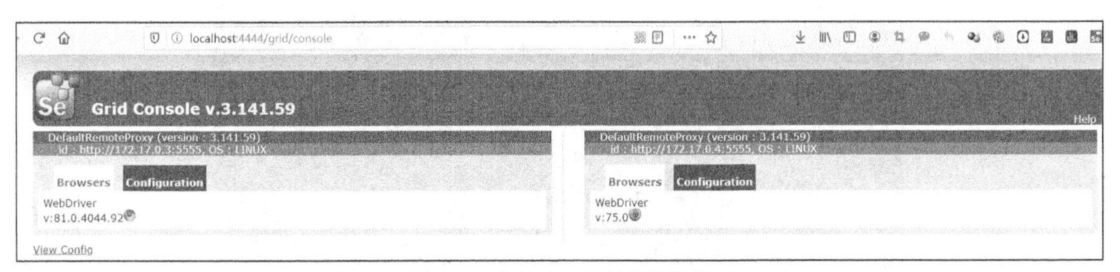

图 7-53　Selenium Grid 的控制台

从图 7-53 可知，当前使用的 Selenium Grid 版本为 3.141.59，连接到 Hub 的两个 Node 分别是 IP 地址为 172.17.0.4 的 Linux 操作系统（使用的是 75.0 版本的 Firefox 浏览器），以及 IP

地址为 172.17.0.3 的 Linux 操作系统（使用的是 81.0.4044.92 版本的 Chrome 浏览器）。默认情况下，Hub 使用的是 4444 端口，而 Node 在本例中使用的是 5555 端口。如果在同一个容器中出现端口冲突等情况，则需要根据实际情况进行调整以避免端口冲突情况发生。

7.16 基于 Docker 和 Selenium Grid 的案例演示

下面结合 Bing 搜索案例在 Chrome 和 Firefox 浏览器中实现兼容性测试。在经过对 Selenium、Docker 和 Selenium Grid 相关知识的学习后，您想到了什么？是不是通过 Docker 和 Selenium Grid 就能够完成基于不同浏览器的兼容性测试呢？是的，这确实是一个好主意。

但是，为了让 Selenium 测试脚本在不同的浏览器中运行，又需要做些什么呢？

在脚本设计上，需要做一些改变。通常情况下，要在脚本运行时指定主机和端口，脚本大致如下：

```
import time
from selenium import webdriver
from selenium.webdriver.common.desired_capabilities import DesiredCapabilities

driver = webdriver.Remote(
    command_executor='http://192.168.1.102:4444/wd/hub',
    desired_capabilities=DesiredCapabilities.CHROME)

base_url = '*****://cn.bing.***'
driver.get(base_url)
driver.save_screenshot('chrome.png')
driver.close()
```

通常在执行时，只需要指定 Hub 的地址（http://192.168.1.102:4444/wd/hub）。这里宿主机的 IP 地址如图 7-54 所示，Hub 会将脚本自动分配给 Node。

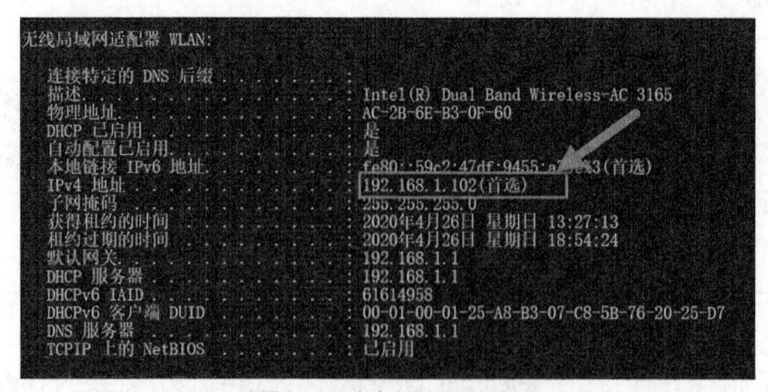

图 7-54　宿主机的 IP 地址

注意以下两个参数。

- command_executor：选填参数，可指定远程服务器的 URL 字符串或自定义远程连接，默认为 http://127.0.0.1:4444/wd/hub。
- desired_capabilities 参数：必填参数，用于配置连接到 Selenium Server 或 Selenium Grid 的远程浏览器驱动。这里我们使用的是 DesiredCapabilities.CHROME，对应的源码如下所示：

```
class DesiredCapabilities(object):
    """
    Set of default supported desired capabilities.

    Use this as a starting point for creating a desired capabilities object for
    requesting remote webdrivers for connecting to selenium server or selenium grid.

    Usage Example::

        from selenium import webdriver

        selenium_grid_url = "http://198.0.0.1:4444/wd/hub"

        capabilities = DesiredCapabilities.FIREFOX.copy()
        capabilities['platform'] = "WINDOWS"
        capabilities['version'] = "10"

        driver = webdriver.Remote(desired_capabilities=capabilities,
                                  command_executor=selenium_grid_url)

    Note: Always use '.copy()' on the DesiredCapabilities object to avoid the side
    effects of altering the Global class instance.

    """

    FIREFOX = {
        "browserName": "firefox",
        "acceptInsecureCerts": True,
    }

    INTERNETEXPLORER = {
        "browserName": "internet explorer",
        "version": "",
        "platform": "WINDOWS",
    }

    EDGE = {
        "browserName": "MicrosoftEdge",
        "version": "",
        "platform": "ANY"
    }
```

```
CHROME = {
    "browserName": "chrome",
    "version": "",
    "platform": "ANY",
}

OPERA = {
    "browserName": "opera",
    "version": "",
    "platform": "ANY",
}

SAFARI = {
    "browserName": "safari",
    "version": "",
    "platform": "MAC",
}

HTMLUNIT = {
    "browserName": "htmlunit",
    "version": "",
    "platform": "ANY",
}

HTMLUNITWITHJS = {
    "browserName": "htmlunit",
    "version": "firefox",
    "platform": "ANY",
    "javascriptEnabled": True,
}

IPHONE = {
    "browserName": "iPhone",
    "version": "",
    "platform": "MAC",
}

IPAD = {
    "browserName": "iPad",
    "version": "",
    "platform": "MAC",
}
```

```
    ANDROID = {
        "browserName": "android",
        "version": "",
        "platform": "ANDROID",
    }

    PHANTOMJS = {
        "browserName": "phantomjs",
        "version": "",
        "platform": "ANY",
        "javascriptEnabled": True,
    }

    WEBKITGTK = {
        "browserName": "MiniBrowser",
        "version": "",
        "platform": "ANY",
    }

    WPEWEBKIT = {
        "browserName": "MiniBrowser",
        "version": "",
        "platform": "ANY",
    }
```

从 DesiredCapabilities 类的源码可知 DesiredCapabilities.CHROME 是 DesiredCapabilities 类定义的字典对象。

这里采用多线程的方式，分别在 Chrome 和 Firefox 浏览器中执行 Bing 搜索业务。

Grid_Test.py 文件的内容如下：

```
from threading import Thread
from selenium import webdriver
from time import sleep,ctime
from selenium.webdriver.common.by import By

def Test_Bing(Host, Browser):
    caps = {'browserName': Browser}
    driver = webdriver.Remote(command_executor=Host, desired_capabilities=caps)
    driver.get('****://***.bing.***')
    driver.find_element(By.ID,'sb_form_q').send_keys('异步社区')
    driver.find_element(By.ID,'sb_form_go').click()
    PicName=Browser+'_result'+'.png'
    driver.save_screenshot(PicName)
    assert ('没有与此相关的结果' not in driver.page_source)
    sleep(2)
    driver.close()

if __name__ == '__main__':
```

```
    pcs = {'http://192.168.1.102:4444/wd/hub': 'chrome',
           'http://localhost:4444/wd/hub': 'firefox'
           }
    threads = []
    tds=range(len(pcs))

    # 创建线程
    for host, browser in pcs.items():
        t = Thread(target=Test_Bing, args=(host, browser))
        threads.append(t)

    # 启动线程
    for i in tds:
        threads[i].start()
    for i in tds:
        threads[i].join()
```

从上面的脚本中可以看到，这里创建了一个名为 Test_Bing()的函数，其包含两个参数，分别是主机和浏览器。这个函数根据远程服务器的 URL 字符串和传入的浏览器名称字符串，在对应的浏览器中执行搜索业务，且搜索词为“异步社区”。然后对执行结果进行截图（用于查看结果），截图的名称为对应浏览器的名称加上_result.png，最后对搜索结果进行断言。在使用 Selenium Grid 时，由于测试过程中不会出现浏览器，因此我们看不到执行过程，为了证明结果的正确性，我们也需要进行截图。如果我们还想看到不同的容器在执行过程中的界面，那么可以使用 VNC Viewer 连接到对应的容器（但需要下载对应的 selenium/node-firefox-debug 和 selenium/node-chrome-debug 镜像文件，以 debug 结尾的镜像都带有 VNC 服务器，在本机上安装 VNC 客户端后即可远程连接。5900 端口为 VNC Viewer 监听的端口，因此做了端口映射），具体命令如图 7-55 所示，节点容器的脚本执行情况如图 7-56 所示。

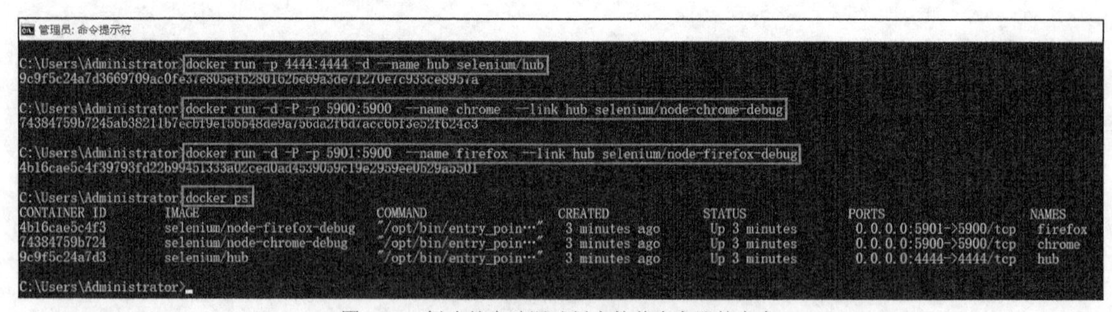

图 7-55　创建并启动调试版本的节点容器的命令

事实上，这对于测试工作并没有太多意义，因而这里不做太多文字描述。

主函数定义了一个包含两个元素的字典，这里虽然使用了同一个地址，但采用的是两种不同的表示方式（宿主机的 IP 地址为 192.168.1.102），而 localhost 也表示宿主机。那么为什么不都用 192.168.1.102 或 localhost 呢？这是因为字典的键（key）是不允许重复的。接下来，我们创建了一个线程列表，以 pcs 字典的键、值作为 Test_Bing()函数的参数，添加到这个线程列表中，而后启动这个线程列表中的各个线程。

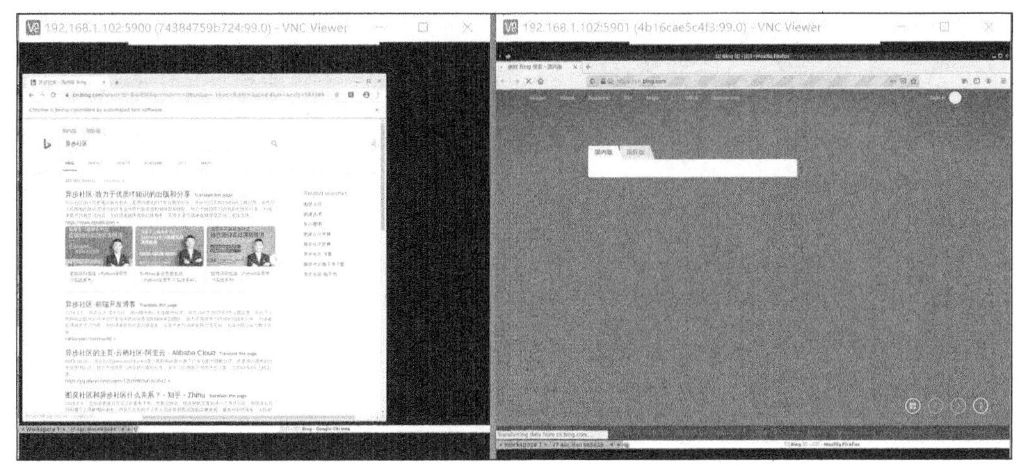

图 7-56 使用 VNC Viewer 观察节点容器的脚本执行情况

在运行脚本前，需要保证创建并启动 Hub 和 Node 容器（这里应用的为非调试版本的 Node 镜像），如图 7-57 所示。

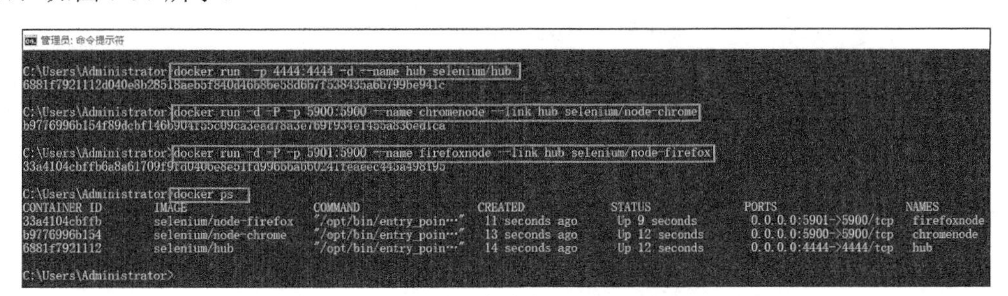

图 7-57 创建并启动 Hub 和 Node 容器

脚本执行完毕后，将会生成 chrome_result.png 和 firefox_result.png 两个图片文件，如图 7-58 所示。

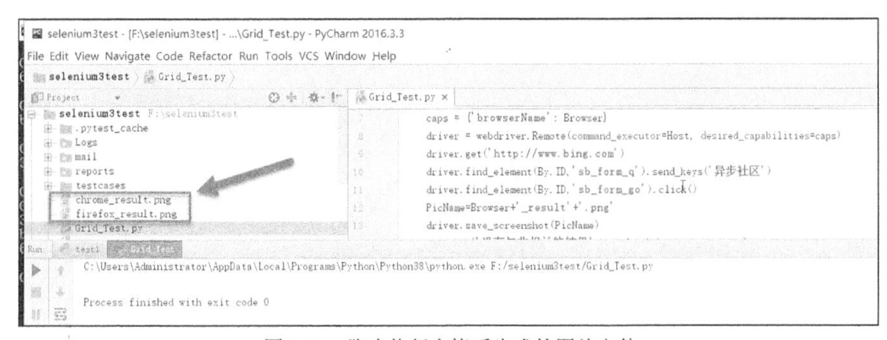

图 7-58 脚本执行完毕后生成的图片文件

如图 7-59 和图 7-60 所示，在本次兼容性测试中，这两个浏览器执行了相同的 Bing 搜索业务，它们的页面展示、布局、内容基本是相同的，但存在两个小的问题。第一个小问题就是在 Chrome 浏览器中搜索到的结果有 855 000 条，而在 Firefox 浏览器中搜索到的结果有 859 000 条，它们是不一致的。另一个小问题是，Firefox 浏览器会显示 Sign in 和登录图标，而 Chrome 浏览器却不显示。从理论上讲，这是两个严重级别较低的小 Bug，建议针对这两个小的差异，与产品及研发人员再确认一下，产品、测试及研发人员应统一、明确需求，明确后再修改需求或代码，使两者保持一致。

图 7-59　chrome_result.png 图片文件信息

图 7-60　firefox_result.png 图片文件信息

第 8 章　Appium 自动化测试框架及其应用

8.1 Appium 自动化测试框架

Appium 是一款开源的自动化测试工具，支持在 iOS 和 Android 平台上开发移动原生应用、移动 Web 应用和混合应用。所谓“移动原生应用”，是指那些使用 iOS 或 Android SDK 编写的应用；所谓“移动 Web 应用”，是指那些使用移动浏览器（比如 iOS 上的 Safari 和 Android 上的 Chrome）访问的应用；所谓“混合应用”，是指那些使用原生代码封装网页视图的应用。Appium 支持跨平台使用，允许测试人员使用同样的接口、基于不同的平台（iOS、Android 等）编写自动化测试脚本，从而极大地增强 iOS 和 Android 测试套件间代码的复用性。

8.1.1　Appium 的理念

为了满足移动测试自动化需求，Appium 遵循着一种理念，这种理念重点体现在以下 4 个方面。

- 无须为了自动化而重新编译或修改应用。
- 不必局限于某种语言或框架来编写和运行测试脚本。
- 移动测试自动化框架不应该在接口上重复造轮子（用于移动测试自动化的接口应该统一）。
- 无论是精神上还是名义上，Appium 都必须开源。

8.1.2　Appium 的设计

Appium 框架是如何实现自身理念的呢？

为了满足 Appium 理念的第 1 个方面，也就是“无须为了自动化而重新编译或修改应用”，Appium 真正的工作引擎其实是第三方自动化框架，这样我们就不需要在自己的应用中植入 Appium 特定代码或第三方代码，这还意味着我们在测试将要发布的应用时将使用以下第三方框架。

- iOS：苹果的 UIAutomation 框架。
- Android 4.2+：Google 的 UIAutomator 框架。
- Android 2.3+：Google 的 Instrumentation 框架。

为了满足 Appium 理念的第 2 个方面，也就是“不必局限于某种语言或框架来编写和运行测试脚本”，Appium 把第三方框架封装成了一套 API，称为 WebDriver。WebDriver（也就是 Selenium WebDriver）指定了客户端到服务器的协议。借助这种客户-服务器（C/S）架构，您可以使用任何语言来编写客户端，并向服务器发送恰当的 HTTP 请求，这意味着您可以使用任何测试套件或测试框架。客户端库就是简单的 HTTP，能以您喜欢的任何方式嵌入代码。换句话说，Appium 和 WebDriver 客户端不是技术意义上的“测试框架”，而是“自动化库”，我们可以在测试环境中随意使用这些自动化库。

事实上，WebDriver 已经成为 Web 浏览器的自动化标准，并且是 W3C 认可的标准。Appium 又何必为移动测试自动化重复造轮子呢？因此，Appium 扩充了 WebDriver 中的协议，在原有基础上添加了与移动测试自动化相关的 API 方法，从而满足了 Appium 理念的第 3 个方面。

Appium 理念的第 4 个方面更不用多言，Appium 本身就是开源的。

8.1.3　Appium 的相关概念

1. C/S 架构

C/S 架构也就是客户-服务器架构。Appium 的核心是一个 Web 服务器，这个 Web 服务器提供了一套 REST 接口。服务器在收到客户端的连接、监听命令后，会在移动设备上执行这些命令，然后将执行结果放在 HTTP 响应中并返回客户端。事实上，这种客户-服务器架构提供了许多可能性。比如，我们可以使用任何实现了客户端的语言来编写测试代码，可以把服务器放在不同的机器上，还可以只编写测试代码并使用 Sauce Labs 这样的云服务来解释命令。

2. 会话

自动化总是在名为会话的上下文中进行。客户端将初始化一个用来和服务器交互的会话，不同的编程语言有不同的实现方式，但最终都会发送附有 Desired Capabilities 的 JSON 对象参数的 POST 请求/会话给服务器。此时，服务器就会开始一个自动化的会话，然后返回一个会话 ID，客户端在得到这个会话 ID 之后便开始发送后续命令。

3. Desired Capabilities

Desired Capabilities 是一些键值对的集合（如 map 或 hash）。客户端将这些键值对发给服务器，告诉服务器我们想要启动什么样的自动化会话。根据不同的 capability 参数，服务器会有不同的行为。比如，我们可以把 platformName capability 设置为 iOS，从而告诉 Appium 服务器我们想要 iOS 而不是 Android 的会话。我们也可以设置 safariAllowPopups capability 为 true，从而确保在 Safari 的自动化会话中使用 JavaScript 来打开新的窗口。

4. Appium 服务器

Appium 服务器是使用 Node.js 编写的，我们可以通过源码进行编译或者直接从 NPM 安装。Appium 服务器的功能是监听接口，接收 PC 客户端发送的指令信息，再将指令信息转换为移动设备能够识别的指令，而后发送给移动设备进行操作，最后等待移动设备返回操作结果，并将它们发送给 PC 客户端。Appium 服务器既可以放在 PC 客户端，也可以放在云端。Appium 服务器默认使用的端口号是 4723，可以不断监听 PC 客户端发送过来的请求。

5. Appium 客户端

Appium 客户端主要是指实现了 Appium 功能的 WebDriver 协议的客户端库，其中提供了一些封装好的 API 以支持访问移动端。通过使用这些 API，您将能够与 Appium 服务器建立连接，并将测试脚本的指令信息发送到 Appium 服务器，Appium 服务器再将它们转换为移动设备可识别的指令，从而对移动端设备进行操作，完成测试任务。Appium 客户端提供了很多语言库以支持 Java、Ruby、Python、PHP、JavaScript、C#等编程语言，这些语言库让 Appium 实现了对 WebDriver 协议的扩展。当使用 Appium 时，只需要使用这些语言库代替常规的 WebDriver 库就可以了。

6. Appium Desktop

Appium Desktop 不仅封装了运行 Appium 服务器所需的所有依赖元素，还提供了 Inspector 工具，以方便使用者检查应用的界面元素的层级，从而简化测试用例的编写。

8.1.4 Appium 的工作原理

图 8-1 以 Android 平台为例展示了 Appium 的工作原理。Appium 基于 WebDriver 协议，并利用 Bootstrap.jar 来调用 UIAutomator 框架，进而执行指令，具体流程如下。

（1）编写客户端脚本。前面已经讲过，可以使用 Python、Java 等语言来编写客户端脚本。

（2）开启 Appium 服务器。Appium 服务器默认监听 4723 端口，并与 Appium 客户端进行通信。

（3）Appium 服务器在收到 Appium 客户端的请求后，将请求解析为 UIAutomator 可识别的指令，再将这些指令转发给 Android 设备的 Bootstrap.jar 服务，默认使用 4724 端口。

（4）调用 UI Automator，在设备上执行自动化测试并将结果返回给 Appium 服务器。

（5）Appium 服务器将执行结果返回给 Appium 客户端。

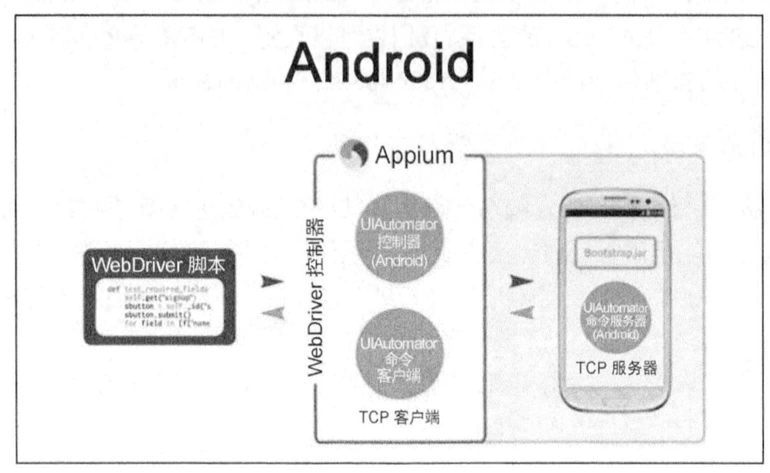

图 8-1　Appium 的工作原理

8.1.5　Appium 与 Selenium

Appium 类库封装了标准的 Selenium 客户端类库，为用户提供了所有常见的 JSON 格式的 Selenium 命令以及额外的与移动设备控制相关的命令。

Appium 服务器对官方协议做了扩展，为 Appium 用户提供了方便的接口以执行各种设备动作，例如在测试过程中安装/卸载应用。这也是我们需要特定的 Appium 客户端而不是通用的 Selenium 客户端的原因所在。

Appium 选择使用的是客户端/服务器模式。只要客户端能够发送 HTTP 请求给服务器，客户端就可以使用 Python、Ruby、C#、Java 等语言来实现，这也是 Appium 和 Selenium(WebDriver) 能够支持多种编程语言的原因所在。

Appium 扩展了 WebDriver 协议，这样做的好处显而易见：以前的 WebDriver API 能够得以继承，Selenium WebDriver 直接拿来用就行，从而避免了为所有编程语言开发客户端。

8.2　Appium 环境的搭建与配置过程

8.2.1　在 Windows 环境中部署 Appium 运行环境

我们平时经常使用 Windows 操作系统，这里以 64 位的 Windows 10 操作系统为例，介绍如何部署 Appium 运行环境。

1. 安装 Appium Python 客户端

如图 8-2 所示，目前官网上提供的 Appium Python 客户端的最新版本为 0.52，这里可以直接使用 pip3 命令进行安装。为了提升安装速度，这里指定从清华镜像站点下载。

图 8-2　官网上提供的 Appium Python 客户端

安装命令如下：

```
pip3 install Appium-Python-Client -i *****://pypi.tuna.tsinghua.edu.**/simple
```

Appium Python 客户端的安装过程如图 8-3 所示。Appium 基于 Selenium，因此在安装过程中卸载了 Selenium 4.0.0a5，而安装了与 Appium 0.52 匹配的 3.141.0 版本。

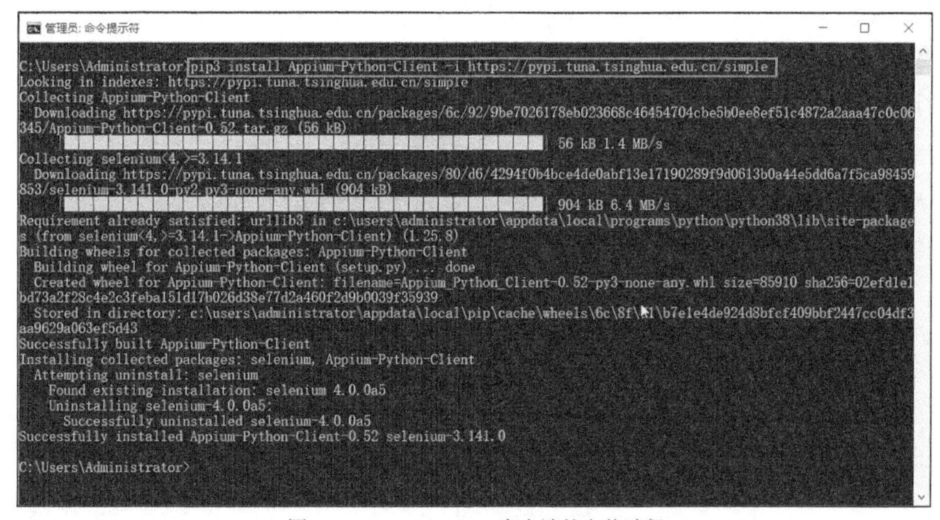

图 8-3　Appium Python 客户端的安装过程

2. 安装 Appium Desktop

Appium Desktop 适用于 Mac、Windows 和 Linux 系统，是 Appium 的桌面版，可在美观而灵活的 UI 中提供自动化 Appium 服务器的功能。

Appium Desktop 是与 Appium 相关的一些工具的组合。其中，Appium 服务器的图形界面可以用于设置选项、启动/停止服务器、查看日志等。我们不需要使用 Node/NPM 来安装 Appium，因为 Node 运行时已经与 Appium Desktop 捆绑在一起。另外，我们还可以使用 Inspector 来检查应用中的元素、获取有关元素的基本信息以及与它们进行基本交互。

如图 8-4 所示，我们可以从 GitHub 上下载 Appium Desktop 的新版本 1.15.1。下载完文件 Appium-windows-1.15.1.exe 后，双击即可开始安装 Appium。

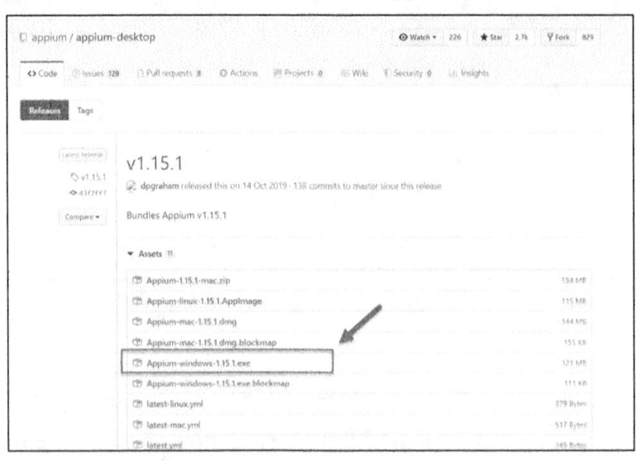

图 8-4　下载 Appium Desktop 的新版本

在图 8-5 所示的界面中，选中“为使用这台电脑的任何人安装（所有用户）”单选按钮，单击“安装”按钮。

如图 8-6 所示，开始安装 Appium。

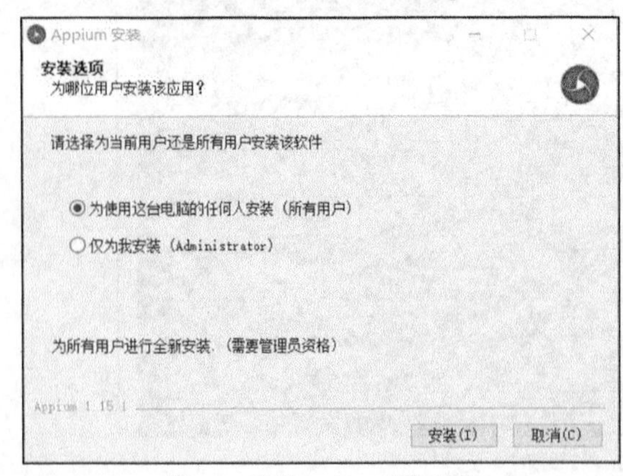

图 8-5　启动 Appium 安装向导

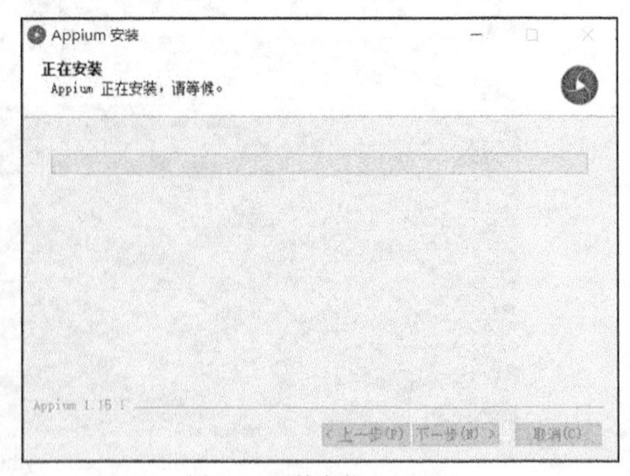

图 8-6　开始安装 Appium

单击“下一步”按钮，完成 Appium 的安装，如图 8-7 所示。

单击“完成”按钮，将显示图 8-8 所示界面。

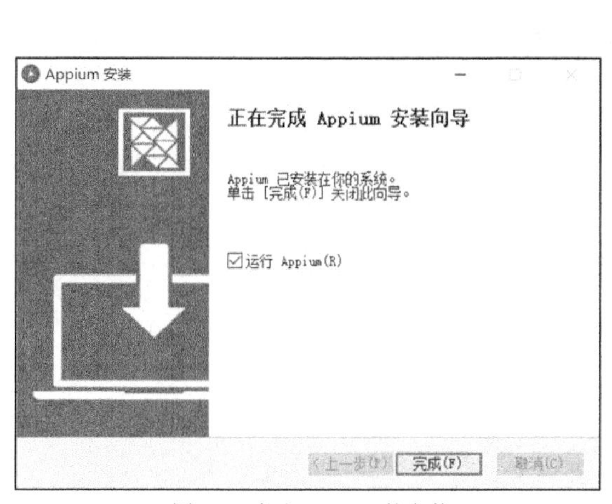

图 8-7 完成 Appium 的安装

图 8-8 Appium 安装完成

3. 安装 Android Studio

后续在使用 Appium 编写移动端的脚本时，需要用到 Android SDK 和 Android 模拟器。然而，官方现在已经不像以前那样提供单独的 SDK 了，而是把它们都合并到 Android Studio 中，如图 8-9 所示。

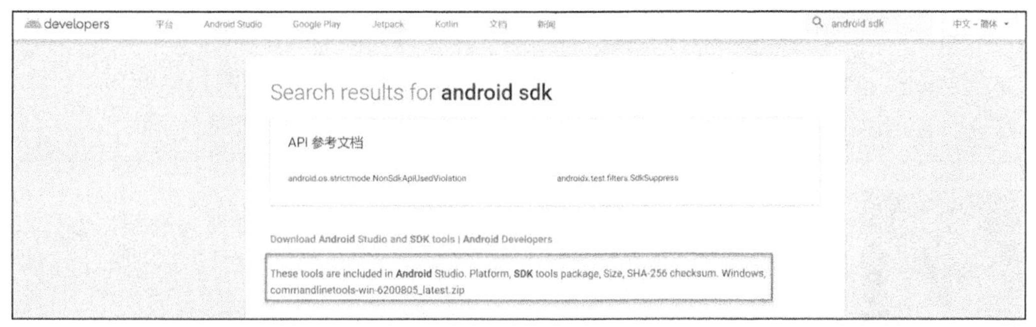

图 8-9 从官网查找 Android SDK 后显示的信息

为此，您可以从官网下载新版本的 Android Studio，如图 8-10 所示。

在编写本书时，用于 64 位 Windows 操作系统的 Android Studio 的最新版本为 3.6.3。单击 DOWNLOAD ANDROID STUDIO 按钮。在打开的页面中，选中“我已阅读并同意上述条款及条件”复选框，单击“下载 ANDROID STUDIO 使用平台：WINDOWS”按钮，如图 8-11 所示。

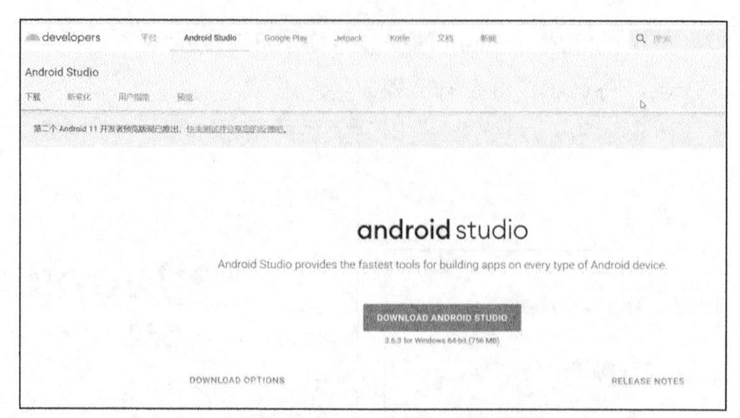

图 8-10　从官网下载 Android Studio

在弹出的 Android Studio 下载提示框中单击“保存文件”按钮，如图 8-12 所示。

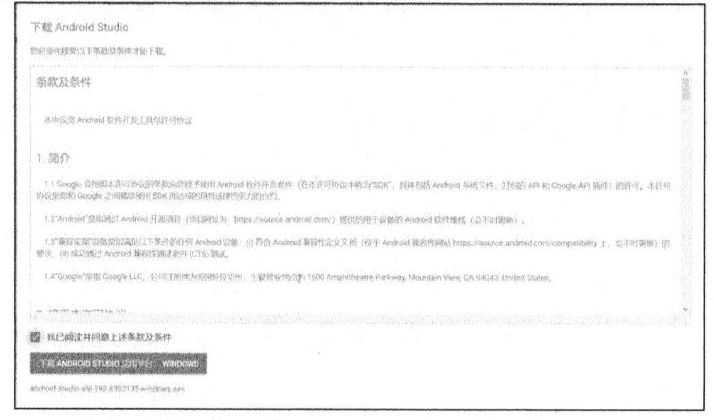

图 8-11　同意 Android Studio 下载条款

图 8-12　Android Studio 下载提示框

双击 Android Studio 安装程序，打开 Android Studio 安装向导，如图 8-13 所示。

单击 Next 按钮，选中 Android Virtual Device 复选框，如图 8-14 所示。

图 8-13　Android Studio 安装向导

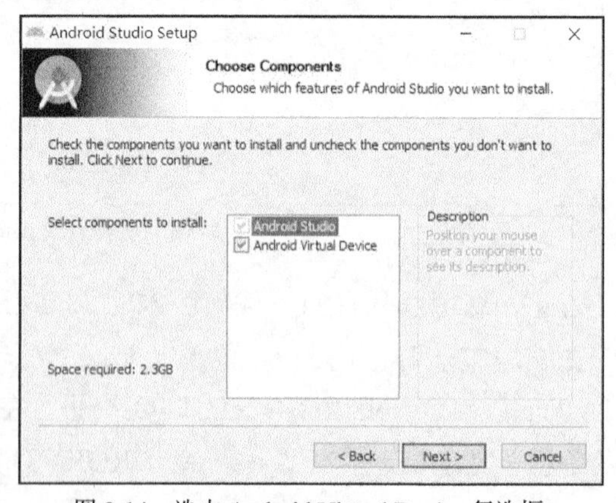

图 8-14　选中 Android Virtual Device 复选框

单击 Next 按钮，在打开的 Configuration Settings 对话框中，保持默认设置不变即可，如图 8-15 所示。

单击 Next 按钮，如图 8-16 所示，设置 Android Studio 在“开始”菜单中的快捷图标。

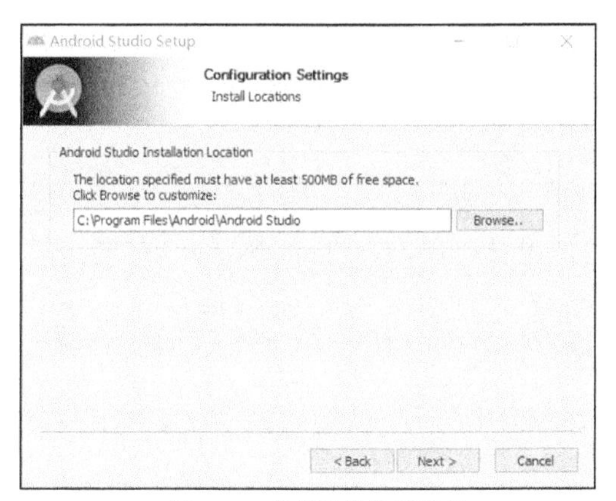

图 8-15　保持默认设置不变

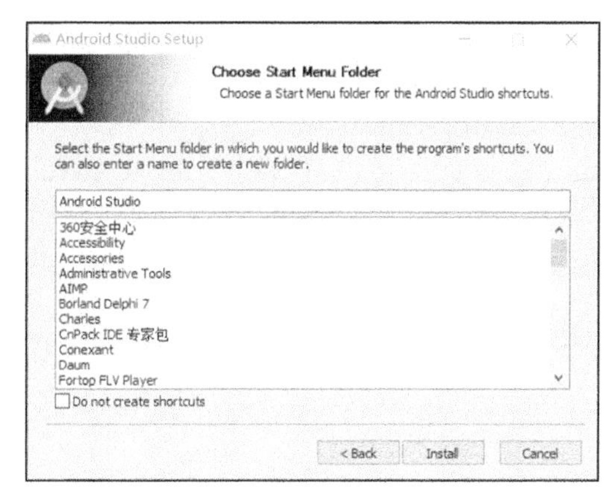

图 8-16　设置 Android Studio 在“开始”菜单中的快捷图标

单击 Install 按钮，开始安装 Android Studio，如图 8-17 所示。

如图 8-18 所示，Android Studio 安装完毕后，单击 Finish 按钮。

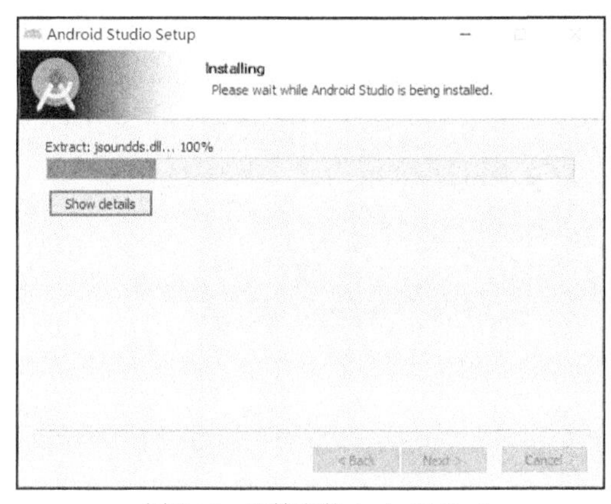

图 8-17　开始安装 Android Studio

图 8-18　Android Studio 安装完毕

如图 8-19 所示，Android Studio 启动后，将显示导入设置提示框。这里选中 Do not import settings 单选按钮，单击 OK 按钮。

如图 8-20 所示，在打开的 Data Sharing 对话框中，单击 Don't send 按钮。

如图 8-21 所示，在打开的 Android Studio First Run 对话框中，单击 Cancel 按钮。

如图 8-22 所示，在打开的 HTTP Proxy 对话框中，单击 OK 按钮。

如图 8-23 所示，在打开的 Welcome Android Studio 窗口中，单击 Next 按钮。

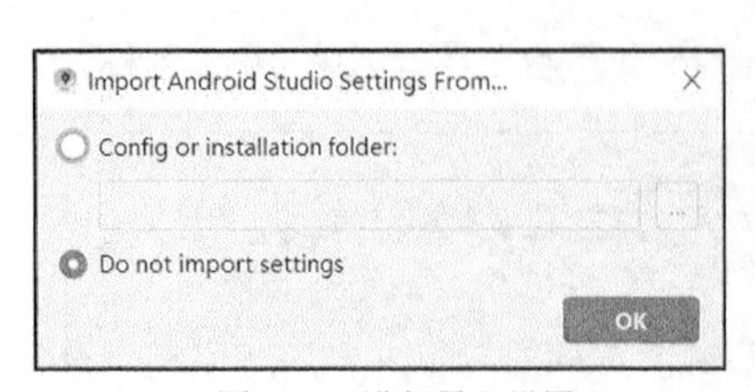

图 8-19　进行导入设置

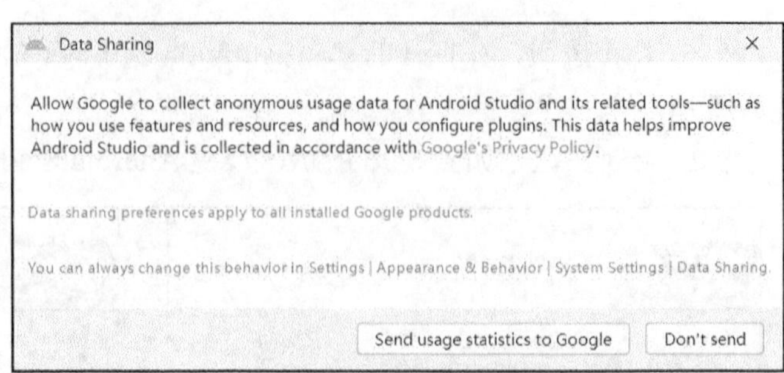

图 8-20　Data Sharing 对话框

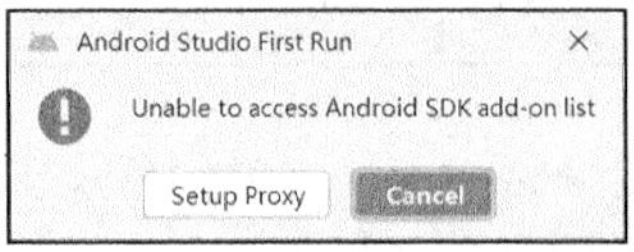

Android Studio First Run
Unable to access Android SDK add-on list
Setup Proxy　Cancel

图 8-21　Android Studio First Run 对话框

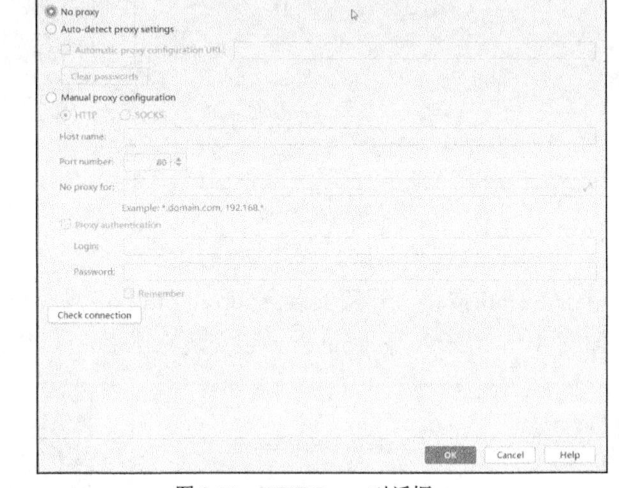

图 8-22　HTTP Proxy 对话框

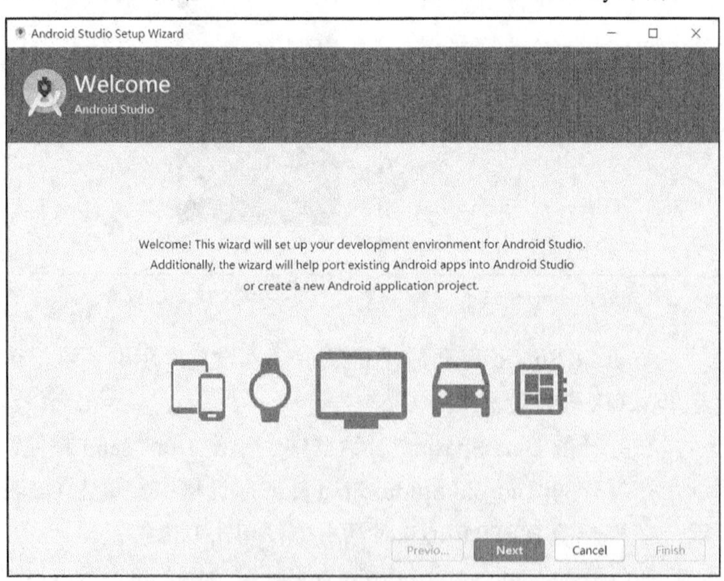

图 8-23　Welcome Android Studio 窗口

如图 8-24 所示，在打开的 Install Type 窗口中，选中 Standard 单选按钮，单击 Next 按钮。

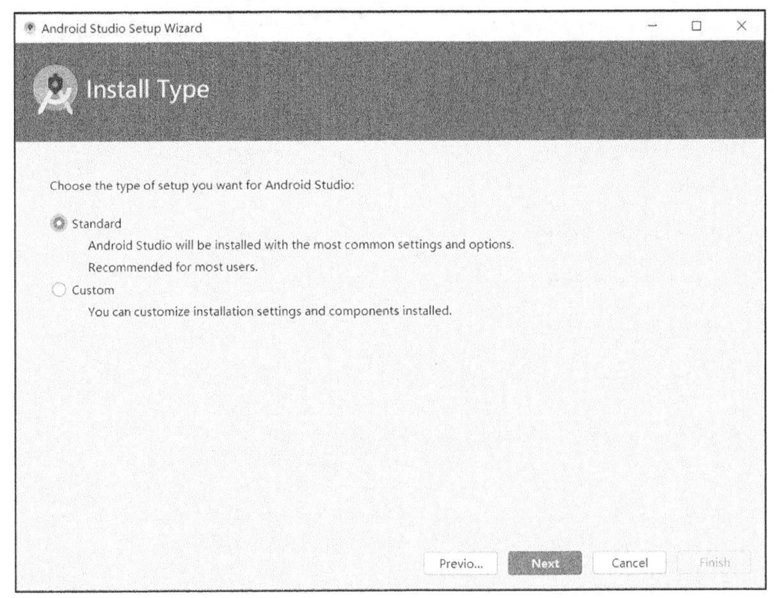

图 8-24 选中 Standard 单选按钮

如图 8-25 所示，在打开的 Select UI Theme 窗口中，选中 Light，单击 Next 按钮。

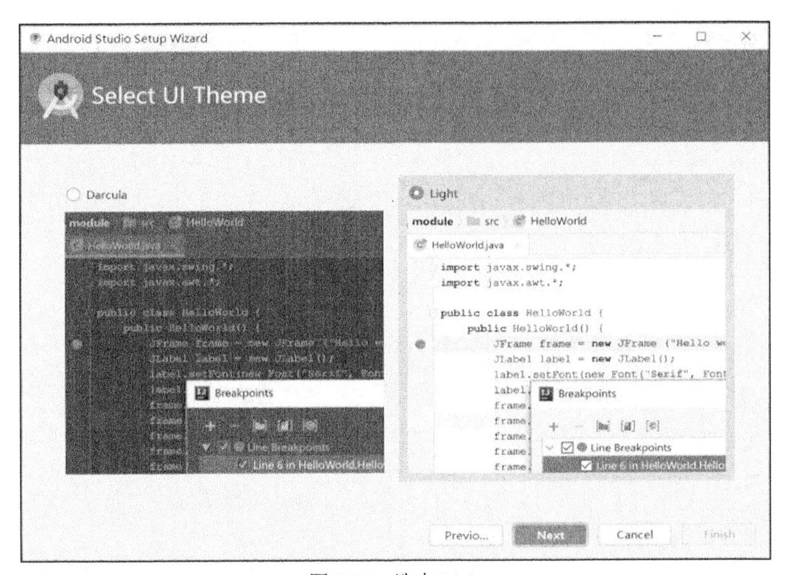

图 8-25 选中 Light

如图 8-26 所示，在打开的 Verify Settings 窗口中，查看需要安装的组件及其大小信息，单击 Finish 按钮。

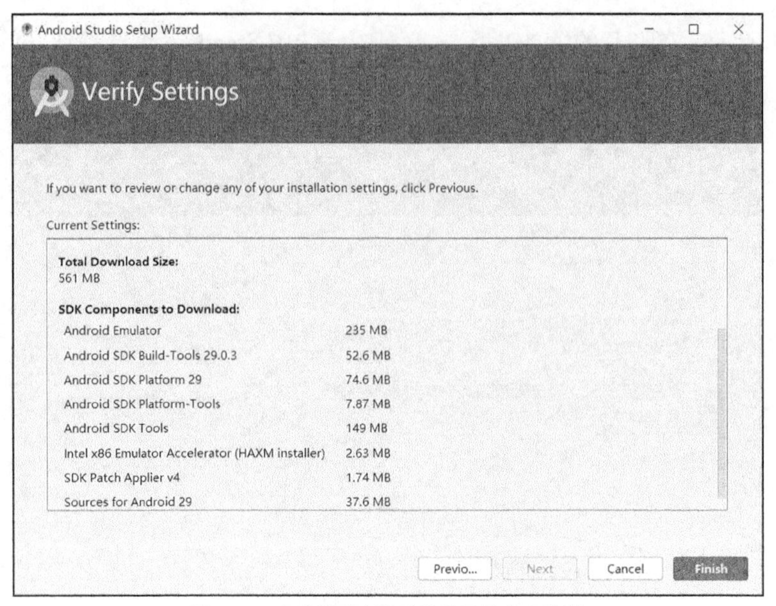

图 8-26　查看需要安装的组件及其大小信息

如图 8-27 所示，系统开始下载相关组件。

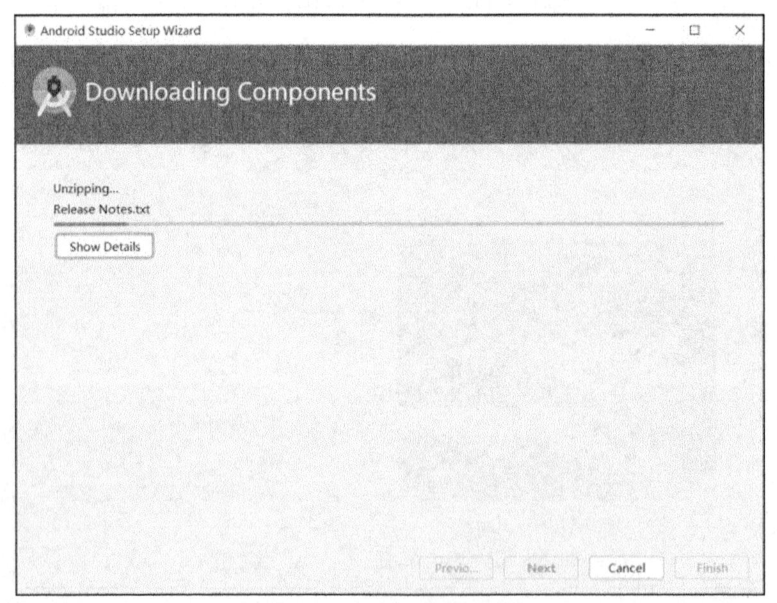

图 8-27　开始下载相关组件

如图 8-28 所示，组件下载完毕后，单击 Finish 按钮。

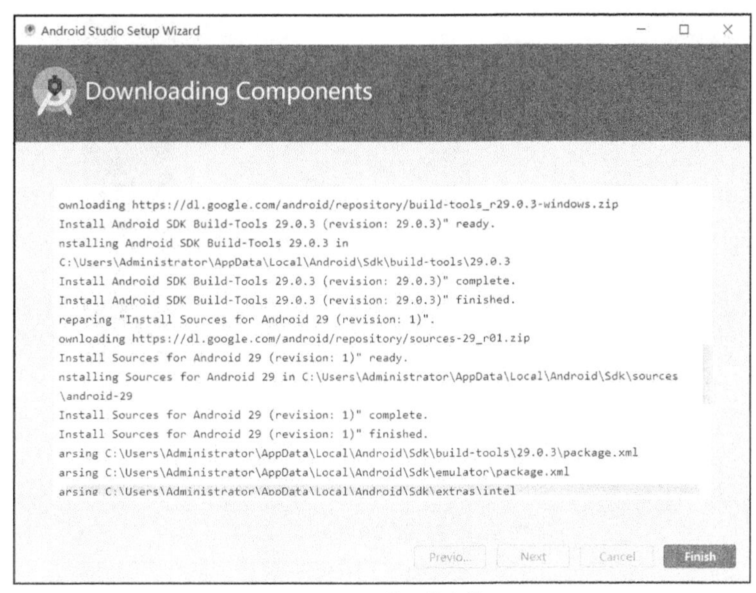

图 8-28 组件下载完毕

如图 8-29 所示，Android Studio 启动后，单击 Configure 下拉列表。

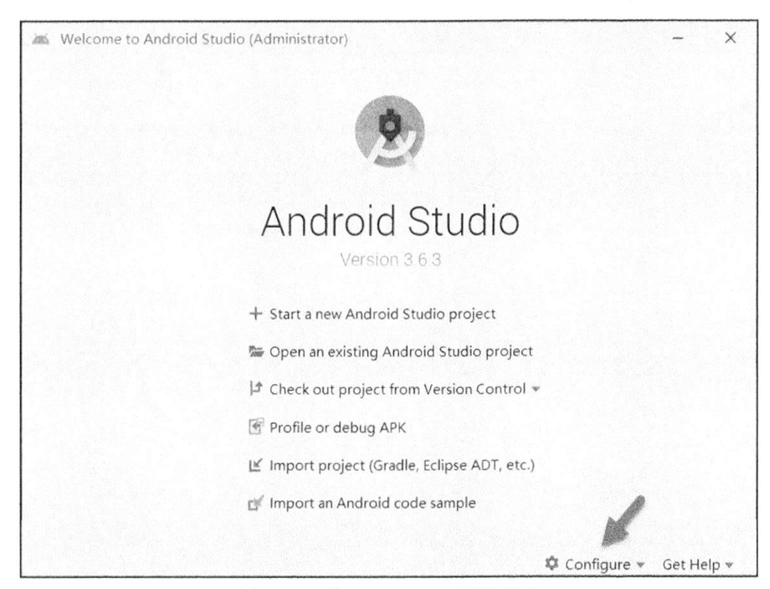

图 8-29 单击 Configure 下拉列表

如图 8-30 所示，在下拉列表中选择 SDK Manager 选项。

如图 8-31 所示，选择 System Settings→Android SDK，选择下载并安装 Android 10.0（Q）。

如图 8-32 所示，我们经常需要使用的 adb.exe 小程序位于 SDK 目录的 platform-tools 子目录中。

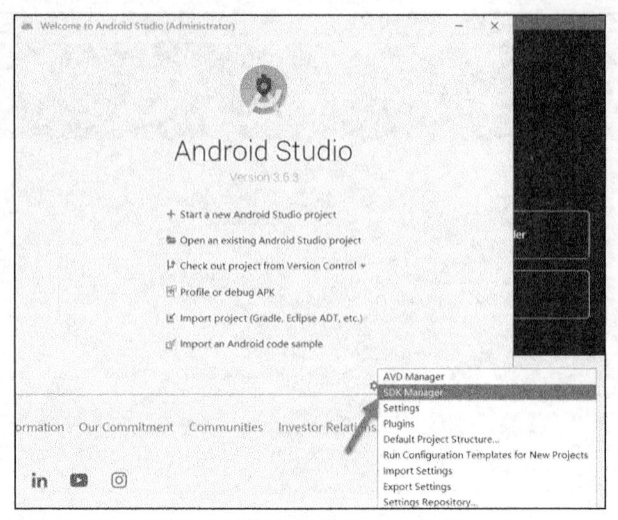

图 8-30　选择 SDK Manager 选项

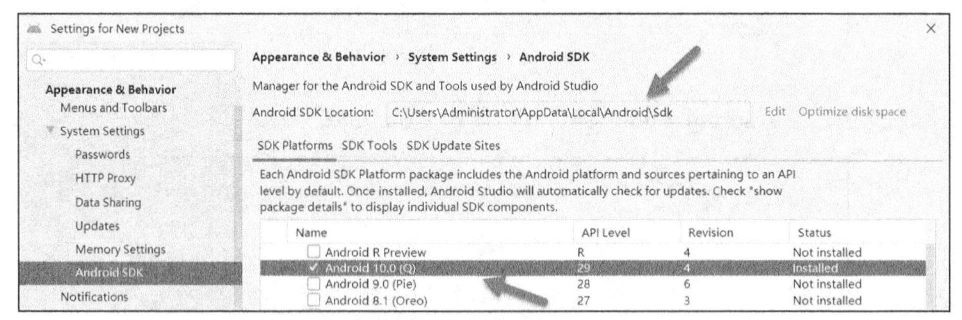

图 8-31　选择下载并安装 Android 10.0（Q）

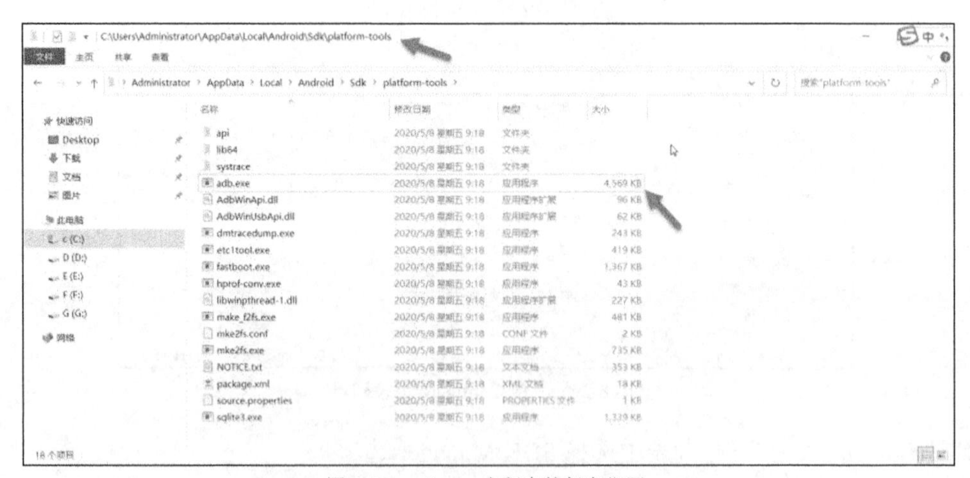

图 8-32　adb.exe 小程序的保存位置

如图 8-33 所示，为了方便以后调试脚本和运行 adb.exe 小程序，将 adb.exe 小程序所在的路径添加到 Path 环境变量中。

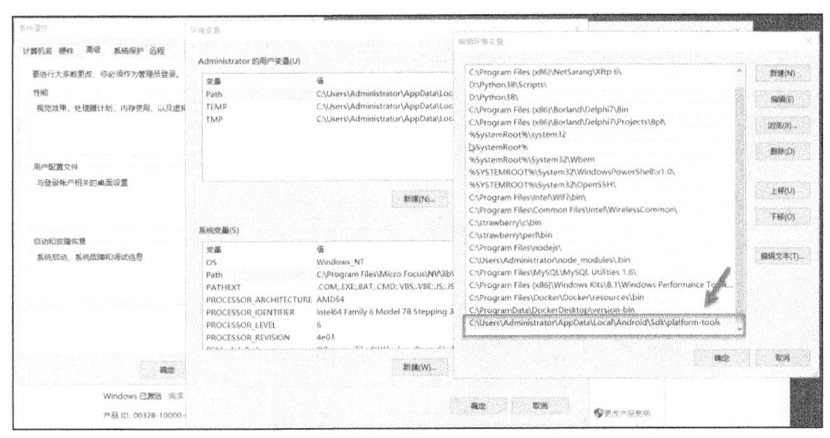

图 8-33　在 Path 环境变量中添加 adb.exe 小程序所在的路径

如图 8-34 所示，在命令行中执行 adb --help 命令，如果帮助信息能够成功显示，则说明 Path 环境变量配置正确。

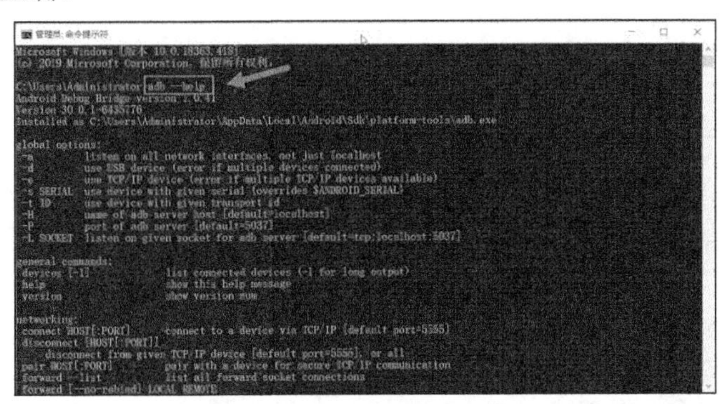

图 8-34　验证 adb.exe 小程序路径配置的正确性

如图 8-35 所示，在编写 Appium 测试脚本时我们经常要操作应用中的元素；而在 Android 系统中，我们通常使用 UI Automator Viewer（对应文件为 uiautomatorviewer.bat）工具来定位应用中的元素。

图 8-35　UI Automator Viewer 工具所在路径

如图 8-36 所示，为了方便在命令行中调用，这里也将 UI Automator Viewer 工具所在的路径添加到 Path 环境变量中。

图 8-36　在 Path 环境变量中添加 UI Automator Viewer 工具所在的路径

如图 8-37 所示，在命令行中执行 uiautomatorviewer 命令，可以成功调用 UI Automator Viewer，这说明 Path 环境变量配置正确。

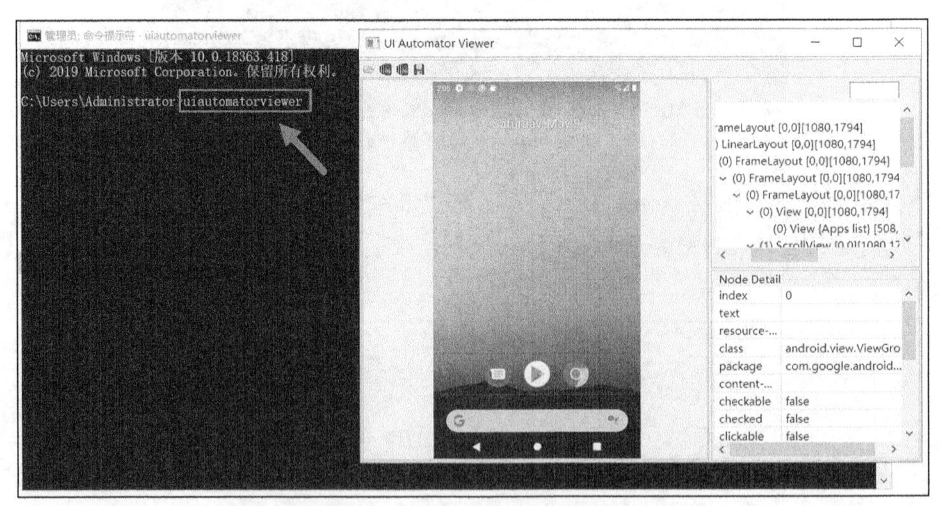

图 8-37　验证 UI Automator Viewer 路径配置的正确性

此外，我们需要定义一个名为 ANDROID_HOME 的环境变量，并将 Android SDK 所在路径 C:\Users\Administrator\AppData\Local\Android\Sdk 添加到这个环境变量中，如图 8-38 和图 8-39 所示。

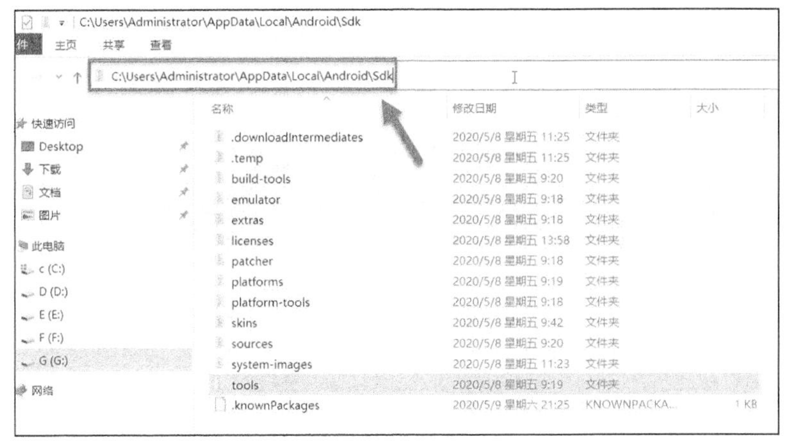

图 8-38　Android SDK 所在路径

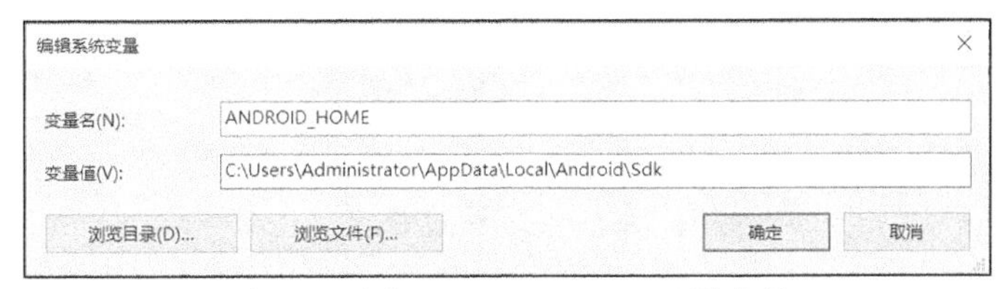

图 8-39　定义 ANDROID_HOME 环境变量

4. 创建 Android 虚拟设备

后续当调试 Appium 测试脚本时，需要用到 Android 手机设备。为了便于调试，通常情况下会使用 Android 虚拟设备（又称 Android 模拟器），Android 虚拟设备几乎能够完全模拟真实的 Android 手机设备。那么如何创建 Android 虚拟设备呢？启动 Android Studio，单击图 8-40 中箭头指向的齿轮形状的下拉列表，从下拉列表中选择 AVD Manager。

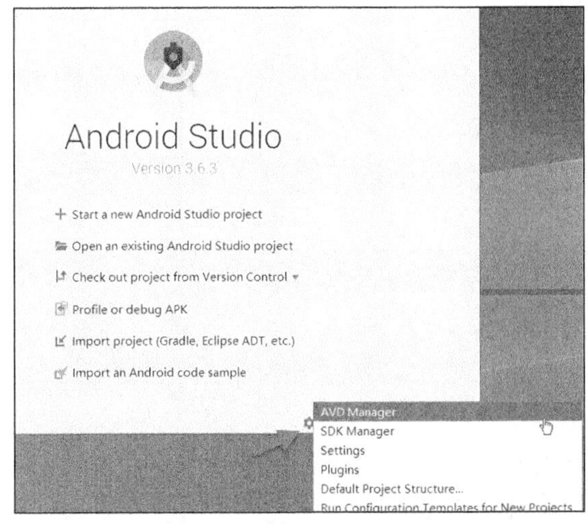

图 8-40　选择 AVD Manager

如图 8-41 所示，在弹出的 Android Virtual Device Manager 窗口中，单击 Create Virtual Device 按钮。

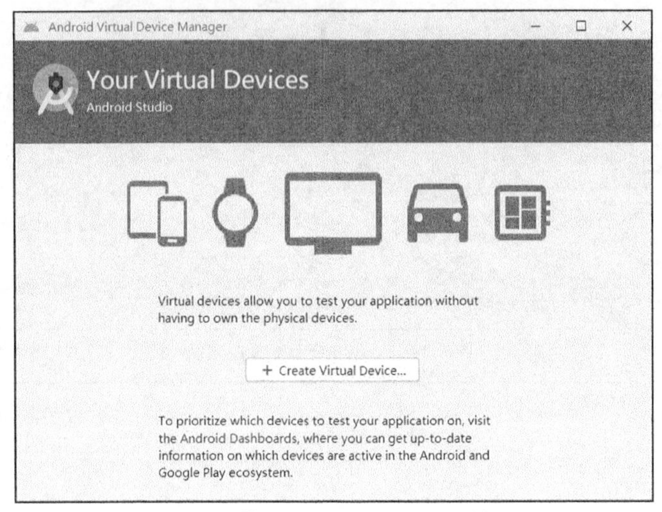

图 8-41　单击 Create Virtual Device 按钮

如图 8-42 所示，在弹出的 Select Hardware 对话框中选择创建 Phone 设备，对应的手机型号为 Nexus 5X，单击 Next 按钮。

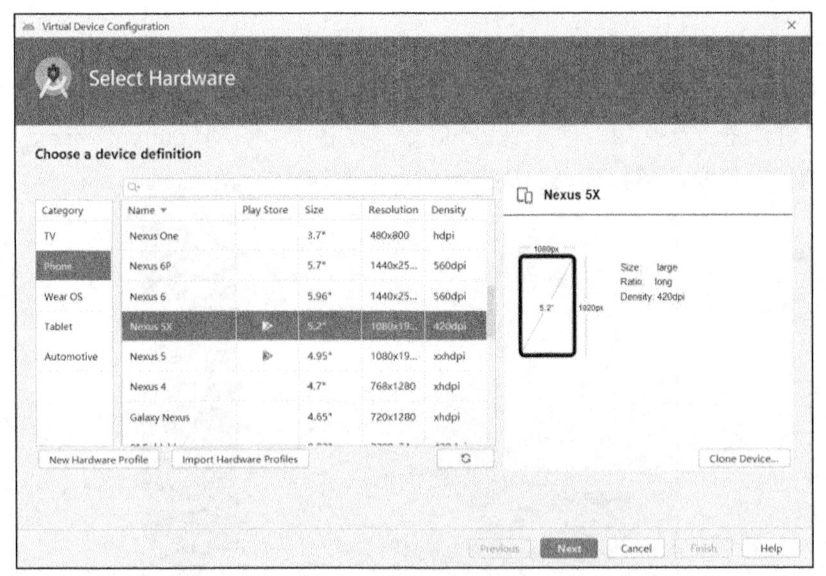

图 8-42　选择 Phone 设备

如图 8-43 所示，在弹出的 System Image 对话框中，选择下载与已安装的 SDK API 相匹配的系统镜像，单击 Download 链接。

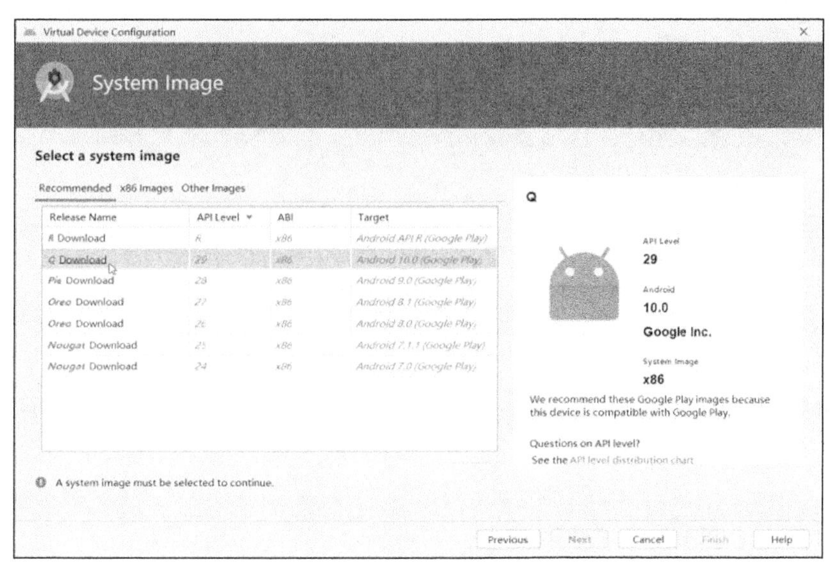

图 8-43 选择系统镜像

如图 8-44 所示，在弹出的 License Agreement 对话框中，选中 Accept 单选按钮，单击 Next 按钮。

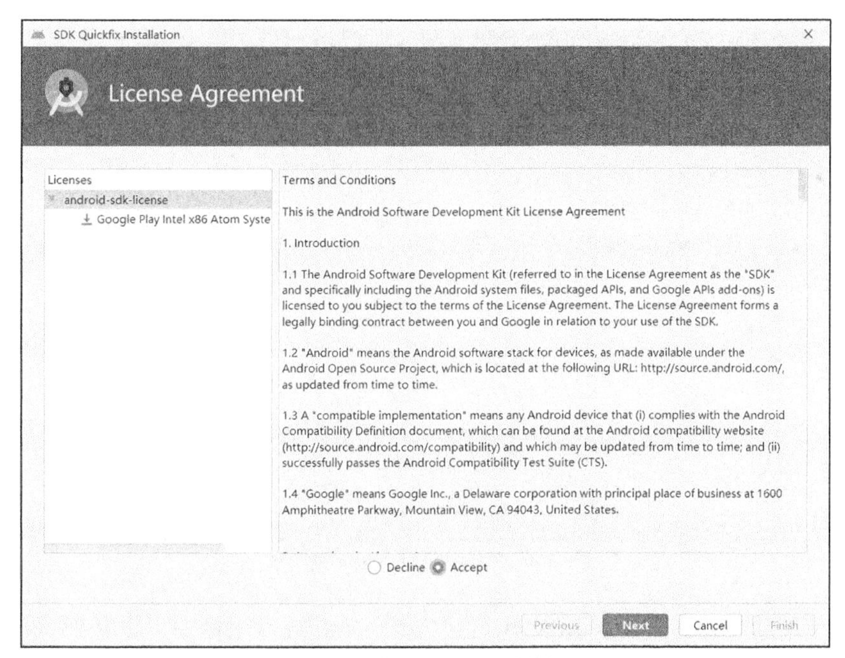

图 8-44 选中 Accept 单选按钮

在组件下载完之后，单击 Finish 按钮，如图 8-45 所示。

回到 System Image 对话框，单击 Next 按钮，如图 8-46 所示。

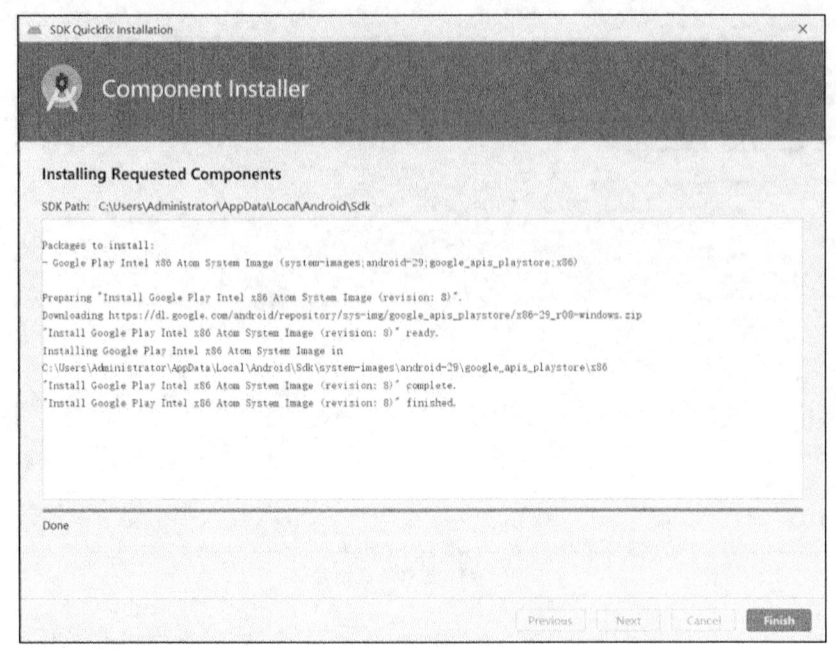

图 8-45　单击 Finish 按钮

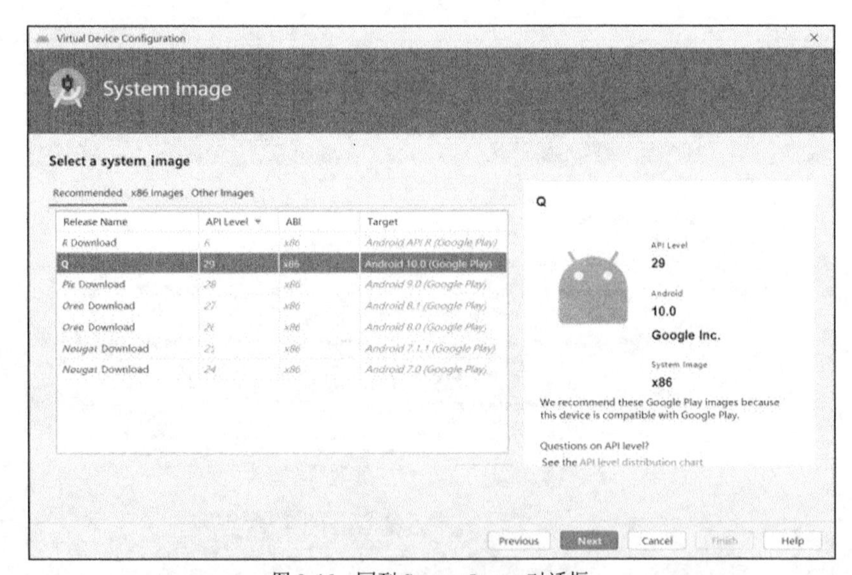

图 8-46　回到 System Image 对话框

如图 8-47 所示，在弹出的 Virtual Device Configuration 对话框中，设置虚拟设备的名称，这里不做更改，单击 Finish 按钮。

如图 8-48 所示，在 Android Virtual Device Manager 窗口中，将出现名为 Nexus 5X API 29 的 Android 虚拟设备，单击箭头指向的运行按钮。

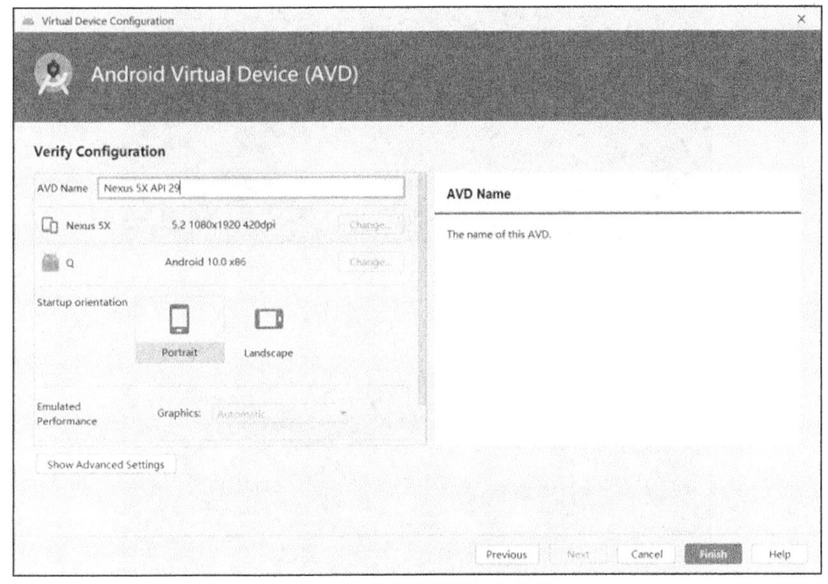

图 8-47　设置虚拟设备的名称

名为 Nexus 5X API 29 的 Android 虚拟设备将启动，启动后显示的界面如图 8-49 所示。

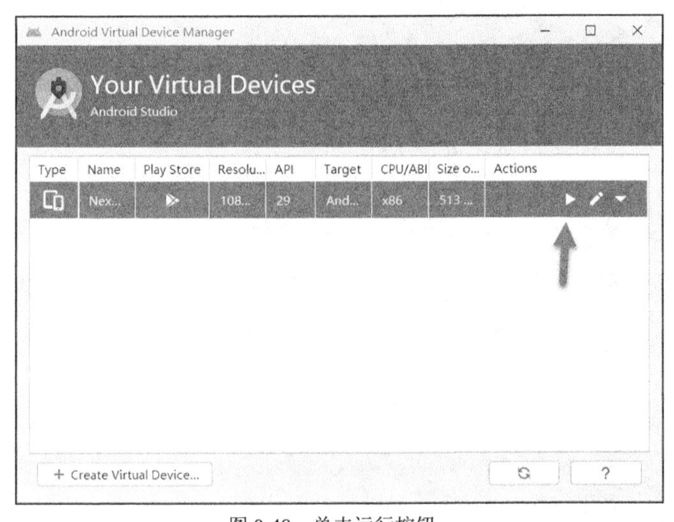

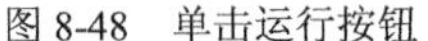

图 8-48　单击运行按钮

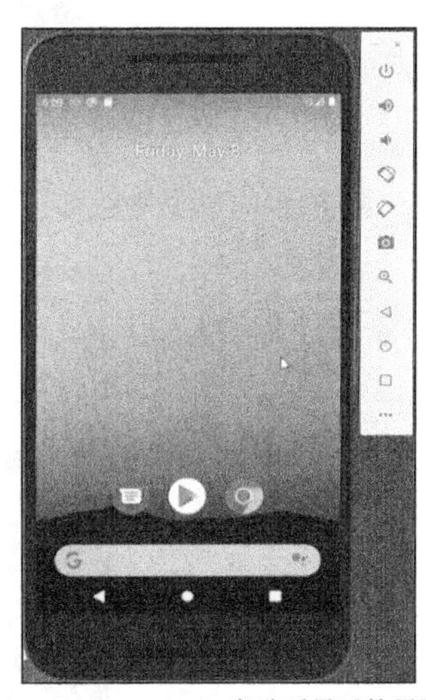

图 8-49　Nexus 5X API 29 启动后显示的界面

前面介绍了使用 Android Studio 的 AVD Manager 创建 Android 虚拟设备的方法。在实际工作中，由于采用 AVD Manager 进行配置较麻烦，因此很多测试人员选择使用一些其他的模拟器（如 Genymotion、BlueStacks、夜神等）来进行 Appium 脚本的调试。这里介绍一下夜神模拟器。

您可以从官网下载夜神模拟器的 6.6.0.6 版本，如图 8-50 所示，夜神模拟器分别针对 Windows 和 Mac 操作系统提供了相应的安装版本。

图 8-50　下载夜神模拟器的 6.6.0.6 版本

双击下载后的安装文件，将弹出安装界面，如图 8-51 所示。

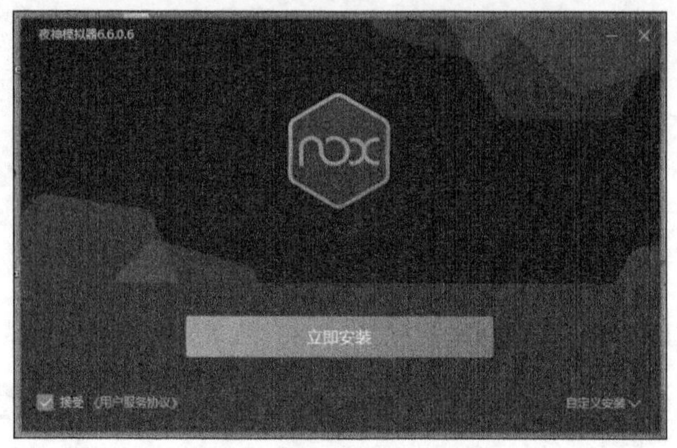

图 8-51　夜神模拟器的安装界面

单击“立即安装”按钮，开始安装夜神模拟器，如图 8-52 所示。

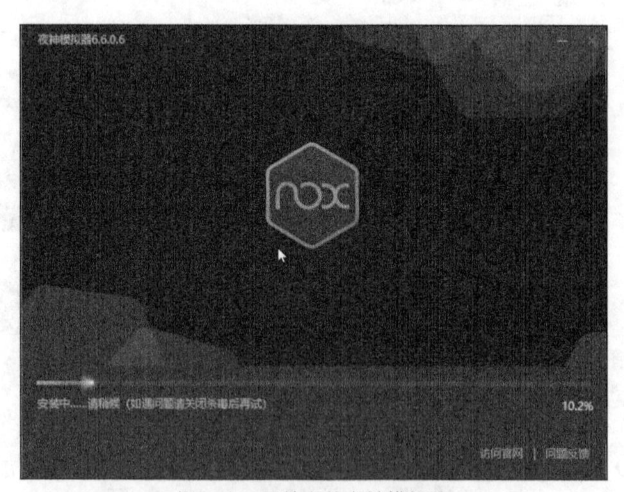

图 8-52　开始安装夜神模拟器

夜神模拟器安装完之后，将显示图 8-53 所示的界面。

单击“安装完成”按钮，启动夜神模拟器并进入夜神模拟器的主界面，如图 8-54 所示。

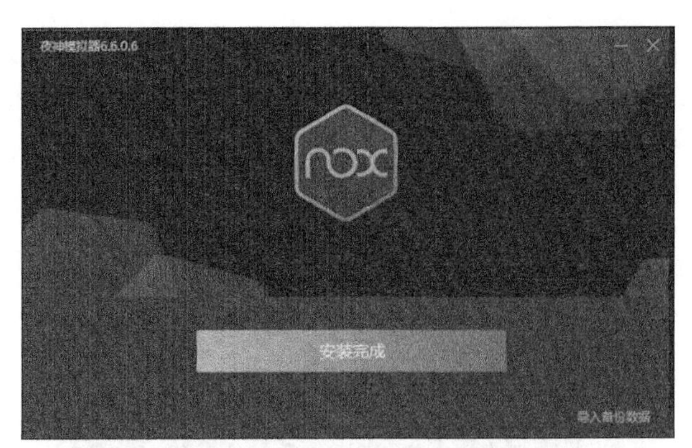

图 8-53　夜神模拟器安装完毕后显示的界面

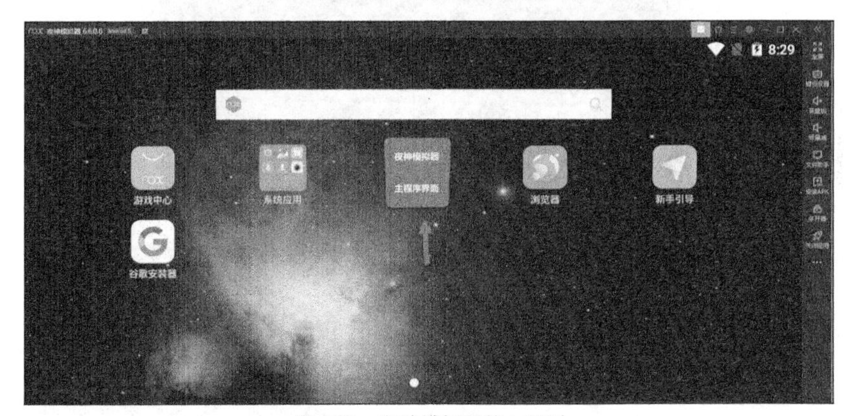

图 8-54　夜神模拟器的主界面

细心的读者会发现，目前夜神模拟器的显示效果类似于平板电脑。为了使显示效果看起来更像一款手机设备，需要对配置进行一些更改。如图 8-55 所示，首先，在夜神模拟器的主界面中，单击标记为①的设置图标，在弹出的“系统设置”对话框中，选择“手机与网络”标签，然后，在右侧区域选中标记为②的“自定义”单选按钮，单击标记为③的“保存设置”按钮。

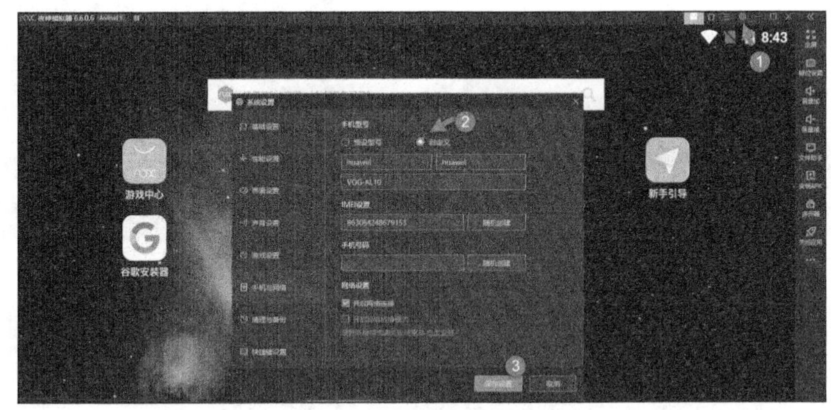

图 8-55　设置手机与网络信息

接下来，在“系统设置”对话框中，选择“性能设置”标签，在右侧区域中，从“分辨率设置”下拉列表中选择“手机版”，选中“1080×1920”单选按钮，单击“保存设置”按钮，如图 8-56 所示。

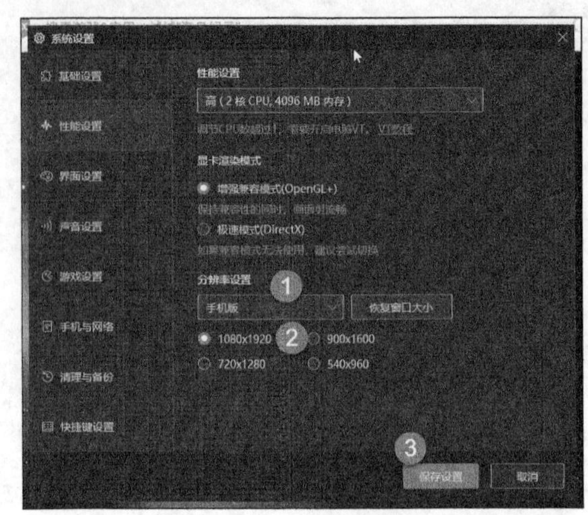

图 8-56　设置性能

在弹出的“提醒”对话框中，单击“立即重启”按钮，如图 8-57 所示。

重启后的夜神模拟器如图 8-58 所示，界面效果看起来就和真实的手机设备一样。

图 8-57　单击“立即重启”按钮

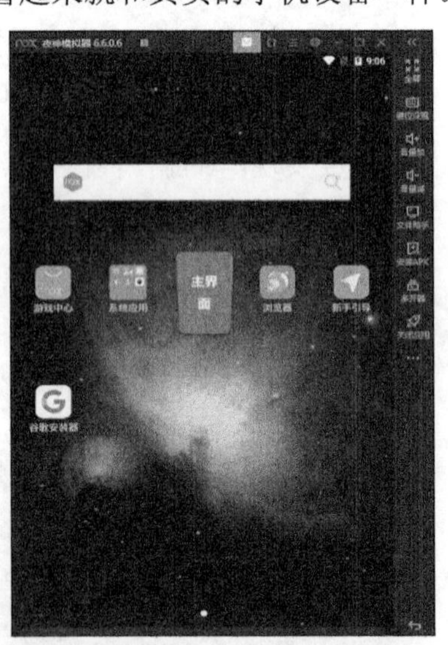

图 8-58　夜神模拟器的手机版显示界面

在这里，需要注意的是，在使用夜神模拟器对 Appium 脚本进行调试时，必须先使用 adb connect 127.0.0.1:62001 命令连接到夜神模拟器，对应的端口号默认为 62001。夜神模拟器支持同时开启多个 Android 模拟器，而在开启多个 Android 模拟器时，需要为不同的 Android 模拟器指定不同的端口。

为了检验连接是否成功，可以使用 adb devices 命令进行查看，如图 8-59 所示，127.0.0.1:62001 是设备的序列号信息。

图 8-59 检验连接是否成功

如图 8-60 所示，首先启动一个夜神模拟器，然后使用这个夜神多开器启动另一个新的夜神模拟器，之后计算机屏幕上将显示两个夜神模拟器。默认情况下，第 1 个夜神模拟器的端口号为 62001，第 2 个夜神模拟器的端口号为 62025。分别使用 adb connect 127.0.0.1:62001 和 adb connect 127.0.0.1:62025 命令连接到这两个夜神模拟器，使用 adb devices 命令检查这两个虚拟设备是否连接正常。

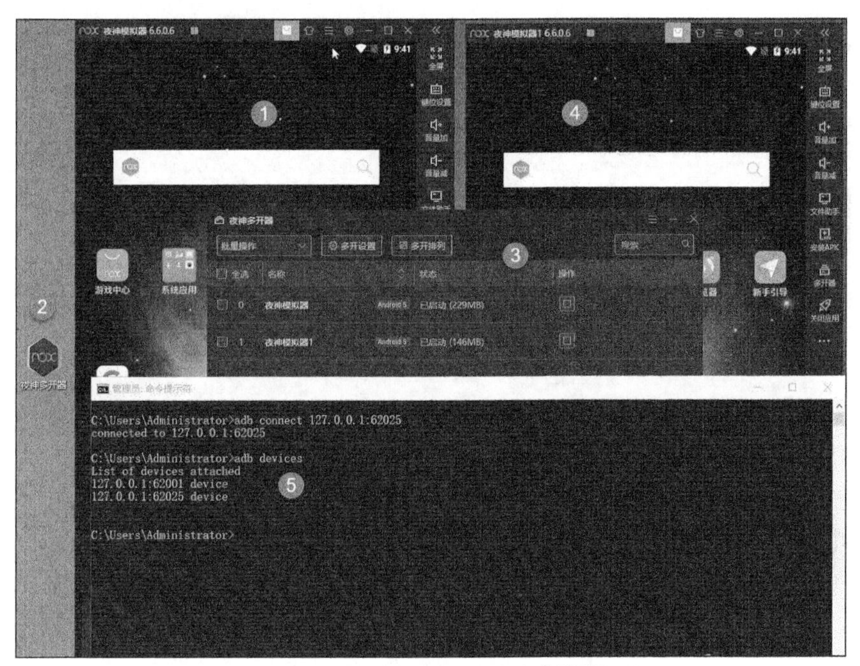

图 8-60 使用夜神多开器启动多个夜神模拟器

5. 配置 JAVA_HOME

为了方便以后通过命令行直接调用 Android 虚拟设备，我们需要安装 Java 运行环境。Java 运行环境的安装非常简单，这里不再赘述。Java 运行环境安装完毕后，还需要配置系统变量 JAVA_HOME，结合此处 Java 运行环境的安装位置，系统变量的设置如图 8-61 所示。

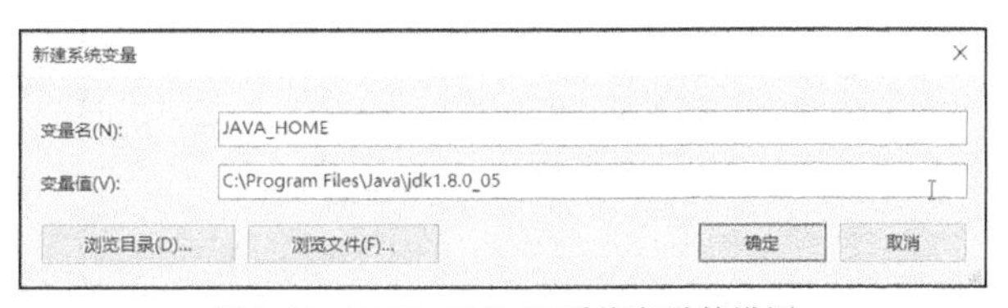

图 8-61 JAVA_HOME 系统变量的设置

6. 配置 Android 虚拟设备的运行路径

之前在显示 Android 模拟器列表或启动 Android 模拟器时用到了两个文件，它们分别是 android.bat 和 emulator.exe。结合 Android SDK 的安装路径，这两个文件所在的位置为 C:\Users\Administrator\AppData\Local\Android\Sdk\tools，如图 8-62 所示。

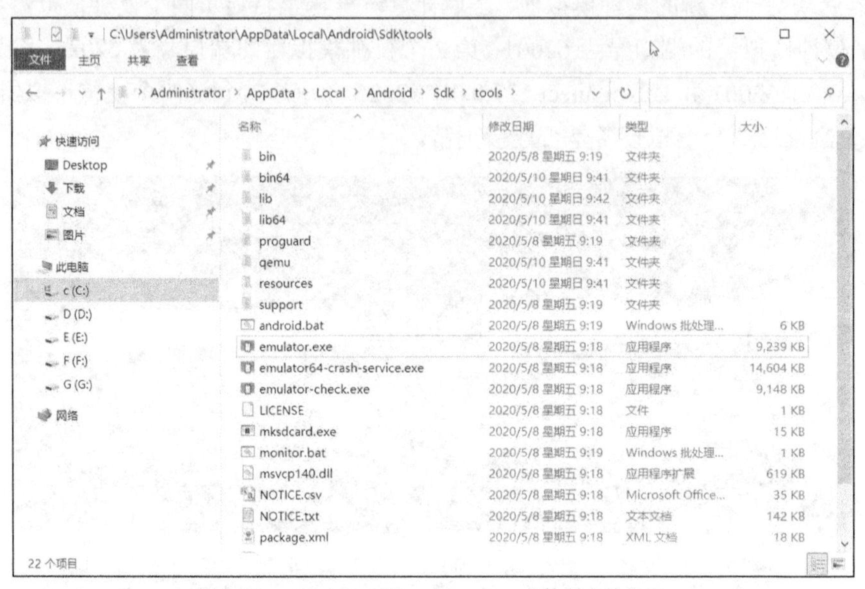

图 8-62　android.bat 和 emulator.exe 文件所在的位置

为了方便以后通过命令行调用 emulator.exe，这里将 emulator.exe 文件所在的位置添加到 Path 环境变量中，如图 8-63 所示。

图 8-63　Path 环境变量的设置

接下来，进入命令行控制台，执行如下命令以显示创建的 Android 虚拟设备：

```
android list avd
```

如图 8-64 所示，目前只创建了 Nexus_5X_API_29 这一个 Android 虚拟设备。

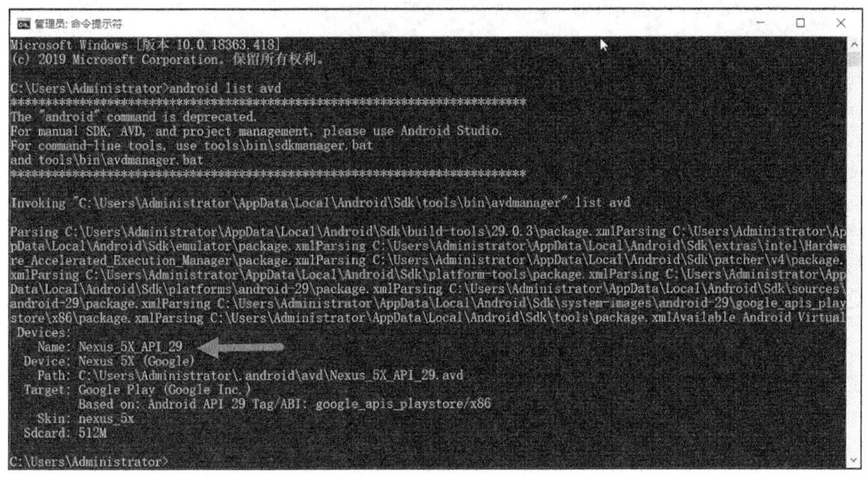

图 8-64　显示创建的 Android 虚拟设备

如图 8-65 所示，在 Android Studio 中，打开 Android Virtual Device Manager 窗口，显示的结果是一致的。

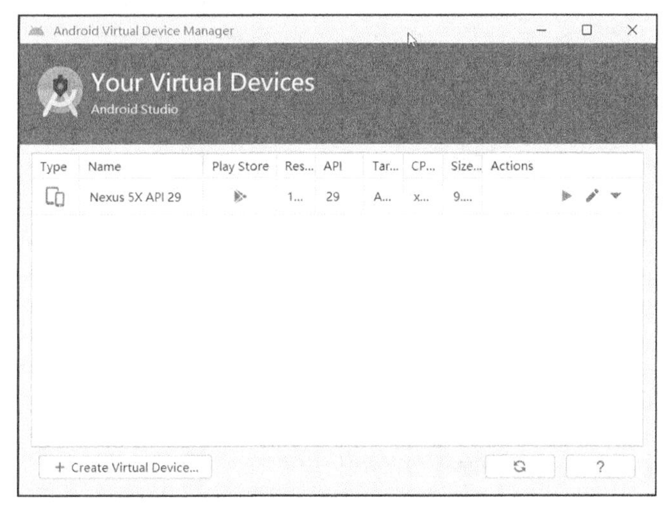

图 8-65　Android Virtual Device Manager 窗口

那么如何通过命令行直接启动 Android 虚拟设备呢？

使用 emulator.exe 可执行文件启动 Android 虚拟设备。以启动 Android 虚拟设备 Nexus_5X_API_29 为例，执行如下命令：

```
emulator -avd Nexus_5X_API_29
```

执行结果如图 8-66 所示。

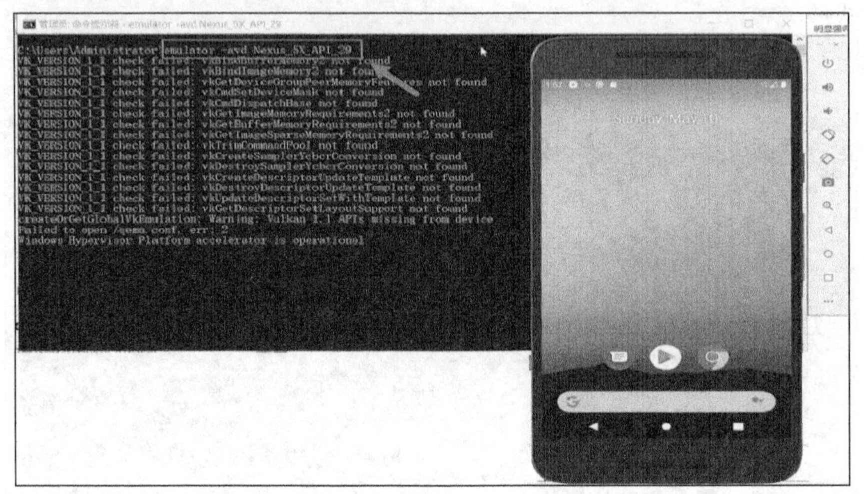

图 8-66　启动 Android 虚拟设备 Nexus_5X_API_29 的结果

这里需要说明的是，在执行以上命令时有可能出现错误提示信息 Missing emulator engine program for 'x86' CPU。解决方法是首先完全退出 Android Studio，然后将 SDK 目录的 emulator 子目录中的内容完全复制一份到 tools 子目录中，再次执行就没有问题了。

为了保证能够连接到 Android 虚拟设备，需要在 Settings 中启动开发者模式，步骤如图 8-67 所示。

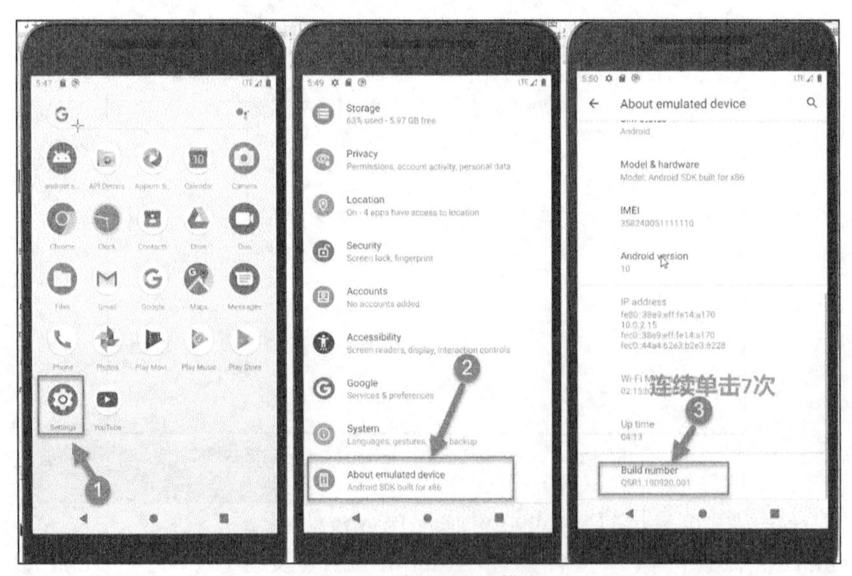

图 8-67　启动开发者模式

如图 8-68 所示，使用 adb devices 命令查看 Android 虚拟设备的相关信息。

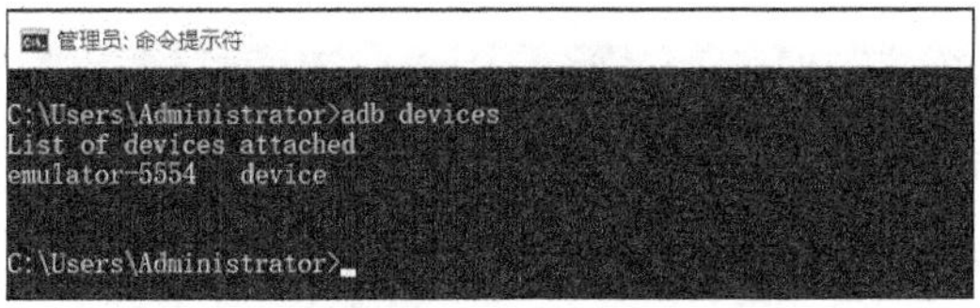

```
管理员: 命令提示符

C:\Users\Administrator>adb devices
List of devices attached
emulator-5554   device

C:\Users\Administrator>
```

图 8-68 查看 Android 虚拟设备的相关信息

8.2.2 Appium 相关配置说明

Appium Desktop 安装完毕后，将在桌面上生成图 8-69 所示快捷图标。

双击 Appium 快捷图标即可启动 Appium，如图 8-70 所示。

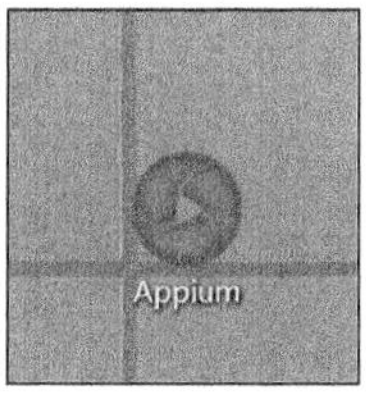

图 8-69 Appium 快捷图标

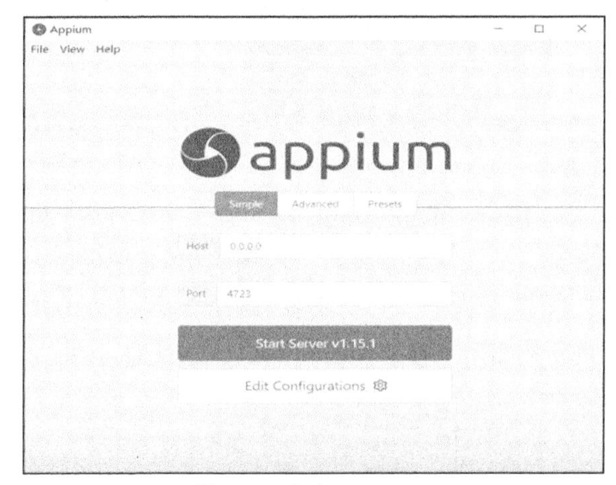

图 8-70 启动 Appium

如果您希望看到的是中文界面，可以选择 View→Languages 菜单项，从弹出的选项组中选择“中文”单选按钮。如图 8-71 所示，这里不做本地化处理（仍选择 English 单选按钮）。

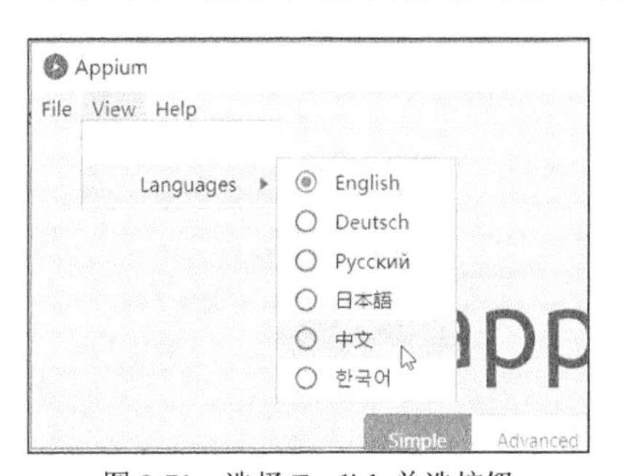

图 8-71 选择 English 单选按钮

如图 8-72 所示，单击 Edit Configurations 按钮，设置 ANDROID_HOME 和 JAVA_HOME 环境变量中的路径信息。这两个环境变量在前面已经设置了，并且 Appium 能够自动捕获到相关信息，因此这里无须进行变更。

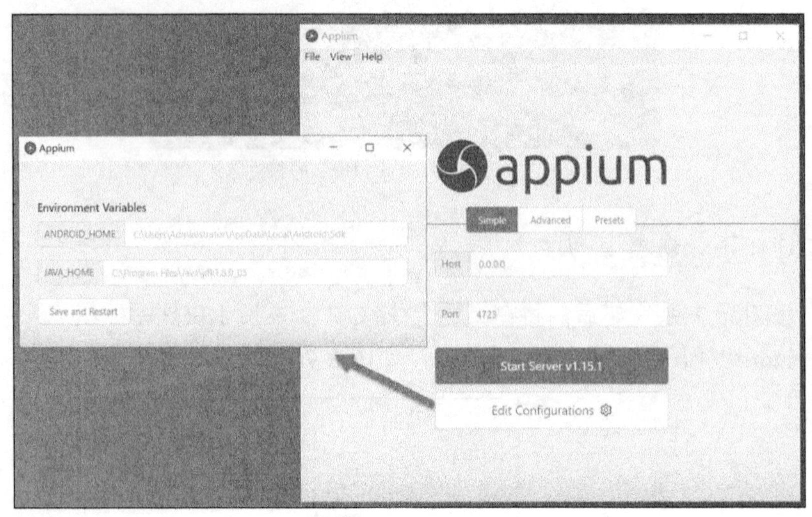

图 8-72　编辑环境变量

如图 8-73 所示，单击 Simple 标签后，出现 Host 和 Port 两个选项。Host 选项用来设置监听主机的地址，0.0.0.0 表示本机上的所有 IPv4 地址。如果主机有两个 IP 地址——192.169.1.1 和 10.1.5.1，并且主机上的一个服务监听的地址是 0.0.0.0，那么通过这两个 IP 地址都能够访问该服务。Port 选项用于设置监听的端口，默认是 4723 端口。

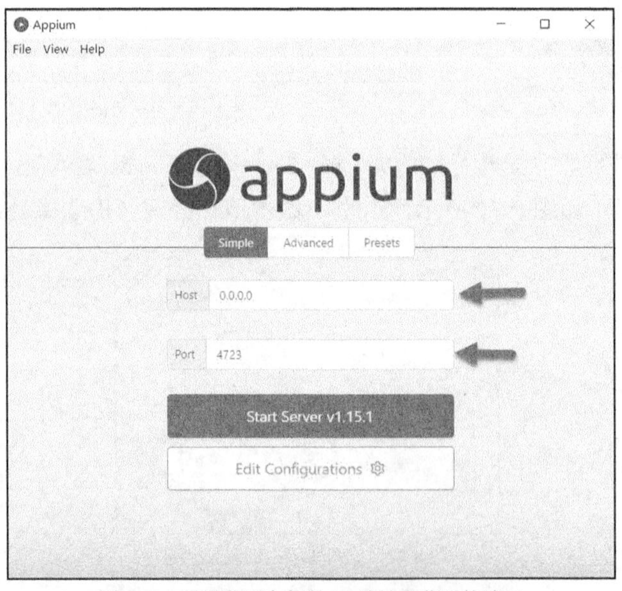

图 8-73　设置监听主机的 IP 地址和监听的端口

单击 Start Server v1.15.1 按钮，启动 Appium 服务器并开始监听，如图 8-74 所示。

如图 8-75 所示，工具栏中主要包含 3 个功能按钮。

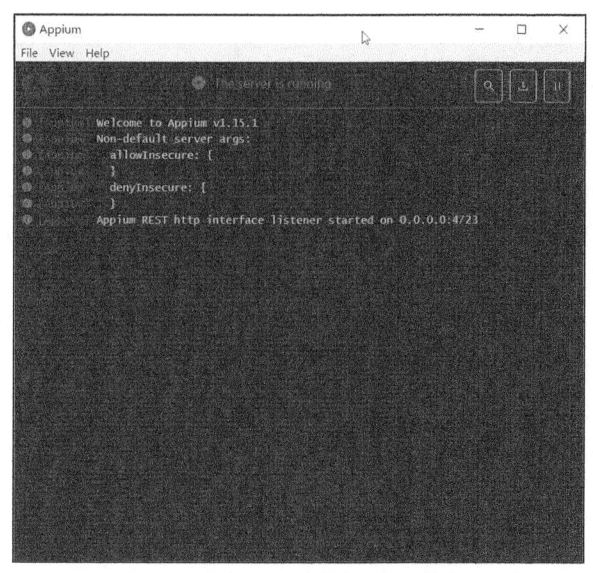

图 8-74　启动 Appium 服务器并开始监听

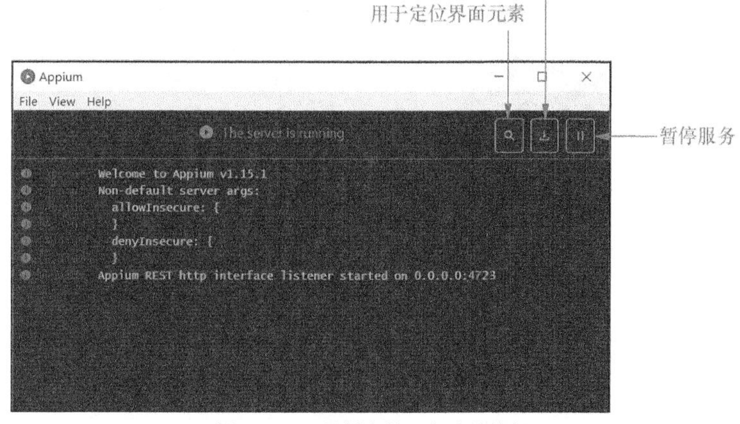

图 8-75　工具栏中的 3 个功能按钮

第 1 个按钮（Inspector 功能按钮）用于配置 Android 或 iOS 相关虚拟设备的 Desired Capabilities 键值对信息以及捕获被测应用的元素属性信息。

第 2 个按钮（日志功能按钮）用于以行的显示方式展现 appium-server-logs.txt 日志文件的内容。

第 3 个按钮（停止服务按钮）用于暂停 Appium 服务。

8.3　定位 Appium 元素的 3 个利器

本节将结合 UI Automator Viewer、Inspector、ADB 插件的应用和一些实例介绍如何查找、定位手机应用中的界面元素。

8.3.1　应用 UI Automator Viewer 获得元素信息的实例

应用 UI Automator Viewer（仅限于 Android 系统）或 Inspector（适用于 Android 和 iOS 系统）可以查找、定位原生应用和混合应用。本节结合 UI Automator Viewer 工具，使用 Android 虚拟设备 Nexus_5X_API_29 进行演示。

以 Android 虚拟设备 Nexus_5X_API_29 中的 Contacts（通信录）应用为例，添加一个 Last name 为 yu、First name 为 tony、Phone 为+860106***6666 的电话号码，然后保存并对所保存结果的正确性进行判断。如果正确，就在控制台输出“添加联系人正确！”；否则，输出“添加联系人失败！”。

首先，启动 Android 虚拟设备 Nexus_5X_API_29。等启动过程完成之后，手动启动 Contacts 应用。

然后，启动 UI Automator Viewer（见图 8-76），具体位置是 Android SDK 的 tools\bin 目录，对应的启动文件为 uiautomatorviewer.bat。等到 UI Automator Viewer 启动之后，单击工具栏中的第 2 个按钮。

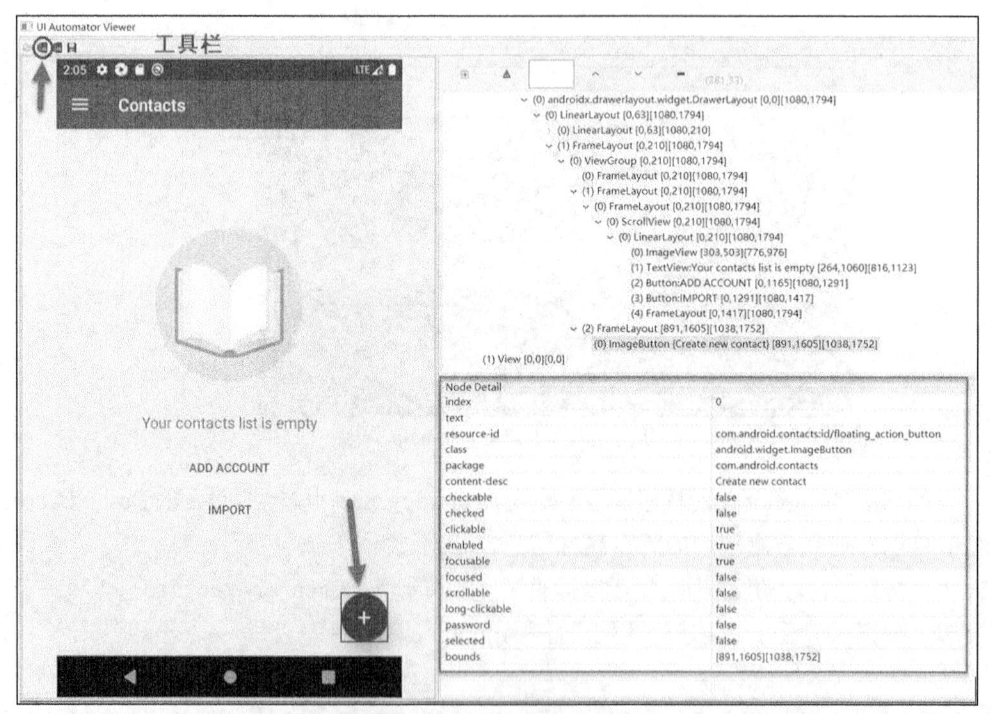

图 8-76　启动 UI Automator Viewer

这里先讲解如何通过 ID 来获得 Contacts 应用的●（新增）按钮，在 UI Automator Viewer 工具中单击●按钮，在右侧 Node Detail 区域，您将发现 resource-id 为 com.android.contacts:id/

floating_action_button。也就是说，按钮对应的 ID 为 com.android.contacts:id/floating_action_button，如图 8-77 所示。

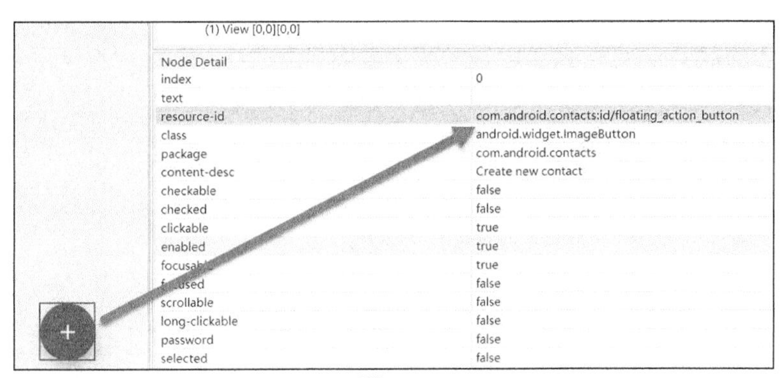

图 8-77 按钮对应的 ID

单击按钮对应的实现代码如下：

```
Newbtn=driver.find_element_by_id('com.android.contacts:id/floating_action_button')
```

这样就查找并定位到了 Contacts 应用的按钮。接下来，如何实现单击按钮的操作呢？我们可以通过下面的代码来实现：

```
Newbtn.click()
```

为了更加简洁，直接将上面两行代码连起来：

```
driver.find_element_by_id('com.android.contacts:id/floating_action_button').click()
```

接下来，将弹出一个提示框，询问是否将新增的联系人信息备份到谷歌。这里不做备份，因此单击 CANCEL 按钮。因为需要单击 CANCEL 按钮，所以为了让大家掌握如何通过不同方式获得应用的界面元素，这里采用通过捕获元素名称的方式进行讲解。

在 UI Automator Viewer 工具中，单击 CANCEL 按钮，在右侧的 Node Detail 区域，您会发现 text 属性为 CANCEL，如图 8-78 所示。

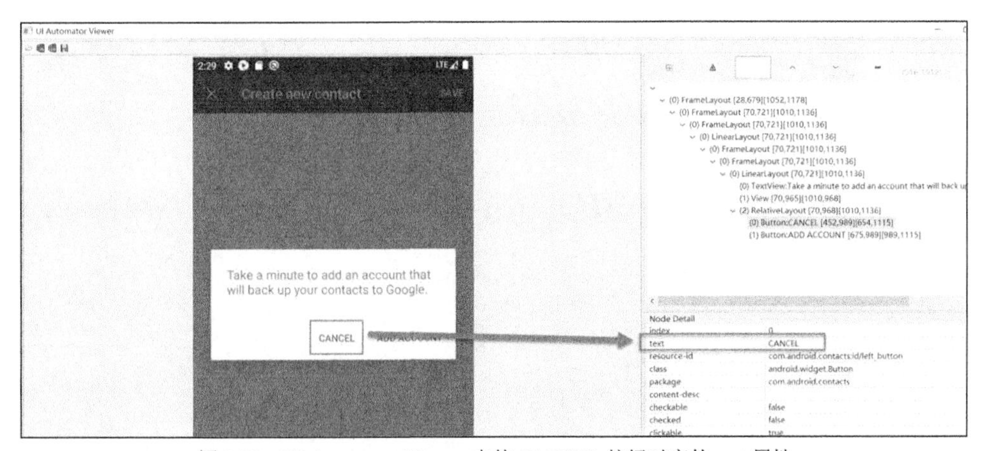

图 8-78 UI Automator Viewer 中的 CANCEL 按钮对应的 text 属性

对应的实现代码如下：

```
driver.find_element_by_name('CANCEL').click()
```

而后将弹出 Create new contact 对话框，如图 8-79 所示。

输入要添加的联系人的姓名和电话号码等信息，您会发现 resource-id 为空。也就是说，并不是所有元素一定都有 ID 或 text 等属性。在定位元素时，只需要利用已有且能唯一定位元素的属性就好。这里仍以获取元素 text 属性的方式定位元素。First name 元素对应的 text 属性为 First name，如图 8-80 所示。使用同样的方法可以得知，Last name 元素对应的 text 属性为 Last name，Phone 元素对应的 text 属性为 Phone。

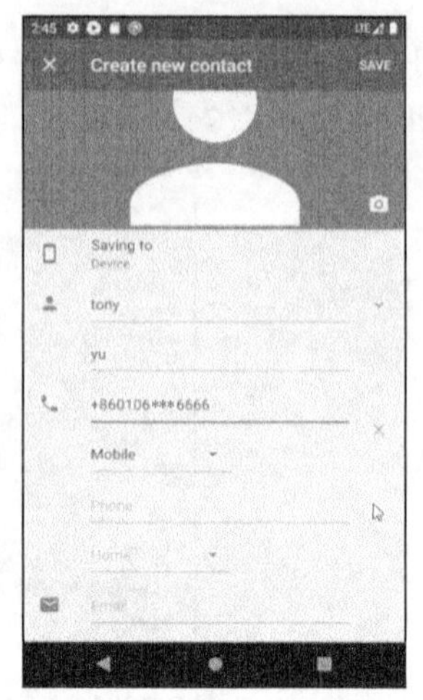

图 8-79　Create new contact 对话框

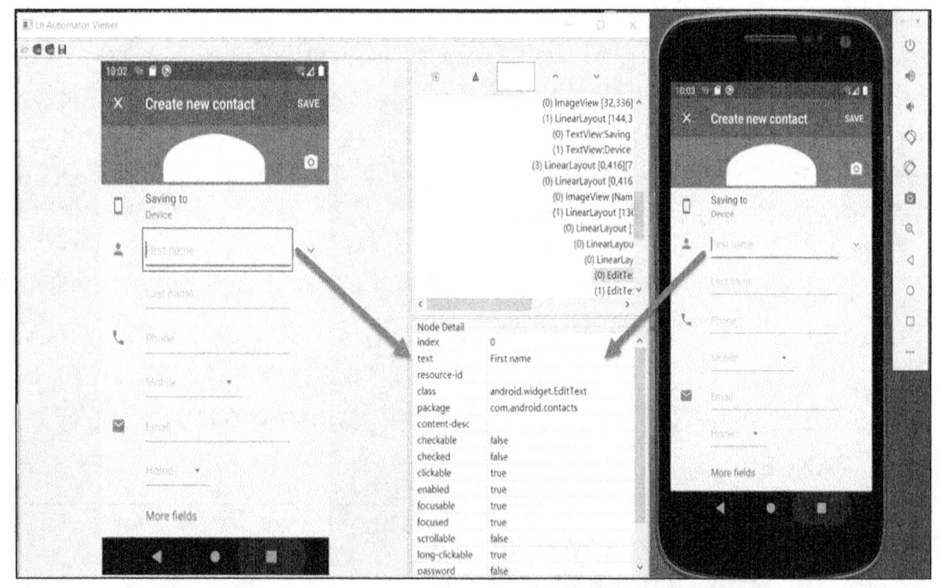

图 8-80　First name 元素对应的 text 属性

对应的实现代码如下：

```
driver.find_element_by_android_uiautomator('new UiSelector().text("First name")').\
    send_keys('tony')
driver.find_element_by_android_uiautomator('new UiSelector().text("Last name")').\
    send_keys('yu')
driver.find_element_by_android_uiautomator('new UiSelector().text("Phone")').\
    send_keys('+8601066666666')
```

在 UI Automator Viewer 工具中，单击 SAVE 按钮，在右侧的 Node Detail 区域，您会发现 class 为 android.widget.Button。也就是说，class（类）信息为 android.widget.Button（表示按钮

类型的组件），如图 8-81 所示。单击 SAVE 按钮，就可以对新增的联系人进行保存。

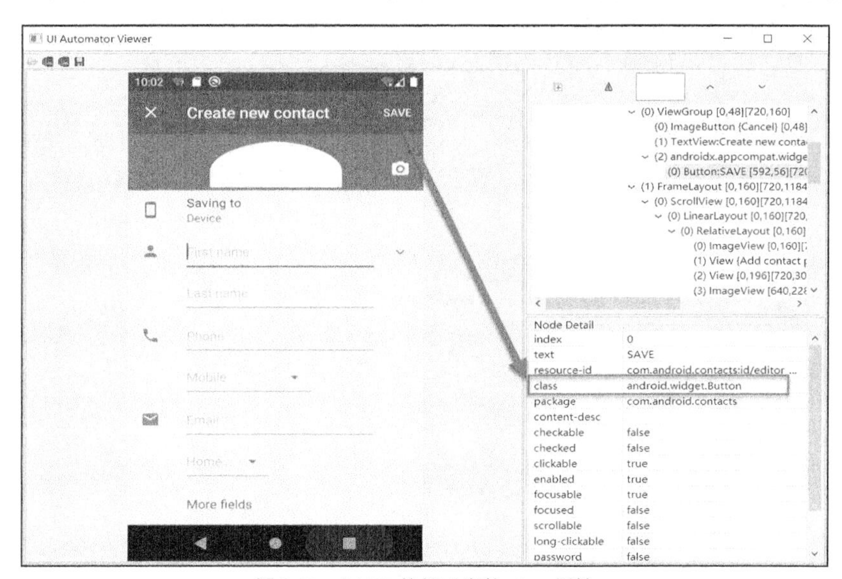

图 8-81　SAVE 按钮对应的 class 属性

对应的实现代码如下：

```
driver.find_element_by_class_name('android.widget.Button').click()
```

最后，如何验证新增的联系人是没有问题的？怎样才能获得联系人的姓名和电话号码呢？

保存后，查看新增的联系人的 ID 属性，如图 8-82 所示。联系人对应的 ID 属性为 com.android.contacts:id/large_title。使用同样的操作方式可以得知，电话号码对应的 ID 属性为 com.android.contacts:id/header。

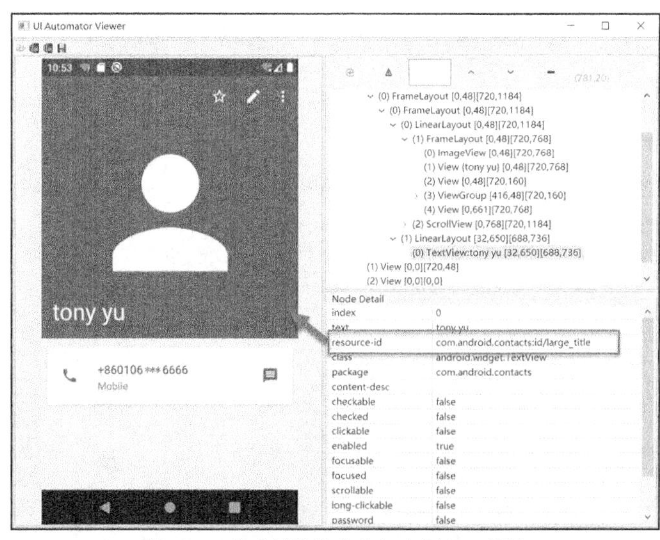

图 8-82　查看新增的联系人对应的 ID 属性

如下代码可用来获得新增的联系人的姓名信息：

```
driver.find_element_by_id("com.android.contacts:id/large_title").text
```

使用同样的方法可以得到电话号码信息：

```
driver.find_element_by_id("com.android.contacts:id/header").text
```

为了对实际输出结果和预期结果进行对比，我们还需要添加判断，查看实际保存的新增联系人信息和预期结果是否一致。若一致，输出“添加联系人正确！”；否则，输出“添加联系人失败！”。

对应的实现代码如下：

```
phone_title=driver.find_element_by_id("com.android.contacts:id/large_title").text
phone_no=driver.find_element_by_id("com.android.contacts:id/header").text
if (phone_title=='tony yu' and phone_no=='+8601066666666'):
    print('添加联系人正确！')
else:
    print('添加联系人失败！')
```

下面对上述代码稍加解释。分别将联系人的姓名与电话号码信息存放到 phone_title 和 phone_no 变量中。如果联系人的姓名为 tony yu，电话号码为+860106***6666，输出“添加联系人正确！”；否则，输出“添加联系人失败！”。

下面给出完整的源代码：

```
from appium import webdriver
from time import sleep

caps = {
    'platformName': 'Android',
    'deviceName': 'Nexus_5X_API_29',
    'platformVersion': '10',
    'appPackage': 'com.android.contacts',
    'appActivity': 'com.android.contacts.activities.PeopleActivity'
}

driver = webdriver.Remote('http://127.0.0.1:4723/wd/hub', caps)
driver.find_element_by_id('com.android.contacts:id/floating_action_button').click()
sleep(2)
driver.find_element_by_id('com.android.contacts:id/left_button').click()
driver.find_element_by_android_uiautomator('new UiSelector().text("First name")').\
    send_keys('tony')
driver.find_element_by_android_uiautomator('new UiSelector().text("Last name")').\
    send_keys('yu')
driver.find_element_by_android_uiautomator('new UiSelector().text("Phone")').\
    send_keys('+860106***6666')
driver.find_element_by_class_name('android.widget.Button').click()
sleep(2)
phone_title=driver.find_element_by_id("com.android.contacts:id/large_title").text
phone_no=driver.find_element_by_id("com.android.contacts:id/header").text
```

```
if (phone_title=='tony yu' and phone_no=='+8601066666666'):
    print('添加联系人正确！')
else:
    print('添加联系人失败！')
```

运行结果如图 8-83 所示。

图 8-83　运行结果

您是否发现，上述脚本中有两处等待延时（sleep(2)）？为什么要加入等待延时呢？这是因为在操作应用的界面元素时，特别是在切换界面时，界面元素的初始化可能导致显示出来的时间较长。于是，在执行脚本时，对未显示出来的界面元素进行操作会产生异常。为了避免这种情况发生，这里加入两秒的等待延时，让后续想要操作的界面元素完全显示出来。

8.3.2 应用 Inspector 获得元素信息的实例

您还可以应用 Appium 自带的 Inspector（适用于 Android 和 iOS 系统）来查找、定位原生应用和混合应用。下面结合夜神模拟器进行演示。

本节仍以 Contacts 应用为例，介绍使用 Inspector 添加联系人的详细过程。

双击 Appium 图标，打开 Appium 应用，单击 Start Server v1.15.1 按钮，如图 8-84 所示。在弹出的服务器运行界面中，单击右上角的 Start Inspector Session 按钮，如图 8-85 所示。

接下来，需要启动并连接夜神模拟器，如图 8-86 所示。

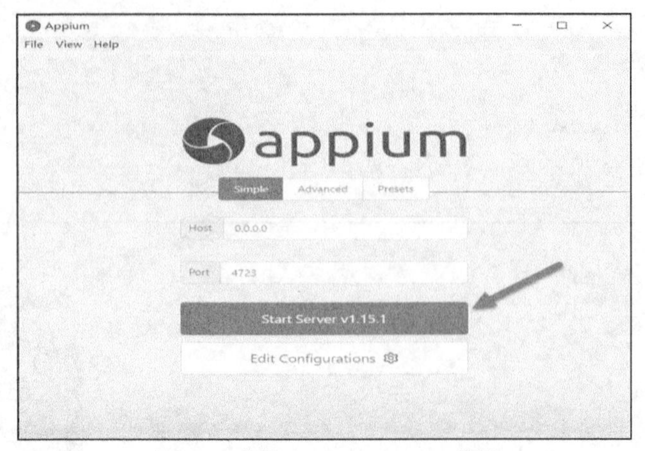

图 8-84　单击 Start Server v1.15.1 按钮

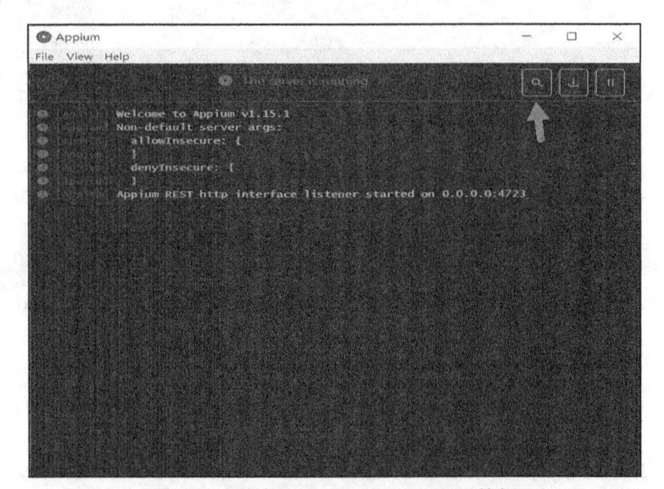

图 8-85　单击 Start Inspector Session 按钮

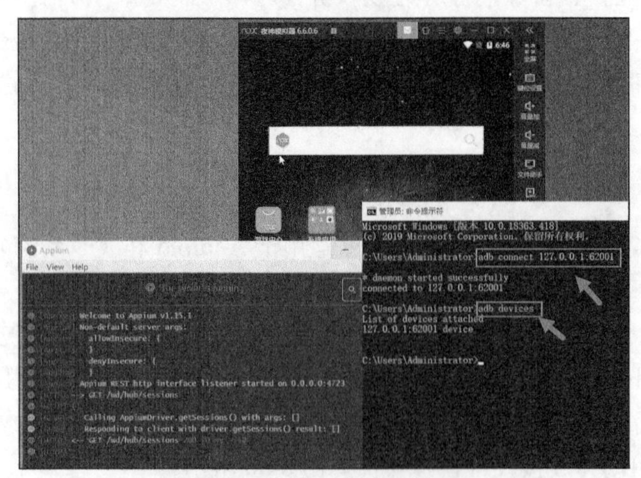

图 8-86　启动并连接夜神模拟器

在夜神模拟器中，选择“设置”→“关于平板电脑”，查看模拟的 Android 版本——5.1.1，如图 8-87 所示。

图 8-87　查看模拟的 Android 版本信息

如果您觉得上面的操作太麻烦，也可以使用 adb shell getprop ro.build.version.release 命令来获取模拟的 Android 版本信息，如图 8-88 所示。

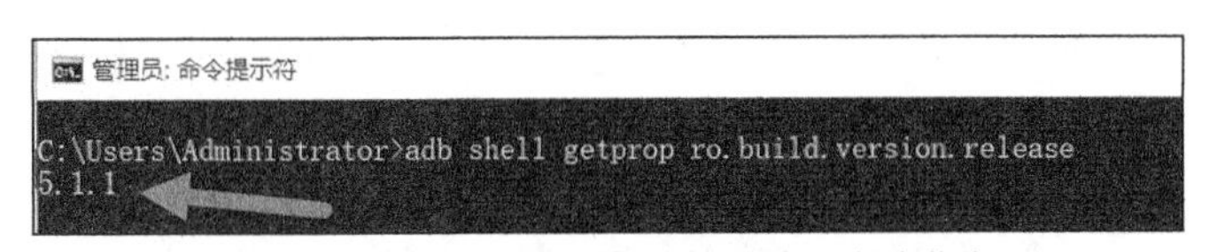

图 8-88　使用命令获取模拟的 Android 版本信息

如图 8-89 所示，在 Automatic Server 标签页上，您可以通过单击标识为①或②的按钮来配置连接夜神模拟器的 Desired Capabilities 信息。

为了便于理解 Desired Capabilities 信息，表 8-1 展示其中的核心配置项。

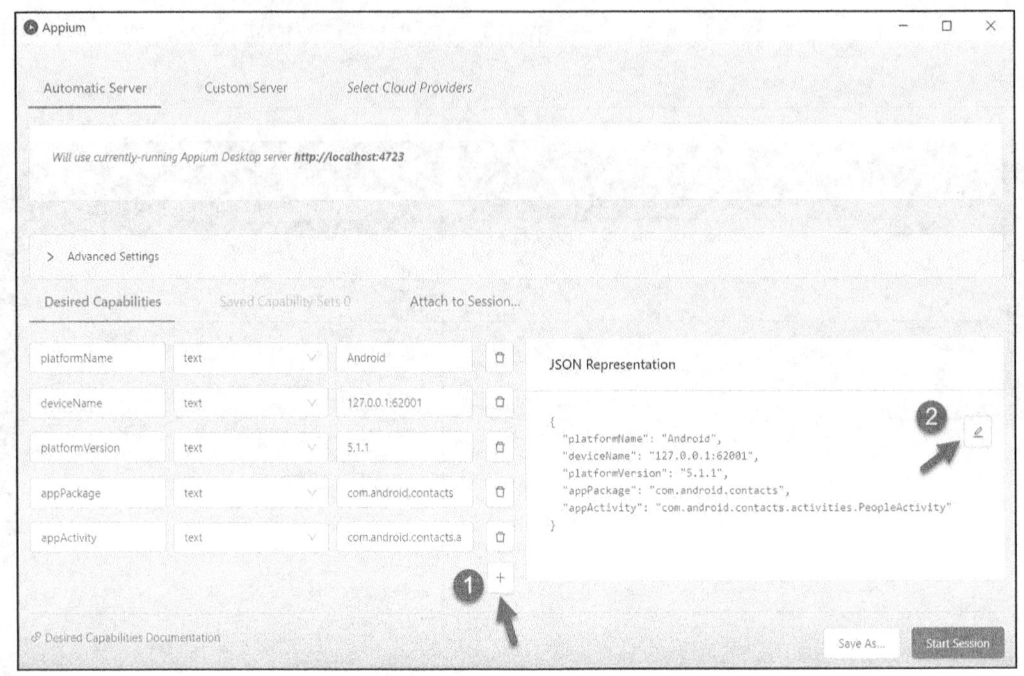

图 8-89　Automatic Server 标签页

表 8-1　Desired Capabilities 的核心配置项

配置项	简要说明
platformName	指定使用哪种移动平台，如 iOS、Android 等
deviceName	指定物理机或模拟器的设备名称，如 Nexus_5X_API_29、127.0.0.1:62001 等
platformVersion	指定移动设备的系统版本号，如 5.1.1
appActivity	指定要启动的应用的活动名，如 com.android.contacts
appPackage	指定要启动的应用的包名，如 com.android.contacts.activities.PeopleActivity

那么如何获得应用的包名（appPackage）和活动名（appActivity）？您可以使用 adb logcat、aapt 或其他工具，后续章节将对这些内容进行详细介绍。

如图 8-90 所示，为了以后能够直接连接到夜神模拟器，可以另存 Desired Capabilities 键值对，这样就不必重新输入相应的 Desired Capabilities 键值对了。单击 Save As 按钮，在弹出的 Save Capability Set As 对话框中，在 Name 文本框中，输入“夜神模拟器”，单击 Save 按钮。

如图 8-91 所示，保存后的夜神模拟器的 Desired Capabilities 键值对将显示在 Saved Capability Sets 1 标签页上。单击 Start Session 按钮，将显示 Inspector 的功能界面，如图 8-92 所示。

在图 8-92 所示界面的左侧，您可以看到通信录的功能界面；右侧显示的则是 App Source 和 Selected Element 信息。

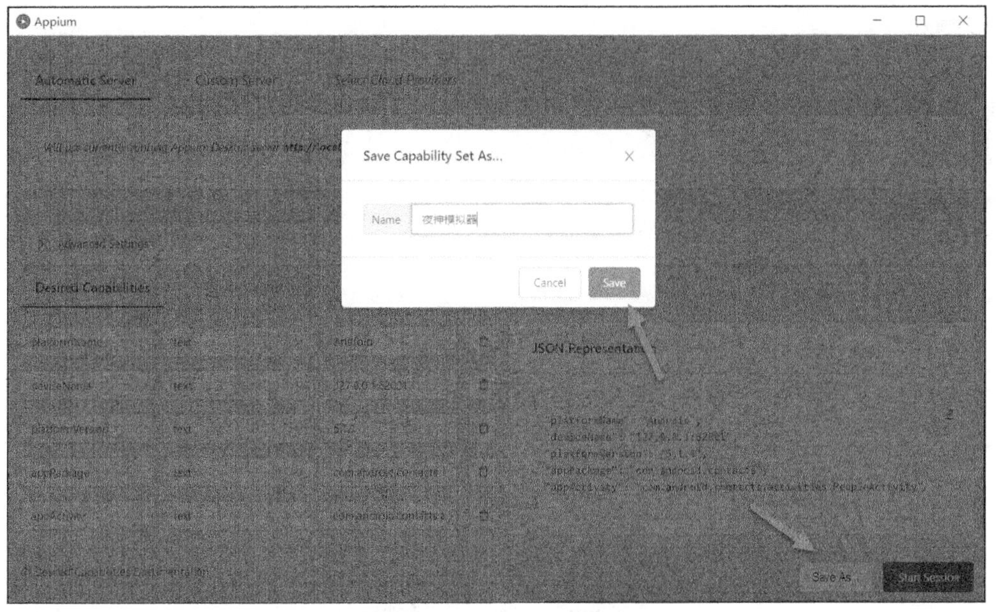

图 8-90 另存 Desired Capabilities 键值对

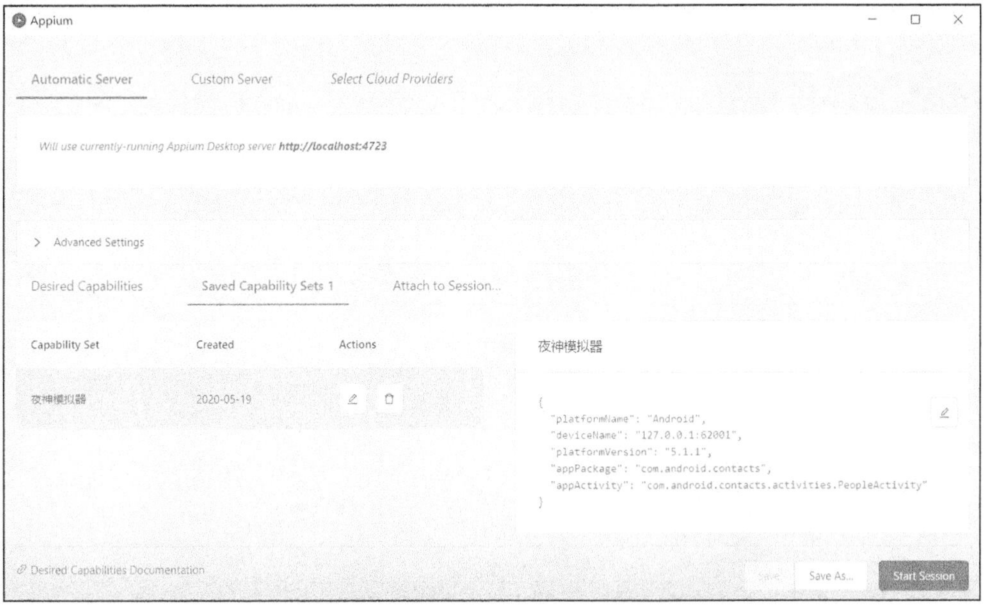

图 8-91 已保存的 Desired Capabilities 键值对信息

如图 8-93 所示，当选中“添加新联系人”按钮时，将在右侧的 App Source 区域显示这个按钮元素的层次结构树的布局信息，并在 Selected Element 区域显示针对这个按钮元素的操作行为（比如 Tap、Send Keys、Clear）和属性（如 id、xpath、index 等）信息。这个按钮元素对应的 ID 为 com.android.contacts:id/floating_action_button_container。

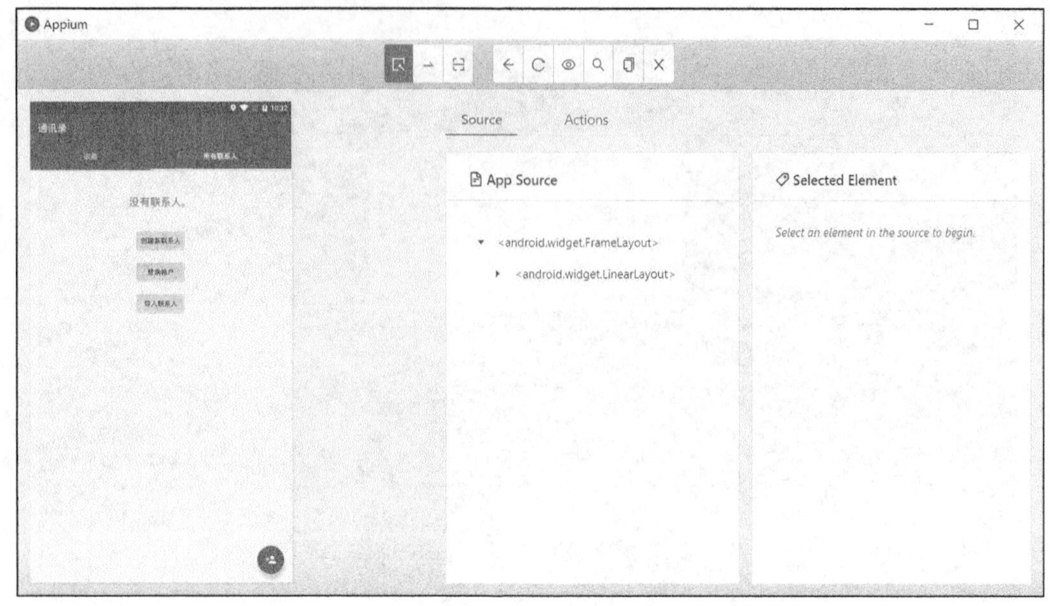

图 8-92　Inspector 的功能界面

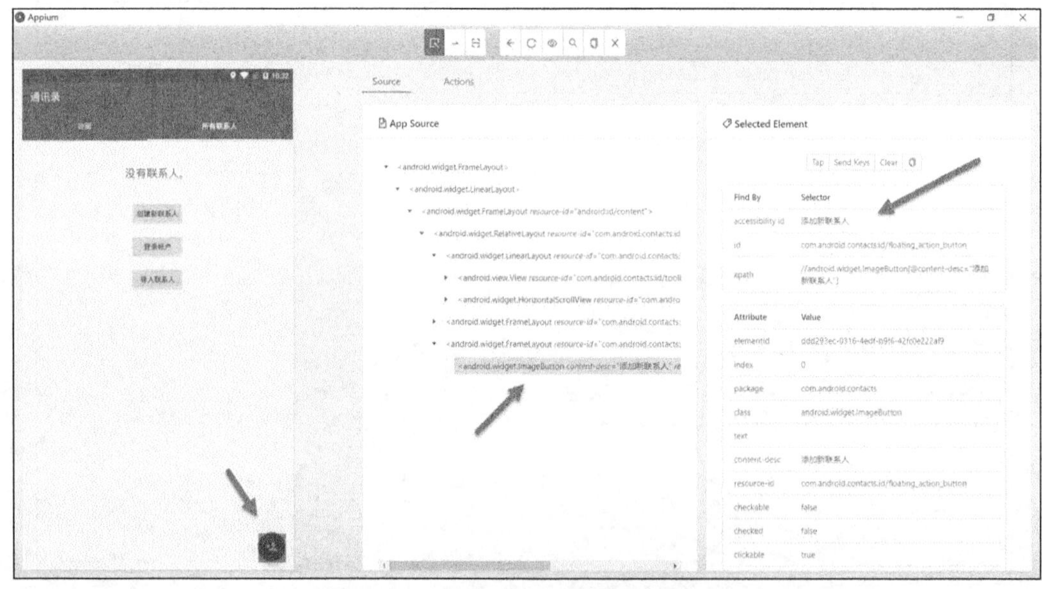

图 8-93　“添加新联系人”按钮对应的信息

那么如何实现单击行为呢？如图 8-94 所示，单击 Selected Element 区域的 Tap 按钮，即可实现对“添加新联系人”按钮的单击操作，同时界面将同步更新，效果与真实操作应用时是一样的。Selected Element 区域的 Send Keys 按钮用于向选定的元素发送文本内容，Clear 按钮用于清空选定元素的文本内容。

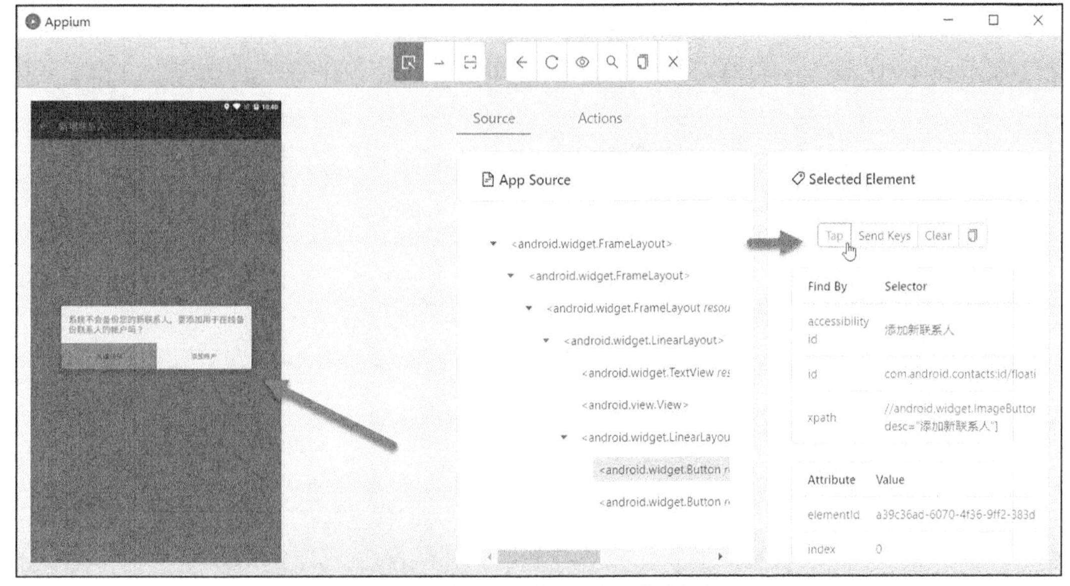

图 8-94　单击 Tap 按钮以实现单击行为

当出现备份联系人提示时，单击“本地保存”按钮，再次单击 Selected Element 区域的 Tap 标签，查看该按钮对应的信息，如图 8-95 所示。“本地备份”按钮元素对应的 ID 为 com.android.contacts:id/left _button。

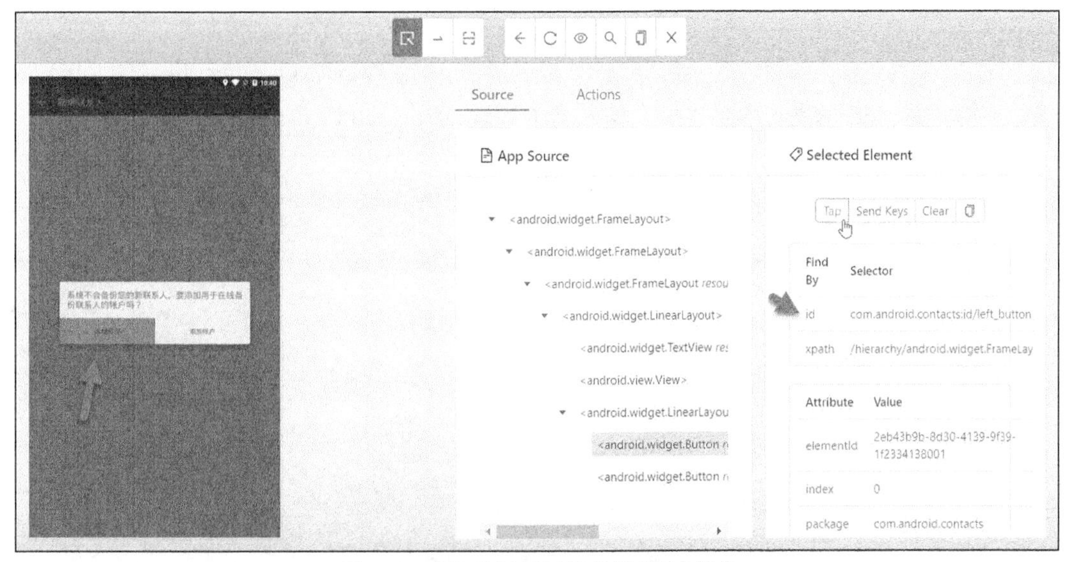

图 8-95　查看“本地保存”按钮对应的操作

如图 8-96 所示，在“新增联系人”活动（activity）中，单击“姓名”元素，在右侧 Selected Element 区域的属性信息中，您将发现“姓名”元素的 ID 属性信息没有了。如果自行编写代码，就需要使用其他的元素属性来定位元素，比如利用 text 属性，“姓名”元素对应的 text 属性信息为“姓名”。

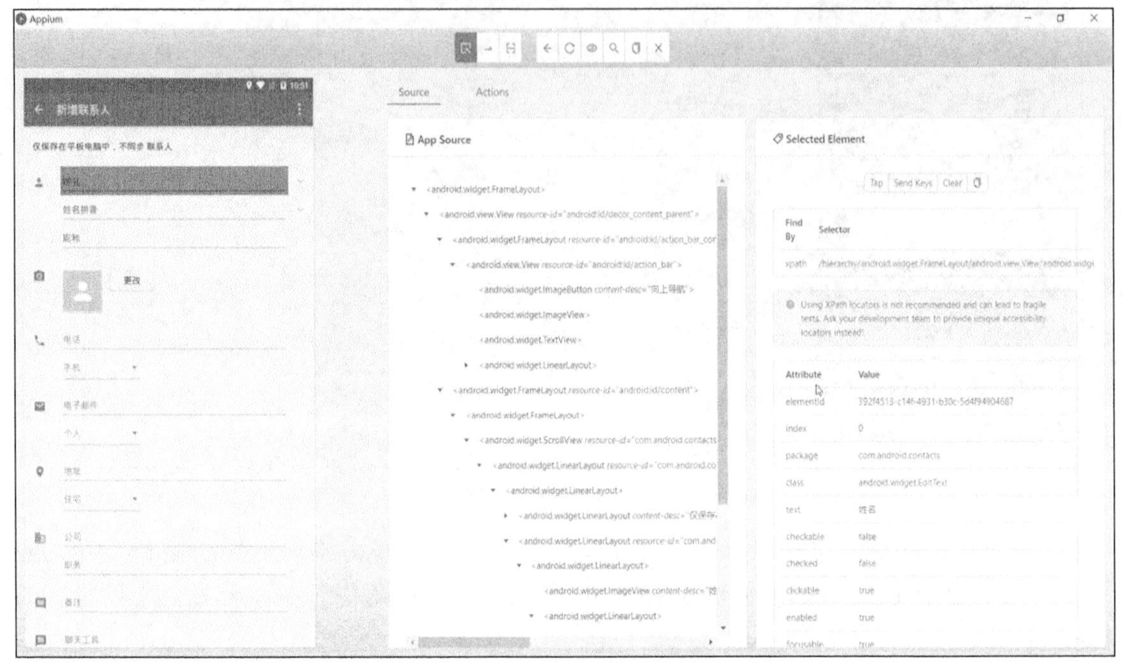

图 8-96 “姓名”元素对应的属性信息

如图 8-97 所示，在“姓名”元素中，输入“于涌”，单击 Selected Element 区域的 Send Keys 标签。在弹出的 Send Keys 对话框中，输入“于涌”，单击 Send Keys 按钮。

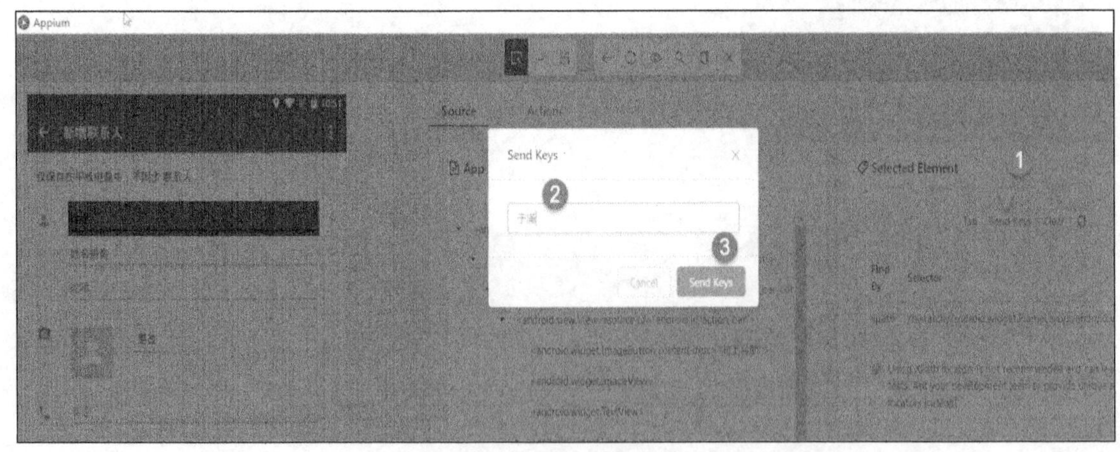

图 8-97 输入“于涌”

完成上述操作后，您将发现“于涌”二字出现在前面的“姓名”元素中，如图 8-98 所示。

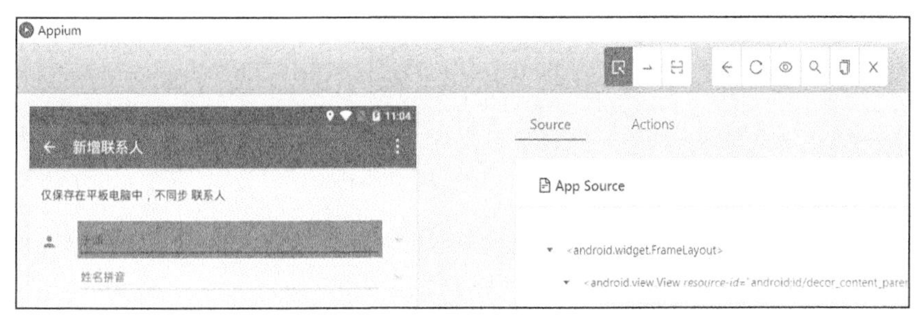

图 8-98　“于涌”二字出现在前面的“姓名”元素中

使用同样的操作方式，在“姓名拼音”和“昵称”元素中，分别输入 yuyong 和 tony，如图 8-99 所示。

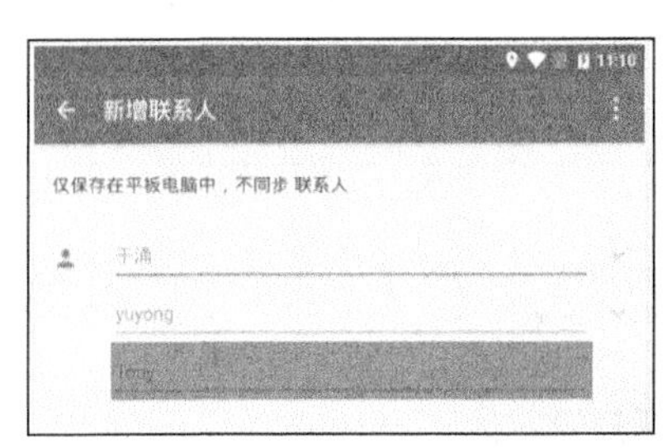

图 8-99　在“姓名拼音”和“昵称”元素中分别输入 yuyong 和 tony

选中“电话”元素，输入 188****8888，单击 Send Keys 按钮，对应的操作如图 8-100 所示。“电话”元素对应的 text 属性为“电话”。

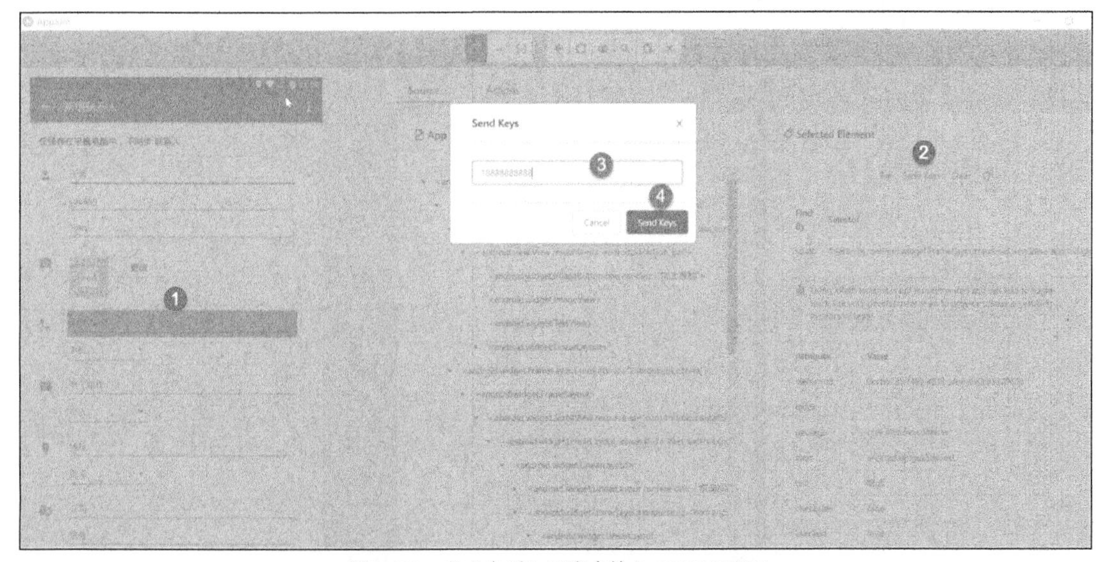

图 8-100　在“电话”元素中输入 188****8888

如图 8-101 所示，选中并单击“向上导航”（即向左的箭头）元素，该元素对应的 accessibility

id 为“向上导航”。

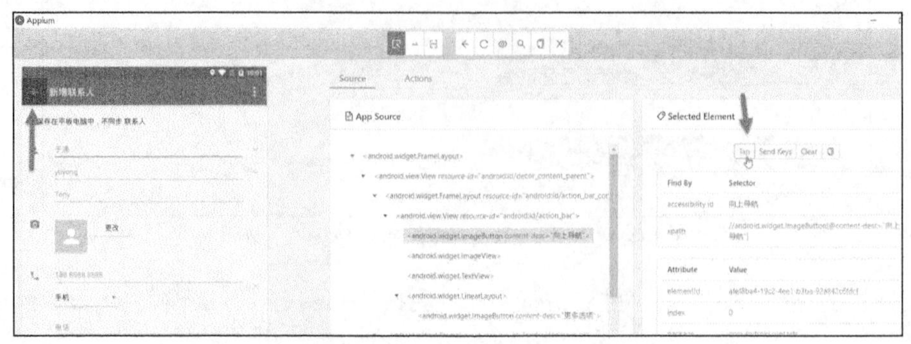

图 8-101　选中并单击“向上导航”元素

新增的联系人“于涌”的相关信息将显示在通讯录中，如图 8-102 所示。

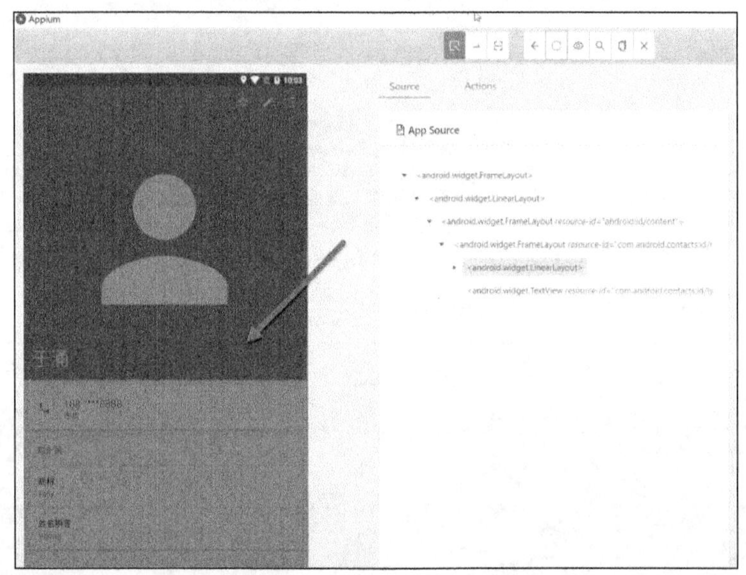

图 8-102　新增的联系人的信息

通过使用 Inspector，我们已经获取到所有想要操作的界面元素的属性信息，接下来就可以形成 Appium 脚本，从而检验是否能够添加新的联系人。这里仍以添加刚才的联系人信息为例，为防止冲突，在运行 Appium 脚本前，请务必将刚才创建的联系人信息“于涌”删除。

用于添加联系人的 Appium 脚本如下：

```
from appium import webdriver
from time import sleep

caps = {
    'platformName': 'Android',
    'deviceName': '127.0.0.1:62001',
```

```
        'platformVersion': '5.1.1',
        'appPackage': 'com.android.contacts',
        'appActivity': 'com.android.contacts.activities.PeopleActivity'
    }

    driver = webdriver.Remote('http://127.0.0.1:4723/wd/hub', caps)

    driver.find_element_by_id('com.android.contacts:id/floating_action_button_container').
    click()
    sleep(2)
    driver.find_element_by_id('com.android.contacts:id/left_button').click()
    driver.find_element_by_android_uiautomator('new UiSelector().text("姓名")').send_keys('于涌')
    driver.find_element_by_android_uiautomator('new UiSelector().text("姓名拼音")')\
        .send_keys('yuyong')
    driver.find_element_by_android_uiautomator('new UiSelector().text("昵称")')\
        .send_keys('tony')
    driver.find_element_by_android_uiautomator('new UiSelector().text("电话")')\
        .send_keys('18888888888')
    driver.find_element_by_accessibility_id("向上导航").click()
```

执行完以上脚本后，便可创建名为“于涌”的联系人，如图 8-103 所示。

图 8-103 新增了联系人“于涌”

有的读者也许觉得先获取元素的属性信息，之后再编写脚本的方式太麻烦，那么有没有能够录制业务并自动生成 Appium 脚本的方法呢？当然有，Appium 提供了录制功能，如图 8-104 所示。单击 Start Recording 按钮，就可以开始录制 Appium 脚本。

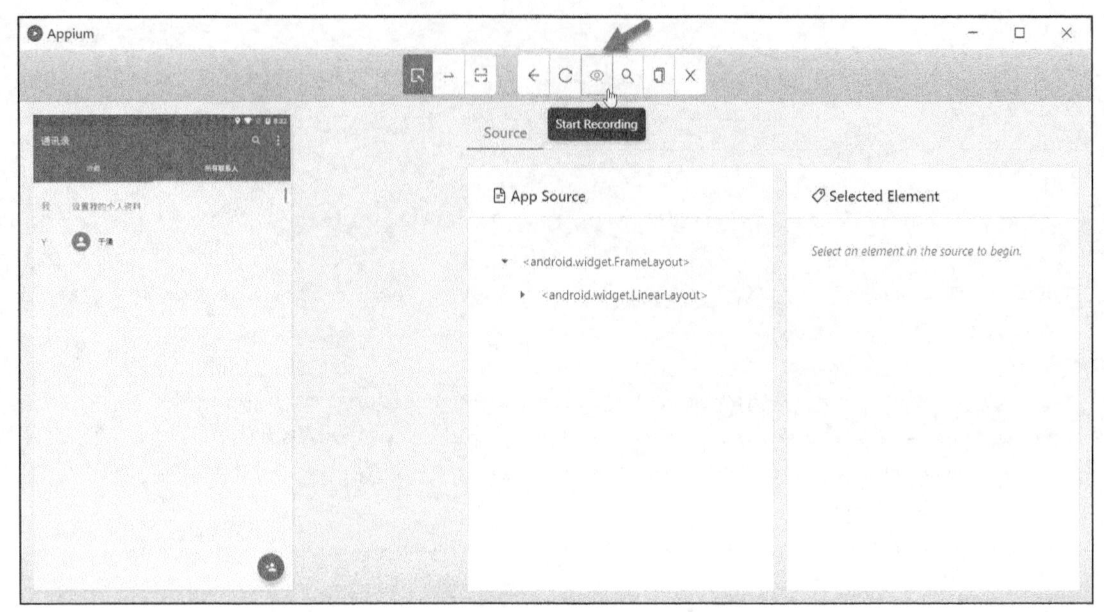

图 8-104　单击 Start Recording 按钮

假设需要添加联系人“张三”的相关信息。单击 “添加新联系人”按钮，再单击 Selected Element 区域的 Tap 标签，对添加联系人的操作进行录制，如图 8-105 所示。

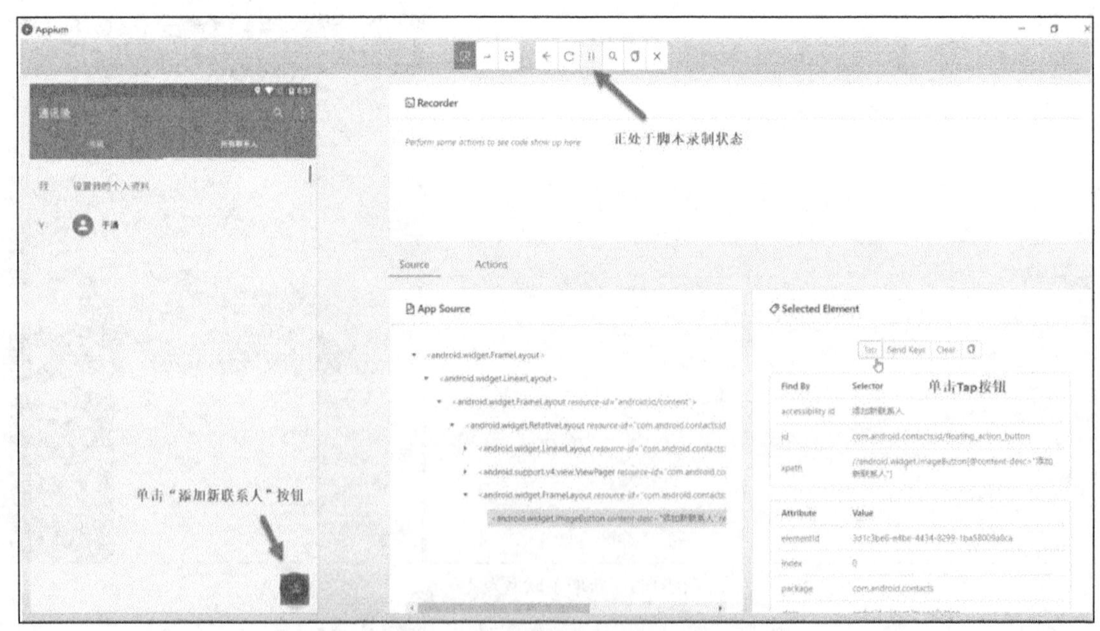

图 8-105　对添加联系人的操作进行录制

如图 8-106 所示，在您执行完上一个步骤后，Appium 将在 Recorder 区域自动生成对应的

Appium 业务脚本信息，默认采用 Java-JUnit 这种语法结构。同时，Appium 将会提示是否需要在线备份联系人，单击“本地保存”按钮并单击 Selected Element 区域的 Tap 标签。

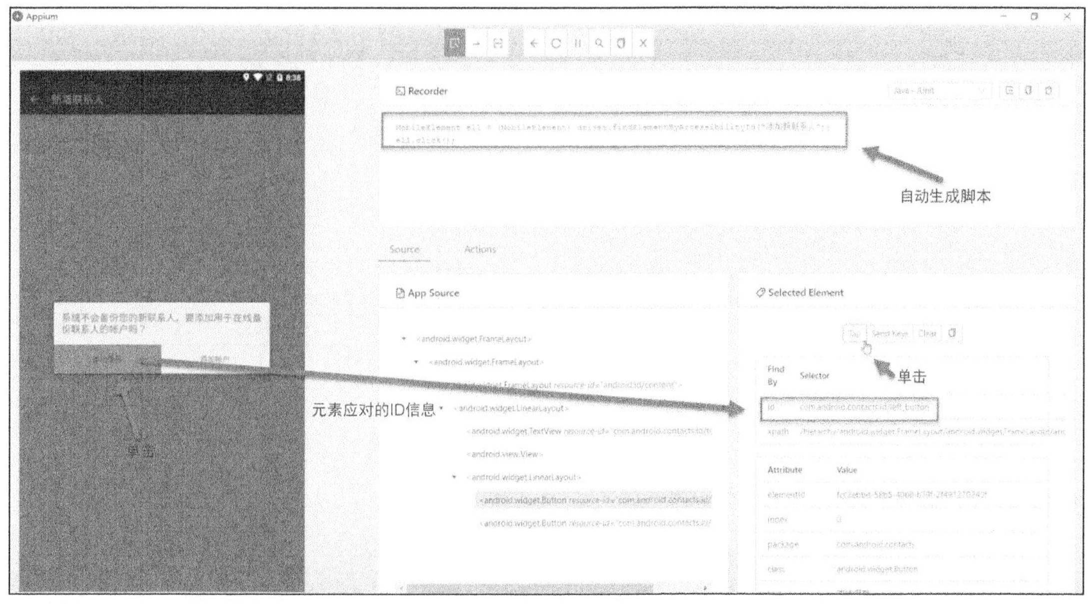

图 8-106 单击“本地保存”按钮并单击 Selected Element 区域的 Tap 标签

如图 8-107 所示，选择“姓名”元素，单击 Selected Element 区域的 Send Keys 按钮，在弹出的 Send Keys 对话框中，输入“张三”，单击 Send Keys 按钮，对输入姓名的操作进行录制。

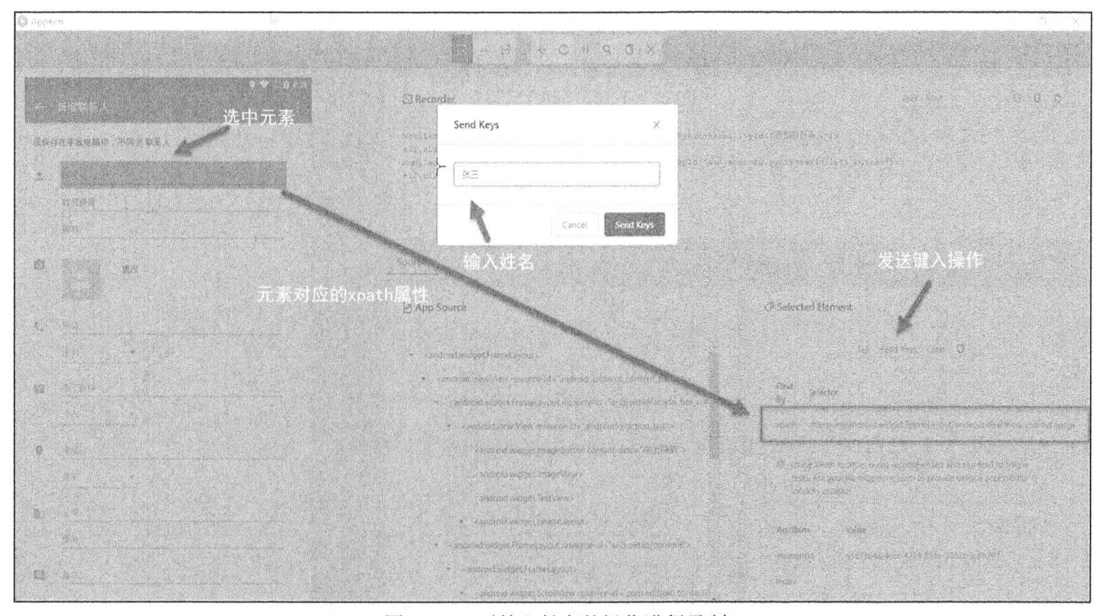

图 8-107 对输入姓名的操作进行录制

如图 8-108 所示，以上操作产生的 Appium 代码非常长，并且不利于阅读。

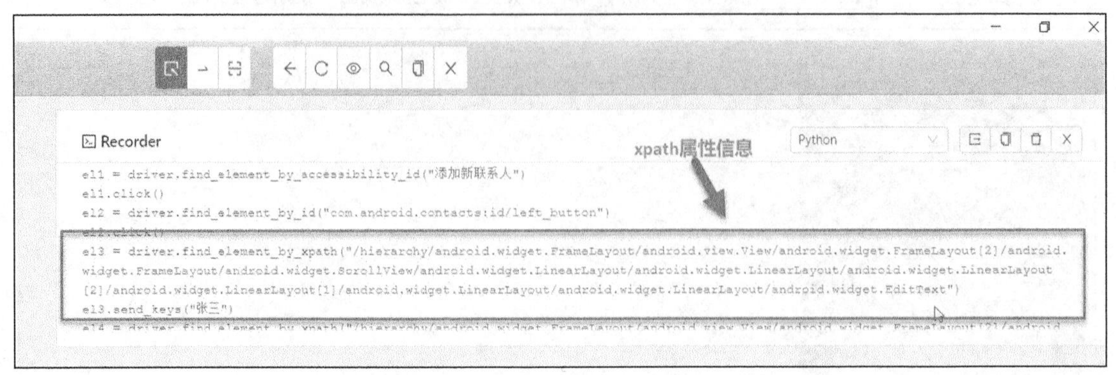

图 8-108　输入姓名的操作产生的 Appium 代码

使用同样的录制方法，填写“姓名拼音”“昵称”“电话”，输入的信息分别是 zhangsan、john、166****5555，如图 8-109 所示。

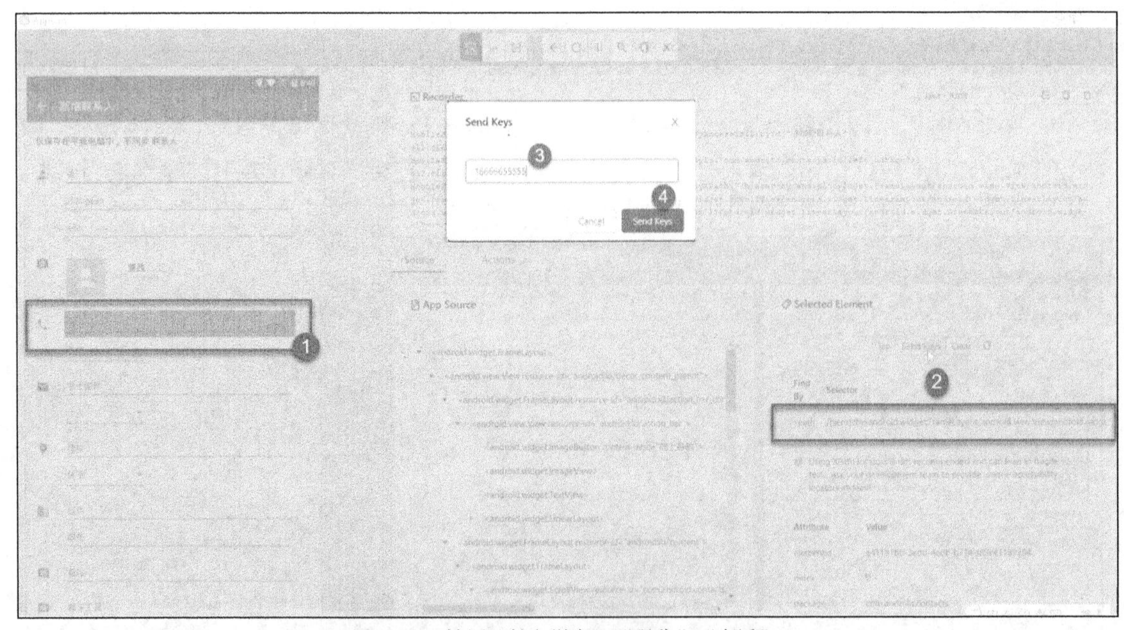

图 8-109　填写“姓名拼音”“昵称”“电话”

如图 8-110 所示，单击“向上导航”按钮，单击 Selected Element 区域的 Tap 标签。

如图 8-111 所示，“向上导航”操作完成后，将显示“张三”的相关信息。此时，我们已经完成添加联系人“张三”的业务操作，单击 Pause Recording 按钮，暂停录制。

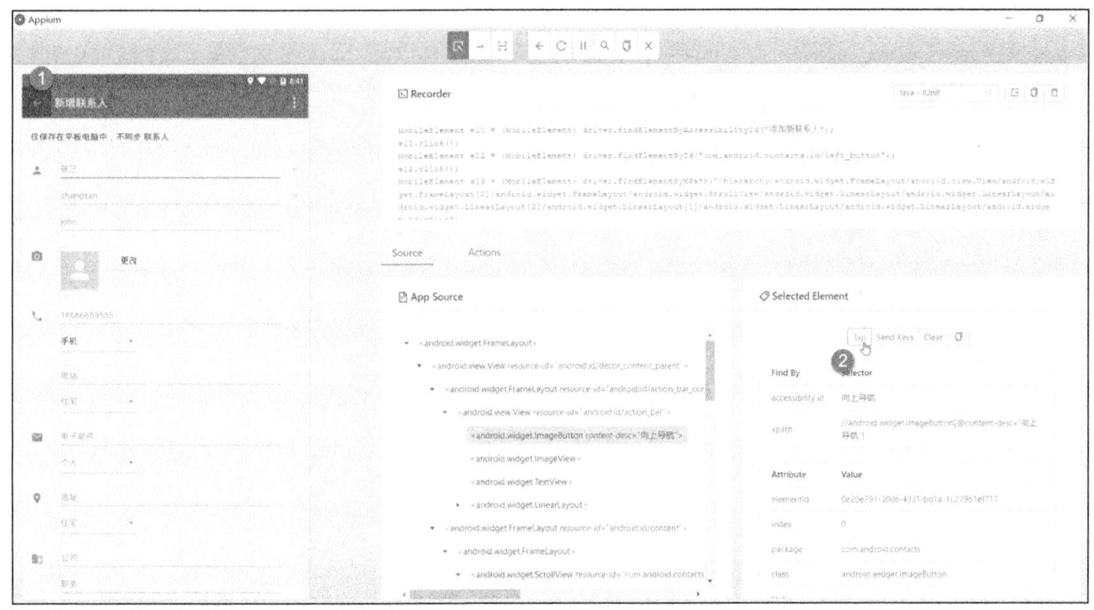

图 8-110 单击“向上导航”按钮并单击 Selected Element 区域的 Tap 标签

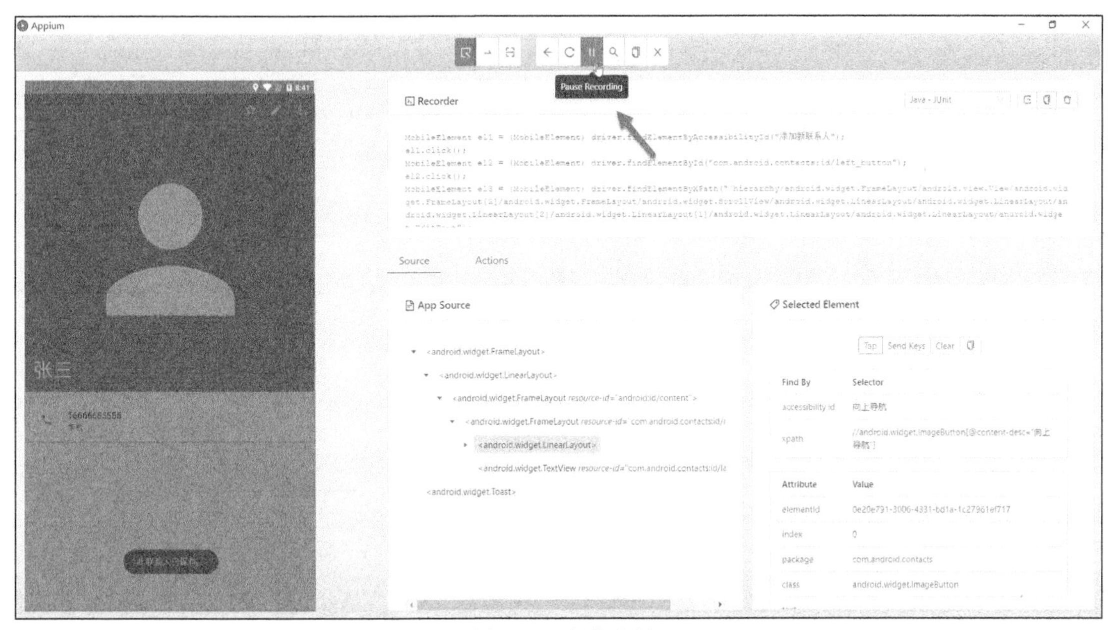

图 8-111 暂停录制

如图 8-112 所示，要将生成的脚本转换成使用 Python 语法结构的代码，从箭头指向的下拉列表中选择 Python 即可，这是不是很方便呢？

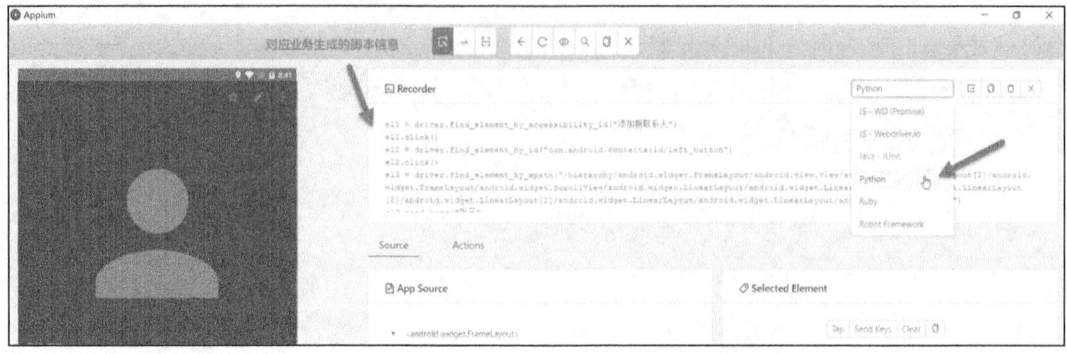

图 8-112　将脚本转换为使用 Python 语法结构的代码

自动生成的 Python 代码如下：

```
el1 = driver.find_element_by_accessibility_id("添加新联系人")
el1.click()
el2 = driver.find_element_by_id("com.android.contacts:id/left_button")
el2.click()
el3 = driver.find_element_by_xpath("/hierarchy/android.widget.FrameLayout/android.view.View/"
                                   "android.widget.FrameLayout[2]/android.widget.FrameLayout/"
                                   "android.widget.ScrollView/android.widget.LinearLayout/"
                                   "android.widget.LinearLayout/android.widget.LinearLayout[2]/"
                                   "android.widget.LinearLayout[1]/android.widget.LinearLayout/"
                                   "android.widget.LinearLayout/android.widget.EditText")
el3.send_keys("张三")
el4 = driver.find_element_by_xpath("/hierarchy/android.widget.FrameLayout/android.view.View/"
                                   "android.widget.FrameLayout[2]/android.widget.FrameLayout/"
                                   "android.widget.ScrollView/android.widget.LinearLayout/"
                                   "android.widget.LinearLayout/android.widget.LinearLayout[2]/"
                                   "android.widget.LinearLayout[2]/android.widget.LinearLayout/"
                                   "android.widget.EditText")
el4.send_keys("zhangsan")
el5 = driver.find_element_by_xpath("/hierarchy/android.widget.FrameLayout/android.view.View/"
                                   "android.widget.FrameLayout[2]/android.widget.FrameLayout/"
                                   "android.widget.ScrollView/android.widget.LinearLayout/"
                                   "android.widget.LinearLayout/android.widget.LinearLayout[2]/"
                                   "android.widget.LinearLayout[3]/android.widget.LinearLayout/"
                                   "android.widget.EditText")
el5.send_keys("john")
el6 = driver.find_element_by_xpath("/hierarchy/android.widget.FrameLayout/android.view.View/"
                                   "android.widget.FrameLayout[2]/android.widget.FrameLayout/"
                                   "android.widget.ScrollView/android.widget.LinearLayout/"
                                   "android.widget.LinearLayout/android.widget.LinearLayout[2]/"
                                  android.widget.LinearLayout[5]/android.widget.LinearLayout[1]/"
                                   "android.widget.LinearLayout/android.widget.LinearLayout"
                                   "/android.widget.LinearLayout/android.widget.LinearLayout/"
                                   "android.widget.EditText")
el6.send_keys("16666655555")
el7 = driver.find_element_by_accessibility_id("向上导航")
el7.click()
```

不知道您是否已经发现以上代码存在的问题？是的，自动生成的代码主要存在以下问题。

- 代码缺少初始化相关内容。如果将以上代码复制到 PyCharm，就可以很明显地发现其中存在的一些问题，比如没有导入相关的模块，缺失部分初始化信息（如 Android 系统版本、Android 设备名称等），没有定义 driver 对象等。因此，我们必须补充这些信息才可以成功运行代码。
- 代码可读性较差。在上述代码中，元素的定义很随便，缺少规范。比如，我们根本无法看出 el1、el2 等代表什么元素；再比如，一些文本框通常采用 xpath 属性来定位，不仅代码冗长，而且可读性非常差。从上述代码中不难发现，我们针对各个元素采用的操作方式都是先定位元素，而后再进行操作。如果我们自行编写代码，通常使用一条语句就可以完成。

综上所述，本书不建议使用录制方式生成 Appium 脚本，而是推荐自行编写 Appium 脚本。

接下来，为了验证上面那些自动生成的代码的正确性，我们补充初始化部分的相关内容，完整的代码如下所示：

```
from appium import webdriver
from time import sleep

caps = {
    'platformName': 'Android',
    'deviceName': '127.0.0.1:62001',
    'platformVersion': '5.1.1',
    'appPackage': 'com.android.contacts',
    'appActivity': 'com.android.contacts.activities.PeopleActivity'
}

driver = webdriver.Remote('http://127.0.0.1:4723/wd/hub', caps)

el1 = driver.find_element_by_accessibility_id("添加新联系人")
el1.click()
sleep(3)         #为了确保能够定位到后续操作元素，加入 3s 的延时等待
el2 = driver.find_element_by_id("com.android.contacts:id/left_button")
el2.click()
el3 = driver.find_element_by_xpath("/hierarchy/android.widget.FrameLayout/android.view.View/"
                                  "android.widget.FrameLayout[2]/android.widget.FrameLayout/"
                                  "android.widget.ScrollView/android.widget.LinearLayout/"
                                  "android.widget.LinearLayout/android.widget.LinearLayout[2]/"
                                  "android.widget.LinearLayout[1]/android.widget.LinearLayout/"
                                  "android.widget.LinearLayout/android.widget.EditText")
el3.send_keys("李四")      #为了避免姓名冲突，将"张三"改为"李四"
el4 = driver.find_element_by_xpath("/hierarchy/android.widget.FrameLayout/android.view.View/"
                                  "android.widget.FrameLayout[2]/android.widget.FrameLayout/"
                                  "android.widget.ScrollView/android.widget.LinearLayout/"
```

```
                                    "android.widget.LinearLayout/android.widget.LinearLayout[2]/"
                                    "android.widget.LinearLayout[2]/android.widget.LinearLayout/"
                                    "android.widget.EditText")
    el4.send_keys("zhangsan")
    el5 = driver.find_element_by_xpath("/hierarchy/android.widget.FrameLayout/android.view.View/"
                                    "android.widget.FrameLayout[2]/android.widget.FrameLayout/"
                                    "android.widget.ScrollView/android.widget.LinearLayout/"
                                    "android.widget.LinearLayout/android.widget.LinearLayout[2]/"
                                    "android.widget.LinearLayout[3]/android.widget.LinearLayout/"
                                    "android.widget.EditText")
    el5.send_keys("john")
    el6 = driver.find_element_by_xpath("/hierarchy/android.widget.FrameLayout/android.view.View/"
                                    "android.widget.FrameLayout[2]/android.widget.FrameLayout/"
                                    "android.widget.ScrollView/android.widget.LinearLayout/"
                                    "android.widget.LinearLayout/android.widget.LinearLayout[2]/"
                                  "android.widget.LinearLayout[5]/android.widget.LinearLayout[1]/"
                                    "android.widget.LinearLayout/android.widget.LinearLayout"
                                    "/android.widget.LinearLayout/android.widget.LinearLayout/"
                                    "android.widget.EditText")
    el6.send_keys("16666655555")
    el7 = driver.find_element_by_accessibility_id("向上导航")
    el7.click()
```

这里为了避免姓名冲突，将“张三”改为“李四”，但并未对“姓名拼音”和“昵称”进行修改。在单击“添加新联系人”按钮后，会有一段十分短暂的界面加载时间。为了避免由于定位不到后续操作元素而产生异常情况，这里添加了 3 s 的等待延时，其他内容未做变更，修改后的代码及运行结果如图 8-113 所示。

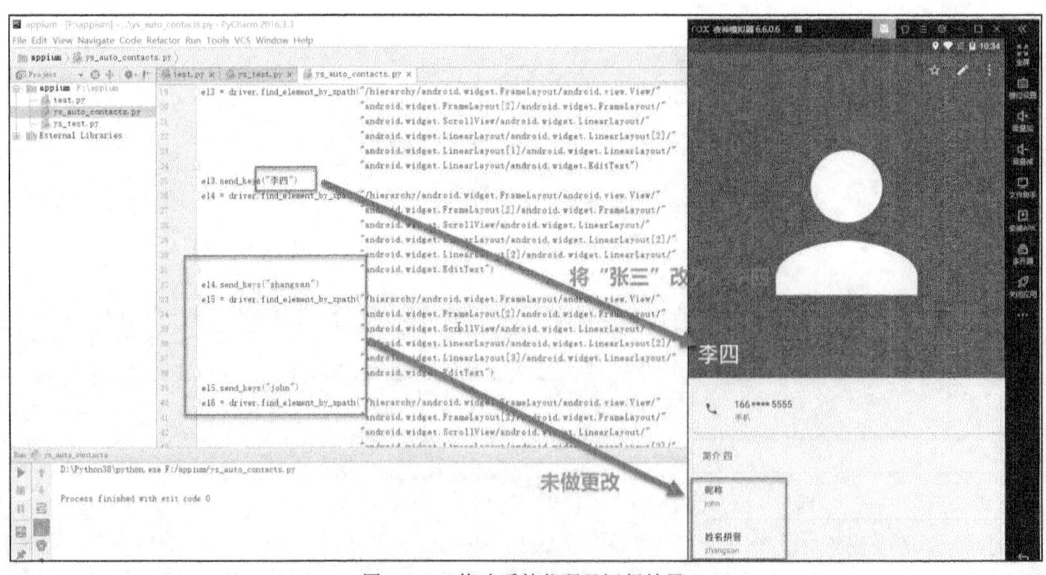

图 8-113　修改后的代码及运行结果

8.3.3 应用 ADB 插件获得元素信息的实例

当在手机上使用一些基于浏览器的 Web 应用时，使用什么工具能捕获到页面元素呢？本节介绍基于 Chrome 浏览器的 ADB 插件，ADB 插件可用于捕获页面元素。

首先，我们需要下载并安装 Chrome 浏览器，在编写本书时最新的版本是 83.0.4103.61，如图 8-114 所示。

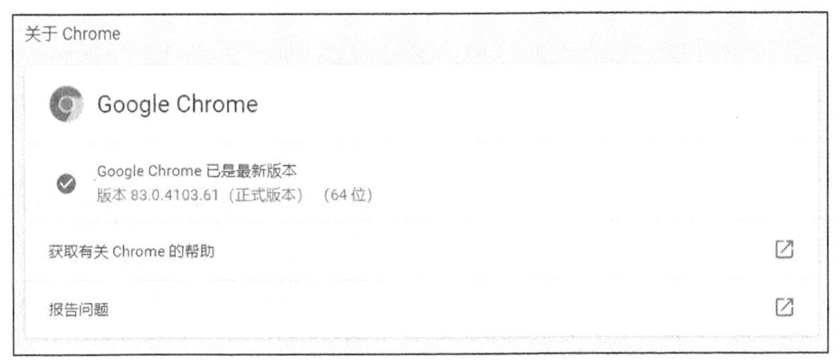

图 8-114 在编写本书时 Chrome 浏览器的最新版本

进入“Chrome 网上应用店”，如图 8-115 所示。

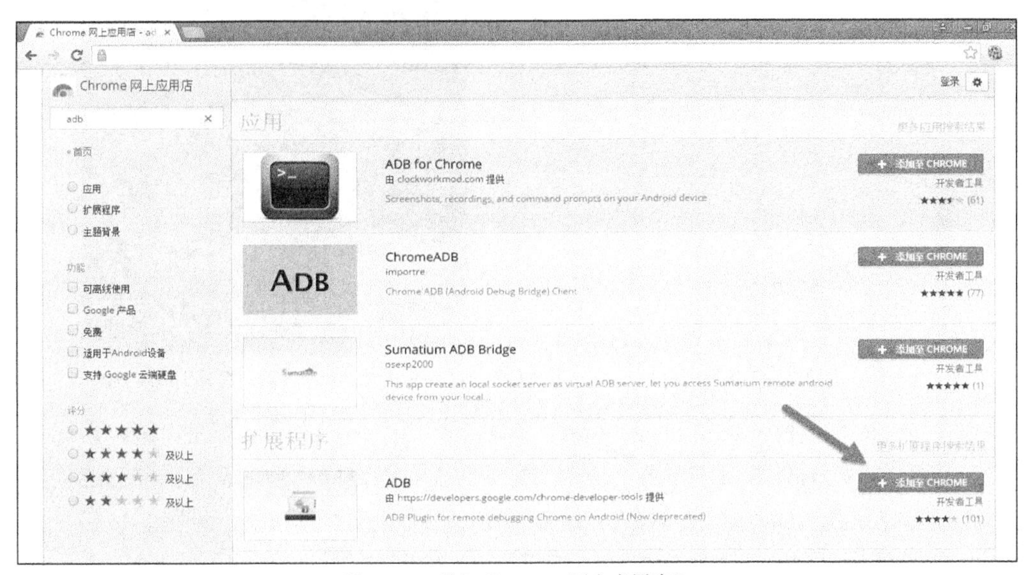

图 8-115 进入“Chrome 网上应用店”

在左上角的搜索框中，输入 adb 并回车，就可以找出所有与 adb 相关的插件，单击图 8-115 中箭头指向的“+ 添加至 CHROME”按钮。

在图 8-116 所示提示框中，单击“添加扩展程序”按钮。插件添加完之后，将显示图 8-117 所示提示框。

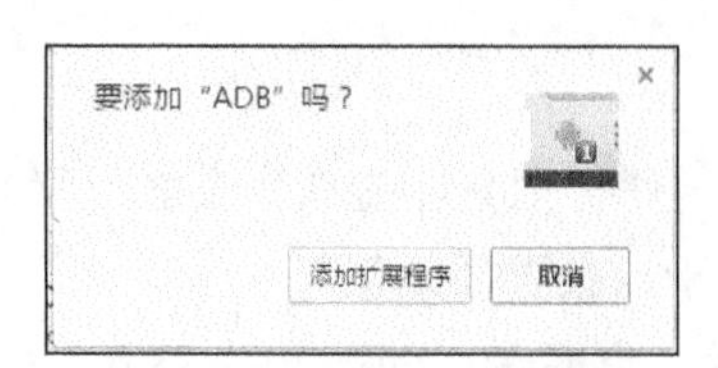

图 8-116　添加插件的提示框

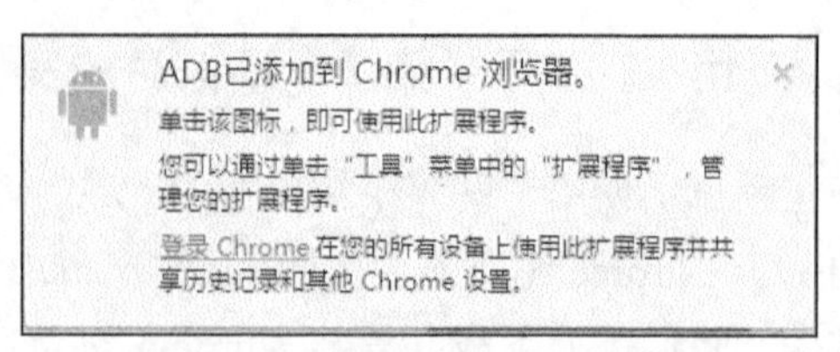

图 8-117　插件添加成功后的提示框

添加完 ADB 插件后，Chrome 浏览器的工具栏中将显示对应的快捷图标，如图 8-118 所示。

下面首先启动夜神模拟器。然后启动浏览器并在地址栏中输入 cn.bing.com，回车后即可访问 Bing 搜索页面，如图 8-119 所示。

图 8-118　ADB 插件对应的快捷图标

图 8-119　在 Appium 的 Android 虚拟设备中访问 Bing 搜索页面

启动 Chrome 浏览器，如图 8-120 所示。单击工具栏中标识为①的按钮，将弹出标识为②的菜单，选择 View Inspection Targets。在弹出的页面中我们可以清楚地看到当前已连接的设备是 Android 虚拟设备 VOG-AL10 #127.0.0.1:62001（也就是夜神模拟器，见图 8-121），在它的下方显示的就是我们刚才在夜神模拟器中打开的 Bing 搜索页面。

单击 inspect 链接，将出现图 8-122 所示的元素信息。

在 Elements 标签页中，选择对应的界面元素后，浏览器中的夜神模拟器将突出显示对应的界面元素。Bing 搜索页面上的“搜索框”元素对应的 ID 属性为 sb_form_q（见图 8-123），因此我们就可以通过如下语句来定位这个元素了。

```
driver.find_element_by_android_uiautomator('new UiSelector().resourceId("sb_form_q")')
```

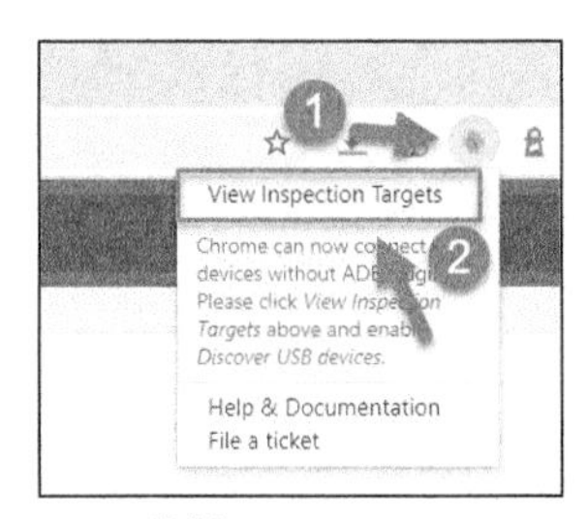

图 8-120　选择 View Inspection Targets

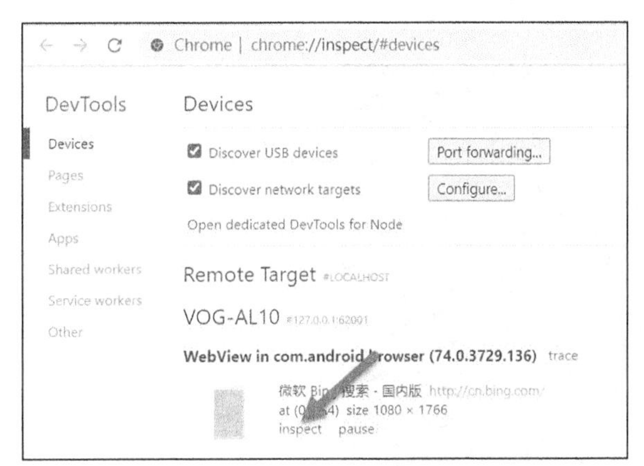

图 8-121　当前已连接的设备

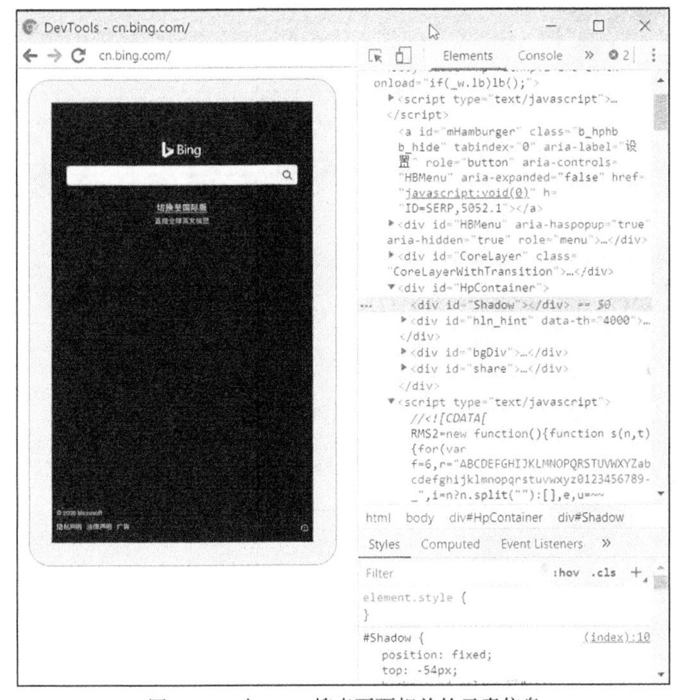

图 8-122　与 Bing 搜索页面相关的元素信息

假设要搜索“自动化测试”，该怎么操作呢？您可以通过下面的语句来实现：

```
driver.find_element_by_android_uiautomator('new UiSelector().resourceId("sb_form_q")').
send_keys("自动化测试")
```

接下来，开始实现单击“搜索”按钮的操作代码，如图 8-124 所示，您可以看到在 Elements 标签页的代码信息中有如下语句：<input id="sbBtn" type="submit" value="" aria-label="搜索" alt="搜索">。

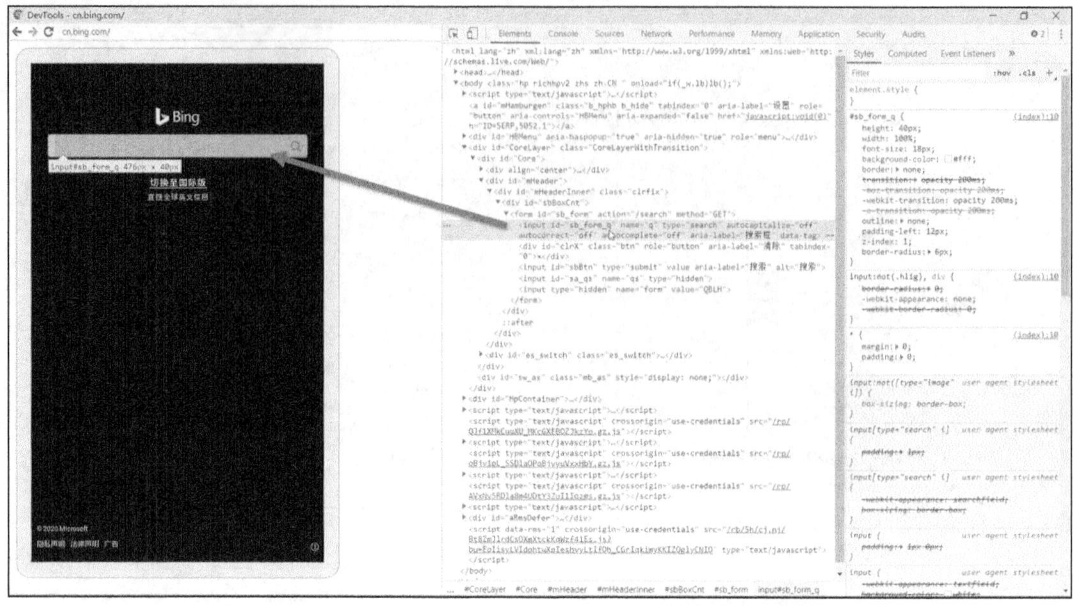

图 8-123　“搜索框”元素对应的页面控件信息

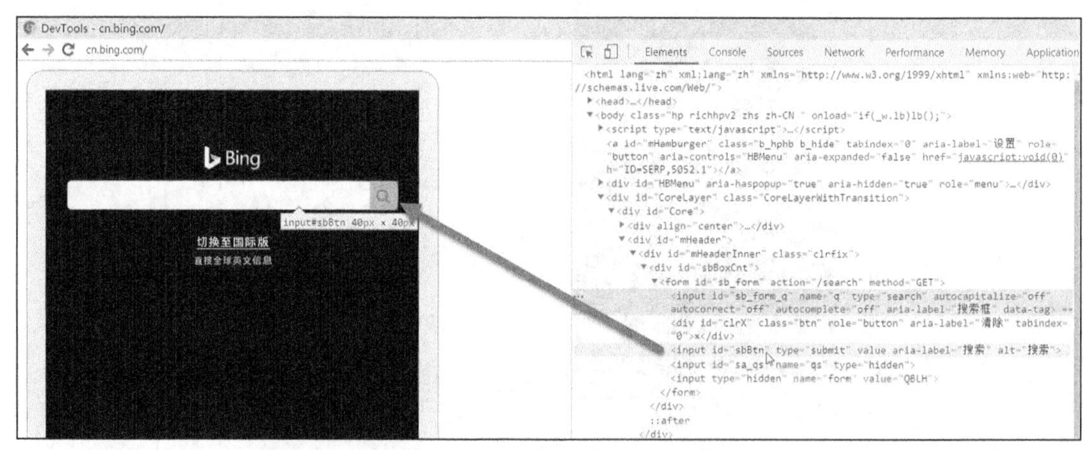

图 8-124　“搜索框”元素对应的 ID 属性

使用如下两条语句就可以实现在界面上定位并单击“搜索”按钮：

```
submit=driver.find_element_by_android_uiautomator('new UiSelector().resourceId("sbBtn")')
submit.click()
```

完整的代码如下：

```
from appium import webdriver

caps = {
    'platformName': 'Android',
    'deviceName': '127.0.0.1:62001',
```

```
    'platformVersion': '5.1.1',
    'appPackage': 'com.android.browser',
    'appActivity': 'com.android.browser.BrowserActivity'
}

driver = webdriver.Remote('http://127.0.0.1:4723/wd/hub', caps)
driver.get("*****://cn.bing.***")
print(driver.page_source)  #输出响应页面的源代码信息
driver.find_element_by_android_uiautomator('new UiSelector().resourceId("sb_form_q")').
send_keys("自动化测试")
driver.find_element_by_android_uiautomator('new UiSelector().resourceId("sbBtn")'). click()
```

执行结果如图 8-125 所示。

图 8-125　执行结果

8.4 获取应用包名和主活动名

在实际工作中，您需要根据自己公司的应用产品来执行自动化测试。如图 8-126 所示，如果要成功运行 Appium 自动化测试脚本，就必须配置 appPackage 和 appActivity。在前面的案例中，我们都直接给出对应的应用包名和主活动名。

那么如何才能获得想要测试的应用的应用包名和主活动名呢？通常，我们将要测试的应用可能存在如下两种情况：一种情况是，由研发团队或合作方提供被测应用的 APK 包（适用于 Android 系统）；另一种情况是，由研发团队或合作方提供安装了被测应用的手机设备。下面分别针对以上两种情况进行介绍。

```
from appium import webdriver

caps = {
    'platformName': 'Android',
    'deviceName': '127.0.0.1:62001',
    'platformVersion': '5.1.1',
    'appPackage': 'com.android.browser',
    'appActivity': 'com.android.browser.BrowserActivity'
}

driver = webdriver.Remote('http://127.0.0.1:4723/wd/hub', caps)
driver.get("https://cn.bing.com")
print(driver.page_source)  #输出响应页面的结构源代码信息
driver.find_element_by_android_uiautomator('new UiSelector().resourceId("sb_form_q")')\
    .send_keys("自动化测试")
driver.find_element_by_android_uiautomator('new UiSelector().resourceId("sbBtn")').click()
```

图 8-126　配置项的相关信息

8.4.1　根据 APK 包获得应用的包名和主活动名

使用 AAPT（Android Asset Packaging Tool）可以获得应用的包名和主活动名。AAPT 是构建工具，位于 SDK 目录的 build-tools 子目录下。使用 AAPT 可以查看、创建、更新文档附件（格式可以是 ZIP、JAR、APK 等），还可以将资源文件编译成二进制文件。在使用 AAPT 之前，建议将 AAPT 工具所在的路径配置到 Path 环境变量中，如图 8-127 所示。

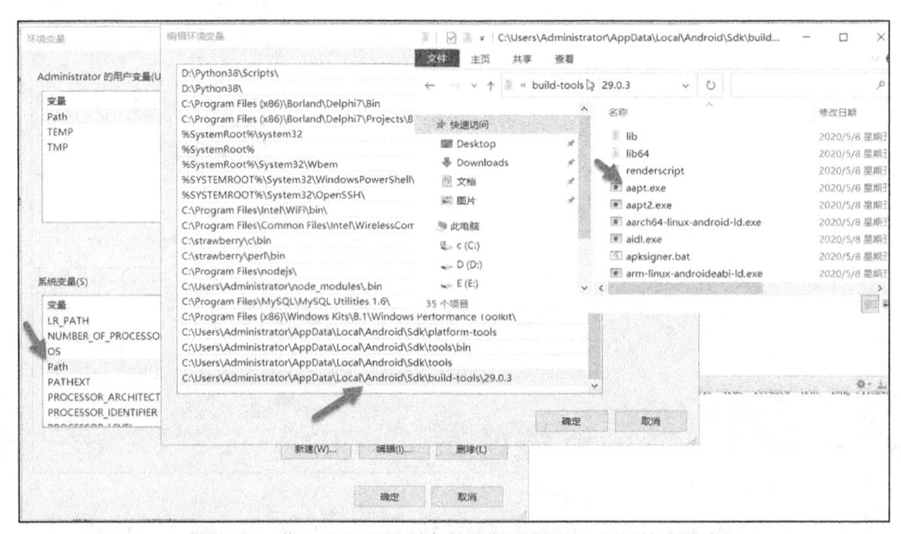

图 8-127　将 AAPT 工具所在的路径配置到 Path 环境变量中

使用"aapt dump badging apk 包名"命令可以提取 APK 清单中的信息，这里以提取 APK 包"疯狂水果大战"为例，对应的命令是 aapt dump badging fengkuangshuiguodazhan_112.apk，如图 8-128 所示。

从图 8-128 中可以看到，除包名信息和主活动信息之外，提取出来的还有应用的中文名称、APK 版本信息等。但是，我们发现应用的中文名称为乱码。您可以通过重定向来解决这个问题，也就是将提取出的所有信息保存到一个文本文件中。这里假设将所有信息重定向到

shuiguo.txt 文件中，对应的命令为 aapt dump badging fengkuangshuiguodazhan_112.apk > shuiguo.txt。如图 8-129 所示，打开 shuiguo.txt 文件，应用的中文名称能够正常显示了。

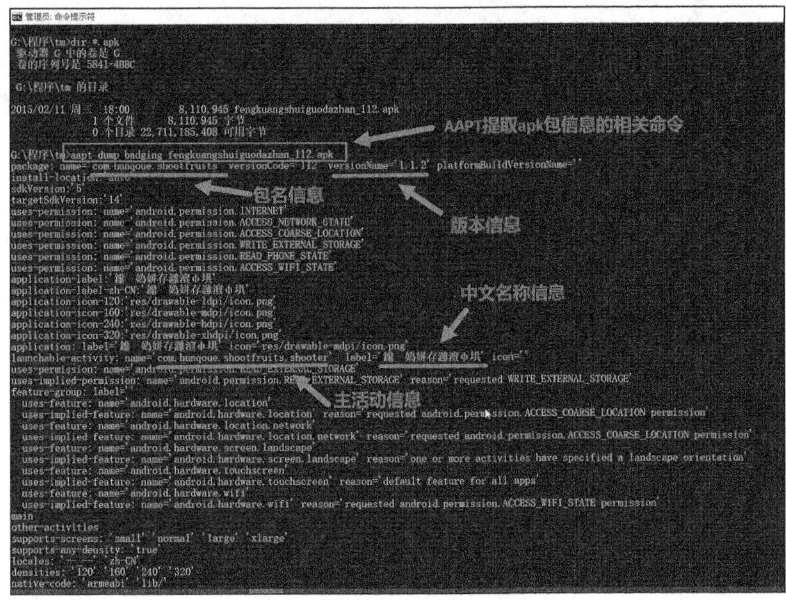

图 8-128 提取 APK 包“疯狂水果大战”

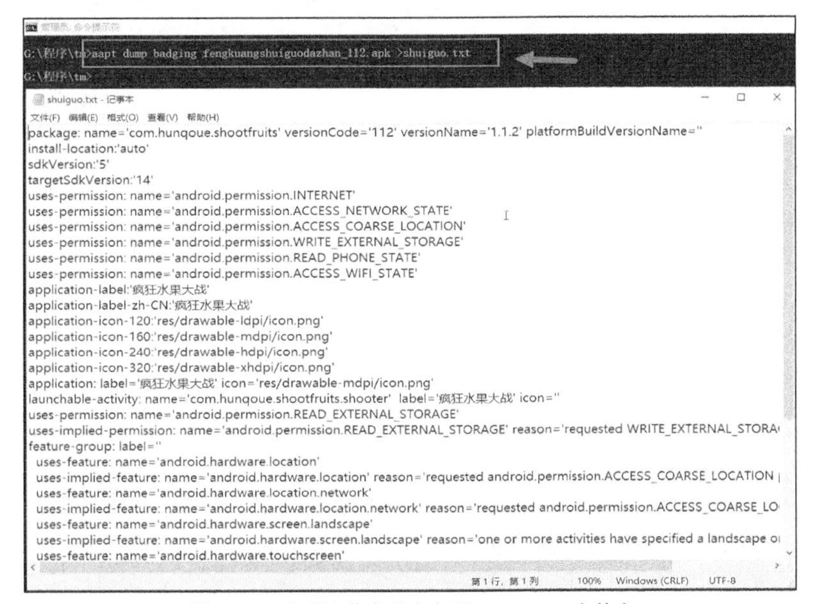

图 8-129 将所有信息重定向到 shuiguo.txt 文件中

如果觉得输出的信息有点多，让人眼花缭乱，您还可以只显示主活动的相关信息，命令为 aapt dump badging fengkuangshuiguodazhan_112.apk | grep "launchable-activity: name=",

如图 8-130 所示。

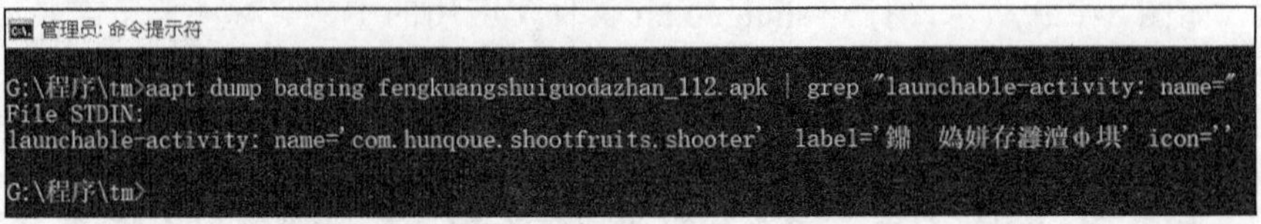

```
管理员: 命令提示符

G:\程序\tm>aapt dump badging fengkuangshuiguodazhan_112.apk | grep "launchable-activity: name="
File STDIN:
launchable-activity: name='com.hunqoue.shootfruits.shooter'  label='鐤  婂姸存瀊澶ф垬' icon=''

G:\程序\tm>
```

图 8-130　只显示主活动的相关信息

当然，如果您觉得上面的操作还太麻烦，下面再推荐一个由作者编写的小工具。您只需要选择一下 APK 包文件，应用包名和启动界面名称等信息就马上都显示出来了，如图 8-131 所示。

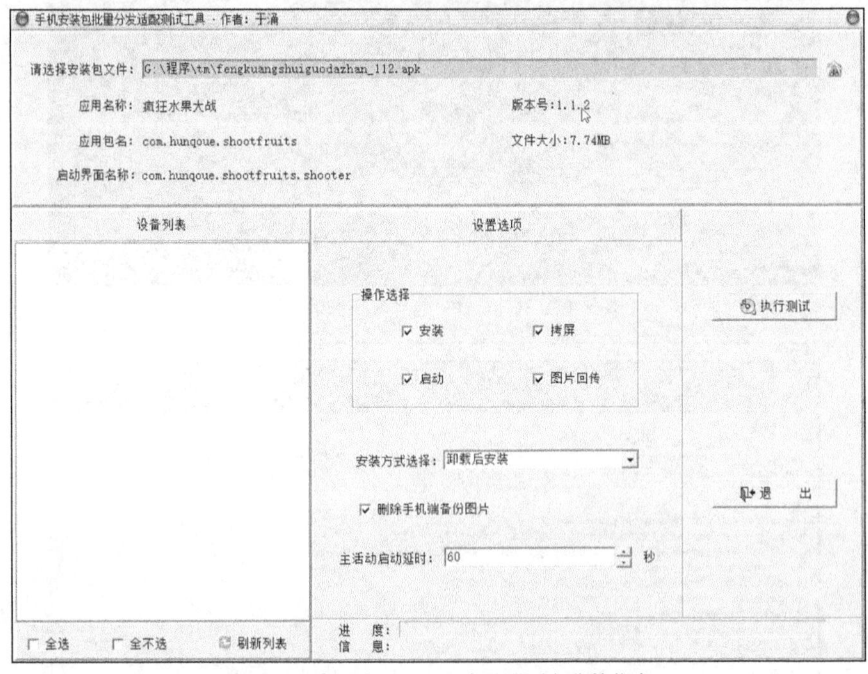

图 8-131　查看应用包名和启动界面名称等信息

8.4.2　根据运行的应用获得应用包名和主活动名

很多时候，若应用已经安装到手机或模拟器中，应如何获得运行的应用的包名和主活动名呢？推荐使用 adb logcat 命令。adb logcat 命令可用于查看手机或模拟器的日志信息。

这里以获取夜神模拟器自带的通信录应用的包名和主活动名为例详细介绍 adb logcat 命令的用法。

首先，启动并连接夜神模拟器。然后，进入命令行控制台并执行 adb logcat 命令，如图 8-132 所示。

```
管理员: 命令提示符 - adb logcat

C:\Users\Administrator>adb connect 127.0.0.1:62001
connected to 127.0.0.1:62001

C:\Users\Administrator>adb logcat
--------- beginning of main
D/        (    0): vbox_graph_mode=1080x1920
I/installd(    0): installd firing up
I/Netd    (    0): Netd 1.0 starting
D/TetherController(    0): Setting IP forward enable = 0
E/Netd    (    0): Failed to open /proc/sys/net/ipv6/conf/default/accept_ra_rt_table: No such file or directory
E/Netd    (    0): Failed to open /proc/sys/net/ipv6/conf/eth1/accept_ra_rt_table: No such file or directory
E/Netd    (    0): Failed to open /proc/sys/net/ipv6/conf/ip6tnl0/accept_ra_rt_table: No such file or directory
E/Netd    (    0): Failed to open /proc/sys/net/ipv6/conf/lo/accept_ra_rt_table: No such file or directory
E/Netd    (    0): Failed to open /proc/sys/net/ipv6/conf/sit0/accept_ra_rt_table: No such file or directory
E/Netd    (    0): Failed to open /proc/sys/net/ipv6/conf/wlan0/accept_ra_rt_table: No such file or directory
--------- beginning of system
I/Vold    ( 1456): Vold 2.1 (the revenge) firing up
I/        ( 1463): debuggerd: Jan  9 2020 19:02:36
D/Vold    ( 1456): Volume sdcard state changing -1 (Initializing) -> 0 (No-Media)
I/lowmemorykiller( 1454): Using in-kernel low memory killer interface
I/SurfaceFlinger( 1458): SurfaceFlinger is starting
I/keystore( 1468): SELinux: Keystore SELinux is disabled.
I/SurfaceFlinger( 1458): SurfaceFlinger's main thread ready to run. Initializing graphics H/W...
D/libEGL  ( 1458): loaded /system/lib/egl/libEGL_adreno.so
D/        ( 1458): HostConnection::get() New Host Connection established 0xb683a140, tid 1458
D/libEGL  ( 1458): loaded /system/lib/egl/libGLESv1_CM_adreno.so
D/libEGL  ( 1458): loaded /system/lib/egl/libGLESv2_adreno.so
E/SurfaceFlinger( 1458): hwcomposer module not found
W/SurfaceFlinger( 1458): no suitable EGLConfig found, trying a simpler query
I/SurfaceFlinger( 1458): EGL information:
I/SurfaceFlinger( 1458): vendor    : Android
I/SurfaceFlinger( 1458): version   : 1.4 Android META-EGL
I/SurfaceFlinger( 1458): extensions: EGL_KHR_get_all_proc_addresses EGL_ANDROID_presentation_time EGL_KHR_image_base
L_ANDROID_image_native_buffer EGL_ANDROID_recordable
I/SurfaceFlinger( 1458): Client API: OpenGL_ES
```

图 8-132　执行 adb logcat 命令

切换到夜神模拟器，启动通信录应用（软件中为“通讯录”，文字有误，应为“通信录”），如图 8-133 所示。

图 8-133　启动通信录应用

如图 8-134 所示，您会发现日志中出现如下信息：

I/ActivityManager(1756): START u0 {act=android.intent.action.MAIN cat=[android.intent.category.LAUNCHER] flg=0x10200000 cmp= com.android.contacts/.activities. PeopleActivity bnds= [429,995][661,1177] (has extras)} from uid 1000 on display 0

其中，com.android.contacts/.activities.PeopleActivity 就是对应通信录应用的包名和主活动名，包名为 com.android.contacts，主活动名为 com.android.contacts.activities. PeopleActivity。另外，“.”是前面包名的一种简略写法，作者的操作习惯是补全包名。

当然，您还可以使用 adb logcat | grep android.intent.category.LAUNCHER 命令来对输出的日志信息进行过滤，这可以让查找包名和主活动名变得更简单一些，如图 8-135 所示。

其他系统应用或第三方应用的应用包名和主活动名的获取方法类似，这里不再赘述。

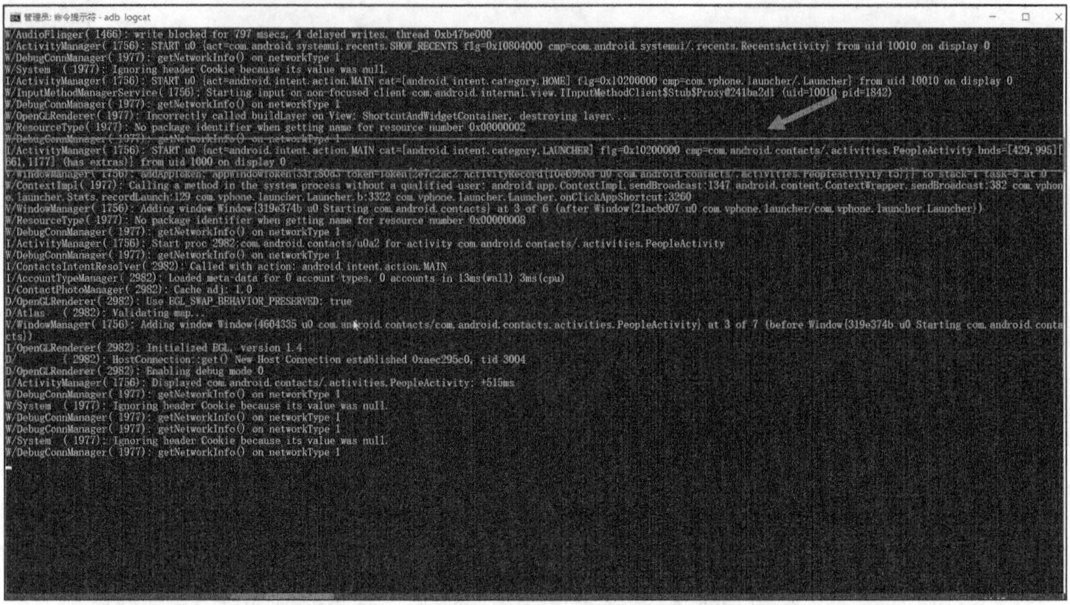

图 8-134　启动通信录应用时对应的的日志记录

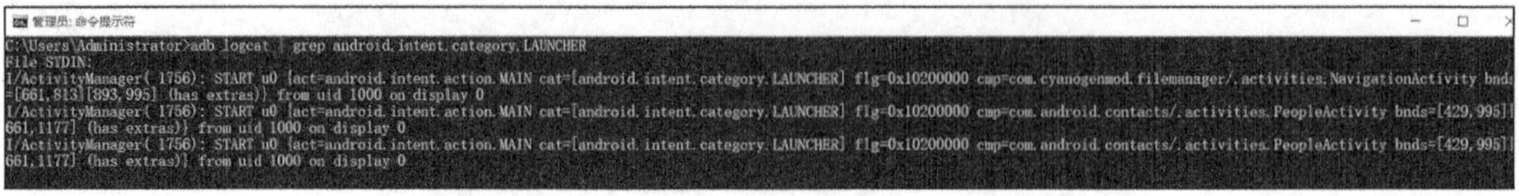

图 8-135　过滤日志信息

8.5　界面元素的定位

在实际工作中，我们使用的控件可能是多种多样的，既有常见的文本框、按钮、单选按钮、复选框等，也有一些不太常见的开关、滚动条、进度条等，涉及的操作则包括单击、放大、缩小等。

在使用 Appium 进行自动化测试时，为了在碰到这些控件时您能够得心应手、游刃有余，本节将介绍如何定位和操作这些控件（元素）。

8.5.1　根据 id 定位元素

根据 id 定位元素（控件）的方法经常被用到。这里以通讯录应用中的“添加新联系人”按钮元素为例。打开并使用 adb connect 127.0.0.1:62001 命令连接到夜神模拟器。在夜神模拟器中，先启动通信录应用，再启动 UI Automator View 工具以捕获夜神模拟器的界面信息。这里以“添加新联系人”按钮元素为例，右侧的 resource-id 就表示这个元素的 id 属性，对应的值为 com.android.contacts:id/floating_action_button，如图 8-136 所示。

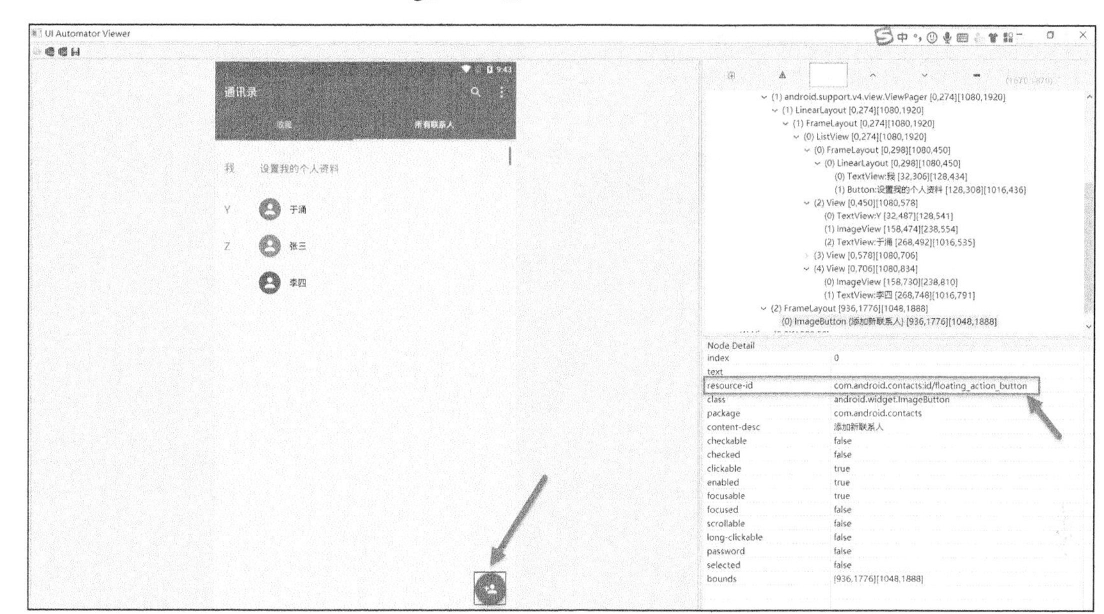

图 8-136 “添加新联系人”按钮元素对应的属性信息

我们可以通过两种方式实现对“添加新联系人”按钮元素的单击。这里以根据 id 属性定位元素为例，代码如下：

```
from appium import webdriver

caps = {
    'platformName': 'Android',
    'deviceName': '127.0.0.1:62001',
    'platformVersion': '5.1.1',
    'appPackage': 'com.android.contacts',
    'appActivity': 'com.android.contacts.activities.PeopleActivity'
}

driver = webdriver.Remote('http://127.0.0.1:4723/wd/hub', caps)
#方式一：使用 find_element_by_id()方法
driver.find_element_by_id('com.android.contacts:id/floating_action_button').click()

#方式二：使用 find_element_by_android_uiautomator()方法
driver.find_element_by_android_uiautomator('new UiSelector().resourceId(
"com.android.contacts:id/floating_action_button")').click()
```

8.5.2 根据 name 定位元素

虽然很少需要根据 name 定位元素（控件），但在这里我们还是选择对这种定位方法进行简单介绍。以单击通讯录应用中的联系人“于涌”为例，打开并使用 adb connect 127.0.0.1:62001

命令连接到夜神模拟器，在夜神模拟器中启动通讯录应用，然后启动 UI Automator View 工具以捕获夜神模拟器的界面信息。如图 8-137 所示，选中界面元素“于涌”，右侧的 text 就表示这一界面元素的 Name 属性，对应的值为“于涌”。

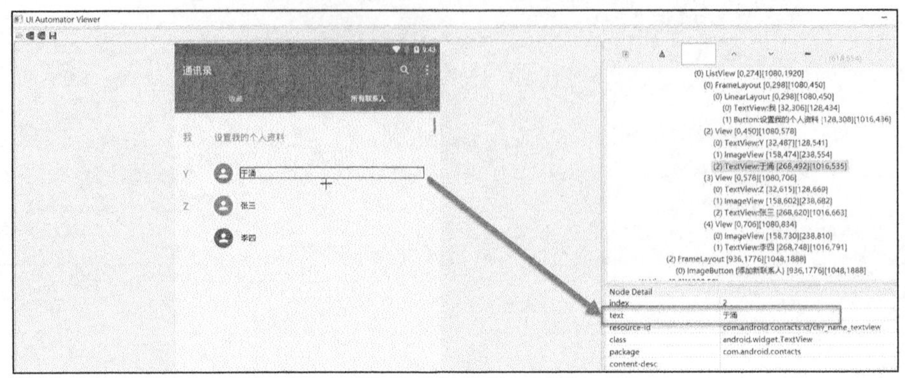

图 8-137　界面元素“于涌”对应的属性信息

需要特殊说明的是，driver.find_element_by_name()方法在当前版本中已禁用，因而在执行脚本时将会出现异常信息 selenium.common.exceptions.InvalidSelectorException:Message:Locator Strategy 'name' is not supported for this session，如图 8-138 所示。

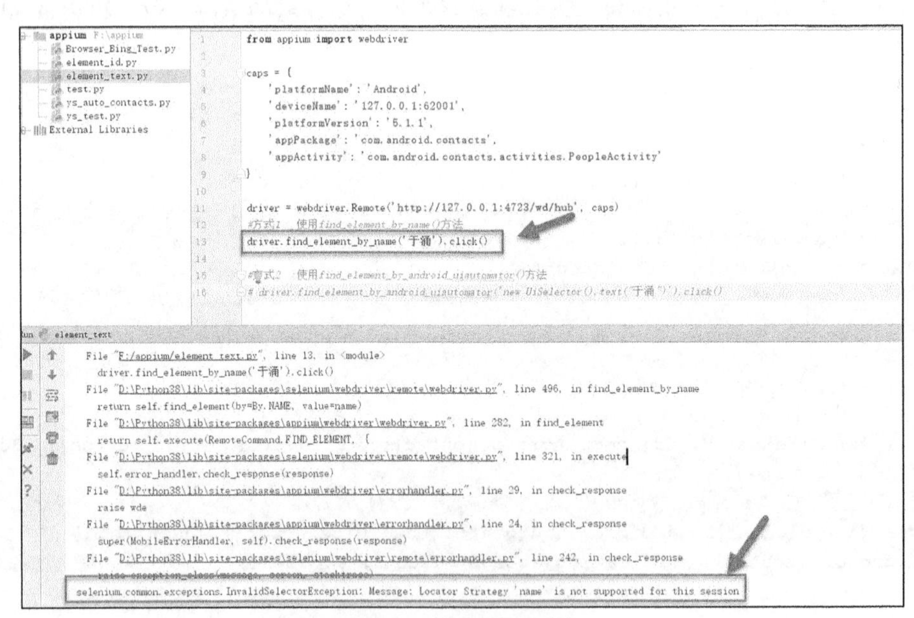

图 8-138　出现的异常信息

但是，我们仍然可以使用 driver.find_element_by_android_uiautomator('new UiSelector().text("于涌")').click()来定位并操作界面元素，如图 8-139 所示。

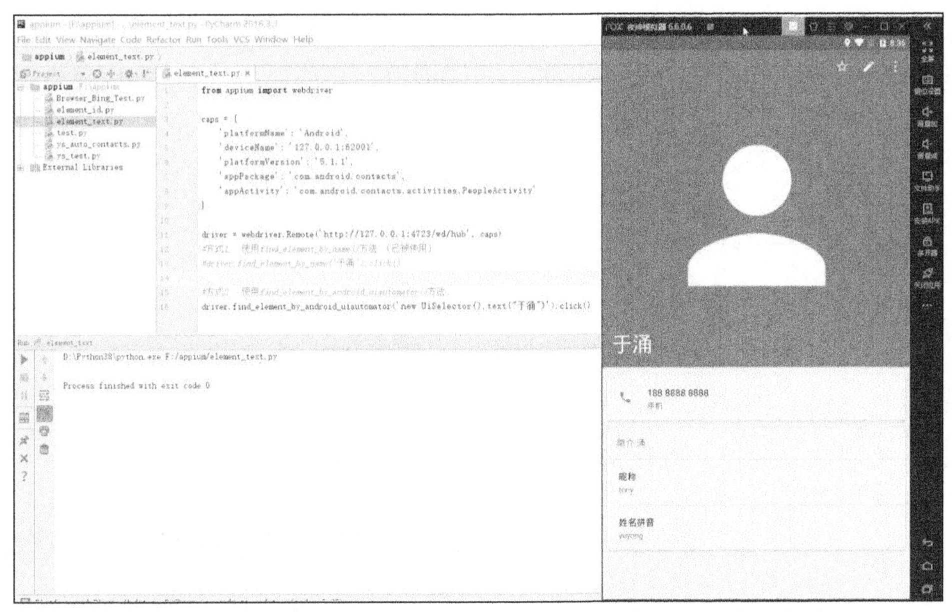

图 8-139 使用 find_element_by_android_uiautomator()方法定位并操作界面元素

8.5.3 根据 classname 定位元素

根据 classname 定位元素（控件）的方法也很少用到。打开并使用 adb connect 127.0.0.1:62001 命令连接到夜神模拟器，在夜神模拟器中，启动通信录应用，再启动 UI Automator View 工具以捕获夜神模拟器的界面信息。这里以“添加新联系人”按钮元素为例，右侧的 class 就表示这个界面元素的 classname 属性，对应的值为 android.widget.ImageButton，如图 8-140 所示。

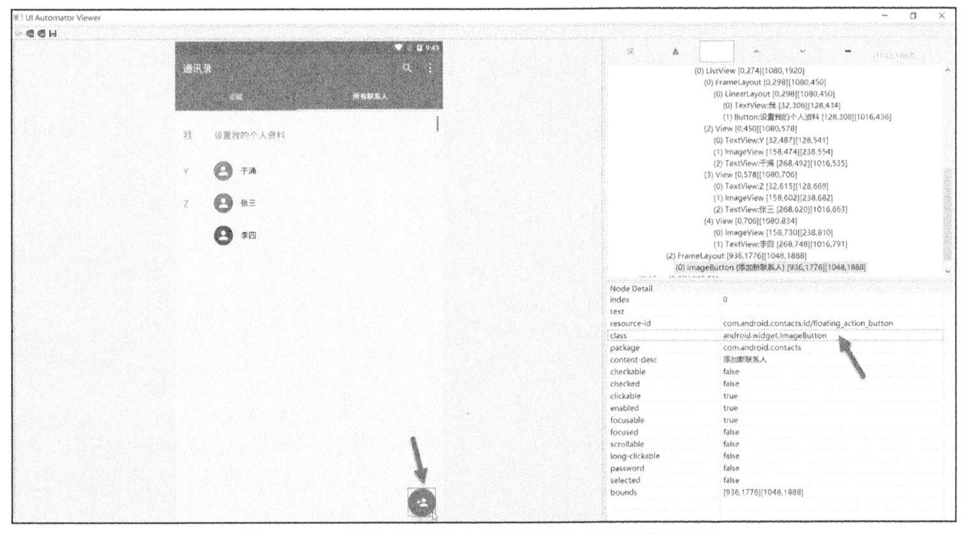

图 8-140 “添加新联系人”按钮元素对应的属性信息

脚本如下：

```
from appium import webdriver

caps = {
    'platformName': 'Android',
    'deviceName': '127.0.0.1:62001',
    'platformVersion': '5.1.1',
    'appPackage': 'com.android.contacts',
    'appActivity': 'com.android.contacts.activities.PeopleActivity'
}

driver = webdriver.Remote('http://127.0.0.1:4723/wd/hub', caps)
#方式一：使用 find_element_by_class_name()方法
driver.find_element_by_class_name('android.widget.ImageButton').click()
```

执行以上脚本后，显示的信息如图 8-141 所示。

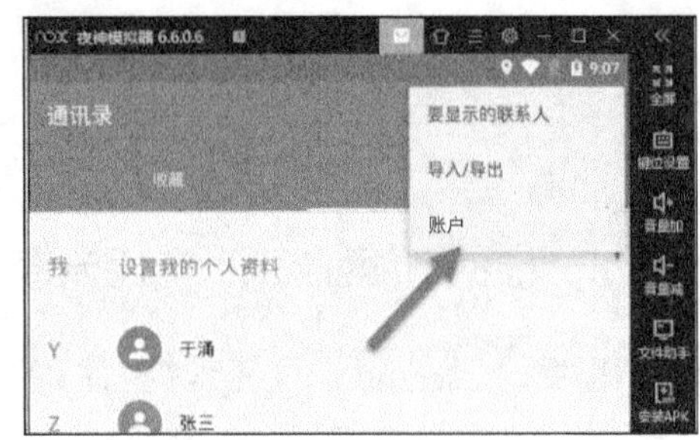

图 8-141　脚本执行后显示的信息

从图 8-141 可以看出，结果并没有单击“添加新联系人”按钮，而是单击了“更多选项”按钮（参见图 8-142）。这是为什么呢？从图 8-142 中不难发现，“更多选项”界面元素的 class 属性也是 android.widget.ImageButton，原因找到了：多个界面元素的 class 属性都是 android.widget.ImageButton。正是因为不唯一，所以夜神模拟器选择了第一个 class 属性值为 android.widget.ImageButton 的界面元素，也就是“更多选项”按钮，然后执行了单击操作，于是出现图 8-141 所示的结果。

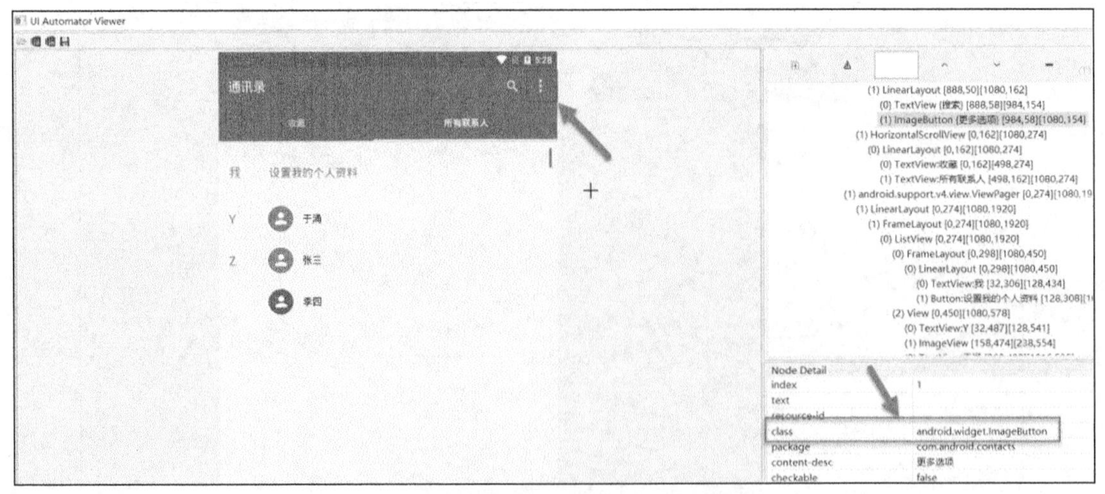

图 8-142　“更多选项”按钮元素对应的属性信息

那么，如果现在就要使用 ClassName 定位元素，该怎么办呢？因为 class 属性值为 android.widget.ImageButton 的元素有两个——“更多选项”按钮和“添加新联系人”按钮，所以如果要在得到对象列表的同时又使用 ClassName 来定位元素，就需要使用 driver.find_elements_by_class_name()方法。driver.find_elements_by_class_name()方法相当于 driver.find_element_by_class_name()方法的复数形式，也就是说，前者会返回多个符合条件的对象——对象列表。现在我们一起来对之前的脚本进行改造，实现单击“添加新联系人”按钮这一操作行为。

改造后的脚本如下：

```
1    from appium import webdriver
2
3    caps = {
4    'platformName': 'Android',
5    'deviceName': '127.0.0.1:62001',
6    'platformVersion': '5.1.1',
7    'appPackage': 'com.android.contacts',
9    'appActivity': 'com.android.contacts.activities.PeopleActivity'
9    }
10
11    driver = webdriver.Remote('http://127.0.0.1:4723/wd/hub', caps)
12    #方式一：使用 find_elements_by_class_name()方法
13    imgbtns=driver.find_elements_by_class_name('android.widget.ImageButton')
14    print(type(imgbtns))
15    print(len(imgbtns))
16    for i in (0,len(imgbtns)-1):
17    if imgbtns[i].get_attribute('content-desc')=='添加新联系人':
18       imgbtns[i].click()
```

下面对上述脚本稍加解释。

第 13 行语句会将所有 class 属性值为 android.widget.ImageButton 的界面元素添加到对象列表 imgbtns 中。

第 14 行语句会输出 imgbtns 的类型信息。

第 15 行语句会输出对象列表 imgbtns 的长度。

第 16～18 行语句会从 imgbtns 对象列表中循环取出每个元素，当所取元素的 content-desc 属性为“添加新联系人”时执行单击操作。

执行完改造后的脚本后，结果如图 8-143 所示。

从输出结果看，imgbtns 为列表对象，长度为 2。因为单击“添加新联系人”按钮成功，所以显示备份联系人提示框。

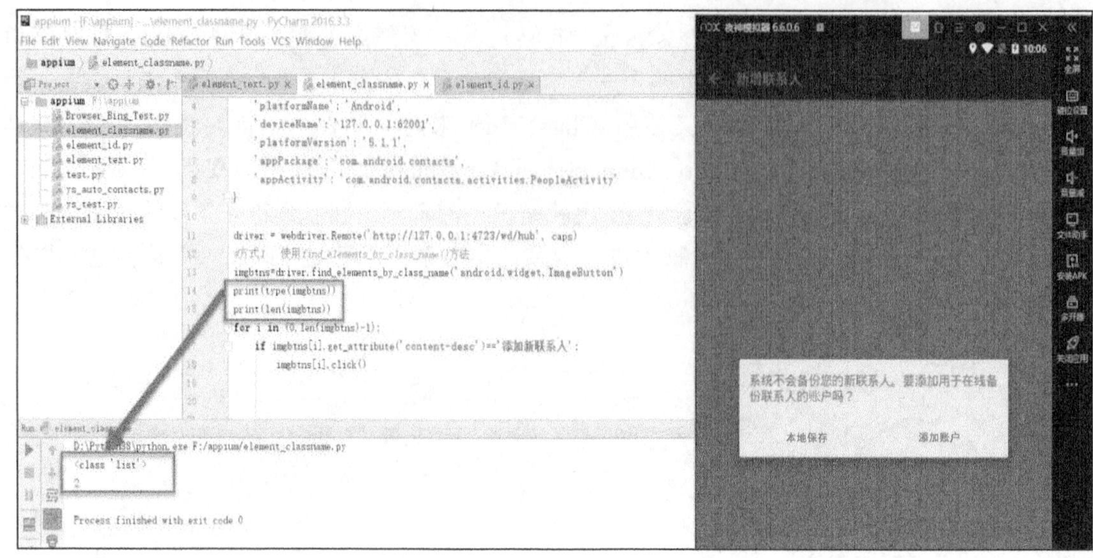

图 8-143　改造后的脚本及执行结果

尽管通过这种元素定位方式您也可以成功完成想要操作的业务脚本，但是当存在多个符合 class 属性值要求的元素时，脚本必须进行判断，才可以正确定位到想要操作的元素，这比较耗时。因此，本书建议在能够通过 ID 属性唯一定位元素的情况下，不使用 ClassName 定位元素。

同时，要注意 find_element_by_class_name()和 find_elements_by_class_name()的区别。即使要操作的界面上有多个符合条件的元素，在使用 find_element_by_ class_name()方法时，也只返回第一个符合条件的元素，而 find_elements_by_class_name()方法会返回所有符合条件的元素。如果要操作的元素只有一个，抑或虽然存在多个符合条件的元素，但要操作的元素恰好是第一个元素，就可以直接使用 find_element_by_class_name()方法；否则，必须判断返回的元素是否正是您想要操作的元素。

当然，因为已经知道在 driver.find_elements_by_android_uiautomator('new UiSelector().className("android.widget.ImageButton")')语句返回的对象列表中，我们想要操作的“添加新联系人”按钮元素处在第 2 个位置，下标为 1，所以也可以使用 driver.find_elements_by_android_uiautomator('newUiSelector().className("android.widget.ImageButton")')[1].click()来实现单击“添加新联系人”按钮这一操作行为。

相关代码如下：

```
from appium import webdriver

caps = {
    'platformName': 'Android',
    'deviceName': '127.0.0.1:62001',
    'platformVersion': '5.1.1',
```

```
    'appPackage': 'com.android.contacts',
    'appActivity': 'com.android.contacts.activities.PeopleActivity'
}

driver = webdriver.Remote('http://127.0.0.1:4723/wd/hub', caps)
#方式一：使用 find_elements_by_class_name()方法
# imgbtns=driver.find_elements_by_class_name('android.widget.ImageButton')
# print(type(imgbtns))
# print(len(imgbtns))
# for i in (0,len(imgbtns)-1):
#     if imgbtns[i].get_attribute('content-desc')=='添加新联系人':
#         imgbtns[i].click()
#driver.find_element_by_class_name('android.widget.ImageButton').click()

#方式二：使用 find_element_by_android_uiautomator()方法
driver.find_elements_by_android_uiautomator('new UiSelector().'
                                   'className("android.widget.ImageButton")')[1]. click()
```

执行结果如图 8-144 所示。

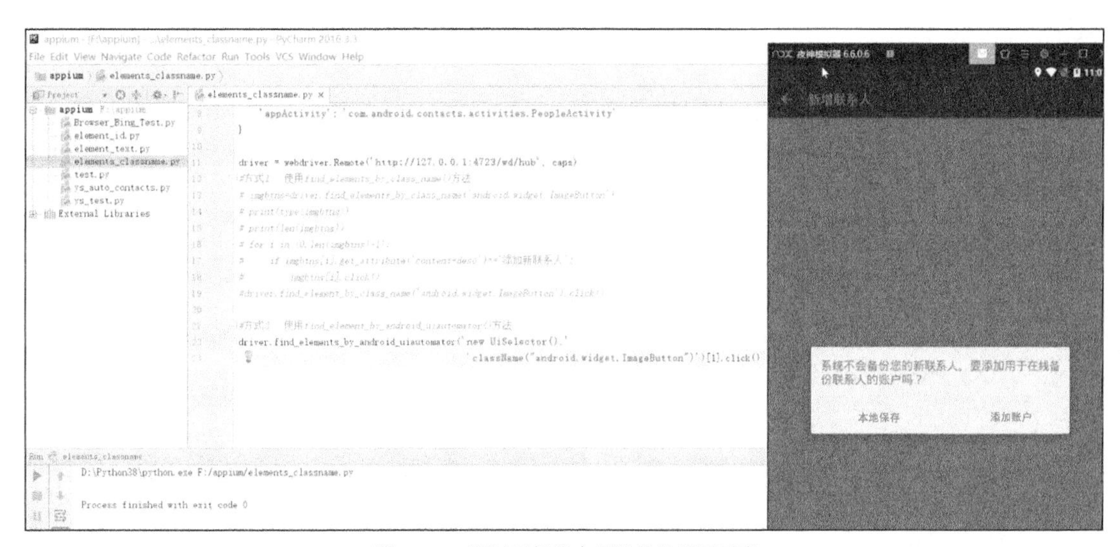

图 8-144 通过下标指定要操作的界面元素

8.5.4 根据 content-desc 定位元素

根据 content-desc 定位元素（控件）的方法很少会用到。打开并使用 adb connect 127.0.0.1:62001 命令连接到夜神模拟器。在夜神模拟器中，启动通信录应用，再启动 UI Automator View 工具以捕获夜神模拟器的界面信息。这里以“添加新联系人”按钮元素为例，

content-desc 就是这一界面元素的描述信息，对应的属性值为“添加新联系人”，如图 8-145 所示。

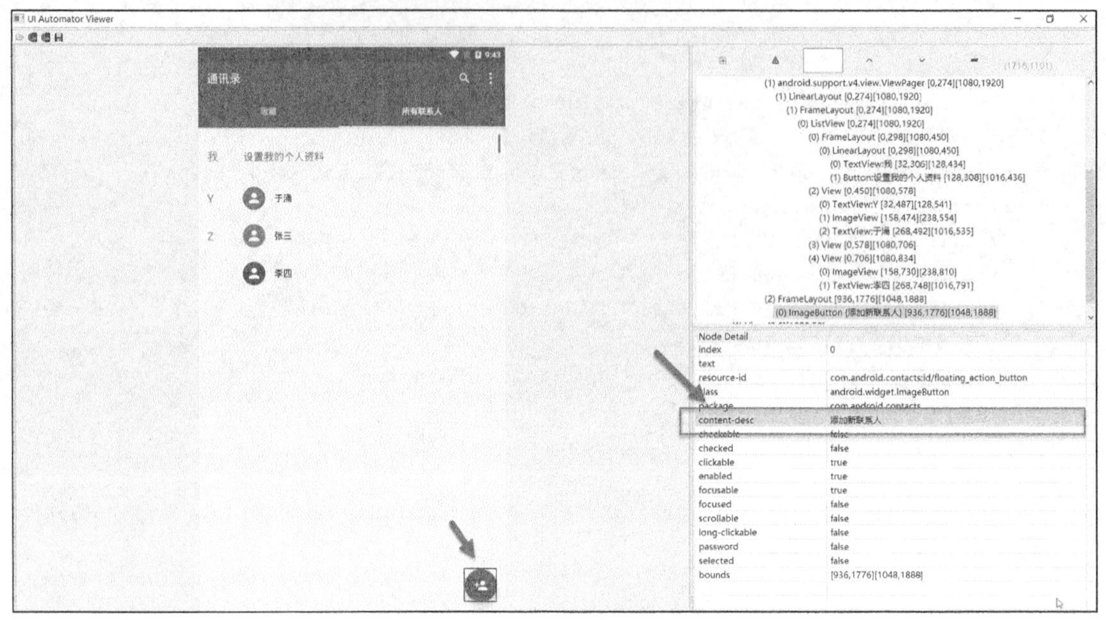

图 8-145 “添加新联系人”按钮元素对应的属性信息

我们可以通过两种方式单击“添加新联系人”按钮元素。这里以根据 content-desc 定位元素为例。

代码如下：

```
from appium import webdriver

caps = {
    'platformName': 'Android',
    'deviceName': '127.0.0.1:62001',
    'platformVersion': '5.1.1',
    'appPackage': 'com.android.contacts',
    'appActivity': 'com.android.contacts.activities.PeopleActivity'
}

driver = webdriver.Remote('http://127.0.0.1:4723/wd/hub', caps)
#方式一：使用 find_element_by_accessibility_id ()方法
#driver.find_element_by_accessibility_id('添加新联系人').click()

#方式二：使用 find_element_by_android_uiautomator()方法
driver.find_element_by_android_uiautomator('new UiSelector().'
                                           'description("添加新联系人")').click()
```

执行结果如图 8-146 所示。

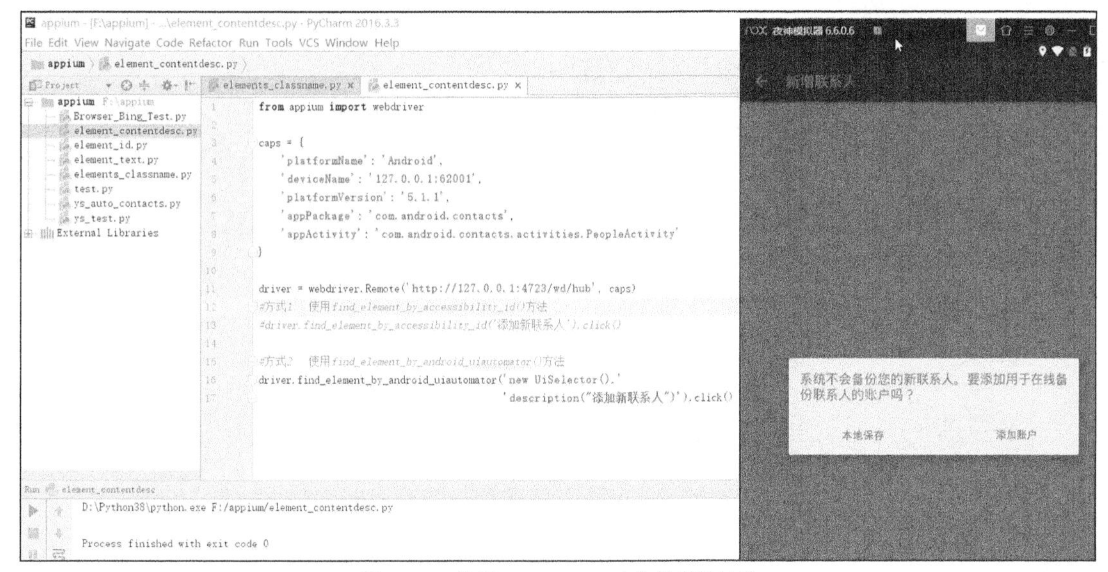

图 8-146 使用 content-desc 定位元素的结果

8.5.5 根据 XPath 定位元素

在日常工作中，如果能够非常容易地获得界面元素的 ID 属性信息，并且它们是唯一的，那么通过它们定位元素是最理想、最方便的选择。但是如果界面较复杂且无法通过 ID 准确定位到界面元素，就要使用 XPath 来定位元素。在讲解如何根据 XPath 定位元素之前，本节有必要先讲一讲什么是 XPath。XPath 表示 XML 路径语言（XML Path Language），可用来在 XML 文档中对元素和属性进行遍历。XPath 基于 XML 树状结构为我们提供了在数据结构树中找寻节点的能力。

结合通信录应用，您可以看到，这个应用采用的是以/hierarchy 标签作为根节点并以各个不同元素作为子节点的树状结构。XPath 元素定位分成两种类型——绝对定位和相对定位。绝对定位是指从根节点开始，逐层标识以定位到要查找的元素。比如，“添加新联系人”按钮对应的绝对定位字符串表达式为/hierarchy/android.widget.FrameLayout/android.widget.LinearLayout/android.widget.FrameLayout/android.widget.RelativeLayout/android.widget.FrameLayout/android.widget.ImageButton，参见图 8-147。由此不难发现，绝对定位字符串表达式是以/开始的，每一层使用的是 class 属性值。

XPath 绝对定位看起来十分麻烦，而且不直观。事实上，在大多数情况下，我们使用的是 XPath 相对定位。之前出现过的//android.widget.ImageButton[@content-desc="添加新联系人"]就是 XPath 相对定位字符串表达式。相对定位字符串表达式是以//开始的，android.widget. ImageButton 为“添加新联系人”按钮元素的 class 属性值。中括号表示要在 XPath 中根据 content-desc 定位描述信息为“添加新联系人”的元素。这种方法看起来是不是简洁、清晰了很多呢？

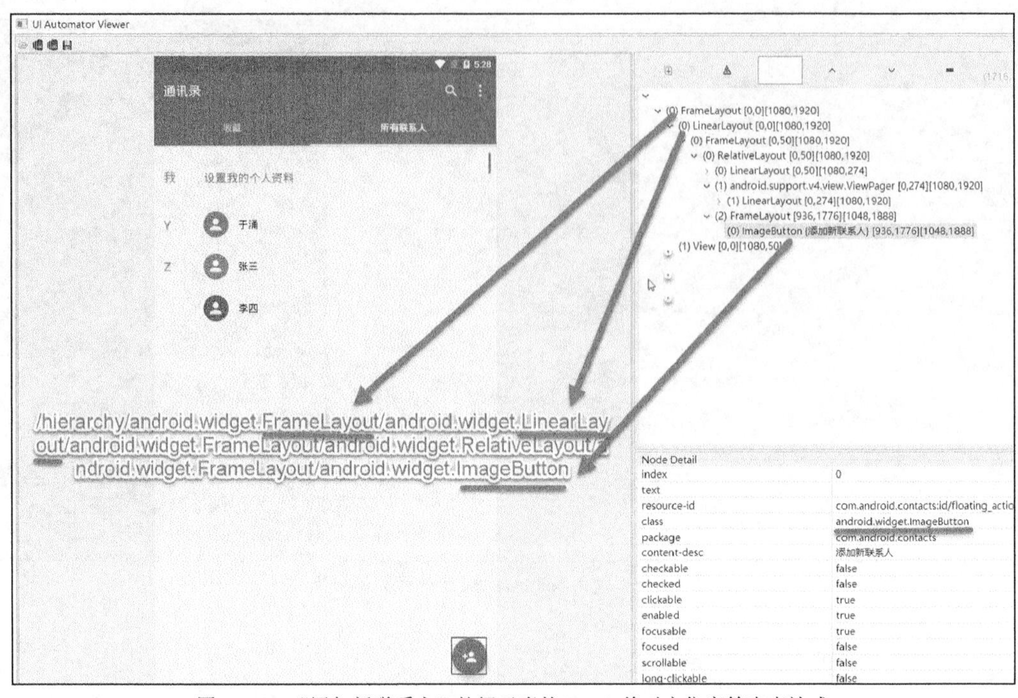

图 8-147 “添加新联系人”按钮元素的 XPath 绝对定位字符串表达式

我们还可以通过组合一些属性来完成界面元素的定位，这种方法特别适用于出现属性重名（不唯一）的情形，即使用组合属性就能唯一确定界面元素。以下是一个联合使用 class 和 content-desc 属性的例子：

```
    driver.find_element_by_xpath('//android.widget.ImageButton[@content- desc="添加新联系人"
and @class="android.widget.ImageButton"]').click()
```

在以上语句中，除可以使用 and 以外，还可以使用关系节点（比如父节点、子节点）和轴。轴可用于定义相对于当前节点的节点集。为了便于读者了解这些内容，表 8-2 列出了一些常用的 XPath 元素定位表达式。

表 8-2 常用的 XPath 元素定位表达式

XPath 表达式	说明
/	绝对定位方式，从根节点选取
//	相对定位方式，从匹配选择的当前节点选择文档中的节点，而不考虑它们的位置
@	选取属性，如 id、name、class 属性等
contains	包含
ancestor	选取当前节点的所有先辈节点（父节点、祖父节点等）
attribute	选取当前节点的属性
child	选取当前节点的所有子元素节点

续表

XPath 表达式	说明
descendant	选取当前节点的所有后代元素节点（子节点、孙节点等）
descendant-or-self	选取当前节点的所有后代元素节点（子节点、孙节点等）以及当前节点本身
following	选取文档中当前节点的结束标签之后的所有节点
parent	选取当前节点的父节点
preceding	选取当前节点之前的所有节点
preceding-sibling	选取当前节点之前的所有同级兄弟节点
|	选取两个节点集
=	等于
!=	不等于
<	小于
<=	小于或等于
>	大于
>=	大于或等于
or	或
and	与
mod	取余

使用 XPath 绝对定位和相对定位方式定位“添加新联系人”按钮元素的代码如下：

```
from appium import webdriver

caps = {
    'platformName': 'Android',
    'deviceName': '127.0.0.1:62001',
    'platformVersion': '5.1.1',
    'appPackage': 'com.android.contacts',
    'appActivity': 'com.android.contacts.activities.PeopleActivity'
}

driver = webdriver.Remote('http://127.0.0.1:4723/wd/hub', caps)
#方式一:使用 find_element_by_xpath()绝对定位方法
driver.find_element_by_xpath('/hierarchy/android.widget.FrameLayout/android.widget.'
                             'LinearLayout/android.widget.FrameLayout/android.widget.'
                             'RelativeLayout/android.widget.FrameLayout/android.widget'
                             '.ImageButton').click()

#方式二:使用 find_element_by_xpath()相对定位方法
driver.find_element_by_xpath('//android.widget.ImageButton[@content-desc="添加新联系人"]')\
                            .click()
```

执行结果如图 8-148 所示。

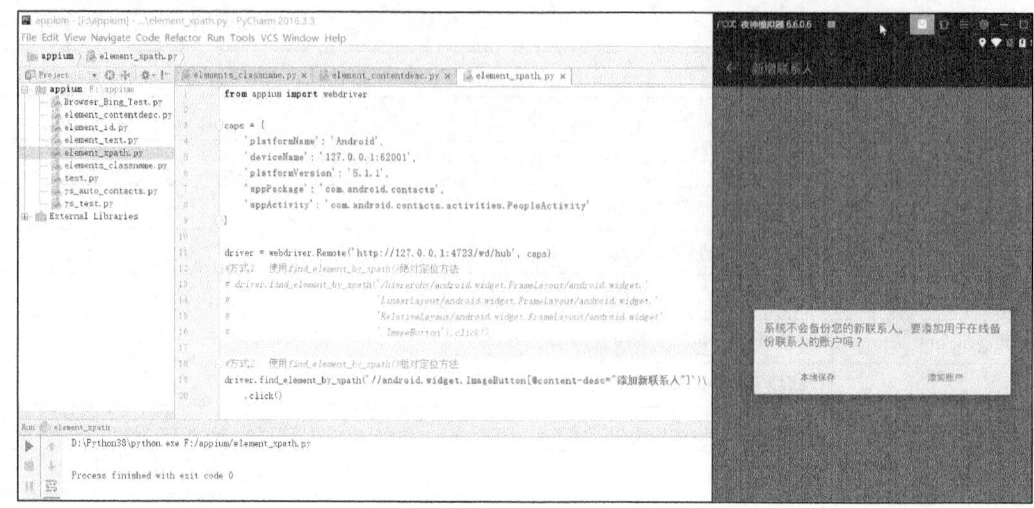

图 8-148　使用 XPath 绝对定位和相对定位方式定位“添加新联系人”按钮元素

8.5.6　根据坐标操作元素

我们还可以通过单击指定的坐标来操作指定的元素，但是这种方法并不建议使用，因为这种方法对坐标有严重的依赖，若换了模拟器或手机设备，分辨率的不同就会导致脚本执行失败。

下面仍以“添加新联系人”按钮为例。在 UI Automator Viewer 工具中，可以看到 bounds 属性的值为[936,1776][1048,1888]，如图 8-149 所示。标识为①的位置也就是“添加新联系人”按钮元素所在区域的左上顶点，坐标就是（936,1776）；标识为②的位置也就是“添加新联系人”按钮元素所在区域的右下顶点，坐标就是（1048,1888）。单击这一区域内的任何坐标点，都可以实现单击“添加新联系人”按钮这一操作行为。

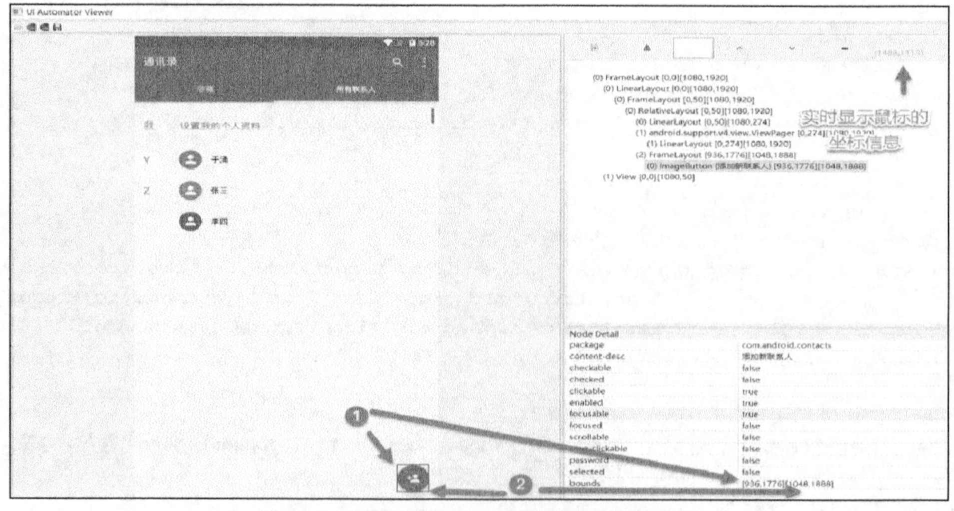

图 8-149　“添加新联系人”按钮的相关属性信息

这里假设要单击坐标(936,1776)，并保持单击操作 10ms，那么可以使用 tap([(936,1776)],10)方法。tap()方法有两个参数：第一个参数是要操作的坐标，最多可以指定 5 个坐标；第二个参数表示单击操作的时长，默认单位为毫秒。

示例代码如下：

```
from appium import webdriver

caps = {
    'platformName': 'Android',
    'deviceName': '127.0.0.1:62001',
    'platformVersion': '5.1.1',
    'appPackage': 'com.android.contacts',
    'appActivity': 'com.android.contacts.activities.PeopleActivity'
}

driver = webdriver.Remote('http://127.0.0.1:4723/wd/hub', caps)
driver.tap([(936,1776)],10)
```

执行结果如图 8-150 所示。

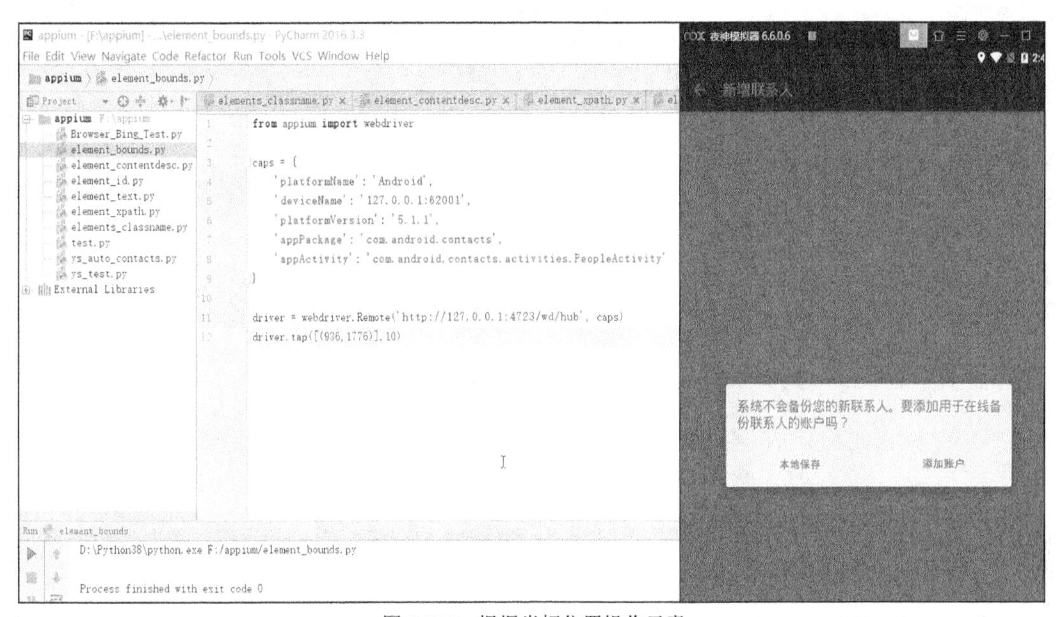

图 8-150　根据坐标位置操作元素

8.6 模拟各种手势操作

平时在操作手机的过程中，我们经常会进行滑动、拖曳、长按、多手指（多点）放大或缩小图片等操作。本节将介绍如何模拟这些手势操作。

8.6.1　长按操作

长按操作是我们平时经常会使用的一种手势操作。有时候，我们可能需要拨打国际长途。为此，在拨号前需要先拨国际区号。例如，要在美国给国内的亲属拨打国际长途，通常需要在电话号码前先拨“+86”，“+86”代表什么呢？“+86”就是中国的电话系统在世界上的国际区号。另外，其中的“+”可以用两个零替代，所以“+86”实际上也就是 0086。那么，在拨号时如何输入“+”呢？这里以名为 appium 的 Android 虚拟设备为例，Android 虚拟设备内置了电话簿应用，如图 8-151 所示。

我们先打开电话簿应用，再单击“键盘”图标，如图 8-152 所示。在图 8-153 所示的拨号界面中，如果长按 0 键，就会在输入电话号码的文本框中输入“＋”，然后输入“86”＋“中国地区的区号”＋“电话号码”就能拨打国际电话了。例如，若要在美国给中国长春的朋友打电话，则可以拨打“＋86043165****23”，这里的 0431 是长春地区的区号，65****23 是电话号码。

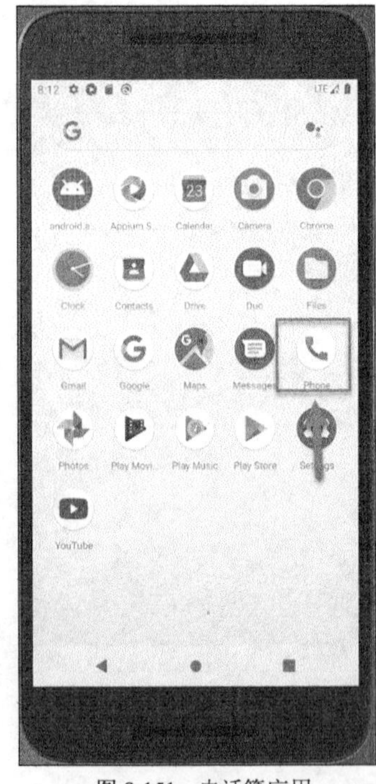

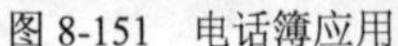
图 8-151　电话簿应用

图 8-152　单击“键盘”图标

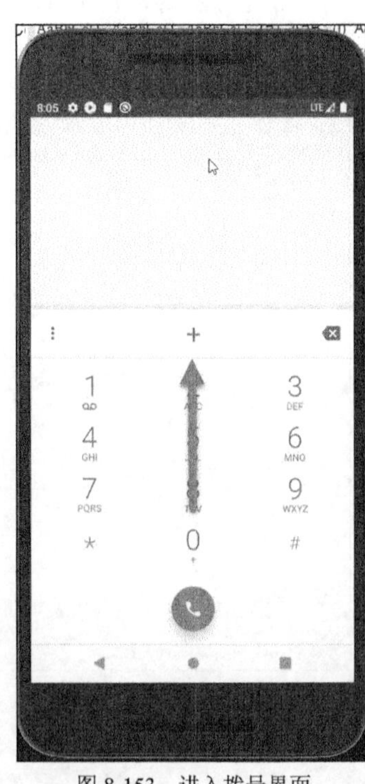

图 8-153　进入拨号界面

如图 8-154 所示，我们可以先通过 UI Automator Viewer 获得按键 0 的相关属性信息。接下来，我们需要引入 TouchAction，代码如下：

```
from appium.webdriver.common.touch_action import TouchAction
```

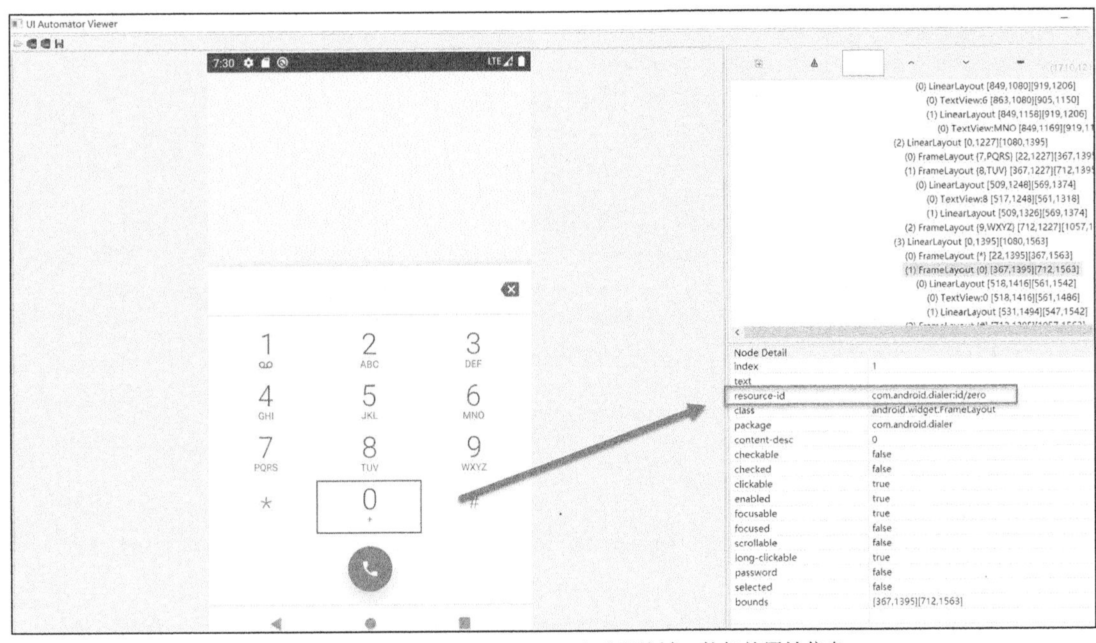

图 8-154　在 UI Automator Viewer 中获得按键 0 的相关属性信息

这样我们就可以通过如下代码来实现长按操作了：

```
TouchAction(driver).long_press(el=driver.find_element_by_id(
    'com.android.dialer:id/zero'),duration=2000).perform()
```

在使用 long_press()方法时，必须指定想要操作的对象。换言之，必须指定 el 参数。在这里，我们想要操作的对象是按键 0，对应的 ID 属性值为 com.android.dialer:id/zero。使用 duration 参数可以指定长按操作的时长，这里指定长按 2s 的时间，也就是 2000ms。代码如下：

```
from appium import webdriver
from appium.webdriver.common.touch_action import TouchAction

caps = {
    'platformName': 'Android',
    'deviceName': 'Nexus_5X_API_29',
    'platformVersion': '10',
    'appPackage': 'com.android.dialer',
    'appActivity': 'com.android.dialer.main.impl.MainActivity'
}

driver = webdriver.Remote('http://127.0.0.1:4723/wd/hub', caps)

#单击键盘图标
driver.find_element_by_id('com.android.dialer:id/fab').click()
#长按 0 键，键入+
TouchAction(driver).long_press(el=driver.find_element_by_id(
    'com.android.dialer:id/zero'),duration=2000).perform()
```

```
#键入 86043165****23
driver.find_element_by_id('com.android.dialer:id/eight').click()
driver.find_element_by_id('com.android.dialer:id/six').click()
driver.find_element_by_id('com.android.dialer:id/zero').click()
driver.find_element_by_id('com.android.dialer:id/four').click()
driver.find_element_by_id('com.android.dialer:id/three').click()
driver.find_element_by_id('com.android.dialer:id/one').click()
driver.find_element_by_id('com.android.dialer:id/six').click()
driver.find_element_by_id('com.android.dialer:id/five').click()
driver.find_element_by_id('com.android.dialer:id/six').click()
driver.find_element_by_id('com.android.dialer:id/five').click()
driver.find_element_by_id('com.android.dialer:id/two').click()
driver.find_element_by_id('com.android.dialer:id/three').click()
driver.find_element_by_id('com.android.dialer:id/two').click()
driver.find_element_by_id('com.android.dialer:id/three').click()
#单击拨号按钮
driver.find_element_by_id('com.android.dialer:id/dialpad_floating_action_button').click()
```

执行结果如图 8-155 所示。

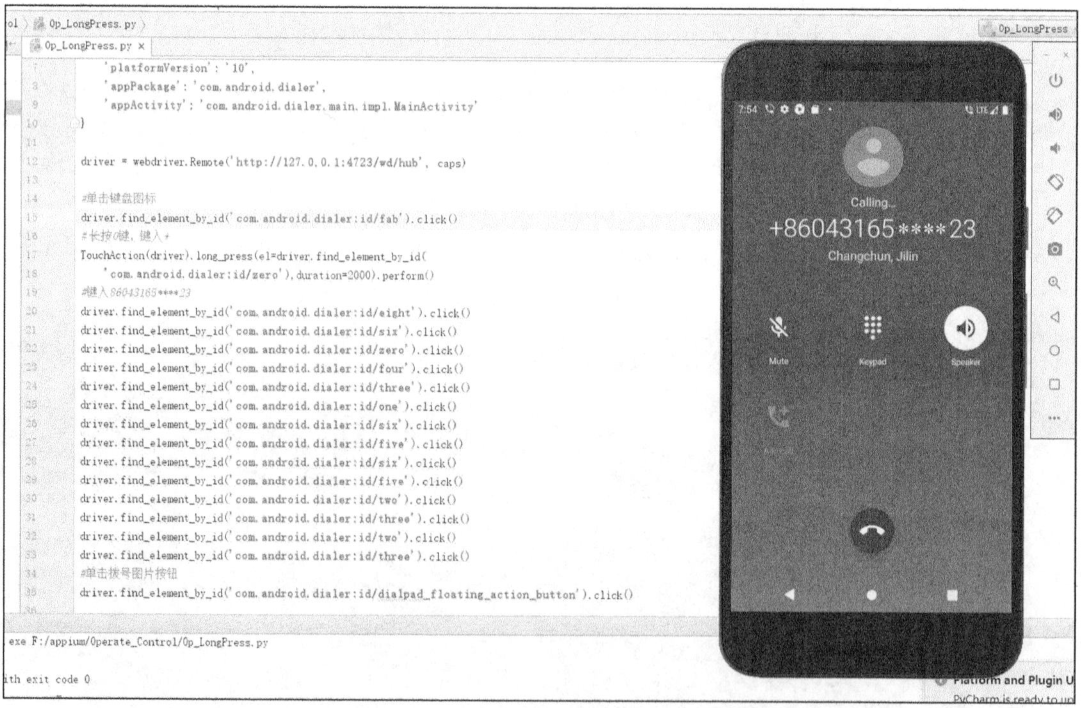

图 8-155 长按操作对应的脚本代码和执行结果

8.6.2 拖曳操作

拖曳操作也是我们平时经常使用的一种手势操作。例如，在使用 Android 系统时，如果要将手机上的应用图标放到容器面板中，使应用图标看起来更规整一些，那么只需要先选中想要放置的应用图标，然后拖曳到对应的容器面板中即可，如图 8-156 所示。

如果要拖曳“谷歌浏览器”应用图标，就需要先选中“谷歌浏览器”应用图标，如图 8-157 所示。

选中后，稍等一会儿，拖曳“谷歌浏览器”应用图标到上方的容器面板中，如图 8-158 所示。

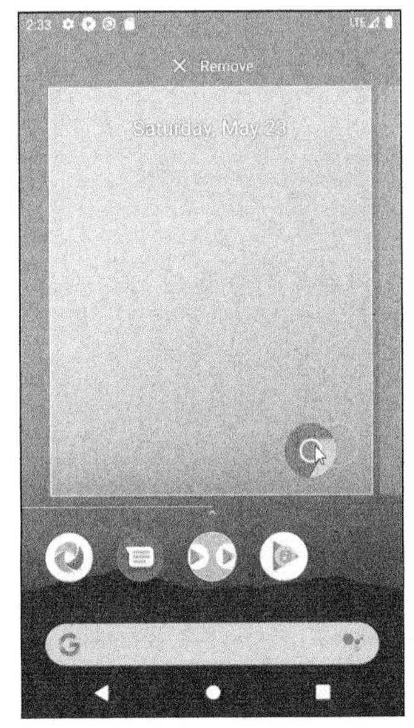

图 8-156　拖曳“谷歌浏览器”应用图标到容器面板中

图 8-157　选中“谷歌浏览器”应用图标

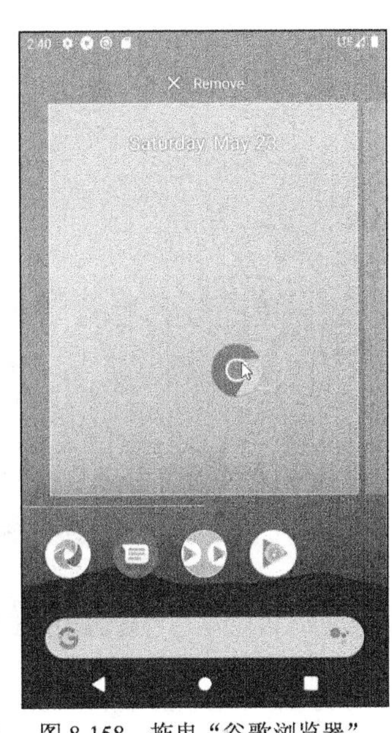

图 8-158　拖曳“谷歌浏览器”应用图标到容器面板中

在编写代码之前，我们必须获得界面元素的相关属性信息，这里仍然选用 UI Automator Viewer 工具。

首先，获得“谷歌浏览器”应用图标的信息，text 属性为 Chrome，如图 8-159 所示。

然后，获得“容器面板”界面元素的相关属性信息，如图 8-160 所示。

您可以看到，容器面板是 android.view.ViewGroup 类。

获取到这些信息后，将“谷歌浏览器”应用图标拖曳到容器面板中的实现代码如下所示：

```
from appium import webdriver

caps = {
    'platformName': 'Android',
    'deviceName': 'Nexus_5X_API_29',
    'platformVersion': '10'
}

driver = webdriver.Remote('http://127.0.0.1:4723/wd/hub', caps)
```

```
#将"谷歌浏览器"应用图标赋给 ele_chrome
ele_chrome=driver.find_element_by_android_uiautomator('new UiSelector().text("Chrome")')
#将容器面板赋给 ele_group
ele_group=driver.find_element_by_class_name('android.view.ViewGroup')
#将"谷歌浏览器"应用图标拖曳到容器面板中
driver.drag_and_drop(ele_chrome,ele_group)
```

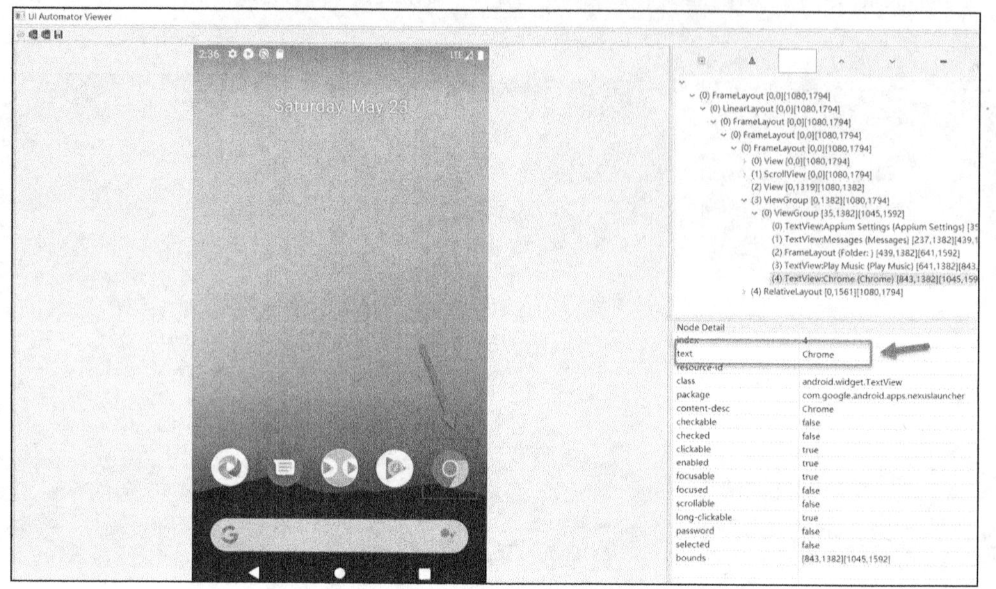

图 8-159　“谷歌浏览器”应用图标的相关属性信息

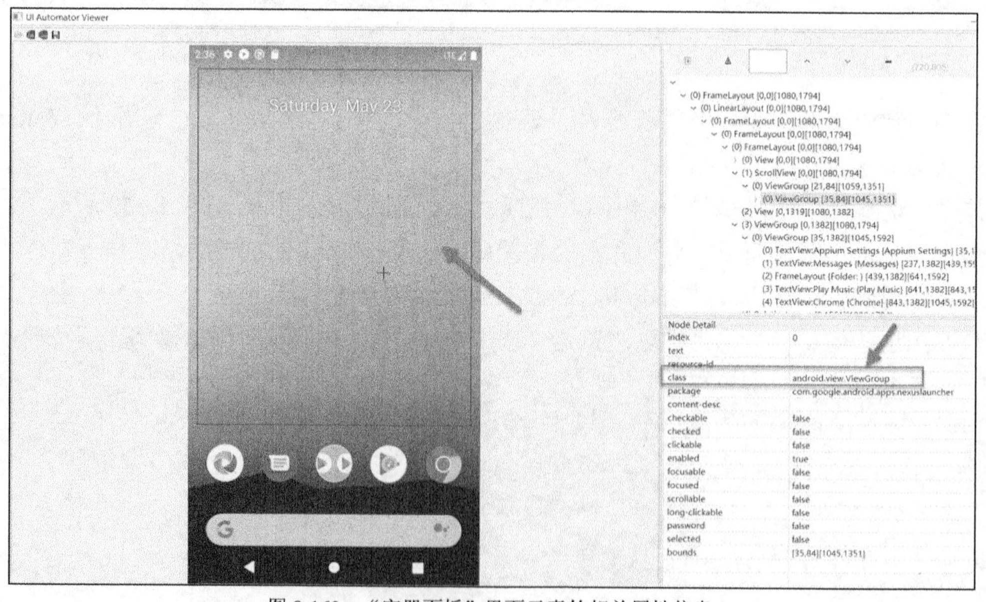

图 8-160　“容器面板”界面元素的相关属性信息

执行完以上脚本后，您将发现“谷歌浏览器”应用图标从图 8-161 所示位置移到了图 8-162 所示位置。

图 8-161 “谷歌浏览器”应用图标的原始位置

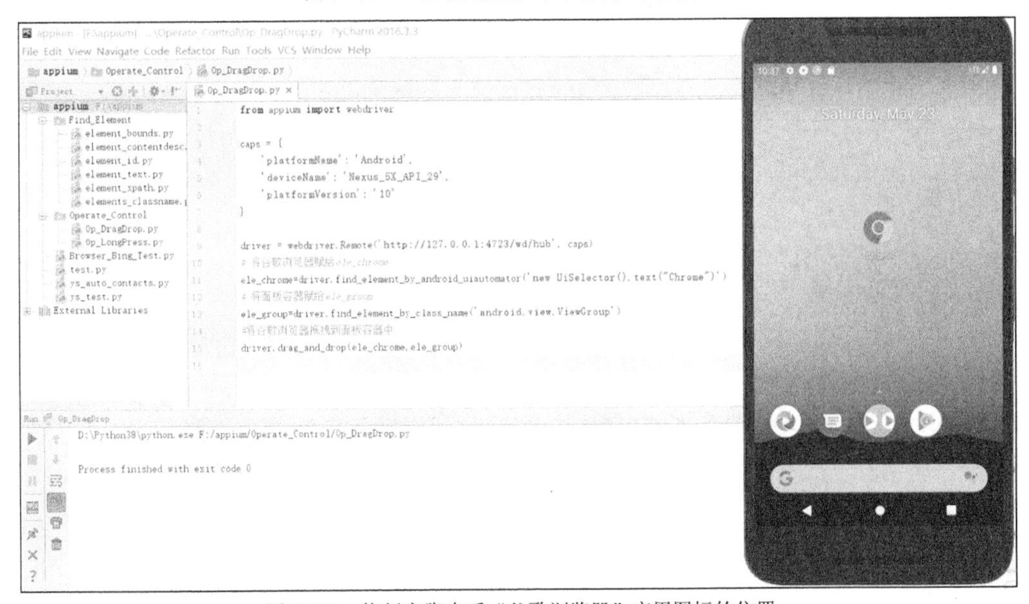

图 8-162 执行完脚本后“谷歌浏览器”应用图标的位置

8.6.3 滑动操作

在操作移动应用时，我们可能会用到 Slider 控件，比如当调节手机显示屏的亮度时。

这里仍然以 Android 虚拟设备 Nexus_5X_API_29 为例，单击系统设置界面中的 Display（显示）选项，再单击 Brightness level（亮度级别）选项，将出现用于调节亮度的 Slider 控件，如图 8-163 所示。

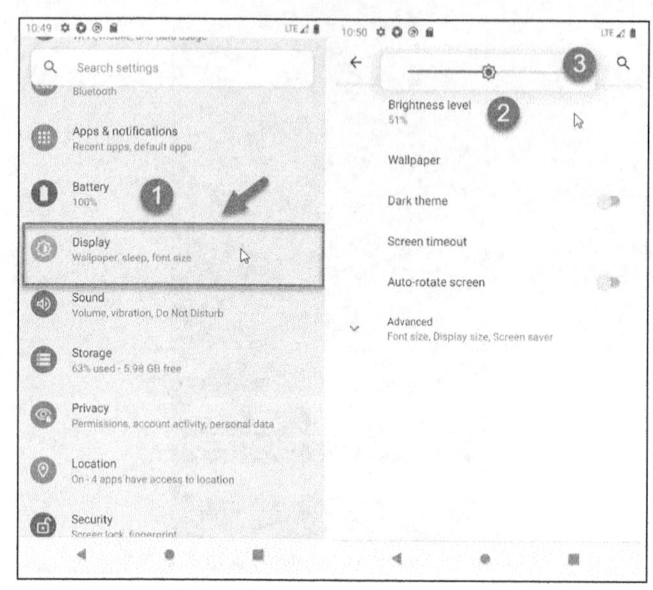

图 8-163　Slider 控件

如图 8-164 所示，Slider 控件对应的 ID 属性值为 com.android.systemui:id/slider。

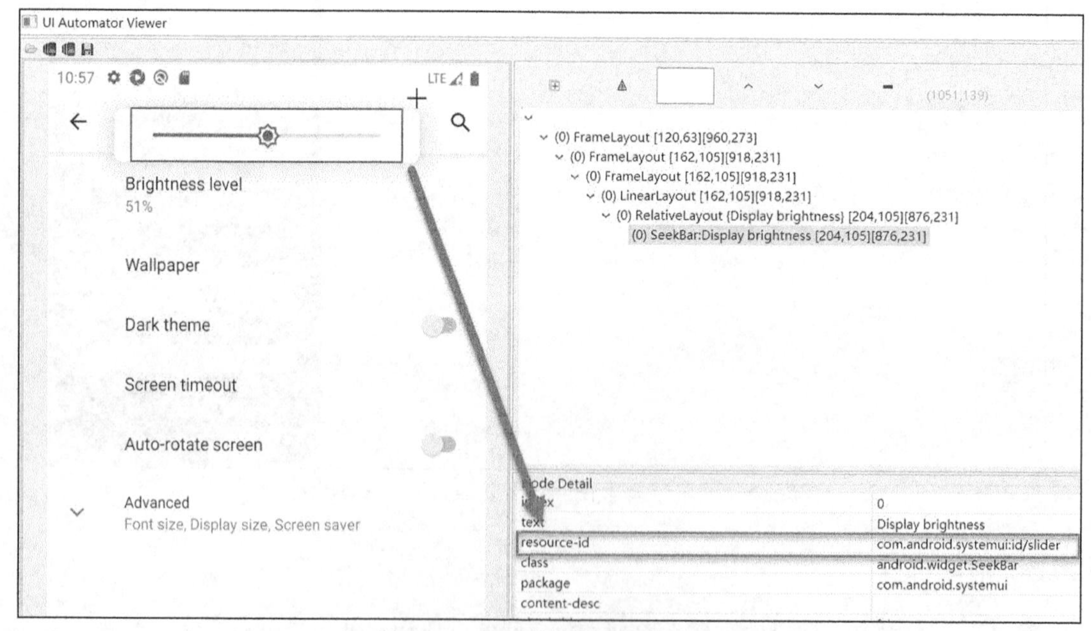

图 8-164　Slider 控件的相关属性信息

您可以通过如下代码获得 Slider 控件并将其赋给 Brightness：

```
Brightness=driver.find_element_by_id("com.android.systemui:id/slider")
```

您还可以通过如下两条语句获得 Slider 控件的 *x* 轴和 *y* 轴坐标：

```
Brightness.location.get('x')
Brightness.location.get('y')
```

现在，假设为了保护眼睛，我们想要将亮度调整到亮度条的中间位置，该如何编写代码呢？思考一下，中间位置就是亮度条的中心位置，也就是亮度条长度的二分之一处，同时也是整个屏幕宽度的二分之一处。滑动 Slider 控件，其实也就是对 *x* 轴坐标进行操作，因为 Slider 控件的 *y* 轴坐标不会发生改变，聪明的读者是否已经写出代码呢？

将亮度调整到亮度条的中间位置的代码如下：

```
from appium import webdriver

caps = {
    'platformName': 'Android',
    'deviceName': 'Nexus_5X_API_29',
    'platformVersion': '10',
    'appPackage': 'com.android.settings',
    'appActivity': 'com.android.settings.Settings'
}
driver = webdriver.Remote('http://127.0.0.1:4723/wd/hub', caps)
#单击 Display 选项
driver.find_element_by_android_uiautomator('new
UiSelector().text("Display")').click()
#单击 Brightness level 选项
driver.find_element_by_android_uiautomator('new UiSelector().text("Brightness
level")').click()
#捕获 Slider 控件并赋给 Brightness
Brightness=driver.find_element_by_id("com.android.systemui:id/slider")
#获得亮度条的当前 x 坐标
xStartPoint = Brightness.location.get('x')
#获得亮度条的 x 坐标的中间位置，也就是屏幕的中心位置
xMiddlePoint = xStartPoint + Brightness.size.get('width')/2
#获得亮度条的当前 y 坐标
yPoint = Brightness.location.get('y')
#滑动亮度条
driver.swipe(xStartPoint,yPoint,xMiddlePoint,yPoint)
```

执行结果如图 8-165 所示。

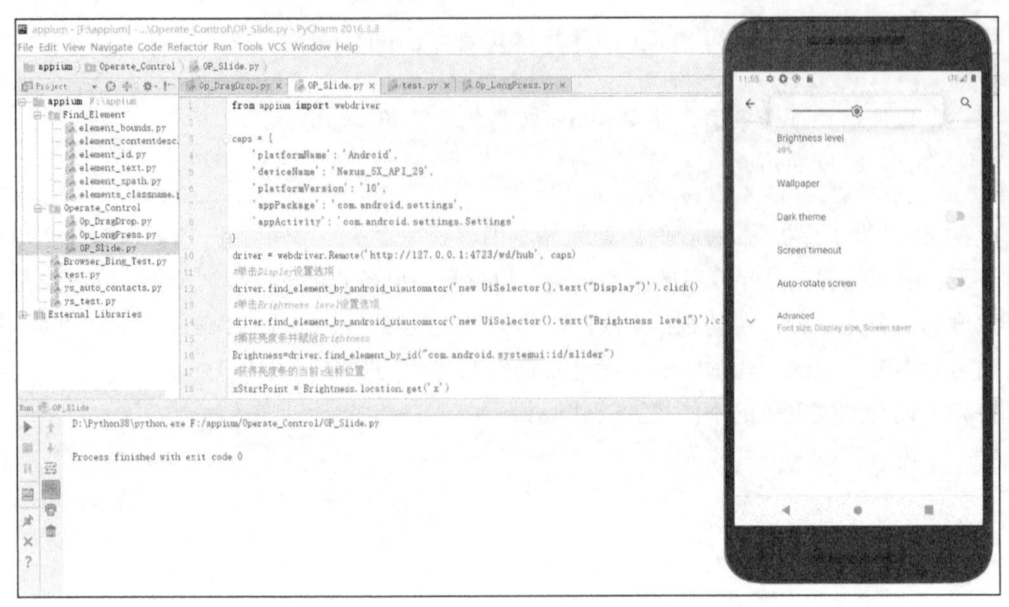

图 8-165　滑动操作的示例脚本及执行结果

8.6.4　多点操作

在操作移动应用时，可能涉及一些多点操作。例如，当我们浏览照片时，偶尔就会进行照片的放大或缩小操作，放大和缩小操作就是多点操作。

以浏览手机上的一张大犀牛领着小犀牛的非常温馨的照片为例。小犀牛十分可爱，我们想将小犀牛放大一点，以便看得更清楚，于是就需要对小犀牛进行放大处理。在进行放大处理时，我们通常使用的是大拇指和食指。当放大图片时，将大拇指和食指放在手机屏幕的中央，然后食指向上推、大拇指向下推，即可实现放大图片的目的，如图 8-166 和图 8-167 所示。

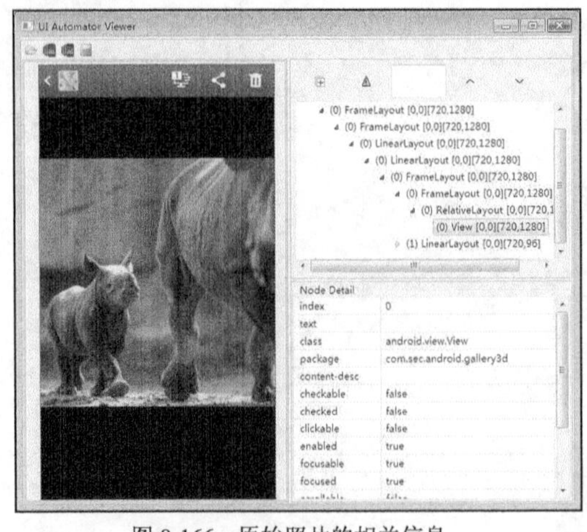

图 8-166　原始照片的相关信息

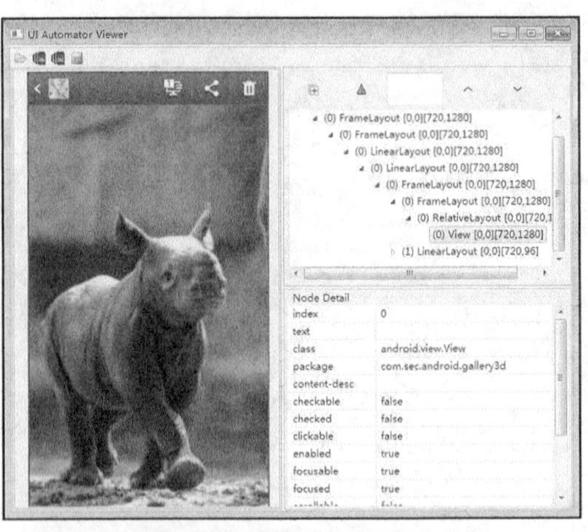

图 8-167　照片放大后的相关信息

我们可以使用 MultiAction 类来实现多点操作，核心代码如下：

```
1    Height = driver.get_window_size()['height']
2    Width = driver.get_window_size()['width']
3    duodTouch = MultiAction(driver)
4    szAction = TouchAction(driver)
5    mzAction = TouchAction(driver)
6    szAction.press(Width/2,Height/2).wait (1000).move_to(0,80).release()
7    mzAction.press(Width/2,Height/2+30).wait(1000).move_to(0,100).release()
8    duodTouch.add(szAction,mzAction)
9    duodTouch.perform()
```

下面让我们对以上代码稍加分析。

第 1 行和第 2 行语句用于获得屏幕的高度和宽度信息，然后分别存放到整型变量 Height 和 Width 中。

第 3～5 行语句用于多点操作的相关类的初始化工作。

第 6～9 行语句用于控制食指和大拇指在屏幕的中央向上或向下移动，实现图像的放大处理。

8.6.5 手势密码

在操作移动应用时，用户通过手势密码登录应用，可免去输入用户名和密码的麻烦。手势密码是一种连续的滑动操作，通常以九宫格作为手势密码的载体，如图 8-168 所示。

那么如何针对这种手势密码实现连续的滑动操作呢？这里以图 8-169 所示的“随手记”应用为例，进行详细介绍。

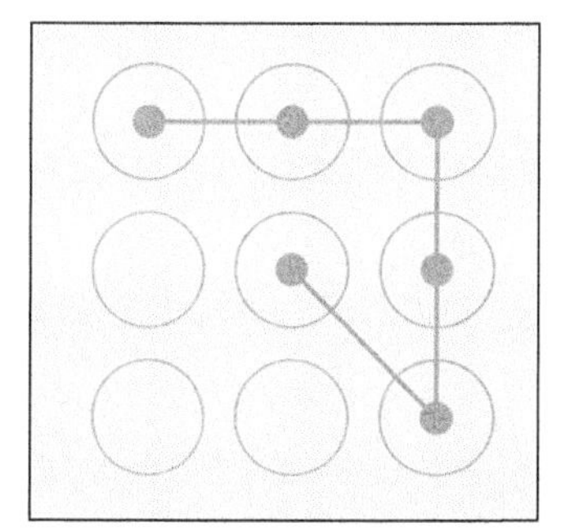

图 8-168　以九宫格作为载体的手势密码

图 8-169 “随手记”应用

为了实现手势密码登录效果，必须对“随手记”应用进行设置。打开“随手记”应用，单击“更多”按钮（见图 8-170）。

如图 8-171 所示，在“更多”界面中，单击“高级”选项。

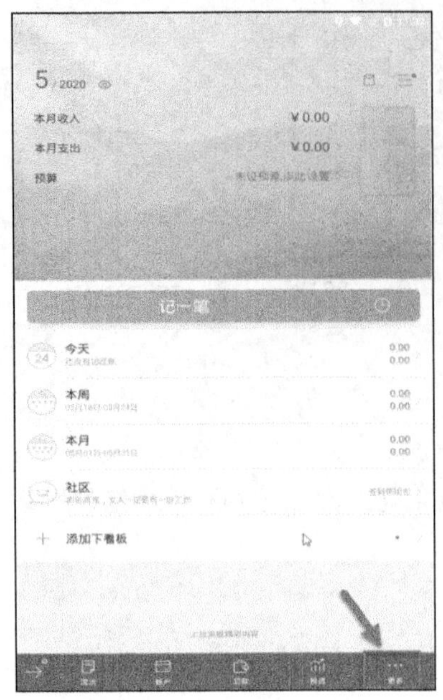

图 8-170　单击“更多”按钮

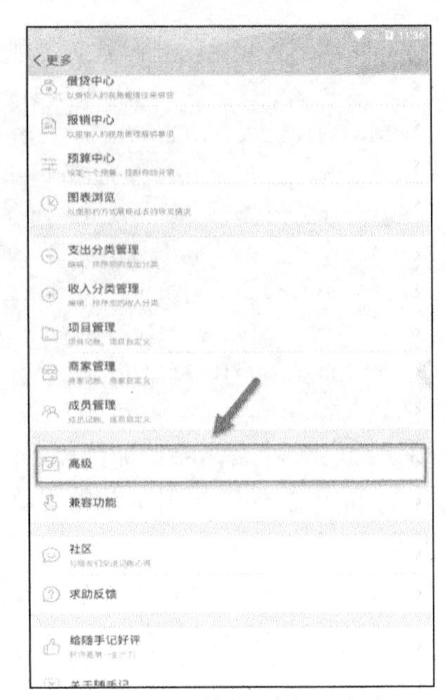

图 8-171　单击“高级”选项

如图 8-172 所示，在“密码与手势密码”界面中，启用“手势密码保护”。

接下来，设置手势密码。需要注意的是，在设置手势密码时，务必确保两次设置的手势密码一致，如图 8-173 和图 8-174 所示。

图 8-172 “密码与手势密码”界面

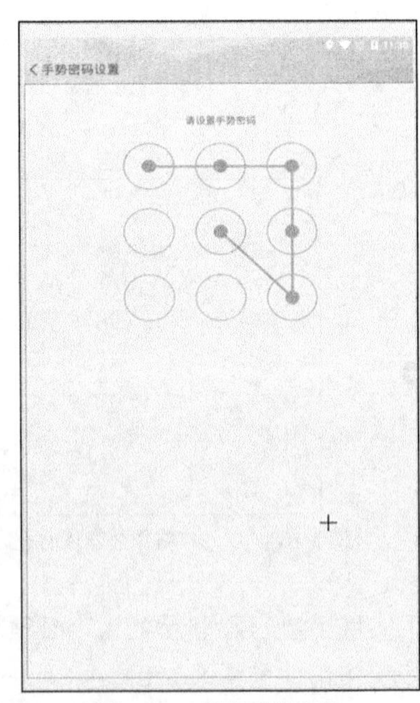

图 8-173　设置手势密码

如图 8-175 所示，在“设置手势密码保护邮箱”界面中，输入电子邮箱地址并确认，同样要保证两次输入的电子邮箱地址一致，而后单击“确定”按钮。

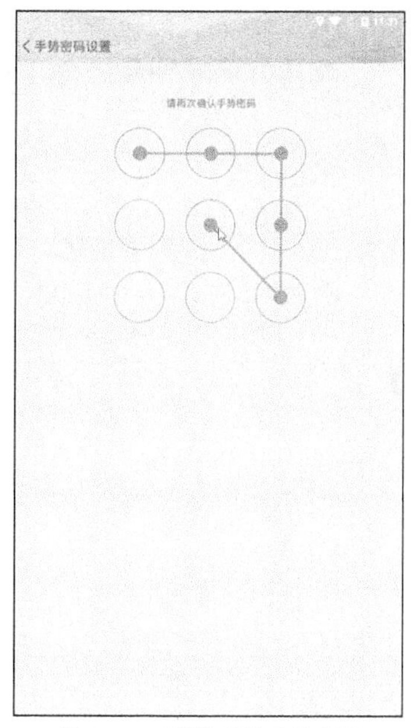

图 8-174 再次确认手势密码

图 8-175 “设置手势密码保护邮箱”界面

经过以上设置后，当再次启动“随手记”应用时，将出现九宫格，要求输入手势密码，如图 8-176 所示。

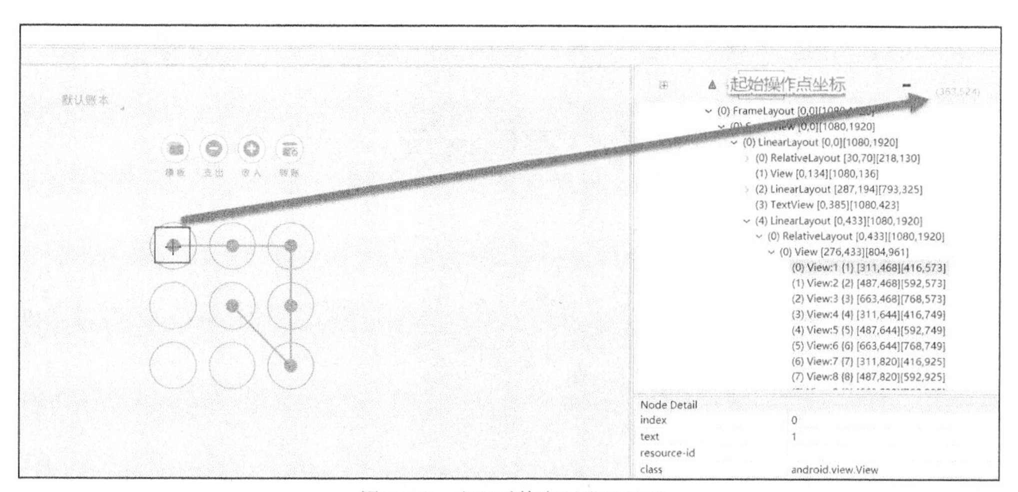

图 8-176 出现手势密码登录界面

在输入手势密码时，手指滑动的顺序将直接影响您是否能够登录成功。您需要首先在 UI Automator Viewer 中确定起始操作点坐标，作者的起始操作点坐标为(363,524)。换言之，x 轴坐标为 363，y 轴坐标为 524。坐标只要在方框区域内即可，无须选择中心点位置，其他操作点的坐标类似，我们不再赘述。

手势操作的示例脚本及执行结果如图 8-177 所示。

图 8-177　手势操作的示例脚本及执行结果

下面对第 17～23 行语句进行解释。

`press(x=363, y=524)`用于模拟手指按压坐标(363,524)。`wait(1500)`表示等待 1500ms。`move_to(x=540, y=524)`表示从坐标(x=363, y=524)移到坐标(x=540, y=524)。release()方法用于停止手指按压，也就是松开手指。perform()方法用于执行操作。

8.7 Appium 的其他功能与案例演示

8.7.1 Appium 的 3 种等待方式

当我们使用 Appium 时，可能会由于界面上的一些元素没有出现而无法对这些未显示的元素进行操作。针对这个问题，解决方式有如下 3 种。

1. 强制等待

如果使用强制等待方式，那么必须估计一下想要操作的元素什么时候能够显示出来。比如，“随手记”应用在启动后大概需要 3s 的时间，才会显示出手势密码登录界面，如图 8-178 所示。这时可以设定睡眠时长，以保证手势密码登录界面显示出来后再进行操作，否则会出现定位不到元素的情况。

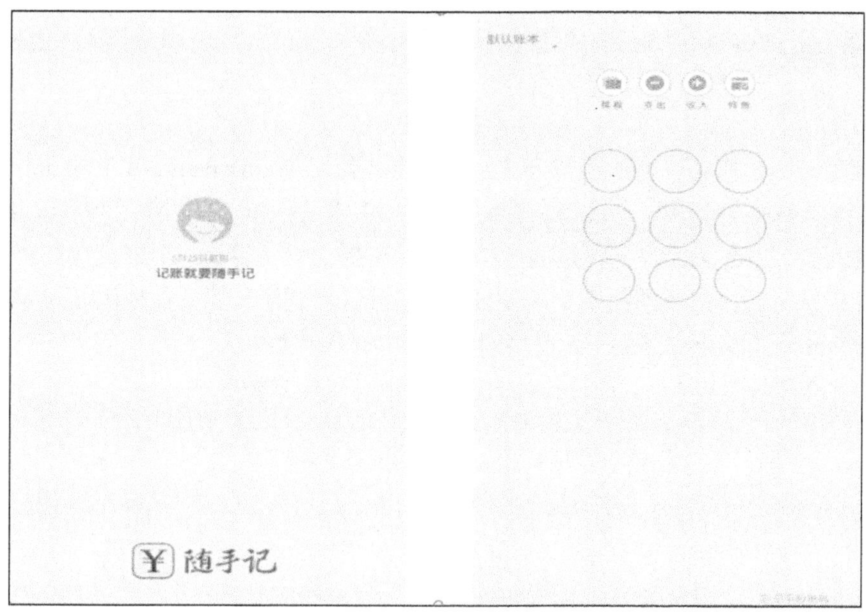

图 8-178 “随手记”应用的手势密码登录界面的显示过程

代码示例如下：

```
from appium import webdriver
from appium.webdriver.common.touch_action import TouchAction
from time import sleep

caps = {
    'platformName': 'Android',
    'deviceName': '127.0.0.1:62001',
    'platformVersion': '5.1.1',
    'appPackage': 'com.mymoney',
    'appActivity': 'com.mymoney.biz.splash.SplashScreenActivity',
    'noReset':True
}

driver = webdriver.Remote('http://127.0.0.1:4723/wd/hub', caps)
#等应用启动界面闪过
sleep(5)
#输入手势密码
TouchAction(driver).press(x=363, y=524).wait(1500) \
    .move_to(x=540, y=524).wait(800) \
    .move_to(x=715, y=524).wait(800) \
    .move_to(x=721, y=698).wait(800) \
    .move_to(x=719, y=873).wait(800) \
    .move_to(x=548, y=711).wait(800) \
    .release().perform()
```

以上代码用于在启动“随手记”应用后，强制等待 5s 的时间，而后输入手势密码。

2. 显式等待

显式等待是一种相对智能的等待方式，这种方式使用 WebDriverWait 类的 until()方法来指定条件，并根据条件是否满足来决定是否终止等待。如果在指定的等待时间内您已经成功发现想要操作的元素，那么无须等到指定的等待时间即可提前终止轮询，继续执行后面的语句；如果在设定的等待时间内您依然找不到想要操作的元素，就抛出异常。在使用显式等待时，您需要导入 selenium.webdriver.support.ui 模块的 WebDriverWait 类。

如图 8-179 所示，WebDriverWait 类的构造函数有 4 个参数。

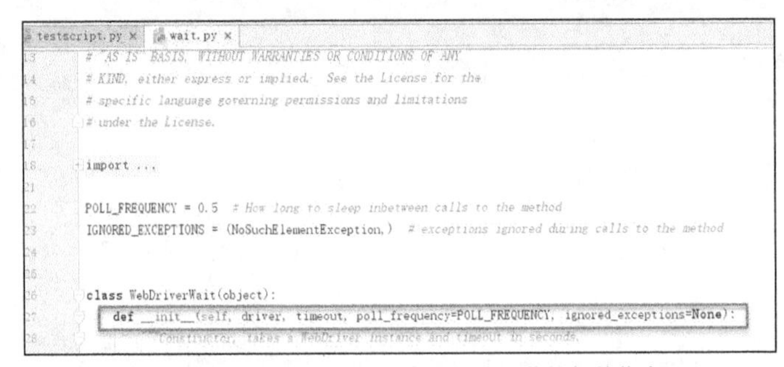

图 8-179　WebDriverWait 类的构造函数的相关信息

- driver：WebDriver 实例对象。
- timeout：超时时长，单位为秒。
- poll_frequency：调用频率，也就是以设定的时间周期性地判断条件，默认周期为 0.5s。
- ignored_exceptions：在执行过程中忽略异常，默认情况下只忽略 NoSuchElementException 异常。

WebDriverWait 类提供了 until(method, message=' ')和 until_not(method, message=' ')两个方法。

- until()方法有 method 和 message 两个参数，该方法将在指定的等待时间内，每隔一段时间调用一次 method 参数指定的方法，直到条件为 True。如果超时，则抛出 message 参数指定的异常信息。
- until_not()方法也有 method 和 message 两个参数，但作用与 until()方法相反。until_not()方法也将在指定的等待时间内，每隔一段时间调用一次 method 参数指定的方法，直到条件为 False。如果超时，则抛出 message 参数指定的异常信息。

示例代码如下：

```
from appium import webdriver
from selenium.webdriver.support.ui import WebDriverWait
```

```
caps = {
    'platformName': 'Android',
    'deviceName': '127.0.0.1:62001',
    'platformVersion': '5.1.1',
    'appPackage': 'com.android.contacts',
    'appActivity': 'com.android.contacts.activities.PeopleActivity'
}

driver = webdriver.Remote('http://127.0.0.1:4723/wd/hub', caps)

#显式等待，超时时长为10s，调用周期为0.2s(操作对象为"添加新联系人"按钮)
#因为等待时间足够长，所以将输出元素的类信息
ele=WebDriverWait(driver,10,0.2).until(lambda x:x.find_element_by_id(
    "com.android.contacts:id/floating_action_button"))
if ele is not None:                 #如果成功捕获对象
    print(type(ele))                 #输出对象类型
    ele.click()
#显式等待，超时时长为0.1s(操作对象为"本地保存"按钮)，因为设置的等待时间过短，所以将产生异常
WebDriverWait(driver,0.1).until(lambda x:x.find_element_by_id(
    "com.android.contacts:id/left_button")).click()
```

运行上面的代码，您可以发现，Appium 会自动打开通信录应用。因为给“添加新联系人”按钮设置了 10s 的等待超时，所以我们能够成功执行单击操作并输出“添加新联系人”按钮的类信息。但是，当操作“本地保存”按钮时，因为只有 0.1s 的等待超时，时间太短导致“本地保存”按钮没有显示出来，所以定位不到“添加新联系人”按钮，于是抛出异常，如图 8-180 所示。

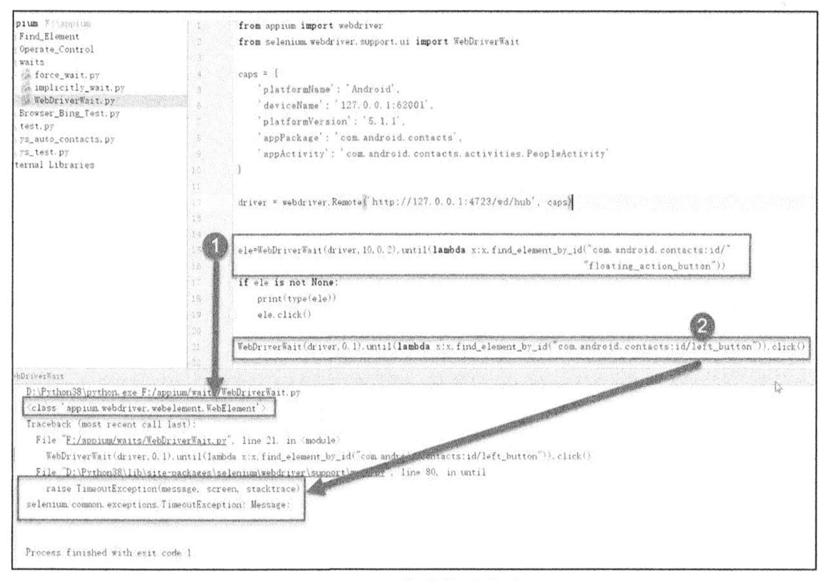

图 8-180　脚本输出信息

3. 隐式等待

隐式等待的好处在于不需要像 sleep()方法那样强制等待指定的时间，而使用 implicitly_wait()方法设定等待时间，单位为秒。当界面上的全部元素都显示出来之后，才会执行后续语句。如果界面上的全部元素显示出来所需的时间短于等待时间，就提前终止轮询，继续执行后面的语句；如果到了设定的等待时间依然找不到元素，就抛出异常。

示例脚本如下：

```
from appium import webdriver

caps = {
    'platformName': 'Android',
    'deviceName': '127.0.0.1:62001',
    'platformVersion': '5.1.1',
    'appPackage': 'com.android.contacts',
    'appActivity': 'com.android.contacts.activities.PeopleActivity'
}

driver = webdriver.Remote('http://127.0.0.1:4723/wd/hub', caps)
#针对全部元素设置等待时间,设置隐式等待 10s
driver.implicitly_wait(10)
driver.find_element_by_id('com.android.contacts:id/floating_action_button_container').
    click()
driver.find_element_by_id('com.android.contacts:id/left_button').click()
driver.find_element_by_android_uiautomator('new UiSelector().text("姓名")').send_keys('于涌')
driver.find_element_by_android_uiautomator('new UiSelector().text("姓名拼音")')\
    .send_keys('yuyong')
driver.find_element_by_android_uiautomator('new UiSelector().text("昵称")')\
    .send_keys('tony')
driver.find_element_by_android_uiautomator('new UiSelector().text("电话")')\
    .send_keys('18888888888')
driver.find_element_by_accessibility_id("向上导航").click()
```

8.7.2　断言在测试脚本中的应用

从事手动功能测试或自动化功能测试的读者都知道测试包含 3 个要素——输入、预期输出和实际输出。bug 的产生，就是因为根据输入得出的实际结果和当时设定的预期输出结果不一致。例如：如果在浏览器的地址栏中输入 https://cn.bing.com 并回车，预期的结果是显示 Bing 搜索网站的首页，但实际显示的是别的网站（当然，需要排除修改 host 文件、网络中断等情况），我们就可以认定产生了 bug。那么在使用 Appium 编写自动化脚本时，怎样才能准确地判断出脚本在按照正常的业务流程工作呢？回答就是在脚本中加入断言。使用断言的相关方法，可判断预期结果和实际结果是否一致。若一致，则成功；否则，说明失败。

示例脚本如下：

```
from appium import webdriver
from selenium.webdriver.support.ui import WebDriverWait

caps = {
    'platformName': 'Android',
    'deviceName': '127.0.0.1:62001',
    'platformVersion': '5.1.1',
    'appPackage': 'com.android.contacts',
    'appActivity': 'com.android.contacts.activities.PeopleActivity'
}

driver = webdriver.Remote('http://127.0.0.1:4723/wd/hub', caps)

#显式等待，超时时长为 10s，调用周期为 0.2s
#单击"添加新联系人"按钮
ele=WebDriverWait(driver,10,0.2).until(lambda x:x.find_element_by_id(
    "com.android.contacts:id/floating_action_button"))

if ele is not None:                  #如果成功捕获对象
    print(type(ele))                 #输出对象类型
    ele.click()
#显式等待，超时时长为 10s ,单击"本地保存"按钮
WebDriverWait(driver,10).until(lambda x:x.find_element_by_id(
    "com.android.contacts:id/left_button")).click()
#输出界面的源码（也就是以/hierarchy 标签作为根节点并以各个不同元素作为子节点的树状结构）
print(driver.page_source)
#断言姓名是否显示在界面中。若断言成功，则表明能够成功跳转到新增联系人界面；否则，表示失败
try:
    assert('姓名' in  driver.page_source)
    print('成功显示新增联系人界面')
except:
    print('操作失败')
```

以上脚本在单击“本地保存”按钮操作的后面加入了断言语句 assert('姓名' in driver.page_source)，用于判断后续的新增联系人界面的元素的结构树源码中是否包含“姓名”。加入断言处理的部分脚本及执行结果如图 8-181 所示，您可以发现其中包含“姓名”这两个字，所以之前针对预期结果的设定是没有问题的。若断言成功，就继续输出“成功显示新增联系人界面”；否则，将会抛出断言错误（AssertionError）异常。这里做了异常处理，若断言不成功，就输出“操作失败”。

```
from appium import webdriver
from selenium.webdriver.support.ui import WebDriverWait

caps = {
    'platformName': 'Android',
    'deviceName': '127.0.0.1:62001',
    'platformVersion': '5.1.1',
    'appPackage': 'com.android.contacts',
    'appActivity': 'com.android.contacts.activities.PeopleActivity'
}


driver = webdriver.Remote('http://127.0.0.1:4723/wd/hub', caps)
```

```
<android.widget.LinearLayout index="0" package="com.android.contacts" class="android.widget.LinearLayout" text="" content-desc="仅保存在平板电脑中，不
  <android.widget.LinearLayout index="0" package="com.android.contacts" class="android.widget.LinearLayout" text="" checkable="false" checked="false"
    <android.widget.TextView index="0" package="com.android.contacts" class="android.widget.TextView" text="仅保存在平板电脑中，不同步 联系人" resourc
  </android.widget.LinearLayout>
</android.widget.LinearLayout>
<android.widget.LinearLayout index="1" package="com.android.contacts" class="android.widget.LinearLayout" text="" resource-id="com.android.contacts:i
  <android.widget.LinearLayout index="0" package="com.android.contacts" class="android.widget.LinearLayout" text="" checkable="false" checked="false"
    <android.widget.ImageView index="0" package="com.android.contacts" class="android.widget.ImageView" text="" content-desc="姓名" resource-id="com.a
    <android.widget.LinearLayout index="1" package="com.android.contacts" class="android.widget.LinearLayout" text="" checkable="false" checked="false
      <android.widget.LinearLayout index="0" package="com.android.contacts" class="android.widget.LinearLayout" text="" resource-id="com.android.conta
        <android.widget.EditText index="0" package="com.android.contacts" class="android.widget.EditText" text="姓名" checkable="false" checked="false
      </android.widget.LinearLayout>
    </android.widget.LinearLayout>
    <android.widget.FrameLayout index="2" package="com.android.contacts" class="android.widget.FrameLayout" text="" content-desc="展开或折叠姓名字段"
      <android.widget.ImageView index="0" package="com.android.contacts" class="android.widget.ImageView" text="" resource-id="com.android.contacts:id
    </android.widget.FrameLayout>
  </android.widget.LinearLayout>
```

图 8-181　加入断言处理的部分脚本及执行结果

以上示例脚本执行后，将会输出“成功显示新增联系人界面”，如图 8-182 所示。

图 8-182　加入断言后的示例脚本及执行结果

现在让我们一起看一下断言失败会造成什么结果。这里故意输入一些不存在的断言内容，如“孙悟空”，脚本如下：

```
import traceback
from appium import webdriver
from selenium.webdriver.support.ui import WebDriverWait
```

```
caps = {
    'platformName': 'Android',
    'deviceName': '127.0.0.1:62001',
    'platformVersion': '5.1.1',
    'appPackage': 'com.android.contacts',
    'appActivity': 'com.android.contacts.activities.PeopleActivity'
}

driver = webdriver.Remote('http://127.0.0.1:4723/wd/hub', caps)

#显式等待，超时时长为 10s，调用周期为 0.2s
#单击"添加新联系人"按钮
ele=WebDriverWait(driver,10,0.2).until(lambda x:x.find_element_by_id(
    "com.android.contacts:id/floating_action_button"))

if ele is not None:                    #如果成功捕获对象
    print(type(ele))                   #输出对象类型
    ele.click()
#显式等待，超时时长为 10s ，单击"本地保存"按钮
WebDriverWait(driver,10).until(lambda x:x.find_element_by_id(
    "com.android.contacts:id/left_button")).click()
#输出界面的源码（也就是以/hierarchy 标签作为根节点并以各个不同元素作为子节点的树状结构）
print(driver.page_source)
#断言姓名是否显示在界面中。若断言成功，则表明成功跳转到新增联系人界面；否则，表示失败
try:
    assert('孙悟空' in  driver.page_source)
    print('成功显示新增联系人界面')
except:
    print('操作失败')
print('异常信息：'+traceback.format_exc()) #输出异常信息
```

“孙悟空”是不可能出现在“新增联系人”界面上的，所以断言必定失败，如图 8-183 所示。

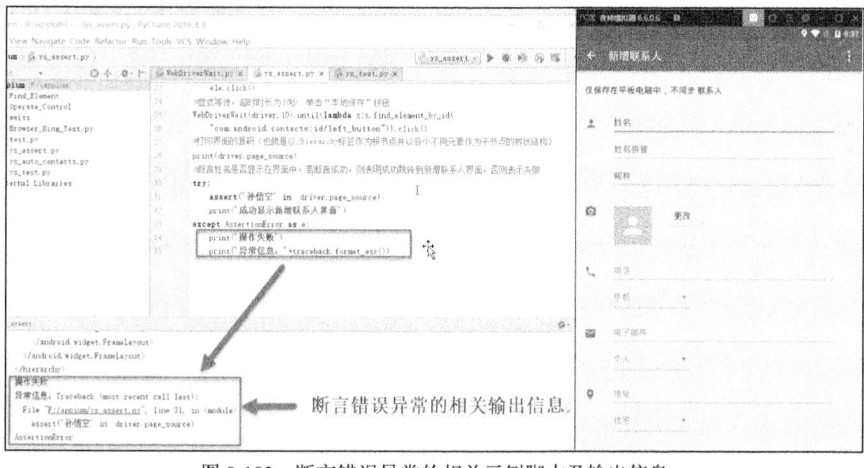

图 8-183　断言错误异常的相关示例脚本及输出信息

8.7.3 模拟操作系统按键

我们有时候会用到一些系统按键，如 Home 键、声音增减键、回退键等。例如，您在打电话时如果觉得声音小，就会使用音量增大键调大音量，以便能够听清楚对方讲话。那么如何通过 Appium 来模拟操作这些系统按键呢？您可以使用如下两种方式调用音量增大键。

- driver.keyevent(系统按键对应的数值)，比如 driver.keyevent(24)。
- driver. press_keycode(系统按键对应的数值)，比如 driver. press_keycode(24)。

如图 8-184 所示，我们模拟的是先按 3 次音量减小键，再按 3 次音量增大键。

```
from appium import webdriver

caps = {
    'platformName': 'Android',
    'deviceName': '127.0.0.1:62001',
    'platformVersion': '5.1.1',
    'appPackage': 'com.android.contacts',
    'appActivity': 'com.android.contacts.activities.PeopleActivity'
}

driver = webdriver.Remote('http://127.0.0.1:4723/wd/hub', caps)

for i in range(3):
    driver.keyevent(25)        #减小音量

for i in range(3):
    driver.press_keycode(24)  #增大音量
```

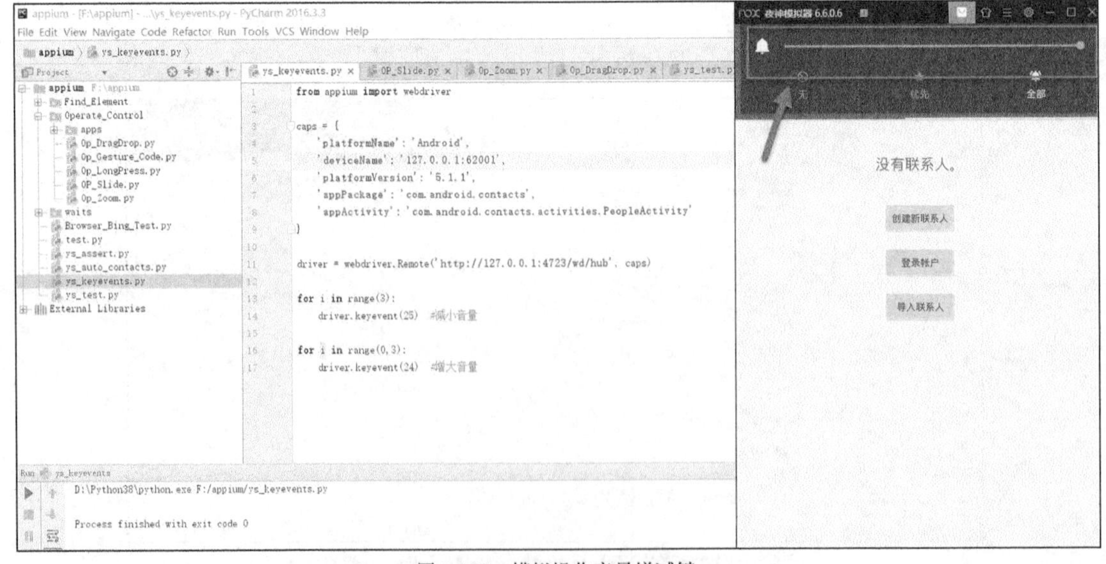

图 8-184 模拟操作音量增减键

为了方便读者了解不同系统按键对应的数值，按照按键功能，表 8-3 和表 8-4 分别列出了相关按键。

表 8-3 手机控制类按键

键名	键值	简要说明
KEYCODE_CALL	5	拨号键
KEYCODE_ENDCALL	6	挂机键
KEYCODE_HOME	3	Home 键
KEYCODE_MENU	82	菜单键
KEYCODE_BACK	4	返回键
KEYCODE_SEARCH	84	搜索键
KEYCODE_CAMERA	27	拍照键
KEYCODE_FOCUS	80	拍照对焦键
KEYCODE_POWER	26	电源键
KEYCODE_NOTIFICATION	83	通知键
KEYCODE_MUTE	91	话筒静音键
KEYCODE_VOLUME_MUTE	164	扬声器静音键
KEYCODE_VOLUME_UP	24	音量增加键
KEYCODE_VOLUME_DOWN	25	音量减小键

表 8-4 数字/字母输入和相关控制类按键

键名	键值	简要说明
KEYCODE_ENTER	66	回车键
KEYCODE_ESCAPE	111	Esc 键
KEYCODE_DPAD_CENTER	23	导航键中的确定键
KEYCODE_DPAD_UP	19	导航键中的上方向键
KEYCODE_DPAD_DOWN	20	导航键中的下方向键
KEYCODE_DPAD_LEFT	21	导航键中的左方向键
KEYCODE_DPAD_RIGHT	22	导航键中的右方向键
KEYCODE_MOVE_HOME	122	将光标移到开始的按键
KEYCODE_MOVE_END	123	将光标移到末尾的按键
KEYCODE_PAGE_UP	92	向上翻页键
KEYCODE_PAGE_DOWN	93	向下翻页键
KEYCODE_DEL	67	退格键

续表

键名	键值	简要说明
KEYCODE_FORWARD_DEL	112	删除键
KEYCODE_INSERT	124	插入键
KEYCODE_TAB	61	Tab 键
KEYCODE_NUM_LOCK	143	小键盘锁定键
KEYCODE_CAPS_LOCK	115	大写锁定键
KEYCODE_0	7	数字 0
KEYCODE_1	8	数字 1
KEYCODE_2	9	数字 2
KEYCODE_3	10	数字 3
KEYCODE_4	11	数字 4
KEYCODE_5	12	数字 5
KEYCODE_6	13	数字 6
KEYCODE_7	14	数字 7
KEYCODE_8	15	数字 8
KEYCODE_9	16	数字 9
KEYCODE_A	29	字母 A
KEYCODE_B	30	字母 B
KEYCODE_C	31	字母 C
KEYCODE_D	32	字母 D
KEYCODE_E	33	字母 E
KEYCODE_F	34	字母 F
KEYCODE_G	35	字母 G
KEYCODE_H	36	字母 H
KEYCODE_I	37	字母 I
KEYCODE_J	38	字母 J
KEYCODE_K	39	字母 K
KEYCODE_L	40	字母 L
KEYCODE_M	41	字母 M
KEYCODE_N	42	字母 N
KEYCODE_O	43	字母 O
KEYCODE_P	44	字母 P

续表

键名	键值	简要说明
KEYCODE_Q	45	字母 Q
KEYCODE_R	46	字母 R
KEYCODE_S	47	字母 S
KEYCODE_T	48	字母 T
KEYCODE_U	49	字母 U
KEYCODE_V	50	字母 V
KEYCODE_W	51	字母 W
KEYCODE_X	52	字母 X
KEYCODE_Y	53	字母 Y
KEYCODE_Z	54	字母 Z

当然，如果您觉得使用系统按键对应的数值让人摸不着头脑，抑或觉得键名过长不便于记忆和书写，那么可以通过单独使用某个模块文件来将这些按键定义成方便记忆的名字，而后在其他模块文件中调用它们，如图 8-185 和图 8-186 所示。

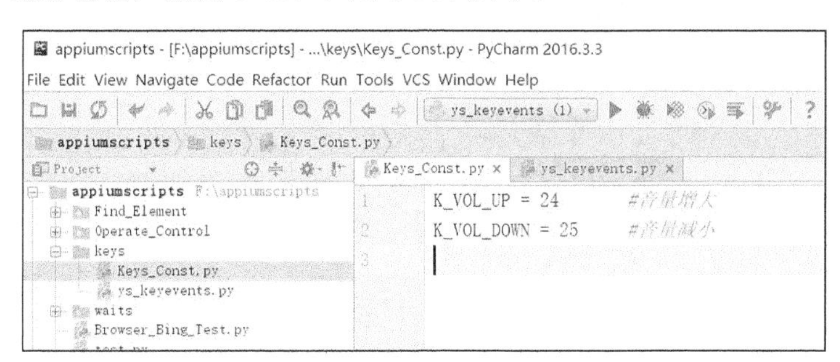

图 8-185　存放按键信息的模块文件

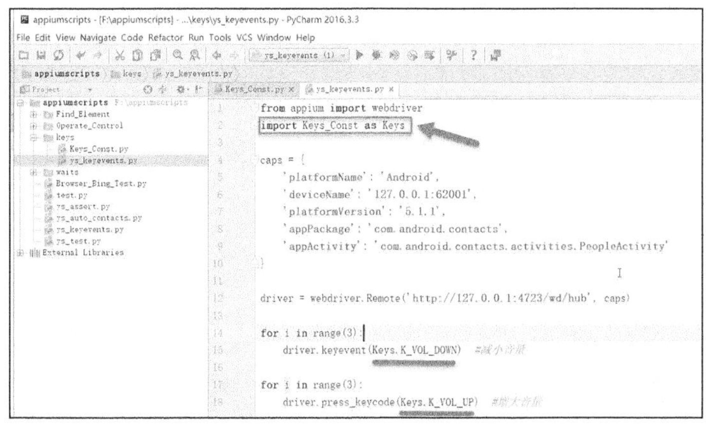

图 8-186　调用存放了按键信息的模块文件

8.7.4　获取 Toast 元素的内容

在讲解如何获取 Toast 元素的内容之前，本节先介绍什么是 Toast 元素。下面以“交易宝”应用为例。当在“交易宝”应用中输入不存在的用户名和密码时，将会出现提示信息“账号或密码不正确！”，如图 8-187 所示。也许您觉得这只是一条提示信息。事实上，这条提示信息并不寻常，这就是一条 Toast 提示信息。Toast 元素通常具有如下特点。

- Toast 元素只包含一条简易消息的提示框，作为浮动窗口，既不能获得焦点，也不能被单击。
- Toast 元素存在的时间很短，一般 3～5s 就会消失。
- Toast 元素无法被 UI Automator Viewer 工具定位到，如图 8-188 所示。

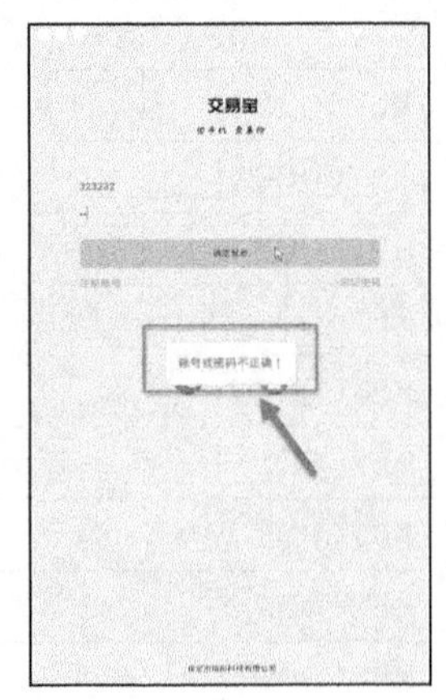

图 8-187　Toast 提示信息

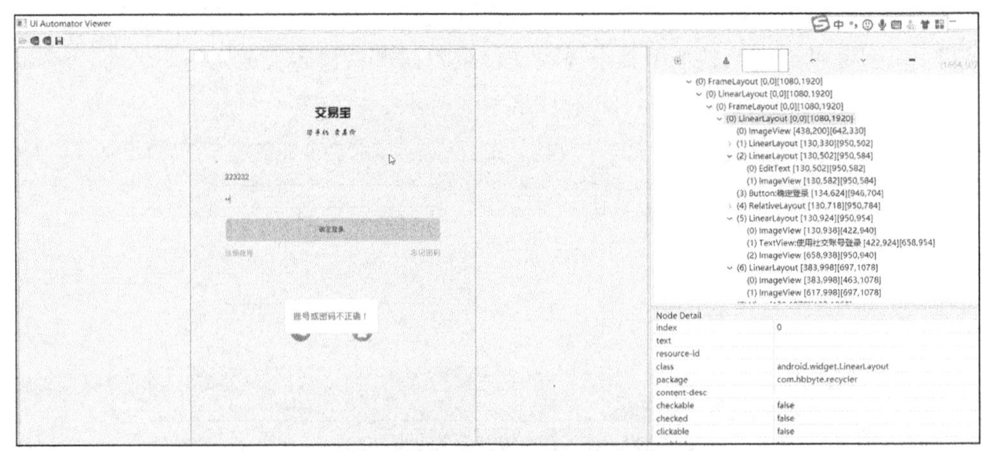

图 8-188　在 UI Automator Viewer 中无法定位到 Toast 元素

目前，Toast 提示信息广泛用在各种移动应用中，这对于测试人员来说是不小的挑战。如何定位这种类型的元素并捕获其中的提示信息？这成为测试人员必须面对的难题之一。

我们可以借助 XPath 表达式字符串来定位 Toast 元素。仍以定位“账号或密码不正确！”这个 Toast 元素为例，对应的实现脚本如下：

```
from appium import webdriver
from selenium.webdriver.support.wait import WebDriverWait

caps = {
    'platformName': 'Android',
    'deviceName': '127.0.0.1:62001',
    'platformVersion': '5.1.1',
    'appPackage': 'com.hbbyte.recycler',
```

```
    'appActivity': 'com.hbbyte.recycler.ui.activity.MainActivity'
}

driver = webdriver.Remote('http://127.0.0.1:4723/wd/hub', caps)
driver.implicitly_wait(2)   #启动后等待 2s
driver.find_element_by_id('com.hbbyte.recycler:id/rb_me').click()
driver.find_element_by_id('com.hbbyte.recycler:id/iv_head_icon').click()
driver.find_element_by_id('com.hbbyte.recycler:id/et_phone_num').send_keys('test')
driver.find_element_by_id('com.hbbyte.recycler:id/et_pwd').send_keys('test')
driver.find_element_by_id('com.hbbyte.recycler:id/btn_login').click()
error_message="账号或密码不正确！"
exp_xpath='//*[@text=\'{}\']'.format(error_message)
print(exp_xpath)
try:
    toast_element=WebDriverWait(driver,5).until(lambda x:x.find_element_by_xpath(exp_xpath))
    print(toast_element.text)
except:
    print('没有定位到 Toast 提示信息')
```

在以上脚本中，定义了变量 error_messaget 和值为 Toast 元素的提示信息“账号或密码不正确!”。之后定义了一个 XPath 表达式字符串，格式化之后的内容为“//*[@text='账号或密码不正确！]”。接下来，使用 WebDriverWait()方法定位 Toast 元素，等待时长为 5s。找到 Toast 元素后，输出对应的 text 属性。若出现异常，则输出“没有定位到 Toast 提示信息”。执行以上脚本后，对应的界面及结果如图 8-189 所示。

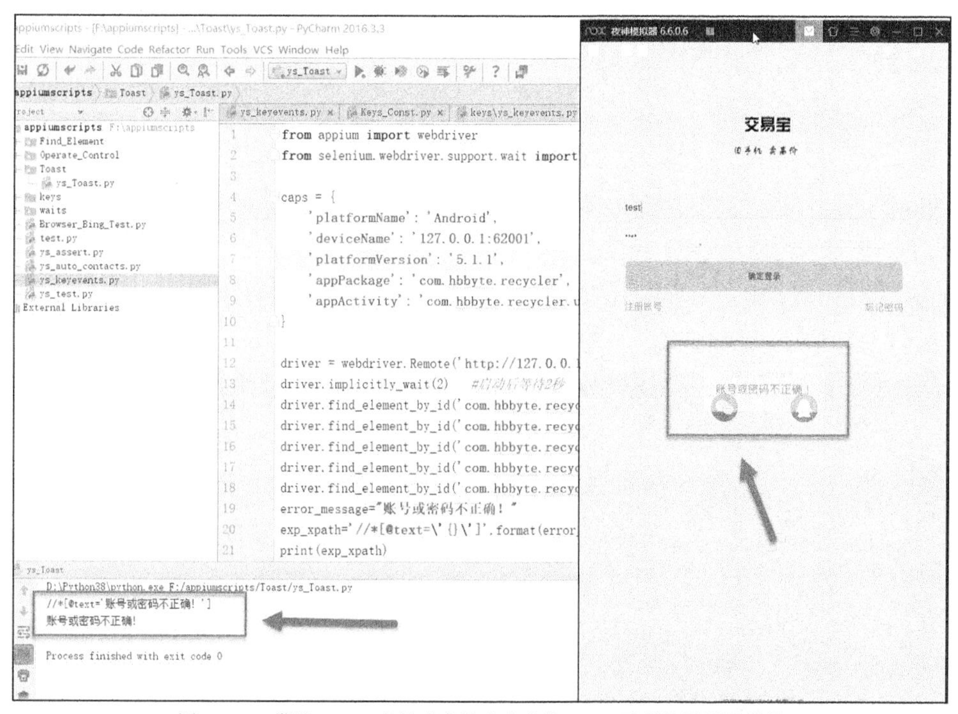

图 8-189 借助 XPath 表达式字符串来定位 Toast 元素的界面及结果

8.7.5　模拟滚动条操作

有时候，Activity（活动）由于包含多个元素，通常内容较多，因此就会出现滚动条。毕竟手机屏幕能够展现的信息量是有限的。此时，您就可以通过操作滚动条实现下拉，从而查看或操作更多元素。

这里仍以通讯录应用为例。如图 8-190 所示，“新增联系人”界面上有很多元素，这里仅仅显示到“聊天工具”元素，之后的元素并没有显示出来。

如果需要对“新增联系人”界面上的“网站”文本框元素进行操作，那么首先需要向下拖动滚动条，找到它们，如图 8-191 所示。

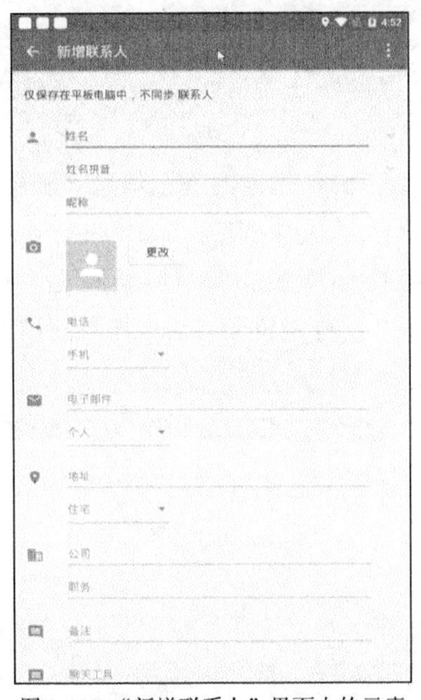

图 8-190 “新增联系人”界面上的元素

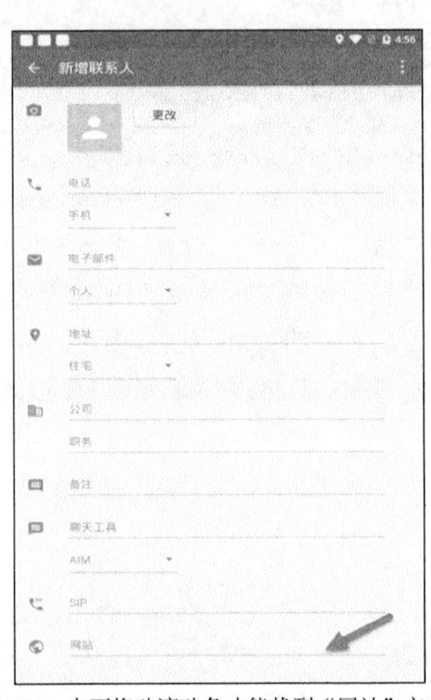

图 8-191　向下拖动滚动条才能找到“网站”文本框元素

为了在“网站”文本框中输入作者的博客地址*****://blog.51cto.***/tester2test，就需要操作滚动条，使“新增联系人”界面能够显示更多的元素，直到“网站”文本框元素显示出来之后。

脚本如下：

```
from time import sleep
from appium import webdriver
flag=False
caps = {
    'platformName': 'Android',
    'deviceName': '127.0.0.1:62001',
    'platformVersion': '5.1.1',
    'appPackage': 'com.android.contacts',
```

```
    'appActivity': 'com.android.contacts.activities.PeopleActivity'
}
driver = webdriver.Remote('http://127.0.0.1:4723/wd/hub', caps)
#单击"创建新联系人"按钮
driver.find_element_by_id('com.android.contacts:id/create_contact_button').click()
sleep(5)
#单击"本地保存"按钮
driver.find_element_by_id('com.android.contacts:id/left_button').click()
#得到当前窗口的尺寸信息
size = driver.get_window_size()
while True:
    #退出条件
    if flag:  #当找到"网站"文本框元素时，flag 为 True，于是退出
        break
    else:
        #将得到的所有文本框元素赋给 eles 对象
        eles = driver.find_elements_by_class_name('android.widget.EditText')
        #遍历元素，找到文本"网站"对应的文本框元素
        for ele in eles:
            if ele.text == '网站':
                #找到文本"网站"对应的文本框元素，输入作者的博客地址
                ele.send_keys('*****://blog.51cto.***/tester2test')
                #将退出 while 循环的 flag 标志设置为 True
                flag=True
                #中断 for 循环
                break
        else:
            #当找不到元素时，滑动滚动条
            driver.swipe(size['width'] * 0.5, size['height'] * 0.9, size['width'] * 0.5,\
                    size['height'] * 0.1, 200)
            sleep(2)
```

下面对上述脚本稍加解释。如图 8-192 所示，“网站”文本框元素并没有 ID 属性信息，但我们知道使用的类是 android.widget.EditText，对应的 text 属性值为“网站”。因此，我们可以找出所有 android.widget.EditText 元素，遍历它们。若 text 属性值为“网站”，就输入 *****://blog.51cto.***/tester2test，并将退出 while 循环的 flag 标志设置为 True；否则，滑动滚动条，使用的方法是 swipe()。swipe()方法的原型为 `swipe(int start x,int start y,int end x,int y,duration)`，有 5 个参数。

- `int start x`：起始点的 x 坐标。
- `int start y`：起始点的 y 坐标。
- `int end x`：结束点的 x 坐标。
- `int end y`：结束点的 y 坐标。
- `duration`：滑动时间（单位为毫秒）。

作者的手机模拟器的分辨率为 1080×1920 像素。不难看出，将以上分辨率信息应用到语

句 driver.swipe(size['width'] * 0.5, size['height'] * 0.9, size['width'] * 0.5,size['height'] * 0.1, 200)后，得到 driver.swipe(540,1728,540,192, 200)，意思就是由下往上滑动。

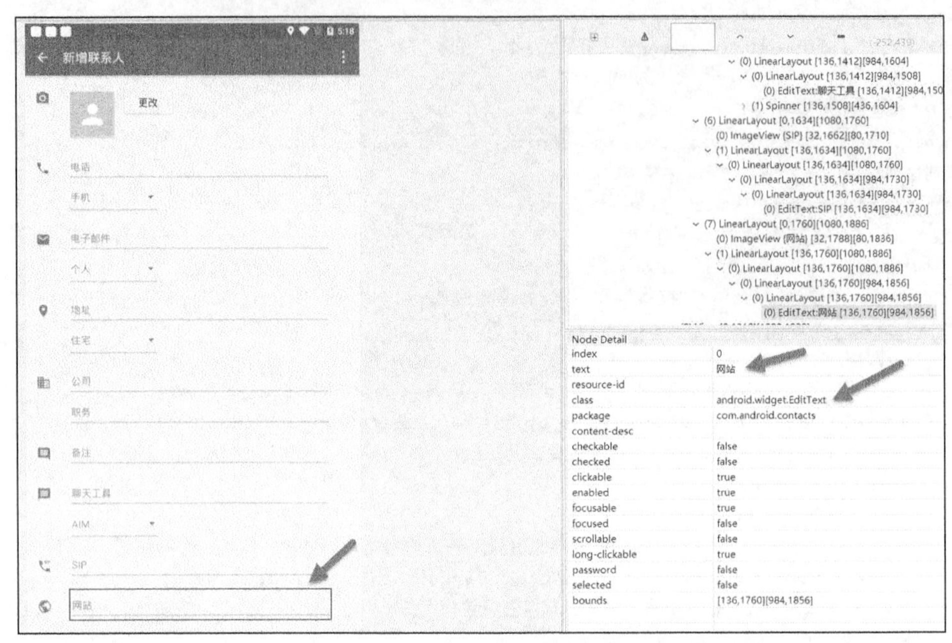

图 8-192　“网站”文本框元素的相关属性信息

执行以上脚本，您将发现，当定位到“网站”文本框元素时，如果输入*****://blog.51cto.***/tester2test，脚本就执行结束了，这说明脚本的执行正常，能够从 while 循环中成功跳出，符合我们的设计初衷，如图 8-193 所示。

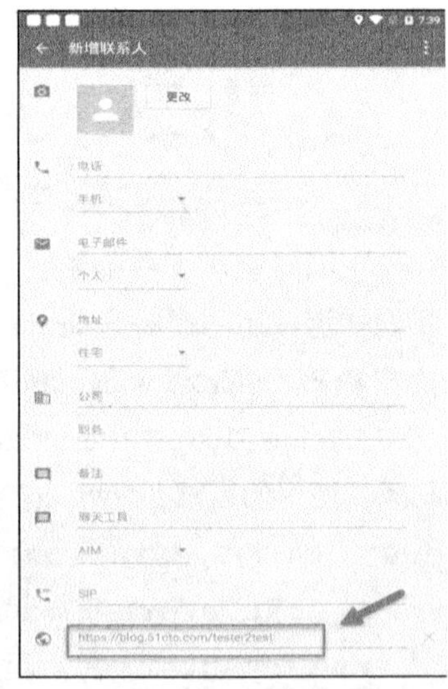

图 8-193　执行结果

8.7.6　捕获因界面元素定位失败产生的异常

在日常的测试工作中，测试人员经常需要编写自动化测试脚本。而在编写过程中，测试人员很可能由于一时疏忽，将元素的 ID、Name 等属性信息输错。当然，也有可能 Activity 本身就没有元素能够对应指定的 ID、Name 等属性信息，从而导致脚本的执行出现异常并终止执行。这时通常使截图，看一下到底是在什么样的情况下出现错误，从而进一步分析并定位问题产生的原因。

下面的示例脚本将会由于没有定位到元素 ID 为 qqq 的元素而产生异常。

```
import traceback
from appium import webdriver
```

```
import time

caps = {
    'platformName': 'Android',
    'deviceName': '127.0.0.1:62001',
    'platformVersion': '5.1.1',
    'appPackage': 'com.android.contacts',
    'appActivity': 'com.android.contacts.activities.PeopleActivity'
}
driver = webdriver.Remote('http://127.0.0.1:4723/wd/hub', caps)
#单击"创建新联系人"按钮
driver.find_element_by_id('com.android.contacts:id/create_contact_button').click()
#单击不存在的元素 ID，目的是产生异常信息
try:
    driver.find_element_by_id('qqq').click()
except Exception as e:
    driver.save_screenshot('err.png')
    print(traceback.print_exc())
driver.quit()
```

在输出堆栈异常信息时，由于需要用到 traceback.print_exc()方法，因此必须导入 traceback 模块。要截图，使用 save_screenshot()方法就可以搞定。注意，必须指定截图文件的名称。如果没有输入完整的路径，默认将保存到脚本所在目录。若元素定位失败，产生的异常信息如图 8-194 所示。

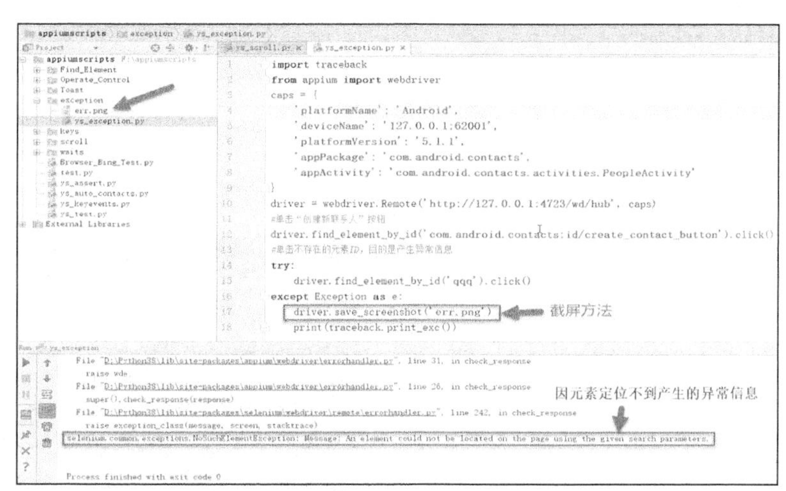

图 8-194 元素定位失败产生的异常信息

当然，为了方便以后截图，将截图操作设计成通用的函数或者封装成类。这里选择设计成通用的函数，如下所示：

```
from appium import webdriver
import time
import random
import traceback
```

```
caps = {
    'platformName': 'Android',
    'deviceName': '127.0.0.1:62001',
    'platformVersion': '5.1.1',
    'appPackage': 'com.android.contacts',
    'appActivity': 'com.android.contacts.activities.PeopleActivity'
}

def Screenshot(driver):
    #格式化输出
    current_time = time.strftime("%Y%m%d%H%M%S", time.localtime(time.time()))
    #为了防止文件重名，添加 0～9 的一个随机数，图片的名称为"年月日小时分钟秒" + "一个随机数" + ".png"
    driver.save_screenshot(current_time+str(random.randint(0,9))+'.png')
    current_time=None

driver = webdriver.Remote('http://127.0.0.1:4723/wd/hub', caps)
#单击"创建新联系人"按钮
driver.find_element_by_id('com.android.contacts:id/create_contact_button').click()
#单击不存在的元素 ID，目的是产生异常信息
try:
    driver.find_element_by_id('qqq').click()
except Exception as e:
time.sleep(5)    #等待 5s
    Screenshot(driver)
    print(traceback.print_exc())
```

执行结果如图 8-195 所示。

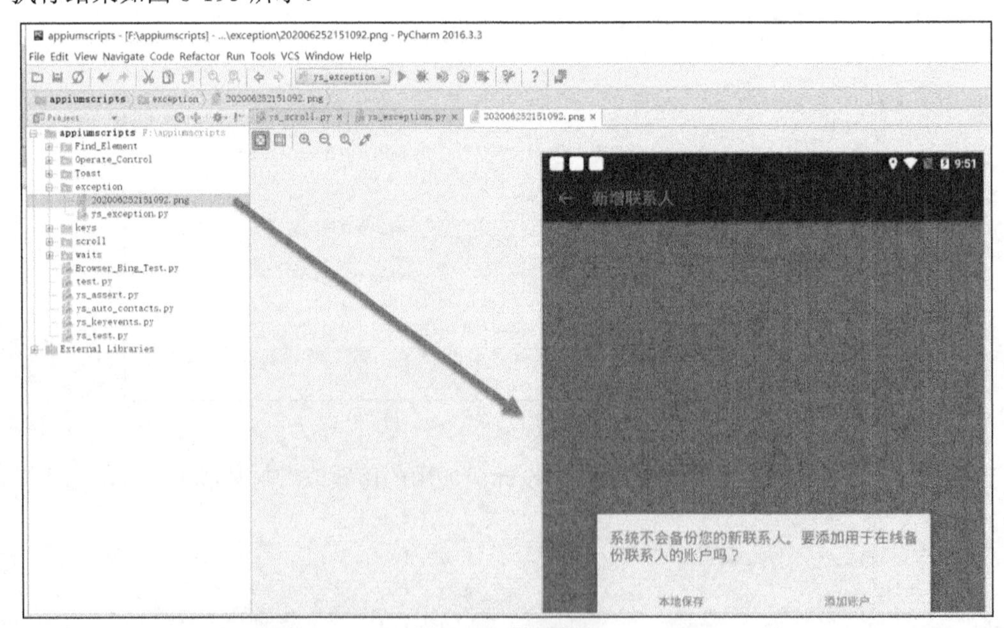

图 8-195　执行结果

8.8 自动化测试模型

8.8.1 自动化测试模型概述

在将自动化测试运用于测试工作的过程中，测试人员根据不同的自动化测试工具、测试框架对测试活动进行了抽象，总结出线性测试、模块化驱动测试、数据驱动测试和关键字驱动测试这 4 种自动化测试模型。

1. 线性测试

我们一起来看一下使用“Bing 搜索”应用搜索“于涌 loadrunner”的操作步骤。打开“Bing 搜索”应用后，首先出现的是引导界面，单击“跳过”按钮，该按钮的相关属性信息如图 8-196 所示。

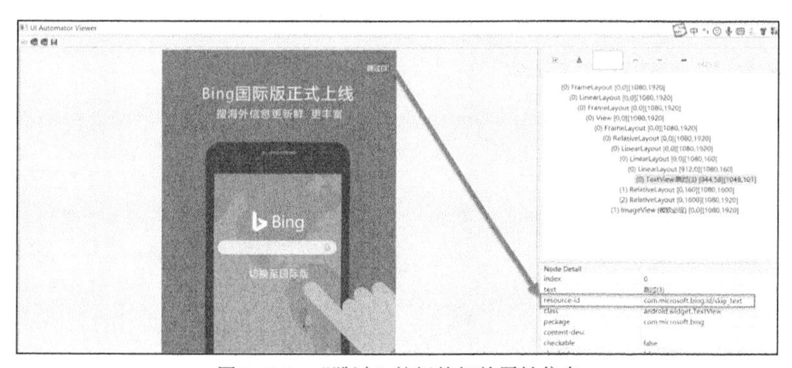

图 8-196 “跳过”按钮的相关属性信息

然后，单击搜索框，搜索框的相关属性信息如图 8-197 所示。

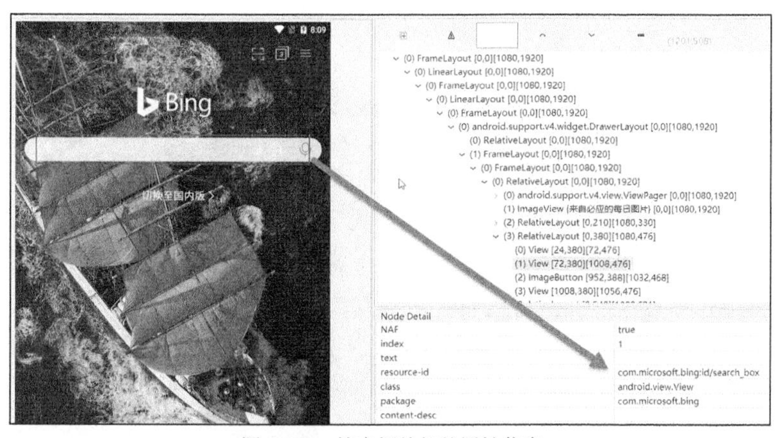

图 8-197 搜索框的相关属性信息

而后，在出现的搜索框中，输入搜索词“于涌 loadrunner”，如图 8-198 所示。

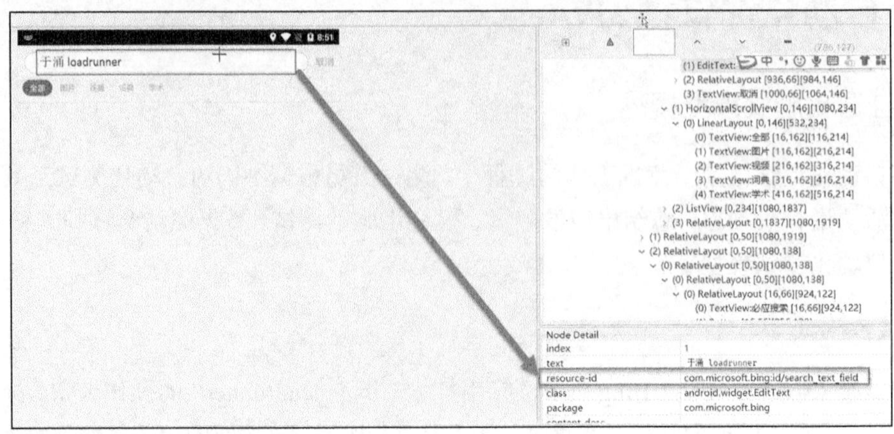

图 8-198　输入搜索词“于涌 loadrunner”

最后，单击“全部”按钮，“全部”按钮的相关属性信息如图 8-199 所示。

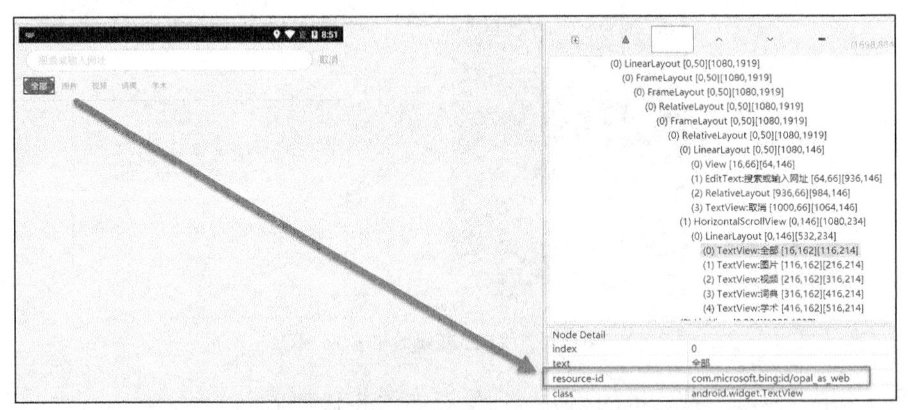

图 8-199　“全部”按钮的相关属性信息

实现上述操作步骤的脚本如下所示：

```
from appium import webdriver
import time
caps = {
    'platformName': 'Android',
    'deviceName': '127.0.0.1:62001',
    'platformVersion': '5.1.1',
    'appPackage': 'com.microsoft.bing',
    'appActivity': 'com.microsoft.clients.bing.app.MainActivity'
}
driver = webdriver.Remote('http://127.0.0.1:4723/wd/hub', caps)
#单击"跳过"按钮
driver.find_element_by_id('com.microsoft.bing:id/skip_text').click()
```

```
#等待 1s 的时间，目的是先让后续元素显示出来，然后再进行操作
time.sleep(1)
#单击搜索框
driver.find_element_by_id('com.microsoft.bing:id/search_box').click()
#等待 1s 的时间，目的是先让后续元素显示出来，然后再进行操作
time.sleep(1)
#在搜索框中输入想要查询的内容
driver.find_element_by_id('com.microsoft.bing:id/search_text_field').send_keys('于涌
      loadrunner')
#单击"全部"按钮
driver.find_element_by_id('com.microsoft.bing:id/opal_as_web').click()
```

当通过自动化测试工具录制或编写脚本时，在按照业务操作步骤产生的线性脚本中，每一个脚本都相对独立，不依赖于其他脚本。在前面的章节中，我们编写的脚本基本上是线性脚本。大家有没有发现这样的脚本存在一些问题呢？这种类型的脚本虽然结构清晰明了，但代码相对冗长。假设需要使用“Bing 搜索”应用搜索同一个关键词两次，脚本如下所示。

```
from appium import webdriver
import time
caps = {
    'platformName': 'Android',
    'deviceName': '127.0.0.1:62001',
    'platformVersion': '5.1.1',
    'appPackage': 'com.microsoft.bing',
    'appActivity': 'com.microsoft.clients.bing.app.MainActivity'
}
driver = webdriver.Remote('http://127.0.0.1:4723/wd/hub', caps)
#单击"跳过"按钮
driver.find_element_by_id('com.microsoft.bing:id/skip_text').click()
#等待 1s 的时间，目的是先让后续元素显示出来，然后再进行操作
time.sleep(1)
#单击搜索框
driver.find_element_by_id('com.microsoft.bing:id/search_box').click()
#等待 1s 的时间，目的是先让后续元素显示出来，然后再进行操作
time.sleep(1)
#在搜索框中输入想要查询的内容
driver.find_element_by_id('com.microsoft.bing:id/search_text_field').send_keys('于涌
      loadrunner')
#单击"全部"按钮
driver.find_element_by_id('com.microsoft.bing:id/opal_as_web').click()
#等待 2s 的时间，目的是让大家看到搜索结果
time.sleep(2)
#单击"返回"按钮
driver.find_element_by_id('com.microsoft.bing:id/opal_toolbar_back').click()
#等待 1s 的时间，目的是先让后续元素显示出来，然后再进行操作
time.sleep(1)
#单击搜索框
```

```
driver.find_element_by_id('com.microsoft.bing:id/search_box').click()
#等待 1s 的时间，目的是先让后续元素显示出来，然后再进行操作
time.sleep(1)
#在搜索框中输入想要查询的内容
driver.find_element_by_id('com.microsoft.bing:id/search_text_field').send_keys('于涌
      Appium')
#单击"全部"按钮
driver.find_element_by_id('com.microsoft.bing:id/opal_as_web').click()
```

“返回”按钮的相关属性信息如图 8-200 所示。

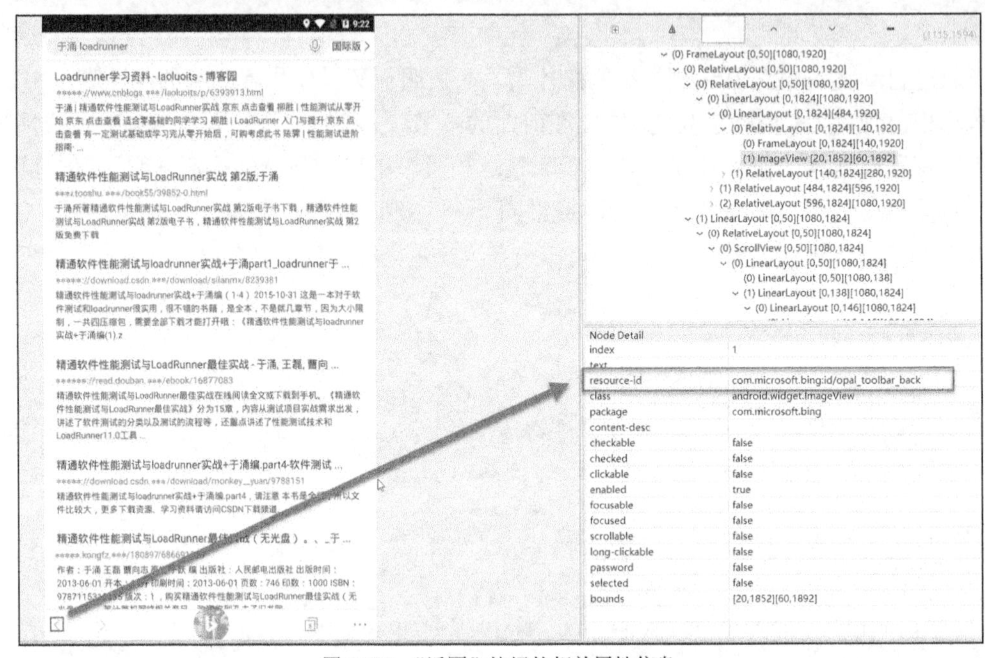

图 8-200 “返回”按钮的相关属性信息

大家不难发现，每进行一次搜索就会产生至少 4 行的重复性代码。如果要搜索 10 个关键词，就会产生至少 40 行的重复性代码。

2. 模块化驱动测试

模块化驱动测试借鉴了编程语言的思想——通过将一些常用的重复性代码封装成类或者放到公共的模块中并封装为函数，来方便业务脚本调用它们并减少冗余代码。

下面举一个例子，将搜索的重复性过程放到公共模块中并封装成函数。我们将搜索的重复性过程封装到了 comm.py 文件中。我们首先在名为 searchkey()的封装函数包含用于元素定位和操作的语句以及睡眠语句，而后在业务测试脚本文件 testscript.py 中导入 comm.py 文件中的 searchkey()函数。只需要在 ys_modularization.py 文件中调用两次 searchkey()函数就可以执行 8 条语句。由此可以看出，封装后代码量明显减少。

comm.py 文件的内容如下：

```
import time
def searchkey(driver,kw):
    #等待 1s 的时间，目的是先让后续元素显示出来，然后再进行操作
    time.sleep(1)
    #单击搜索框
    driver.find_element_by_id('com.microsoft.bing:id/search_box').click()
    #等待 1s 的时间，目的是先让后续元素显示出来，然后再进行操作
    time.sleep(1)
    #在搜索框中输入要查询的内容
    driver.find_element_by_id('com.microsoft.bing:id/search_text_field').send_keys(kw)
    #单击"全部"按钮
    driver.find_element_by_id('com.microsoft.bing:id/opal_as_web').click()
```

ys_modularization.py 文件的内容如下：

```
from appium import webdriver
from comm import searchkey
import time
caps = {
    'platformName': 'Android',
    'deviceName': '127.0.0.1:62001',
    'platformVersion': '5.1.1',
    'appPackage': 'com.microsoft.bing',
    'appActivity': 'com.microsoft.clients.bing.app.MainActivity'
}
driver = webdriver.Remote('http://127.0.0.1:4723/wd/hub', caps)
#单击"跳过"按钮
driver.find_element_by_id('com.microsoft.bing:id/skip_text').click()
searchkey(driver,'于涌 loadrunner')
#等待 2s 的时间，目的是让大家看到搜索结果
time.sleep(2)
#单击"返回"按钮
driver.find_element_by_id('com.microsoft.bing:id/opal_toolbar_back').click()
#等待 1s 的时间，目的是先让后续元素显示出来，然后再进行操作
time.sleep(1)
searchkey(driver,'于涌 Appium')
```

当然，除将重复性代码封装成公共函数之外，还可以使用 Page Object 设计模式将页面元素和操作封装成类进行调用，详见 8.8.2 节，这也属于模块化驱动测试。

3. 数据驱动测试

在软件测试过程中，测试人员通常喜欢把数据存放到 Excel 文件、数据库、XML 文件、文本文件或 JSON 文件中。我们在执行业务操作时，通常不会始终使用同一个账户，特别是在建立一些基础性数据时。比如玩游戏时，玩家已经有名字了，若再次创建同名的角色，就会报错。

数据驱动测试就是将数据库、Excel 文件等作为驱动测试脚本的参数来执行测试的过程。

当然，测试结果也有可能存储到数据库或 Excel 文件中。

下面这个例子使用 Excel 文件的内容作为搜索关键词来驱动测试脚本。

comm.py 文件的内容如下：

```
import time
def searchkey(driver,kw):
    #等待 1s 的时间，目的是先让后续元素显示出来，然后再进行操作
    time.sleep(1)
    #单击搜索框
    driver.find_element_by_id('com.microsoft.bing:id/search_box').click()
    #等待 1s 的时间，目的是先让后续元素显示出来，然后再进行操作
    time.sleep(1)
    #在搜索框中输入想要查询的内容
    driver.find_element_by_id('com.microsoft.bing:id/search_text_field').send_keys(kw)
    #单击"全部"按钮
    driver.find_element_by_id('com.microsoft.bing:id/opal_as_web').click()
```

ys_datamodular.py 文件的内容如下：

```
from appium import webdriver
from comm import searchkey
import time
import xlrd
caps = {
    'platformName': 'Android',
    'deviceName': '127.0.0.1:62001',
    'platformVersion': '5.1.1',
    'appPackage': 'com.microsoft.bing',
    'appActivity': 'com.microsoft.clients.bing.app.MainActivity'
}
driver = webdriver.Remote('http://127.0.0.1:4723/wd/hub', caps)
#单击"跳过"按钮
driver.find_element_by_id('com.microsoft.bing:id/skip_text').click()
file = 'bing_data.xls'
wb = xlrd.open_workbook(filename=file)  #打开文件
sheet = wb.sheet_by_name('Bing 搜索')     #通过名字得到 Excel 表
icount=sheet.nrows
for row in range(1,sheet.nrows):         #从第 1 行开始循环获取每行数据
   kw=sheet.cell(row,0).value            #将第 1 列的每行数据赋给 kw
   #根据 Excel 表格中的数据进行检索
   searchkey(driver,kw)
   #等待 2s 的时间，目的是让大家看到搜索结果
   time.sleep(2)
   #单击"返回"按钮
   driver.find_element_by_id('com.microsoft.bing:id/opal_toolbar_back').click()
   #等待 1s 的时间，目的是先让后续元素显示出来，然后再进行操作
   time.sleep(1)
```

为了使上述脚本成功运行，必须先安装脚本依赖的、用于读写 Excel 文件的 xlrd 和 xlwt 两个模块，如图 8-201 所示。

```
管理员: 命令提示符

C:\Users\Administrator>pip3 install xlrd -i https://pypi.tuna.tsinghua.edu.cn/simple
Looking in indexes: https://pypi.tuna.tsinghua.edu.cn/simple
Collecting xlrd
  Downloading https://pypi.tuna.tsinghua.edu.cn/packages/b0/16/63576a1a001752e34bf8ea62e367997530dc553b689356b9879339cf4
5a4/xlrd-1.2.0-py2.py3-none-any.whl (103 kB)
     |████████████████████████████████| 103 kB 2.2 MB/s
Installing collected packages: xlrd
Successfully installed xlrd-1.2.0

C:\Users\Administrator>pip3 install xlwt -i https://pypi.tuna.tsinghua.edu.cn/simple
Looking in indexes: https://pypi.tuna.tsinghua.edu.cn/simple
Collecting xlwt
  Downloading https://pypi.tuna.tsinghua.edu.cn/packages/44/48/def306413b25c3d01753603b1a222a011b8621aed27cd7f89cbc27e6b
0f4/xlwt-1.3.0-py2.py3-none-any.whl (99 kB)
     |████████████████████████████████| 99 kB 1.5 MB/s
Installing collected packages: xlwt
Successfully installed xlwt-1.3.0

C:\Users\Administrator>
```

图 8-201　安装读写 Excel 文件时依赖的两个模块

bing_data.xls 文件的内容如图 8-202 所示。

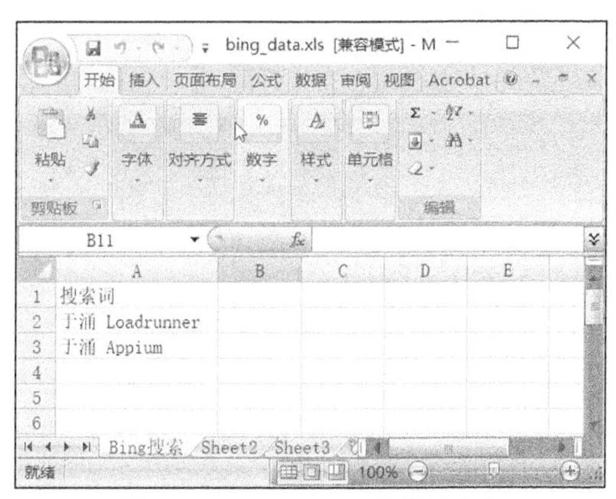

图 8-202　bing_data.xls 文件的内容

执行 ys_datamodular.py 脚本文件后，您会发现从第 2 行开始的所有关键词都将被搜索一次，每搜索一次，就停顿 2s 的时间，在展现搜索结果后，返回搜索页，继续搜索相应的关键词。这就是数据驱动测试。您还发现了什么？也许您会问："是否能够将模块化驱动测试和数据驱动测试组合起来运用呢？"当然可以。

4. 关键字驱动测试

关键字驱动测试基于数据库或 Excel 文件中配置的"关键字"来驱动脚本。这里以 Excel 文件为例。Excel 表中的"关键字"信息如图 8-203 所示。

针对 Bing 搜索，为了方便编写脚本，这里准备了 Excel 文件 keywords.xls。其中，"Bing 搜索"工作表包含 3 列数据。第一列为"类型"，为了让处理变得简单，作者在编写脚本前定义了如下规则：允许文本框、按钮等元素根据不同的元素属性进行定位。在本例中，我们仅使用 ID 属性来定位元素，因为有时需要执行延时操作，所以还在"类型"列中使用 OT 来代指 OTHER，每次遇到 OT 类型时，就让脚本延迟 2s 的时间。第二列为"关键字"，对应不同元素 ID

的属性信息。第三列为“值”，这里主要针对的是文本框，也就是文本框中的数据内容。

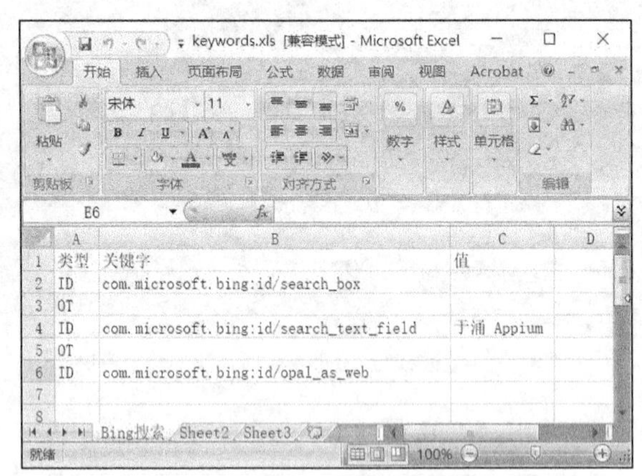

	A	B	C	D
1	类型	关键字	值	
2	ID	com.microsoft.bing:id/search_box		
3	OT			
4	ID	com.microsoft.bing:id/search_text_field	于涌 Appium	
5	OT			
6	ID	com.microsoft.bing:id/opal_as_web		
7				
8				

图 8-203 keywords.xls 文件中的“关键字”信息

为了方便演示关键字驱动测试，我们编写了如下简单脚本：

```
from appium import webdriver
import time
import xlrd
caps = {
    'platformName': 'Android',
    'deviceName': '127.0.0.1:62001',
    'platformVersion': '5.1.1',
    'appPackage': 'com.microsoft.bing',
    'appActivity': 'com.microsoft.clients.bing.app.MainActivity'
}
driver = webdriver.Remote('http://127.0.0.1:4723/wd/hub', caps)
#单击"跳过"按钮
driver.find_element_by_id('com.microsoft.bing:id/skip_text').click()
file = 'keywords.xls'
wb = xlrd.open_workbook(filename=file)  #打开文件
sheet = wb.sheet_by_name('Bing 搜索')    #通过名字得到 Excel 表
for row in range(1,sheet.nrows):        #从第 1 行开始循环获取每行数据
    type_kw=sheet.cell(row,0).value     #得到类型
    kw=sheet.cell(row,1).value          #得到关键字
    data=sheet.cell(row,2).value        #得到值
    if type_kw=='OT':                   #当类型为 OT 时，表示 OTHER，这里选择延时 2s 的时间
        time.sleep(2)
    elif ((type_kw=='ID') & (data!="")):            #如果 data 的值不再是空的，就说明是文本框
        driver.find_element_by_id(kw).send_keys(data)  #向文本框发送数据
    else:
        driver.find_element_by_id(kw).click()       #根据设定的规则，执行单击操作
```

以上脚本是不是非常简单呢？事实上，如果您希望脚本能够适用于不同应用的自动化测试，那么前面定义的规则是行不通的，因为界面元素的定位方式还有很多。针对不同的界面元素，它们可能都支持 click()等方法。因此，如果要设计成通用框架，那么还需要进一步优化和处理，这里只为您提供一条思路，让您认识和理解关键字驱动测试。关键字驱动测试的优点显

而易见，只要测试人员理解被测系统的业务、理解关键字模板中相关列的含义及使用方法，就能够在不会编写 Appium 脚本的情况下，设计自动化测试用例。

对于不同的自动化测试模型来说，特点也各异。在实际工作中，通常将它们组合起来使用。大家应结合自己所在企业的特点，因地制宜地选择适当的自动化测试模型来提升工作效率。对于测试团队规模较小且缺少自动化测试经验的企业，建议先从理解 Appium 自动化测试框架、掌握元素定位以及处理不同业务情况着手。线性测试无疑是一种好的选择。若企业的测试团队规模较大，测试人员能力参差不齐，测试团队有明确测试分工（如功能测试团队、专项测试团队、自动化测试团队、性能测试团队等），业务系统多样，建议构建能够更加适应于团队的定制化专属框架。综上所述，无论是现在还是将来，不同的自动化测试模型都有它们存在的意义和价值，能够根据企业自身情况选择合适的自动化测试模型才是最重要的。

8.8.2 Page Object 设计模式

对于模块化驱动测试来说，除将重复性代码封装成公共函数之外，还可以使用 Page Object 设计模式将界面元素和操作封装成类以进行调用，从而减少冗余代码。当元素的属性等信息在后期发生变化时，只需要调整界面元素或功能模块中封装的代码即可。这可以极大提高测试用例的可读性和可维护性，进而提升工作效率。

Page Object 设计模式是自动化测试的最佳实践方法之一，简单来讲，它通过分层的方式将界面对象、操作、业务分开处理。

为了演示，这里对线性测试和基于 Page Object 设计模式的模块化驱动测试进行对比。假设要使用“Bing 搜索”应用搜索两次关键词，那么每次搜索都会产生元素定位方面的重复性代码，如下所示：

```
from appium import webdriver
import time
caps = {
    'platformName': 'Android',
    'deviceName': '127.0.0.1:62001',
    'platformVersion': '5.1.1',
    'appPackage': 'com.microsoft.bing',
    'appActivity': 'com.microsoft.clients.bing.app.MainActivity'
}
driver = webdriver.Remote('http://127.0.0.1:4723/wd/hub', caps)
#单击"跳过"按钮
driver.find_element_by_id('com.microsoft.bing:id/skip_text').click()
#等待 1s 的时间，目的是先让后续元素显示出来，然后再进行操作
time.sleep(1)
#单击搜索框
driver.find_element_by_id('com.microsoft.bing:id/search_box').click()
#等待 1s 的时间，目的是先让后续元素显示出来，然后再进行操作
time.sleep(1)
#在搜索框中输入想要查询的内容
```

```
driver.find_element_by_id('com.microsoft.bing:id/search_text_field').send_keys('于涌
        loadrunner')
#单击"全部"按钮
driver.find_element_by_id('com.microsoft.bing:id/opal_as_web').click()
#等待 2s 的时间，目的是让大家看到搜索结果
time.sleep(2)
#单击"返回"按钮
driver.find_element_by_id('com.microsoft.bing:id/opal_toolbar_back').click()
#等待 1s 的时间，目的是先让后续元素显示出来，然后再进行操作
time.sleep(1)
#单击搜索框
driver.find_element_by_id('com.microsoft.bing:id/search_box').click()
#等待 1s 的时间，目的是先让后续元素显示出来，然后再进行操作
time.sleep(1)
#在搜索框中输入想要查询的内容
driver.find_element_by_id('com.microsoft.bing:id/search_text_field').send_keys('于涌
        Appium')
#单击"全部"按钮
driver.find_element_by_id('com.microsoft.bing:id/opal_as_web').click()
```

如果我们搜索 10 个关键词，就会产生 40 行的重复性代码。

下面基于 Page Object 设计模式对上述脚本进行修改。我们先设计公共的 Base_Activity 界面类，因为目前只针对 Bing 搜索，所以初始化部分都是与启动 Bing 搜索相关的设置项。

Base_Activity.py 文件的内容如下：

```
import time
from appium import webdriver
class BaseForm():
    def __init__(self):      #基础性的 Activity 构造函数，用于进行初始化
        caps = {
            'platformName': 'Android',
            'deviceName': '127.0.0.1:62001',
            'platformVersion': '5.1.1',
            'appPackage': 'com.microsoft.bing',
            'appActivity': 'com.microsoft.clients.bing.app.MainActivity'
        }
        self.driver = webdriver.Remote('http://127.0.0.1:4723/wd/hub', caps)
        time.sleep(3)
        #单击"跳过"按钮
        self.driver.find_element_by_id('com.microsoft.bing:id/skip_text').click()
        time.sleep(3)

    #元素定位方法，*loc 表示可以传入个数不确定的参数
    def find_element(self,*loc):
        return self.driver.find_element(*loc)
```

在以上脚本中，重点需要说明的是元素定位方法 find_element(self，*loc)，其中调用了 WebDriver 的 find_element()方法。但是，在定位单个界面元素时，必须指定两个参数：一个是 ID、Name、ClassName 或 XPath，另一个是与 ID、Name、Class 或 XPath 对应的值。这里因为不确定使用哪种定位方法，所以采用了一种非常灵活的处理方式——接收个数不确定的参

数。于是，您可以在传入参数时，再指定是通过 ID 还是其他方式定位界面元素。

接下来，开始封装界面对象、操作和业务，以设计 SearchForm 界面类。

SearchForm.py 文件的内容如下：

```
from Base_Activity import  BaseForm
from time import sleep
from selenium.webdriver.common.by import By

class SearchForm(BaseForm):
    #搜索框对应的 ID
    keyword_box_loc=(By.ID,'com.microsoft.bing:id/search_box')
    #搜索文本框对应的 ID
    keyword_loc=(By.ID,'com.microsoft.bing:id/search_text_field')
    #"全部"按钮对应的 ID
    all_loc=(By.ID,'com.microsoft.bing:id/opal_as_web')
    #"返回"按钮对应的 ID
    back_loc=(By.ID,'com.microsoft.bing:id/opal_toolbar_back')

    def type_keyword(self,kw):
        #清空搜索文本框中的内容
        self.driver.find_element(*self.keyword_loc).clear()
        #为搜索文本框输入传入的 kw 参数内容
        self.driver.find_element(*self.keyword_loc).send_keys(kw)

    def btn_all(self):
        #单击"全部"按钮
        self.driver.find_element(*self.all_loc).click()

    def test_searchkeyword(self,kw):
        sleep(1)
        #单击搜索文本框
        self.driver.find_element(*self.keyword_box_loc).click()
        sleep(1)
        #在搜索文本框中输入搜索词
        self.type_keyword(kw)
        #单击"全部"按钮
        self.driver.find_element(*self.all_loc).click()
        sleep(2)
        # 单击"返回"按钮
        self.driver.find_element(*self.back_loc).click()
```

从上述代码中不难发现，这里继承了 BaseForm 类，要操作的界面元素有 4 个。当然，如果业务有需要，也可以将界面上的所有其他元素加入进来，但是因为本例不涉及其他界面元素，所以我们只选取这 4 个界面元素，而后指定针对这 4 个界面元素的操作方法。

type_keyword()方法针对的是在搜索文本框中输入搜索词。btn_all()方法针对单击“全部”按钮。需要说明的是，这里将前面定义的 keyword_loc 和 all_loc 分别以参数的形式传给了 type_keyword()和 btn_all()方法。为什么要这么做呢？这么做的好处有很多。例如，如果修改了界面或取消了 ID 属性，那么当需要对使用线性模式编写的脚本进行修改时，就必须将 find_element_by_id()方法全部换成 find_element_by_name()或其他方法。同时，对应的 ID 属性信息也必须换成 Name 属性信息。这是多么可怕的一件事！而如果采用 Page Object 设计模式，只需要修改两行：将 By.ID 改为 By.NAME，再将后面的 ID 属性值替换为 Name 属性值即可。这是不是十分方便呢？

test_searchkeyword()方法针对搜索业务的处理。

接下来，编写一个测试用例，名为 TC_searchkeyword.py，其中的内容如下：

```
from SearchForm import *
from Base_Activity import *

SForm=SearchForm()                                    #实例化 SearchForm 类并赋给 SForm
SForm.test_searchkeyword('于涌 Appium')               #调用 test_searchkeyword()方法
SForm.test_searchkeyword('于涌 LoadRunner')           #调用 test_searchkeyword()方法
```

执行 TC_searchkeyword.py 脚本，您会发现“Bing 搜索”应用将自动启动并搜索“于涌 Appium”和“于涌 LoadRunner”这两个关键词。另外，在显示完搜索结果后，还会停留 2s 的时间。

有的读者也许会说，“我没觉得 Page Object 设计模式有多方便，反而觉得更麻烦！”初学者的感觉往往如此，但是试想一下，如果每天要为数十个测试用例实现自动化脚本，而后发现使用的元素定位方式突然变了，情况将变得一团糟。因此，Page Object 设计模式适用于自动化测试工作实践。在设计测试用例时，我们可以设计要在什么设备上执行测试用例、将要输入的测试数据等。即使需要对元素定位方式、操作、业务逻辑和测试数据进行修改与完善，也非常容易。Page Object 设计模式增强了类的内聚性，降低了类的耦合度。

8.9　基于 Docker 和模拟器的 Appium 自动化测试

前面已经介绍过有关 Docker 的基础知识，相信您对 Docker 容器已经有了一定程度的认识。毫无疑问，Docker 可以帮助我们快速、有效地完成一些环境的搭建和部署，但是使用的资源更少。

8.9.1　获取 Appium Docker 镜像并启动 Appium

在讲解之前，我们先对演示环境进行简单说明。宿主机上安装的是 64 位的 Windows 10 操作系统，并且已搭建好夜神模拟器和 Python 等开发环境，IP 地址为 192.168.0.104。宿主机上还安装了使用 CentOS 7.0 操作系统的 VMware 虚拟机，并且虚拟机上也已安装 Docker，IP 地址为 192.168.45.130。

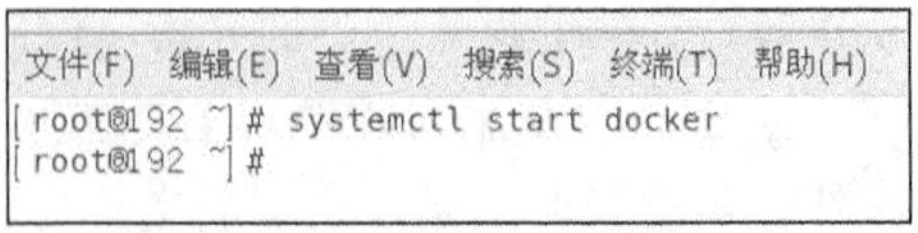

```
文件(F)  编辑(E)  查看(V)  搜索(S)  终端(T)  帮助(H)
[root@192 ~]# systemctl start docker
[root@192 ~]#
```

图 8-204　启动 Docker

如图 8-204 所示，进入虚拟机，执行 systemctl start

docker 命令以启动 Docker。

如图 8-205 所示，执行 docker search appium 命令以查找 Appium 已有的镜像信息。

```
[root@192 ~]# docker search appium
INDEX       NAME                                        DESCRIPTION                                      STARS     OFFICIAL   AUTOMATED
docker.io   docker.io/appium/appium                     Docker Image for Appium Android                  51                   [OK]
docker.io   docker.io/aluedeke/appium-android           Appium Server setup for automated android ...   16                   [OK]
docker.io   docker.io/appium/appium-emulator            Docker image for Appium Android Emulator         14                   [OK]
docker.io   docker.io/davidbaena/appium                 Appium server up to date with the last ver...   6                    [OK]
docker.io   docker.io/edulopes/appiumemulator           Appium with android emulator                     4
docker.io   docker.io/muicoder/appium                   Automation for Apps                              3                    [OK]
docker.io   docker.io/rgonalo/appium-emulator           Appium server to run tests on Android emul...   3                    [OK]
docker.io   docker.io/rgonalo/appium                    Appium server to run tests on Android devices    2                    [OK]
docker.io   docker.io/qaprosoft/appium-device           Android, Appium and STF provider in Docker.      1                    [OK]
docker.io   docker.io/rgonalo/appium-emulator-debug     Appium server to run tests on Android emul...   1                    [OK]
docker.io   docker.io/vbanthia/appium-docker-test       Sample appium test running over real devic...   1                    [OK]
docker.io   docker.io/egorvas/appium-docker-android     Instance for genymotion appium                   0                    [OK]
docker.io   docker.io/fuhrmeistery/appium               Image to use real Android devices with Appium    0                    [OK]
docker.io   docker.io/girade/appium-with-chromedriver   Appium docker image with selectable chrome...   0
docker.io   docker.io/jshillingburg/appium-android      Appium Android                                   0                    [OK]
docker.io   docker.io/nazariikononenko/appiumgradlegit  Include git, gradle and openssh-client.          0
docker.io   docker.io/pavel1860/appium-conteiner        appium conteiner                                 0                    [OK]
docker.io   docker.io/remotetestkit/appium                                                               0
docker.io   docker.io/rgonalo/appium-debug              Appium server to run tests on Android devi...   0                    [OK]
docker.io   docker.io/softsam/appium                                                                     0                    [OK]
docker.io   docker.io/toru2220/appium-python3           appium image(python client include)              0
docker.io   docker.io/twnel/appium-and-emulator         Appium for Android                               0                    [OK]
docker.io   docker.io/vbanthia/appium-base              Base Image for Appium                            0                    [OK]
docker.io   docker.io/vbanthia/appium-ruby              Ruby installed with Appium                       0                    [OK]
docker.io   docker.io/vbanthia/appium-ruby-onbuild      Appium Ruby Onbuild Image                        0                    [OK]
[root@192 ~]#
```

图 8-205 查找 Appium 已有的镜像信息

如图 8-206 所示，这里要拉取的是 appium/appium 镜像，因此执行 docker pull appium/appium 命令。

```
[root@192 ~]# docker pull appium/appium
Using default tag: latest
Trying to pull repository docker.io/appium/appium ...
latest: Pulling from docker.io/appium/appium
5bcd26d33875: Pull complete
f11b29a9c730: Pull complete
930bda195c84: Pull complete
78bf9a5ad49e: Pull complete
a85a6229398c: Pull complete
080935e03a31: Pull complete
d148a78670b0: Pull complete
3023e131dc03: Pull complete
772ef5786da2: Pull complete
6f19406d8207: Pull complete
31be1736c1be: Pull complete
342726027a50: Pull complete
Digest: sha256:d98e3f789836df45ac98cadd87374aab52fa227b4016a18471fef4746bbe57c1
Status: Downloaded newer image for docker.io/appium/appium:latest
[root@192 ~]#
```

图 8-206 拉取 appium/appium 镜像

拉取了 appium/appium 镜像之后，执行 docker images 命令来查看 appium/appium 镜像的相关信息，如图 8-207 所示。

图 8-207 查看 appium/appium 镜像的相关信息

如图 8-208 所示，执行 docker run --privileged -d -p 4723:4723 --name appium1 appium/appium 命令以启动 Appium 服务，将端口映射为 4723 并将容器命名为 appium1。

```
[root@192 ~]# docker run --privileged -d -p 4723:4723 --name appium1 appium/appium
9ac75a411d97461e193d771f6edc867b8d630cc265238233f60972d995812c70
[root@192 ~]#
```

图 8-208 启动 Appium 服务

选项说明如下。

- --privileged：有了这个选项，容器内的 root 用户将拥有真正的 root 权限，否则容器内的 root 用户只拥有普通用户权限。
- -d：以分离模式启动容器。分离模式指的是在后台运行，而前景模式指的是在前台运行。默认分离模式已设置为 False。
- -p：指定要映射的端口。
- --name：为容器指定名字，以方便记忆和操作。

如图 8-209 所示，执行 docker ps 命令以查看正在运行的容器。

```
[root@192 ~]# docker ps
CONTAINER ID    IMAGE            COMMAND                  CREATED               STATUS           PORTS                              NAMES
9ac75a411d97    appium/appium    "/bin/sh -c '/root..."   About a minute ago    Up 58 seconds    4567/tcp, 0.0.0.0:4723->4723/tcp   appium1
```

图 8-209　查看正在运行的容器

8.9.2　模拟器的设置

打开“夜神模拟器”的系统设置界面，切换到“手机与网络”标签页，选中“网络设置”区域的“开启网络连接”和“开启网络桥接模式”复选框，而后选中“静态 IP”单选按钮，在“IP 地址”文本框中，输入 192.168.0.105，其他设置详见图 8-210。

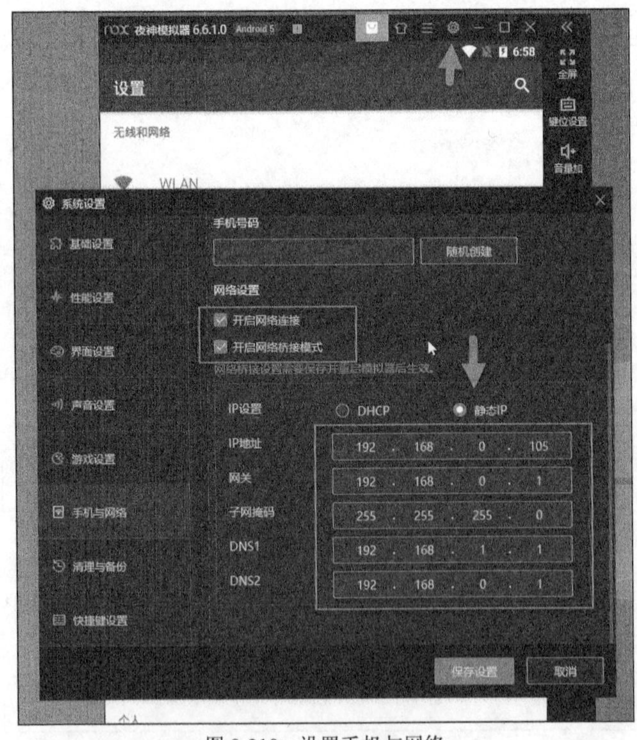

图 8-210　设置手机与网络

使用 adb connect 127.0.0.1:62001 命令连接到设备，而后执行 adb –s 127.0.0.1:62001 tcpip 9000 命令，设置夜神模拟器的连接方式并指定将要使用的端口，如图 8-211 所示。

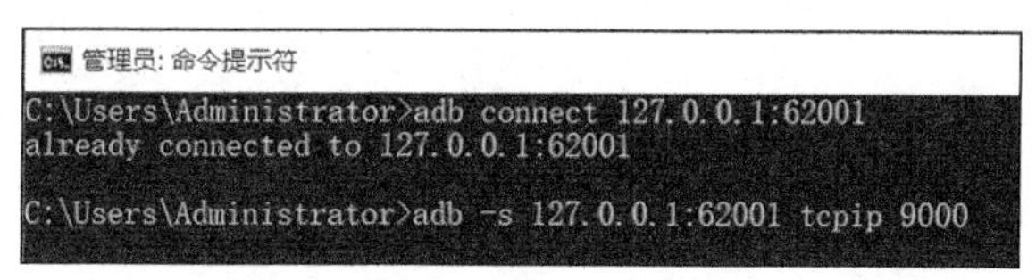

图 8-211 设置夜神模拟器的连接方式并指定将要使用的端口

8.9.3 将容器连接到模拟器

切换到虚拟机，使用 docker exec –it appium1 adb connect 192.168.0.105:9000 命令连接夜神模拟器，再使用 docker exec –it appium1 adb devices 命令查看设备情况。若出现信息“192.168.0.105:9000 device”，则表明连接成功，如图 8-212 所示。

```
[root@192 ~]# docker exec -it appium1 adb connect 192.168.0.105:9000
connected to 192.168.0.105:9000
[root@192 ~]# docker exec -it appium1 adb devices
List of devices attached
192.168.0.105:9000      device
```

图 8-212 查看设备连接情况

使用 docker inspect --format='{{.NetworkSettings.IPAddress}}' appium1 命令查看 appium1 容器的 IP 地址，结果为 172.17.0.2，如图 8-213 所示。

```
[root@192 ~]# docker inspect --format='{{.NetworkSettings.IPAddress}}' appium1
172.17.0.2
[root@192 ~]#
```

图 8-213 查看 appium1 容器的 IP 地址

8.9.4 测试脚本

测试脚本如下：

```
from appium import webdriver
import time
import threading

caps1 = {
    'platformName': 'Android',
    'deviceName': '192.168.0.105:9000',
    'platformVersion': '5.1.1',
    'appPackage': 'com.microsoft.bing',
    'appActivity': 'com.microsoft.clients.bing.app.MainActivity'
}

if __name__ == '__main__':
```

```
driver = webdriver.Remote('http://172.17.0.2:4723/wd/hub', caps1)
#单击"跳过"按钮
driver.find_element_by_id('com.microsoft.bing:id/skip_text').click()
#等待 1s 的时间，目的是先让后续元素显示出来，然后再进行操作
time.sleep(1)
#单击搜索框
driver.find_element_by_id('com.microsoft.bing:id/search_box').click()
#等待 1s 的时间，目的是先让后续元素显示出来，然后再进行操作
time.sleep(1)
#在搜索文本框中输入想要查询的内容
driver.find_element_by_id('com.microsoft.bing:id/search_text_field').
        send_keys('Appium')
# 单击"全部"按钮
driver.find_element_by_id('com.microsoft.bing:id/opal_as_web').click()
```

运行结果如图 8-214 所示。

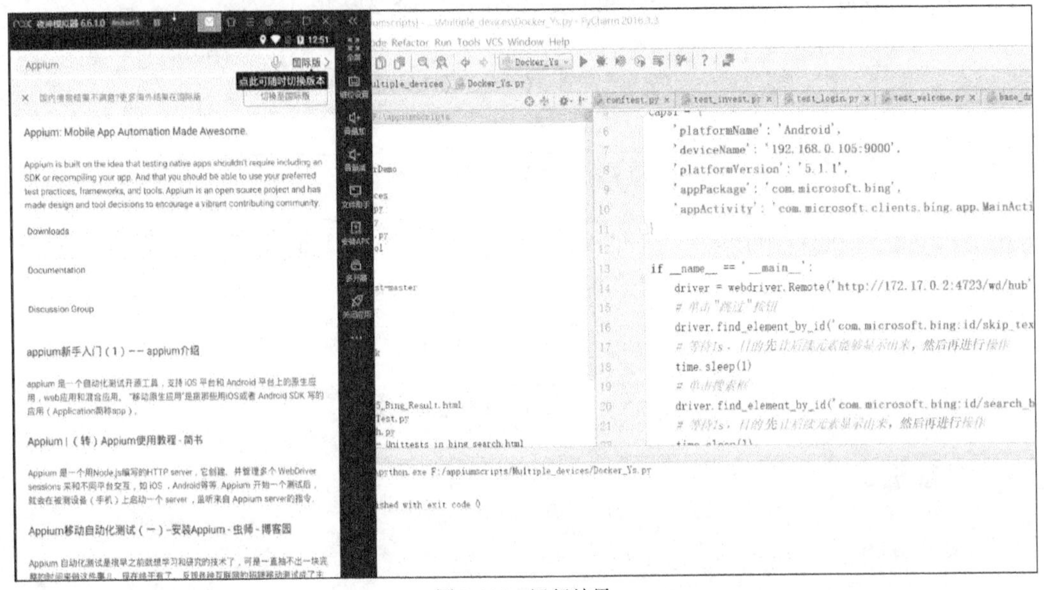

图 8-214　运行结果